U0257847

# 山东省引黄济青
# 工程志

主 编：刘 浩 仇志峰 孙中晋 刘玉华

中国海洋大学出版社

·青岛·

图书在版编目（CIP）数据

山东省引黄济青工程志 / 刘浩等主编. -- 青岛：
中国海洋大学出版社, 2024. 10
ISBN 978-7-5670-4044-1

Ⅰ. TV67
中国国家版本馆CIP数据核字第2024XW4186号

SHANDONGSHENG YINHUANGJIQING GONGCHENGZHI

山东省引黄济青工程志

| | |
|---|---|
| 出版发行 | 中国海洋大学出版社 |
| 社　　址 | 青岛市香港东路 23 号　　邮政编码　266071 |
| 网　　址 | http://pub.ouc.edu.cn |
| 出 版 人 | 刘文菁 |
| 责任编辑 | 邓志科 张瑞丽　　　　　电　　话　0532-85901040 |
| 电子信箱 | 20634473@qq.com |
| 审 图 号 | 鲁SG（2024）026号 |
| 印　　制 | 青岛海蓝印刷有限责任公司 |
| 版　　次 | 2024年10月第1版 |
| 印　　次 | 2024年10月第1次印刷 |
| 成品尺寸 | 210 mm×285 mm |
| 印　　张 | 28.75 |
| 字　　数 | 690千 |
| 印　　数 | 1～1000 |
| 定　　价 | 198.00元 |
| 订购电话 | 0532-82032573（传真） |

发现印装质量问题，请致电 0532-88786655，由印刷厂负责调换。

# 《山东省引黄济青工程志》编纂委员会

主 任 委 员　马玉扩

副主任委员　赵广川　毕树德　王家庆　谷　峪　吕建远　陈建锋　邹晓庆　刘圣桥

委　　　员　仇志峰　赵晓东　张　伟　周守平　崔　群　张　红　张　璐　吴　奇

　　　　　　陈　军　王召胜　隋永安　王晓东　孔祥升　于德光　刘　浩　张希健

# 《山东省引黄济青工程志》编纂人员

主　　　审　任银睦　王家庆　隋永安　陈庆民

主　　　编　刘　浩　仇志峰　孙中晋　刘玉华

副 主 编　柳　宾　白萍萍　吴　奇　于忠华　王森森　韩雪凝

特约编辑　王　蕾　冯忠良　徐洪庆　慈芳芳　郑昆冈　王玉慧

　　　　　　李　栋　隋　昕　张　京　李国哲　李海涛　庞　正

　　　　　　路则峰　王东方　张　祚　张博雅　魏文政　邵翔宇

　　　　　　任萌萌　姜宗华

# 序

引黄济青工程是国家"七五"期间重点工程，主要是为解决青岛及工程沿线城市用水并兼顾农业用水、生态补水而投资兴建的省内首个大型跨区域、远距离、跨流域调水工程。工程全长290公里，于1986年4月开工建设，1989年11月建成通水，与后来建成的南水北调东线工程、胶东地区引黄调水工程、黄水东调工程，共同构成了省级骨干调水大动脉。

碧水无言，润物无声。三十五年来，机构名称在变化、职责使命在调整、供水区域在拓展，但山东调水人初心不改，始终以"管好工程送好水"为己任，保调水、抓管理、谋创新，栉风沐雨、砥砺前行，用实干担当交出了一份"调水为民，服务发展"的高质量答卷。截至2024年10月，引黄济青工程与胶东地区引黄调水工程累计调水132.6亿立方米，为胶东地区配水93亿立方米，解决了历史上广北、寿北、潍北等高氟区约85万人饮水困难，为工程沿线提供农业用水20多亿立方米，补充地下水超15亿立方米，扩大改善灌溉面积300多万亩，增产粮食约8亿公斤，发挥了巨大的社会效益、经济效益和生态效益。

前事不忘，后事之师。在三十五年的调水实践中，山东调水人大胆创新、锐意改革、探索前行，形成了丰富的建设、运行、管理经验。为系统梳理总结引黄济青工程成熟经验、先进理念和典型做法，更好服务和支撑现代水网建设，自2019年起，在省水利厅党组的支持下，组织人员成立编纂组，启动了《山东省引黄济青工程志》编纂工作。历经4年多时间，《山东省引黄济青工程志》几经修改定稿，即将出版。

本志书通过翔实可靠的资料、朴实通畅的文字，以引黄济青工程规划、建设、管理、运行为主线，全面记述了引黄济青及胶东地区引黄调水工程的发展历程，较好地突出了工程的效益分析及技术输出特色，凝练了引黄济青精神和"山东调水文化"品牌，讴歌了工程勘测设计、施工建设、管理运行中的模范人物，弘扬了在党的领导下几代调水人不忘初心、牢记使命、无私兴业、造福人民的优秀品质。

相信，《山东省引黄济青工程志》必将发挥"存史、资政、育人"的重要作用，为更好推动山东调水事业高质量发展提供借鉴和参考，服务当代，惠及后人。也坚信，在一代代调水人的接续奋斗、共同努力下，山东调水事业定能乘着党的二十届三中全会的东风，继往开来、开拓创新、蓬勃发展、蒸蒸日上，为现代化强省建设提供新的更大支撑和保障。

2024年10月

# 凡　例

一、本志以马克思列宁主义、毛泽东思想、邓小平理论、"三个代表"重要思想、科学发展观、习近平新时代中国特色社会主义思想为指导，坚持辩证唯物主义和历史唯物主义的立场、观点和方法，客观记述引黄济青工程缘起、规划、建设、运行、管理、效益等方面的情况。

二、本志记述地域范围以下限年份的工程供水覆盖区域为准。记述内容参考档案文献和学术著述，尤其注重吸收最新研究成果。

三、本志上限追溯至"引黄济青"设想提出的 1982 年，下限断至 2023 年。为全面反映入志事物发展脉络，青岛市城市供水事业发展等事项时间断限适当向上延伸。

四、本志记述采用篇章节目体，事以类从，横分纵述。个别事项根据实际情况适当作升格或降格处理。

五、本志在坚持志体的前提下，体裁运用、篇目设置、资料选择等作适当创新。编纂力求资料丰富、体例规范、文字简练，力争达到学术性和资料性的统一。注释一律采用页下注。

六、本志除引用文字和附录文献资料外，统一使用规范的现代语体文，行文力求朴实、严谨、简洁、流畅，具有较强可读性。随文配图、表并作文字说明，图文并茂。

七、本志采用国务院 1984 年 2 月发布的中华人民共和国法定计量单位，数字书写以 GB/T 15835—2011《出版物上数字用法》为准，标点符号以 GB/T 15834—2011《标点符号用法》为准。历史上使用的文字、标点、数字、计量单位等，兼顾习惯用法。

八、本志使用公元纪年。凡未在年代前标注世纪的均指 20 世纪。1949 年 10 月 1 日中华人民共和国成立前（后），简称"新中国成立前（后）"。

九、本志记事概以第三人称记述。人名直书其姓名，必要时冠以职务职称。地名以现行标准地名为准，如使用历史地名，于首次出现时括注现行地名。

十、本凡例对于本志编纂中的未尽事宜，在"后记"中予以说明。

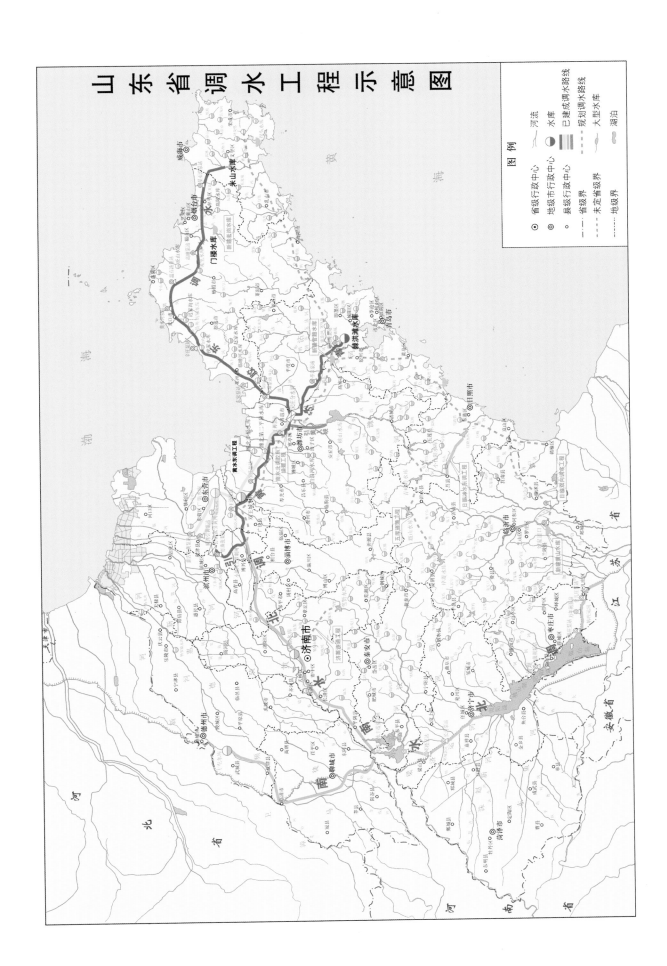

# 目　录

第一篇

工程缘起

引黄济青工程是中国山东省境内一项将黄河水引向青岛的大型水利工程，工程缘于解决青岛城市用水的极度短缺问题。贾庭欣指出："它是继引滦入津、引滦入唐之后，国家为解救水源枯竭的青岛市而兴建的一项跨流域、远距离的城市供水工程。""它是一项堪称'世界第一流水平'的工程，是一项具有引水、输水、蓄水、净水、配水多功能的系统工程，是我国水利史上又一新的壮举。"[1]

青岛市地处山东半岛东南部，属华北温带季风大陆性气候，年均降雨量较少，且经常出现连续数年少雨或多雨现象；降雨量年内分配不均，80%左右集中在汛期。域内有大沽河、胶莱河、沿海诸河流三大水系，全市有大小河流224条，其中流域面积在100平方千米以上的较大河流有33条，均为季风性雨源型河流，多为独立入海的山溪性小河，地表径流时空变化很大。[2]全市多年平均年径流量20.5亿立方米，其分布趋势、年际及年内变化不仅与降雨量有相同规律，而且表现得更剧烈。全市多年平均水资源总量24.7亿立方米，人均水资源量376立方米，亩均水资源量336立方米，分别为全国平均水平的13.9%和18.4%。[3]

青岛自建置以来，由于受自然环境和地理条件的限制，城市生活和工业发展需水量与水源地供水能力一直处于紧张状态。在不同历史时期，伴随水源地的开辟和不间断建设，水资源短缺问题虽能得到缓解，但青岛作为北方严重缺水城市之一的客观事实不仅始终未能从根本上改变，而且随着经济社会的快速发展表现得越来越突出。至改革开放初期，青岛人均水资源占有量减少到247立方米，仅为全国人均占有量的11%。水资源总量和承载能力严重不足，成为制约青岛市经济社会发展的一大瓶颈。

70年代起，国家和山东省就十分重视青岛的供水问题，山东省和青岛市水利、市政、地质等部门曾就有可能作为青岛城市供水水源的流域进行反复调查研究和水资源平衡分析计算，先后提出多种方案。但由于周边水系水量有限，且其径流丰枯与降雨多寡和青岛需水量具有明显同步性，这些方案均不能从根本上解决持续性城市供水问题。

70年代末，青岛城市缺水问题引起国家高度重视。在经过长期查勘和分析论证后，国家城建总局与山东省有关部门于80年代初提出，只有从黄河调水才是解决青岛市供水难题的有效途径，引黄济青工程设想由此正式提出。

---

① 贾庭欣. 造福人民的工程——引黄济青采访散记 [J]. 水利天地，1990（2）：2-3.
② 张曰明. 开源节流 造福桑梓——解放后青岛市引水节水工程纪实及对有关问题的思考 [M]. 北京：五洲传播出版社，2001：2.
③ 水利部南水北调规划设计管理局，山东省胶东调水局. 引黄济青及其对我国跨流域调水的启示 [M]. 北京：中国水利水电出版社，2009：13.

# 第一章　地下水源

青岛市区地质以花岗岩、变质岩结构为主，风化裂隙带储水性差，水资源主要靠大气降水补给。自1898年有气象资料记录以来的百余年间，青岛的年平均降雨量为775.6毫米，年际变动幅度较大，年均最大降雨量1424.6毫米（1964年）、最小降雨量339.5毫米（1981年）；春、夏、秋、冬四季降水量分别占全年降水量的14%、57%、22%和7%，且多集中在6—9月。在地域分布上，从沿海到内地降水量逐步递减，崂山顶端和胶南（今黄岛）平均降水量分别在1200毫米和800毫米以上，而北胶莱河流域仅600毫米。[①] 由于各河流源短流浅，汛期雨后河水暴涨，此后不久便会断流。

"地下水是人类赖以生存的重要资源，与人们的生产生活息息相关。"[②]青岛开埠前，今青岛老城区所处区域为即墨县仁化乡文峰社所属的几个散落村庄，原住居民饮用水主要依靠凿井取水。19世纪末，德国占领青岛初期，仍然沿用传统方式解决用水问题，后因水量不足，遂通过开辟海泊河水源地开采地下水及兴建水厂、贮（配）水池和输（配）水管道等措施，开启了青岛城市自来水供水的历史。此后，随着城市人口的激增和交通运输、港口贸易、工业生产的迅速发展，海泊河水源地供水量日显不足，为满足市区自来水供应，市政当局又先后开辟李村河水源地、白沙河水源地、黄埠水源地、张村河水源地。

至80年代中期，青岛的地下水源地大都因台风或地下水污染而相继报停或报废，仅存白沙河中段地下井群（黄埠、流亭地下井群）。

## 第一节　海泊河水源地

海泊河水源地始建于19世纪末，它是青岛的第一个城市饮用水水源地，开启了青岛自来水供水的先河。此后，虽历经停工、复产，但在新中国成立前，一直是青岛城市供水的重要水源地。

新中国成立后，海泊河水源地正式停产。2011年，海泊河水源地遗址被确立为青岛市市北区文物保护单位；2012年又被青岛市列为不可移动文物。

### 一、方案选择

据《中国实业志》记载，"青岛枕山滨海，淡水艰于取汲，民国纪元前十四年，德人租借胶澳时，民间饮水尚系凿井取泉"。[③]

1897年，德国占领青岛伊始，除对原有水井加以清洁并增加顶盖用来取水外，还打了几眼新井，基本解决了饮用水问题。[④]但随着人口的增加和砖瓦厂等工厂企业的相继开工，租借地内开始出现缺水

① 张日明. 开源节流 造福桑梓——解放后青岛市引水节水工程纪实及对有关问题的思考 [M]. 北京：五洲传播出版社，2001：3.

② 李红霞，张守志. 地下水源地可持续开发利用的对策研究 [J]. 山西农经，2019（19）：97-98.

③ 实业部国际贸易局. 中国实业志·山东卷（第三编）[M]. 上海：实业部国际贸易局，民国二十三年（1934）：三十一（丙）.

④ 托尔斯滕·华纳. 近代青岛的城市规划与建设 [M]. 青岛市档案馆，译. 南京：东南大学出版社，2011：172.

问题；加之井水水质不良引发疾病，形成水荒。胶澳总督府遂将勘查水源、提供充足优良饮用水作为城市规划建设的当务之急，并正式成立上水道的管理机构——Ⅱ号工部局，负责建设自来水供水系统，计划向市区南部沿海一带侨民、兵营集中的欧人居住区供水，并任命施坦迈茨（Steinmetz）为工程师、格罗姆施为建设总监。

最初，建设者们提出三个方案：一是在小鲍岛村向东南延伸的山谷中建造蓄水池，用自来水管道向新市区供水；二是对海泊河附近一条大河谷中、自坡地上流下来的水进行截流，挖深井取水建厂；三是若前两个方案行不通，就从崂山铺设一条山泉水管道进入市区；但由于耗资甚巨，这是迫不得已而采用的方案。①

海泊河是青岛沿海诸河之一，长约7千米，发源于浮山西北麓，向西流经东吴家村、西吴家村前，折而西北，流入胶州湾。②海泊河系季节性河流，其下游形成冲积平原（今海泊河公园一带），两侧有含水沙层，地下潜流水量充足且水质良好。

1899年，建设者经过对海泊河河谷地下水储量和质量进行详细调查和勘探后得出结论：水源地的情况很好，经过细菌检查，证明这些水是完全无菌的，符合提供饮用水的前提条件，只要输水管道接通，迄今为止供水方面的问题——常常缺水和水质不好，就完全解决了。③由此，解决供水的方案选定为兴建海泊河水源地。

### 二、水源地开辟

1899年末，海泊河水源地开工。初始，沿河流横断面凿泉井50眼，又延伸至河畔凿管井6眼，用虹吸管道将各管井的水集中到集合井内；集合井旁设大小发动机、抽水机各2台，专供抽水；抽出来的水通过内径350毫米、长4.2千米的铸铁水管，送至位于水道山（观象山）山顶、容量为400立方米的贮水池（图1-1），之后再利用自然压力通过市区配水管道配送至用户。④工程所需所有管道、设备均从德国定制，通过轮船运至青岛。运送第一批设备的轮船行驶至上海吴淞口海域时遭遇风暴沉没，又加急重新定做一批运至青岛。⑤1901年9月13日，作为青岛境内第一个水厂的海泊河水厂（图1-2）正式供水，开启了青岛城市自来水供水的历史，从而使这座城市首次有了干净卫生的饮用水供应，⑥并形成了水源地—水厂—输水管—山头贮水池—配水管—用户这一具有鲜明青岛特色的供水方式。⑦青岛也因此成为全国最早开始现代化自来水供应的城市之一。

海泊河水源地开始供水后，由于前期地质勘探不明、计算有误，供水量远未达到设计水平。随着人口的增加和城市的扩建，用水需求日益增长，配水管网随之扩大，供需矛盾日益显现。据《胶澳发展备忘录》记载，在1902年9月前，海泊河水厂泵站满负荷每天供水约400立方米，而每天耗水量则

① 青岛市档案馆.青岛开埠十七年——《胶澳发展备忘录》全译[M].北京：中国档案出版社，2007：57.
② 赵琪，修.袁荣叟等，纂.胶澳志[M].民国十七年铅本影印.台北：成文出版社，1946：172.
③ 青岛市档案馆.青岛开埠十七年——《胶澳发展备忘录》全译[M].北京：中国档案出版社，2007：105-106.
④ 青岛市档案馆.青岛通鉴[M].北京：中国文史出版社，2010：100.
⑤ 青岛水务集团.青岛水务博物馆使用手册[M].青岛：内部资料，2018：16.
⑥ 托尔斯滕·华纳.近代青岛的城市规划与建设[M].青岛市档案馆，译.南京：东南大学出版社，2011：175.
⑦ 青岛水务集团.青岛水务博物馆使用手册[M].青岛：内部资料，2018：16.

增加到750立方米，以致泵站运转达到功率极限。[①]至1904年，"每日耗水量超过750立方，以致有时管线被迫关闭，因为泵站难以满足这种超额需求"。随之"通过新打的5眼井增加了供水量"，并"通过订货增加机器设备……尽可能地提高泵站的供水能力"。[②]

此后，随着城市需水量的逐年增加，海泊河水源地废弃旧泉井，增设大泉井。到1906年，海泊河水厂计有管井6眼，大泉井7眼；[③]市区自来水管网达到3.5千米，平均日供水量达878立方米，是设计供水量400立方米的两倍多；其中最少日供水量为436立方米（1月28日），最多日供水量为1570立方米（9月13日）。[④]

图1-1　观象山水池使用过的德制水门

图1-2　海泊河水厂的机器房、泵站和员工宿舍

### 三、水源地停产

1909年李村河水源地建成后，海泊河水源地暂停供水。"至民国三年（1914），德日交战，李村水源地被德人炸毁，"[⑤]海泊河水源地恢复供水，并成为青岛唯一的水源地，支撑起日占初期的青岛城市供水。此后，日占当局对海泊河水源地进行扩建。[⑥]

1937年底，青岛市市长沈鸿烈在率部撤离前炸毁白沙河、黄埠水源地，海泊河水源地又承担起城市供水重任。三四十年代，随着青岛经济的迅速发展，海泊河两岸的台东、四方一带新兴产业和工厂不断增多，工业废水排进海泊河造成污染。1948年底，海泊河水源地被迫停止生产。

停止饮用水生产以后，海泊河水源地的地下水仍作为冷却水、工业用水等为企业所用。新中国成立后，从1950年到1956年，青岛市政府将其分两次转交给其他行业。1955年12月29日海泊河水厂报送上级的（56）水财字001号文《为我厂海泊河水源地水井及房屋拨交农林处使用的请批示由》显示，

① 青岛市档案馆.青岛开埠十七年——《胶澳发展备忘录》全译[M].北京：中国档案出版社，2007：252.
② 青岛市档案馆.青岛开埠十七年——《胶澳发展备忘录》全译[M].北京：中国档案出版社，2007：303.
③ 青岛市档案馆.青岛通鉴[M].北京：中国文史出版社，2010：100.
④ 青岛市档案馆.青岛开埠十七年——《胶澳发展备忘录》全译[M].北京：中国档案出版社，2007：444.
⑤ 实业部国际贸易局.中国实业志·山东卷（第三编）[M].上海：实业部国际贸易局，民国二十三年（1934）：三十一（丙）.
⑥ 青岛水务集团.青岛水务博物馆使用手册[M].青岛：内部资料，2018：18.

海泊河水源地全部资产除出售给阳本印染厂（后改称第一印染厂）作为生产用水使用外，其余砖井、洋灰井各1眼，升水机室、宿舍各1处，莲花池1个，经城建委指示转给农林处使用。[①]70年代青岛严重缺水时，第一印染厂曾一度重新启用海泊河水源地，作为工业用水使用，但因水质太差，不久即彻底废弃。[②]之后，升水机室、水井除充分发挥残留价值外，逐渐利用水源地涵养林树木建成阳本公园，后又先后更名为海泊河公园、海泊河文化公园等，供市民休闲娱乐。

## 第二节　李村河水源地

李村河水源地是德国胶澳总督府为满足市区自来水供应而于1906年开工建设的新水源地，工程于1908年建成。日德青岛战争爆发后一度停产，不久后恢复供水。此后几经扩建，至新中国成立初期，成为青岛三大水源地之一。六七十年代因环境污染，李村河水源地供水量迅速下降，90年代初正式停产。

### 一、水厂选址

1904年3月6日，大港一号码头正式对外开放，6月1日胶济铁路全线通车。在胶澳总督府政策扶持和港铁联运体系带动下，青岛港口贸易迅速发展，城市人口激增，海泊河水源地供水量日显不足，李村企事业经营逐渐受到缺水限制；同时，因供水不足又出现严重卫生问题。为解决卫生及经济发展方面急需的更大水量供应问题，开辟新水源被提到城市发展的第一紧要事务。

1906年，胶澳租借地施政当局提出两套可供选择的方案：一是在海泊河右方支流上建设一座水库，这一支流的流域通过山坡水渠与相邻区域相连而扩大；二是在李村河建一个新的地下水水厂。[③]李村河是青岛沿海诸河之一，主干流发源于崂山西麓石门山南坡，臧河南流、枣儿山北流皆汇注此河，自东向西沿毕家上流、王家下河，经郑庄、东李村、李村，至盐滩村北盐滩桥（今胜利桥）纳王埠河之水，至阎家山与张村河汇流，流入胶州湾，干流河身长13千米；两河流域总面积40平方千米，汇流处沙层较厚，汇水丰富，是青岛市区最大的水系。水源地选于李村河与张村河合流之处的阎家山村，西距李村4里，北距青岛20里。[④]

德国建设总监罗尔曼经分析、筛选认为：一方面，与水库蓄存的水相比，从李村河所取得的地下水卫生状况更好；另一方面，如果建水库，谷地水坝连同附属工程在内的费用过于昂贵，而李村水厂建设费用低廉并且效益较大。此外，倾向于建设新的地下水水厂还因为在这方面已经积累了很好的经验，但在利用水库供水方面则没有任何经验可资借鉴；而且，从未来发展前景看，与海泊河水厂相比，李村河流域面积要大近十倍，计算和实际抽水试验都表明，即使在旱季的末期，由于良好的流域地质构造，这个新水厂每天的供水量也大大超过十个海泊河水厂的水量，水厂建成后，在可以预见的时间内有把

① 韩绍江.水缘春秋连载之三：李村河水源地[EB/OL].（2018-8-29）[2020-2-24].http://www.qdwater.com.cn/WebSite/Detail.aspx?id=850
② 青岛水务集团.青岛水务博物馆使用手册[M].青岛：内部资料，2018：18.
③ 青岛市档案馆.青岛开埠十七年——《胶澳发展备忘录》全译[M].北京：中国档案出版社，2007：444.
④ 青岛市史志办公室.青岛市志·公用事业志[M].北京：新华出版社，1997：37-38.

握得到足够的饮用水。[1]

基于上述考虑，建设者最终决定开辟李村河新水源地，兴建李村河水厂。

## 二、水厂始建

经勘察设计，新水厂工程于1906年底正式动工。水源地辟建之初，为尽快实现供水，先是横向截断李村河，在河床上凿井10多眼，收集地下潜流。并在李村河河床安装临时机泵，沿河铺设管道，将水导向海泊河水厂泵房上方的海泊河河床，从而度过1907年和1908年的水荒年。据有关档案记录：由于辅助水厂（临时机泵）的建成，自来水不必再因缺水而断流，1908年6月1日（新水厂建成之前）日最高供水量达到2352立方米。[2]

李村河水源地工程主要分为两部分：第一部分是在李村河、张村河交界处的河床上，斜对水流方向打砾石过滤大口井7眼，经虹吸管将水汇集到集合井；水厂内建蒸汽机唧筒室泵房，主机唧筒3台，1台备用，每台每小时设计送水量125立方米，设计日供水量6000立方米，机房将集合井内的汇水通过直径400毫米、全长12千米的铸铁管道送往市区。《胶澳志》载："李村水源地德人置有汽锅二，蒸汽唧筒三，每汽锅一可供唧筒二台之用。横置式附联成汽机

图1-3 李村河水源地配套的贮水山东水池建筑

唧筒直径二百二十厘米，往复数每分五十至六十，扬水量一小时百余吨。共设三台，常用二台，其一件预备。"[3]第二部分为辅助部分，即在毛奇山（又名凤台岭、马鞍山）建贮水2000立方米的高位水池1座（图1-3），贮存由李村河水源地输送来的净化自来水，再利用高度压差将水配送到市内用户。建成以后，贮水量逐年扩大，贮水山由此得名。

1908年10月，李村河水源地建成投产（图1-4、1-5），设计日供水能力是海泊河水源地的15倍，不仅可满足市内欧人区的生活用水，也可满足当时及之后一段时期日益发展的用水需求。

李村河水源地开始供水后，送水到户不再是欧人特权，个别富庶的华人住户也可以申请并得到安装自来水管和水表的许可，台东镇、台西镇华人居住区由此开始吃上干净的自来水。市区以大鲍岛为

---

① 青岛市档案馆.青岛开埠十七年——《胶澳发展备忘录》全译[M].北京：中国档案出版社，2007：444.

② 韩绍江.水缘春秋连载之三：李村河水源地[EB/OL].（2018-8-29）[2020-2-24]. http://www.qdwater.com.cn/WebSite/Detail.aspx?id=850

③ 赵琪，修.袁荣叟等，纂.胶澳志[M].民国十七年铅本影印.台北：成文出版社，1946：1150-1151.

中心，共建公用水站 18 个，一个铜钱可购买一张水票，在公用水站接两洋油桶（合 1 担，每担 36 公斤）自来水。

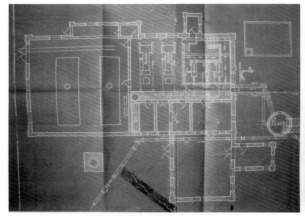
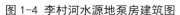

图1-4 李村河水源地泵房建筑图

图1-5 1908年德人建成的李村河水源地蒸汽唧筒室（泵房）

至 1914 年，李村河水源地共凿取水井 18 眼。[①] 是年，日德青岛战争爆发，战争后期，德军见大势已去，在战败之前将李村河水源地自行炸毁（图 1-6），只留下海泊河水源地供官衙、欧人和军队用；居民因缺水只能重开旧井，或到沟河取水。日本占领青岛后，急谋恢复水道，一边采取临时补救措施，一边招集水道事务德国技术人员进行修复，1915 年 1 月初步恢复供水，3 月下旬基本恢复原供水能力（图 1-7）。

### 三、水厂扩建

日本占领青岛后，由于日侨和日资工厂企业大量增加，城市供水日趋紧张。1916 年，李村河水源地增辟取水井 5 眼，增加供水量。次年，在浮山后修筑 3 座堤堰，作贮水之用。

图 1-6 1914 年日德之战中德人自行炸毁的李村河水源地蒸汽泵房

图 1-7 "一战"后日本人修复的李村河水源地蒸汽泵房

① 青岛水务集团.青岛水务博物馆使用手册 [M].青岛：内部资料，2018：18.

1918 年 5 月，李村河水源地又增设 8 眼取水井，而城市人口激增，工厂发展迅速，供水量依然供不应求。1919 年 2 月，在水源地两河下游增设 3 处抽水站，每处抽水站凿供水井五六眼，单独铺设供水管道，汇入集合井内，该工程于 1920 年 2 月完工，共计凿井 15 眼，每天供水量增至 3000 立方米。[1]此后，为满足青岛扩建需求，施政当局继续加大工程进度，不断扩充供水能力。到 1932 年，李村河水源地共建成涌水井 52 眼，日供水能力达 7300 立方米。1936 年又在李村河西岸扩建水源地西厂；1937 年在李村河上游建上流升水机室，称"上流机室"。1938 年 1 月 11 日，亦即日本第二次侵占青岛的第二天，日军就抢占并控制李村河水源地，后又在扩建沧口飞机场时将西水厂拆除。1946 年青岛闹水荒，西镇断水，自来水厂兴建下流机室，1947 年竣工（图 1-8），日送水量 3000 立方米。

图 1-8 1946 年修建的李村河水源地下流机室奠基石

到 50 年代初期，李村河水源地同白沙河水源地、黄埠水源地一起成为青岛三大水源地。1950 年，年供水量 319.8467 万立方米，占全市供水量的 60%。

#### 四、水厂停产

六七十年代，随着青岛版图的不断扩大和工业生产的快速发展，李村河水源地的水资源环境逐渐遭到毁灭性破坏。1979 年 10 月，因下流河床污染，下流机室被迫停止运行。

1986 年，引黄济青工程在李村河水源地送水机室东侧兴建闫家山加压站。1988 年 10 月，李村河水源地因河床沙层被挖，导致水质污染，被迫停止供水。1991 年，上流机室

图 1-9 1991 年停止运行后的李村河水源地机室泵房

停止运行，李村河水源地停用（图 1-9）。[2]2005 年，因李村河整治，下流机室被拆除。

### 第三节 白沙河水源地

白沙河水源地是青岛城市供水的第三个水源地，[3]工程始建于日本第一次侵占青岛时期。据《胶

① 青岛市档案馆 . 青岛通鉴 [M]. 北京：中国文史出版社，2010：130-131.
② 青岛水务集团 . 青岛水务博物馆使用手册 [M]. 青岛：内部资料，2018：19.
③ 韩绍江 . 前世今生！历经百年风雨的白沙河水源地——仙家寨水厂 [EB/OL].（2019-8-17）[2020-2-24].
https://baijiahao.baidu.com/s?id=1642120195861348483&wfr=spider&for=pc.

澳志》记载："日人据青岛后积极发展，预知用水必日见增加，非新辟一大水源地不可。"[1]遂开辟白沙河水源地。20年代末，水源地辟建新厂，规模进一步扩大。新中国成立后，白沙河水源地名称及管理体制几经变迁，至今仍发挥着应有的作用。

### 一、水源地始建

白沙河发源于崂山主峰——巨峰以北的丹炉峰天乙泉，流向由南北折而东西，流经崂山山区，汇纳五龙河、石门河、岜峪河、傅家埠河、惜福镇河及小水河诸水；穿过九水村、北宅镇，经夏庄、流亭镇、赵村注入胶州湾，全长33千米，流域面积215平方千米，是青岛沿海诸河之最。河流上游长约11千米，流经花岗岩山区，河道狭窄，水流湍急；自夏庄镇以下为中游，河身变宽达400米，长约9.5千米；下游长约12.5千米，宽度300米左右，水流舒缓。[2]正常年际，白沙河全年有9个月不断流，日最大出水量为9600立方米，日最低出水量也有6000立方米；河床含沙层较厚，自然过滤层良好，两岸冲积平原形成富水区，潜流水相当丰富，水质良好、水量充足，汇水面积达100多平方千米。其中，下游河床冲积沙层和砾沙层及两岸冲洪积层平原较宽阔，厚10～20米，含水沙层厚8～16米；女姑口铁路桥下地段沙层变薄，自夏庄至女姑口大桥为该河富水区，青岛供水的诸多水源地都选在此处，皆为井群水源地。

白沙河水源地工程的位置选在白沙河下游靠近入海口河床东岸区域的仙家寨村西，长约220米，面积约72000平方米，[3]于1919年4月开工建设。据《胶澳志》载："民国七年十一月间，欧战停止，铁价渐落，乃着手制作铁管及各种机械。八年四月开工，九年五月竣工，其位置选定白沙河左岸长约二百二十米达、面积约七万二千米达之土地为水源地之设。"[4]工程开工后，按设计方案填平水厂用地，筑堰蓄水，掘凿管井，修筑送水管道及专用道路、机房与其他附属设施。水源地在河底打水井27眼，用管道与集合井相连，汇集到集合井取水；建蒸汽机唧筒室1座，锅炉直径7英尺、长28英尺，汽机3台横置复动式，将汇集后的水供于送水管道（图1-10）；送水管道经沧口街交叉路口，经西南曲、坊子街，在枣园附近分支，一支通过石沟、文昌阁、西流庄、南山等地到达李村水源地；为存贮水流，在李村水厂对面的山上修筑一座新水池，容量4000立方米，由内径400毫米、长11.2千米的输水管管道将消毒后的地下水送至李村河水源地（闫家山水源地水池），中途加压送至贮水山。"盖自七年着手经营，至九年三月间完全竣事，支出之经费计金银两项约达百万元。"[5]其另一支在西流庄附近设一支管，经小瓮村、窑头到达沧口，送水管系直径6英寸的铸铁管，并配筑容量400立方米的贮水池，专供沧口附近工厂、居民用水。1920年3月，工程竣工，日送水4000立方米。[6]

① 赵琪，修.袁荣叟等，纂.胶澳志：建置·水道篇[M].民国十七年铅本影印.台北：成文出版社，1946：1139.
② 中共青岛市城阳区委党史研究中心，青岛市城阳区地方史志研究中心.白沙河志[M].北京：线装书局，2019：2.
③ 青岛市档案馆.青岛通鉴[M].北京：中国文史出版社，2010：168-169.
④ 赵琪，修.袁荣叟等，纂.胶澳志：建置·水道篇[M].民国十七年铅本影印.台北：成文出版社，1946：1139.
⑤ 赵琪，修.袁荣叟等，纂.胶澳志：建置·水道篇[M].民国十七年铅本影印.台北：成文出版社，1946：1140
⑥ 青岛水务集团.青岛水务博物馆使用手册[M].青岛：内部资料，2018：24.

至1921年上半年，李村河水源地与白沙河水源地日供水量达9000立方米。[1]与工程配套、蓄水4000立方米的贮水山西水池也于1922年宣告建成。自1922年至1928年，白沙河水源地每日送水量6000立方米。[2]至1928年，白沙河水源地拥有各类水井49眼。

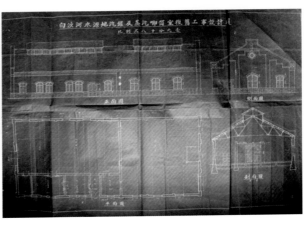

图1-10　1920年建成的德式白沙河水源地老蒸汽机泵房和图纸

## 二、水源地扩建

1929年，南京国民政府接管青岛，为扩充水源，又在白沙河水源地厂西辟建新厂，新建钢筋混凝土大口井5眼、砖井5眼、集合井1眼，新建机室1栋、内径350毫米铸铁水管1条，供水管连接东厂输水干管，日供水量3500立方米，工程于1930年竣工通水（图1-11）。因新水厂位于老厂以西，又称白沙河水源地西厂（图1-12）。《青岛市政要览》民国二十六年（1937年）六月号载："该水源地东西两厂一日最大送水量（送至蒙古路升水机室时）可达一万零数百吨。"白沙河水源地自建成起，就与海泊河水源地、李村河水源地、黄埠水源地一道构成青岛供水史上的主动脉。[3]

1937年12月，国民政府市政当局从青岛撤退时将白沙河水源地炸毁；次年日本侵占青岛后复建。1950年，白沙河水源地年送水量为1631573立方米，之后水源严重枯竭，供水指标大幅度下降。1956年8月18日企业改制，原青岛自来水厂改为青岛市自来水公司，白沙河水源地改名为"青岛市自来水公司第二送水厂"。至1960年，水厂送水总量仅为433515立方米。

## 三、水源地改建

60年代初崂山水库建成后，白沙河成为季节性河流，夏季雨后河水立涨，数日即断流。1968年，青岛市遭遇40年未有的大旱，工业用水和城市居民用水告急，三条主河断流。青岛市革命委员会决定进行大沽河开渠引水工程，将大沽河上游尹府水库、产芝水库的沽河水引到第二送水厂净化。

[1] 青岛市档案馆.青岛通鉴[M].北京：中国文史出版社，2010：169.
[2] 中共青岛市城阳区委党史研究中心，青岛市城阳区地方史志研究中心.白沙河志[M].北京：线装书局，2019：227.
[3] 韩绍江.前世今生！历经百年风雨的白沙河水源地——仙家寨水厂[EB/OL].（2019-8-17）[2020-2-24].https://baijiahao.baidu.com/s?id=1642120195861348483&wfr=spider&for=pc.

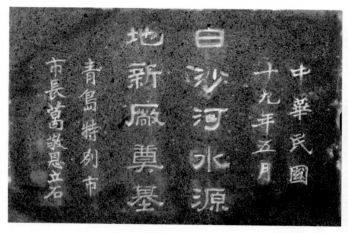

图 1-11　1930 年青岛特别市市长葛敬恩题写的白沙河新水厂奠基石　　图 1-12 1930 年建成的白沙河水源地西厂老泵房

　　第二送水厂原是一座处理地下井群水的水厂，为适应大沽河地表水的净化需求，遂对水厂内部进行新建改造。总体按照一个流量设计，新建直径为 7.5 米的集合井 1 眼，投剂室 1 座，反应池、平流沉淀池、虹吸滤池、1710 立方米的清水池各 1 组（座），新扩建一级泵房、二级泵房、化验室、3600 千伏安变电所各 1 座。一期工程于 1969 年 3 月 10 日完工运行送水，11 日送水 8.5 万立方米，12 日送水 9.1 万立方米，解救了崂山水库无水可送之急。但由于施工期间正值"文化大革命"时期，加之天气原因和质量问题，又是在养护期还没有结束的情况下紧急通水，工程运行一个星期后，平流沉淀池西侧池壁垮塌，不得不采取临时补救措施维持运行。[①]1973 年拆除平流沉淀池一侧，在其上部改建半个流量的斜管沉淀池。一期引水工程的实施，第二送水厂由一个生产处理地下水的水源地转型为以处理地表水为主、井群水为辅的综合类净水厂，成为自来水公司最大的净水厂。

　　1977 年，青岛地区又出现严重干旱，市政府决定在即墨移风镇进行大规模的大沽河二期引水工程。为配合工程，第二送水厂又改扩建一、二级泵房，增容电机水泵，新建面积为 435.12 平方米的加药间 1 栋、圆形加速澄清池 4 座，新建面积为 164.67 平方米的虹吸滤池 1 座、容量为 2000 立方米的清水池 2 座、73 平方米的氯库 1 座、125.5 平方米的锅炉房 1 座，新建办公楼和宿舍楼各 1 座，增设水厂至楼山水池内径为 800 毫米和 1000 毫米的高压铸铁输水干管 6.8 千米。工程于 1980 年全部完工，设计生产水能力为 2.5～3 立方米每秒，日送水能力增加到 16 万立方米。

　　由于大沽河引水一、二期工程不配套，所以未达到设计要求，影响设备能力的发挥。后经青岛市计划委员会、城市建设委员会批准，1987 年 5 月开始实施自来水净化处理能力为 2.5 立方米每秒的配套工程。主要建设项目是：新建流量为 0.5 立方米每秒、容量为 2438.4 立方米的反应沉淀池 1 座，流量为 0.21 立方米每秒、容积为 6998.7 立方米的虹吸滤池 1 座，容量为 2000 立方米的清水池 2 座，建筑面积为 357 立方米、流量为 1.5 立方米每秒的二级泵房 1 座，面积为 1310.4 平方米的配电间 1 座，容量为 26.3 立方米的管道集合井 1 眼，敷设厂内工艺水管 698.3 米。1988 年 6 月流量配套工程竣工后，

---

① 青岛水务集团. 青岛水务博物馆使用手册 [M]. 青岛：内部资料，2018：26.

使原水、净化、出厂水的配套供水能力由 17.3 万立方米每日增至 21.63 万立方米每日，净水、送水能力大为提高。[①]经过配套工程完善，第二送水厂担负起全市 80% 用水量的供应任务，处理水源有井群水、崂山水库水、大沽河水，净水设施有平流沉淀池、斜管沉淀池、机械加速澄清池，提水方式有一级提水、二级提水、三泵送水、四泵输送大沽河余水向崂山水库倒灌蓄存，其净水方式和工艺在全国独树一帜。

1989 年，因受污染影响，白沙河水源地井群停止供水。是年 12 月 12 日，引黄济青供水工程及新水厂胜利完工并正式供水，新水厂位于第二送水厂南侧。由于供水和管理需求，1990 年 3 月 5 日，上级主管部门决定将两座水厂合并，正式命名为"青岛市自来水公司白沙河水厂"，新厂称为南厂，老厂称为北厂。为便于生产管理，1993 年 9 月 8 日，上级又决定实行南北两厂分厂而治，南厂使用白沙河水厂原厂名，北厂重新命名为"青岛市自来水公司仙家寨水厂"。

根据青岛市"九五"规划要求，至 2000 年城市日供水目标应达到 64.6 万立方米。1999 年时，经过测算，全市综合供水仅为 54.51 万立方米，缺口达 10 万立方米。经专家论证并报请国家计划委员会批准立项，仙家寨水厂拟分两期进行工程改造。1999 年 12 月，仙家寨水厂彻底拆除。[②]

1999 年 12 月 25 日，总投资 2.87 亿元、设计日供水能力 18.3 万立方米的仙家寨水厂改造一期工程破土动工，工程采用絮凝—沉淀—过滤处理的净水工艺；絮凝采用折板，沉淀采用平流，滤池采用 V 型均质滤料，冲洗采用气水混合反冲洗工艺。除净水工艺按 18.3 万立方米施工外，其他工艺按 36.6 万立方米的日常生产能力及规模进行建设。工程于 2001 年 6 月 28 日竣工通水，更名为仙家寨新水厂。2002 年 7 月，青岛市海润自来水集团公司以白沙河水厂、仙家寨新水厂的资产作为投资，与中法水务投资有限公司合作，成立青岛中法海润供水有限公司，资产结构和管理模式发生新的变化。

2004 年 12 月 8 日，仙家寨水厂改造二期工程奠基，设计日供水能力仍为 18.3 万立方米；2005 年 5 月 1 日正式开工，2006 年 6 月 30 日竣工并投入运行，总送水能力达到 36.6 万立方米。为完善工程配套，2006 年又新建日处理能力为 72.6 立方米的排泥水处理系统，将两厂排出的泥水浓缩并经脱水处理后外运填埋，以满足城市环保要求。

2017 年 1 月 28 日，仙家寨新水厂在各大水厂中率先完成深度处理工艺改造，将沿用近 100 年的氯气消毒改为次氯酸钠和臭氧消毒，增加活性炭过滤工艺。虽然净水成本增加，但安全隐患消除，提高了安全系数，改善了水的口感。[③]

## 第四节 其他水源地

1935 年，市长沈鸿烈主持制定指导青岛长远、整体发展的《青岛市施行都市计划方案》，本着"未雨绸缪，大处落墨"的指导思想，希望经过通盘筹划，将青岛打造成一座适合 100 万人口居住的大都市。从城市规模变化上分析，青岛从德占之初市区人口只有 1.4 万人，到 1935 年便增至 30.1 万人，30

① 青岛市史志办公室.青岛市志·公用事业志 [M].北京：新华出版社.1997：41-42.
② 青岛水务集团.青岛水务博物馆使用手册 [M].青岛：内部资料，2018：26.
③ 青岛水务集团.青岛水务博物馆使用手册 [M].青岛：内部资料，2018：27.

年时间人口增长 20 多倍，城市化水平达到 57.1%。为使城市规划地域面积适应大都市发展规划，1935年7月，将崂山东部 100 多万平方千米土地划为青岛市管辖，使城市面积从 551.75 平方千米增加到746.75 平方千米。变动缘由一是便于管理崂山风景区，二是为了解决青岛城市水源问题。这是自 1898年以来市区面积的第一次扩充。该规划确定的市区范围是北至沧口、李村，东至辛家庄、麦岛一带，总面积 137.7 平方千米。按照这一规划，市区的工商、居住等都会相应发展，"将来城市之繁华实为不可限量"。如此宏大的规划，首先将水源地建设和扩充提上日程。

## 一、黄埠水源地

《青岛市施行都市计划方案》中规划了自来水事业的扩充，主要内容包括：近期修建崂山月子口水库，远期考虑大沽河为永久水源。其中，月子口水库是计划在月子口庙白沙河道的两山之间筑 400多米的坝，形成水库蓄水，规模为每日可供城市用水 5 万立方米；工程预算占用耕地 2000 多亩，回迁原住农民 3000 多人。因工程费用高、工期长，在河道筑坝施工困难，经勘探决定工程分两步走。考虑到月子口庙下游、白沙河中段的黄埠村附近为汇水区，水源充足，因此第一步先辟建黄埠水源地，以满足城市规划的先期要求。[①]

黄埠水源地选址在白沙河下游南岸西黄埠村后。兴建方案制定之后，为筹集建设资金，青岛市政府于 1936 年发行共计 600 万元的二十五年青岛市建设公债（图 1-13）。其中规定："每年 4 月 30 日及 11 月 31 日各付息一次。""还本付息基金，指定于民国 27 年底以前，以本市码头增加费及自来水加价收入，除拨付民国 24 年青岛市政公债基金外之余额；拨充市政公债偿清后，自民国 28 年起，以前项码头增加费、自来水加价全部及扩充水源后增加之水费全部收入拨充。"[②]

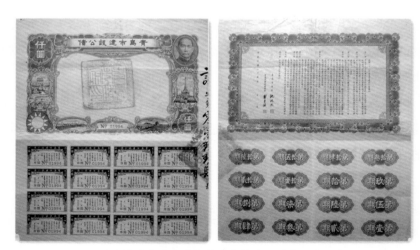

兴建黄埠水源地青岛特别市长沈鸿烈发行的公债

**图 1-13 青岛市政府于民国二十五年（1936 年）发行的青岛市建设公债**

---

① 韩绍江. 水缘春秋连载之五：黄埠水源地 [EB/OL].（2018-8-29）[2020-2-24]. http://www.qdwater.com.cn/WebSite/Detail.aspx?id=1306.
② 中国人民银行青岛市分行《青岛金融志》编纂办公室. 青岛金融史料选编（上卷第二册）[M]. 青岛：内部资料，1991：963.

1936 年 3 月 16 日，黄埠水源地破土动工；1937 年 12 月，国民政府青岛市政当局撤退前将正在建设中的水源地炸毁。1938 年日本侵占青岛后，将青岛市工务局自来水厂改名为株式会社青岛水道部，在恢复白沙河水源地生产的同时，对黄埠水源地重新进行规划，并列入日本人制定的青岛大都市规划，其中提出：在城市用水规划方面，近期目标是尽快规划和恢复黄埠水源地的开建，长远规划是将山东半岛的大沽河作为青岛供水主要工程。1939 年 10 月 13 日，《青岛新民报》报道："青岛水道株式会社将成立，……为开辟水源，并发行 200 万股股票（债券）募集资金（图 1-14），开始兴建黄埠水源地。"[1]针对黄埠水源地的调查结束后，于 1940 年 5 月 5 日确定施工方案，主要工程是在河床新建砖砌涌水井 24 眼、集合井 1 眼，机室、变电所各 1 栋，装有 175 马力电机水泵 3 台（图 1-15、1-16），日送水量 12000 立方米。原厂区占地 61 市亩，建筑 14 栋，大小房屋 59 间，建筑面积 1060.95 平方米。工程于 1941 年开工复建，1942 年竣工投产；与黄埠水源地配套的蓄水 3 万立方米的四方山贮水池也于 1942 年完工（图 1-17）。黄埠水源地成为青岛供水史上继海泊河水源地、李村河水源地、白沙河水源地之后的第四个水源地。

图 1-14 1939 年《青岛新民报》刊发水道株式会社成立的消息及该会社发行的股票

图 1-15 黄埠水源地机室内昭和 15 年（1940 年）生产的日本 175 马力三菱电机

1945 年抗战胜利后，为适应青岛用水需要，国民党市政当局不断扩建供水设施。当年，黄埠水源地增加涌水井 8 眼。

1956 年，青岛市决定在黄埠水源地上游建涌水井 9 眼、厂内建 500 立方米清水池；同年新设青岛市自来水公司，黄埠水源地改为青岛市自来水公司第三送水厂。1966 年，增设 440 千瓦机泵 1 组。70 年代，为扩充水源，在河底打井 24 眼。

80 年代，由于白沙河污染严重，黄埠水源地逐步退出供水行列。1989 年，第三送水厂与崂山水库

---

[1] 青岛水道株式会社资金二百万元 [N]. 青岛新民报，1939-10-13[ 版面不详 ].

图 1-16 黄埠水源地机室内昭和 15 年（1940 年）生产的　图 1-17 与黄埠水源地配套的建设中的四方山水池
日本 175 马力三菱电机标签

合并后改称黄埠水厂。1990 年后，因白沙河污染，黄埠水源地逐渐停止送水。2003 年，将原流亭水厂和黄埠水厂合并，取消黄埠水厂编制，改由流亭水厂统一管理，隶属青岛市海润自来水集团有限公司崂山水库管理处。

2018 年 2 月，黄埠水源地以原生态工业遗存及保存完好如初的厂容厂貌被列入青岛市不可移动工业遗产目录。

### 二、张村河水源地

张村河发源于崂山西麓，属季节性河流，由东向西经中韩镇，于阎家山村与李村河汇合后注入胶州湾；阎家山村以上河段长 18 千米，流域面积近 100 平方千米。上游河床窄、坡度大，中下游河床宽、坡度小，河床及两岸形成以沙、砾为主的冲积层或冲洪积层，厚达 8 ~ 10 米，其中透水性能良好的含水层厚达 4 ~ 8 米；在中下游形成良好富水区，其地下水完全靠大气降水和径流下渗补给，汛期河水上涨、潜流最丰，旱季断流。

张村河水源地位于张村河中游韩哥庄附近，1958 年开建，1959 年建成投产，系井群水源地。初建时，在河床建砖砌深水井 14 眼、集合井 1 眼、机室 1 栋、变电所 1 座。1959 年，在上游新建砖砌涌水井 4 眼、集合井 1 眼、机室 1 栋，成为小型送水厂。1956 年更名为青岛市自来水公司第四送水厂，后称中韩水厂。1980 年送水量 95.82 万立方米，1990 年送水量 89.7 万立方米。

90 年代初，因张村河地下水遭到污染，加之河道采砂致河床蓄水层破坏严重，产水量急剧下降，1992 年停止供水。

### 三、源头河水源地

1957 年，随着工业生产发展和人口剧增，青岛市区供水缺口仍然很大。为解决供需矛盾，决定在白沙河与源头河交汇处新辟水源地。此地河床水源历史上较为丰富，初建时称源头河水源地，系取自河底地下潜流的水井群水源地；后改称青岛市自来水公司第五送水厂。

1958 年，水源地动工兴建。初建时，在河床建木管井 19 眼、铁管井 2 眼；厂内建直径 5 米、深15.5 米的集合井 1 眼；圆形卧式升水机室 1 座；面积为 135.4 平方米的泵房 1 座，安装 180 千瓦机泵 1

台、250 马力和 175 马力机泵各 1 台；建设变电所 1 座；平均日供水量 26000 立方米。取水时采取将河床井水虹吸到集合井的方式，1960 年竣工投产送水。1966 年建成 500 立方米容量的清水池 1 座。1971 年新建大机室 1 座，面积为 160 平方米，装有 3000 伏 190 千瓦机泵 3 台。

70 年代，由于大量河底采沙，河床严重下陷，供水设施遭到破坏。1975 年，铺设连接崂山水库的内径为 900 毫米的自流管道，转送崂山水库净水厂来水。70 年代后期持续干旱，1978 年又在河底新建砖砌大口深水井 18 眼。1980 年送水总量为 142 万立方米。1985 年 9 号台风过后，建在河底的大口井报废较多，至 1990 年报废 11 眼、修复 3 眼，只有少数井在供水。该水源地主要送黄埠水源地的来水和流亭水源地集合井氯处理的净化水。

1989 年，青岛市自来水公司第五送水厂并入崂山水库管理处，改称流亭水源地管理所。1990 年送水总量为 292 万立方米，只有初建时 530 万立方米的 1/2 多。1992 年改为 180 千瓦机泵 3 台，日均供水 9500 立方米。1996 年，因出厂水硝酸盐含量超标暂停供水；同年 10 月，管理所对送水方式进行改造，在清水池新铺设渠道，与水库至仙家寨水厂、直径 1000 毫米的自流管连接，将原水送到仙家寨水厂进行处理。

2003 年，流亭水源地管理所与黄埠水源地管理所合并，统称流亭水厂，仍隶属崂山水库管理处。至是年底，共报废大口井 11 眼、木管井 19 眼。至 2005 年底，共报废水井 22 眼。2018 年，水厂可供水大口井 7 眼、集合井 1 眼，主要送井群水源日供原水 11000 立方米。[①]

表 1-1 青岛市早期地下水源地一览表

| 序号 | 名　称 | 地点 | 日供水能力（立方米） | 启用时间 | 停用时间 |
|------|--------|------|------------------|---------|---------|
| 1 | 海泊河水源地 | 海泊河下游（今海泊河公园） | 400 | 1899 年 | 1948 年 |
| 2 | 李村河水源地（第一送水厂） | 闫家山村 | 7300 | 1908 年 12 月 | 1988 年 10 月 |
| 3 | 白沙河水源地（第二送水厂） | 仙家寨村 | 4000 | 1920 年 | - |
| 4 | 黄埠水源地（第三送水厂） | 中黄埠村 | 12000 | 1942 年 | - |
| 5 | 张村河水源地（第四送水厂） | 中韩 | - | 1959 年 | 1992 年 |
| 6 | 源头河水源地（第五送水厂） | 流亭 | 15000 | 1960 年 | - |

---

① 韩绍江，陈艳平 . 水源春秋连载之八：崂山水库供水工程 [EB/OL].（2018-8-29）[2020-2-24]. http：//www.qdwater. com.cn/WebSite/Detail.aspx?id=1626.

# 第二章　地表水源

1949 年 6 月青岛解放后,青岛市军事管制委员会实业部接管青岛自来水厂,并很快恢复正常生产。据该委员会编制的《青岛市公营企业十月份生产统计简报》记载,1949 年 10 月,全市供水量 546542 立方米,日供水量平均只有 1.8 万立方米,远不能满足社会生产和居民生活用水需求。为尽快恢复生产、保证供水,自来水厂制订了"三年(1950—1952)计划"蓝图书,对生产设备进行挖潜改造。1952—1956 年,青岛自来水厂在全厂职工中进行增产节约的社会主义劳动竞赛,日供水量达到 3.8 万立方米,已达峰值。但水源紧缺、供不应求的矛盾仍然阻碍着全市的生产进步和社会发展,多家工厂被迫停产,居民吃水限量,每月人均用水量不足 0.56 立方米。在此期间,自来水厂于 1954 年提交扩充水源计划书,其中有大沽河、五龙河、乌衣巷、月子口作为青岛城市供水水源的多种方案。[①]地表水源供水计划开始提上议事日程。

50 年代末动工兴建的崂山水库是青岛历史上第一座中型水库,同时也是为青岛市区提供淡水的唯一一座水库。随着城市不断发展和工农业生产及生活用水需求的不断增加,60 年代末,又开辟大沽河应急水源地。由此至 80 年代初,青岛及附近地区因降水偏少、水位下降,既有地下水源基本枯竭,城市面临断水危机。为解燃眉之急,国家先后在大沽河流域进行四次应急供水工程,才勉强渡过水荒难关。

80 年代中期,国务院批准将昌潍地区的平度县、烟台地区的莱西县划归青岛市。于是,位于大沽河中游的平度尹府水库和莱西产芝水库,又成为青岛城市供水的应急补充水源。

## 第一节　崂山水库

崂山水库位于青岛市城阳区夏庄以东白沙河中段小风口与张普山之间的弯月形山谷——月子口,因此初建时名为"月子口水库"。月子口是崂山白沙河段的最后一个山谷,四周群山环抱,中成山谷盆地,白沙河水从小风口和张普山两山之间流过,在此筑坝拦截从北九水奔流而下的河水,是兴建水库的最佳选择。水库始建于 50 年代,建成后由此实现青岛市区的地表水供给,打破了长达 64 年的单一井群供水方式。1989 年引黄济青工程竣工通水前,崂山水库是青岛市生产生活用水的主要水源。[②]

### 一、工程立项

50 年代中期,青岛相关部门经过对大沽河、乌衣巷、月子口 3 种方案进行勘探、设计、比对后认为:大沽河工程如按日生产 10 万立方米进行设计,需要资金 2729 万元,虽然水量充足,但线路长、管理难度大;乌衣巷筑坝建库供水因地势条件限制,汇水面积不足月子口水库的 60%,在此建水库只是眼

---

① 建设崂山水库解渴青岛城区 [N]. 青岛日报,2021-7-1(C04)

② 水利部南水北调规划设计管理局,山东省胶东调水局 . 引黄济青及其对我国跨流域调水的启示 [M]. 北京:水利水电出版社,2009:13.

前之利，不是长远之计；月子口水库地处月子口，利用小风口、张普山两山之间的天然屏障筑成坝体，结实牢固，离市区近，水质好，供水工程如按每日 10 万立方米计算，需要资金 1680 万元。再结合前期论证和钻探试验，修建月子口水库截留崂山雨水最为经济实惠，被列为最佳方案。

1956 年 9 月 26 日，青岛市委向山东省委提交修建月子口水库报告，并报请中央办公厅列入国家计划。报告提出："我市自来水水源不足，历史上常因天旱造成水荒。青市每年雨量均集中在七八九月，而春季三四五月降雨甚少，且冬季少雪。雨季则山洪暴发，河水急流入海，雨过即断绝径流，天略旱即感水源不足。市内又不易掘井，因而即威胁市内供水。解放后几年，由于挖潜进行扩建，基本保证了每年安全供水，但本市供水量逐年迅速增长，1956 年全年供水量将由 1950 年的 605 万立方公尺增至 1321 万立方公尺，增加了 1 倍多。今年八九月最高日供水量曾达 51253 立方公尺……"[①]

1957 年春，国家计划委员会正式批复兴建月子口水库方案，这是列入国家项目、国家出资建设的全国首个城市供水工程。

## 二、工程筹备

1957 年 6 月 13 日，青岛市政府成立月子口水库工程筹备处。10 月 29 日，青岛市人民委员会发文成立青岛市月子口水库工程建设委员会，并在此基础上于 1958 年组建月子口水库建设指挥部，任命青岛市人民委员会副市长王云九为指挥、姜茂林为工委书记、刘汉耀为主任工程师，城市建设局、电业局、公安局等 8 个局的领导组成八大处工程指挥部。

1958 年 3 月 16 日，苏联专家阿拉诺维奇提交建设月子口水库的相关水文地质报告。是年，青岛长期无有效降雨，枯水位下跌，加之天气渐热，城市生活用水陡增，用水空前紧张。5 月 24 日，市区各配水池蓄水全部用完，部分地势较高区域开始断水。26 日，为维持全市居民用水，一些用水大户如印染厂、棉纺厂等被迫停产；同一天，市人委会召开会议布置节约用水工作，次日向全市发出《关于立即动员起来节约用水，缓和当前供水紧张情况的紧急通知》，要求全党动员，大家动手，挖掘水源，节约用水，开源与节流双管齐下，千方百计地解决求过于供的矛盾，以保障生产需要。市人委会要求企业、工厂、街道居民以井水等替代自来水，各单位充分开展废水回收、循环用水等措施，将供水紧张情况缓和下来。鉴于吃水告急，刻不容缓，市委迅速研究决定月子口水库提前开工。[②]

1958 年 6 月 7 日，国家建筑工程部给排水设计院完成水库设计方案，方案确定：水库总库容 5601 万立方米，兴利库容 4798 万立方米；大坝长 672.15 米、最大坝高 26 米、坝顶宽 6 米、底宽 171 米，库内最大水深为 24.5 米，水库东西长约 5 千米、平均宽度约 1 千米，汇水面积为 5 平方千米，流域面积 99.6 平方千米。根据库区以前多年平均降水量 950 毫米、多年平均径流量 0.53 亿立方米的实际情况，方案提出要采取混凝土桩防渗截水墙新技术建设水库大坝。按传统工艺，坝基必须挖到岩石层，新工艺则使用在河面打桩截水、做混凝土防渗墙的技术，在国外是新技术，在国内是首次试验。此后，《青

① 建设崂山水库解渴青岛城区 [N]. 青岛日报，2021-7-1（C04）.
② 建设崂山水库解渴青岛城区 [N]. 青岛日报，2021-7-1（C04）.

岛日报》以"大坝基础工程采用世界最先进的施工方法"①予以报道。采用新工艺施工的水库主坝系黏土砂壳斜墙坝,坝基处理采用圆柱桩帷幕灌浆技术;副坝系均质土坝,长50米,坝高2.5米;溢洪闸为10×6米5孔平面钢闸门,最大泄量为1344立方米每秒;非常溢洪道(即副坝)最大泄量为1010立方米每秒;放水洞最大泄量为5.6立方米每秒;防洪能力达千年一遇标准。6月24日,山东省委批复青岛月子口工程设计计划书及1680万元的工程概算,要求立即组织实施。

### 三、水库建设

水库建设需搬迁村庄12个、农户1048户,迁移人口5527人,征用农田336.06公顷。青岛市委于1958年7月30日下发文件,针对搬迁赔偿提出详细的实施法则,总的原则是"国家不浪费、群众不吃亏"。随之,工程指挥部认真做好库区搬迁村的思想说服工作和安置事宜,派员逐村逐户反复宣讲兴建水库的重要性和紧迫性;各搬迁村党组织也以大局为重,配合做好村民思想工作;库区搬迁村农民群众通情达理,并以服从搬迁安置的实际行动支持水库建设。库区征地手续和村民搬迁事宜很快办理完毕,部分人被安置到闫家山和即墨,有的村民在自来水公司安置就业,还有的村就地迁移,夏庄镇华阴村就是那时建设的移民村。②搬迁安置工作的迅速完成,为水库工程顺利开工创造了良好条件。

1958年9月1日,月子口水库工程正式开工(图1-18)。参加水库工程建设的主要施工单位有安徽省建设厅工程总队第一支队、青岛建筑公司、青岛城建局安装工程队等。为支援水库建设,中国人民解放军海军青岛基地从1958年10月20日到1959年2月20日,每月派1500名指战员参加义务劳动,③参加施工官兵总人数占参加水库工程建设全部施工人员的近一半,青岛市各级机关下放农村锻炼的干部及被错划的右派分子也被派赴水库工地参加劳动。

图1-18 1958年《青岛日报》刊发《月子口水库工程昨正式开工》

水库施工过程中,为将这项试点工程建成全国样板,主任工程师刘汉耀与来自北京的4名专家成立5人小组,经过3个多月的实验攻关,终于掌握世界上最先进的水利筑坝技术。12月3日,青岛日

---

① 大坝基础工程采用世界最先进的施工方法 [N]. 青岛日报, 1958-8-7[ 版面不详 ].

② 张锐 . 神秘的崂山(月子口)水库 [N]. 青岛早报, 2019-12-9(12).

③ 青岛市档案馆 . 青岛通鉴 [M]. 北京: 中国文史出版社, 2010: 528.

报发表题为"混凝土椿截水墙试验成功——月子口水库采用世界上最先进的施工方法"的文章。① 在机械设备方面，水库工程建设所需机械由四方机厂、解放军三〇一工厂、青岛港务局造船厂负责提供和加工制作，同时购买10台乌克斯钻机，调选20名青年技术人员进行施工操作培训。由于指挥部有关处室对施工任务和工期向施工单位交代得详细、清楚，各个施工环节环环相扣，施工程序紧凑有序，各项工程进展顺利（图1-19）。

图1-19 月子口水库工程技术人员与专家商讨施工技术问题

前后仅用一年时间就完成主要工程任务，达到拦洪蓄水、不渗不漏的要求。

水库建设期间，山东省副省长李宇超于1959年4月视察建设工地时提出，"月子口"不如崂山有名，建议将月子口水库更名为"崂山水库"。当年7月，月子口水库工程工委专题向青岛市人民代表大会请示，经转批，分管城市建设的青岛市副市长王云九在请示报告上写下"按李副省长指示办"的批示。此后，"月子口水库"更名为"崂山水库"。②

1959年12月31日，水库主要工程完工并启用（图1-20）。主要工程除大坝外，还有溢洪坝、自溃坝、溢洪渠道；取水工程包括取水塔、渗水渠、输水管、引水渠、水电站、消力池，并建设容量为1532立方米的清水池1座；水库占地面积440万平方米。

崂山水库工程是全国首个城市供水工程，也是采用新工艺建设的水库，不仅为北京密云水库的兴建积累了宝贵经验，也成为全国兴建水库的样板，因此成为全国争相学习的模范工程。

建成后的月子口水库

图1-20 建成后的崂山水库（月子口水库）

1960年，崂山水库开始向市区供水，年均供水量约2320万立方米，③ 有效缓解了青岛城市供水的燃眉之急。是年1月和2月，青岛平均供水量7.5万立方米，3月和4月达到9.2万立方米。

水库投入运行后，又陆续完成溢洪坝迎水面防渗墙、溢洪渠道及电灌渠、净水厂（图1-21、1-22）及发电站、大坝迎水坡大面积灌缝、自流灌区、非常溢洪道、溢洪闸等工程项目的扩建或新建。至1987年，

① 混凝土椿截水墙试验成功——月子口水库采用世界上最先进的施工方法 [N]. 青岛日报，1958-12-3[ 版面不详 ].
② 张锐. 神秘的崂山（月子口）水库 [N]. 青岛早报，2019-12-9（12）.
③ 青岛市档案馆. 青岛通鉴 [M]. 北京：中国文史出版社，2010：528.

国家累计投资 2100.92 万元，投工 180 万个，完成工程量 193.45 万立方米。

图 1-21 1965 年建成的崂山水库净水厂

图 1-22 1980 年的崂山水库净水厂

### 四、水库改造

崂山水库建成后，先后进行过两次重大改造。1974 年，对溢洪闸进行改造，由 9 段重力滤水坝改为 5 扇卷扬启闭式钢板闸门，防洪标准达到百年一遇洪水设计、千年一遇洪水校核，库容也增加了 418 万立方米；1975 年 7 月 30 日改造工程完工（图 1-23）。2009 年，开始实施除险加固工程，系统地对主坝、副坝、溢洪道、进水塔及放水洞进行改造，总库容提高到 5955 万立方米；2010 年 8 月工程完工。

1982 年 5 月，还铺设一条由第二送水厂至崂山水库的倒灌管系统，实现两处水源地互联互通。2011 年又对这条管道进行改造，改为直径 1200 毫米的球墨管道。[1]

图 1-23 改造后的崂山水库泄洪闸

---

[1] 青岛水务集团 . 青岛水务博物馆使用手册 [M]. 青岛：内部资料，2018：51.

## 第二节　大沽河应急供水工程

大沽河发源于烟台招远市北部的阜山，由北向南流经莱阳、莱西、即墨、平度，于胶州市营房镇码头村南注入胶州湾；干流全长 179.9 千米，流域面积 6131.3 平方千米，为青岛境内最大河流，也是唯一一条由市域以外流经青岛市入海的河流。1951—1957 年，大沽河平均年来水量 9.58 亿立方米，最丰年为 1965 年，年来水量达 34.07 亿立方米。

大沽河河床宽 400 ~ 500 米，最宽处达 800 米，地层结构为第四系冲积及冲洪积层，厚达 3 ~ 14 米，含水沙层平均厚达 10 米，地表为黏质沙土，粉沙层平均厚达 10 米，以粉细沙和中细沙为主，沿河床及两岸带状分布；其次为转薄的白垩系王氏细坡残积层，地下水区埋藏浅，易接受大气降水补给，实为浅层孔隙潜流水。同时，地下含水层隔水边界条件好，有利于地下水贮存，故富水性相对较强。大沽河水源分径流水和潜流水两大部分，其潜流水皆取之河床及两岸大口井、排井、管井和农井。

60 年代末到 80 年代初，为解城市供水的燃眉之急，青岛市先后四次实施大沽河应急供水工程，总计投资 1.8 亿元。在大沽河流域 300 平方千米的富水区挖掘各种水井 1000 多眼，建设 5 座原水厂，修建明渠、暗渠和管渠 150 余千米，将莱西产芝水库、平度尹府水库的水引入青岛市区，[1] 建成大沽河地段潜流、径流和水库水混合型水源基地，帮助青岛市勉强渡过居民生活和工业生产的水荒难关。[2]

### 一、第一次应急供水工程

1965 年，鉴于青岛市区供水紧张的形势越来越严峻，在山东省政府组织下，省计委、建设厅、水利厅等单位派工程技术人员到青岛市周边的五龙河、大沽河现场勘察，拟从五龙河团旺以上建水库或拦水闸，通过泵站提升 35 ~ 40 米，把水送到五沽河，经明渠流到桃源河，再开挖明渠沟槽，经两级泵站提水送到青岛第二送水厂。该方案因"文化大革命"开始而搁置。

1968 年，青岛市遇到 40 年来未有之大旱，"全年降水 467 毫米，只相当于多年平均值的 68%，市区主要水源——崂山水库年底存水只有 458 万立方米，若按最低极限标准日供水 12 万吨计，只够用 38 天"，[3] 工业用水与城乡居民生活用水面临严重危机。为解决供需矛盾，12 月 16 日，青岛市革命委员会决定建设大沽河开渠引水工程（图 1-24）。为此，专门成立青岛市引水工程指挥部，由李守丰任指挥、何金山任副指挥，下设办公室，分政工组、材料组、施工组、财务组、后勤组。此项引水工

图 1-24　1968 年青岛市革命委员会印发《关于发动群众从大沽河开渠引水的通知》

---

[1] 青岛水务集团.青岛水务博物馆使用手册 [M].青岛：内部资料，2018：54.
[2] 宫崇楠.东调黄河水接济青岛市——引黄济青工程即将开工 [J].中国水利，1986（04）：24-25.
[3] 宫崇楠.东调黄河水接济青岛市——引黄济青工程即将开工 [J].中国水利，1986（04）：24-25.

程作为应急供水措施，开挖明渠从岔河闸拦截径流，从烟台、昌潍地区两个大水库里放水，经过大沽河、桃源河流到棘洪滩公社的中华埠，再从中华埠到仙家寨，经渠道和管道将水引到第二自来水厂，净化之后供应全市，日输水量 12 万立方米。

此次应急供水工程规模巨大，除新建净水池、沉淀池和两个扬水站外，新开渠道全长达 22 千米，需挖掘 30 多万立方米土石方，并在白沙河、石桥河和洪江河下面铺设 1700 多米的大型水泥管道。整个工程采用由各工厂、企业、机关、学校、区街和驻青部队分段包干的办法，经过 10 万军民 40 多天的冒寒奋战，胜利完工并于 1969 年 3 月底开始送水，[①] 暂时缓解了青岛全市工业生产和居民生活用水困难。

## 二、第二次应急供水工程

大沽河中游、下游支流较多，较大的有洙河、五沽河、流浩河、小沽河、城子河、南胶河；其上游各支流建有水库 140 多座，中游建有尹府、产芝大型水库 2 座。由于水库将水拦蓄，大沽河径流也时有出现断流现象。尤其是 70 年代以来，青岛降雨量减少，大沽河几乎每到旱季即断流。

1977 年，青岛市又遇干旱，“崂山水库汛末存水仅 350 万立方米，大沽河断流，市区 5 个井群水厂的地下水位大幅度下降”，[②] 供水形势十分危急，故又进行第二次应急供水工程。

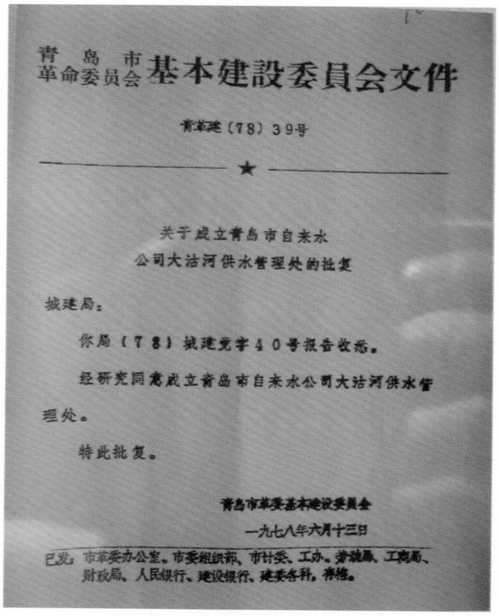
青岛市革命委员会基本建設委員会文件

青革建（78）39号

关于成立青岛市自来水公司大沽河供水管理处的批复

城建局：

你局（78）城建党字40号报告收悉。

经研究同意成立青岛市自来水公司大沽河供水管理处。

特此批复。

青岛市革委基本建设委员会

一九七八年六月十三日

已发：市革委办公室、市委组织部、市计委、工办、劳动局、工商局、财政局、人民银行、建设银行、建委各科，存档。

图 1-25 1978 年 6 月 13 日青岛市革委基本建设委员会《关于成立青岛市自来水公司大沽河管理处的批复》

青岛市革命委员会组成大沽河引水应急工程指挥部，同时在即墨西北边距城区 90 多千米的大沽河畔设大沽河水源管理筹建处。在大沽河沿岸打井 80 眼，采取明、潜合取的办法，将原有输水明渠改为暗渠，以减少渗漏损失，增大供水量。暗渠全长 56.45 千米，设计输水能力为 3.0 立方米每秒。[③] 青岛市自来水公司大沽河供水管理处也在应急供水工程建设过程中正式成立。（图 1–25）

同年 10 月，在国务院和山东省政府支持下，青岛市获准兴建第二送水厂至大沽河即墨袁家庄 56 千米 1.8 × 2.8 米的暗渠和直径 1.7 米的 10 千米管道引水工程，该工程于 1978 年 6 月完工，1979 年 1 月 19 日全线通水，日供水能力增加到 20 ～ 25 万立方米。[④]

## 三、第三次应急供水工程

1981 年，青岛市全年降水 308.3 毫米，比正常年份少

① 青岛市档案馆 . 青岛通鉴 [M]. 北京：中国文史出版社，2010：621–622.

② 宫崇楠 . 东调黄河水接济青岛市——引黄济青工程即将开工 [J]. 中国水利，1986（04）：24–25.

③ 青岛市档案馆 . 青岛通鉴 [M]. 北京：中国文史出版社，2010：659.

④ 张曰明 . 开源节流 造福桑梓——解放后青岛市引水节水工程纪实及对有关问题的思考 [M]. 北京：五洲传播出版社，2001：11.

50%以上，是有气象记录后80多年中降水最少的一年，全市又面临断水的危机，经济社会发展和人民生活用水再次受到严重威胁，故又进行第三次应急供水工程（图1-26）。

青岛市成立应急供水指挥部，在山东省政府和省有关部门大力帮助指导下，根据山东省地质局801水文队提供的大沽河两侧中下游水文地质勘察报告，经国务院批准，拟建设胶县李哥庄—即墨兰村水源区、即墨移风刘家庄水源区、平度仁兆水源区，对大沽河地下水源进行大规模开发利用。

1981年10月，各县施工队相继进入工地，11月全面开工；12月底，3个水源区的开发建设陆续完工。工程在沿岸约100平方千米河谷范围内即胶县的李哥庄、即墨县的移风、平度县的仁兆一带增打新井255眼。"同时利用民井303眼，修建输水渠和管道162千米，连同市区井群和崂山水库在内，勉强维持日供水13万立方米。当时工业用水强令压缩50%，一些中、小学停止给学生供应开水，有的医院每个病号每天只供应两暖瓶开水。"[①]暂时缓解了青岛的断水危机，保证了工业生产和人民生活用水的最低需要。

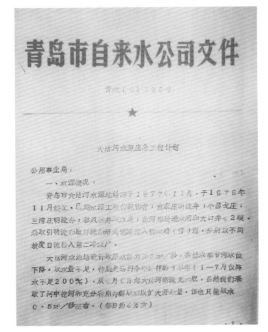

图1-26 1981年大沽河第三次引水应急工程青岛市自来水公司施工计划

### 四、第四次应急供水工程

1982—1983年青岛市持续干旱，大沽河连年断流，取水区内地下水位大幅度下降，遂又进行第四次应急供水工程。

此次应急供水工程，将取水区向外扩展60平方千米，到大沽河上游的平度、莱西县境内打井取水，并修建77千米暗渠。在此期间，新建李哥庄水源管理处、设泵房1座，铺设内径为1000毫米的压力管道9千米，新打涌水井61眼、集合井2眼；新建南沙梁水源地，凿大口井66眼，设单井泵房25座；新建干沟湾水源，凿大口井7眼，设泵房1座；改造三湾庄、马军寨管井13眼；扩充袁家庄、小吕戈庄水源，新建渗井取水工程2处；新建马龙疃水源，建立农灌井供水系统，采用支渠和干渠输水。其中，在莱西县境内的工程于1983年10月开工、1984年7月完工，工程主要有以下两项。一是位于朴木乡境内的井群工程，取水面积9平方千米，涉及11个大队，新打大口井40眼、小口井20眼，共铺设输水管路16条，采用直径为200至400毫米的预应力钢筋混凝土管12千米，建机泵房52座，水井配电动机，建水泵室13座，闸阀井14座。二是产芝水库至三湾庄输水渠（管）道工程，设计流量为1立方米每秒，加大流量为1.2立方米每秒，西放水洞出口明渠2.67千米，采用原西干渠，设计底宽7.5米；输水暗渠采用浆砌石边墙、块石镶面、预制混凝土盖板，全长35.1千米，选用槽宽为1.1米、1.2米、1.35米、1.5米、1.56米、1.70米、1.8米的七种断面，其底坡分别为1/800、1/1500、1/2000、1/3000四种，

---

[①] 宫崇楠. 东调黄河水接济青岛市——引黄济青工程即将开工 [J]. 中国水利，1986（04）：24-25.

管道采用直径为 1200 毫米的预应力钢筋混凝土管，管道全长 5.6 千米，布及 13 个工段，其中倒虹吸 9 处，渠（管）道总长 43.456 千米，各种建筑物 87 座，伸缩缝 331 条；完成土石方开挖 119 万立方米，浆砌体 11 万立方米，混凝土 25585 立方米。[①]

1983 年 10 月 20 日，经山东省政府和国务院批准，又动工修建全长 43 千米的大沽河袁家庄至莱西产芝水库 1 个流量的暗渠和全长 34 千米的小吕戈庄至平度尹府水库 0.5 个流量的 1 米直径管道工程，引两水库水入大沽河主渠。[②]工程于 1984 年 4 月全部完工，当年汛前勉强做到日供水 15 万立方米。

## 第三节　尹府水库

尹府水库始建于 50 年代末，库址位于平度市云山乡北王戈庄村西北，坐落在大沽河系小沽河支流猪洞河中下游，控制流域面积 178 平方千米，总库容 1.613 亿立方米，兴利库容 0.738 亿立方米，死库容 720 万立方米，是一座集防洪、养殖、灌溉和城市供水于一体的大（二）型水利枢纽工程。[③]

### 一、水库建设

尹府水库由昌潍专署水利局进行初步设计，设计灌溉面积 13.5 万亩，有效灌溉面积 2.5 万亩（不含洪山、龙山、云山 3 个提水灌区）。1958 年 4 月开工，大坝清基、回填结束后停工；当年 6 月，天津大学水利系师生对枢纽工程进行设计。1959 年 4 月，山东省水利勘测设计院对水库作修正（扩大）设计，11 月复工；1960 年 6 月基本建成，1962 年开始蓄水。枢纽建筑物主要由大坝、溢洪道和输水洞等组成，主坝为黏土心墙砂壳坝，坝顶长 775 米、最大坝高 20.2 米，副坝坝长 55 米、坝高 6.9 米；坝顶高程 84.4 米，坝顶宽 7.5 米，坝坡上游为混凝土护坡，下游为草皮护坡。溢洪道为露顶式宽顶堰，堰顶净宽 20 米，分两孔布置，每孔净宽 10 米，堰顶高程 74.0 米，设计泄量 510 立方米每秒，最大泄量 885 立方米每秒。输水洞为坝内有压廊道内加衬管，设计泄量 14.4 立方米每秒，最大泄量 26.1 立方米每秒，闸室为钢筋混凝土竖井，闸门为 2×2 平板钢门。水库防洪标准采用 100 年一遇洪水设计，5000 年一遇洪水校核，可保护平度、莱西、即墨等地 130 万亩土地、68 万人口，以及 804 省道、309 国道和胶济铁路的安全。水库地震设防烈度为 6 度。[④]

1964—1985 年，水库先后完成溢洪道加宽，新开挖正常溢洪道并建闸，开挖从黄山水库到尹府水库的 4 千米引水渠，大坝加高培厚，坝后反滤排水、建防浪墙和迎水坡翻修，建自溃坝、泄水闸，启闭机房翻修、溢洪闸前护坡及防汛公路等续建工程。到 1987 年底，共完成土石方 217.71 万立方米，混凝土 0.07 万立方米，投工 392.55 万个，国家累计投资 690.3 万元。

① 青岛供水应急工程竣工报告 [R]. 莱西县供水应急工程指挥部 . 1984：1-2.
② 张曰明 . 开源节流 造福桑梓——解放后青岛市引水节水工程纪实及对有关问题的思考 [M]. 北京：五洲传播出版社，2001：12.
③ 李辉光，江云霞，李林，刘涛 . 尹府水库运行与管理综述 [J]. 中国水利，2006（02）：33+39.
④ 姜海瑞，姜斌，李世峰 . 尹府水库运行与管理综述 [J]. 科技风，2009（22）：171.

## 二、城市供水

1983 年 10 月 22 日，尹府水库供水工程开工建设。供水渠道由水库至即墨小吕戈庄水厂，长 30.74 千米；设计日供水量为 8.5 万立方米，其中井群 4 万立方米、水库 4.5 万立方米。[①]1984 年 5 月 1 日，工程竣工后，开始向青岛、平度两地供水，成为青岛地区的重要水源地。[②]1987 年，实际供水 1475 万立方米，其中工业及城镇生活用水 785 万立方米、灌溉用水 690 万立方米。

引黄济青工程建成后，尹府水库成为青岛城市供水的应急补充水源。1990 年，在尹府水库至即墨小吕戈庄水厂间安装直径为 1 米和直径为 300 毫米的预应水泥输水管（小吕庄水厂至大沽河水源管理处输水管道）各 1 条，长 34 千米。

# 第四节　产芝水库

产芝水库位于莱西县城西北 10 千米处大沽河干流中上游的韶存庄乡产芝村东北，始建于 50 年代末。水库"控制流域面积 879 平方千米，流域内多年平均降雨量 780 毫米，多年平均径流深 250 毫米，库容 4.02 亿立方米"，[③]是一座集防洪、发电、灌溉、供水、养鱼、旅游于一体的国家级综合性大（二）型水利枢纽工程，也是胶东半岛第一大水库、山东省第二大水库和国家 AAA 级旅游景区。

## 一、水库建设

1958 年，为根除水患、变害为利，在充分调查研究的基础上，经山东省和烟台地区有关单位勘查论证、规划设计，决定在产芝村的小芝山与韶存庄北岭之间修建大坝，调节洪水。水库由山东省勘测设计院和烟台地区水利建设指挥部组成的设计小组设计，由莱阳县产芝水库工程指挥部组织施工，是一个有主坝、副坝、溢洪闸、非常溢洪道、放水洞、水电站组成的完整水利枢纽工程。

1958 年 10 月 22 日，产芝水库正式开工。水库是截大沽河径流而成，由于毫无先进技术和挖掘机械，工程施工全靠锨和镢挖、镐头刨、肩膀挑、木车推、土筐抬。工地上每天人山人海，昼夜苦干，最多时日上阵 36000 余人，总用工达 391.97 万个。库区移民高程 74.1 米，总计搬迁 38 个村、4831 户，迁移人口 20469 人。1959 年 9 月，完成大坝和东、西放水洞及溢洪道主体工程。

水库投入运用后，于 1965—1987 年相继完成溢洪闸、中放水洞、大坝加高培厚、非常溢洪道、电站、大坝护坡翻修、溢洪闸启闭机房、防汛专线等工程，共完成土石方 338 万立方米，混凝土 0.36 万立方米；投工 725 万个，国家总投资 2382.04 万元。水库主坝长 2400 米，最大坝高 20 米，坝顶高程 77.5 米，顶宽 7 米，坝顶有高 1.3 米的防浪墙和照明避雷设施；副坝长 600 米，其中 300 米作为非常溢洪道挡水设施，最大坝高 6.2 米，高程 77.3 米。溢洪闸建 10×6 米 5 孔平面钢闸门，最大泄量为 1980 立方米每秒。非常溢洪道为开敞式，堰顶宽 300 米。坝内设 6 个爆破竖井，以备应急破坝泄洪。东、西放水

① 水利部南水北调规划设计管理局，山东省胶东调水局 . 引黄济青及其对我国跨流域调水的启示 [M]. 北京：水利水电出版社，2009：13.

② 李辉光，江云霞，李林，刘涛 . 尹府水库运行与管理综述 [J]. 中国水利，2006（02）：33+39.

③ 青岛市档案馆 . 青岛通鉴 [M]. 北京：中国文史出版社，2010：532.

洞用于灌溉，最大流量分别为7立方米每秒和15立方米每秒；中放水洞平时用于放水灌溉，遇急泄洪，最大流量为47.2立方米每秒。电站为坝后式，有4台900千瓦的总装机。水库达到10000年一遇防洪能力，可保护莱西、平度、即墨、胶州以及潍石公路、胶济铁路的安全。[①]

水库建有总干渠及分干渠15条，长148.5千米；支渠83条，长240.9千米；包括东干渠、西干渠、江家庄、辇止头4个灌区，可使下游386个村庄的28万亩田地得到有效灌溉，成为调节水势、抑制水患、保证水资源综合利用的大型水利工程。1972年3月26日，发生建库后最大洪水时，削减洪峰96%。1985年9号台风时，流域内平均降雨391毫米，1.93亿立方米洪水全部被水库拦截，两岸人民的生命财产和农田安然无恙。

## 二、城市供水

产芝水库辟有为青岛及莱西城区提供工业、生活用水渠道多条，每年可供水5000万立方米。70年代起，每逢青岛枯水年份，由该水库放水经大沽河到岔河拦水坝截入大沽河输水渠道。

1983年10月，产芝水库及井群向青岛供水工程动工。输水管渠自产芝水库起，沿线过潍石公路，跨大沽河，穿蓝烟铁路，越五沽河，直送即墨三湾庄水厂，总长43.37千米，日供水能力8万立方米。1984年5月10日正式开始向青岛市区供水。[②]

1987年，产芝水库实际供水7452.2万立方米，其中工业及城镇生活水2993万立方米、灌溉用水4459.2万立方米。到2002年底，产芝水库向青岛日供水能力达到10万立方米。

表1-2　1984—2002年产芝水库向青岛供水量统计表

| 年 份 | 供水量（万立方米） | 年 份 | 供水量（万立方米） | 年 份 | 供水量（万立方米） |
|---|---|---|---|---|---|
| 1984 | 1000.00 | 1991 | 829.60 | 1998 | 1025.64 |
| 1985 | 650.00 | 1992 | 1161.00 | 1999 | 903.86 |
| 1986 | 850.00 | 1993 | 1459.67 | 2000 | 552.31 |
| 1987 | 800.00 | 1994 | 959.00 | 2001 | 246.73 |
| 1988 | 700.00 | 1995 | 481.70 | 2002 | 594.00 |
| 1989 | 381.00 | 1996 | 595.02 | 合计 | 14391.65 |
| 1990 | 45.00 | 1997 | 1157.12 | | |

## 三、除险加固

2005年4月，水库除险加固工程获得批准；当年10月由国家发改委、水利部立项兴建。主要内容为主坝加固、副坝加固、溢洪道改扩建、东放水洞重建、中放水洞封堵、西放水洞新建、尾水渠与

---

① 青岛市档案馆.青岛通鉴[M].北京：中国文史出版社，2010：532-533.
② 水利部南水北调规划设计管理局，山东省胶东调水局.引黄济青及其对我国跨流域调水的启示[M].北京：水利水电出版社，2009：13.

防汛路整治、管理及辅助生产用房新建、视频监控系统安装等工程。该工程分三年完成。

工程于 2006 年 4 月开工，当年实施大坝灌浆、副坝加固、西放水洞新建、尾水渠整治工程；2007 年实施溢洪道改扩建、闸门与启闭机制作安装、东放水洞重建、电气设备安装工程；2008 年实施主坝加固、中放水洞封堵、防汛路整治、管理及辅助生产用房新建等其他工程。至 2008 年 12 月，工程全面完工，完成工程量为土石方 123.5 万立方米、砌石 9.5 万立方米、混凝土 4.2 万立方米、灌浆工程 1.6 万延米，总投资 1.37 亿元。

除险加固工程完工后，达到设计洪水标准为 100 年一遇，校核洪水标准为 5000 年一遇，可保护下游莱西城区和大沽河两岸的 499 万亩耕地及 96.1 万人口的生命财产安全；同时保护下游同三高速、潍莱高速、青银高速、济青高速、804 省道、青烟公路及兰烟、胶济铁路的畅通；提高向青岛和莱西城区供水及灌区灌溉用水的保证率，保证养鱼水面 2.5 万亩。

### 四、开发利用

1981 年，水库进行体制改革，由事业单位改为企业管理。随后，水库充分发挥自身优势，利用有人才、有技术、有资源、有地盘、有设备的有利条件，经过调查分析，稳妥可靠地开展综合经营项目，先后办起造纸、养鱼、食品加工、电机维修及低压配电盘、小型电风扇、小型鼓风机生产等项目。还在莱西县城开设综合贸易公司。水库变成一个拥有农业、工业、渔业、商业、水利、机电、林果、花卉等综合经营的新型企业，经济效益居全市水库之首。[①]

1988 年开始建设生态旅游区，从 1989 年开始先后建起水中栈桥、观赏鱼池、葡萄长廊、水上乐园、仿古式凉亭、湖石假山及 30 多种雕塑等景点。2003 年，水库管理局为适应旅游业发展需要，结合水库实际，在旅游品牌、档次、规模、特色上下功夫，邀请有关专家多次进行实地考察，并由深圳市建筑研究总院编制《莱西湖生态休闲观光园总体规划》《莱西湖生态休闲观光园详细规划》，总体规划分 10 年实施，总投资 5 亿元。

2005 年 3 月，莱西市政府以生态保护为目的，以建设社会主义新农村、带领湖区人民奔小康为宗旨，打造旅游品牌，拉动地方经济，规划了 78 平方千米的区域，成立了莱西湖生态保护区管理委员会，产芝水库正式改名为“莱西湖”。

从 2004 年到 2009 年，莱西市政府围绕总体规划先后建设 300 亩钓鱼湖、万平广场、2500 亩森林公园、湖滨公园、竹苑、钓鱼场、竞技场等 20 多个景点；投资 3200 万元建设渔旺生态园宾馆、湖滨生态园宾馆和竹苑山庄，丰盛的“淡水全鱼宴”被列为青岛市名吃，美味可口，誉满胶东；投资 800 万元硬化改造庭院 1000 平方米；投资 4000 万元，建设环湖大道、景区内步游道等道路 10 条，共计 25 万米，高标准的沥青路使产芝水库与 204 国道直接相通，大大加强了景区的可进入性；投资 4000 万元，加强景区绿化美化建设，种植鲜花苗木 100 余种，植冬青绿篱 1 万余平方米、草坪 10 万余平方米、蔷薇绿篱 6000 余米，绿化面积达绿化面积覆盖率要求的 100%，形成“三季花香飘逸”“四季绿化常青”独

---

① 袁法治.产芝水库是怎样不断增强活力的？[J].中国水利，1987（02）：35.

具特色的绿化格局。2006年9月，莱西湖生态休闲区进入首批省级休闲渔业示范点和国家 AAA 级旅游景区行列；2007年8月，被评为国家水利风景区。[①]

产芝水库（莱西湖）的开发建设，极大地促进了莱西市旅游业的发展，带来了巨大的经济效益和社会效益。同时，也为库区村庄群众从事第三产业、增加收入、脱贫致富打下良好基础。

# 第三章 工程设想

随着经济社会发展和城市人口不断增多，以及供水普及率的不断提高，青岛城市供水日益困难。70年代，按青岛市人口、工业规模计算，日平均供水需55万立方米，但实际汛期日供水量为26万立方米、枯水期仅为12万立方米，供需矛盾非常尖锐。70年代末，邓小平同志视察青岛时指示要尽快解决城市缺水问题。自此，青岛城市供水紧张问题引起中央层面的高度关注。

80年代初，前所未有的连续干旱少雨致使青岛市及周边地区水库无水、河道断流、地下水位大幅度下降，既有水源基本枯竭。在邓小平等中央领导同志的重视下，国务院及有关部门领导多次到青岛调研，国家相关部委也联合派出专家组进行现场查勘，山东省还组织有关部门进行开源论证和实践探索。

面对水资源短缺的严峻形势，为彻底扭转青岛地区水资源短缺困局，决策者的目光投向黄河。兴建跨流域调水工程，将黄河水引到青岛，从根本上解决青岛供水危机，逐渐进入党和政府的决策层面，引黄济青工程由此诞生。[②]

## 第一节 供水困境

改革开放以来，青岛市经济社会迅速发展，但市区供水一直处于紧张状态，成为北方严重的缺水城市之一，水资源不足成为青岛市进一步发展的主要制约因素。80年代初，缺水问题已严重影响青岛工业生产、人民生活和社会安定，缺水"严重时居民每人每天只能供水20升，停泊在港口的外轮和进入青岛的列车都不能补充淡水"。[③] 这种状况严重影响了青岛市的工业发展，给人民群众生活带来很大困难，危及整个城市的安定，也影响了外贸和旅游事业的发展。因此供水不足问题已然成为青岛市发展的制约因素，已到必须解决之时。

### 一、全面水荒

自1977年开始，青岛地区连年干旱，城市供水日趋吃紧。在保证率为95%的情况下，崂山水库、

---

① 莱西湖生态休闲区 [EB/OL].（2010-01-07）[2019-04-19] http://www.dzwww.com/2010/slpx/hxjq/201001/t20100107_5301417.htm
② 造福于人民的工程——引黄济青工程 [N]. 大众日报，2019-1-17（6）.
③ 宫崇楠. 东调黄河水接济青岛市——引黄济青工程即将开工 [J]. 中国水利，1986（04）：24-25.

大沽河径流、大沽河地下水、市区井群的年可供水量为 6275 万立方米，日平均可供净水量为 15.74 万立方米，在连续枯水年份供水则不足 13 万立方米，由此可见，青岛市实际供水能力满足不了经济发展的需要，与规划需水相差甚远。[①] 为了应对水荒，使计划用水得到有效实施并逐步走向正轨，达到法制化管理，青岛市不断制定和颁布节水法规（图 1-27）。1980 年 4 月 4 日，市革委会颁布《关于加强计划供水、节约用水的若干规定》，当年全市每人每月生活用水计划为 2 立方米（图 1-28），主要水源地向市区日平均供水 22.5 万立方米。

图 1-27　1979 年青岛市革命委员会发布的《关于进一步做好节约用水工作的通知》

图 1-28　青岛市印发的《节约用水手册》

　　1981 年青岛继续大旱，供水告急，全年降水 308.3 毫米，是 1898 年有气象记载以来降水最少的一年，日供水量由 23 万立方米压到 13 万立方米的最低极限。全市有 72 家企业因缺水处于停产和半停产状态，全市农田受旱成灾面积 573 万亩，农村人畜缺水现象十分严重；河道断流、闸坝无水、多数水库枯竭，全市面临断水危机。是年 5 月 15 日，青岛市人民政府下达《关于加强节约用水工作的紧急通知》，市节水办公室从 8 月份起运用行政手段实行计划用水，用水计划分口按系统下达，各系统根据下属单位具体情况，分配每月、每天的用水指标。其中：工业口根据当时的供水计划，对全市 337 个主要企业逐个进行排队，本着"保基本生活用品，保轻纺短线产品，保外贸出口产品，保电力交通运输"的原则，对 231 个工厂按最低需要量下达用水计划；对橡胶、化工、化肥、印染、造纸等 98 个企业实行限水限产，对 8 个用水量大、产品滞销的工厂限期停产。同时，进一步限制居民生活用水，减为每人每月 1.5 立方米；后因旱情继续，又压缩到每人每月 0.5 立方米（图 1-29）。此外，还号召各家安装户用水表，规定新建居民住房不安装分户表不予供水，未安户表的旧居民楼院均限期安装，使用水计划均落实到人头。同年 11 月 11 日，市经济委员会、建设委员会、财政局联合下发《关于国营工业企业试行自来水节约奖的通知》。[②] 当年，全市实行计划用水考核单位 1324 个，计划用水量占全市总用水量的 80% 以上，

① 水利部南水北调规划设计管理局，山东省胶东调水局.引黄济青及其对我国跨流域调水的启示 [M].北京：中国水利水电出版社，2009：15.
② 青岛市档案馆.青岛通鉴 [M].北京：中国文史出版社，2010：704.

节约用水办公室将用水计划先下达到用水大户的主管单位,然后由主管单位根据各单位实际用水情况,再分配到下属单位,落实到车间班组、街道办事处、居民委员会及居民户。通过层层下达包干分配的指标,把全市所有的用水户都纳入计划用水管理,实行"日计月考",计划用水率达 100%。[1]因工厂限产甚至停产,造成经济损失 2.9 亿多元,仅局属 100 多个工厂即产值减少 5 亿元,利润减少 1.5 亿元。[2]另外,还有许多已具有生产能力的工厂不能投产,30 多个基建项目被迫下马,影响年产值约 3 亿元,损失税利约 7000 万元。[3]一些中、小学校停止给学生供应开水。

图 1-29　20 世纪八十年代青岛市民排队接水

## 二、干旱成灾

1982 年 1—5 月,青岛全市平均降雨 36.1 毫米,比 1981 年同期减少 20 多毫米;到 5 月底,全市农田受灾面积已达 375 万亩,占总播种面积的 92%。水源严重缺乏,地面水基本干涸;全市 276 座中小型水库和 2400 多个塘坝,原总蓄水量为 5.4 亿立方米,此时只剩 900 万立方米。地下水位大幅度下降,平原地区降落到 13 米以下。有 1232 个大队、16.8 万户、78.1 万人吃水发生了严重的困难,占农村总人口的 26%;有 4 个海岛(灵山岛、竹岔岛、沐官岛、斋堂岛)共 15 个村、885 户、3891 人的吃水由陆地运送。5 月 28 日,中共青岛市委、市政府召开抗旱救灾紧急会议,要求上下一齐努力、同心协力渡过灾荒。在市政府统一领导下,组织市、县、社三级干部 1800 多人,深入重灾社、队,带领群众开展生产救灾工作。是年,全市农田受灾面积 267.6 万亩,成灾面积 212.7 万亩,粮食减产 15.07 万吨,受灾人口 210.6 万人。国家拨发救灾款 1299.3 万元,其中,用于生活救济 1161.5 万元、用于扶持灾民生产自救 137.8 万元;救济棉布 21 万市尺、棉花 2.06 万市斤,受救济灾民 36.59 万户次、156.98 万人次;

① 青岛市档案馆 . 青岛通鉴 [M]. 北京:中国文史出版社,2010:706.

② 郭学恩 . 青岛供水方案之我见 [J]. 中国水利,1983(04):36-37.

③ 何庆平 . 黄金之渠 [M]. 济南:山东省胶东调水局,2009:50.

安排救灾粮 3.56 亿市斤，救济缺粮灾民 42.69 万户、197.05 万人。[①]

为抗旱救灾而超量开采地下水，致使地下水位大幅度下降，漏斗区面积不断扩大，造成海水大范围入侵，有些地方水质因之严重恶化；还引发地面沉陷、地下水枯竭、河道堤防断裂塌陷等一系列环境问题。"据测试，大沽河及两岸农田的地下沙层水平均下降了好几米，大片稻田不能继续种稻，而改为种旱作物。""海水已倒灌两三公里。地下沙层水的超量开采，严重破坏了生态，造成了极坏的后果。"[②]1983 年汛前，胶州、即墨、平度 3 县境内约 100 千米长的大沽河堤防发现近 200 处纵横裂缝，70 余处塌坑，有的坑深达 3 米以上，采水区不少民房也出现裂缝。[③]青岛的农业生产和人民生活面临着很大的挑战和困难。"就在青岛全线告急的关头，国家作出了从黄河跨流域调水接济青岛的决策。"[④]

## 第二节　设想提出

国务院和山东省委、省政府都十分重视青岛市的缺水问题。多年来，有关部门相继对青岛周边可能作为水源地的水系做了大量的分析研究工作，先后提出过多个方案。但这些水系水量有限，均不能彻底解决青岛用水问题。而且，胶东半岛地区的地上、地下水资源都较贫乏，如果这些地区勉强向青岛送水，则会造成更大范围的缺水。另外，这几个水系基本属于同一个雨区，降雨和径流的丰枯具有明显的同步性，当遇枯水年青岛市区供水告急时，这些水系亦趋于干涸、水库无水可蓄，青岛基本无水可调。因此，不论从近期还是从长远考虑，彻底解决青岛市供水不足的问题，都必须从水量丰富的大江大河跨流域调水。于是，远距离、跨流域调引黄河水接济青岛的设想就渐渐地引起人们的关注。[⑤]

### 一、水源选择

70 年代，山东省及有关部门曾对青岛市区周围的崂山水系、大沽河水系、潍河峡山水库、五龙河水系进行大量分析研究。其时，崂山水系已建水库控制面积占总面积的 1/2，进一步扩大拦蓄条件比较困难。大沽河水系中主要有产芝、尹府两座水库以及大沽河余水，产芝水库已发展灌溉面积 40 万亩，供水保证率不足 50%，枯水年份入库水量不足 4000 万立方米；尹府水库灌溉面积 13.5 万亩，枯水年入库水量不足 1000 万立方米；而在大沽河下游建库拦蓄汛期洪水，不同引水规模的取水量不超过 2000 万立方米，且经常断流，根本无水可引。实测资料说明，在多数情况下，当青岛市区需要供水时，上述可能作为水源地的几个水系也基本处于干涸状态，根本无水可调。因此，从青岛辖域内近距离取水的方案均不可行。

论证中，还重点研究了附近地区可能性最大的潍河峡山水库和五龙河桥头两处引水方案。其中，峡山水库承担着农业灌溉和高氟区人畜饮水的供水任务，根据当时规划，还将向潍坊市区供水，灌区

① 青岛市档案馆 . 青岛通鉴 [M]. 北京：中国文史出版社，2010：715–716.

② 青岛市政协文史资料委员会，编 . 青岛改革开放亲历记（第一卷）[M]. 青岛：青岛出版社，2018：106.

③ 山东省引黄济青工程指挥部 . 山东省引黄济青工程介绍 [R].1989：1.

④ 贾庭欣 . 造福人民的工程——引黄济青采访散记 [J]. 水利天地，1990（02）：2–3.

⑤ 宫崇楠 . 东调黄河水接济青岛市——引黄济青工程即将开工 [J]. 中国水利，1986（04）：24–25.

供水尚无法保证，更无力向青岛供水。五龙河流域内有大中型水库 3 座、小型水库 19 座，从五龙河取水，一般年份可取 3000～4500 万立方米，枯水年只能取 1500～1800 万立方米，由于可引水量太少，而且每立方米水的投资高，因此不能采用。

1979 年 7 月，邓小平视察青岛，住在八大关宾馆。是年，青岛天气干旱，用水更加紧张，市政府号召全市人民节约用水。八大关一带夏季供水也是特别困难，甚至根本就没有水；宾馆锅炉房水箱因水压不够上不去水，青岛市机关事务管理局就请消防队每天分上、下午送两次水。在一次游泳冲水时，邓小平发现水流很慢，这引起了他的注意。过后没几天，他偶然碰见消防队用消防车送水，继而了解到青岛缺水比较严重。在此期间，邓小平有一次与青岛市委书记刘众前谈起青岛淡水水源紧张问题，并探讨解决办法。他说："青岛市连水都没有，搞开放旅游是不行的，没法接待外宾，要赶快解决水的问题。"此后，他与青岛市委、市政府领导的几次谈话，都首先谈供水问题。邓小平指出："缺水的问题不解决，青岛就不能发展；青岛要发展，首先必须解决缺水的问题；要从根本上解决，眼光必须向外。"这些话点到了制约青岛发展的要害之处，也为青岛市从根本上解决缺水问题打开了思路。①

**二、设想提出**

与青岛周边区域的水系不同，横贯山东省的黄河多年平均入省水量 437 亿立方米，其中 1958 年汛后流量为 9400 立方米每秒、1973 年汛后流量为 3300 立方米每秒。根据黄河水利委员会的预测，在保证率 95% 的年份，黄河下游利津站 1990 年的年径流量为 94 亿立方米，其中 11 月至次年 3 月份的水量为 21 亿立方米；2000 年的年径流量为 66 亿立方米，其中 11 月至次年 3 月份水量为 18 亿立方米。而且，实测资料也说明，当青岛市附近水系枯水时，黄河水量却往往偏丰，这对跨流域调引黄河水接济青岛无疑是十分有利的。②

同时，专家们也意识到，"把黄河水引进青岛，这可不是轻而易举的事。据初步勘测，实现这个远距离送水计划，需建 250 千米长的输水河。沿线地质复杂，光穿越的大小河流、沟渠就有近百条，地下水位高，排水难；同时，沿线地区大部分是咸水区，属海陆交互地层，流沙多，渗漏大，并有 4 千米的岩石层，开挖难度大。此外，要完成这一工程，需建 400 多座各种建筑物。兴建如此巨大的水利工程，在我省历史上是空前的。"③尽管如此，经有关部委和专家实地查勘和分析论证，认为只有引黄济青才是解决青岛市供水的有效途径。④

1982 年 1 月，为解决青岛市水源紧缺的状况，在中央支持下，国家城建总局会同山东省计划委员会、城建局、水利厅、黄河河务局在青岛召开"青岛市水源研究讨论会"，分析论证各种供水方案。鉴于青岛市与周边地区的客观情况，会议在排除域内及附近水源地无水可取或不能长期取水的可能后提出，只有从外地调水才能解决青岛供水不足的问题，因此正式提出"引黄济青"的设想。

① 中共青岛市委组织部，中共青岛市委党史研究室 .1979 邓小平在青岛 [M]. 北京：中央文献出版社，2002：76–85.
② 宫崇楠 . 东调黄河水接济青岛市——引黄济青工程即将开工 [J]. 中国水利，1986（04）：24–25.
③ 马麟，主编 . 长虹贯齐鲁 [M]. 济南：山东省新闻出版局（内部资料），1989：4–5.
④ 王大伟 . 引黄济青工程概况 [J]. 水利水电技术，1989（01）：15–19.

　　1982 年 7 月，山东省政府向国家计划委员会呈报《青岛市供水工程计划任务书》（鲁政发 [1982]87 号），推荐采用引黄济青方案。9 月初，国家计划委员会、经济委员会、水利电力部和城乡建设部派出由各方面专家组成的联合调查组到山东，听取关于青岛供水问题的情况汇报，并现场考察引黄济青工程规划线路后一致认为，跨流域从黄河调水是解决青岛供水的重要途径。

# 第二篇

# 方案规划

引黄济青设想提出后，在党中央、国务院的高度关切下，山东省委、省政府积极组织工程的论证规划和施工方案的编制、报批。80年代中期，经国务院批准，国家计划委员会确定将引黄济青工程作为青岛经济发展和对外开放的一项战略措施，列入国家地方重点建设项目计划。

引黄济青工程获批立项后，在充分考虑经济、社会、环境、工程技术等各方面因素的基础上，分别对渠首引水与沉沙、输水线路、提水工程、调蓄水库、供水工程以及机电和金属结构等做出设计和详细规划。在规划设计过程中，推行全面质量管理，深入调查研究国内外远距离跨流域调水工程、高含沙量水处理工程及土石坝工程等方面的先进技术经验。工程设计选用渠首自流与扬水相结合的条渠沉沙方式，采用超饱和理论改进输沙沉沙设计方法；引进明渠流"等容量控制原理"；首创蓄水保温和聚苯乙烯板保温的组合措施；创新性地提出了将以混合料填筑防渗心墙、强风化岩作坝壳的新技术应用于棘洪滩水库围坝等方案。

工程总体设计合理，技术先进，工程规模大，设计质量好，获得国家优秀设计奖（图2-1）、水利部优质工程（图2-2）、水利部优秀设计一等奖、全国第五届优秀工程设计金质奖；输水、沉沙设计研究获得国家科技进步二等奖（图2-3）；棘洪滩泵站获得国家优秀设计奖（图2-4），水厂设计获得上海市优秀设计二等奖；各项工程勘察、设计获省部级、地市级奖达26项。

图2-1 引黄济青工程荣获国家优秀设计奖

图2-2 引黄济青工程被水利部评为优质工程

图2-3 输水、沉沙设计研究获得国家科技进步二等奖

图2-4 棘洪滩泵站获得国家优秀设计奖

# 第一章　工程方案

为进一步研究引黄济青设想和建议的可行性，山东省邀请省内外各有关方面的专家学者举行多次城市供水方案论证，一致认为必须跨流域远距离调引黄河水，引黄济青工程由此开始进行可行性方案论证。此后，山东省委省政府召开一系列会议，广泛听取各方面专家学者的意见和建议，并在此基础上完成了可行性规划方案。

引黄济青工程方案将城市居民生活饮用水作为第一基本条件，并将沿途各地利益和发展需要作为工程建设的基本要素。工程规划要求采取必要的工程和管理措施，使全线能够灵活调度、输水畅通，在保证青岛市供水的前提下，应尽量照顾沿途农业灌溉和人畜饮水。

## 第一节　明渠方案

1982 年 9 月国家有关部门确定引黄济青方案后，输水管道使用明渠还是暗渠（地下管道）的问题随即被提上日程。根据调引黄河水及长距离输水的特点，结合工程资金规模情况，工程规划综合考虑"低含沙量引水并搞好泥沙处理、避免与农业争水、保证水质不受污染、充分利用当地水资源且降低供水成本、综合效益要高"[1]等原则，提出明渠、暗渠、明暗结合、两根低压管和三根低压管 5 个不同的输水方案。山东省相关部门组织专家反复进行科学论证和利弊比较后认为，明渠方案土方工程量和占地较多，但具有投资和材料用量少、工期短、能源消耗与年运行费用低等优点，也可以兼顾沿线农业用水，且以后还可以与南水北调工程连通，扩大向山东半岛调水的范围，缓和胶东地区缺水的局面，对半岛经济的进一步发展具有战略意义。

### 一、方案选定

1984 年 2 月，山东省计划委员会、建设委员会邀请省内外各方面的数十名专家学者。在沿途查勘引黄济青现场后召开"青岛城市供水方案论证会"，大家一致认为，由于周围地区淡水资源严重不足，必须跨流域调引黄河水。山东省水利专家江国栋在住院期间审读全线采用管道输水的规划报告后指出，滨海平原缺水严重，引黄济青工程应该尽量兼顾农业和沿途用水，发挥更大效益。若没有照顾到农民的利益，将来工程也很难管理，所以，引黄济青以明渠为好。"[2]6 月 25 日，江国栋、张次宾、张兰阁、孙贻让、沈家珠、戴同霞、李明阁、宫崇楠 8 名水利专家联名向山东省委书记苏毅然和省长梁步庭提交报告，建议将明渠输水方案作为引黄济青方案之一。

山东省水利厅根据各方面的意见和建议，从所属水利勘测设计研究院、水利科学研究院等单位抽调技术人员进行取经、勘测、调研，边规划、边设计，历时 7 个月完成可行性规划方案。为确保向青

---

① 王大伟. 引黄济青工程概况 [J]. 水利水电技术, 1989（01）: 15-19.
② 宫崇楠. 东调黄河水接济青岛市——引黄济青工程即将开工 [J]. 中国水利, 1986（04）: 24-25.

岛供水的水量和水质能够符合设计要求，并获得较好的综合效益，首先就明渠、暗渠、明暗结合、低压矩形管道、三根或两根圆形管道（管径皆为 1.2 米）5 个方案进行认真比较和选择。其中，明渠与明暗结合方案的比较结果基本一致，暗渠、两根圆形管道方案的投资及管理费用都太高。在此基础上，又对明渠、低压矩形管道和三根圆形管道 3 个方案加以比较，其日供净水量皆为 30 万立方米。设计单位经过反复调查研究和分析计算认为，明渠输水方案潜力比较大。一方面，经过严密计算（表 2-1），明渠向青岛送水量完全可以做到与暗渠一样，而且在允许范围内，遇特殊情况可以适当加大流量输水，输水量可以多一些；一般年份除满足青岛供水和沿线高氟区用水要求外，还可以提供几千万立方米的农业用水，从而能够对沿线缺水区的人畜吃水及农田灌溉发挥明显的综合效益；从长期供水考虑，在采取相应措施下可以适当延长输水天数，还可以在条件具备时将此线与南水北调工程东线连通，形成一条横贯山东的输水动脉，使长江水、黄河水与当地水能统一调度运用，互相调剂补充。并且明渠施工相对较容易，又便于发动群众，建设期短，可以提前发挥效益。另一方面，明渠方案投资和供水成本也较低（表 2-2），将来需要扩大供水规模时，投资相对少些。因此，建议采用明渠输水方案。同时提出，必须采取有效技术措施，切实加强管理，解决好明渠输水中的渗漏、污染和冰凌期输水等关键问题。

表 2-1 明渠、矩形管道、圆形管道三根管工程比较

| 方案名称 | 工程情况 | 方案优点 | 方案缺点 |
|---|---|---|---|
| 明渠方案 | 渠首引水流量为 45 立方米每秒，冬、春季节引水，引水期 89 天。输水明渠由沉沙池出口至末端调节水库，线路全长 253 千米；水库以下至自来水厂利用管道输水，长 22 千米。工程沿线设 5 级泵站，总装机 2.5 万千瓦。调节水库总库容 1.58 亿立方米。 | 冬、春季节引黄与上游灌溉矛盾小，引水期短，供水保证程度高；施工简单，工期短，见效快，便于维修；三材用量少，能源消耗少；可相机调用大沽河余水，从而减轻引黄泥沙处理及输水运行费用；有利于近、远期结合，输水潜力大；综合效益大，为沿途农业供水、向滨海咸水区及高氟区供水量较大。 | 输水渗漏和污染问题大，处理技术比较复杂，对管理要求高；移民、占地多。 |
| 低压矩形管道 1.4 米×1.8 米方案 | 引黄流量为 8.1 立方米每秒，引水期 257 天，调节水库位于沉沙池出口，水库总库容 4430 万立方米，出库流量为 4.1 立方米每秒。由水库至自来水厂，输水河全长 262 千米。全线共 9 级泵站，总装机 1.1 万千瓦。 | 运行管理比明渠容易，防治水污染比明渠简单，移民、占地少。 | 引黄天数长，与农业灌溉有矛盾，一旦黄河断流，对供水影响较大；施工复杂，工期长，能源消耗多；预应力混凝土管厂家生产能力不足；三材料多；管道全断面常年供水，基本无扩大输水能力；综合效益低；压力管节太多，容易发生事故，影响向青岛供水。 |
| 圆形管道三根管方案 | 引黄流量为 7.6 立方米每秒。调蓄水库位置、输水河全长皆与矩形管道相同。水库总库容为 4242 万立方米。出库流量为 4.52 立方米每秒。沿线设 10 级泵站，总装机 3.1 万千瓦。 | | |

表 2-2　明渠、矩形管道、圆形管道经济、财务分析比较①

| 方案名称 | 投资（亿元） | 经济评价 | | 财务分析 | |
|---|---|---|---|---|---|
| | | 益费比 | 投资回收年限（年） | 益费比 | 投资回收年限（年） |
| 明渠方案 | 8.52 | 1.54 | 9.79 | 1.18 | 15.24 |
| 低压矩形管道 1.4 米 ×1.8 米方案 | 8.96 | 1.46 | 11.56 | 1.10 | 18.64 |
| 三根圆形管道方案 | 9.88 | 1.24 | 18.76 | 0.81 | 40.24 |

1984 年 7 月，万里、李鹏、胡启立等中央领导来山东视察，与有关部委专家、学者一起乘坐直升飞机到黄河打渔张引黄济青出水口上空视察后，在济南南郊宾馆召开会议，听取关于引黄济青工程的汇报。② 参加会议的有国家计划委员会副主任黄毅诚，水利电力部部长钱正英，黄河水利委员会主任袁隆、副主任兼总工程师龚时旸，山东省委、省政府负责人苏毅然、李昌安、李振、姜春云、刘鹏、卢洪，潍坊市委书记王树芳，青岛市副市长宋玉珉，省建设委员会副主任谭庆琏，省水利厅总工程师孙贻让等。③ 万里听完汇报后随即表态，中央同意实施引黄济青项目，并提出四点意见："第一点是关于项目的规模问题，同意按照日供水量 120 万立方米的规模设计；第二点是资金来源，投资主要由中央财政出，但山东省和青岛市也要分摊一点；第三点是要保证水的质量，引黄济青属大跨度、远距离引水，必须避免沿途污染，保证水的质量；第四点是关于工期，要求在 3 年半以内完成。"④ 会议指出：引黄济青采用明渠方案好，综合效益大；能照顾群众利益，便于发动群众；明渠可以把几个水系连接起来，成为一个区域性骨干工程，对胶东地区的发展具有重要战略意义。会议还要求 9 月提出可行性研究报告，并邀请全国有关专家进行论证。⑤

按照中央领导同志的指示精神，引黄济青各项前期准备工作加快推进。1984 年 8 月 8 日，山东省引黄济青工程指挥部成立，山东省副省长卢洪任指挥，省水利厅厅长马麟等 4 人任副指挥，省水利厅总工程师孙贻让任总工程师；办公室设在省水利厅，马麟兼办公室主任。

1984 年 9 月 15 日，山东省常务副省长李振主持召开省政府第 52 次常务会议，听取并讨论省水利厅厅长马麟关于引黄济青工程的汇报，确定对省水利厅提交的由省水利勘测设计院引黄济青工程设计组完成的《山东省引黄济青工程可行性

图 2-5　《山东省引黄济青工程可行性研究报告》

① 引黄济青及其对我国跨流域调水的启示 [M]. 北京：中国水利水电出版社，2009：18.
② 山东省水利史志编辑室 . 山东水利志稿 [M]. 南京：河海大学出版社，1993：699.
③ 马麟 . 长虹贯齐鲁 [M]. 济南：山东省新闻出版局（内部资料），1989：217.
④ 青岛市政协文史资料委员会 . 青岛改革开放亲历记（第一卷）[M]. 青岛：青岛出版社，2018：106.
⑤ 马麟 . 长虹贯齐鲁 [M]. 济南：山东省新闻出版局（内部资料），1989：217.

研究报告》（图2-5）进行修改，并决定由卢洪、朱奇民负责组织修改定稿、开好论证会。

1984年9月下旬，山东水利学会受中国水利学会委托，主持召开了山东省引黄济青工程可行性研究论证会，参加会议的有国家计委、城乡建设环境保护部、中国人民建设银行总行、农牧渔业部、水电部及有关科研单位、设计单位、大专院校等61个单位有关调水规划、泥沙处理、基础防渗、水工结构、水利经济、环境水利、大型泵站、城市供水等方面的专家学者，以及山东省直有关部门和惠民、东营、潍坊、青岛等沿线市（地）县水利局负责人、工程技术人员等共160余人，其中总工程师、高级工程师、教授29人。这次论证会分两阶段进行，第一阶段从9月20日至22日，部分代表沿线考察了引黄济青渠首、沉沙池、输水线路重点地段和调蓄水库库址等。第二阶段从9月23日至26日，在青岛召开大会并分组讨论。经过论证，与会专家学者和代表一致认为，《山东省引黄济青工程可行性研究报告》中提出的引黄济青工程方案切实可行，经济上也比较合理。① 会后，省、地、县有关单位立即深入开展前期工作。② 10月6日，中共山东省委召开第81次常委会，省委副书记李昌安主持并听取了省水利厅厅长马麟的汇报，会议同意关于编制《山东省引黄济青工程设计任务书》的要点和对需要解决的几个问题的意见。

## 二、方案审批

1984年10月10日，山东省政府向国务院上报《关于兴建山东省引黄济青工程的报告》（图2-6），随文上报《山东省引黄济青工程设计任务书》（图2-7）。报告中提出："在工程建设上，拟分期实施。近期向青岛市区增加日供水量55万立方米。根据青岛用水量的逐步增加，可在既定引黄输水规模条件下，加大输水流量，增做渠道衬砌，并适当延长输水时间，到2000年达到增加日供水量70万立方米的规模。"③

图2-6 《关于兴建山东省引黄济青工程的报告》

图2-7 《山东省引黄济青工程设计任务书》

① 《山东省引黄济青工程可行性研究论证会会议纪要》[Z]. 山东省水利厅. 山东省引黄济青工程可行性研究论证会材料，内部资料，1984：28.
② 宫崇楠. 东调黄河水接济青岛市——引黄济青工程即将开工 [J]. 中国水利，1986（04）：24-25.
③ 山东省水利厅.《关于兴建山东省引黄济青工程的报告》[Z]. 山东省引黄济青工程可行性研究论证会材料，内部资料，1984：23.

1984年10月29—30日，受国家计划委员会委托，水利电力部会同建设环境保护部在北京召开《山东省引黄济青工程设计任务书》审查会，会议由水利电力部副部长杨振怀主持。经过审查，会议基本同意其中提出的向青岛日供水55万立方米的工程规模、明渠输水方案和工程总体布局，并核增投资1亿元，整个工程投资为12.5亿元。

1985年1月，国务院指示对山东引黄济青工程明渠和管道方案做进一步比较。1月下旬，国务院召集有关部门讨论山东省引黄济青工程，鉴于国家财力难以支持日供水55万立方米的工程资金规模，会议确定中央投资5亿元、省市投资3亿元。

1985年2月24日，山东省政府召开第66次常委会，要求按中央投资5亿元、省市投资3亿元的资金条件作出明渠和管道两个方案。山东省水利厅随即派员分赴上海、北京、兰州、苏州考察管道输水工程，赴天津考察引滦入津工程，并组织人员按照日供水30万立方米的规模作出明渠、明暗渠结合和管道输水3个方案。4月，受国家计划委员会委托，著名水利学家、清华大学副校长张光斗教授一行3人到山东对引黄济青工程进行实地考察、论证。

1985年5月13日，国家计划委员会以计资〔1985〕741号文下达《关于请进一步论证引黄济青方案的通知》，要求山东省根据国务院会议精神，进一步做好引黄济青方案的比较、论证工作。"山东省的修正方案上报后，请水电部、建设部邀请有关部门和专家，再组织一次方案论证、审查会。经过充分比较、论证、审查后，再报国务院审定"。[①]此后，根据上述要求及国家财力，山东省按照向青岛市日供水30万立方米的规模作出修正方案。

1985年7月18—20日，山东省副省长卢洪在济南主持召开"山东省引黄济青工程设计任务书修正说明论证会"，省计委、省建委、省政府办公厅、省水利委员会、省电力局、省农业厅、省黄河河务局、省环保局、省水利局等省直有关部门和青岛市、潍坊市、东营市、惠民地区等工程沿线各市（地）领导、专家和工程技术人员60余人参加会议（图2-8）。会议期间，卢洪副省长还召开了两次有关单位负责人的座谈会，了解他们对引黄济青修正方案的意见和要求。经过会上、会下的深入探讨和广泛交换意见，大部分与会人员建议采用明渠输水方案，[②]并就以下问题取得了一致意见："1.目前引黄济青设计任务书修正方案所列向青岛日供水30万立方米的规模，是限于国家财力困难而采取的近期标准，满足不了青岛市一九九〇年以后的需水要求，今后尚需根据发展情况，继续扩大其供水规模。2.引黄济青供水应以青岛为主，在满足青岛用水的前提下，根据实际情况照顾沿途用水。坚持这条原

图2-8 山东省引黄济青工程设计任务书修正说明论证会现场

① 山东省水利厅.《关于请进一步论证引黄济青方案的通知》[Z].引黄济青规划材料（二），内部资料，1985：104.
② 山东省水利史志编辑室.山东水利志稿[M].南京：河海大学出版社，1993：698-699.

则，实际上也是为了提高向青岛输水的可靠性。3. 解决青岛用水困难局面迫在眉睫，引黄济青工程应抓紧快上，会后应尽快将修正方案上报中央，以便列入'七五'计划。4. 两根管与三根管的压力管道输水方案与其他方案比较，存在明显的缺点，如施工要求严格，目前国内管材生产能力有限，施工年限长，投资多，能耗高等，因此予以淘汰。至于一根管的方案，由于其供水量太小，不足以构成一个完整的方案。5. 无论什么方案都应切实安排好渠首沉沙池群众的生产、生活。6. 投资估算中的民工工资和迁占赔偿等项费用标准偏低。"① 在此基础上，经山东省有关领导、专家和工程技术人员充分论证，山东省水利厅补充编制了《山东省引黄济青工程修正设计任务书》。7月26日，山东省政府召开第82次常务会议，听取省水利厅厅长马麟关于《引黄济青工程修正设计任务书》起草情况的汇报，并确定引黄济青工程采用明渠方案。

1985年8月2日，山东省政府向国务院上报《关于兴建山东省引黄济青工程的补充报告》(图2-9)，其中就采用明渠方案作出说明："决定方案取舍，应掌握以下几条原则。一是要做到保质、保量、按时向青岛供水。二是要充分考虑向青岛供水的紧迫性，力争缩短工期，早日建成送水。时间就是效益，提前一年供水，全市就可增加产值6亿元，多收利税1.4亿元。三是在确保向青岛供水的同时，适当兼顾沿线工农业及群众生活用水，充分发挥工程的最大经济效益。四是要考虑随着青岛对外开放、国民经济发展和人民生活水平的提高，需水量将会不断增加，在解决目前日供水30万立方米的基础上，要为今后扩大供水规模创造条件。五是要力争年运行费最省，耗电最少，每立方米水的供水成本最低。六是要充分考虑投资有限、三材紧张、能源不足的现实条件。根据上述原则，经过几次会议论证和省政府常务会议研究，再三权衡了各个方案的利弊，建议采用明渠方案。它具有以下优点：施工简单，便于组织动员群众的力量，可以缩短工期，提前见效；投资较省、三材用量少，综合效益大；将来扩大供水规模比较方便。今后还可以与南水北调工程相连通，扩大向东调水，缓和胶东地区严重缺水的

图2-9 《关于兴建山东省引黄济青工程的补充报告》

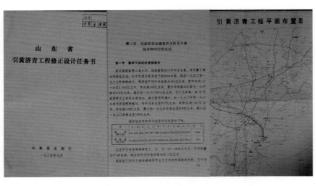

图2-10 《山东省引黄济青工程修正设计任务书》

① 山东省水利厅.《山东省引黄济青工程设计任务书修正说明论证会纪要》[Z]. 引黄济青规划材料（二），内部资料，1985：44.

局面。其缺点是占地多、输水管理比暗管困难、防止污染的工作量较大。对于这些问题，只要做好工作是可以解决的。对输水管理，必须建立强有力的、统一的管理机构，制定严格的管理制度。引滦入津工程已经提供了这方面的经验。至于水质问题，只要加强管理，从技术上加以妥善处理也是完全可以保证的。"[1] 同时呈报的《山东省引黄济青工程修正设计任务书》提出，供水规模由每日55万立方米调整为30万立方米，仍推荐明渠输水方案（图2-10）。[2]

1985年10月18日，经国务院审批同意，国家计划委员会批复山东省政府，批准《山东省引黄济青工程修正设计任务书》，工程规模为渠首引水流量45立方米每秒，增加青岛市日供水能力30万立方米，总投资控制在8亿元以内。将该工程作为青岛市经济发展和对外开放的一项战略性措施，并作为地方重点建设项目列入国家计划，要求争取3年左右的时间建成投产。

## 第二节　工程任务

缓解青岛市和沿线用水紧缺的矛盾，在保证向青岛市供水前提下，尽量照顾沿途农业灌溉和人畜饮水的用水。

经过可行性研究、设计任务书和初步设计等各个阶段的多次现场查勘及方案比较，确定了引黄济青输水河平面位置，并明确了各环节的工程任务。其中，在出沉沙池至小清河分洪道段进行二号支沟线路和沿干线路的方案比较，在小清河至胶莱河段进行"老南线""新南线"和"北线"方案比较，在胶莱河至棘洪滩水库段进行沿胶莱河输水、高密新开河和平度新开河的方案比较。最后初步选定输水线路为：始于博兴县赤李村东北，经广饶、寿光、寒亭、昌邑、高密、平度、胶州等县（市、区），在即墨桥西头村入棘洪滩水库，全长253.24千米（其中新开河211.64千米、利用小清河分洪道子槽36.8千米、吴沟河5.6千米），共分6个河段。

### 一、《山东省引黄济青工程设计任务书》

1984年7月8日—10日，山东省水利厅在济南召开引黄济青工程第一次（前期）工作会议，参加会议的有省直和青岛市有关部门以及工程沿线市（地）水利局长等。会议决定立即派出渠首、线路、水库及投资估算等小组进行现场查勘，有关市（地）抓紧时间准备材料，积极配合；整个输水工程的可行性研究报告由省水利勘测设计院负责，有关地、市各派两名技术人员参加。7月8日—22日，省水利厅总工程师孙贻让率领查勘组自引黄济青渠首至青岛市调蓄水库进行全线查勘，并征求有关市、地、县领导意见。7月24日—26日，山东省水利厅在济南召开引黄济青第二次（前期）工作会议（勘测会议），省水利厅直属有关部门、省地质局及沿线各市、地水利局派员参加，对勘测、试验、化验等工作进行安排和分工。

1984年8月7日，山东省水利勘测设计院引黄济青工程设计组集中到省水利厅招待所编制可行性

① 山东省水利史志编辑室. 山东水利志稿[M]. 南京：河海大学出版社，1993：699-700.
② 宫崇楠. 东调黄河水接济青岛市——引黄济青工程即将开工[J]. 中国水利，1986（04）：24-25.

研究报告，并确定设计室主任工程师李俊、规划室主任工程师王大伟、地质勘探队副队长兼工程师王广彭为引黄济青工程设计总负责人。可行性研究报告完成后，先后于9月15日经过省政府常务会议讨论、9月23日—26日经过国内有关专家论证；随后，根据论证会讨论的意见，进行调整、修改，完成《山东省引黄济青工程设计任务书》。此文件包括以下六个方面。（一）供水、输水、引水规模。引黄济青工程按2000年日供水70万立方米、近期日供水55万立方米考虑。每年11月至次年3月，可引黄河水100天左右，先向青岛送水70天，其余时间向沿途供水。近期，渠首引黄流量为75立方米每秒，扣除沿途耗水、用水，入调蓄水库流量为43立方米每秒。渠首年引黄水量为10亿立方米左右。（二）沉沙。渠首新建引黄闸1座，设计流量为100立方米每秒，沉沙池面积约需40平方千米，采用自流与扬水沉沙相结合，可使用40年。沉沙池分条使用，用完盖淤还耕。（三）输水线路。自沉沙池出口，沿一干输水17.3千米入小清河分洪道，利用已有的分洪道子槽输水31.6千米，然后穿过小清河、塌河、弥河、白浪河，向东南穿过虞河、潍河，入北胶莱河，沿胶莱河穿大沽河，过胶济铁路后，扬水入棘洪滩水库，输水沿线总长245千米，在输水线路中设四级扬水站，总扬程28.5米，总装机容量为4.07万千瓦。（四）调蓄水库。棘洪滩水库，库容2.0亿立方米，可满足日供水55万立方米的调蓄要求。（五）工程量、投资及效益。工程土石方量7500万立方米，占地7万亩（其中沉沙池2万亩、多为荒碱地，水河3万亩，水库2万亩），投资11.5亿元（包括水厂及水库至水厂管道2亿元）。工程完成后，在保证率95%的情况下，年引黄河水4.52亿立方米，向青岛增加日供量55万立方米，平均每年为沿线供水为4亿立方米（包括沿途耗水、高氟区人畜吃水、农业用水）。如只考虑运行费，其运行成本为每立方米水0.157元。（六）工程实施及投资分摊。工程建设分期实施。近期向青岛市区增加日供水量55万立方米，在既定引水规模条件下，增做渠道衬砌，加大输水流量，适当延长输水时间，到2000年达到日供水量70万立方米的规模。

　　1984年10月8日，山东省政府将《山东省引黄济青工程设计任务书》上报国务院审批。其中提出，设计任务书批准后，立即抓紧设计，早日动工，力争两年完成，1986年底向青岛送水；近期工程所需投资11.5亿元，拟请中央解决8亿元，其余由山东省、青岛市和群众集资解决。

**二、《山东省引黄济青工程修正设计任务书》**

　　由于国家财力难以按日供水55万立方米的规模实施，1985年2月，山东省水利厅按向青岛日供水30万立方米、中央投资5亿元、省市投资3亿元（共8亿元）的规模，进行明渠和管道等不同送水方案的比较，并先后两次组织省内有关单位领导和专家进行论证。在此基础上，编制完成《山东省引黄济青工程修正设计任务书》，仍建议采用明渠输水。

　　1985年8月2日，山东省政府将《山东省引黄济青工程修正设计任务书》上报国务院，其中将以下相关内容做了调整。（一）供水、输水、引水规模。每年11月至次年3月，在保证率95%的情况下，可保证向青岛送水70天，日供水30万立方米，同时向沿线高氟区年供水1100万立方米。在保证率50%时，可向沿线送水6400万立方米。（二）沉沙规划。利用现有打渔张引黄闸，采用自流、扬水沉沙相结合，沉沙池面积44平方千米，可用40年。条渠依次使用，用后盖淤还耕。（三）输水线路。出沉沙池后，经新开输水河 18 千米，进入小清河分洪道，在王家道口以下与小清河立交后，穿弥河、白浪河、潍河等，在高密县曹家村附近过北胶莱河，然后沿胶莱河北岸新开输水河，穿越白沙河、大沽河等，入青岛市附近的棘洪滩水库。输水线路全长 246 千米，设 5 级扬水站，总扬程 48 米，装机容量为 25 万千瓦。（四）调蓄水库。棘洪滩水库，库区面积 14 平方千米，总库容 1.4 亿立方米。从水库至市区河东水厂建管道 37 千米。（五）工程量及投资。土石方 4900 万立方米，混凝土、钢筋混凝土 55 万立方米，占地 5.9 万亩，移民 5100 人，全部投资 8.5 亿元（包括水库至水厂管道，水厂及市区干管投资 1.5 亿元）。（六）供水成本及投资回收年限。每立方米水的成本为 0.427 元，其中运行成本为 0.215 元，投资回收年限为 10 年。（七）工程实施与投资分摊。近期工程投资控制在 8 亿元以内，国务院已确定解决 5 亿元，省及青岛市投资 3 亿元，由省包干。同时请中央能及早批准，争取今冬开工。

1985 年 9 月 16 日，山东省副省长卢洪主持召开引黄济青工程指挥部会议，确定由省水利厅、建委组织力量抓紧完成工程初步设计。19 日，省建委在济南召开由省计委、省水利厅、青岛市水利局、省水利勘测设计院、上海市政工程设计院等单位参加的会议，研究初步设计分工问题。会议确定，水库及其以上工程由山东省水利勘测设计院承担，水库以下工程由上海市政工程设计院承担。

1985 年 10 月 18 日，国家计划委员会批准《山东省引黄济青工程修正设计任务书》，批复中指出：初步设计以山东省政府为主，商水电部、建设部审批；批准后作为地方重点建设项目列入国家计划（图 2-11）。

图 2-11　国家计委《关于印发〈关于审批山东省引黄济青工程设计任务书的请示〉的通知》

图 2-12　山东省引黄济青工程初步设计审查会

### 三、《山东省引黄济青工程初步设计》

1985 年 12 月 10 日，引黄济青工程初步设计全部完成，由山东省水利勘测设计院汇总上海市政工程设计院编制的市区市政工程部分，经省水利厅初审后上报省政府。

1985 年 12 月 25 日—29 日，山东省政府商水电部、城乡建设部在济南齐鲁宾馆召开《山东省引黄济青工程初步设计》审查会，副省长卢洪主持会议，参加会议的有中央有关部、委，省直有关部门及工程沿线地、市等 29 个单位的 140 人（图 2-12）。会议认为，《山东省引黄济青工程初步设计》符合国务院对《山东省引黄济青工程修正设计任务书》的批复精神，其设计深度和广度基本上达到国家规定要求，设计指导思想、总体布局、工艺流程等合理、可行。

1986年1月11日，山东省人民政府下发对《山东省引黄济青工程初步设计》的批复（图2-13）。此初步设计主要内容包括以下几个方面。（一）设计规模。引黄济青工程渠首引水流量为45立方米每秒。棘洪滩水库总容量为1.458亿立方米。净水厂设计能力每日36万立方米。增加青岛日供水能力30万立方米。（二）总体布置及工艺流程。引黄济青工程渠首利用现有打渔张引黄闸，沉沙池采用自流与扬水相结合的条渠沉沙方式。输水明渠线路始于博兴县，经广饶、寿光、寒亭、昌邑、高密、平度、胶县、即墨等县（区），在即墨桥西头村入棘洪滩水库，全长253.24千米，其中新开输水河211.64千米，利用小清河分洪道子槽36.8千米、吴沟河5.6千米，设5级泵站。调蓄水库选在青岛市崂山县棘洪滩镇以西，水库放水洞原设计一处可改为两处，出库泵站设在棘洪滩水库以东段家庄附近坝址旁。浑水输水渠道长24千米，原设计两根低压水管道，由分开布置改为一孔两涵布置。浑水增压泵站址选在青岛市第二水厂旁，该厂至河东水厂输水管道长14千米，河东水厂设在青岛市小白干路南端高地上，地面设计分两个标高，净水工艺按常规考虑，沉淀形式采用斜管沉淀池方案。（三）设备选型。主要设备选型要注意统一机型和设备效率的研究，有些备用设备台数偏多，要适当精简。有些附属设备标准偏高，数量偏多，应本着勤俭节约的原则，尽量从简。（四）环境保护。关于引黄济青工程有关环境保护方面的问题，省政府将组织有关部门进行专题研究。（五）征地。引黄济青工程在设计上要尽量做到少占农田，精打细算，节约用地，减少工程占地面积。（六）总概算。设计总概算为8亿元。关于项目概算构成，待组织概算小组进一步核实后，报省政府审定。批复同时提出：为保证工程顺利建设，设计单位要根据审查会议提出的意见，进一步做好对水质、冰凌、沉沙等问题的研究，补充完善初步设计，同时抓紧开展施工图设计；各有关市、地、县和省直有关部门要抓紧做好引黄济青工程开工前的各项准备工作，保证工程按时开工。

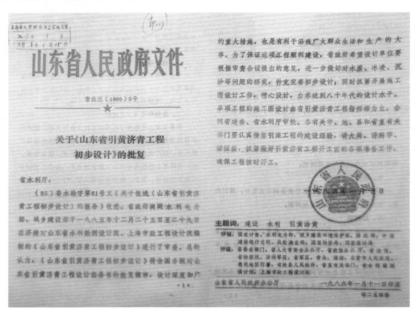

图2-13 山东省人民政府关于《山东省引黄济青工程初步设计》的批复

# 第二章 工程规划

引黄济青工程规划要求确定合理、可行的引水时间，避开灌溉季节和汛期引水；采取有效措施提高输水利用系数，以保证达到设计供水量，保证供水水质符合标准；对沉沙池泥沙必须妥善处理，防止影响沉沙区群众的正常生产、生活。据此确定工程布局的基本原则：黄河引水口临河流势稳定，有充足的沉沙荒碱洼地；输水河距离短，距滨海缺水区近；梯级泵站配置合理，明渠比降接近地面坡度；水库地形地质条件优良，移民迁占费用要低，从而达到缩短工期、节省投资、方便运行、发挥较大效益的目的。

工程按功能划分为水源工程和供水工程，其中水源工程分为渠首引水与沉沙工程、输水工程和蓄水工程，而输水工程又包括输水渠道、泵站、倒虹、渡槽、涵闸及桥梁工程。供水工程是指水库以下工程，分为输水工程、净水工程、市区输配水工程三部分。工程等别为Ⅰ等；输水渠道、泵站、渡槽、主要建筑物为1级，棘洪滩水库大坝为2级，大沽河枢纽工程为3级，穿河倒虹、节制闸、泄水闸、分水闸、渠道与二、三级公路的交叉建筑物、河（沟、渠）穿输水渠道的倒虹（涵洞、渡槽）等为3级。凡建筑物所在地区地震场地烈度大于七度的，均按"水工建筑物抗震规范"进行抗震验算。

针对引黄济青工程输水河长、泵站多、冰凌影响大，出现突发事件的机会多，而输水河沿线又缺乏调节水库等问题，工程规划采取必要的工程和管理措施，替代水库的调节作用，以便使全线能够灵活调度，输水畅通；在保证青岛市供水的前提下，尽量照顾沿途农业灌溉和人畜饮水；调蓄水库在青岛市郊选择适宜库址。

## 第一节 渠首引水与沉沙

引黄济青工程计划在冬、春季节的非灌溉期集中引水。调引黄河水必然引进泥沙，因而泥沙处理关系到引黄济青工程的成败。鉴于黄河下游为悬河，引出的泥沙不会返回黄河，必须妥善择地沉沙，而利用原有农灌沉沙工程形式和一般泥沙计算方法难以满足设计精度和环境保护的要求，因此在引黄济青引水沉沙工程设计中，认真总结了此前引黄工程经验，对国内外的沉沙理论和措施进行了系统分析和研究，对输、沉沙的计算方法做了适当改进，创造出适合山东省实际情况的新输、沉沙形式及先进计算技术。与其他引黄工程相比，降低了泥沙处理代价，为国家节约了大量资金，对山东省引黄事业的发展产生了较大的促进作用。

### 一、引水口位置选择

在多泥沙河道用无坝分流形式取水，引水口必须选在大河环流作用显著、进沙少、流势稳定、引水保证程度高的弯道处，同时背河要有足够的沉沙洼地，使得泥沙处理代价低、沉沙年限能满足规划设计要求。据此，选择曹店分洪闸、刘春家引黄闸、打渔张引黄闸三处进行比较。经论证，打渔张引

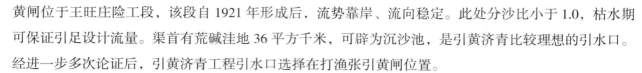

黄闸位于王旺庄险工段，该段自1921年形成后，流势靠岸、流向稳定。此处分沙比小于1.0，枯水期可保证引足设计流量。渠首有荒碱洼地36平方千米，可辟为沉沙池，是引黄济青比较理想的引水口。经进一步多次论证后，引黄济青工程引水口选择在打渔张引黄闸位置。

打渔张引黄闸位于王旺庄险工段工15—21号之间，有新、旧闸两道。旧闸建于1956年10月，由于黄河河底淤高，防洪水位抬高，设防高度偏低，1981年又在旧闸后50米处建新闸。新闸为胸墙式，共6孔，孔宽6米，孔口高3米，闸底板高程9.1米，胸墙底12.1米，设计引水水位11.30米，设计引水流量为120立方米每秒，加大流量为180立方米每秒。

**二、渠首规划**

为避免引黄济青与打渔张灌区在引水量和引水时间上产生矛盾，拟新建渠首引黄闸，以保证青岛市用水的可靠性。新建闸设想两个方案：一是在既有打渔张引黄闸的上游新建引黄闸，供济青和博兴县一干渠引水用；二是将既有打渔张引黄闸改为引黄济青渠首闸，在现打渔张引黄闸的下游侧建一个新闸作为打渔张灌区进水闸。经与打渔张灌溉管理局协商，第二个方案新建闸的规模仍需120立方米每秒，而现有打渔张引黄闸由于存在老闸阻水及闸后淤积等问题，设计水位时引水流量仅70立方米每秒左右，经充分比较和论证后，确定引黄济青和打渔张引黄灌区合用现有打渔张引黄闸。在打渔张引黄闸后右岸140米处，新建引黄济青进水闸。

在打渔张引黄灌区一干进水闸下游新建引黄济青进水闸，二者相距20米。闸前设计水位10.8米，加大设计水位11.05米，设计流量41立方米每秒，校核流量45立方米每秒，闸底高程9.0米。为解决引黄济青与打渔张灌区在引水量和引水时间上的矛盾，引黄济青选在冬季引水送水。除此之外，还对新建引黄济青进水闸周围的打渔张灌区一干进水闸、三合干进水闸、二干进水闸、总干进水闸进行了加固和改造。

济青进水闸闸后可供沉沙的土地地面高程一般为8.5～9.0米，当打渔张引黄闸前设计引水位11.5米时，考虑输沙渠及建筑物水头损失，自流沉沙厚度为1.0～1.5米，供沉沙的容积仅能使用10年左右，故考虑采用自流沉沙与扬水沉沙两种方案解决泥沙问题。济青进水闸闸后为引水渠（约长700米），引水渠末端建扬水泵站，站前建分水闸两座，站后分设高、低输沙渠。扬水泵站设计扬水流量41.0立方米每秒，站前设计水位11.60米，净扬程4.4米。

挖泥船清淤方案采取自流沉沙方式，当沉沙条渠出现抬头淤，淤高达1.0米以上时，在引水间隙用冲吸式挖泥船清淤。为适应各种清淤条件，适当配备部分绞吸式挖泥船。[1]

**三、沉沙池工程规划**

为减少进沙量，济青期控制引水含沙量不大于30千克每立方米，博兴县灌溉期控制引水含沙量不大于20千克每立方米。采用黄河利津水文站1969年至1982的年实测含沙量资料作为进沙量计算依据，济青年进沙量为425万吨，平均引水含沙量为6.7千克每立方米；一干灌溉期为180万吨，平均引水含沙量为9千克每立方米。泥沙处理设计有三种方案，包括自流与扬水结合条渠沉沙方案、挖泥船清

① 山东省引黄济青工程设计任务书 [R]. 山东省水利厅，1984：42-43.

淤方案和辐流式沉沙池加混凝剂沉沙方案。

（一）自流与扬水结合沉沙方案

沉沙方案按济青与博兴一干分设沉沙池、合用沉沙池以及采用的沉沙池面积大小不同，拟定以下三种情况。[①]

一是济青、一干分设沉沙池，沉沙池总面积为 31.1 平方千米。沉沙池东起王李、刘拐子村西，西面基本以原打渔张一干为界，北自打渔张引黄灌区沉沙 15 条渠南堤，南至北（镇）东（营）公路。济青沉沙池位于东部，面积 21 平方千米，占沉沙池总面积的 72.8%；一干沉沙池位于西部，面积 10.1 平方千米，占沉沙池总面积的 27.2%。济青设 6 条条渠，每条条渠面积为 4～5 平方千米，长为 6.5～9.0 千米，条渠底宽为 550 米左右；一干也设 6 条条渠，每条条渠面积为 1.5～2.0 平方千米，长为 5～6 千米，底宽为 250 米左右。沉沙池出口分别建闸。沉沙池内共有村庄 14 个，其中济青 10 个、一干 4 个。

二是济青、一干合用沉沙池，沉沙池面积为 36.3 平方千米。沉沙池的范围与第一个方案基本一致。共设 9 条条渠，每条条渠面积为 3～5 平方千米、长为 8～9 千米、底宽为 550 米左右，沉沙池出口建闸。

三是济青、一干合用沉沙池，沉沙池面积为 44.4 平方千米。沉沙池西起废张王铁路沟及一干，东至李王、刘拐子村西，南到北东公路，北接扬水泵站和打渔张沉沙 15 条渠右堤；共设 9 条条渠，每条条渠面积为 4.2～5.6 平方千米、长为 7～10 千米、底宽为 550 米左右，沉沙池出口建闸。

纵观以上三种情况，分析其利弊，选定第二种情况。沉沙池出口闸，自流沉沙时控制水位 10.5 米，扬水沉沙时控制水位 12.5 米。为减小沉沙池运用后期出口排沙比，壅高水位定为 13.5 米，盖淤水位为 14.5 米。

（二）挖泥船清淤方案

清淤机械采用每小时出泥量为 80 立方米的冲吸式挖泥船，挖泥船工作时间按一年 200 天、每天工作 12 小时计，年挖泥量为 19.2 万立方米。济青沉沙条渠年淤积量为 280 万立方米，需冲吸式挖泥船 15 艘，另设 4 艘每小时出泥量为 80 立方米的绞吸式挖泥船备用；博兴沉沙条渠年平均淤沙量为 105 万立方米，需 5 艘冲吸式挖泥船另加 1 艘每小时出泥量为 80 立方米的绞吸式挖泥船备用。考虑两种盖淤方法：一是渠首建盖淤扬水站，扬水盖淤；二是预挖条渠底部表层土，堆放条渠旁侧，弃满土后进行倒运盖淤。经比较，采用扬水盖淤经济且效果好。

综合比较，辐流式沉沙投资大，需常年加 3 号药，管理运用复杂、泥沙处理费昂贵，比较后未予采用。按 1984 年的物价自流与扬水相结合条渠沉沙方案泥沙处理费为 0.011 元每立方米，挖泥船清淤费用为 0.012 元每立方米，条渠沉沙方案的费用略低于挖泥船清淤方案，且挖泥船清淤方案占用土地多，若计算占地造成的农业收入的减少，则扬水沉沙方案费用比挖泥船清淤方案费用更低。挖泥船清淤方案还存在运转管理调度复杂、条渠还耕年限长、盖淤还耕困难等缺点。

衡量各种方案利弊，自流与扬水结合条渠沉沙方案是比较经济合理的。高、低输沙渠轮换输沙并通过沉沙池出口的水位调控，在条渠运用初期采用自流沉沙，不能自流时采用扬水沉沙，可提高沉沙

① 山东省引黄济青工程设计任务书 [R]. 山东省水利厅，1984：43-45.

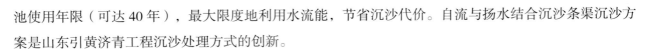

池使用年限（可达40年），最大限度地利用水流能，节省沉沙代价。自流与扬水结合沉沙条渠沉沙方案是山东引黄济青工程沉沙处理方式的创新。

### 四、输沙渠规划

按沉沙池规划的三种情况，输沙渠布设也分三种形式。

一是济青、一干分设沉沙池，面积为37.1平方千米。济青、一干分设低输沙渠，济青输沙渠位于东侧，一干输沙渠位于西侧。为充分利用泵站，合用高输沙渠，设计流量为75立方米每秒。一干低输沙渠设计流量为40立方米每秒，济青低输沙渠设计流量为75立方米每秒。输沙渠道长5～6千米。

二是济青、一干合用沉沙池，面积为36.3平方千米。济青、一干合用同一条高低输沙渠，低渠设在东侧，高渠设在西侧，设计流量均为41立方米每秒，输沙渠道长6-7千米。

三是济青、一干合用沉沙池，面积为44.4平方千米。自西向东，1—4条渠用一组高低输沙渠，为东西向，长度约1千米；5—9条渠采用另一组高低输沙渠，南北向，长度约3千米。设计流量均为75立方米每秒。

为适应济青与打渔张灌区一干合用沉沙池的方案，输沙渠布设选定第二种形式。为避免泥沙淤积，输沙渠纵坡定为1/5000～1/6000，渠道边坡1：2.5，糙率0.02，水深为2.2～2.5米，底宽为11～23米。[①]

### 五、渠首沉沙区综合治理规划

渠首沉沙工程不仅涉及泥沙处理的经济效益，还涉及群众生产、生活安排等社会因素以及沉沙区环境保护等方面的复杂问题。既往设计考虑工程方面的问题多，对社会、经济、环境影响等方面的问题没有考虑好，故沉沙池开辟后遗留问题很多，导致再辟新条渠困难很大。因此，此次工程设计从调查总结入手，针对沉沙区群众生产、生活问题，包括排水、排碱、交通、沉沙区群众生产的资金筹措和工程设施，进行统筹安排。

为避免沉沙区沉沙后土地沙化，采用汛期引黄盖淤，既利于沉沙区土地还耕，又可以杜绝新风沙区的形成。沉沙区综合治理包括：打渔张河改道工程，改道段上游流域面积为83.2平方千米，下游流域面积为131.6平方千米，全长7.7千米。截渗工程，截渗沟中心距离条渠隔堤与低输沙渠左堤中心55米，分别排入打渔张河改道段支沟。打渔张河改道段支沟，即排泄沉沙区涝、碱的干沟，位于沉沙区南侧，在通滨闸附近的打渔张河改道段。沉沙区灌溉工程：一是修建东冯支门，灌溉东西冯庄以南、打渔张河以北、输沙渠以西的农田；二是修建通滨支门，跨打渔张河改道段支沟，采用渡槽立交送水至通滨闸以上原一干渠，灌溉打渔张河南一干东、西两侧土地。沉沙条渠盖淤还耕，条渠淤满后，为便于群众还耕，须进行盖淤。桥涵工程，渠首与沉沙工程截断公路、生产道路，需修建桥梁共10处，其中公路桥2座、生产桥8座，修建涵管9处，渡槽1座。

① 山东省引黄济青工程设计任务书[R]. 山东省水利厅，1984：47-48.

## 第二节 输水线路

在充分考虑经济、社会、环境、工程技术等诸多问题的基础上，经过可行性研究、设计任务书和初步设计等各个工作阶段的多次现场查勘、方案比较，反复征求用水部门与当地政府意见等，遵循"输水河总长度要短，以降低工程造价；新开河段应尽可能避免占用良田，以节约用地；充分利用现有河道，以减少占地和土方工程数量；充分考虑各行政区域的合理要求，以避免边界纠纷；线路应尽量避开污染威胁，以确保水质；线路比降要尽量选择与地形相适应地段，以避免过大填方；考虑综合利用，以减少建筑物工程"等 7 项原则，经反复筛选，最后确定了输水河平面布置（图 2-14）。

图 2-14 设计人员正在研究线路规划

在初步设计完成后，又根据各地新的要求，再次组织设计人员进行详细查勘，对设计方案进行修改，将输水河博兴县境内出沉沙池至分洪道子槽段、平度县境内胶莱河至昌平河段、过陈家沟后穿过部队靶场段等几处进行了调整。

### 一、沉沙池出口至小清河分洪道段

出沉沙池至小清河分洪道段全长 17.3 千米，均在博兴境内。[1] 该段有两个方案。

一是在赤李村东新开河，穿过北支新河、蒲洼沟、三号支沟、支脉沟 4 条河沟，北镇至东营和博兴至陈户公社两条公路及博兴至东营铁路线，并穿小清河洪道北堤至分洪道子槽。穿越的沟河全为倒虹，2 座公路桥、1 座铁路桥和穿分洪道北堤为无压涵洞；共设建筑物 8 座，设计流量为 71 立方米每秒，渠首设计水位 9.6 米，渠道设计水深 3.0 米，渠底比降 1/7500，边坡系数为 2.5，渠底宽为 19 米。

二是沿原打渔张一干线路，与一干采取三堤二渠形式，济青输水河情况与前一方案基本相同。

经两个方案的充分比较，选定按济青设计标准改造原打渔张引黄灌区一干渠，供济青和灌区合用。穿越建筑物与第一个方案类同，另改造或新建生产桥 7 座。改建好的一干渠称为引黄济青输水河，设计指标如下：流量为 38.5 立方米每秒；出口闸闸后设计水位 9.97 米，水深 2.5 米；出口闸至王家节制闸河底比降为 1/15000，王家节制闸至北堤涵闸河底比降为 1/10000；边坡系数为 2.0；平均底宽至王家闸 18.9 米，下游 14.8 米。河道为全断面衬砌，并采取了严密的防渗防冻措施。

### 二、小清河分洪道子槽输水段

小清河分洪道是 1964 年小清河大水后，根据小清河规划，为解决该河下游防洪问题而修筑的分洪河道。分洪道位于小清河左侧，与小清河形成三堤两河，平均宽度为 700 米，建成以来从未分洪。

---

[1] 山东省引黄济青工程设计任务书 [R]. 山东省水利厅，1984：49.

1978年，在分洪道北侧开挖过流能力为200立方米每秒的子槽，底宽为38米，水深为5米，河底比降为1/14600，边坡系数为3.0。为充分利用现有河道，减少占地、土方工程数量和建筑物数量，输水线路拟利用子槽向东输水，总长31.4千米，进入广饶境内的毛家道口东，沿子槽输水，在王家道口南出分洪道子槽，入槽济青，流量为68立方米每秒。为争取水头，在出子槽下游建节制闸，将水位壅高至5米，通过推算，入子槽处水位为5.4米，槽内水面比很小。在离出口节制闸的一段子槽两岸需修子埝挡水。[①]

### 三、出分洪道子槽至宋家庄泵站

出分洪道子槽后，因小清河污染严重，故以倒虹形式过清，过清后水位4.5米。然后根据水位和地形，选线路位于4米等高线和5米等高线之间向东南方向，到宋家庄西北东马塘沟。此段长23.3千米，穿经永红沟、反修沟、预备河、雷埠沟、塌河、西张僧河、西马塘沟、东马塘沟8条河沟。其中西张僧河需建倒虹，西马塘沟、东马塘沟建无压暗渠穿过，其他建平交渡槽穿河。穿广饶和寿光县各1条县级公路。在西张僧河西侧穿双王城水库引水渠，输水流量为68立方米每秒，比降为1/15000，边坡为1：2.5，底宽为44米，至东马塘沟处的输水河水位为2.2米。[②]

### 四、宋家庄泵站至侯镇段

由东马塘沟向东，地面继续升高，需建泵站提水，站址选在宋家庄北东马塘沟附近，由2.2米扬至10.05米，净扬程7.85米，流量为66立方米每秒。

出泵站后，至中营村北穿弥河，至侯镇以北，此段长18.9千米。穿东张僧河、弥河和官庄沟3条河沟。弥河外堤距为1000米，拟在滩地修明渠600米，在河槽建渡槽400米，东张僧河及官庄沟均建渡槽。穿羊益、昌大两条公路。水深为3.0米，边坡为2.5，比降有1/15000和1/12000两种，底宽为26米和22米，输水河段末水位为8.0米。

### 五、侯镇至胶莱河段

本段地形复杂，河沟、路渠稠密，且要穿过峡山水库灌区，选线较困难。共选三个方案，即北线、新南线和老南线。[③]可行性研究报告论证会认为南、北线方案均可行，但多数代表倾向南线；如能解决好北胶莱河闸以上河道渗漏及污染问题，北线方案也可在设计中考虑。另外，潍坊市提出，北线经旋河入北胶莱河的方案也可在设计中研究。

#### （一）北线

自东、西岔河间向东南，至赵家辛章北入寒亭区境内，向东经萧家营以北，向东经潍北农场四分场南，至虞河进入昌邑县境内，在姜家堤子南过潍河再向东，于新河闸以上入胶莱河，入胶莱河闸前水位为3.5米。

线路长65.2千米，穿经丹河、老丹河、崔家河、大圩河（小河子）、白浪河、干河、利民河、虞

① 山东省引黄济青工程设计任务书 [R]. 山东省水利厅，1984：49.
② 山东省引黄济青工程设计任务书 [R]. 山东省水利厅，1984：50.
③ 山东省引黄济青工程设计任务书 [R]. 山东省水利厅，1984：50-52.

河、阜康河、夹沟河、堤河、潍河、浦河、旋河、老旋河 15 条河流。潍河外堤距 1220 米，主槽设渡槽，滩地设衬砌明渠。其余穿河倒虹 5 处，渡槽 8 处，利民河建上、下节制闸输水。线路穿过峡山灌区的八条干渠，均采用灌溉渠道以倒虹穿经济青输水河道。穿三支、寒央、国防、昌柳、夏峙、烟潍 6 条公路；设涵洞穿潍河老东堤。在四干附近设柳瞳扬水站，将水位由 2.1 米扬至 6.7 米，扬程为 4.6 米。

过白浪河流量为 64 立方米每秒，比降为 1/12000，水深为 3.0 米，底宽为 25 米。白浪河至利民河流量为 62 立方米每秒，比降为 1/15000，水深为 2.3 米，底宽为 41 米。柳瞳泵站至胶莱河流量为 60 立方米每秒，比降为 1/15000，水深为 3.0 米，底宽为 24 米，渠道边坡均为 2.5。

### （二）新南线

白浪河以前部分与北线方案相同。过白浪河后，向东入夹沟河，至烟潍公路桥以东 400 米出夹沟河，在王耨村北设泵站，水位由 2.8 米扬至 12.0 米，净扬程为 9.2 米，出泵站后在 10 米等高线和 11 米等高线之间于赵家庄北穿夹沟河，在王珂村南过潍河，至高密县曹家东北入胶莱河。入胶莱河闸前水位 8.7 米，全段长 79.8 千米，穿经丹河、老丹河、崔家河、大圩河、白浪河、干河、利民河、虞河、阜康河、夹沟河、潍河、唐家河、北胶新河 13 条河流，全部以平交渡槽穿河。穿三支、寒央、国防、烟潍、夏峙、宋庄、国防 7 条公路。穿峡山灌区的 3 条干渠和 4 条支渠，均采用倒虹形式穿济青输水河。白浪河至王耨泵站流量为 62 立方米每秒，水深为 2.3 米，比降为 1/20000，底宽为 47 米。王耨泵站至胶莱河流量为 60 立方米每秒，水深为 3.0 米，比降为 1/15000，底宽为 34 米。

### （三）老南线

从寿光候镇东开始与北线分开，向东南方向经王家辛章西，入寒亭区境内，向东穿白浪河后转向南至虞河入昌邑县境内，经萧家埠以北利用夹沟河 6 千米，出夹沟河后在王耨设泵站扬水，水位由 3.0 米扬至 12.0 米，净扬程 9.0 米。出泵站后，与新南线完全相同。总长 78 千米，穿河 16 条、小沟 3 条，建渡槽 12 座，倒虹过河 4 座，倒虹穿渠 3 座，穿公路桥 7 座。穿灌溉渠道 9 条，均设倒虹穿过济青输水河。

白浪河以前，流量为 64 立方米每秒，水深为 3.0 米，比降为 1/15000，河底宽为 25 米；白浪河至王耨泵站流量为 62 立方米每秒，水深为 2.5 米，比降为 1/20000，河底宽为 41 米。泵站后各要素均与新南线相同。

## 六、胶莱河至调蓄水库段

胶莱河为一南北贯通的排水河道，以窝铺附近为分水岭，以南为南胶莱河、以北为北胶莱河。1973 年北胶莱河从龙王河口至双山河口（即新河镇）按 5 年一遇除涝标准进行开挖，又在北胶莱河干流左岸开挖一条北胶新河。自分水岭向北 41 千米、向南 30 千米，共 71 千米，该段断面狭窄，排水能力很小。同时沿岸村庄稠密，形成卡口，据不完全统计，沿河现有村庄 56 个、近 6000 户，该段既不能满足排水要求，也不能满足输水要求。[①]

输水线路在入胶莱河前，有北线、南线 2 个方案。北线从新河闸上入北胶莱河，逆坡输水 31 千米

---

① 山东省引黄济青工程设计任务书 [R]. 山东省水利厅，1984：52-55.

至支流现河口，利用现河泵站升高水位，输水至双回闸，穿过大沽河，沿桃源河支流小新河输水，扬水入调蓄水库，全长 103 千米。南线方案在现河口附近入北胶莱河。现河至水库的线路规划与北线一样，全长 72 千米。由于胶莱河段基本上是原河输水，故在线路布置上无须做过多的比较，仅在工程布置上，除满足济青输水要求外，还要考虑防洪除涝的需要，以尽量提高胶莱河的排水能力。

北线输水，从新河闸开始。新河闸为北胶莱河下游的挡潮蓄水建筑物，设计底板高程为 0.35 米，门顶高程为 3.85 米，设计水位为 3.35 米。济青输水水位要求 3.5 米，该闸做好维修可以利用。新河闸至现河口段，水位 3.5 ~ 3.0 米，沿程损失 0.5 米。其中新河闸至龙王河段已经治理，基本无须动土。龙王河至现河口段按输水要求挖河、按防洪要求筑堤。

现河口至水库，南北两线水位相同。规划中曾对沿河村庄稠密的高平公路至利民河口 32 千米的一段，按输水及防洪除涝要求，进行过局部改线和原河输水的方案比较。

第一个方案（原河输水）：从现河口沿北胶莱河至分水岭，顺南胶莱河至双回拦河闸，然后开挖一段明渠，穿过大沽河入小新河至调蓄水库，扬水入库；全长 72 千米（其中胶莱河段长 59.6 千米）。该方案现河口水位为 8.5 米，到分水岭为 7.6 米，双回闸前水位为 6.2 米，水库前水位为 3.1 米。北胶莱河河底宽：现河口为 49 米，分水岭为 25 米；边坡为 3，内堤距为 110 ~ 140 米，最大挖深为 6.7 米。南胶莱河段的河底宽：分水岭为 20 米，双回河口为 30 米；边坡为 2.5，内堤距为 110 ~ 160 米，最大挖深为 6.7 米。

第二个方案（局部改线）：从现河口沿胶莱河输水至高（密）平（度）公路以东；在胶莱河北岸另开新河 32 千米至利民河口入南胶莱河，以下段同第一个方案。新河既可输水又可作为排水河道。该方案高平公路以西水面线与第一个方案相同，高平公路以东按流量为 50 立方米每秒设计断面，河底宽 25 米，堤距 88 米，最大挖深为 7.1 米；推算水位至分水岭为 7.6 米，双回闸前为 6.2 米。

上述两个方案，从高平公路至双回闸前，济青输水水位相同，防洪除涝水位也十分接近，故其效益也大体相同。局部改线的最大优点是选线时可以避开村庄，做到无移民，但土方较原河输水方案多 320.5 万立方米，占地多 4172 亩。原河输水虽工程量小，但牵涉 46 个村庄、2179 户迁移，迁占较多。两个方案各有利弊，若单从经济账上比较，原河输水方案投入较低，故在任务书阶段，暂按此方案估列投资。

济青输水胶莱河段，从新河闸至双回闸，长 90 千米，其间主要支流有 20 余条，排水涵洞 120 余座。按输水要求的设计，河底大都在原河底以下 2 ~ 5 米。为便于输水管理，保证行洪安全，要分情况加以处理。支流河底高于干流河底，输水位在支流河底以下的做跌水，输水位在支流河底以上、且迴水段较长的做闸或涵洞控制，退水段不长的一般不做处理；干流两侧局部洼地，从排水和防洪需要出发，一般修建涵洞。

引黄济青输水胶莱河段的主要控制建筑物，除利用现有的新河和双回 2 座拦河闸外，尚需新建现河口、姚家、闸子集 3 座拦河闸和大沽河渡槽。现河口闸的作用是为输水壅高水位；姚家闸处于南北胶莱河分水岭，是起分隔两河洪水、防止串流的作用；闸子集闸为农灌用闸，由于闸底高出设计河底 1.4

米，妨碍输水，需要重建。输水河过大沽河时，主槽用平交渡槽，两岸滩地用明渠相接，渡槽底高程为3.2米，基本与大沽河底持平。今后引蓄大沽河径流时，可以利用渡槽侧板或渡槽下游3千米的贾疃拦河闸调节。

引黄济青工程胶莱河至调节水库段输水线路（图2-15），共计土方1548万立方米。其中筑方679万立方米，永久占地1.05万亩，牵涉56个村庄、搬迁2881户。南线方案建筑物共176座，除上述3座拦河闸和大沽河渡槽外，还有2座公路桥、43座生产桥、5座支流节闸、6处跌水及116座涵洞；北线比南线增加一级现河泵站，输水流量为55立方米每秒，净扬程5.5米，另外还有2处支流跌水，共计建筑物179座。

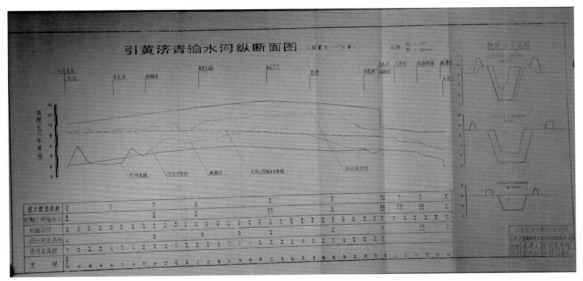

图2-15　引黄济青输水河胶莱河—水库段纵断面图

## 七、输水河防渗

引黄济青输水河具有线路长、沿线土质复杂的特点，因此对部分河段必须采取可靠的防渗措施，以尽量减少输水损失，提高输水率。根据各段不同特点和当地防渗材料的情况，本着"因地制宜、就地取材、防渗可靠、管理方便"的原则，初步确定了以下方案。沉沙池出口至小清河分洪道段流速较大，为地上河，黏土、亚黏土极少，采用混凝土预制板与塑料薄膜相结合的防渗措施。小清河分洪道至宋家庄段，茅草和芦苇茂盛，两岸土地已盐碱化，亚黏土有一定储藏量但沿线不连续，该段采用塑料薄膜加亚黏土层防渗。宋家庄至弥河段，亚黏土储量较多，靠近宋家庄地段，茅草和芦苇连片生长，多亚砂土，渗漏较重，且为地上河，沿岸土地已碱化，选用塑料薄膜加亚黏土防渗层。从弥河至白浪河，西段多为壤土、地下河，采用塑料薄膜；东段亚砂土较多，渗漏严重，用混凝土预制板衬砌，下铺塑料薄膜。白浪河至王耨，西段多为亚砂土，并有砂层，渗漏严重，采用混凝土预制板衬砌，下铺塑料薄膜；东段土质较差，在地下水位以下，选用铺塑料薄膜，并增厚保护层。从王耨至胶莱河，土质一般，西段为地上河，采用铺塑料薄膜。双回闸至棘洪滩段，土质较好，亚黏土储量较多，采用塑料薄膜加亚黏土层防渗。

塑料薄膜要求强度高，耐久性强，宽度在 12 米以上，渠坡使用的塑料薄膜表面要有一定不平，由工厂定型生产。

处在地下水位以下的渠段，渠底和渠坡在防渗层下设适当距离的排水砂沟，排水砂沟通往做有反滤层的排水井，排水井口设混凝土盖，在引水时将井口盖上防渗，引水完毕再将盖打开排水。

对于小清河分洪道和胶莱河段的输水位以下渗漏严重的砂层和亚砂土层，用邻近黏土层的土补坡夯实，以减少渗漏。

# 第三节　河道建筑物

根据工程整体布置及规划设计要求，自小清河至胶莱河段的输水线路基本上与现有灌排系统成正交，与主要交通干线成斜交，因此交叉建筑物的形式和数量较多；胶莱河输水段系利用现有河道输水，因而需要在干流和支流上建闸或做跌水，以保证输水的可靠性。整个输水线路共有 426 座建筑物，各种建筑物系根据不同的地形、地质条件，并结合防洪、排涝、灌溉、交通等要求进行布置，尽可能采用新的结构形式，以降低工程造价、缩短工期。工程规划引黄闸、调蓄水库按 I 级建筑物设计，其他均按 II 级建筑物设计；凡建筑物所在地区地震场地烈度大于七度的，均按"水工建筑物抗震规范"进行抗震验算；各类建筑物均应满足其相应的规范或标准规定要求。

## 一、泵站

引黄济青在规划中大胆借鉴美国的经验，取消中间建设水库方案，采用多级泵站、节制闸等建筑物替代。

"等容量控制"新技术在我国首次用于引黄济青工程，既节省了调蓄水库建设投资，也为冬季输水保温、渠间调度打下了基础。

输水河出沉沙池至棘洪滩水库，流经 252.845 千米，越过 3.2 米 ~13.4 米的缓坡起伏地形，还需建倒虹、渡槽跨越 36 条河流，要完成输水必须建设多级泵站扬水以提供所需水头。泵站设计参数的确定直接与梯级设置、输水河土石方工程量、站址处的地质情况、管理运行有关。在 1984 年 10 月山东省水利厅编制的《山东省引黄济青工程设计任务书》中，整个提水工程共设四级提水泵站，分别是打渔张泵站、宋家庄泵站、王耨泵站、棘洪滩泵站，总扬程 32.55 米，设计总装机容量为 4.48 万千瓦；[①] 在 1985 年 7 月山东省水利厅编制的《山东省引黄济青工程修正设计任务书》中首次提出计划建设 5 座泵站；在 1985 年 11 月山东省水利勘测设计院编制的《山东省引黄济青工程初步设计说明书及预算》（第一分册）中增加了亭口泵站，宋家庄泵站更名为宋庄泵站。各扬水泵站的设计主要指标、规模尺寸、平面布置分述如下。

### （一）打渔张泵站

拟建于新建引黄闸南约 1 千米处，其作用是提水沉沙，增大盖淤高度，延长沉沙条渠使用年限，

---

① 山东省引黄济青工程设计任务书 [R]. 山东省水利厅，1984：68-71.

减少沉沙池占地面积。泵站站前设计水位为11.6米，最低水位为10.3米，站后设计最高水位为17.0米，设计流量为41.0立方米每秒，设计净扬程为4.4米。初步选择 ZL30-7 水泵四台，其中工作泵三台、备用泵一台，泵站装机容量为1.04万千瓦，设计工况时水泵的单机流量为27.0立方米每秒。经布置，初步拟定泵房总长度为47.0米、宽度为12米，设有安装间及附属设备间。水泵安装高程为7.0米。进水流道采用肘型流道，出水流道为直管式。事故断流方式拟采用快速闸门断流。鉴于黄河水含沙量较大，根据省内外引黄泵站多年的实践经验，应对该站水泵采取耐磨措施。

规划中要求沉沙条渠的盖淤高度为5米，为防止盖淤对泵站安全和水泵出流的影响，拟在压力池后设低堰一道，堰顶高程应大于最大的盖淤高程，初定为14.0米。为防止堰后水流冲刷，危及泵站安全，堰后应设消力池、护坦等消能措施，与输沙渠连接。泵房右侧设户外变电站一处。变电站占地尺寸约为 50×50 米。

**（二）宋家庄泵站**

宋家庄泵站拟建于宋家庄西北侧约500米处。泵站设计流量为66立方米每秒。前池设计水位为2.2米，压力池设计水位为10.05米，设计净扬程为7.85米，初选 28CJ-90 立式轴流泵四台，其中工作泵三台、备用泵一台。装机容量为1.12万千瓦，水泵单机流量为26.0立方米每秒。泵房为堤身式，长度为47.4米、宽度为13.6米，水泵安装高程为 -1.05 米。进水流道拟采用肘型流道，出水流道为直管式，事故断流方式可采用拍门或快速闸门断流。泵房左侧设户外变电站。为防止事故停电时水位壅高而造成泵房淹没，在泵站上游左岸设泄水闸一座。

**（三）王耨泵站**

王耨泵站拟建于王耨村东北约600米处，设计流量为60立方米每秒，前池设计水位为2.8米，压力池水位为12.0米，设计净扬程为9.2米，初选 8HL 立式轴流泵四台，装机容量为1.12万千瓦，水泵单机流量为23.7立方米每秒，水泵安装高程为 -0.3 米。泵房长50.5米，宽18.3米（其中包括副厂房，办公室面积为140平方米）。泵站平面布置同宋家庄泵站。

**（四）棘洪滩泵站**

棘洪滩泵站拟建于棘洪滩水库西侧、李家庄北约1千米处。根据规模，泵站前池设计水位3.1米，水库死水位为5.7米，最高蓄水位为16.5米。泵站最低扬程为2.6米、最高扬程为13.4米，扬程差为10.8米。经计算，水泵设计扬程为9.7米。鉴于水库水位变化较大，国内尚无适应扬程变化大的泵型，因此初步考虑采用变速电机或直流电机、水泵串联和提高出水口高程三个方法解决。用变速电机或直流电机变换水泵转速，以达到不同扬程的要求，改变水泵转速势必导致出水流量的变化，输水河是均衡输水，因此需要增加泵站的装机台数和泵房尺寸，这样又会提高机泵和土建部分的造价，而且电机变极或整流在工艺上也有一定困难，操作也比较复杂；水泵串联虽在技术上能够做到，但同样要增加泵站装机台数，泵房的结构也比较复杂，需要增设一些控制闸门以调节低、高扬程不同情况下提水入库的要求，增加水头损失。提高泵站出水口高程，缩小扬程变化范围，易于选择泵型，减少水泵的装机台数和缩小泵房土建的规模，但增加了运行费用。由于提高出口高程，为防止水流冲刷危及坝体安全，拟在压力池后增做消能工程。考虑到水库库址处地质条件较好，并有死水位作水垫，故消能措施比较简单。因此初步考虑用提高泵站出口高程以缩小扬程变化，是否合适尚需在设计中研究确定。初拟出水口底高程为8.5米。

泵站设计流量为43立方米每秒，装机容量为1.2万千瓦。初选四台3HL混流泵，其中一台为备用泵。在水库最高水位时，水泵的单机流量为16立方米每秒。

由于水库设计蓄水位较高，为保证坝体和泵站的安全，拟采取泵房形式为堤后式；水泵进水流道为钟型流道，出水流道为虹吸式流道；断流方式采用真空破坏阀断流。

**二、倒虹**

引黄济青输水河全线跨越大、中河道36条，需建倒虹、渡槽跨越。这些倒虹、渡槽的长度以及断面尺寸等布置情况，不仅影响工程量和投资，而且涉及水头损失的大小，并直接影响输水河全线的水位、比降的变化、泵站扬程及整个纵断设计。因此，根据每条河道的具体特点、交叉断面情况及与输水河相对关系等条件，进行认真分析研究。

凡输水河穿过受污染的河道、输水河底高程低于河道底高程或输水河穿过有通航要求的小清河，均以倒虹立体交叉。当田间河沟或灌溉渠道穿过输水河，由于流量较小，为降低工程造价，也采用倒虹交叉。倒虹进出口水头损失一般采用0.2～0.5米。孔口尺寸第一期工程分3孔2.1×2.4米（高×宽）、9孔2.1×2.4米（高×宽）两种；第二期工程分3孔2.1×2.4米（高×宽）、12孔2.1×2.4米（高×宽）两种，洞身均为钢筋混凝土结构。为便于检修，进出口均设有闸门控制，并附设工作便桥。[①]其数量共14座，总长1404米。

输水河上共设置倒虹34座，为减少倒虹工程量和水头损失，在不影响正常输水和河道行洪的情况下，尽量缩短倒虹长度，一般以所穿河、沟的外堤距控制，对另外一些没有堤防或虽有堤防但以弃土为主、堤距很宽的河道，则按河口宽两边各加10米或以内堤间距为准两边各加10～20米来确定倒虹长度。

大沽河距棘洪滩水库仅11千米，为充分利用水资源并降低供水成本，考虑在汛期相机引用大沽河余水入棘洪滩水库。根据地形条件和大沽河引水的要求，确定采用倒虹立交，倒虹顶部附设节制闸门，以形成有坝引水，倒虹长度为610米。

**三、渡槽**

输水河穿过河道时，当河底高程高于河道底高程或河底高程与河道底高程相平时，则采用渡槽穿过。为降低工程造价，大型天然河道如塌河、弥河、潍河、大沽河，主河槽段建渡槽，滩地采用半永久性明渠。在渡槽进出口处建节制闸，以防止洪水入渠，渡槽的侧板采用升降式钢质门，门顶设有移动式启闭机。输水河输水时，可将侧板门落下，节制闸闸门升起。河道中若有基流，如白浪河的污水可由渡槽底至河道之间的净空排走。当河道需要排洪时，可将侧板门的门底升至洪水位以上，为防止洪水进入输水河造成淤积，故将节制闸闸门关闭，洪水可沿着渡槽底板的顶上漫溢，底板以下则从孔口出流。槽身过水断面分2.75×20米、2.9×20米、3.3×20米（水深×槽宽）3种，共20座，总长1765米。[②]

① 山东省引黄济青工程设计任务书 [R]. 山东省水利厅，1984：66-67.
② 山东省引黄济青工程设计任务书 [R]. 山东省水利厅，1984：67.

关于弥河、潍河与大沽河等大型天然河道的余水利用，可将输水河底高程降至与河道底高程相平，当河道下游渡槽一侧的侧板门和渡槽进口节制闸闸门关闭，另一侧的侧板门和渡槽出口节制闸闸门升起后，河道的余水即可进入输水河加以利用。

根据地质情况，渡槽的基础采用桩基，桩直径 0.8 米，桩长 15 ~ 20 米。

渡槽的侧板门也可采用橡皮坝代替，以降低工程造价，待根据实际情况研究选用。

输水河与北支新河、三号支沟的交叉，根据现有工程情况，确定采用渡槽跨河，渡槽槽身长度均为 80 米。

### 四、涵闸

为保证输水的正常进行，在与河道交叉的倒虹吸前设置控制闸，作为控制水位和流量的控制建筑物。如输水河在穿越小清河分洪道北堤、弥河西堤、潍河西堤、潍河中堤处设置涵闸。为保证泵站安全，在各级泵站前均需设置泄水闸。

除渠首引黄闸、高低输沙渠上的分水闸与沉沙池出口闸外，凡利用河道输水的，拟建节制闸与进（分）水闸。闸室为开敞式、平面直升闸门。闸门净宽分 4 米、6 米、8 米、10 米 4 种，门高按挡水高度而定，一般为 3~8 米。闸室基础均采用混凝土灌注桩，底板为桩基承台与小底板形式。边墙视挡土高度，拟分别采用半重力式、悬臂式或空箱式。主要的水闸 24 座，总长 602 米。[①]

### 五、桥梁

规划渠道两岸均有农庄，为保证输水河两岸交通及农业生产正常，输水河穿越公路、生产道路分别建公路桥和生产桥。

公路桥荷载标准采用汽车 –15 级、挂车 –80 级和汽车 –10 级、履带 –50 级两种。桥面净空一般为净 7+2×0.75 人行道。桥的跨度均采用 16 米，上部结构为钢筋混凝土工型梁，基础为混凝土灌注桩。公路桥 16 座，总长 956 米。

生产桥荷载标准采用国产解放牌汽车。桥面净空为净 –4.5+2×0.25 安全带。跨度均为 10 米，上部结构采用钢筋混凝土工型梁，基础为混凝土灌注桩。生产桥 82 座，总长 4740 米。[②]

### 六、涵洞、跌水工程

入胶莱河的排水河（沟）与胶莱河交叉时，视河底相对高程的不同情况分别采用涵洞及跌水连接。

涵洞采用无压方形盖板式涵洞，洞身断面分 4×4 米、5×4 米、6×4 米（宽 × 高）3 种。边墙、中墩及底板均为浆砌块石结构，顶板为钢筋混凝土结构。为防止胶莱河行洪及济青输水时各排水河（沟）的回水，在涵洞出口处均设闸门控制。涵洞 137 座（不包括调蓄水库的泄水、输水涵洞），总长 407 米。

跌水采用陡坡式，坡度 1∶3，跌差 2 ~ 4 米，采用浆砌块石结构，为解决胶莱河大堤的道路畅通，跌水上均设生产桥。跌水 10 座。[③]

---

① 山东省引黄济青工程设计任务书 [R]. 山东省水利厅，1984：67-68.

② 山东省引黄济青工程设计任务书 [R]. 山东省水利厅，1984：68.

③ 山东省引黄济青工程设计任务书 [R]. 山东省水利厅，1984：68.

# 第四节　调蓄水库

为解决黄河断流、凌汛、洪峰期不能引水和保证向青岛市连续供水的问题，引黄济青工程必须修建调蓄水库。如果调蓄水库修在渠首，虽然输水规模可以减小，但小流量、长时间的输水与交叉河道的行洪有矛盾，且渠道的渗漏、蒸发损失、农灌的用水及沿途输水管理均难解决。考虑到供水的可靠性，调蓄水库拟建在青岛市区附近。

根据《山东省引黄济青工程可行性研究报告》及论证会会议纪要精神，对拟建调蓄水库的位置进行重新研究、补充方案比较和分析论证工作，认为选棘洪滩库址较为合理。由于库址占用桃源河河道，因而建库前需将占用河段改道，自胶济铁路桥下经库区西坝外，再穿青胶公路桥后回归故道。

## 一、库址初选

为在青岛市郊选择适宜库址，前期进行了大量勘测试验和方案比较。经初选后，将桃源库址和棘洪滩西库址、棘洪滩东库址列为备选方案。

### （一）桃源库址

桃源库址位于桃源河下游入大沽河的三角地带，东起沿 5 米等高线的丘陵，西至毛家庄一线，北为青胶公路以南，南接大、小涧山岭。库区面积 33 平方千米，围坝长 20.5 千米。当水深 8.0 米时，总库容为 2.15 亿立方米。最大坝高 11.0 米。

该库地形北高南低，地形坡度为 1/1000 ～ 1/2000，库区内北部地势平坦，南部地势低洼，雨季往往积水成灾。库区南接火山岩组成的丘陵，高程一般在 20 米以上，赵家岭、孟家庄一带，丘陵最低高程为 13.70 米，均满足坝顶高程的要求；东接波状起伏的垄岗，为尽量少迁移村庄，东围坝大体沿 5 米等高线布置，坝基覆盖层厚 3 ～ 5 米，以下为砂质红黏土岩；北、西围坝长 12 千米，坝基覆盖层厚 22 ～ 24 米，上部为亚砂土、亚黏土，厚 2 ～ 3 米，中部为淤泥质亚黏土，为一相对隔水层，以下有 16 ～ 20 米厚的沙层，透水性强，坝基必须采取垂直截渗措施。

### （二）棘洪滩东库址

库址位于棘洪滩村以东，洪江河以西，胶济铁路以南，南万盐场以北。库区面积为 7.0 平方千米，围坝长 11 千米，库区内大部岩石出露，为白垩系王氏组砂质红黏土岩，地质构造简单。围坝西、北、东三面坝基覆盖层厚 2 ～ 3 米，以下为红黏土岩；南面覆盖层厚 6 ～ 8 米，为亚砂土、亚黏土及部分砂层，黏土截渗槽须直达基岩。

### （三）棘洪滩西库址

库址位于棘洪滩村以西，青胶公路以北，胶济铁路以南，西至李家庄、桥西头一线，东至中华埠分水岭。库区面积为 17 平方千米，围坝长 16.5 千米，当水深 13.5 米时，总库容为 2.01 亿立方米，可以满足青岛市日供水 55 万立方米的要求。最大坝高 16.5 米。

该库区地势开阔平坦，第四系覆盖层广泛分布，一般厚 2 ～ 6 米，为亚黏土和黏土。围坝沿线地质情况已基本查清，围坝西线由李家庄向北经杨家庄、桥西头至姜家屋子，第四系覆盖层厚为 4~8 米，上部 2~4 米为灰棕色黏土、亚黏土，4~8 米为黄色黏土，在李家庄至杨家庄村北局部有约 0.2 米厚的含贝集中的砂层。围坝北线从姜家屋子沿胶济铁路南侧至盐场铁路西侧，第四系覆盖层由西向东厚为 8~3 米，主要为洪积、坡残积黄红色黏土，下为白垩系砂页岩。围坝东线北起胶济铁路，沿盐场铁路向南至青胶公路，第四系覆盖层厚 3~4 米，主要为红砂页岩，下部为紫红色砂页岩。围坝南线从李家庄起，沿青胶公路至盐场铁路止，第四系覆盖层厚 8~3 米，主要为深灰色、灰棕色亚黏土、黄色黏土，为紫红色砂页岩。①

## 二、水库规划及库址比选

调蓄水库位于引黄济青输水河的末端，由泵站扬水入库，水库的规模经水量平衡调蓄计算确定。调蓄水库计算成果及规划指标列表见图 2-16。

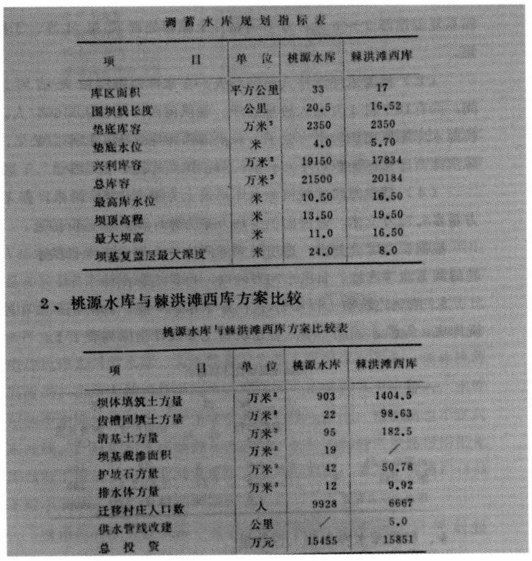

调蓄水库规划指标表

| 项目 | 单位 | 桃源水库 | 棘洪滩西库 |
|---|---|---|---|
| 库区面积 | 平方公里 | 33 | 17 |
| 围坝线长度 | 公里 | 20.5 | 16.52 |
| 垫底库容 | 万米³ | 2350 | 2350 |
| 垫底水位 | 米 | 4.0 | 5.70 |
| 兴利库容 | 万米³ | 19150 | 17834 |
| 总库容 | 万米³ | 21500 | 20184 |
| 最高库水位 | 米 | 10.50 | 16.50 |
| 坝顶高程 | 米 | 13.50 | 19.50 |
| 最大坝高 | 米 | 11.0 | 16.50 |
| 坝基复盖层最大深度 | 米 | 24.0 | 8.0 |

2、桃源水库与棘洪滩西库方案比较

桃源水库与棘洪滩西库方案比较表

| 项目 | 单位 | 桃源水库 | 棘洪滩西库 |
|---|---|---|---|
| 坝体填筑土方量 | 万米³ | 903 | 1404.5 |
| 齿槽回填土方量 | 万米³ | 22 | 98.63 |
| 清基土方量 | 万米³ | 95 | 182.5 |
| 坝基截渗面积 | 万米² | 19 | / |
| 护坡石方量 | 万米³ | 42 | 50.78 |
| 排水体方量 | 万米³ | 12 | 9.92 |
| 迁移村庄人口数 | 人 | 9928 | 6667 |
| 供水管线改建 | 公里 | / | 5.0 |
| 总投资 | 万元 | 15455 | 15851 |

图 2-16 调蓄水库规划指标表

桃源水库与棘洪滩西库都能满足青岛市日供水 55 万立方米的要求。桃源水库地质条件复杂，第四系覆盖层厚 22~24 米，下部为强透水砂层，垂直截渗措施难度大、工期长；水库库区面积 33 平方千米，需迁移人口 9928 人，在水库西围坝和大沽河之间，尚有 10 个村、1 万余人较难处理。棘洪滩西库第四系覆盖层厚 2~8 米，且多为黏性土，截渗处理简单可靠、工期短；需迁移人口 6667 人，库区面积 17 平方千米，迁、占均少，虽然较桃源水库填筑土方量多 578 万立方米、砌石方量多 6.71 万立方米，但截渗面积少 19 万平方米，两库总造价接近。根据以上综合分析，故选用棘洪滩西库作为引黄济青日供水 55 万立方米的调蓄水库库址。日供水 70 万立方米时，可扩建棘洪滩东库。

附属建筑物工程规划包括：设出库输水洞一座；为防止事故和洗库底，设泄水涵洞一座；棘洪滩西库库区内迁移村庄 8 个（即三家屋子、新立村、吴家屋子、桥西头、杨家庄、徐家屋子、段家庄、小胡埠），移民 6667 人及迁移青岛航空学校一处。②

① 山东省引黄济青工程设计报告 [R]. 山东省水利勘测设计院，1991：57–58.

② 山东省引黄济青工程设计报告 [R]. 山东省水利勘测设计院，1991：58–61.

### 三、桃源河改道规划

桃源河流域面积为300平方千米，分属于青岛市的即墨县、崂山县和胶县。桃源河现有河道防洪排涝标准低，堤防单薄、残缺不全，河道出口又常遇大沽河洪水顶托，属急排泄类型，洪涝灾害比较严重。引黄济青工程拟于该河上游胶济铁路以南、胶青公路以北的涝洼地作为调蓄水库。为避免桃源河洪水影响水库安全，须将桃源河改道。由于大沽河处于高地，桃源河上游洪涝水无法排入；水库东侧中华埠地势较高，并布设引黄济青输水干线，桃源河也不宜向东改线；只能沿水库西侧开挖改道，改线自胶济铁路以南沿水库西侧于胶青公路以北马家庄南入支流小河，再开扩改道汇口以下段小新河，仍汇入桃源河原河道。

改道段标准暂按山东省水利勘测设计院1975年编制的《桃源河治理规划报告》作依据，开挖改道段，其标准较高，工程量较大，待后修正。改道段全长5.35千米，开扩小新河下游段2.65千米，共长8.0千米；开挖土方138万立方米；筑堤及河道开挖占地1511亩。建筑物计有：改建公路桥1座，新建生产桥2座，排水涵洞2座，节制闸1座。[①]

## 第五节 供水工程

棘洪滩水库以下工程分为输水工程、净水工程、市区输配水工程三部分。从水库放水洞延长段出口的消能设施到增压泵房吸水井之间，采用单孔钢筋混凝土低压管道重力输水，设增压泵站1座，倒虹3座，净水厂1座，加压站2座，水池2处，以及市区输配水管网系统（其中输水干管90千米）等。

### 一、设计规模

#### （一）净水厂

按青岛市区用水量规划，1990年要求平均日供水量为68万立方米，每日扣除现有水源15万立方米，每日尚需增加水源53万立方米，考虑年内用水不均匀性（K2=1.2），每日最高供水量应为63.6万立方米。

新建河东水厂（日净水能力为50万立方米）和崂山水库水厂供第一、二供水区用水；第二水厂将其反映池、沉淀池扩建，增加0.5立方米每秒（合每日4.3万立方米）后，使日设施能力由17.3万立方米提高到21.6万立方米，供第三供水区用水。

2000年规划日供水量为110万立方米，引黄济青工程完工后，本市所有水源日供水能力仅达到85万立方米，日供水能力尚缺25万立方米，需由其他工程项目安排解决。按照规划的每日85万立方米的水源能力，水厂日净水规模需达到102万立方米。除了在1990年前已形成的净水能力外，尚需建造日净水能力为25万立方米的水厂1座，供第三供水区及第二供水区部分用水。

#### （二）输水暗渠（水库到增压泵站段）

1990年前新建水厂的原水和第二水厂的大部分原水，每日共64.7万立方米，需由水库引水解决，自用水按5%、管（渠）道漏失按10%（输水渠（管）距离为37.5千米）计算，输水暗渠能力应为8.6

---

① 山东省引黄济青工程设计报告 [R]. 山东省水利勘测设计院，1991：61–62.

立方米每秒。1990 年后，每日有 89 万立方米的原水需由水库引水，暗渠的相应输水能力为 12 立方米每秒。

### （三）泵站

水库出水泵站设计能力为 12 立方米每秒。

为向日净水能力分别为 50 万立方米、25 万立方米的净水厂送水，及考虑 5% 水厂自用水和 5% 压力管道漏失，增压泵站设计能力为 10 立方米每秒。

### （四）压力输水管道（增压泵站到水厂段）

增压泵站出水分两路，一路到日净水能力为 50 万立方米的净水厂，管道设计能力 6.4 立方米每秒。另一路到日净水能力为 25 万立方米的净水厂，输水能力为 3.3 立方米每秒。[①]

## 二、工程规划

水库出水泵站：泵站位置与库址有关，初步选在张家庄或魏家庄附近，泵房设计能力 12 立方米每秒，土建考虑一次建成，设备可分期安装，总装机容量约 1500 千瓦。

输水管道（水库到增压站）：由于输水量大、输水线路长，输水管道宜采用低压钢筋混凝土结构。要充分利用水库水位自流到二水厂，当水库水位低时经出水泵站提升后再流到增压泵站。在保证事故用水的前提下，在下阶段设计中可进行三孔与两孔方案比较。按三孔计算，每孔截面 B×H=3×2.2 米，设计不淤流速大于 0.6 米每秒。

增压泵站：为便于调度管理，增压泵站位置选在第二水厂附近，地形高约 8.0 米，为便于选用预应力钢筋混凝土输水管道，水泵总扬程考虑不大于 7 千克每平方厘米，泵站总装机容量约 1.1 万千瓦。泵站内另设调节水池容量为半小时的增压水量（约 2 万立方米）。

压力输水管道：到日净水能力为 50 万立方米的水厂，选用 2 根直径为 1800 毫米的预应力钢筋混凝土管，总长 29.04 千米。为保证事故用水，中间需加连通管及连通闸门，管道粗糙系数选用 0.017。到日净水能力为 25 万立方米的水厂，选用 1 根直径为 1800 毫米预应力钢筋混凝土管，长 7.5 千米。为保证事故用水需和上述 2 根 1800 毫米管道连通，此段管道可在 1990 年后与日净水能力为 25 万立方米的水厂配套建成。

净水厂：日净水能力为 50 万立方米的水厂初步选在第二供水区河东村附近，水厂装机容量约 10000 千瓦。日净水能力为 25 万立方米的水厂初步选在第三供水区的十梅庵村附近，水厂装机容量约 5000 千瓦。净水厂位置待下阶段设计时，还须按用水节点分配作适当调整。[②]

# 第六节　配套工程

引黄济青输水工程沿线所有既有和在建的、能够直接作为输水工程扬水泵站供电电源的，有辛店

---

[①] 山东省引黄济青工程设计报告 [R]. 山东省水利勘测设计院，1991：63-64.
[②] 山东省引黄济青工程设计报告 [R]. 山东省水利勘测设计院，1991：64-65.

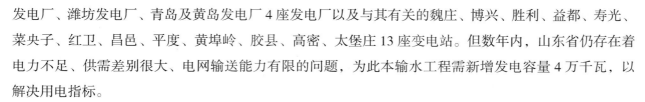

发电厂、潍坊发电厂、青岛及黄岛发电厂4座发电厂以及与其有关的魏庄、博兴、胜利、益都、寿光、莱央子、红卫、昌邑、平度、黄埠岭、胶县、高密、太堡庄13座变电站。但数年内，山东省仍存在着电力不足、供需差别很大、电网输送能力有限的问题，为此本输水工程需新增发电容量4万千瓦，以解决用电指标。

## 一、输变电工程

引黄济青输水工程中输变电部分设计内容包括输电线路、变电和扬水站的配电工程。电源点的选择系按就近和电源不倒流原则考虑。负荷性质为二级负荷，该级负荷供电方式与山东省电力局协商后得出以下方案：打渔张、宋家庄、王耨三个泵站采用单电源单回路专用线方式；棘洪滩泵站，因有防洪除涝要求，故采用双电源单回路方式。各泵站与电力系统的联结及电气主结线的初步拟定，系根据省电力局提出的电源点做出的；主要的电器设备选择，系按额定电压及额定电流以及计算负荷量考虑。各泵站具体供电方案如下。

打渔张泵站位于博兴县境内，用电由魏庄变电站架设110千伏输电线路送电，全长88.6千米。泵站变电站设10000千伏安主变两台。电压等级为110/6.0/0.38/0.22千伏四级。

宋家庄泵站位于寿光县境内，用电由益都变电站架设110千伏输电线路送电，全长86千米。泵站变电站设10000千伏安主变两台，电压等级为110/6.0/0.38/0.22千伏四级。

王耨泵站位于昌邑县境内，用电由昌邑变电站架设35千伏输电线路送电，昌邑增容20000千伏安，改建至昌邑输电线路33.8千米，连同新架线路共48.8千米。泵站变电站设10000千伏安主变两台，电压等级为35/6.0/0.38/0.22千伏四级。

棘洪滩泵站位于胶县境内，主供电端由青岛市黄埠岭变电站架设110千伏输电线路送电、备用供电端由胶县变电站架设110千伏输电线路送电，全长87.1千米。泵站变电站设10000千伏安主变两台，电压等级为110/6.0/0.38/0.22千伏四级。

关于大型渡槽、水闸的工作用电及施工用电，由山东省经委下达用电指标，根据工作所在地，由施工单位向有关地市县电力局或公司申报用电计划，会同地方共同协商解决实施问题。关于通讯设施，拟由省邮电部门统筹安排。

凡是因输水工程负荷增加而引起的有关变电站扩建、增容、线路改建等，视设计和实际可能与电力部门签订协议并付诸实施。[①]

## 二、金属结构

引黄济青工程的年运行时间集中，建筑物数量多而且比较分散，因此，水闸、渡槽、倒虹吸和涵洞等工程的闸门与启闭设备应运行可靠。

水闸：引黄闸、节制闸、拦河闸和分水闸等均采用直升平板定型钢质闸门，闸门净宽分4米、6米、8米、10米四种，门的高度按挡水高度而定，启闭设备选用固定式卷扬启闭机。

---

　　倒虹：倒虹进口闸门尺寸为 2.5×3 米、10×3 米（宽 × 高）的平板滑动闸门，启闭形式采用手、电两用螺杆式启闭机和桁架式起重机两种。

　　涵洞：涵洞出口工作门的尺寸分为 4×4 米、5×5 米、6×4 米（宽 × 高）三种，均为直升平板滑动闸门，采用手、电两用螺杆式启闭机。

　　渡槽：渡槽侧板由多扇直升桁架式平面钢闸门组成，侧板分块尺寸为 10×4 米（宽 × 高）。启闭设备为吊轨桁架式起重机，一台起重机控制多扇闸门启闭。渡槽上、下游节制闸工作门的尺寸为 10×4 米（宽 × 高），启闭设备与渡槽侧板相同。

　　泵站：泵站进口设拦污栅和检修门，并备有清污设备。流道出口断流方式采用油压机控制闸门或油压机控制快速闸门，并在闸门下游设检修闸门一道。[1]

---

① 山东省引黄济青工程设计报告 [R]. 山东省水利勘测设计院，1991：74−75.

# 第三篇

移民征迁

引黄济青工程占地多、战线长，征迁移民任务重、情况复杂。为确保全线各单项工程适时开工，并为被征地单位和群众生产生活的安排创造有利条件，山东省政府决定集中领导、集中力量、集中时间，于1986年底前完成移民征迁工作。省委领导要求各有关单位"务请及时检查，一抓到底，不留后遗症"。省政府提出要"切实做好搬迁安置和占地补偿工作。定要把工作做深做细，妥善处理，保证不留后遗症"。

为做好土地征收和移民安置，山东省政府多次召开沿线市（地）和省直有关部门负责人会议，进行工作部署。在山东省引黄济青工程指挥部直接领导下，沿线各级地方政府认真做好搬迁安置和占地补偿工作。在此期间，由于及时兑现征迁安置补偿政策和经费，被征地单位和群众的生产生活得到有效安排，农民也从征后未用的一段时间里得到一定实惠，搬迁工作进展基本顺利，剩余劳动力基本得到妥善安置，三年的任务一年完成了。工程共征用永久占地64771.026亩；征迁补偿费为13009.247万元，其中移民搬迁费为1043.8万元。移民征迁工作的顺利完成，适时为工程建设提供了用地，为工程早开工、快施工创造了有利条件。[①]

# 第一章  征迁组织

征地移民的基础是摸底调研，关键是补偿和安置。在山东省引黄济青工程指挥部的直接领导下，在调查研究、制定标准、广泛宣传的基础上，各级指挥部积极主动开展工作，沿线各级政府都把征迁工作列入重要议事日程，推动搬迁工作顺利进行。[②]

## 第一节  征迁筹备

为切实搞好移民征迁工作，山东省政府多次召开会议，明确任务、研究措施、制定政策。各级指挥部积极主动开展工作，及时向当地政府汇报情况，提出搞好征迁工作的实施方案。沿线各级政府都把征迁工作列入重要议事日程，并举办不同类型的学习班，为征迁工作的顺利开展奠定基础。

### 一、调查摸底

征迁工作涉及千家万户的切身利益，没有具体明确、合情合理的政策标准是难以进行的。在工程动工前，山东省引黄济青工程指挥部从1986年3月开始，对沿线社会经济情况及粮、棉、油综合价格和重点附着物反复进行调查测算，同时利用遥感技术对水库征迁数量和土地分类进行摸底，为确定和

---

① 山东省引黄济青工程指挥部.引黄济青工程迁占补偿工作报告[R].1991：1.
② 水利部南水北调规划设计管理局，山东省胶东调水局.引黄济青及其对我国跨流域调水的启示[M].北京：中国水利水电出版社，2009：68.

下达引黄济青工程移民迁建补偿标准提供可靠依据。①

经过调查，引黄济青工程用地涉及惠民（今滨州市）、东营、潍坊、青岛 4 个市（地）中博兴、广饶、寿光、寒亭、昌邑、高密、平度、胶州、即墨、崂山②10 个县（区）的 44 个乡镇、306 个自然村，共征用永久占地 64771.026 亩（其中：非耕地 12219.314 亩、国有土地 22 亩），应安置人口为 26574 人。各工程项目用地数量为：渠首沉沙 10619.085 亩，输水河 26428.14 亩，建筑物（输水河征地范围以外部分）1067.571 亩，水库 23559.91 亩，桃源河改道 2060.05 亩，水库以下工程 858.49 亩；管理机构基地和仓储设施用地 177.78 亩。③

临时用地按单项工程分别办理。"三通一平"用地，由建设单位负责办理用地手续和补偿，经费在该单项工程投资中列支。使用期满后，施工单位负责清碴整平，及时退还被用地单位。

### 二、政策调整

为了保证征迁安置和工程建设的顺利进行，山东省直有关部门及时批复山东省引黄济青工程指挥部关于政策性问题的请示。根据国家规定，征用土地在上级未批复前不能占用。为此，山东省土地管理部门于 1986 年 8 月 9 日下达（86）鲁农函土管字第 194 号文，批准引黄济青工程 1986 年开工的 34 个单项工程用地 2996 亩，可以先用后征，以保证这些工程的施工用地。

1987 年 8 月 10 日，山东省财政厅下达（87）鲁财农字第 173 号复函，根据引黄济青工程的性质，确认其"也属于为农业生产服务的农田水利设施"；按有关政策规定，批准本工程占用耕地免征耕地占用税。8 月 27 日，山东省粮食局下达（87）粮计字第 36 号文，根据山东省粮食产量逐月增加的实际情况，明确省对地市不予调减引黄济青工程占地粮食定购任务，对占地比较集中的乡、镇需要调减定购任务的由有关市地自行调整。次日，山东省财政厅下达（87）鲁财农字第 203 号文，批准引黄济青工程建设征用土地免征农业税。

上述政策性文件的出台，对及时减免被征地群众负担、解决群众惜地情绪、保证适时为工程施工提供用地发挥了很好的作用。

### 三、建立专班

征迁工作是一项面广量大、情况复杂、面对群众的艰巨工作，要搞好这项工作，必须有一支能战斗的队伍。至 1986 年 10 月，山东省引黄济青工程各级指挥部先后建立 50 多个征迁工作班子，计有工作人员 300 多人，其中县以上领导干部 20 多人。安置任务重的市、地、县，还专门建立补偿项目领导小组和工作班子，一直工作到项目投产为止。

广饶县把城建局、交通局、工商局、卫生局、土地办等单位的老局长召集起来，成立征迁专班，

---

① 朱允瑞，潘宗福，萧泰峰.三年任务 一年完成——山东省引黄济青工程征迁工作经验 [J].中国水利，1987（07）：20-21+1.

② 引黄济青工程初建时经过青岛市崂山县，1988 年 11 月撤崂山县设立崂山区。1994 年 4 月，经国务院批准，青岛市市区行政区划作重大调整，设立新的崂山区和城阳区，将属原崂山区的城阳、惜福、夏庄、流亭、棘洪滩、上马、红岛、河套 8 个镇划归城阳区，引黄济青工程所经乡镇均在此范围内。

③ 山东省引黄济青工程指挥部.引黄济青工程迁占补偿工作报告 [R].1991：1.

这些同志虽然已退居二线，但都能坚持原则、有群众工作经验、有权威、熟悉当地情况，在征迁工作开展中起到重要作用。

昌邑县在征迁中实行县包乡镇、乡镇包村、村包户的层层承包责任制，谁完不成任务谁负责，从而调动积极性；各级领导既当指挥员、又当战斗员，实地丈量土地，清点附着物。只要工程需要，不管分内分外，不等不靠，亲自拉绳丈地，努力完成任务。

## 第二节　征迁管理

为落实拆迁补偿政策，保证征迁工作顺利进行，沿线各级政府分别指定一名领导同志专门负责，以便及时研究、解决征迁工作中出现的问题；并先后举办10期不同类型的学习班，认真学习《国家建设征用土地条例》和《引黄济青工程征地搬迁补偿工作的通知》。通过对征迁人员的培训，统一认识、统一丈量方法、统一记录表格，保证按统一政策和标准进行工作，加快征迁进程。

### 一、征迁移民程序

引黄济青工程占地申请用地单位为各市（地）引黄济青工程指挥部。沿线各县（区）被占土地的征用工作在当地政府直接领导下进行；在各县（区）引黄济青工程指挥部设立由土管、民政、公安和乡镇企业等部门参加的办事机构，承担具体工作。在与被占地村庄签订征地协议后，经县（区）土地管理部门审核盖章后，集中报市（地）土地管理部门审核汇总并报山东省政府。各市（地）工程管理分局（处）和有关县（区）工程管理处的基地建设用地，单独办理征地协议和审批手续。输变电工程用地，单独办理征地协议和审批手续。

引黄济青工程的征地拆迁（移民）严格按照规定程序操作，具体为：移民干部现场丈量—村民签字—村委会签字盖章—土地管理所签字盖章—组织材料上报县（市）土地局—汇总上报市（地）土地局—汇总上报省国土局—汇总上报国家土地管理局—批复、征用、兑付。

### 二、征迁动员

引黄济青工程征迁开始时，被征地单位和群众普遍有三怕：一怕地被占后没粮吃；二怕平调；三怕将来生活困难没人管。针对群众的思想顾虑和合理诉求，为统一引黄济青工程沿线各单位和居民的认识，山东省引黄济青工程指挥部采取强化宣传教育和切实为被征地群众解决实际问题的措施。编发宣传提纲，利用各种宣传工具和形式，向工程沿线干部群众开展三大讲教育（图3-1）：大讲引黄济青工程与振兴山东经济的关系；大讲党中央、国务院和省委、省政府对青岛和沿线群众的关怀和支持；大讲青岛缺水情况和局部利益应服从全局利益的道理。

图 3-1　征迁工作人员向村民宣传工程建设意义

从而统一了全线各单位的认识。①同时，采取县包乡、乡包村、村包户的层层承包责任制，将思想工作做到田间炕头，充分调动大家的积极性。②

地处渠首的博兴县高庙李村有 1300 人，共有耕地 3000 亩，其中粮田 800 多亩，而工程占用粮田达 600 余亩。当乡干部前去开展征地动员工作时，农民们慷慨回答："党和政府给了咱庄稼人芝麻开花节节高的好日子，现在需要俺们来报恩了，地本来就是国家的，还有啥好说的。"

在潍坊地区寿光县，省地县领导前来视察工作时，同一位锄地农民的一段对话也很能说明问题："老乡，这块地庄稼这么好，管得不错嘛！""同志，你是哪儿的？""管送黄河水的，要占这块地修工程，庄稼得毁啦！""中，毁就毁吧。""不心痛吗？""咋不心痛，可这是子孙万代的大事，叫大伙喝上甜水，不比这几颗庄稼值钱。"

广饶县委、县政府在工程伊始，就提出"争主动、向前赶、创优质，四年工程三年完"的口号，并充分利用会议、广播、印发宣传提纲等多种形式。结合山东省引黄济青工程指挥部倡导的三大讲，从党内到党外、从干部到群众、从机关到农村，普遍进行广饶三大讲：一是大讲引黄济青工程的重要意义，让全县人民认识到青岛市在全省、全国国民经济中的重要地位；二是大讲引黄济青工程给沿线带来的好处，使广大群众认识到修建引黄济青工程是功在国家、利在人民，调动人民群众建设好工程的积极性；三是大讲群众应当对国家承担的义务，把引黄济青工程当作一项政治任务来完成。在搞好三大讲的同时，教育群众正确处理好三个关系：一是正确处理国家利益同个人利益的关系，每个人都要自觉地以个人利益服从国家利益；二是正确处理整体利益同局部利益的关系，当局部利益同整体利益发生冲突时，要自觉地服从整体大局的利益；三是正确处理长远利益和当前利益的关系。通过宣传教育，广大群众思想觉悟有了较大提高，识大体、顾大局，体谅国家的困难，积极为工程建设做贡献。

## 第三节　征迁补偿

根据《国务院关于改革建筑业和基本建设管理体制若干问题的暂行规定》（国发〔1984〕123 号）文件精神，引黄济青工程占地申请用地单位为各市地引黄济青工程指挥部，沿线各县区被占土地的征用工作在当地政府直接领导下进行。整个工程永久用地补偿费的标准（含当季青苗补偿）、各单项工程施工临时用地补偿标准，均按山东省政府颁布的《关于下达引黄济青工程经费开支标准的通知》（鲁政办发〔1986〕32 号）执行，征迁补偿经费以市地为单位包干使用。

### 一、补偿标准

1986 年，在调查摸底和反复测算的基础上，山东省政府下发《关于下达引黄济青工程经费开支标准的通知》（鲁政发〔1986〕32 号），对征迁补偿费标准作出规定：征用无收益土地不予补偿；征用耕地和有收益的非耕地，按《国家建设征用土地条例》规定的补偿和安置费倍数计算，永久性占地每

---

① 山东省引黄济青工程指挥部 . 引黄济青工程迁占补偿工作报告 [R].1991：8.
② 水利部南水北调规划设计管理局，山东省胶东调水局 . 引黄济青及其对我国跨流域调水的启示 [M]. 北京：中国水利水电出版社，2009：69.

亩 700 ~ 1500 元；搬迁补偿，原房拆除旧料归己，每搬迁 1 人 2000 元。同时提出"三包一保"要求：土地附着物补偿包括在总征地补偿费内；搬迁户主房屋以外的设施和村内公共设施迁建补偿，包括在按人头计算的搬迁费内；征迁办公费包括在建设单位管理费内；征迁安置费逐级包干使用，保证不留后遗症。

具体执行中，对文件的执行也不搞一刀切，而是根据实际情况作出必要调整：征地费未包含的干线通信电缆、高压输电线路、深机井、大型输水管道、排灌站、工厂、窑场等工程设施和生产设施以及成片树林，由山东省引黄济青工程指挥部单独核拨迁（改）建费，搬迁费由每人 2000 元增加为 2113 元，征迁办公费未予增加，只按每亩征地 4 元拨给市（地）、县（市、区）土管部门作为办公费。[①]

具体征迁补偿标准明确后，干部群众心里都有了底，从而为征迁工作顺利开展打下了良好的基础。

## 二、实物指标确认

实物指标就是被征用土地上拥有的建筑物、构筑物以及各类青苗的数目。引黄济青工程实物指标确认与被征用单位和个人的利益紧密相关，各级指挥部和各地政府本着实事求是的原则，将移民迁建补偿标准统一为占青每季 120 ~ 150 元。为保证政策落实不走样，引黄济青工程各级指挥部组织有关人员认真学习《国家建设征用土地条例》和《引黄济青工程征地搬迁补偿工作的意见》，对征迁人员进行培训，统一认识、统一丈量方法、统一记录表格，按照统一政策和标准进行工作。

具体执行过程中，严格按照《中华人民共和国土地管理条例》的要求，由指挥部征地人员、村委会、村民、政府国土管理部门等人员组成的工作组，一起到现场对实物指标逐项清点、丈量、登记，几方共同签字。[②]

## 三、补偿支付

按照政策法规确定的征地拆迁补偿标准，根据调查分析确定的实物指标，计算补偿费用。经确认后，所需费用由山东省引黄济青工程指挥部按照"省市（地）—县（市、区）—乡（镇）—村—个人"的顺序逐级拨付兑现。其中，土地补偿费由镇、村统筹管理，其使用必须符合国家有关政策；青苗补偿费、房屋拆迁补偿费、附属建筑物拆迁补偿费等兑现给被征用人。

补偿费用拨付兑现实行补偿政策公开、兑付渠道透明、兑付费用跟踪审计、社会监督的管理办法，保证了补偿费用的及时、足额到位。同时加强对转户工作的领导，实行政务公开，严防弄虚作假、营私舞弊的现象发生。转户对象的确定，由地区行署、县政府共同制定方案；非正常迁入的人口一律不准随同转为非农业户口；转户工作结束后，及时将情况报告省政府并抄送省公安厅。

① 山东省引黄济青工程指挥部. 引黄济青工程迁占补偿工作报告 [R].1991：2-3.
② 水利部南水北调规划设计管理局，山东省胶东调水局. 引黄济青及其对我国跨流域调水的启示 [M]. 北京：中国水利水电出版社，2009：70.

# 第二章 征迁安置

引黄济青工程征迁开始时，由于投入资金紧张、补偿标准较低，给被征地单位和群众的生产生活带来一些困难，被征地单位和群众普遍害怕占地后没粮吃、将来生活困难没人管。对此，引黄济青工程各级指挥部高度关注，通过调地、加大农业投入和乡（镇）村企业吸收少量劳动力、及时兑现征迁补偿费、帮助被征迁单位开拓新的生产门路等方式，妥善安置移民。由于措施到位且实施及时，保证了全部征迁工作的顺利进行。[①]

征迁工作开始后，山东省引黄济青工程指挥部积极筹措资金，保证征迁补偿经费的及时兑现，以取信于民。规定凡经县以上土管部门审查批准，即可领到补偿经费。至1986年底，一亿多元补偿费均拨付有关乡镇。

由于引黄济青工程征地主要安置任务集中在渠首和水库所在县（市、区），惠民行署、青岛市计划委员会分别批准新建或扩建补偿项目20多个，驻青岛有关银行还筹集贷款近亿元，保证上述项目的建成投产。

## 第一节 渠首征迁

惠民地区地处渠首（含打渔张河改道），是引黄济青工程的源头，仅兴建渠首沉沙池一期工程即占地1.1万多亩。这里原是肥沃的黄河冲积平原，又紧靠打渔张引黄闸，农田遇涝能排、遇旱能灌，每年粮食亩产三四百千克以上，土地是农民赖以生存的主要条件。[②]工程建设占地多且集中，应安置人口为4179人，其中符合招工条件的有856人。为解决征迁和被征地单位群众生产生活安排问题，山东省副省长马忠臣两次带领省直有关部门同志到博兴县现场办公；惠民行署组成由民政局、计划委员会、建设委员会、经济委员会、农业银行等单位40多人参加的工作组，深入县、乡一线，帮助做好工作；博兴县县委书记、县长亲临现场宣讲政策，各级领导干部与群众对话800多人次，同时抽调100多名机关干部进村包户做群众思想工作。通过新建工业及副业项目、帮助渠首群众恢复发展生产、组织群众开展苇帘加工等措施，积极兑现政策承诺，群众的生活出路得到较好解决。博兴县庞家乡胡安森等三户农民，服从工程建设需要，在接到通知后5天就拆除自家房屋，暂居别处，毫无怨言。渠首征迁工作如期完成，被占地农民得到妥善安置。

### 一、转移就业

引黄济青工程博兴段，北起打渔张引黄闸，南至小清河分洪道子槽，不计分洪道子槽的近12千

① 朱允瑞，潘宗福，肖泰峰.三年任务 一年完成——山东省引黄济青工程征迁工作经验[J].中国水利，1987（07）：20−21+1.
② 马麟.长虹贯齐鲁[M].济南：山东省新闻出版局（内部资料），1989：13−14.

米，仅南北段就长达 33 千米；博兴境内新建各类建筑物 70 余座，输水河渠道衬砌 18.5 千米，土石方达 750 万立方米，可以说是战线长、项目多、难度大。[1] 这些工程项目占地达 1.1 万亩，涉及 7 个乡镇、50 个村庄，其中庞家乡 3475 亩、蔡寨乡 7166 亩、其他乡 359 亩；需安置人员 3200 人。

根据国家规定和山东省政府控制标准，征后人均耕地不足 1 分的（博兴县控制在 2 分以下）村庄，可将农业户口转为非农业户口。工程沿线被征地村庄中，博兴县张寨、阎庙、刘王 3 村经省政府批准，先后办理"农转非"户口 1100 人。[2] 征迁工作开始后，通过县、乡新建工副业项目和地区企业招工等方式，积极帮助征迁群众转移就业。但因经济技术基础落后，仍有部分人员无法就业。山东省引黄济青工程指挥部组织有关专家实时实地进行创业指导，根据"充分发挥当地资源优势"的原则，经现场考察后提出"种、养、加"规划，并垫支 350 万元，作为户办经营的启动资金。省、地、县采取切实可行的措施，先后筹建办起塑料厂、毛巾厂、养殖场等工业及副业生产项目（图 3-2、3-3），使被占土地的乡镇、村庄有了新的生产门路。[3] 随后，通过公开招聘引黄济青迁占区青年，安置职工 1000 多名，没有发生以权谋私、安插亲友的问题；后来，又帮助村民全部"农转非"的阎庙村筹建碱厂，并帮助家家户户制订农业生产计划。

图 3-2 为安置移民建设的工业项目——毛纺厂　　　　　图 3-3 为安置移民建设的副业项目——养鸡场

引黄济青通水后，博兴县委、县政府积极帮助渠首群众恢复发展生产，投资近 100 万元。开挖疏通排灌沟渠 8 条，新建桥、涵、闸、扬水站等建筑物 155 座，形成较完整的排灌系统；开垦荒碱涝洼地 4000 多亩，因地制宜种上水稻，亩产 1000 斤以上；并帮助重点征地村填坑平塘造地 700 多亩，扩大耕地面积；利用当地苇草资源优势，组织群众开展苇帘加工，从业户数 1500 多户，年产值超百万元，闲散劳力得到安置，群众收入得到增加；帮助村办企业建立劳动服务公司，妥善安置"农转非"人员；同时，对少地群众，国家返销部分粮油，使被征地群众的生活水平不低于周围群众。[4]

通过上述措施，基本解决了移民和少地农民的生活出路问题，得到群众的理解和支持。

① 牛蓝田 . 水润春秋 [M]. 北京：中国文化出版社，2011：90.
② 山东省引黄济青工程指挥部 . 引黄济青工程迁占补偿工作报告 [R].1991：2.
③ 马麟 . 长虹贯齐鲁 [M]. 济南：山东省新闻出版局（内部资料），1989：14.
④ 山东省引黄济青工程指挥部 . 引黄济青工程迁占补偿工作报告 [R].1991：3.

## 二、蔡寨征迁

引黄济青工程渠首沉沙池面积为 36 平方千米，占地多集中在博兴县蔡寨乡的张寨、王寨、东三新、阎庙、辛店、刘王等 8 个村庄，有的村庄土地几乎全部被占用。其中，王寨是一个拥有 220 户、820 人的小村，村南是一片肥沃的红淤土，好滩好地、能植能耕，被当地人称为"刮金板"，是粮棉高产稳产田，然而，新建引黄济青工程沉沙池占了全村 2/3 的耕地，"刮金板"没有了，剩下的大都是些寸草不生的低洼盐碱地；张寨是个只有百多户人家的小村，耕地大部分被占用，尽管村民们全部"农转非"，但祖祖辈辈以土地为生的农民仍然留恋失去的土地；蔡寨是乡政府所在地，全村 1700 亩耕地，被引黄济青工程占用 1020 亩。

为做好移民征迁工作，乡村干部挨家挨户帮助村民制订生产自救计划，开辟副业门路，家家写贷款申请。然而，征迁工作开始后，由于种种原因，山东省预定的贷款计划迟迟没能兑现，致使农民失去耐心，他们不准施工人员测量、划线，见仪器就抢，见施工人员就围攻；县、乡工作组人员被轰出来，行李被扔到大街上，有少数村庄针插不进、水泼不进，甚至接连发生 3 起围攻、殴打、拘禁工作人员事件。

按照预定计划，引黄济青工程要在 1989 年 7 月中旬试放水，初冬正式向青岛送水，时间越来越紧。博兴县委书记、县长、县人大常委会主任等领导同志把办公地点从县城搬到工地，逐一找村干部们谈话；惠民地委副书记冯宝璞、行署副专员胡安夫也赶到工地，与县、乡负责同志一起研究对策。针对极少数村干部工作中有畏难退缩的情绪，当面说好话、回去就变卦，为一己之私给上级出难题，不积极做工作、不发挥带头作用等问题，博兴县委、县政府从全县各部门选调 170 名富有思想政治工作经验的老同志，组成 8 个工作组，分赴蔡寨乡 8 个村庄。他们当中有在部队 30 年、当过团政委、有着丰富思想政治工作经验的县纪律检查委员会书记，有当过多年公社党委书记、农村工作实践经验丰富的县监察局局长，有年近花甲、头发花白的县直机关党委书记，有曾在蔡寨工作过 10 年的蔡寨乡原党委书记、滨县原县委书记、惠民地区纪律检查委员会副书记，以及县委组织部部长、县粮食局局长等。他们不要车接车送，自带被褥和干粮，不怕村民辱骂和冷嘲热讽，忍辱负重，担当政府与群众之间的沟通桥梁。

工作组进村伊始，无一例外地遇到群众冷淡对待和消极抵制，上门走访时经常吃闭门羹，或受到冷嘲热讽，有的老同志还当众被辱骂乃至拳打。但这些老同志仍然坚持工作，挨门串户，掏真心、讲实话、解难题，一户一户交朋友，苦口婆心地做说服动员工作，一步一步地消除误解与隔阂，逐步打消群众疑虑，工作一步步开展起来。但在 5 月 15 日下午，当施工人员来到王寨村工地上进行测量时，村里 150 多名妇女闻讯赶到现场并跪倒在地里，苦苦哀求施工人员停止工作。工作组与村党支部的同志们分头向跪在地里的群众做沟通解释和劝解说明工作，经过 2 个小时零 10 分钟的说服动员，群众渐渐散去。回到村里，工作组的同志看到多数农户的烟囱没有冒烟，许多人坐在家里默默地垂泪。他们和村干部挨家挨户劝说，努力稳定群众情绪，随后又给家家户户送上"明白纸"，并帮助村里规划新的水利项目、制订改碱种稻计划和设想等。在工作组的耐心工作下，村民们逐渐冷静，心中的理性大门终于敞开。

在与农民朝夕相处的过程中，工作组了解到，蔡寨村农民对办事若明若暗、拖拖拉拉、不讲实效、藏着掖着最有意见。工作组据此采取针对性措施，抓住群众注目的"农转非"、招工、发放贷款等关系村民切身利益的工作，严格实行"两公开一监督"，即公开办事原则、规定，公开办事结果，接受群众监督。在工作组的配合下，村党支部一班人对招工、款项实行张榜公布，将全村的招工名额、招工标准、招工对象的年龄、学历要求，每个农户的人口、经济状况等都张榜公布；在充分征求群众意见之后，把 253 个招工指标分解到各户，由各户自己对号入座，够不够条件，做到自己心里有数，别人心里也有数。由于办事过程、办事结果公开，群众的心气顺了，对党支部也信任了，征迁工作终于按期圆满完成。

## 第二节 输水渠沿途征迁

输水渠沿途征迁安置较为分散，沿线各地大都通过土地置换解决房屋及附着物搬迁问题；同时，通过新建、扩建工业补偿项目，解决移民及剩余劳动力安置问题。

### 一、征迁安置

广饶县：引黄济青工程途径广饶县 36.2 千米，输水河新开挖 11.5 千米，分洪道筑堤 16 千米，输水河衬砌 11.2 千米，主要建筑物 27 座，总计土方 166 万立方米；涉及广饶县 5 个乡镇、23 个村庄，永久占地 2400 多亩。其时，与引黄济青工程并行的齐鲁乙烯排污工程占地每亩补偿 3500 元，东王公路工程占地每亩补偿 3000 元，而引黄济青工程占地每亩仅补偿 1500 元。在价格相差悬殊的情况下，全县 15 天即办完全部征迁手续，全县无一村、一户、一人给工程出难题、设障碍，为工程及时开工创造了条件。[①]

寿光县：引黄济青工程在寿光县永久性占地 5421 亩，搬迁房屋 60 间，计划三年完成征迁任务，不到一年就完成了。其中，南河东中村过去是盐碱窝，祖祖辈辈改治才整出几百平方米好地，工程征地已经让乡亲们作出牺牲。1988 年 10 月中旬，第二期土方工程施工到高峰期，村前工地挖到一半时地下出水，这样挖上来的泥土是不能筑坝的，而且近万人停工一天就会损失七八万元。可是，再扩大征地等于挖东中村的粮仓、钱袋，损害乡亲们的利益，有些不太近人情。副指挥殷桂友硬着头皮来到东中村党支部，提出扩大征地的要求，没想到他们当即应承下来，再和 22 户农民商议，都同意未征先用。这样，他们每家的承包田又被挖了一大溜。[②]

平度县：引黄济青工程在平度县征占土地 7000 余亩、100 多项附着物搬迁，涉及 8 个乡镇 64 个村庄。征迁过程中，充分依靠基层党组织对村民进行宣传动员，三年的任务一个月就完成了，没有发生一起纠纷，没有出现一个上访户。[③]

在此期间，工程沿线各地对个别老大难单位，都注意做好深入细致的思想工作。其中，潍坊市寒亭区朱里乡有个村嫌补偿经费标准低，迟迟不在征地报告上签字。区委书记、区长先后 7 次做工作，区指挥部领导 17 次到村里调查研究，乡政府领导在村里蹲点 35 天，在做好思想工作的同时，注意解决群众实际困难，如减少群众义务工、安排部分劳力参加引黄济青工程施工等，终于使他们在限期内

① 马麟. 长虹贯齐鲁 [M]. 济南：山东省新闻出版局（内部资料），1989：104-105.
② 马麟. 长虹贯齐鲁 [M]. 济南：山东省新闻出版局（内部资料），1989：127.
③ 马麟. 长虹贯齐鲁 [M]. 济南：山东省新闻出版局（内部资料），1989：152.

办妥征迁手续。

## 二、工业项目补偿

为了充分发挥征地安置费的增值效益，安排好被征占土地村庄群众的长远生活来源，工程沿线各地在多方面安置劳动力的同时，积极利用征地安置费和银行贷款，帮助建设补偿项目，用以安置征迁移民。

青岛市统一安排扶持市区、镇、村新建或扩建的 20 个工业补偿项目，总投资 1.65 亿元，全部竣工后可形成产值 2.57

图 3-4　为安置移民建设的工业项目——加工厂

亿元，利税 5150 万元，可安置剩余劳力 8200 余人（图 3-4）。到 1990 年初，有 19 个项目投产或部分投产。另外，还协助市区、乡镇劳动部门和有关村，多层次、多渠道安排剩余劳动力。对个别标准较低、暂时没有条件上项目的村和单位，采取多种措施，主动为当地群众想办法，真正当做自己的事来办。通过以上办法，全市有 228 家企事业单位安置剩余劳动力 8700 余人。

即墨县指挥部把这项工作做得像"屋檐滴水，点点有窝"，做到夫妇双方同进一个厂，已婚妇女优先住房，有困难也要暂时确保一间房，生理原因不适应的工种马上调整。为此，有关工作人员跑遍 76 个单位进行检查安排，尽量使移民满意。

## 第三节　青岛境内移民搬迁

引黄济青工程在青岛境内涉及输水河、桃源河改道、棘洪滩水库、泵站、水厂、管理站等众多项目，需要征占大量土地。征迁安置工作从 1986 年 3 月开始，在山东省委、省政府和青岛市委、市政府的领导下，经各县（市、区）引黄济青工程指挥部精心组织和地方各级政府的密切配合支持、共同努力，至 1990 年初比较顺利地完成征迁安置任务，为工程建设创造了先决条件。

### 一、土地征占

引黄济青工程在青岛境内共计征用土地 37760 亩，主要集中在崂山区和即墨、平度、胶州 3 县（市）的 15 个乡镇、124 个村庄，以及市区沧口、四方两个区的土地。各单项工程征用土地数量如下：输水河征占土地 8916.4 亩，其中平度 7092.8 亩、即墨 149.7 亩、胶州 1673.9 亩；桃源河改道征占土地 2100 亩，其中即墨 911 亩、胶州 855.5 亩、崂山 333.5 亩；棘洪滩水库征占土地 23540 亩，其中即墨 6570 亩、胶州 4290 亩、崂山 12680 亩（老桃源河道 780 亩国有土地不包含在内）；亭口泵站征占平度土地 71.60 亩；南村变电站征占平度土地 40.6 亩；移民新村征占土地 646 亩，其中崂山 333 亩、即墨 215 亩、胶州 98 亩；浑水输水暗渠及管理站征占土地 261.6 亩，其中即墨 113 亩、崂山 148.6 亩；白沙河水厂征占土地 154.7 亩，其中崂山 112.7 亩、青岛铁路局林场国有地 42 亩；白沙河水厂至市区输水干线等征占土地 341.47 亩（包括小白干路拓宽和河西加压站占地），其中崂山 184.81 亩、沧口 156.66 亩；牛毛山调节水池征占崂山土地 36.28 亩；孤山调节水池征占四方区土地 18.93 亩；闫家山至杭州路输水干管征占土地 45.57 亩，其中沧口区 36.48 亩、崂山 9.09 亩；工副业项目征占土地 1423 亩，其中平度 270 亩、即墨 287 亩、胶州 332 亩、崂山 534 亩；其他占地 164 亩，主要是排水理顺等零星用地。以上各项征占土地，平度总计 7507 亩，即墨总计 8245.7 亩，胶州总计 7269.4 亩，崂山总计 14483.98 亩，市区 254.07 亩。

在工程建设过程中，临时占用土地共计 3576 亩；拆除房屋面积为 10.78 万平方米（包括移民村房屋 6195 间、8.78 万平方米，私有房屋建筑面积 8971 平方米，县以上集体单位 18 个无偿拆除的公房面积 11029 平方米以及围墙 4000 米）；拆除迁移电力、通讯杆 384 根。

上述土地吸附物，按照国家土地法的规定和省市征占土地细则规定，共计支付征地费、临占地费、地面附着物费、安置费等 7481 万元；其中，水库以上 5992 万元，水库以下 1489 万元。[①]

## 二、库区移民

作为引黄济青工程的蓄水水库，棘洪滩水库占地多而集中，共占用 3 个县的 18 个村庄的土地，有 5 个村庄需要搬迁，总计 920 户、3166 人。其中：崂山县徐家屋子 55 户、201 人，毛家屋子 126 户、531 人；即墨县桥西头村 375 户、1175 人，新立村 154 户、525 人；胶县张相屯 210 户、734 人。有关区、市和乡镇政府及各级工程指挥部耐心细致地说服村民，认真落实山东省、青岛市有关移民政策，克服重重困难，完成了移民村的搬迁工作。乡镇政府负责为移民就近建起新村，共拨付移民新村建设费 1024 万元。

另外，在棘洪滩水库周围的崂山县西毛家庄 205 户、810 人；即墨县姜家屋子村 47 户、215 人，因被征地后剩余土地人均不足 2 分，连同库区内 5 个搬迁村，共 7 个村、1172 户、4191 人，经山东省人民政府批准，办理"农转非"，享受城乡户口的一切待遇。对剩余土地人均 2 分以上，但自产口粮不足，又未能"农转非"的崂山县小胡埠村、中华埠村、段家庄和胶县新马家庄，共计 7822 人，确定每年由市财政补贴近 50 万元，补足粮价口粮，并解决部分生活煤炭。[②]

## 三、即墨征迁

按照设计规划，引黄济青工程的 4690 米库下箱涵、1515 米输水河、3 座生产桥、2 座倒虹吸，入库泵站、通库公路桥、中转仓库、排涝站、库北涵洞和桃源河改道开挖 1000 米，水库外围调整等 14 项工程要在即墨境内兴建。根据工程要求，蓝村镇桥西头村和新立村周围要挖一个蓄水库，521 户农民需要搬迁，1720 人需要安置。[③]

1986 年 4 月 21 日，即墨县引黄济青工程指挥部成立，第二天指挥部全体工作人员便组成 4 人小分队，深入到桥西头村和新立村，丈量耕地、非耕地、房屋的面积，逐一登记造册。即墨县领导也时

① 青岛市引黄济青工程指挥部 . 引黄济青工程征迁安置工作总结 [R].1991：1—2.
② 青岛市引黄济青工程指挥部 . 引黄济青工程征迁安置工作总结 [R].1991：3.
③ 马麟 . 长虹贯齐鲁 [M]. 济南：山东省新闻出版局（内部资料），1989：152.

刻关心着桥西头和新立 2 个村的搬迁方案：移出的劳力要安排就工，而就工就要考虑企业承受力；结了婚的中青年不能分居两地；没有劳动能力的老、弱、病、残村民，要补助他们使其能维持生活且要有长期保障，可补助标准又该是多少？市场物价走向如何？补多了国家财力不允许，补少了农民生活难维持……移民搬迁必须本着从长远着眼、从根本上解决、不留隐患的原则。因为自 50 年代兴修水利工程起，几乎每一项大的水利工程建设都留下了扯不断、理不清的移民安置问题，特别是库区移民。关于引黄济青工程移民安置以及安置工作中老年人生活补助标准的有关规定已经出台，方案几经上下，几经斟酌，方方面面考虑得不可谓不细。如：凡被招工的已婚子女，其住房由所在单位负责解决；短期内解决住房确有困难的单位，要安排一间宿舍，暂解被招工者家庭生活之难；中年男女安排长年临时工的享受所在单位的劳动保护；因工伤亡的由所在单位按国家有关规定处理；46 周岁以上的女性和 51 周岁以上的男性，有子女赡养又有劳动能力的每人每月补贴生活费 30 元，有子女赡养而无劳动能力的每人每月补贴生活费 35 元，既无子女赡养又无劳动能力的每人每月补贴生活费 45 元。市、县、镇各级领导经过深思熟虑，规划将库区内两个移民村搬迁到蓝村镇铁路旁一片高大的厂房前，这里交通方便，人口稠密，经济富庶。然而，当搬迁工作即将开始时，难题出现了。

由于桃源河开挖工程土方临时占压桥西头村的青苗，1986 年 6 月 5 日下午，引黄济青工程指挥部工作人员前去丈量青苗占压情况，当他们走进村委会办公室时，60 余名群众将他们团团围住，只因为对县里为他们在蓝村镇建新村的规划不满意。因此，村民提出诸多不切合实际的过高要求。"引黄济青是青岛吃水，凭什么把我们迁到蓝村？"我们要"搬迁到青岛市南区""转为青岛市内户口""至少要迁到黄岛开发区"……围攻频率越来越高，围攻人数越来越多，围攻规模越来越大。移民搬迁各项正常工作受到严重阻挠和刁难，临时变电站不让安装、阻断进村路不让车辆进出，部分村民走青岛、上济南，开始群体上访。

桥西头村征迁遇阻，也让本来开始转非招工的新立村村民停下来等待观望，库区移民搬迁工作被迫停滞。于是，县委、县政府组建一个由县直各部、委、办、局的 10 余名同志组成的引黄济青工作组，主要任务是向群众讲解政策，宣传引黄济青工程的重大意义，引导搬迁工作开展。工作组一进村，村民们就躲开不见，你进东家他们躲到西家，你去西家他们又躲到东家；你敲开一家门，可人家又要扛着锄头下地；要么，就干脆给你来个"铁将军"把门，让你几天见不着人影。就连村党支部和村委会也是一半推诿、一半观望，表现出极其消极的态度。这种状况从 6 月持续到腊月，半年时间被消磨掉了。

县委、县政府考虑到村里的土地被占，毕竟是村民们为国家做贡献，村民有抵触情绪主要是因为对政策的不理解，所以多次强调要多做宣传发动工作，解开群众心中的疙瘩，不能搞强制，以免村民产生更大的对立情绪，激化矛盾。就在县委、县政府及引黄济青工程指挥部的近百名干部为移民搬迁东奔西忙时，1987 年春节期间，由于少数人煽风点火，桥西头村村民的抱怨抵触情绪逐步升级。桥西头村委会的公章被两把锁锁上，桥西头村村民连连向青岛市政府上访。

县委常委会根据当时形势和指挥部的情况汇报，决定重新调整工作部署，首先还是要让村民们明白政策。1987 年 8 月，桥西头村中央竖起高音喇叭，县委、县纪委、县人大、县政府、县政协五大班子领导在桥西头村召开移民搬迁动员大会。在村委会门前广场，几张桌子一字摆开，到会的领导均坐在骄阳下。下午两点整,会议正式开始。会议借助高音喇叭,向散坐在四周树荫下的村民传达信息。会议宣布要坚决取缔该村所谓的"群众代表组织",相关领导陈述利弊、动员大家赶快搬迁;蓝村镇党委书记宣读省、市、县关于引黄济青工程劳动力安排及老年人补助政策规定。会议开到一半时,村民们逐渐从树下、胡同口集合到会场中心,坐了不到5分钟又呼啦啦散去。会议在尴尬的气氛中结束,却收到初步效果,扩音设备将党的政策送到村民耳内。几天后,桥西头村45名符合招工条件的农民就工了。

村看村,户看户,群众看干部。干部思想不通,腰杆不硬,啥工作也开展不下去。县委趁热打铁,把桥西头村党支部书记、村委主任等8名同志请到县科委会议室,进行四天的学习班培训,村两委成员承认前段时间工作中的失误,表示要挺起腰杆子,顶住少数人的闹事,勇敢地开展工作,首先带头给自己的子女和亲属报名就工,并动员群众报名就工。按照上级规定,及早办理征地手续,尽早处理群众意见最大的问题。

1987年8月27日,即墨县委抽调14个部门的300余名机关干部,由县委书记、县长、县委宣传部部长带队,坐镇蓝村镇,开展细致入微的思想工作,动员移民。白天,300多名干部一人包一户,到桥西头村的每家每户详细讲解移民安置政策,一次不行再一次,直到做通思想为止。晚上,县委书记、县长又同其他干部一道,分门别类地举办移民学习班,对搬迁钉子户、闹事骨干人员逐一劝解,并通过司法手段拘捕非法群众组织头目,治住害群之马。同时确定新村地址,开始招工、粮油供应证及农转非户口簿的发放(图3-5)。经过7个日日夜夜的艰苦工作,滞延一年之久的移民搬迁工作重新走上正轨(图3-6)。做通了移民的思想工作,其他难题迎刃而解。迁坟本是一件让库区移民闹心的事,但经过一阵彻痛,村民们还是把祖坟迁到新址。

图3-5 1987年8月17日召开的引黄济青征迁村农转非发证大会　　图3-6 1987年9月17日下午,青岛市指挥部在即墨县桥西头村召开引黄济青工程建设动员大会

为安排好就工人员的生活,县政府先后下发2个文件,召开4次招工单位负责人会议,具体研究安置问题。为保证工程如期施工,将库区2个村庄在短期内迁出,县委县政府提出"苦干3个月,大战100天,元旦到新村去放鞭"的口号,调动有关部门力量搞突击,保证建材、物料供应,对移民建

房实行统一指挥、统一标准、统一物料供应、统一验收、分散施工。县里定死投资基数，允许农民自己请工建房。经过积极努力，历时98天，2个新村总计1262间、建筑面积20823平方米的房屋顺利完成。

为切实安排好超过就工年龄移民的生活，即墨县实行"两步走"的办法。第一步，从搬迁之日起到引黄济青工程补偿项目投产见效前，无业移民分不同情况每人每月补贴30元、35元、45元；第二步，将810万元征地费用投入引黄济青补偿项目中，规定有利分红、无利保息。项目见效后，无业移民生活费就从这里面支付。这样，无业移民的生活便有了长期、固定的保障。

1987年12月22日，即墨县桥西头村和新立村村民正式喜迁新居。在此期间，先后为两村的350户移民建起新的住宅，安排748名移民青壮年就工；对已超过招工年龄的中、老年人及四残人员按照政策做了具体安排。

### 四、劳动力安置

引黄济青工程在青岛境内征占土地后，需要安置生活出路的人员达1.5万人，其中需要安置的劳动力占48%、7200余人。这些劳动力原本都是以务农为主，如果全部由农转工，本人和招工单位都有一定困难。劳动力安置由市和各县（区、市）镇、村三级分别进行，市、县（区、市）劳动部门共同努力，各招工单位也从工程大局出发尽力扩大招工规模，到1989年底，共有293个单位招用劳动人员，先后安置被征地村劳动力8700余人。具体安置情况如下。

青岛市属71个单位共安置劳动力2116人。有14个单位安置"农转非"合同制工人356人，其中4个单位安置崂山区200人、10个单位安置即墨市156人；有57个单位安置征占土地村的农民合同制工人1760人，其中30个单位安置崂山区1112人、10个单位安置即墨市283人、17个单位安置胶州市365人。

各区（市）属122个单位共安置劳动力1530人。有117个单位安置"农转非"合同制工人1057人，其中，崂山区22个单位安置200人、即墨市65个单位安置582人、胶州市30个单位安置275人；有5个市属单位安置征占土地村庄的农民合同制工人473人，其中，即墨市4个单位安置97人、平度市1个单位安置376人。

各镇村属100个单位安置劳动力5133人。有6个单位安置"农转非"村民305人，其中，崂山区4个单位安置237人、即墨市1个单位安置58人、胶州市1个单位安置10人；有94个单位安置征占土地村庄劳动力4828人，其中，崂山区10个单位安置1169人、即墨市6个单位安置292人、胶州市14个单位安置626人、平度市64个单位安置2741人。

对劳动力进行安置的原则是：对"农转非"村16岁至35岁的男、女劳动力全部安排合同制工人，并可转粮食户口关系；对36岁至45岁的劳动力安排临时工或在镇村工业及副业中进行安置；对男60岁以上、女55岁以上的老年人，根据不同情况，每人每月发给30元、35元、40元不等的生活补贴，所需资金从各村的集体收入中解决。此外，对今后每年新的劳动力，由各区（市）纳入每年的招工计划中进行安排。

对占地较多的村，主要是安排了 16 岁至 25 岁的、有文化的未婚男女就工（农民合同制工人）；发展村办工副业，安排一批劳动力。[1]

---

① 青岛市引黄济青工程指挥部 . 引黄济青工程征迁安置工作总结 [R].1991：3-4.

第四篇

工程建设

1986年4月15日，引黄济青工程正式开工。作为一项跨流域、远距离的大型调水工程，工程在原打渔张引黄闸处新建进水闸，输水河途经4个地（市）的10个县（市、区），进入棘洪滩水库。工程建设总体把握工期，运用系统工程、网络技术，制订总体网络计划及大型重点单项工程施工网络计划，将工程划分为相对独立的五大系统，即渠首工程、输水河工程、水库枢纽、泵站工程和配套工程，编制整体计划和分期实施的年度计划。工程采用"防渗、防冻、防扬压力"三防技术、施工管理网络规划、施工技术机械化及喷射砼衬砌、平原水库围坝防渗等多项新技术和新材料，在提高质量、保证工期、节约投资等方面取得良好效果。

工程建设时期，我国正处于计划经济向市场经济转型的过程中，在"双轨"制并行的历史条件下，工程按照"分段包干，各负其责"的原则，既充分利用计划经济集中力量办大事的优势，又采用现代工程建设管理模式，采取"突出重点，分期实施，确保质量，渠成水通"的总方针，以招标竞争方式组织省内外专业队伍参加施工；同时，又组织沿线各级机关、企事业单位和学校承包工程段，大批机关干部、企事业职工和学生分期分批参加义务劳动；解放军驻鲁某部也援助工程建设。

1989年11月，引黄济青工程基本建成，工程共完成土石方量5500万立方米、砌石60万立方米、混凝土及钢筋混凝土75万立方米。11月25日上午9时30分，在引黄济青工程王耨泵站中控室，中国人民政治协商会议副主席谷牧签发通水命令，并亲手按动4号机组电钮——引黄济青工程宣告全线正式通水。国务院总理李鹏为引黄济青工程题词："造福于人民的工程。"国务院发来贺电称："引黄济青工程精心设计、精心施工，整个工程建设速度快、质量好、投资省，必将对山东省的经济建设和对外开放起到重大作用。"（图4-1）。

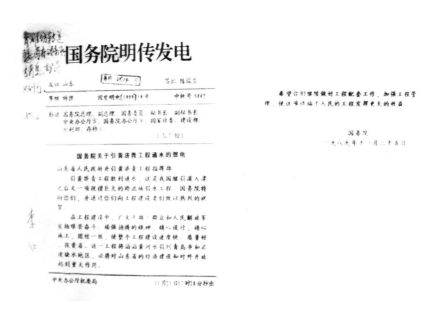

图4-1　国务院关于引黄济青工程通水的贺电

经过两年的试运行考验，引黄济青工程已经具备验收条件，山东省人民政府受国家计划委员会委托组织工程验收。1991年12月，国家和山东省直有关部门、惠民、东营、潍坊、青岛4个地市及设计、施工、管理单位有关人员组成验收委员会，对工程进行全面验收。经质量监督部门核验，验收委员会同意引黄济青工程评为优良级工程，一致认为：该工程工期短、质量高、投资省、效益好，处于国内领先地位，并达到国际先进水平。（图4-2、4-3）

图4-2 山东省人民政府受国务院委托组织引黄济青工程竣工验收会议

图4-3 验收委员会成员考察引黄济青工程计算机机房

# 第一章 建设管理

为适应工程建设需要，山东省政府专门成立山东省引黄济青工程指挥部，主管工程建设，沿线各市（地）均建立相应指挥机构。山东省引黄济青工程指挥部在计划、投资、设计、施工、质量、进度等方面进行宏观控制，制定并颁布相关施工管理和质量规定，统一标准、统一检查监督、统一验收。在施工管理上，按照统一指挥、条块结合、分级管理的原则，实行层层分解责任制。在施工队伍选择上，引入招标、承包竞争机制，利用新技术、新工艺、新材料施工和质检，积极吸收国内外先进技术，采用和取得科研成果30多项。与其他引黄工程相比，为国家节约了大量资金，对山东省引黄事业发展产生较大促进作用。

## 第一节 建设项目

引黄济青工程包括水源工程和供水工程两大部分。其中，水源工程包括渠首引水沉沙工程、输水工程和调蓄水库工程；供水工程包括输水暗渠、水厂及配水管网等。水源工程中，山东省水利勘测设计院为主体，负责渠首沉沙、输水河及衬砌、桃源河改道、棘洪滩水库、打渔张泵站、棘洪滩泵站、一干进水闸、沉沙池出口闸、小清河分洪道下节制闸、桃源河倒虹、入库泵站公路桥和胶青公路桥等多项工程的施工图设计。江苏省水利设计院承担宋庄泵站、安徽省水电设计院承担王耨泵站、水电部天津设计院承担亭口泵站的施工图设计。供水工程中，上海市政设计院承担净水厂、江苏省镇江水利勘测设计院承担加压站、北海舰队设计处承担倒虹吸和隧洞工程、青岛市指挥部设计处承担其余项目的施工图设计。共计建筑物463余座，完成土石方5500万立方米，砌石60万立方米，混凝土75万立方米，用钢材7.07万吨、木材5.23万立方米、水泥35万吨。[①]

## 一、渠首引水沉沙工程[②]

渠首引水沉沙工程包括以下五部分。

（1）进水闸。该闸位于现有打渔张引黄闸（图4-4）下总干渠右岸150米处，设计引水流量为41立方米每秒，校核流量45立方米每秒。为井柱基础、钢筋混凝土墩墙、平面直升钢闸门结构。混凝土和钢筋混凝土量为1426立方米。

（2）高低输沙渠。各长5.76千米，填筑土方为214.05万立方米。

（3）沉沙条渠。总沉沙面积36平方千米，设9个条渠分期使用，每条使用4~5年，总共可用近40年。先施工第2条渠，总长6.1千米，宽500米，两边筑堤高7米，挖填方394万立方米。（图4-5）

（4）出口闸。设计流量为38.5立方米每秒，加大流量为42.4立方米每秒，为井柱基础、钢筋混凝土墩墙、平面直升钢闸门结构，钢筋混凝土量为4502立方米。

（5）打渔张泵站。沉沙池初期自流沉沙，淤高后，再用泵站扬水沉沙，装机容量为6840千瓦，结构型式为堤身式，主厂房53×12米，流量为45立方米每秒，扬程5.36米，混凝土及钢筋混凝土量为18532立方米，土方为15.12万立方米。

图4-4 打渔张引黄闸（摄于2004年6月）

图4-5 渠首沉沙池

## 二、输水工程[③]

输水工程分为两大部分，一部分为输水河土石方和衬砌工程，另一部分是与天然河道、灌溉沟渠、交通道路等交叉的建筑物工程。

① 山东省引黄济青工程设计报告[R].山东省水利勘测设计院，1991：8.
② 山东省引黄济青工程施工报告[R].山东省引黄济青工程指挥部，1991：1.
③ 山东省引黄济青工程施工报告[R].山东省引黄济青工程指挥部，1991：2.

（1）输水河土石方和衬砌工程。输水河自沉沙池出口闸起、经10县（市、区）至棘洪滩水库，全长253千米；其中利用小清河分洪道子槽36千米、吴沟河5.7千米，其余211千米为新开挖填筑渠道，总计土石方1938万立方米。线路长、地质条件复杂，途经惠民、东营、潍坊北部沿海的咸水一侧，水质条件差、交通不便，个别地段经过山丘，开挖、填筑难度大，为防渗防污染，提高输水利用系数，除天然河道外，全部新开河段进行衬砌处理。根据不同水文地质条件和冬季输水要求，采取防渗、防冻胀、防扬压力破坏措施。（图4-6）

（2）输水河交叉建筑物工程。①与大型天然河道交叉的倒虹、渡槽工程。为保证水质不受污染，凡穿越天然河道均采用立体交叉方式通过。全线共建大型倒虹34座（图4-7）、渡槽2座，总长5500米，完成土方327.47万立方米，砌石5.58万立方米，混凝土及钢筋混凝土9.96万立方米；安装平面闸门69扇，2×10吨启闭机69台。②涵闸79座。节制闸16座（图4-8），泄水闸5座，分水闸58座。完成土方64.44万立方米，砌石3.60万立方米，钢筋混凝土3.18万立方米。③桥梁共计248座，其中公路桥26座、生产桥220座、铁路桥2座。完成土方122.8万立方米，砌石1.08万立方米，钢筋混凝土5.48万立方米。④穿输水河小倒虹72座，共完成土方90.8万立方米，砌石2.9万立方米，钢筋混凝土1.1万立方米。另外，还设人畜吃水管23处。

图4-6 引黄济青工程输水河平度段（摄于2004年6月）

图4-7 胶莱河倒虹（摄于2004年6月）

图4-8 小新河节制闸（摄于2004年6月）

### 三、泵站工程

输水线路上设有宋家庄泵站（即宋庄泵站）、王耨泵站、张家庄泵站（即亭口泵站）3座扬水泵站，加上渠首和入库泵站，共有5级泵站。其中，3座扬水泵站和棘洪滩泵站设计总扬程为33.52米，装机28台套、总容量为19120千瓦，完成土方68.8万立方米，砌石2.3万立方米，混凝土及钢筋混凝土4.2万立方米。

### 四、水库工程

棘洪滩水库工程为围堤式大型平原水库，包括坝体、放水洞、泄水洞3部分，库区面积为14.42平方千米，围堤长14.277千米，总库容为1.457亿立方米，最大坝高15.24米，坝体填筑量为903万立方米，开挖量为449.7万立方米，砌石20.15万立方米。（图4-9）

图4-9 棘洪滩水库航拍图（摄于2009年6月）

### 五、供水工程

供水工程主要有输水管道22千米（其中隧洞1.8千米）（图4-10），增压泵站1座、装机容量为2170千瓦，立交倒虹3座，净水厂1座、设计日净化能力为36万立方米，加压站2座，水池2处以及市区配水管道等。总计完成土石方210.3万立方米，混凝土及钢筋混凝土15.3万立方米。

图4-10 青岛市区输水管道施工

### 六、输变电工程

引黄济青输变电工程包括向5座泵站供电和沿线涵闸供电两大部分，总计容量为28560千瓦，其中泵站总装机容量为25960千瓦、沿线涵闸总供电2600千瓦。

全部工程与外系统合建和配套220千伏电站各1座，新建110千伏变电站1座，扩建110千伏变电站2座，220千伏输电线路40千米，110千伏线路199千米，35千伏线路127千米，10（6）千伏线路240千米，另外还修建闸站变电站52处。

### 七、通信工程与自动化控制工程

引黄济青通信工程是一个用多种通信系统组网的综合专用通信网。主要工程内容包括。

（1）微波系统：34兆比特每秒的微波干线396.97千米，共设12个微波站（图4-11）。

（2）一点多址无线系统：设5个中心站，41个用户站。

（3）电话交换系统：全网设3个交换局。济南局800门，青岛、潍坊局各200门；5个泵站中心站100门；管理处30门。

（4）临时通信系统：在正式通信网未完成之前，引、输水调度运行采用临时措施；5个泵站设"三路机"和车载台，重点闸站设车载台，控制闸站备手持机。

图4-11 亭口泵站微波塔（摄于2005年5月）

## 第二节 建设机构

为适应工程建设需要，山东省政府专门成立山东省引黄济青工程指挥部、由山东省水利厅总工程师及一批高级工程师组成的引黄济青工程技术委员会两个机构。这两个机构在省政府直接领导下，调动各有关行业，齐抓共管，把经济建设和行政任务融为一体，成为完成这项任务的坚强组织保证。沿线各市（地）均建立相应指挥机构，分别建立山东省引黄济青工程指挥部惠民分部办公室，下设山东省引黄济青工程渠首工程处；山东省引黄济青工程指挥部潍坊分部办公室，下设山东省引黄济青宋庄泵站工程处；山东省引黄济青工程指挥部青岛分部办公室，下设山东省引黄济青张庄泵站工程处、山东省引黄济青棘洪滩水库工程处；山东省引黄济青东营工程处，直属山东省引黄济青工程指挥部办公室领导。

### 一、山东省引黄济青工程指挥部

1984年8月8日，山东省政府办公厅公布山东省引黄济青工程指挥部成员名单，副省长卢洪任指挥，省建委原副主任杨维屏任顾问，省水利厅总工程师孙贻让任总工程师，副指挥分别由省政府副秘书长谭福德、省水利厅厅长马麟、省建委顾问李振英、省计委副主任王裕晏担任，成员包括省交通厅、省黄河河务局、省电力工业局、省建设银行、省物资局、省委宣传部、济南军区政治部群工部等部门的分管领导，办公室设在省水利厅，马麟兼办公室主任。[①]

1985年12月9日，山东省人民政府办公厅下发《关于建立省引黄济青工程指挥部办公室的通知》[②]。通知提出，为加强对引黄济青工程的管理和领导，省政府决定建立省引黄济青工程指挥部办公室（工

---

① 山东省引黄济青工程管理局机构沿革 [R].1994：1.
② 山东省引黄济青工程管理局机构沿革 [R].1994：2.

程建成后改为引黄济青工程管理局），列为比厅局级低半格的事业单位，暂定编制50人，工程指挥部专职副指挥兼任办公室主任；内部机构有秘书处、政治处、计划财务处、物资供应处、工程管理处（图4-12）。

图4-12 《关于建立省引黄济青工程指挥部办公室的通知》

1986年1月28日，山东省政府办公厅再次公布山东省引黄济青工程指挥部成员名单：指挥卢洪（副省长），顾问朱奇民（省政府顾问），总工程师孙贻让（省水利厅总工程师），副指挥马麟（省水利厅厅长）、游与继（省建委副主任）、王裕晏（省计委副主任），专职副指挥兼办公室主任张孝绪（省海河流域指挥部指挥兼党委书记）。[①]至此，山东省引黄济青工程指挥部正式成立。

1986年3月22日，山东省水利厅党组根据省委、省政府有关文件规定，任命张孝绪为山东省引黄济青工程指挥部专职副指挥兼办公室主任（副厅级），免去其山东省海河流域指挥部党委书记、指挥职务。8月26日，省政府下达《关于调整山东省引黄济青工程指挥部成员的通知》[②]，指挥马忠臣（副省长）、顾问朱奇民（省政府顾问）、总工程师孙贻让（省水利厅总工程师），副指挥马麟（省水利厅厅长）、游与继（省城乡建委副主任）、王裕晏（省计委副主任），专职副指挥兼办公室主任张孝绪，成员单位调整为省委宣传部、省交通厅、省黄河河务局、省电力局、省建设银行、省物资局、省水利厅、省民政厅、省建材局、省乡镇企业局、省农业厅、省财政厅、省机械成套设备局、省石油公司及济南军区政治部群工部等。

1989年5月27日，山东省政府公布调整后的山东省引黄济青工程指挥部成员名单：指挥王乐泉（副省长）、顾问朱奇民（省政府特邀顾问）、总工程师孙贻让，副指挥马麟、王裕晏、游与继、王怀俊（省经委副主任），张孝绪任专职副指挥兼办公室主任，成员单位除原有单位或部门外，又增加省公安厅、省商业厅、省土管局、省供销社、省农业银行、省环保局、省军区等部门或单位。[③]

---

[①] 山东省引黄济青工程管理局机构沿革 [R].1994：2-3.
[②] 山东省引黄济青工程管理局机构沿革 [R].1994：4-5.
[③] 山东省引黄济青工程管理局机构沿革 [R].1994：7-8.

## 二、山东省引黄济青工程指挥部各市、地分部

1986 年 3 月 15 日，山东省编委以鲁编〔1986〕39 号文下达《关于引黄济青工程各分部办事机构和人员编制的批复》，同意建立：①山东省引黄济青工程指挥部惠民分部办公室（处级），下设山东省引黄济青工程渠首工程处（科级）；②山东省引黄济青工程指挥部潍坊分部办公室（处级），下设山东省引黄济青宋庄泵站工程处（科级）；③山东省引黄济青工程指挥部青岛分部办公室（处级），下设山东省引黄济青张庄泵站工程处（科级）、山东省引黄济青棘洪滩水库工程处（科级）；④山东省引黄济青东营工程处（科级），直属山东省引黄济青工程指挥部办公室领导。各引黄济青工程指挥分部办公室，是山东省引黄济青工程指挥部办公室的直属事业单位，也是各指挥分部的办事机构。

## 三、青岛市引黄济青工程指挥部

1986 年 5 月 12 日，青岛市引黄济青工程指挥部公布内设机构，指挥部设置一室九处：办公室、政工处、保卫处、设计处、施工处、物资处、财务处、征地安置处、电力通讯处、交通运输处；下属山东省引黄济青张庄泵站工程处和山东省引黄济青棘洪滩水库工程处，均为科级单位，各有事业编制 50 人（图 4-13）。

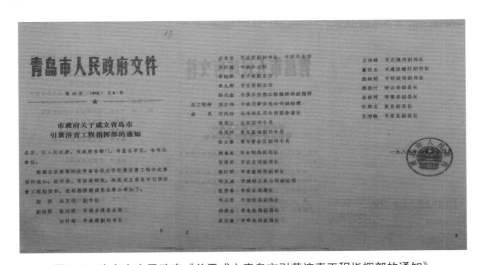

图 4-13 青岛市人民政府《关于成立青岛市引黄济青工程指挥部的通知》

1986 年 9 月 27 日，山东省引黄济青工程指挥部批复《关于建立棘洪滩水库工程施工指挥部的函》，棘洪滩水库施工指挥部由青岛市引黄济青工程指挥部担任指挥并抽调移民迁占、财务物资、工程技术、行政事务等有关人员组成，山东省引黄济青工程指挥部青岛分部办公室和水利电力部第五工程局一分局各派一名同志担任副指挥，配备相应工程技术人员，共同搞好水库施工。10 月 21 日，棘洪滩水库现场指挥部正式成立，全面负责水库建设的管理工作。同年，相继成立平度、即墨、胶县、崂山县引黄济青工程指挥部。（图 4-14）

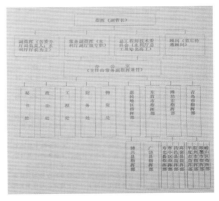

图 4-14 山东省引黄济青工程指挥部系统图

## 第三节　施工管理

为确保工程质量，山东省引黄济青工程指挥部在计划、投资、设计、施工、质量、进度等方面进行宏观控制，制订并执行相关规范和规章制度，层次分明，协调发展，做到工程建设始终紧张而有序。在施工管理上，按照统一指挥、条块结合、分级管理的原则，实行层层分解责任制，在施工图设计及施工队伍选择上，引入招标、承包竞争机制，利用新技术、新工艺、新材料施工和质检，提高了技术标准和施工效率，节约了施工成本，保障了施工质量。

### 一、任务划分

山东省引黄济青工程指挥部作为引黄济青工程的主管部门，代表省政府全面负责引黄济青工程建设的行政、业务、技术管理工作，并直接负责水库、泵站、输变电、通信自动测控、铁路桥等工程建设。对工程沿线建设机构实行"任务切块，投资包干"的管理办法，在明确任务、投资、工期的前提下，所有工程贯彻分级原则，按照技术等级、规模大小、行业和行政归属将任务划分落实到各有关单位。

工程沿线各级政府在引黄济青工程建设中起着决定性的作用。市（地）指挥部是直管本市（地）引黄济青工程的建设单位，下属各县的工程主管部门，在省指挥部的指导下开展工作，全权负责管理辖段内的工程建设，直接负责 50 万元以上的大中型工程建设。县（区）指挥部受市（地）指挥部委托，为本县（区）内土方及中小型建筑物工程的建设单位，全面完成所辖区内引黄济青工程建设任务及省市部署的有关工作。

### 二、招标投标

在初步设计获批后，单项工程施工图设计量大、任务重。施工前期，对大倒虹工程进行设计优选，发动全省水利设计单位投标，经过结构安全、经济、美观等方面的反复比较，确定型式；再根据投标单位的技术力量分别安排任务，以适应施工需要。

对大型单项工程施工实行招标投标，水库工程由省指挥部直接组织议标，确定由水利电力部第五工程局一分局承担；各泵站在省指挥部指导下，由各市、地指挥部招标，选定施工单位。通讯设备由山东省国际招标公司进行国际招标，选定厂家。

### 三、工期安排

为按期完成任务，总体把握工期，指挥部坚持对所有单项工程的前期工作及分部分项施工程序、各程序的依存关系及合理工期、施工的必要条件及各单项工程之间的相互关系进行分析研究，并考虑水文地质、气候条件和国家投资计划等因素，运用系统工程、网络技术，制订总体网络计划及大型重点单项工程施工网络计划。在总体网络计划中，将工程划分为相对独立的五大系统，即渠首工程、输水河工程、水库工程、泵站工程和配套工程，找出控制工期的工程体系和关键路线，以此编制整体计划和分期实施的年度计划、绘制主体网络图（图 4-15）。

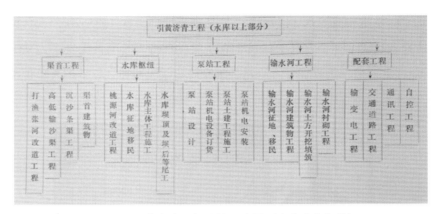

图 4-15　引黄济青工程总体网络图（水库以上部分）

按照计划，1986 年主要工作为移民迁占、施工图设计和重点工程开工。如桃源河改道工程、棘洪滩水库工程、10 座大倒虹工程的开工，泵站工程设备订货、选定施工单位等前期工作，水库以下工程的开工。1987 年建筑物工程陆续完工，完成建筑物工程后，再挖填输水河土方，并做到两者相互结合；同年进行渠道工程的征迁工作。1988 年所有建筑物工程基本完工，重点突击土方开挖和衬砌工程。1989 年进行机泵安装、调试、运转等收尾工作，渠成水通。

**四、施工标准规范**

为统一建设标准，确保工程优质，除执行部分有关规范、标准外，山东省引黄济青工程指挥部还制定颁发《山东省引黄济青工程质量管理规定》，明确质量监督、检查、保证"三个体系"应遵循的规范标准，承担建筑物施工企业的等级以及创优活动等有关技术标准，使各项工程的质量管理做到有章可循、有据可依；统一引黄济青各项规章制度，如质量检查、工地值班、质检报告、岗位责任制及 19 种质量表格的填写签证。

山东省引黄济青工程指挥部还先后制定颁发《桃源河土方工程施工技术规定》《山东省输水河预制砼板衬砌技术要求》《山东省引黄济青施工技术要求》（输水河土方工程和砌石工程两部分，统一质量标准），颁发《山东省引黄济青竣工验收规定》《山东省引黄济青工程施工优质工程项目奖评办法》等标准和规范性文件。

**五、质量管理**

为保证各项规章制度的贯彻落实，各级建立质量管理组织体系。一方面，山东省引黄济青工程指挥部成立技术委员会和质量管理领导小组。各市地、县区成立 100 多个工程质量管理小组，小组成员大都是工程技术人员，各工程质量管理小组分级负责、层层检查，形成严密的质量管理网络，对工程施工实行全方位质量监督、检查，使工程施工有可靠的质量保证体系。另一方面，通过培训技术人员（图 4-16）。"做到了每个施工点都有质量检查员，各施工队都设有试验室，对施工随时进行检查验收，发现不合标准的工程，一律推倒重来。严格的质量检查和管理制度，为确保施工质量打下了基础。"①

---

① 马麟 . 长虹贯齐鲁 [M]. 济南：山东省新闻出版局（内部资料），1989：10.

在此期间，先后设立工程质量检查点次1179837个，其中，合格点次1135520个、合格率为96.24%；分部分项工程质量检查点次11814个，其中优良11039项、合格775项，优良率为93.44%；混凝土质量检测2638组，综合评定合格率为97.3%，达到了国家规定优良标准；8个扩大单位工程、18个分类项目均为优良。

图4-16 专家在混凝土检验试验培训班上授课

在建筑物施工中，每个工地都派驻工地代表进行检查，水库设监督工程师，泵站、大倒虹工地均有建设单位及设计代表驻工地，层层把关；工地建立实验室和检查机构，实行工种自检、工序之间互检、工地代表与专职检查终检并签证的"三检制"（图4-17、4-18）。

图4-17 工地代表检查胶青公路桥施工现场

图4-18 工地代表检查小清河倒虹施工情况

输水河工程采取巡回抽样检查制，组织技术过硬、责任心强的干部进行检查，并建立技术指导和验收把关责任制，不定时间、不定渠段巡回检查。山东省引黄济青工程指挥部质检站委托山东省水利科学研究所组织专业质检队伍，对所有混凝土工程和103个混凝土板预制加工厂每月巡回检测一次，月月有报告，年终有总结。最后提交《引黄济青工程混凝土设计与质量检测》报告，对工程质量进行有效地监督控制。

为加强全面质量管理，增强质量意识，对工程实行"三检制"，即县指挥部每月对工程检查一次、地（市）指挥部每季度检查一次、省指挥部每半年对工程质量全面检查一次，并提出质量检查报告。

（图 4-19）由于对质量的齐抓共管，施工单位主动配合，做到安全施工，杜绝了重大事故的发生，优良率达 96%，混凝土合格率达 100%。

图 4-19 山东省引黄济青工程施工质量管理研讨会

## 第四节 新技术新工艺

在引黄济青工程建设中，积极吸收国内外先进技术，采用和取得科研成果 30 多项。如渠首沉沙池的设计采用超饱和理论；输水渠防渗采取混凝土板、塑膜、黏性土等 8 种组合的衬砌型式；为防止冬季混凝土板冻胀破坏，采用聚苯乙烯泡沫板保温；为防止停水期高地下水位产生的扬压力破坏，研究出土工织物反滤—暗管—逆止式集水箱排水系统；输水采用等容量控制；风化岩混合料用作水库围坝防渗体等。[①] 再如，通过应用系统工程网络计划，合理控制总工期和土建工程的优化施工。此外，在防止水质污染方面，整个工程对 30 多条河道采用立体式全封闭倒虹吸，这在国内也是首例。[②] 科技新成果、新技术的采用，不仅使工程建设具有较高水平，而且为国家节约了大量资金，对山东省引黄事业发展产生了较大的促进作用。

### 一、控制容量运行技术

引黄济青工程设计上吸取美国加州北水南调的经验，运行采用控制容量准则。一是水位变幅在一定时间内控制在一定范围内，使渠道边坡渗压减小，衬砌厚度减薄，衬砌预制板厚仅 5 ~ 6 厘米。二是可使冬季输水正常进行，并在冬季不输水时渠道水位通过闸门控制可进行蓄水保温，使水位下混凝土衬砌免遭冻胀破坏。三是增加调蓄水量，引黄济青输水工程沿线受地形和条件限制缺乏调蓄能力，实行控制容量运行时水位常年保持在设计水位，这样在小流量运行时等于利用渠道多存水量，以备急需。

控制容量运行实质上是控制渠道水位，正常运行时，使其在不同流量运行条件下，渠道水位保持

① 王大伟 . 依靠科技 搞好引黄济青工程运行管理 [J]. 中国水利，1992（11）：7-8.
② 马麟 . 长虹贯齐鲁 [M]. 济南：山东省新闻出版局（内部资料），1989：11.

在设计水位附近一定范围内变动，遇特殊情况时水位不发生骤降，即水位控制在一定的允许范围内。引黄济青工程采用比美国北水南调更为宽松的条件，规定每小时水位变幅不大于30厘米（美国15厘米），24小时水位变幅不大于70厘米（美国30厘米）。要达到水位稳定，必须流量稳定，这就需要靠闸门的慢调节。根据引黄济青工程纵坡（1/15000 ~ 1/20000）和允许的水位变幅，节制闸间距要求不大于10 ~ 15千米。为满足输水调度控制要求，适时控制闸门开启，工程采用微波通信和计算机联网。渠道水位、流量、闸门开启孔数、闸门开启高度、泵站运行参数等实测数据可快速传输至各控制中心总站，各控制中心总站可适时发出指令控制闸站闸门升降。[1]

## 二、冰盖下输水技术

引黄济青工程设计时，为安全考虑，规定冰冻期30天不能输水，并要蓄水保温，防衬砌冻胀破坏。建设初期，工程指挥部邀请水电科学院协作对冰冻期输水进行专题研究，建立冰情数学模型。不同冰期采用不同的输水办法，避免发生冰塞。淌凌、流冰期不引水，冰冻期采用冰盖下输水，并采取相应对策：一是冰期开始时，用闸门控制抬高水位、降低流速，减小佛劳德数以防流冰下潜，尽快形成冰盖；二是关键部位，河面架设过河缆索，促使缆索前尽快形成均匀连续冰盖；三是注意开停水泵时尽量稳定输水，避免水面波动，破坏已形成的冰盖；四是倒虹吸进口顶部以上水深要大于1.5米，泵站前设置回转式拦冰栅，以免冰块进入倒虹吸内或泵站管道中；五是全线设置3座排冰闸。[2]

工程建设中又拟定相应工程措施，如在容易发生冰塞段的上游设置拦冰索、节制闸门槽埋设电热管、加大倒虹吸进口顶部水深、泵站前池采用潜水泵吹波等。工程建成通水后，调度人员又在实践中总结出"统一调度、抬高水位、稳定流量、持续不断、控制闸门"的运行要点，并对工程进行局部技术改造。在1991—1992年度输水中，输水河自1991年12月29日形成冰盖至1992年2月10日冰盖消融，输水任务大都在冰盖情况下完成。实践证明，冰盖下输水是成功、可靠的，这为搞好运行管理奠定了基础。[3]引黄济青工程建成后，经过几年冬季输水调度运行实践总结出不少经验，对渠道冬季输水中流冰形成—形成冰盖—冰盖消融过程进行了系统研究。整个过程是热交换过程，发生在大气、水流、河床三者之间，渠道结冰从岸冰开始，由岸冰流冰转为连续冰盖应具备三个条件：流冰体积密度小于1每立方米，并持续5小时 ~ 8小时；水流流速小于0.3米每秒，延续5小时 ~ 8小时；气温低于−8℃，延续5小时 ~ 8小时。若不加调节，流冰堆积形成冰盖后，输水能力将减少1/3，这主要是冰盖引起的过水断面减小和冰盖造成的水流阻力增大所致。为防止出现这种情况，工程采用抬高水位预留出冰盖厚度，并采取统一调度、水位高稳、流量均衡、缓升缓降的运行方式。[4]

## 三、渠道边坡衬砌工艺

引黄济青输水渠道由于采用等容量控制运行技术，渠道设计渗压（扬压力）大大减小，理论上仅为控制运行允许的最大水位变幅。为解决输水及衬砌工程的防渗、防冻胀和防扬压力破坏问题，山东

---

① 冉星彦. 山东省引黄济青工程考察 [J]. 北京水利，1997（01）：41–44.
② 冉星彦. 山东省引黄济青工程考察 [J]. 北京水利，1997（01）：41–44.
③ 王大伟. 依靠科技 搞好引黄济青工程运行管理 [J]. 中国水利，1992（11）：7–8.
④ 冉星彦. 山东省引黄济青工程考察 [J]. 北京水利，1997（01）：41–44.

省引黄济青工程指挥部组织设计、科研单位联合攻关并进行试验后，确定采用塑料薄膜防渗和以水体保温为主、辅以聚苯乙烯泡沫板防冻胀破坏及暗管集水、逆止式集水箱自流内排以减小扬压力等措施，均取得良好效果，达到国内先进水平。

引黄济青输水渠道衬砌设计，结合防渗、防冻胀的要求，根据不同河段的土壤特性及地下水埋深和投资条件，因地制宜采用混凝土预制板、塑料薄膜和黏土进行衬砌。具体做法如下。渠道内边坡1:1.5 ～ 1:2.5，土坡及渠底第一道工序均铺筑一层塑料薄膜。第二道工序是在水位变动区部位（高度1.3米）的薄膜上铺设聚苯乙烯保温板，以防冻胀破坏；阳坡板厚2厘米、阴坡板厚4厘米、南北向板厚3厘米，边坡其余部位及渠底由当地过筛土铺筑。第三道工序，边坡全坡铺砌预制混凝土板，板厚6厘米，预制板缝宽2厘米，水泥砂浆勾缝；为保证缝宽，铺砌预制板时用2厘米厚木塞控制；为节

省投资，渠底均不铺砌混凝土预制板，边坡与渠底的塑料薄膜搭接10厘米。在地下水位较高地段，为防止扬压力，沿坡脚纵向设暗管集水，横向边坡上埋设排水孔，集水管和排水管用20厘米有孔混凝土管或陶管包上土工布，管坑外侧用粗砂填充，排水管首端与集水箱连通，集水箱为30厘米×40厘米、中有逆向隔板的塑料箱，可向外排水，不允许向内进水，排水管出口放置在1/5 至 1/3 坡高处（图 4-20、4-21、4-22）。

图 4-20 输水河衬砌工程正在铺设塑料薄膜和安装混凝土板

工程建成后的运行实践证明，渠道衬砌设计是成功的，实测输水有效利用系数均高于设计值，1989 年为 0.71（设计值为 0.68），1994 年为 0.85。由于冬季蓄水保温搞得好，渠坡未出现大面积沉陷、塌坡和冻胀破坏。[1]

图 4-21 衬砌铺放保温板

图 4-22 施工人员衬砌预制板

[1] 冉星彦. 山东省引黄济青工程考察 [J]. 北京水利，1997（01）：41-44.

#### 四、固化灰浆墙、风化岩混合料工艺

棘洪滩水库坝基部分采用固化灰浆墙截渗，部分工程应用粉煤灰混凝土，效果较好；部分建筑物施工中，强制使用外加剂（木钙），节约水泥，增加和易性。

棘洪滩水库围坝用风化岩混合料作防渗体，是继鲁布格水电站工程之后最大的科研应用项目。建设、设计、施工单位的技术人员根据现场地质情况多次研究、论证，并赴云南、贵州两省交界的鲁布格水电站进行考察后，对水库原设计进行修改，确定采用风化岩混合料作防渗体。这样既方便施工、提高质量、加快了施工速度，又降低了工程造价，节约资金1430万元。

#### 五、衬砌机施工和水泥裹砂喷射混凝土施工工艺

昌邑县输水河土方工程采用引进的SL-450x衬砌机施工和水泥裹砂喷射混凝土施工，解决了滩涂开发劳力不足的矛盾，按质按量完成任务。在地下水位较高的粉砂土段，用水泥泵筑堤，加快施工进度。泵站主厂房采用预制排架及吊装新工艺。倒虹工程用桁架作内支撑，不用对销螺栓，防止洞身穿孔。衬砌混凝土板预制中，推广翻转式透水模板。混凝土工程施工中，推广以钢模代替木模（图4-23）。

图4-23 美国进口衬砌机在施工

# 第二章 渠首引水及沉沙工程

引黄济青渠首引水及沉沙工程位于惠民地区博兴县城东北、打渔张引黄灌区王旺庄引黄闸以南，呈南北向伸延、东西向展开。渠首沉沙工程不仅包括输、沉沙工程，还涉及群众生产、生活安排等社会问题和环境问题。因此，工程设计需要统筹安排沉沙区群众的生产、生活问题，其中包括排水、排碱、交通、沉沙区群众生产的资金筹措和工程设施等。为避免沉沙区土地沙化，采用汛期引黄盖淤，既利于沉沙区土地还耕，又可以杜绝新风沙区形成。

## 第一节　施工设计

引黄济青引水工程和博兴灌溉工程合用沉沙池，采用渠首自流与扬水相结合的条渠沉沙方式，共设 9 条条渠，分期使用，总共可用近 40 年。输沙设计采用水流动力、水流连续、挟沙能力、河相关系四方程联解进行设计。高输沙渠利用泵站扬水形成高水头，加大流速，采用水力冲淤代替人工清淤。

### 一、自流与扬水结合沉沙条渠

黄河是世界著名的高含沙量河流，引黄济青引水期虽然避开了洪峰，但每年的进沙量仍达到 231 万吨，加上博兴县一干引黄灌溉工程年进沙量 198 万吨，共 429 万吨。选定的打渔张引黄闸，大河环流作用显著，流势稳定，进沙少，背河有低洼地 36 平方千米，可辟为沉沙池，是较为理想的引水口门。条渠沉沙是黄河下游行之有效的沉沙方式，若自流沉沙，其厚度大约 1.5 米，仅能使用 10 年左右。

在总结黄河下游引黄沉沙经验的基础上，引黄济青工程首次采用自流与泵站扬水相结合、高低输沙渠轮换输沙入条渠沉沙的处理方式，优选条渠淤高 5 米作为较经济的方案。即通过沉沙池出口闸进行水位调控（图 4-24），在引水初期时运用自流沉沙、淤高后用泵站扬水沉沙，从而使面积有限的沉沙池使用年限延长至近 40 年，增加了利用率，泥沙处理的综合费用降到最低，保证出口入输水河的含沙量稳定在平均 1.22 千克每立方米，小清河分洪道以下的输水河含沙量仅为 0.6 千克每立方米，满足了输水河运行需要。在条渠运用末期，扬水盖淤还耕，使土地利用更加合理。

图 4-24　沉沙池出口闸（摄于 2004 年 6 月）

### 二、超饱和输沙设计

对于沉沙条渠的设计，国内一般采用准静水法，只能定性不能定量，存在许多缺点和局限。引黄济青工程要求高，沉沙设计采用 80 年代国际上较新的计算理论——超饱和理论，经用打渔张、陈垓等灌区实测资料验证，具有精度高、参数选用简单等优点，计算与实测出口含沙量误差小。

输沙设计采用水流动力、水流连续、挟沙能力、河相关系四方程联解进行设计，使输沙渠在来水来沙变动情况下，能把含沙量大时淤积的泥沙在含沙量小时冲走，维持渠道断面冲淤平衡，并用有限差法预测引水过程中输沙渠沿不同时段的渠床冲淤数量与水位变化情况。经本省位山灌区输沙渠实测，资料验证精度达 90% 以上，为打渔张渠首泵站设计提供了可靠指标。高输沙渠利用泵站扬水形成高水头，加大流速，采用水力冲淤代替人工清淤，每年可节约费用约 30 万元。

## 第二节　工程施工

渠首工程主要包括沉沙池、输沙渠、泵站等。土方工程共计 568.69 万立方米，包括引水渠 700 米、高低输沙渠工程各 5762 米、沉沙条渠 6100 米。工程因经过公路与生产道路，需修建桥梁 10 处，其中公路桥 2 座、生产桥 8 座；修建涵管 9 处，渡槽 1 座。其中，输沙条渠于 1988 年开工，1989 年完工；高输沙渠工程因属 1993 年以后使用，1989 年才开始施工。[①]

工程由博兴县引黄济青工程指挥部组织实施，并设立工程质量工地实验室，采取多种措施加强施工质量管理，对工程质量严格把关。各施工单位自设施工试验检测，按施工要求逐段逐批土层进行实验，县引黄济青工程施工指挥部实验室对土层逐层、逐段进行抽检，并对不同车型规定每层铺土厚度及碾压方式和遍数，对施工质量不符合要求及未按施工程序规定施工的，进行停工整顿，令其返工并给予经济处罚和通报批评。

### 一、引水沉沙工程

工程包括进水闸（图 4-25）、高低输沙渠、沉沙条渠出口闸及截渗沟等。工程范围包括：高低输沙渠 6 千米，沉沙池 3.48 平方千米，经打渔张河改道 8 千米，全长 12.9 千米，建交通公路桥 2 座、生产桥 6 座。沉沙区共设 9 条条渠，第一期修建 2 号条渠，即二号和三号隔堤。

图 4-25　引黄济青进水闸

工程由博兴县引黄济青工程指挥部组织实施，按照安置工作难易程度渐次开工。按照引黄济青工程指挥部的施工安排及投资计划，1988—1989 年完成输沙渠、沉沙条渠及截渗沟工程的土方工程。

1988 年 3 月，条渠末端 2800 米段开工，通过招标选定了黑龙江省友谊农场机械队、河北省故城土方机械施工队、博兴县水力机械挖掘队，3 家分段施工，共投入推土机 9 台、铲运机 72 台、泥浆泵

---

① 山东省引黄济青工程施工报告 [R]. 山东省引黄济青工程指挥部，1991：30.

16 台。1989 年 10 月完工，共完成沉沙池土方 394.3 万立方米。

在低输沙渠工程施工中，博兴县领导同工程技术人员组成工程质量检查组，并规定每层铺土厚度不大于 25 厘米，车辆碾压 6 遍，然后上土；各乡镇施工人员利用"上三压二"的土办法控制施工质量，使工程质量基本满足设计要求。

高输沙渠工程属 1993 年后使用的工程，从 1989 年开始由江苏省太兴渔业公司承建。因地下水位高，排水困难，采用泥浆泵填筑法进行常年施工，共投入泥浆泵 17 台、铲运机 5 台。该工程于 1991 年底竣工。

渠首打渔张泵站工程按设计应 1991 年开始兴建，1993 年投入运行。由于资金不到位，实际只完成管理设施和变配电所建设。

### 二、引水渠及低输沙渠工程

工程主要包括打渔张河改道工程、截渗工程、打渔张河改道段支沟、沉沙区灌溉工程、沉沙条渠盖淤还耕及桥涵工程等。

因沉沙池工程截断原打渔张河排水出路，应予改道。改道段上游流域面积为 83.2 平方千米，下游流域面积为 131.6 平方千米，全长 7.7 千米。截渗沟中心距离条渠隔堤与低输沙渠左堤中心 55 米，平均挖深 2.5 米、底宽 1.5 米，边坡 1：2，底坡 1/10000，排入打渔张河改道段支沟。该支沟即排泄沉沙区涝、碱的干沟，位于沉沙区南侧，在通滨闸附近打渔张河改道段。

为保证施工质量，工地设立试验室，成立检测组织，并委托惠民地区水利工程质量监督站负责质量监督。工程采取人机结合、一气呵成的施工形式，动员全线 11 个乡镇 27600 余人、33 台履带拖拉机以及 20 余台排水机械，用 20 天突击完成任务，满足了按期通水要求。由于施工人数多、时间短、土壤含水量大，造成渠堤顶部压实难度增大，竣工后采取灌水沉实及重型车辆震动碾压等措施，达到设计要求。[①]

### 三、沉沙区灌溉工程

一是修建东冯支门，引水流量为 2 立方米每秒。灌溉东西冯庄以南、打渔张河以北、输沙渠以西的农田。

二是修建通滨支门，跨打渔张河改道段支沟，采用渡槽立交送水至通滨闸以上原一干渠，灌溉打渔张河南一干东、西两侧土地。条渠淤满后，为便于群众还耕，须进行盖淤，盖淤厚度平均为 0.3 ~ 0.5 米，时间选定在汛期 7 月—9 月，盖淤引水流量为 41 立方米每秒，平均含沙量 38.7 千克每立方米，第一期使用条渠盖淤时间约 15 天。

# 第三章 输水河工程

引黄济青输水河工程主要布置在海陆交互相沉积的滨海地区，基本上是在咸淡地下水分界的咸水

---

[①] 山东省引黄济青工程施工报告 [R]. 山东省引黄济青工程指挥部，1991：33.

区侧,渠首地面高程 9.4 米,棘洪滩水库地面高程 3.5 米,沿线地面呈波浪形缓坡起伏。为防渗、防止咸水区地下水对水质污染、提高输水利用系数,全线根据不同水文地质条件和冬季输水要求,采取防渗、防冻胀、防扬压力破坏的措施。同时,除沉沙池和利用天然河、沟外,新开挖河道采用混凝土预制板护面和塑料薄膜结合的方法进行防渗衬砌。

# 第一节 施工设计

引黄济青工程输水河线路系统按照明渠方案设计,即多级泵站连续接力提水,形成分段明渠重力流的整体布局。根据涉及的社会经济、水文气象、地形地质、环境污染以及交通、能源、设施等详实的基础资料,以高效输水和低价建设为总目标,考虑到错综复杂又相互制约的多种因素,构成提供实施的线路系统。

## 一、输水线路平面布置

在平面布置方面,输水线路小清河以南至胶莱河较长的河段,进行老南线、新南线和北线的比较;胶莱河以下河段,进行胶莱河、高密境内新开河、平度境内新开河的比较。适当利用既有小清河分洪道子槽 35.972 千米和吴沟河 5.650 千米,冬春输水,汛期泄洪;应地方要求,扩建共用打渔张一干渠 18.145 千米,统一管理,相应改善了灌溉条件;使新开河渠缩短到 193.078 千米,节省投资,少征耕地,并保持输水河总长度相对较短。

实施的输水河线路全部满足有关设计规范、规程,在平面布置上偏靠严重缺水的广(饶)北、寿(光)北、潍(寒亭)北、昌(邑)北和平(度)南等区域的上缘,便于地方输水配套工程建设;同时避开污染源地段,力求不斜穿农场或灌区,尽量不分割基层行政区界,线路远离村庄、不拆迁房屋,少占用良田果园,泵站临近城镇和交通、动力干线,以及便于输水河与河道、沟渠、铁道、公路、输油管、给水管、通讯电缆、输电线等交叉工程建设。因输水河线路长、地质条件复杂、水质条件差,个别地段经过山丘,开挖、填筑施工难度大。

## 二、土方衬砌工程设计

输水河衬砌工程的总长度为 210.84 千米,主要采用预制混凝土板和现浇混凝土板两种衬砌形式;预制混凝土板衬砌和现浇混凝土板衬砌又各分为全断面衬砌和半断面衬砌两种方式。其中,预制混凝土板衬砌长度为 200.3 千米;现浇混凝土板的衬砌长度为 10.54 千米,采用现浇衬砌和喷射衬砌两种机械衬砌方式。输水河衬砌河段的设计断面高度一般为 4～5 米,设计水深为 2.5～3.5 米;控制运用水位时水深一般比设计水深高出 0.2～0.9 米;最低蓄水保温水位为控制水位以下 1.0 米。为防止冬季输水河衬砌发生冻胀破坏、节省投资,设计采用蓄水保温方式,即在冬季停止输水时,利用输水河沿线节制闸拦蓄水,利用水保温,防止渠道混凝土面板冻胀破坏;只在蓄水位变动部位,采用混凝土板下铺设聚苯乙烯泡沫板保温。

输水河衬砌因地制宜采用板膜复式为主的 8 种结构形式。

(1)全断面铺设塑料薄膜,混凝土板衬砌。这种衬砌形式主要分布在以下几种河段:高填方、地下水埋藏较深、原河床渗漏较严重的河段，例如宋庄泵站、王耨泵站、亭口泵站站后的几处河段；原河床渗透系数大、附近又缺乏黏性防渗土料、渗漏严重的河段；最大流速超过河床土壤的允许不冲流速、渗漏量又较大的河段，例如胶县（胶州市）境内的利民河至大沽河段。此类结构的河段计有 18 段，总长 32.806 千米。

（2）全断面铺设塑料薄膜，混凝土板衬砌，黏性土衬底（即原河底换黏性土并压实）。该衬砌型式主要用于输水河开挖深度内以黏性土为主、输水河底揭露或接近中粗砂层、地下水位较低、渗漏十分严重且最大流速超过河床土壤允许流速的河段。此类结构的河段计有 4 段，总长 3.258 千米。

（3）全断面混凝土衬砌，黏土衬底。这种型式适用于输水河开挖深度内以黏性土为主、河底揭露或接近中粗砂层、一般情况下地下水位接近设计水位且最大流速超过输水河允许流速的河段，例如胶县境内刘家荒闸前后的河段。此类结构的河段计有 3 段，总长 5.614 千米。

（4）全断面喷射混凝土衬砌（图 4-26）。昌邑县境内 158+745—162+802 段，长 4.057 千米，输水河开挖断面上部为亚黏土、下部

图 4-26 高压喷射混凝土衬砌

为全风化片麻状花岗岩，渗透系数为 0.1 米每日，输水河渗漏量很小。为了护坡防冲，并保证输水河断面平整，减小输水糙率，该段采用全断面喷射混凝土衬砌。

（5）全断面铺设塑料薄膜，混凝土板护坡衬砌，河床加当地土护底。对于沿线输水期地下水位低于输水河设计水位 1.5 米以上、原河床渗透系数大于 1.0 米每日且输水河最大流速小于河床土壤的允许不冲流速的河段，采用全断面塑料薄膜防渗、混凝土板护坡，当地土护底。该防渗衬砌形式是全线应用最多的一种，计有 46 段，总长为 102.377 千米。

（6）全断面铺设塑料薄膜，混凝土板护坡，黏性土护底。对于输水河开挖深度内以黏性土为主、河底揭露或接近中粗砂层、渗透系数大、地下水位比较低、渗漏严重且输水河最大流速不超过河底土壤允许流速的河段，采取全断面铺设塑料薄膜防渗，混凝土板护坡，河底以下换填黏性土。此类衬砌型式共 3 段，总长 7.971 千米，其中包括昌邑县境内的 165+700—168+000 段、平度县境内的西新河至助水河段。

（7）混凝土板护坡衬砌，河底为河床原状土。对于输水期地下水位低于输水河设计水位 1.5 米以内或者渗透系数小于 1.0 米每日，且输水河最大流速不超过原河床土壤允许流速的河段，渗漏和冲刷均不是主要问题，故采用混凝土板护坡衬砌。此类衬砌形式共计 19 段，总长 45.167 千米。其中包括广饶县境内反修沟至县界段、寿光县境内宋庄泵站前的几处河段、昌邑县境内王耨泵站前的多数河段、平度县境内平催公路前至亭口泵站的部分河段。

（8）全断面黏性土衬砌。利用吴沟河输水段，长5.6千米，河道断面规整，河床多为亚黏土，地下水埋藏较深，原河床渗透系数为2.0米每日，渗漏较严重。为减少渗漏量，并考虑到此河道将来有扩大治理的可能性，暂采取输水断面内土壤翻松压实，即黏性土护面防渗。

输水河穿过弥河、潍河的滩地明渠，均采取混凝土板和塑料薄膜全断面衬砌。利用小清河分洪道子槽和分洪道滩地明渠输水段（长36.8千米）渗透性较小，且地下水位高、渗漏量不大；分洪道为行洪河道、行洪期流速很大，倘若采取防渗衬砌，可能对衬砌造成冲刷破坏；再者，分洪道子槽断面大，衬砌工程量大，费用高，极不经济，故仍采取原河道断面输水。（图4-27、4-28）

为防止汛期停水时高地下水位产生的扬压力破坏，采用土工织物反滤暗管，研究试制暗管内排的逆止式出口集水箱。

图4-27 胶州输水河衬砌试验段测试

图4-28 孙贻让总工在检查输水河衬砌质量

### 三、倒虹工程设计

输水河上大型倒虹共计34座，总长5465米。除弥河、潍河两座倒虹建在河道主槽段内，其他河道滩地的宽度较窄，倒虹进出口均布置在河道大堤外坡脚附近。倒虹管身采用矩形，根据孔数和孔径尺寸分为4种。倒虹的轴线大都与输水河的轴线正交，个别倒虹为斜交。（图4-29）

输水河工程中，按排灌要求需要穿越跨输水河的天然河、沟、渠共计72处，其中穿输水河的小倒虹72座。凡输水河水位高于河沟渠底，则采用倒虹立交穿输水河。倒虹的进出口一般位于输水河大堤外坡脚外，并在进出口分别设浆砌石圆形竖井，井口设拦污栅，倒虹管身采用钢筋混凝土圆管，经计算管径分为4种，管底用素混凝土座垫，管顶低于输水河设计河底1.0米。（图4-30）

图4-29 倒虹施工图

图4-30 倒虹入水口砌石

青岛段共有倒虹 31 座，其中输水河倒虹 13 座（平度段 10 座、胶州段 2 座、棘洪滩水库段 1 座）、穿输水河倒虹 18 座（平度段 14 座、胶州段 3 座、棘洪滩水库段 1 座）。

### 四、涵闸工程设计

引黄济青工程共有涵闸 91 座，其中有输水河穿河道大堤的节制闸 16 座、分水闸 61 座、涵闸 9 座、泄水闸 5 座。其中，青岛段有节制闸 7 座、分水闸 12 座、涵闸 4 座。

涵闸均采用方形钢筋混凝土结构，洞内为无压流，临河面设闸门、启闭机控制运用，启闭机工作台上设机房保护设备，其高程位于河道洪水水位以上。

水闸分为开敞式和涵闸式，由闸室、上游护坦和铺盖、下游消力池和海漫等部分组成。底板、闸墩、上游铺盖、下游消力池均采用钢筋混凝土结构，护坦、海漫采用浆砌块石，闸室上下游以浆砌块石扭曲面与上下游连接。上部设工作桥、交通桥。除比较重要的水闸设有机房外，其他水闸一般不设机房。有的水闸的地基允许承载力偏低，拟采用灌注桩基础。

截渗沟上的涵管，管顶覆盖土厚度为 2.0 米，以利交通；涵管的进出口不设闸控制。

### 五、渡槽工程设计

引黄济青工程有跨输水河的渡槽 5 座、其他跨河渡槽（管）17 座，共计 22 座。（图 4-31）

凡输水河水位低于河沟渠底，则采用渡槽跨过输水河，渡槽的轴线大都与输水河轴线正交，个别渡槽为斜交。渡槽进出口位于输水河大堤外坡脚处，并以渐变段与河沟渠连接，进出口不设闸门控制。渡槽槽身位于输水河大堤地段，用盖板封顶，顶板上覆盖土厚为 0.5 ~ 1.0 米，以满足交通要求。槽身分别采用

图 4-31 渡槽内景

钢筋混凝土矩形渠槽，个别采用钢筋混凝土管。槽、管下部采用钢筋混凝土排架，其基础按地基土质情况分别用灌注桩和条形基础。

### 六、桥梁工程设计

渠首及输水河穿越铁路、公路和生产道路，建设铁路桥、公路桥、交通桥和生产桥共计 273 座，其中铁路桥 2 座、公路桥 29 座、交通桥 26 座、生产桥 216 座。青岛段有公路桥 9 座（平度段 5 座、胶州段 2 座、棘洪滩水库段 2 座）、交通桥 10 座（平度段 9 座、胶州段 1 座）、生产桥 73 座（平度段 50 座、胶州段 19 座、棘洪滩水库段 4 座）。

铁路桥设计按顶管穿越铁路。

国家级公路桥设计荷载标准采用汽 -20、挂 -100，桥面为双车道，并设人行道和栏杆，采用净空为 7+2×0.75。桥梁跨度均采用 16.0 米，上部结构为钢筋混凝土 T 型梁，主梁高 1.1 米，下部为钢筋混凝土灌注桩桥墩，墩柱顶用盖梁连系，墩柱及灌注桩直径为 1.0 米。

县级公路桥和交通桥设计荷载标准采用汽 -15、挂 -80，桥面为双车道，设栏杆，不设人行道，采用净空为 7+2×0.25。桥梁跨度均采用 10 米，上部结构为钢筋混凝土 T 型梁，主梁高 0.9 米，下部

为钢筋混凝土灌注桩桥墩，墩柱顶用盖梁连系，墩柱及灌注桩直径为1.0米。

生产桥设计荷载标准采用汽-10，桥面净空为4.5+2×0.25，设栏杆，不设人行道。桥梁跨度均为10.0米，上部结构为钢筋混凝土T型梁，主梁高0.9米，下部为钢筋混凝土灌注桩桥墩，墩柱顶用盖梁连接，墩柱及灌注桩直径为0.8米。

## 第二节　土方和衬砌工程

输水河工程全长253千米，工程任务包括土石方挖筑、埋铺塑膜和混凝土板护等。土方施工主要采取人机结合的群体施工形式完成；衬砌工程主要采用预制混凝土板和现浇混凝土板两种衬砌型式。共完成土石量1938万立方米、混凝土板预制与安砌25万立方米，共铺设聚乙烯塑膜450万平方米、聚苯乙烯泡沫板112万平方米、砌石4.65万立方米、混凝土26.02万立方米。

### 一、土方工程

土方施工采取任务切块、费用包干的形式，由各县指挥部负责实施。由于施工时间紧、任务重，采取人机结合的群体施工形式完成，主要以挖筑工程为主，全线参加施工人数100余万人次（图4-32）。工程分两期实施，主要集中在1988年冬、1989年春的农闲季节，每期施工天数为20～25天。施工前，由各县主要负责同志组成指挥系统，作好思想发动、组织安排、物资供应等工作；办好培训班，培养"明白人"；写好"明白纸"，弄清标准尺寸、几何形状、质量要求、工段划分、完成时间，层层交底；施工中，发挥地方政府和"人民战争"的优势，按质按量地完成，为确保按期通水打下基础。

图4-32　平度十万大军大会战开挖输水河

在土石方施工中，昌邑县全段、寒亭区部分施工段共47千米采用招标、外包方式，选定信誉好、价格低、技术力量可靠的专业队伍施工，主要施工机械为2.5立方米铲运机，辅以少量推土机，采取层土层压，铺30厘米厚松土，用履带式拖拉机碾压，或羊角碾、振动碾碾压，实现挖、装、运、压"一条龙"施工。这种机械施工形式的施工质量易控制。（图4-33）

图 4-33 昌邑段输水河机械开挖

在输水河挖方段施工前，全部采用井点法排水，按每 50 米一眼井，井深 20 ~ 30 米，机械抽水，降低地下水位，保证基础开挖和改善筑堤的土方含水量。筑堤土方采取层土层压，大班作业，即规定铺 30 厘米厚松土，再用履带式拖拉机碾压 8 遍，一般均能达到要求的密实度，检测合格率达 95% 以上。

## 二、衬砌工程

输水河衬砌工程共计 210 千米，战线长，规模大，是引黄济青工程成败的关键一环。

开工前，组织专业技术人员和领导干部到外地考察学习，举办 3 次技术研讨会，制定《输水河砼板衬砌施工技术要求》。在广饶县和胶县段进行 2 千米的砼板预制、安砌防冻胀试验并取得经验后，组织参观鉴定，达到统一思想、统一认识、统一标准，随后渐进展开。

衬砌工程施工前，先与专业队签定 300 ~ 500 米的小段施工合同，视其质量标准、管理水平，采取"留优淘劣"的办法确定最后施工队伍。在此期间，注意与土方挖填密切结合，土方完成并验收合格签证后，及时进场施工，以防拖期造成边坡的塌陷、变形。施工时，先组织施工单位对每道工序，修坡→安放排水管→铺塑膜→砌坡脚→盖保温板→砌混凝土板→勾缝等，进行示范操作，树立样板，编制衬砌系统分节细部图，熟悉各道工序工艺要求，再全面展开施工。建设单位派驻工地代表，分段负责，统一定线，统一供料，统一检查验收。

在混凝土板预制中，为确保混凝土板的质量，优化组建 103 家预制厂进行工厂化生产。根据各地材料的不同，由山东省水利科学研究所统一做配比试验，统一提供配料单，强调使用外加剂，推广翻转式透水模板，逐项检查混凝土预制板的几何尺寸、表面光洁度，有效地保证了工程质量和施工进度。

在输水河衬砌工程中，用从美国引进的 SL-450X 型渠道机械化衬砌系统进行了 3 千米试验，用水泥裹砂喷射混凝土进行了 2 千米护坡试验，用 HZJ-40 型真空脱水机组进行了 2 千米冬季混凝土渠道护衬试验。在特殊情况下，均表现出良好的性能，收到较好的质量效果。

经验收，输水河衬砌工程全部达到优良等级。

## 第三节　交叉建筑物工程

输水河全线的大型倒虹、渡槽等交叉建筑物，多由二级施工企业承建，个别工程由经筛选的三级水利企业施工，施工单位严格按照施工程序组织施工。经验收，工程全部合格，其中大部分为优良工程。

### 一、大型倒虹、渡槽

输水河全线共建大型倒虹（图4-34）、渡槽建筑物36座，总长5500米，主体部位为混凝土与钢筋混凝土结构。对参与施工的单位均实行严格的资格审批，施工时按照规定程序进行。

图4-34　胶莱河倒虹

具体流程为：施工企业资格审查→招标、投标→签订施工合同→现场施工队伍资格登记（包括工地负责人、技术负责人、质量检查员、技术力量配备、机械设备装备等）→会审施工图纸→贯彻规范、规定→搞好"三通一平"→编写施工组织设计或施工计划→实施施工过程中的"三检制"→分部分项工程验收签证→验收委员会竣工验收签证。施工过程中，强化建设单位派驻工地代表监督施工制度，并建立现场实验室，实施按照山东省引黄济青工程指挥部统一的混凝土配料单配料，并强制使用统一供货的外加剂。在此期间，还开展了文明施工及创优质夺金牌等活动。

所需闸门启闭机，由山东省引黄济青工程指挥部选定山东省水利机械厂、河北省水利机械厂、烟台市水利机械厂等产品质量可靠的生产厂家生产，并统一验收、分头供货，由承建单位安装，最后由山东省引黄济青工程指挥部组织生产厂家及专业队伍检验，使之达到规定标准。

以上倒虹、渡槽工程，经验收委员会验收签证全部合格，其中34项工程达到优良等级。

### 二、中小型建筑物

输水河全线中、小型建筑物共400余座，均由取得等级证书的施工队伍承建。

根据中、小型建筑物数量大、分布广、工期短、施工面能展开等特点，在总体计划的安排上，采取工期主动向前赶的原则，先搞建筑物、后搞输水河土石方，1987年下半年至1988年上半年重点完成中、小型建筑物的施工，为大规模输水河土石方施工创造有利条件，同时提前解决输水河截断的原田间排水问题和交通问题。

为确保工程质量，除采取大型建筑物施工管理的基本办法外，在技术措施上采取定型预制装配式混凝土结构，如穿输水河倒虹工程，除个别试验项目外，均采用混凝土预制管的结构形式。由指挥部统一设计定型钢模板，统一加工制作，集中预制混凝土管、检查验收，实行流水作业安装。桥梁工程采取定型预制桥板就地安装的办法，从而加大施工质量的直观控制，并通过现场研讨会、观摩会、评比会、开展创优活动等形式，强化施工质量意识，按合同规定完成任务。经验收，各项工程均达到合格，90%以上工程达到优良等级。

### 三、穿输水河倒虹

引黄济青工程穿越数百条大小不等的排洪河道、农灌沟渠，为不打乱原排洪、灌溉体系，均设计修建穿输水河倒虹。倒虹规模因排洪、灌溉流量的不同而异，洞身多为钢筋混凝土管涵结构，个别为钢筋混凝土箱涵，进出口形式上有（砌石或混凝土）八字翼墙、丁字墙、扭曲面墙等形式。

穿输水河倒虹管涵除个别现浇以外，多为混凝土预制管的结构型式，内外双层配筋，300号混凝土预制，承插口对接，单胶圈止水，100号砂浆密封插口。管件制作，由指挥部统一制作定型钢模板，统一加工制作，统一验收标准，现场吊装对接。

### 四、小新河枢纽

工程位于输水河设计桩号248+855处，此段输水渠引水设计流量为23.5立方米每秒。工程由小新河上泄洪闸、输水河上节制闸、小新河下泄洪闸、输水河下节制闸、小新河排涝闸以及输水河下节制闸生产桥、小新河下节制闸生产桥组成。泄洪闸均为3孔，孔宽×孔高为4×3.5米，结构形式为开敞式，设计流量为62.1立方米每秒；上节制闸为3孔，孔宽×孔高为4×3.5米，结构形式为开敞式，设计流量为24立方米每秒；下节制闸为2孔，孔宽×孔高为5×3.5米，结构形式为开敞式，设计流量为24立方米每秒；排涝闸为1孔，孔宽×孔高为4×3.5米，结构形式为开敞式，设计流量为9.8立方米每秒；小新河下节制闸生产桥为3孔桩柱式空心板桥，桥长15米、宽5米；输水河下节制闸生产桥为2孔桩柱式空心板桥，桥长12米、宽5米。

### 五、大沽河倒虹枢纽

工程位于胶州市胶莱镇小高村东大沽河上，输水河设计桩号241+744处。本工程系引黄济青工程输水渠穿大沽河并引该河水的输水枢纽工程。输水渠引水设计流量为24.0立方米每秒，加大流量为26.4立方米每秒。

工程主要由倒虹吸、引水闸、冲沙闸、泄洪闸、溢流坝、交通桥、明渠及穿堤涵洞等组成，倒虹为泄洪闸、冲沙闸、交通桥的基础。倒虹管身为2孔2.75×2.75米钢筋混凝土箱涵结构，进口设3.0×3.5米双向挡水平板钢闸门，出口为叠梁钢闸门。引水闸2孔，设有3.5×3.0米双向挡水平板钢闸门；冲沙闸4孔，设有5.0×3.5米升卧式平板钢闸门；泄洪闸10孔，设有20扇5.0×2.5米翻板门；交通桥为空心板漫水桥，全长200米，共20孔，双柱式桥墩。（图4-35、4-36）

图4-35 大沽河枢纽工程施工图

图4-36 大沽河倒虹枢纽

# 第四章　泵站工程

泵站是控制水利系统正常运行的关键因素，泵站工程作为输水干线的重要节点，在引黄济青工程规划和论证中均处于中心位置。引黄济青输水河根据地形条件，原设计泵站5座，分别为打渔张、宋庄、王耨、亭口和棘洪滩泵站，总装机容量为2.59万千瓦，设计扬程为37.92～44.5米。由于资金所限，渠首打渔张泵站没有建设（后在引黄济青工程改扩建期间于2019年12月12日建成），实际建成4座，均为大中型泵站，即宋庄泵站、王耨泵站、亭口泵站和棘洪滩泵站，装机28台套，总装机容量为1.912万千瓦，设计扬程为35.83米。

## 第一节　泵站设计

输水泵站均根据各自不同的扬程及地质条件，分别对机泵选型、断流方式、主副厂房基础和结构等进行优化设计，各泵站的装置效率都符合行业规范要求。各泵站均采用立式水泵，其中宋庄、亭口泵站为立式轴流系，王耨和棘洪滩泵站为立式混流系；宋庄泵站采用虹吸式出水流道，真空破坏阀断流，其余泵站都用直管式出水流道，油压快速闸门断流；各泵站都配置完善的保护装置，确保机组安全运行；各泵站都实现了在中央控制室的集中控制。各泵站还对温度、水位、流量等参数实行自动监测、自动计算和打印，并设有调度通讯、载波通讯和微波通讯等设施，自动化程度较高。

### 一、工程设计

泵站工程由进水建筑物、主厂房、副厂房、压力钢管和压力池等组成，四座泵站工程布置基本相同。以宋庄泵站为例。

（1）进水建筑物：包括进水渠、拦污栅和前池。拦污栅用于排冰及杂物，采用回转式，共设7台，其墩顶分设工作桥和交通桥，均为4.0米，桥孔共计7孔。进水前池由扩散段、陡坡段和进水池三部分组成，扩散后段接1：3陡坡，陡坡末端接进水池。

（2）主厂房：总长60.62米、宽12.0米、高11.07米，型式为堤后式，共分电机层、密封层、水泵层和流道层，厂房内分两联布置，南联计4台、北联计3台，共7台机组，机组间距6.0米。厂房内配起吊设备电动葫芦双梁桥式起重机。检修间位于厂房北侧。主厂房进水口设5.2×2.0米钢质闸门1扇供检修用，非检修期存于检修间旁门库内。检修门顶设工作桥和电动葫芦1台。

（3）副厂房：总长41.5米、宽13.0米，位于主厂房南，并与其联结。中央控制室分两层，第一、第二层地板高程分别为2.7米、6.0米。远动装置室、高低压配电室、电工室、厂变室和值班室高程等均与中央控制室第二层地板高程相同。户外变电所位于厂房南，用围墙封闭。（图4-37）

图 4-37 宋庄泵站（摄于 2004 年 6 月）

## 二、参数设计

打渔张泵站设计流量为 45 立方米每秒，装机流量为 80.36 立方米每秒，进水池设计水位 11.24 米，出水池设计水位 16.60 米，设计扬程 5.90 米，总装机容量为 6800 千瓦。主厂房平面尺寸为 53.0×12.0 米。

宋庄泵站设计流量为 34.5 立方米每秒，装机流量为 39.6 立方米每秒；进水池设计水位 1.8 米，出水池设计水位 10.51 米；设计扬程 9.51 米，总装机容量为 5440 千瓦。

王耨泵站设计流量为 30.5 立方米每秒，装机流量为 39.94 立方米每秒；进水池设计水位 2.0 米，出水池设计水位 12.05 米；设计扬程 10.05 米，总装机容量为 5420 千瓦。主厂房平面尺寸为 60.7×10.0 米。（图 4-38）

图 4-38 王耨泵站（摄于 2004 年 6 月）

亭口泵站设计流量为 26.5 立方米每秒，装机流量为 35.30 立方米每秒；进水池设计水位 6.26 米，出水池设计水位 13.04 米；设计扬程 7.61 米，总装机容量为 3600 千瓦。主厂房平面尺寸为 38.8 × 12.1 米。

棘洪滩泵站设计流量为 23.0 立方米每秒，装机流量为 39.12 立方米每秒；进水池设计水位 4.02 米，出水池设计水位 12.00 米；设计扬程 8.66 米，总装机容量为 4660 千瓦。主厂房平面尺寸为 48.48 × 12.5 米。

## 第二节　泵站施工

大型泵站施工在山东省属于首次，为培养队伍、锻炼人才，工程采用以本省省级水利专业队伍为主、聘请外省机电安装队伍为辅的形式组织施工。经过招议标，以预算总承包的方式，选择山东省水利工程局承包建设宋庄泵站和王耨泵站，山东省第二工程局承包建设亭口泵站和棘洪滩泵站。机电设备全国招标，由泵站总承包单位负责安装和联调。

### 一、施工组织

泵站施工采取预算包干形式进行承包，建设中两个工程局分别组织施工专业队伍、配备施工技术力量、调配充足的施工机械设备，进行施工前的现场勘察、布置，编写施工组织设计和施工网络计划。（图 4-39、4-40）

图 4-39　泵站施工

图 4-40　泵站装机电焊

土建施工按水电部《水工混凝土施工规范》（SDJ207-82）执行，工地设试验室，成立建设、设计、施工单位共同组成的工地质量管理小组，负责日常质量抽查及分部分项工程验收签证。施工单位成立由技术负责人、专职质检员、工地负责人组成的质量保证体系，按部颁《水利水电基本建设工程单元工程质量等级评定标准》（SDJ249-88）实行"三检制"，即工种自检、工序互检、专职终检，并签订单元工程质量评定表。

机电安装执行水电部部颁标准《泵站技术规范安装分册及验收分册》（SD204-86）规定，在各地

统一指挥下执行分工负责制，按规定进度、质量要求填写记录及试验、检验、分项验收报告。（图 4-41）

图 4-41　泵站主机调试

泵站基坑开挖一般在原地面下挖 10 ～ 15 米，地下水位以下 8 ～ 13 米。因此，施工排水是一项关键程序，经过多种方案比较，4 个工地均采用深井排水为主、补以明排。按基坑开挖外围线间隔 30 ～ 50 米布井一眼，一般布置 20 眼井左右，井深低于设计基坑底 5 ～ 10 米，滤井内径 50 厘米，机泵抽水三班作业，专人控制水位线，防止地基扰动破坏，保持施工场地干燥。

流道层为曲面型混凝土工程，是混凝土浇筑中一项比较复杂的工艺，模板制作又是整个混凝土浇筑的关键工序。为确保施工质量，4 个工地都抽调技术水平高的木工，配备专职技术员，组成攻关班子，对放线、选材、加工、安装、浇捣实行"一条龙"专责施工。宋庄泵站还采用钢制定型组装模板，由机械厂加工、现场组装。成型混凝土几何尺寸准确，表面光洁美观。

宋庄、棘洪滩 2 处泵站比其他工地晚一年开工，为确保全线按期送水，除加快水工部分的施工进度外，主厂房施工成为机电安装能否按计划实施的关键。为此，宋庄泵站采取冬季暖棚施工措施，争取工期；棘洪滩泵站主厂房采用预制框架组装施工，加快工程进度，保证施工质量。

2 个承担任务的专业水利施工单位虽属省级一级企业，但没有大型泵站机电安装经验。他们本着实事求是的态度，请进来、走出去，虚心向外省请教，集中技术力量和设备，承担王耨、亭口 2 个泵站的机电安装，将宋庄、棘洪滩 2 个泵站分包给技术力量强、经验多、信誉好的江苏省水建公司和江苏省灌溉总渠管理处承建，圆满地完成了任务。4 处泵站都一次试车成功，经单项工程验收委员会验收，均被评为优良级工程。

**二、宋庄泵站**

宋庄泵站是引黄济青工程第一级泵站（原设计是第二级泵站），位于寿光市田柳镇宋家庄村西北 500 米处。泵站由山东水利勘测设计院设计，土建施工由山东水利工程局施工，机电设备由江苏省机电安装总队安装。泵站于 1986 年 10 月开工，1989 年 10 月投入运行。

泵站主厂房采用堤身式结构，长度 47.4 米、宽度 13.6 米。土建工程总体布置，自上游到下游分为进水段、站身、中段水管、虹吸出水室、出水段 5 部分，上、下游总长为 126.9 米，最大宽度 69.5 米。进水段由铺盖、清污机墩桥、两岸翼墙 3 部分组成，站身自下而上分为流道层、水泵层、联轴层、电机层。站身前 7 台拦污栅、7 台清污机，2 扇检修闸门，配有移动式电动葫芦起重设备 1 套。站身左侧设户外变电站，右侧设 2 台净水器。为防止事故停电时水位壅高而造成泵房淹没，在泵站上游左岸设泄水闸 1 座。

泵站共设 9 台机组，主机组 7 台套，选用天津发电设备厂生产的 12CJS-100 立式轴流泵 7 台，配备 TL720-16/1730 型立式同步电机 7 台，每台提水流量为 5 立方米每秒。调节泵 2 台，为无锡水泵厂生产的 26HB-40 型外式混流泵，搭配上海电机厂生产的 JSQ-1410-10 型 200 千瓦异步高压电机 2 台，每台提水流量为 2.7 立方米每秒。装机容量为 5440 千瓦。

泵站前池设计水位 1.80 米，最高水位 1.93 米，最低水位 0.97 米；后池设计水位 10.51 米，最高水位 10.81 米，最低水位 9.61 米。设计扬程 8.71 米，最大扬程 10.03 米，最小扬程 7.79 米。设计流量为 34.5 立方米每秒，加大流量为 38 立方米每秒。

整个泵站供电设施设有 35 千伏户外式变电站 1 座，4000 千伏安主变压器 2 台，供机组运行通水用电，可单独使用，也可互为备用；1250 千伏安上、下游闸站用变压器 1 台，供沿途闸站生活用电及通水辅助设施用电；500 千伏安、1250 千伏安站用变压器 2 台，供泵站生活用电及通水辅助设施用电。管理 35 千伏线路 22 千米，10 千伏线路 32 千米。

### 三、王耨泵站

王耨泵站是引黄济青工程第二级泵站（原设计是第三级泵站），位于山东省昌邑市城区西 5 千米、206 国道东南侧 250 米、王耨村北。泵站由安徽省水利勘测设计院设计、山东省水利工程局承建。泵站于 1986 年 12 月开工，1989 年 10 月竣工。

泵站主要建筑物包括变电站、拦冰建筑物、公路桥、主副厂房、前池、出水机房、出水池、办公楼、职工餐厅等。泵站工程规模为中型，等别为 III 等，主要建筑物为 3 级，设计地震烈度为 7 度。站身采用堤后式布置，其上游侧为拦冰建筑物，设有旋转式清冰机。泵站断流方式为液压快速闸门断流，同时设置一道卷扬式事故闸门，确保停机时可断流。

泵站总装机容量为 5460 千瓦，其中 6 台 16HL-50 型立式混流泵，单机流量为 6 立方米每秒，配套 6 台 TL800-24/2150 型同步电机，单机功率 800 千瓦；另有 2 台 900HLB-10 型立式混流泵，配套 2 台 JSL-15-10 型异步电机，单机功率为 310 千瓦。

泵站设计流量为 29.5 立方米每秒，设计扬程为 10.05 米；站前设计水位为 2.0 米，最高水位 2.15 米，最低水位 0.5 米；站后设计水位为 12.05 米，最高水位 12.55 米，最低水位 10.63 米。

整个泵站供电设施设有 35 千伏户外变电站 1 座，有容量为 3150 千伏安的主变压器 2 台，供机组运行通水用电，可单独使用，也可互为备用；容量为 800 千伏安的近区变压器 1 台，为沿途闸站机电设备及生活供电；容量为 500 千伏安的站变压器 1 台，为泵站低压用电。同时还管辖着 35 千伏输电线路 8 千米，10 千伏输电线路 57 千米。

### 四、亭口泵站

亭口泵站位于平度城区南 27 千米处的崔家集镇张家坊南，是青岛境内引黄济青工程第三级泵站（原设计是第四级泵站），其主要作用是抽引第二级泵站转送的黄河水，以满足泵站上、下游工农业生产用水和入库泵站的抽水要求，进而达到为青岛地区输送黄河水的目的。泵站由水利水电部天津勘测设计院设计、山东省第二水利工程局建设施工、江苏省泗阳闸站管理所承担电气设备安装。工程于 1986 年 10 月开工，1989 年 10 月投入运行，总投资 1850.00 万元。

泵站由主厂房（图 4-42）、副厂房、安装间、进水池、拦污栅闸、前池、出水闸（图 4-43）、后池、变电站及技术供水房等主要建筑物组成，另有办公楼、职工宿舍、职工培训楼等生活设施，包括绿化、道路等，共占地约 120 亩。

图 4-42 亭口泵站主厂房

图 4-43 亭口泵站出水机房

主厂房采用堤身式结构，内设 4 台 18CJS-70 型立式轴流泵，单机流量为 4.62～13.1 立方米每秒，配套 4 台 TL900-24/2150 立式同步电动机，单机功率为 900 千瓦，总装机容量为 3600 千瓦。前池进水采用肘型进水流道，进口设一道平板检修闸门，水泵出口以 60° 弯管接上仰 30° 的斜直管出水流道。流道出口设有液压快速闸门断流，其后又设一道快速卷扬平板事故检修闸门。

泵站前池设计水位 6.26 米，最高水位 6.76 米，最低水位 5.33 米；后池设计水位 13.04 米，最高水位 13.33 米，最低水位 12.14 米。设计扬程 7.58 米，最大扬程 7.61 米，最小扬程 3.94 米。设计流量为 26.5 立方米每秒，最大流量为 29.2 立方米每秒，最小流量为 13.0 立方米每秒。（图 4-44）

整个泵站供电设施设有 35 千伏户外式变电站 1 座，有容量为 3150 千伏安的主变压器 2 台，供机组运行通水用电，可单独使用，也可互为备用；有 800 千伏安的站变（变电站）1 台，供泵站及沿途闸站生活用电及通水辅助设备用电。同时还管辖着 35 千伏线路 29.7 千米、10 千伏线路 58.8 千米。

图 4-44 亭口泵站 (摄于 2005 年 4 月)

**五、棘洪滩泵站**

棘洪滩泵站位于即墨蓝村镇以南 6 千米, 是青岛境内引黄济青工程第四级泵站 (原设计是第五级泵站), 是引黄济青工程输水河的末级泵站, 也是棘洪滩水库的入库泵站, 从输水河直接提水入水库。泵站由山东水利勘测设计院设计、山东省第二水利工程局施工、江苏淮安灌溉总渠管理处安装设备。工程于 1988 年 3 月开工兴建, 1989 年 11 月建成通水, 总投资 1212 万元。

泵站由主厂房、副厂房、引水段及前池、压力管道、出水工程、泵站区和拦污栅闸等组成 (图 4-45)。泵站主厂房为堤后式块基结构, 由进水池、拦污栅闸、前池、出水闸、后池、水库进水口、高压变电站、低压配电室、中控室及技术供水房等主要建筑物组成, 另有办公楼、职工宿舍等生活设施, 包括绿化、道路等, 共占地 60 余亩。

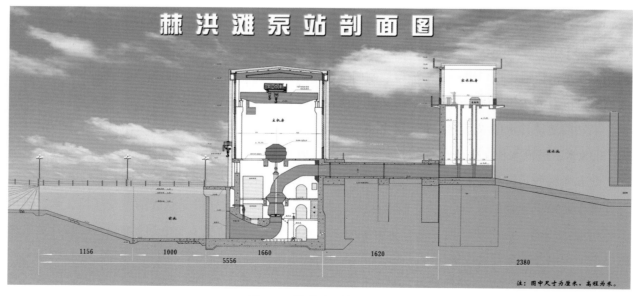

图 4-45 棘洪滩泵站剖面图

棘洪滩泵站厂房设计采用装配式标准构件,缩短工期 3 个月,确保工程按期通水,节省施工费用 140 万元。主厂房由 4 层组成,自上而下分为电机层(图 4-46)、连轴层、水泵层和流道层。厂房内设 7 台混流泵,其中主水泵 5 台,型号为 1.6HL-50B,流量为 7 立方米每秒,配用电机 TL800-24/2150;调节水泵 2 台,型号为 900HD-11.5,流量为 2.06 立方米每秒,配用电机 JSL15-12。主水泵单机功率为 800 千瓦,调节水泵单机功率为 330 千瓦,总装机功

图 4-46 棘洪滩泵站电机层

率为 4660 千瓦。引水段和前池在主厂房的上游,引水段与桃源河倒虹出口相接,流道出口设有油压工作门和事故门断流,其后又设一道快速卷扬平板事故检修闸门。出水池配有 7 台 QPPYⅡ-16-2.5 油压起闭机和 7 台 QPK-16/16-8/8 卷扬机控制进水闸门。

泵站前池设计水位 4.02 米,最高水位 4.42 米,最低水位 2.82 米;出水池设计水位 12.0 米,最高水位 14.6 米,最低水位 7.39 米。设计扬程 8.66 米,最大扬程 12.3 米,最低扬程 4.18 米,校核最低扬程 3.78 米。设计流量为 23 立方米每秒,最大流量为 34.1 立方米每秒,最小流量为 7.0 立方米每秒。水库设计水位 11.6 米,最高水位 14.2 米,最低水位 6.5 米。

泵站供电设施采用 35 千伏双回路进线,装设 3 台主变,其中 1 号、2 号主变型号为 SL7-3150/35,3 号主变型号为 SL7-800/35;3 台主变为本站 7 台机组运行供电,实行联合扩大单元接线形式。站用电由 2 台 400 千伏安变压器供电。(图 4-47、4-48)

图 4-47 棘洪滩泵站施工

图 4-48 棘洪滩泵站(摄于 2003 年 11 月)

# 第五章 棘洪滩调蓄水库工程

棘洪滩调蓄水库工程位于青岛市崂山、即墨、胶县3县交界处，属于围堤式大型平原水库，主要包括坝体、放水洞、泄水洞3部分，坝体内布设观测设备，坝顶设防浪墙。1986年12月，青岛市引黄济青工程指挥部与水利电力部第五工程局一分局签订施工合同，1987年4月开始进行坝基清理及坝体填筑。1988年4月、6月、10月，水利电力部第五工程局二分局、冶金部第十三工程公司、铁道部第三工程局又分别进场承建部分坝段填筑。1989年11月，水库主体工程完工，围坝放水洞、泄水洞及坝脚外截渗沟同步完成。

## 第一节 水库设计

棘洪滩调蓄水库位于青岛市崂山县棘洪滩镇西北，青胶公路以北、胶济铁路以南，库区范围北到胶济铁路以南0.8千米处、南至胶青公路北侧，东西以桃源河为中心各宽约2.0千米，库区面积14.42平方千米，占地面积1442.92公顷，永久征地1551.442公顷；工程投资13471万元，计划工期3年。由于水库占据桃源河，因此需开挖新河进行桃源河改道线路施工。

### 一、水库主要设计指标

棘洪滩调蓄水库围坝长14.227千米，最高库水位14.2米，最大坝高15.24米；防浪墙高1米；总库容14568万立方米，死库容4550万立方米，兴利库容11272万立方米。放水洞为2×2米两孔钢筋混凝土箱涵，设计出库流量5.4立方米每秒，泄水洞为2×2.5米三孔钢筋混凝土结构，设计最大泄水量124立方米每秒。土石方挖填量1436万立方米，采用碾压式心墙坝型。

棘洪滩水库位于沿海，库面开阔、风浪大，常年蓄水，高水位较多，且坝线甚长，北临胶济铁路，位置极为重要，因此从交通、管理运用等方面的安全考虑，坝顶宽度采用8.0米，并于顶上游坝肩增设防浪墙。

为防止坝身、坝基渗水浸没库外村庄和胶济铁路的路基，沿坝脚外20米处开挖截渗沟一道，深2.0米，底宽2.0米，边坡1:1.5；截渗沟内渗水排入桃源河。

表4-1 棘洪滩水库主要设计指标一览表

| 项 目 | 单 位 | 数 量 | 项 目 | 单 位 | 数 量 |
|---|---|---|---|---|---|
| 库区面积 | 平方千米 | 14.422 | 坝顶高程 | 米 | 17.24 |
| 坝线长度 | 千米 | 14.227 | 防浪墙顶高程 | 米 | 18.24 |
| 坝顶宽度 | 米 | 8.00 | 最大坝高 | 米 | 15.24 |
| 垫底库容 | 万立方米 | 4550 | 垫底水位 | 米 | 6.50 |
| 兴利库容 | 万立方米 | 11272 | 兴利水位 | 米 | 14.20 |

| 总库容 | 万立方米 | 14568 | 入库泵站设计流量 | 立方米每秒 | 23.00 |
| 放水洞设计流量 | 立方米每秒 | 5.40 | 泄水洞最大泄量 | 立方米每秒 | 124.00 |

## 二、水库大坝设计

水库围坝的坝线位置是根据库区地形、要求蓄水量、围坝高低、地质勘探资料和迁占等因素，综合分析比较后选定的。

水库坝基采取坝基垂直截渗措施，土坝采取护坡及反滤设计，采用混合料心墙坝形式（图4-49）。棘洪滩水库采用风化岩混合料做防渗心墙，是国内继鲁布格水电站大坝用混合料作防渗体的第二个成功实例。

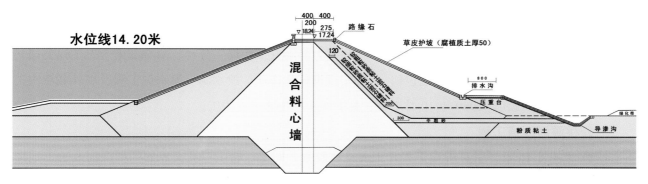

图 4-49 棘洪滩水库大坝横断面图

## 三、放水洞、泄水洞设计

为向青岛白沙河水厂供水，在围坝桩号 9+255.54 处设放水洞 1 座，放水洞为钢筋混凝土箱形结构，共两孔，过水断面尺寸为 2.0×2.0 米。为满足城市供水要求，在放水洞进口竖井上设三层取水闸，取水塔分层取水，顶层（高程 10.5 米）及底层（高程 3.5 米）取水口设在正面、各两孔，中层（高程 7.5 米）取水口设在取水塔两侧、各两孔，取水口尺寸均为 3.5×2.0 米。（图4-50）

图 4-50 棘洪滩水库供水闸

为满足非常时期泄空水库的要求，在围坝 13+880 处设泄水洞 1 座，泄水洞轴线与坝身正交，洞身为 3 孔 2.0×2.5 米（宽×高）、钢筋混凝土箱形结构。洞身进口设坝前式竖井及闸门控制，洞身出口设消力池与原桃源河道衔接。断面尺寸选择系由水库最高蓄水位 14.2 米降至死水位 6.5 米放水时间不超过 15 天而确定的。

### 四、桃源河改道设计

桃源河发源于即墨县的普东公社桃行村，自东向西至蓝烟铁路附近再折向南流，穿过胶济铁路，至大沽河下游左岸，于崂山县下疃村西北流入大沽河，干流长 24.4 千米。因棘洪滩调蓄水库淹没了桃源河胶济铁路以南的部分河段，故此段必须采取相应的改道措施。

桃源河改道线路始于胶济铁路桥以南 150 米处，向西南经棘洪滩水库西北角，距离大坝约 200 米，然后顺大坝西侧约 150 米再向南至小新河，开挖新河段长 6.07 千米。入小新河后，疏浚开挖 1.6 千米，复入桃源河原河道，改道段共长 7.67 千米。

## 第二节  水库施工

棘洪滩调蓄水库开工最早的是桃源河改道工程，1986 年 4 月由济南军区组织施工，青岛市委动员全市各界干部群众参加义务劳动。1987 年 4 月，水利电力部第五工程局一分局正式开始建设棘洪滩调蓄水库，工程采用碾压式心墙坝型。之后，水利电力部第五工程局二分局、冶金部第十三工程公司、铁道部第三工程局等施工单位陆续进场，全部实行机械化作业。放水洞、泄水洞工程及坝外截渗沟工程与坝体工程同步施工。1989 年 10 月 7 日，棘洪滩水库主体工程竣工。

### 一、桃源河改道工程

1986 年 4 月 15 日，引黄济青工程开工典礼在胶县、即墨、崂山三县交界处的桃源河改道工地隆重举行（图 4-51）。山东省副省长、省引黄济青工程指挥卢洪，济南军区政委迟浩田，济南军区副司令员、省引黄济青工程副指挥固辉，青岛市市委书记刘鹏等省、地、军领导参加开工典礼，卢洪启动爆破按钮，"6000 多名解放军指战员，投入桃源河改道的战斗，打响了引黄济青工程第一炮"，[①]拉开工程施工的序幕。

图 4-51  1986 年 4 月 15 日，山东省引黄济青工程开工典礼大会隆重召开

桃源河改道工程是引黄济青工程开工建设的第一个项目。工程从即墨县蓝村镇铁路桥起，途径库北、桥西头沟、输水河、姜家沟、小新河、胶青公路，入原河道，河坝堤长 7.73 千米、宽 50 米，挖填土方 122.44 万立方米，工程投资 461.62 万元。经中央军委批准，济南军区派遣 5 个旅团另加 3 个营近万名指战员，各种机械车辆 110 多部，分别从豫中平原、沂蒙山区、胶东半岛千里跋涉开赴桃源河，开挖新河道。

---

① 马麟．长虹贯齐鲁 [M]．济南：山东省新闻出版局（内部资料），1989：6．

桃源河改道工程施工区地处涝洼之处，除少量机械外，施工工具大多为铁锹、推车和扁担、箩筐，工程的艰难程度可想而知。施工部队中，有平型关战役打头阵的"双大功九连"、有抗美援朝荣立战功的"尖刀连"。"初春季节，冷风刺骨，涉水挖泥，浑身冻得麻木难忍。战斗打响后，承担部分水下作业的解放军某部的400多名党团员带头下到泥水里，他们穿着背心短裤，挖泥推车，奋战半个月，提前3天拿下了开挖水下土方11万立方米的任务。"[1]工程施工过程中，还先后出现沙壤土、风化岩、淤泥、沉沙等复杂土质，作业难度加大。各部队及时调整兵力和有限的施工机械，周密计划、科学组织、精心指挥，干部战士不怕苦累、不惜汗水，加班加点连续突击，一天干十几个小时，一日五餐吃在工地。

在施工中，正确处理速度与质量的关系，坚持在优质前提下争高速，虚心向工程技术人员请教，努力学习科学知识和施工技术，严格施工要求，渡过一道道难关。（图4-52）

至1986年6月30日，历时75天，共开挖土石方102万立方米，圆满完成改道任务，为棘洪滩水库工程施工拉开了帷幕。

1986年7月10日，由济南军区部队承担的引黄济青桃源河改道土方工程竣工庆功大会在胶县召开。庆功会上，25个连队、1000多名施工突击手受到山东省政府表彰。[2]山东省委主要领导评价道："参战部队发扬一不怕苦、二不怕死的革命精神，不愧为一支吃大苦、耐大劳、攻无不克、战无不胜的人民军队。"

图4-52 解放军官兵在桃源河改造工地施工

## 二、坝体工程

1986年6月，棘洪滩水库施工图设计完成。根据设计，水库采用库区上料筑坝，围坝选定为碾压式心墙坝，防渗体采用含姜石亚黏土（CI），坝壳用上述土层以下的全风化岩石料填筑。施工队伍进场后提出，上述心墙料场土层较薄、储量偏少，地下水位高、含水量偏大，机械平采效率低，施工有困难。因此，通过外出考察，结合棘洪滩库区料场地层岩性层次及自上而下含姜石亚黏土（CI）、姜石土、全风化砂质土岩或全风化土质砂岩的分布状况，山东省引黄济青工程指挥部提出用风化岩混合料代替原设计中的含姜石亚黏土料，既方便机械施工采料，混合料储量又完全可以满足筑坝需要。

为此，特地委托北京水利水电科学研究院、山东省水利勘测设计院和山东省水利科学研究所等单位，共同对以不同比例混合的风化岩混合料进行物理性质、化学全量分析、黏土矿物成分分析和抗剪强度、渗透、渗透变形等试验。试验结果表明，风化岩混合料透水性和稳定性均满足设计要求，并具有较好的抗剪强度和压缩性；但据黏土矿物成分分析，风化砂质黏土岩的主要矿物成分是蒙脱石和伊利石，亲水性较强，具有一定的膨胀性。对风化岩混合料的物理力学特性全面综合分析后认为，风化岩混合

① 马麟.长虹贯齐鲁 [M].济南：山东省新闻出版局（内部资料），1989：6.
② 郭松年，张曰明，杜序强，口述.张怡然，整理.造福于人民的引黄济青工程 [J].青岛党史，2015（1）：1-5.

图 4-53 棘洪滩水库机械化施工

料的各项物理力学指标大都优于单一的含姜石亚黏土料，完全可以满足筑坝的技术要求，既方便机械施工、提高工效，又可节省工程量、降低造价。因此，最终确定变更坝体断面的设计，坝体断面防渗心墙改用风化岩混合料，原设计窄心墙边坡 1∶0.3 改为宽心墙边坡 1∶1，坝料由原设计的全风化黏土岩或砂岩改为亚黏土、姜石与全风化黏土岩或砂岩的混合料。（图 4-53）

水库坝长 14.277 千米，土石方挖填共 1436 万立方米，工程采取总分包模式，施工采用碾压式心墙坝型。1986 年 11 月 14 日，进行主体工程坝体填筑碾压实验；12 月 4 日，青岛市引黄济青工程指挥部与水利电力部第五工程局第一分局签订总承包合同，施工组织设计两个工区，划分若干施工段，现场地质条件较好的工段坝体填筑就地取材，在库区内开发料场面积 83.05 公顷。

1987 年 3 月，坝体填筑工程正式开始施工，进场人员 2279 人，主要施工机械包括挖掘机、装载机、运输车、推土机、碾压机、打夯机等 232 台。1988 年 4 月，水利电力部第五工程局第二分局进场承建 1.3 千米；1988 年 6 月，冶金部第十三工程公司进场承建 0.8 千米；1988 年 10 月，铁道部第三工程局进场承建 1.4 千米。至此，共有 10 个单位、3000 余人参加水库建设，其中一线施工人员 2000 人；工程施工全部实行机械化作业，动用机械 360 多台。

工程建设还得到青岛市各级政府和企业单位的大力支援。1989 年 9 月 1 日，青岛市建筑安装总公司、市政工程总公司、青岛港务局、山东外运公司、航务二处等 8 个单位派出 28 台自卸运输车到工地义务支援。

施工土坝防渗体风化岩混合料，主要使用 4 立方米电铲和 1.6 ～ 3 立方米液压反铲立面开采，部分采用推土机助推，16 立方米自行式铲运机斜面开采，开挖深度为 2 ～ 3 米，载重量为 12 ～ 27 吨的自卸汽车运输上坝，D-80 推土机散料平整，铺土厚度包括翻松层在内控制在 35 厘米 ～ 40 厘米，用 QTZ-120-13 型牵引式凸块振动碾碾压 6 ～ 8 遍。坝壳石料用全风化岩层以下的强风化岩，采用浅孔钻造孔，松动爆破，4 立方米电铲挖装，自卸载重汽车运输上坝，铺填厚度为 60 ～ 80 厘米，振动平碾碾压 8 遍。大坝填筑成型后，上、下游边坡用推土机削坡整形，然后用斜坡振动碾压实。水利电力部第五工程局第一分局坝体填筑的月施工强度最高达 44 万立方米，日填筑强度最高达 2 万立方米。对填筑完成的坝体钻探取样进行室内及现场试验，试验结果表明，防渗体混合料掺和均匀，碾压密实，防渗性能好，坝壳料强度高。坝体填筑质量均达到或超过各项设计指标。

1989 年 10 月 7 日，围坝填筑合龙，棘洪滩水库主体工程完成。

### 三、干砌石护坡工程

水库围坝填筑合龙后，工程按施工进度网络计划冲刺最后一项关键工程——干砌石护坡，1989 年 6 月 19 日开工，1989 年 11 月基本完成，砌石工程量 25.41 万立方米，包括：中粗砂反滤、碎石、方块石和坝脚石。①

施工期间，青岛市引黄济青工程指挥部棘洪滩水库大坝护坡会战办公室进驻施工现场开展项目管理，采取平行承包的工程组织管理模式，实行包干奖励措施，组织 20 多个施工队伍、2000 多人上阵，上百部拖拉机、运输车辆投入施工，展开最后一场攻坚战。工程材料运输出现困难时，青岛市交警支队与崂山区、即墨县、平度县有关部门及青岛铁路分局紧急磋商，派出 20 多人在交通运输线联合执勤；在韩洼铁路平道口，交警部门和铁路部门派专人加强对交通道口的管理，疏导通行车辆，在保证火车安全通行的前提下，缩短路障封闭时间，减少道路堵车，加快运输车辆通行。

# 第六章　配套工程

在引黄济青工程总体网络计划中，配套工程包括输变电工程和通讯测控工程。其中，输变电工程是制约引黄济青工程正常运行的关键附属工程，为确保施工质量，保障电力正常运行，施工采取 35 千伏以上输变电系统任务切块、经费包干，由当地电业部门组织完成。由于通讯工程迟于输水主体工程，采用临时通讯设施，对重点闸站及泵站进行控制。超声波测流工程引进美国技术和设备，由工程技术人员完成安装和调试。

## 第一节　输变电

输变电工程由当地电业部门设计、施工并组织验收签证。为引黄济青工程培训机电运行工的张店水利技工学校，结合学校教学和学生生产实习，承担完成沿线 220 千米 10（6）千伏的线路设计与施工。

### 一、工程设计

引黄济青工程用电由东营小营，潍坊寿光、昌邑，平度南村、马戈庄，胶州黄埠岭和青岛清水沟等变电站供给。主要输变电工程有合建和配套 220 千伏变电站各 1 座、新建 110 千伏变电站 1 座、扩建 110 千伏变电站 2 座和 10（6）千伏闸站变电站 52 处，以及 220 千伏输电线路 40 千米、110 千伏线路 199 千米、35 千伏线路 127 千米、10（6）千伏线路 240 千米。

变电站有宋庄泵站、王耨泵站、亭口泵站和棘洪滩泵站变电站（图 4-54）。输变电工程线路有 35 千伏、10 千伏、6 千伏线路 3 类。闸站变电站有通宾闸、北支新河、王家闸、预备河闸、利民河闸

图 4-54 王耨泵站变电站（摄于 2004 年 6 月）

---

① 山东省引黄济青工程施工报告 [R]. 山东省引黄济青工程指挥部，1991：12.

等 52 处。

### 二、宋庄泵站输变电工程

宋庄泵站建站之初，初步设计一回 35 千伏延宋线，距离约 22 千米，是从寿光市城郊延庆变电站引至宋庄泵站变电站。根据山东省引黄济青工程指挥部的要求，泵站还需要设置 1 个 10 千伏电压等级，出两回线，分别向上、下游渠道的闸门供电，需配置 1 台 800 千伏安、35/10 千伏的专用配电变压器。

2001 年 5 月，由于宋庄泵站附近王高变电站的扩容，宋庄泵站改由王高变电站供电，从王高变电站利用原延宋线部分线杆架设 35 千伏线路至宋庄泵站变电站，线路名称改为 35 千伏王宋线，距离约 2.9 千米。

根据设计任务书要求，变电站采用户外布置方式，布置在靠近厂房下游侧左岸，高程为 7.0 米，占地面积为 900 平方米，计有 3 回变压器出线间隔。一回进线间隔，一回备用进线间隔，一个电压互感器间隔。采用软母线双列布置。2 台主变和 1 台函变布置在变电站内，其低压侧采用电缆出线。

泵站装机 9 台，机端电压为 6 千伏。设置 2 台 35/6 千伏的主变压器及 1 台 35/10 千伏的配电变压器。35 千伏及 10 千伏的均采用单母线接线，6 千伏采用单母线分段接线。

宋庄泵站改造工程。2019 年 3 月 10 日，山东省调水工程运行维护中心以鲁调水工建字〔2019〕3 号文，对宋庄泵站 35 千伏海营线宋庄泵支线改造项目初步设计方案进行批复，批复总投资 340 万元。工程由营里海营线 T 接起，止于 35 千伏宋庄泵站，线路总长 2.8 千米。工程于 2019 年 4 月 10 日开工建设，2019 年 8 月 20 日完工。改造工程供电线路：35 千伏海营宋庄泵支线设计容量为 9750 千伏安，其 T 接于 35 千伏海营线 44 号铁塔，全长 2.8 千米，杆塔采用钢管塔和铁塔，1-7# 采用的是铁塔，与供电公司 35 千伏王营线双回同塔架设，导线采用 JL/G1A-240 钢芯铝绞线，7-17# 采用钢管塔，导线采用 JL/G1A-185 钢芯铝绞线，终端采用电缆入泵站变电站，杆塔共计 17 基。

### 三、王耨泵站输变电工程

王耨泵站 35 千伏都王线以一回线路接入 110 千伏都昌变电站，全长 8 千米，立 55 根线杆。

王耨泵站变电站采用户外布置方式，布置在出水机房东侧，高程为 7.8 米，占地面积为 945 平方米。为满足泵站机组 6 千伏额定电压需求，变电站安装有 2 台 35/6 千伏主变压器，单主变容量为 3150 千伏安。安装 1 台 35/10 千伏近区变压器，为渠道闸站设备供电，同时满足渠道各站所生活用电需要。另外，安装 1 台 35/0.4 千伏站用变压器，满足泵站 400 伏用电需求。各变压器低压侧采用电缆出线，接至室内开关室。另外安装有隔离刀闸、SF6 断路器、电流互感器、电压互感器、避雷器、跌落开关等设备。

1# 主变低压侧为 6 千伏 I 段，为 1#、2#、3# 同步电机供电。2# 主变低压侧为 6 千伏 II 段，为 4#、5#、6#、7#、8# 电机供电。6 千伏 I 段及 II 段可以并联。近区变低压侧为 10 千伏电压等级，主要为泵站上、下游渠道供电，泵站上游为 10 千伏王西线，泵站下游为 10 千伏王东线。

王耨泵站改造工程。为增加泵站运行安全，满足双电源供电要求，省局于 2017 年 4 月 18 日下达《山东省胶东调水局关于引黄济青改扩建王耨泵站 35kV 线路施工图及预算的批复》（鲁胶调水改扩建字〔2017〕2 号）。根据批复要求，新建 35 千伏昌双线总长 7.8 千米，总投资 735.56 万元。全线需跨越灌渠 1 次，钻越 220 千伏线路 1 次，钻越 110 千伏线路 2 次，110 千伏线路（已退运）1 次，10 千伏线路 8 次，低压通讯线路 5 次，公路及农道 23 次。线路一回自 220 千伏昌邑站 35 千伏昌双线 #27 单侧挂线至 56 号，沿规划路径继续向南架设至康迈信厂区南，电缆下杆后继续向南敷设至 206 国道北，沿 206 国道绿化带架设 0.36 千米后，电缆下杆向南敷设至 206 国道南，沿农路西侧架设 0.4 千米后，沿已有 35 千伏都王线西侧架设 0.5 千米后至王耨泵站东墙外，电缆下杆接至配电站。

### 四、亭口泵站输变电工程

亭口泵站平口线初步设计是以 1 回 35 千伏线路接入平度变电站。施工阶段，根据山东省引黄济青工程指挥部的要求，泵站仍以 1 回 35 千伏线路接入系统，但改接到南村变电站。泵站还需要设置 1 个 10 千伏电压等级，出两回线，分别向上、下游渠道的闸门供电，需配置 1 台 800 千伏安、35/10 千伏的专用配电变压器。

根据引黄济青改扩建批复，亭口泵站新建 1 条 35 千伏线路（西亭线），确保双电源供电。该工程从平度西林站到亭口泵站，全长 29.83 千米，2015 年开始启动建设，2017 年 11 月 30 日竣工投入运行。工程总投资 1163.9042 万元。

根据设计任务书要求，变电站采用户外布置方式，布置在靠近厂房下游侧左岸，高程为 10.5 米，占地面积为 1440.5 平方米，计有 3 回变压器出线间隔。一回进线间隔，一回备用进线间隔，一个电压互感器间隔。采用软母线双列布置。2 台主变和 1 台配电变布置在变电站内，其低压侧采用电缆出线。

泵站装机 4 台，机端电压为 6 千伏。设置 2 台 35/6 千伏的主变压器及 1 台 35/10 千伏的配电变压器。35 千伏及 10 千伏的变压器均采用单母线接线，6 千伏的变压器采用单母线分段接线。

2020 年 3 月 4 日，山东省调水工程运行维护中心以鲁调水工建字〔2020〕3 号文，对亭口泵站 35 千伏平口线改造项目初步设计方案进行批复，批复总投资 1822 万元。工程由 220 千伏平度站起，止于 35 千伏亭口泵站，横跨 4 个乡镇、21 个自然村，线路总长 28.2 千米。工程于 2020 年 6 月 30 日开工建设，2021 年 3 月 20 日完工。

### 五、棘洪滩泵站输变电工程

根据引黄济青工程初步设计，棘洪滩泵站由山东电网马戈庄 110 千伏变电站以两回 35 千伏线路供电。

本站装大型水泵机组 7 台，额定电压均为 6 千伏；共设 3 台主变压器，2 台 3150 千伏安主变压器对 7 台机组供电。1 台 800 千伏安主变压器除向棘洪滩水库和输水河供电外，还兼作本站站内用电；设置 SL7 系列 400 千伏安的变压器 2 台。

## 第二节　通讯测控

引黄济青通信测控工程包括数字微波通信网和计算机自动测控两大部分。由数字微波干线、一点多址支线、数字程控交换机三部分组成技术性能先进的专用数字通信网。由于通讯工程迟于输水主体工程，为保证输水调度，采用临时通讯设施，对重点闸站及泵站进行控制。泵站之间的通讯采用超短

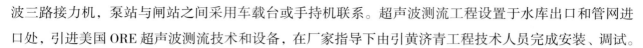

波三路接力机，泵站与闸站之间采用车载台或手持机联系。超声波测流工程设置于水库出口和管网进口处，引进美国ORE超声波测流技术和设备，在厂家指导下由引黄济青工程技术人员完成安装、调试。

### 一、工程设计

由于受地理条件和投资限制，引黄济青输水渠道沿线没法设调蓄水库。为保证安全引水，工程在设计中采用国外行之有效且现代化的等容量控制方法，该方法对252千米输水河40个区段、50余座闸门的分流和部分水泵工况进行等容量控制，实时反馈，基本上能满足控制水位变化的要求。

为确保调水运行快捷迅速且安全可靠，建设一个多种通讯系统组网的综合专用通讯网工程非常必要。该通讯网能完成工程全线76个通讯网点的电话、数据、传真等通讯业的交换和传输，同时为引黄济青工程自动测控系统的三级计算机网提供数据传输，以实现对输水河水位、流量、闸门开启孔数、开启高度，泵站和闸站设备、机组运行参数的自动测量和控制。省局调度中心与5个泵站、各分局之间的长途通讯使用数字微波电路，各泵站与闸站之间采用一点多址无线系统通讯，微波干线全长396.97千米，共设12个微波站，分别位于济南、刁镇、高青、渠首、广饶、宋庄、潍坊、王褚、亭口、棘洪滩、太平山、青岛。

### 二、亭口泵站通讯工程

变电站用低压盘引两路220伏交流电，在通讯机房人工切换。以市电为主用电、逆变电源为备用电。主副厂房内和到开关的电缆走电缆廊道或电缆沟，到厂房外其余地方的电缆直埋。由于保安配线箱对数较少（60对），当地邮电部门和上级主管部门的通讯线路接至保安配线箱。办公楼内每个房间预留电话出线，有选择的在一些房间装电话，对于重要房间（如站长室），除装行政电话外，还可装调度电话及电力载波电话，这些可通过在保安配线箱及分线盒上跳线实现。

通讯方式为纵横制交换机，有01和02两个中继方向，01方向接当地邮电部门，02方向接上级主管部门。用户编号为10到39号，其中10号机为话务员专用机，15、25号机为特别用户，15号机装于传达室，25号机装于中控室。

调度总机放在中控室的控制台，用一条HJVV21×2×0.5电缆接至保安配线箱。同时用这条电缆传送载波电话的"优先用户"及两路行政电话（一路为调度总机的中继线，一路中控室用）。

电力载波机装在A相，与南村变电站通讯。

泵站内设有HJ963型纵横交换机1台，DT-12型调度总机1台，ZDD-5E型电力载波机1台。

### 三、棘洪滩泵站通讯工程

棘洪滩泵站通讯系统由数字微波、一点多址、程控交换机和电源等设备组成，是引黄济青工程通讯专用网的重要组成部分。该系统可以与平度、青岛、胶州、放水洞及输水河道7个站通信网点的电话、数据、传真等通信业务交换和传输，为引黄济青工程自动化测控系统的计算机网络提供数据传输信道，实现对输水河水位、流量、闸门开启高度及泵站设备机组运行参数的自动测量和控制，以及引黄济青输水调度运行自动化管理。同时也是各级行政管理部门实现办公自动化、提高工作效率、增加经济效益的信息工具。

### 四、数字微波系统

数字微波干线从济南至青岛全长 396.97 千米，共设 12 个微波站（其中：2 个端站、3 个再生中继站、1 个无源中继站、6 个上下话路站），平均站距 36.1 千米。经国际招标，引进西门子意大利公司 CTR190-8 型数字微波设备，工作频率 8 千兆赫（GHz），1+1 工作方式，主通道 480 路，辅助通道 11 路。

数字微波系统基本工作过程如下：程控数字中继单元 DTU 产生 2 兆比特每秒的信号，送入跳群复用设备，形成 34 兆比特每秒的信号，经无损伤倒换单元分为两路，输入两个波道。在比特插入单元，与 64 千比特每秒的公务信号、704 千比特每秒的辅助信号一起合成 352 兆赫（MHz）带宽码流，经 4PSK 中频调制、上变频和放大后，输出到天馈系统发射。

天馈系统接收射频信号，经下变频和中变频解调，产生 35 兆比特每秒的信号，在比特取出单元，分离出 34 兆比特每秒、704 兆比特每秒和 64 兆比特每秒的信号。两个波道的 34 兆比特每秒的信号送入无损伤倒换单元，产生一路输出至跳群复用设备，形成 2 兆比特每秒的信号输入程控 DTU 单元。

系统利用 34 兆比特每秒的主通道经复用设备为程控汇接局之间以及汇接局与端局之间提供 2 兆比特每秒的数字无线中继，并通过 704 兆比特每秒的辅助通道，为刁镇、高青、广饶提供远端用户服务。（图 4-55）

图 4-55 1991 年 4 月 17 日，引黄济青微波通讯培训班结业典礼在山东工业大学举行

图 4-56 外商督导安装一点多址天线

### 五、一点多址系统

一点多址支线引进美国电话电报公司（AT&T）5 套 1.5 千兆赫时分多址的 MAR-30 系统，共设 5 个中心站，37 个外围站，可提供 30 条中继线，处理 256 个用户电话业务。（图 4-56）

一点多址系统采用时分复用和 TDMA 技术，可在 2MH 带宽容纳 30 路信息，一套一点多址系统可容纳 256 个用户电话（扩展可配置 384 个用户电话），最多可配置 64 个外围站和中继站，具有灵活的网络组织。

引黄济青通信电源分为整流器和蓄电池组，棘洪滩泵站电源配置有 100 安培整流器 2 台，1000 安培时电池 1 组，直流屏、交流屏各 1 台。各一点多址外围站配有 10 安培整流器 1 台、38 安培时电池 1 组。

其中 2 台整流器分别为充电机组和供电机组。在正常工作状态，整流器工作方式打至"浮充"，2

台整流器并供输出，输出值为 52.8 伏。如果对蓄电池进行均衡充电或除充，通过直流屏开关设置，充电机组脱离设备对电池进行充电，供电机组向设备供电。

### 六、数字程控交换机

数字程控交换机采取"天芝－敏迪"MSX-2000L 型，济南、潍坊、亭口组成三角形连接汇接局，渠首、宋庄、棘洪滩、青岛为端局。

### 七、计算机自动测控工程

以省局（济南）为中心，渠首和 4 个泵站为分中心组成计算机广域网，网络通信采用 TCP/IP 协议，通过微波 E1 接口，网络路由器实现 6 个局域网间的连接。该系统覆盖省局、分局、泵站及 37 座闸站，局域网通过各自的 PLC 实现数据采集，闸站 PLC 通过一点多址 MODEM 实现与上位机通信，上位机采用网络版的 Citect 组态软件实现了全线内的运行参数监视及对闸站闸门的控制。

# 第七章  供水工程

引黄济青供水工程是指棘洪滩水库至白沙河水厂的供水部分，也称棘洪滩水库以下部分。工程由青岛市自行规划、设计及施工，分为输水工程、净水工程、市区输配水工程三部分。建设内容包括出库管理站 1 座，暗渠 21.50 千米等。

## 第一节  供水设计

1985 年 11 月，棘洪滩水库以下部分工程初步设计报山东省审批，控制投资为 2.13 亿元。1986 年又对初步设计进行修正，改进工程布局，攻克技术难点，大幅压缩工程量，降低工程造价，把控制投资降到 1.78 亿元，较原初步设计节省 3500 万元，并以此作为施工技术设计的依据。技术性高、专业性强的大项目如净水厂、加压站、倒虹吸、隧洞，委托其他单位设计。净水厂由上海市政设计院承担，加压站由江苏省镇江水利勘测设计院承担，倒虹吸、隧洞工程由北海舰队设计处完成，其余项目由青岛市指挥部设计处自行完成。[①]

工程设计包括渠首引水闸 1 座、输水暗渠 22 千米（含 2 千米隧道）、增压泵站 1 座、倒虹 8 座、净水厂 1 座，以及市区输配水管网系统，输水干管 90 千米。

### 一、暗渠渠首管理站

暗渠渠首管理站是一个多功能综合性水利枢纽，具有分水、控制流量、消能、自动测记放水量、加氯、给水等功能。另外，还预留供发电用的控制闸门。

渠首闸室为封闭性结构，闸底高程为 3.5 米，当水库水位超过 5.5 米时开始承压。2.0×2.0 米工作

---

① 山东省引黄济青工程（棘洪滩水库以下部分）工程施工总结 . 工程质量检查总结 [R]. 青岛市引黄济青工程指挥部，1991：4.

闸门有 4 个，其中 2 个位于双孔箱涵上，1 个位于闸室北侧、与事故备用管道连通，另一个位于闸室南侧、为拟建发电站的控制闸门。另外，在闸室的南北侧各设 1 个直径为 800 毫米的阀门，供拟建的供水工程用。

依据所担负的任务，渠首管理站还建有加氯间、给水室、自动记录测流设施，以及与白沙河水厂之间的无线通讯及数传设施等。

## 二、原水输水暗渠工程

输水暗渠 22 千米（含 2 千米隧道），从水库放水洞延长段出口的消能设施到增压泵房吸水井之间，采用单孔钢筋混凝土低压管道重力输水，设计流量为 45 万立方米每日；采用钢筋混凝土箱涵结构，底坡为 1/5000，重力流亦可承受低压，在洪江河西岸的小龙王河处设有安全溢流孔，沿线每 500 米设 1 个检查井，兼作沉沙用。

箱涵的过水断面，石桥河以上为 3.0×2.5 米（宽×高），石桥河以下为 2.8×2.8 米。伸缩缝分段长度视地质情况为 10～15 米。

箱涵的首端底高程为 3.5 米，尾端底高程为 –1.65 米。箱涵内设计水深为 2.05 米，设计过水流量为 5.3 立方米每秒，设计流速为 0.86 米每秒。

隧洞工程位于南万村附近，长 1905 米，进出口直接与箱涵相接，底坡亦为 1/5000，隧洞断面为半圆拱城门洞式，宽 3.10 米、高 3.10 米。沿线设有 3 个检查井兼作沉沙池用。伸缩缝分段长度一般为 10 米。隧洞为无压流，设计水深为 2 米，流量为 5.3 立方米每秒，流速为 0.86 米每秒。

## 三、倒虹吸工程

箱涵穿越洪江河及石桥河时均采用倒虹吸工程，为钢筋混凝土结构，断面尺寸为 2.0×2.5 米，中间为水平段，两端都设有陡坡段和检查井。两处的倒虹吸长度分别为 217 米和 209 米。倒虹吸为承压结构，水为压力流。设计流量为 5.3 立方米每秒，管内流速为 1.06 米每秒。

## 四、顶管立交工程

在洪江河及盐务公路，新暗渠从原大沽河输水暗渠底部穿越。因供水紧张，施工时后者不能停水，故采用顶穿钢管的措施。钢管内经为 2.55 米，钢板厚为 25 毫米，内外皆做防腐处理。前者顶管长度为 22 米，后者为 33 米。

## 五、泵站工程

包括增压泵站、净水厂连同加压站共 5 座，总装机容量为 2170 千瓦。

增压泵站连同集水井全部埋入地下，泵房内配 24sh-19A 水泵 7 台，扬程 27 米，单机流量为 2778 立方米每时，功率为 310 千瓦。2 台 SZ-2 真空泵，功率为 11 千瓦。2 台 IS65-40-250 排水泵，功率为 2.2 千瓦。

二级泵房地下部分深 4.80 米，配备 24sh-9A 水泵 7 台，扬程 61 米，单机流量为 3168 立方米每时，功率为 780 千瓦。2 台 IS65-50-160 排水泵。2 台 SZ-2 真空泵，功率为 11 千瓦。

河西加压站在原河西加压站西侧扩建，日供水总量为 32 万立方米，其中新建日供水量为 24 万立方米；按扬程 55 米选用 24sh-13 水泵 6 台（4 用 2 备），单机功率为 550 千瓦。新建泵房平面尺寸

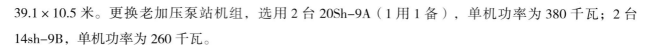

39.1×10.5 米。更换老加压泵站机组，选用 2 台 20Sh-9A（1 用 1 备），单机功率为 380 千瓦；2 台 14sh-9B，单机功率为 260 千瓦。

阎家山加压站在原阎家山加压站院内扩建，将四流路加压站的功能纳入本站，日供水总量为 23 万立方米，扬程 35 米，配 7 台 20sh-13 水泵（5 用 2 备），单机功率为 280 千瓦。泵房平面尺寸为 41.2×10.50 米。

芝泉山加压站将 3 台 14sh-13A 水泵更换为 3 台 14sh-19 水泵，单机功率为 132 千瓦，原泵房不动。

### 六、水池类工程

包括调蓄水池、清水池和反应沉淀池。

牛毛山调蓄水池为钢筋混凝土结构，分为两组：一组容积为 1 万立方米，供阎家山线，池底标高 40.70 米，池深 6 米，水深 5 米；另一组容积为 0.5 万立方米，池深 6 米，水深 5 米，供小白干路东至河西加压站线，池底标高 40.90 米。

孤山调蓄水池为钢筋混凝土结构，容积为 1 万立方米，池底标高为 49.00 米，池深 6 米，水深 5 米，为阎家山至杭州路线的调蓄水池。

白沙河水厂清水池为钢筋混凝土结构，每池容积为 0.75 万立方米，平面尺寸为 74.53×36.50 米，有效水深 3.5 米，调节水深 3.0 米（池内最高水位为 11.50 米、最低水位为 8.50 米）。

白沙河水厂反应沉淀池为钢筋混凝土结构。其中反应池 4 个，尺寸为 3.6×18.5×3.8 米，机械浆板反应时间 15 分钟，流速为 0.6 ～ 0.2 米每秒；沉淀池 4 个，尺寸为 108.5×18.5×4.0 米，单池日制水量为 90000 立方米，水平流速为 17 毫米每秒，沉淀时间为 106 分钟。

## 第二节　供水施工

供水工程施工实行公开招标，聘请青岛市招标办公室、建设银行、市公证处等有关部门参加，组成评委会，通过招投标与考察选定近 20 个施工单位。在此期间，机关企业也组织义务劳动进行支援。在工程施工的关键时刻，海军某工区施工队伍发挥突击队作用。如：在预测水利电力部第五工程局二分局不能按期完成隧道工程的情况下，部队马上组织力量进入工地，突击抢建；石桥河倒虹吸、盐务公路顶管工程的前期准备和后期衔接，孤山管道土石方沟槽等工程关键部位的抢工，都是由部队援建突击完成的。工程共完成土方 103.37 万立方米、砌石 2.63 万立方米、混凝土 14.87 万立方米。

### 一、暗渠工程

输水暗渠分两段施工。第一段 8.9 千米，自 1982 年 12 月开工，1987 年 7 月完工。施工方式为：土石方沟槽开挖由青岛市政府组织发动党、政、军、机关、工厂企业义务劳动完成，主体钢筋混凝土输水暗渠由青岛市引黄济青工程指挥部分别指派给交通部第一航务工程局第二工程处（即航务二公司）、石油工业部第七工程公司、青岛市建安总公司、青岛市房产局等专业施工队伍承包完成。第二段 12.0 千米（包括隧洞、倒虹吸、渠首管理站等建筑物），于 1988 年 3 月开工，1989 年 11 月完工。该段隧洞由海军某工区和水利电力部第五工程局第二分局等单位承包，倒虹吸 2 座分别由海军某工区和水利电力部第五工程局第二分局等单位承包,顶管2处由水利电力部第五工程局第二分局承包;暗渠及渠首管理站,以行政区划为界限,在哪个区市由哪个区市包干完成施工任务(图4-57)。①

图4-57 第二期输水暗渠工程现场会

## 二、净水厂工程

净水厂厂区工程采取招标方式,由江苏省江南建筑集团中标施工。1988年3月20日开工;1989年11月完工,12月10日正式投入运行。共完成建筑面积7449.44平方米及净池2座、清水池2座、沉淀池2座和机械设备安装等工程。

厂前区工程由胶南市红石崖建筑公司和仙家寨建筑公司承包。自1988年4月1日开工,1989年6月完工,共完成建筑面积3158平方米。②

## 三、市区输配水工程

市区直径800毫米至1200毫米的输水干管共安排4项、全长54千米。其中:白沙河水厂至阎家山加压站21千米,白沙河水厂至芝泉山加压站23.5千米,阎家山加压站至杭州路8.7千米,以及连通三供水区管道0.8千米。自1986年12月开工,分别于1988年6月和1990年6月完工。管槽工程除个别地段由安装单位自行开挖外,绝大部分系由青岛市引黄济青工程指挥部统一组织市属各单位义务劳动完成。管道安装工程分别由青岛市自来水公司、崂山区水利局基础公司、平度市安装公司、崂山区沙子口建筑公司和青岛市市政一、二公司等单位承包完成。

加压站3处。河西加压站(建筑面积为2165平方米)以及机电设备安装等工程,由江苏省江南建筑集团议标承包,于1989年4月开工,至1990年6月全部完工;阎家山加压站(建筑面积为1987平方米)以及机电设备安装,由青建一公司议标承包,自1989年3月开工,至1990年10月完工;芝泉山加压站改造更换机电设备及部分管道,由青岛市自来水公司承包,1989年6月开工,1989年12月完工。

---

① 青岛市引黄济青工程指挥部. 引黄济青水库以下工程竣工验收报告 [R].1991: 1-2.
② 青岛市引黄济青工程指挥部. 引黄济青水库以下工程竣工验收报告 [R].1991: 2-3.

调节水池 2 座。牛毛山水池容积为 1.5 万立方米，由江苏省江南建筑集团议标承包，自 1989 年 4 月开工，至 1990 年 7 月完工；孤山水池容积为 1 万立方米，由海军某工区承包，自 1989 年 1 月开工，至 1990 年 7 月完工。[①]

### 四、连接工程

两渠联体是将水库以下 22 千米的引黄暗渠在渠首、渠中部及尾端三处，各以不同方式与原有大沽河输水暗渠相连通。在统一调度的情况下，使黄河水、大沽河水在两条暗渠内能够相互调剂，互为备用；使引黄济青白沙河净水厂和仙家寨水厂都能净化黄河水、大沽河水及崂山水库水。

多功能进水闸既能承受水库与引水暗渠水位差形成的压力，又具有出水消能的功能，还可以对出水量进行计量。1992 年青岛市又遇严重干旱，水库下游急需灌溉用水，就是利用这水闸管道连续向水库下游放灌溉用水 130 万立方米，解决了燃眉之急。此种进水闸形式无先例可循。

韩洼暗渠建设挖深达 10 米以上，不仅工程难度大，而且当地居民十分担心切断"水线"，影响他们用水。经过水文地质勘察和观测，认为做隧道工程不会破坏"水线"。并将韩洼高地处的暗渠改为隧道，既缩短了工期也降低了工程造价，同时还最大限度地保护当地人民群众的利益。

### 五、义务劳动

为加快引黄济青青岛段工程进度，1986 年 11 月 18 日，青岛市召开引黄济青工程义务劳动动员大会，市长郭松年作题为《全市军民立即行动起来 掀起"引黄济青"义务劳动的热潮》的讲话。12 月 11 日，市政府办公室发文，号召全市各行各业、各单位广大军民要积极为引黄济青工程建设做贡献。1989 年 6 月 17 日，市公安局、市交通局、市引黄济青工程指挥部联合发出《关于确保青岛市引黄济青工程沙石运输车辆通行的通知》，要求工程沿线群众大力支持工程建设，凡施工通行的道路，都必须确保畅通无阻。

在市委、市政府的周密组织和科学部署下，全市掀起一场百万军民参加义务劳动的热潮。每天都有近万人参与工程输水暗渠、市区隧洞和白沙河水厂的部分土石方开挖任务。其中，工会、妇联、共青团动员组织广大青年在义务劳动中发挥骨干作用；部

**图 4-58 青岛市纺织工业总公司职工参加引黄济青工程义务劳动**

分师生放弃寒假前来参与义务劳动。纺织、一轻、二轻、商业、化工、仪表等系统承担开挖土石的任务多，企业生产任务也很重，但工人们仍争先恐后报名参加。（图 4-58）

---

① 青岛市引黄济青工程指挥部 . 引黄济青水库以下工程竣工验收报告 [R].1991：3-4.

　　新水厂以下管道工程，从白沙河至河西加压站近 10 千米的管道沟槽开挖任务，全部分配给青岛市各机关、事业单位和工厂企业，以干部、职工参加义务劳动的形式进行施工。管道直径为 1.2 米、1 米的沟槽开挖深度为 2.5 米，沟底宽为 1.5 米，口宽为 2.5 米，沟边就是市区主要交通干道小白干路（图4-59），而且很大部分是石方，天天要打炮眼、装药放炮，一点一点地清渣，然后再打炮眼、再放炮。就这样一点一点地啃到 2.5 米，再清理边坡，任务相当艰巨。参加义务劳动的各单位人员，深知解决青岛供水的重要性，在艰难任务面前不怕苦、不怕累，完不成任务不下火线。（图 4-60）

图 4-59　青岛市纺织工业总公司开挖小白干路输水干　　　图 4-60　青岛市党政机关干部参加引黄济青工程义务劳动
管沟槽

　　在施工期间，共有 170 多名正在休假、探亲、住院的干部战士提前归队；有 450 多名准备结婚、休假和参加业余大学考试的同志主动推迟婚期、假期，放弃考试拿文凭的机会；有 60 多名同志收到亲人病危、病故或家中遭遇困境的电报之后，都因任务繁重而没有请假，一直奋战在建设的第一线。整个引黄济青工程约有 1000 多名指挥者和工程技术人员、6000 多名人民解放军，以及机关干部和人民群众共计 100 多万人参加义务劳动，共开挖土石方 70 万立方米，耗用 110 多万个劳动日，节约投资667 万元。[①]

---

① 郭松年，张曰明，杜序强，口述．张怡然，整理．造福于人民的引黄济青工程 [J]．青岛党史，2015（1）：1-5.

第五篇

工程运行管理

引黄济青工程以向青岛市供水为主，兼顾沿途部分地区生活和农业用水。"工程完成后，每天可向青岛增加供水三十万立方米，同时还可为沿线高氟区的人畜吃水和农田灌溉提供部分水源，这既解决了青岛供水紧张问题，又将推动沿线工农业生产的发展。因此，这项工程的建设，直接关系到青岛的经济建设和对外开放，并对全省、全国的经济发展具有重要意义。"① 为依法管好、用好工程，山东省政府在工程"设计、施工阶段就充分考虑工程管理的需要，把与管理有关的相关事项安排好，按国家规定认真落实管理单位的机构设置、人员编制及各项费用等。省、市、县三级管理机构的办公及生活区均设在上述各级政府所在地。在施工中，工程设施与办公生活设施同步进行，实现建管一体化，省、市、县各级管理机构既是建设者又是管理者，在工程完成后，即转为各级管理机构"。② 工程建设后期，提前转变工程指挥部职能，颁发多项法规，为引黄济青工程管理提供依据；在引黄济青工程各管理处建立公安派出所和水政监察机构，与沿线 7 市地及县市区公安机关联防联治，实施对水源、输水渠道和蓄水水库的水污染防治、水质监测与保护，同时采用生物方法净化水体水质。工程试运行期间，实行统一调度、分级负责，先后制定数十个管理办法和多项规章制度，强化应急调度职责和效率。正式引水后，对输水进行科学控制，采用"等容量控制"原理加以调度，逐步向调度运行自动化过渡，并可远距离传输和控制。20 世纪初，引黄济青工程全面实现全线输水自动化调度。2011 年 12 月颁布的《山东省胶东调水条例》，对调水水质标准、输水水质检测、污染调水水质等行为做出明确规定，这是全国第一个省级调水工程管理的地方性法规。

在经历了初期的公益性、福利性水价后，引黄济青工程管理机构对水价进行科学核算，依照"基本水量与计量水量相结合，基本水费与计量水费相结合"的收费办法，先后对水价进行五次改革，在国内首创两部制水费征收标准，逐步与供水市场"接轨"。③ 供水管理坚持"按方收费、预售水票、凭票供水"制度，与用水单位签订供水合同，工程沿线镇、村主动按程序向管理处申请、预购水票，保证了水费收入。

引黄济青工程沿线地处旷野，点多线长。管理部门在工程运行之初就确定"实施目标管理，争创全国一流"的奋斗目标，创造性地提出独具特色的"全天候、全方位"管理模式，全面推行目标管理责任制，定量考核调度运行管理水平。2004 年，又提出"三化一提高"的奋斗目标，即工程质量标准化、工程管理规范化、调度运行自动化，提高管理队伍素质及工程管理水平，使引黄济青真正成为"山东省水利现代化示范工程"。"走出了一条切合工程实际的现代化水利管理之路，走出了一条符合市

① 中共青岛市委党史研究室，青岛市档案馆（局）. 青岛市重要文献选编：第四卷（1985.1—1986.12）[G]，内部资料，2017：262.
② 吕福才，毕树德，王大伟，卢宝松. 引黄济青工程的管理与运行 [J]. 中国农村水利水电，2003（08）：67-68.
③ 管理增效益 创新谋发展——纪念引黄济青工程通水二十周年 [J]. 山东水利，2009（Z2）：9-10.

场经济要求、符合科学发展观要求的创新之路"，[①]引黄济青工程各项管理处于全国跨流域调水工程的领先水平。

# 第一章　管理机构

引黄济青工程建设后期，山东省政府就着手筹划工程建成之后的运行和管理工作，于工程建成前半年，将山东省引黄济青工程指挥部办公室改为山东省引黄济青工程管理局。1988年10月，各级引黄济青工程指挥部均加挂引黄济青工程管理局（处）的牌子。

2004年起，山东省引黄济青工程管理局开始承担胶东地区引黄调水工程建设管理职责，2006年更名为山东省胶东调水局，是引黄济青工程和胶东地区引黄调水工程的省级管理机构，也是列入省政府序列的副厅级事业单位。2009年，山东省胶东调水局所属各分局、管理处完成单位名称变更，同年设立山东省胶东调水局烟台分局；2016年设立山东省胶东调水局威海分局。至此，山东省胶东调水局下设滨州、东营、潍坊、青岛、烟台、威海6个分局，分局以下有13个管理处（站）。2019年2月，山东省胶东调水局更名为山东省调水工程运行维护中心，内设机构及各直属单位相应调整。

## 第一节　山东省引黄济青工程管理局

1985年底，山东省政府在批准建立山东省引黄济青工程指挥部办公室时即明确规定，工程建成后改为管理局，市（地）、县（市、区）建设机构适时转为管理机构，并进行适当调整、充实完善，在各泵站、水库和大的倒虹闸站新建管理机构。

1988年10月3日，山东省编制委员会以鲁编〔1988〕240号文下达"关于同意省引黄济青工程指挥部办公室加挂省引黄济青工程管理局牌子的批复"，同意省引黄济青系统各级普遍加挂引黄济青工程管理机构牌子，其机构建制级别、人员编制和隶属关系不变。引黄济青工程管理局从事引黄济青工程日常维护和管理，为青岛市及输水河沿线提供供水服务。管理机构分为管理局、分局、处、所4个级别建制，有省管理局，青岛、潍坊、惠民3个分局和东营直属管理处，水库、胶州、平度、寒亭、昌邑、寿光、博兴管理处，高密、即墨和5座泵站、12个大倒虹闸站管理所，以上管理机构和人员是垂直隶属关系。山东省政府及时批复各级管理机构定编定员方案，省、市（地）、县（市、区）各级均建立系统完整、从建设到管理过渡型的实体工作班子，即各级指挥部分设办公室，由常务副指挥兼主任，下设工程、财务、物资、政治、秘书等部门，其人员组成全部为专业对口业务人员。工程竣工后，除个别调整外，工程建设中的技术骨干，尤其是大中专毕业生及专业技术人员留下参加管理工作，既保证了高效负责地完成施工任务，又体现出建设与管理的有机结合和适时过渡。

---

[①] 管理增效益 创新谋发展——纪念引黄济青工程通水二十周年 [J]. 山东水利，2009（Z2）：9-10.

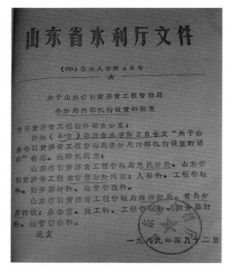

图 5-1 山东省水利厅《关于山东省引黄济青工程管理局各分局内部机构设置的批复》

1989 年 4 月 11 日，《关于山东省引黄济青各站、水库、枢纽工程设立副科级管理机构的批复》（〔1989〕鲁水人字 45 号）同意渠首泵站管理所等 12 个单位为副科级。4 月 12 日，〔1989〕鲁水人字第 46 号文（图 5-1）同意山东省引黄济青工程管理局惠民分局、东营管理处设人秘科、工程管理科、财务器材科、经营管理科，山东省引黄济青工程管理局潍坊分局、青岛分局设办公室、政工科、工程管理科、财务器材科、经营管理科。

1989 年 9 月 26 日，山东省政府公布山东省引黄济青管理委员会成员名单：主任王乐泉，副主任马麟，委员兼总工程师孙贻让，委员包括省计委副主任林书香、省经委副主任王怀俊、省黄河河务局局长葛应轩、惠民行署副专员胡安夫、东营市副市长张万琥、潍坊市副市长张文玉、青岛市市长助理田怀端、省引黄济青指挥部专职副指挥张孝绪。①

1989 年 11 月 22 日，山东省编制委员会批复引黄济青工程管理机构编制（图 5-2），编制定额由 451 人增至 600 人；设惠民分局（下设博兴管理处），东营管理处，潍坊分局（下设寿光管理处、寒亭管理处、昌邑管理处），青岛分局（下设平度管理处、胶州管理处）。山东省引黄济青工程管理局内部机构设办公室、政工处、调度运行处、工程处、计财物资供应处，人员编制由 70 人增至 85 人（含微波通讯人员），其中干部编制 65 人、工人编制 20 人，可配备处长（主任）5 人、副处长（副主任）8 人、正副科级干部 13 人；1990 年 10 月撤销调度运行处和计财物资供应处，设立财务处和物资处。2001 年 9 月，物资处更名为计划处。

图 5-2 山东省编制委员会《关于省引黄济青工程管理机构编制的批复》

1991 年 4 月 8 日，山东省人民政府任命张孝绪为引黄济青工程管理局局长。经省委批准并报请中共山东省委组织部批复同意，山东省水利厅党组于 4 月 12 日下发《关于建立山东省引黄济青工程管理

---

① 山东省引黄济青工程管理局机构沿革 [R].1994：8-9.

局党委和党委组成人员的通知》，正式建立中共山东省引黄济青工程管理局委员会，张孝绪任党委书记，戚其训任党委副书记，李明阁、朱允瑞、朱宁元任党委委员；4月22日，山东省水利厅党组经研究决定并征得省委组织部同意，任命戚其训、李明阁为山东省引黄济青工程管理局副局长。

1992年8月20日，山东省委任命王立民任山东省引黄济青工程管理局局长。9月26日，水利厅党组公布王立民任山东省引黄济青工程管理局党委副书记，张孝绪任山东省水利厅党组成员。

### 一、山东省引黄济青工程管理局青岛分局

1988年10月3日，山东省机构编制委员会办公室批复同意山东省引黄济青工程指挥部青岛分部对外加挂山东省引黄济青工程管理局青岛分局的牌子。该分局负责引水蓄水、向青岛市供水以及青岛段工程管理、维修、养护、调度、运行等工作。分局下设棘洪滩水库管理处、平度管理处、胶州管理处、即墨管理所。1989年4月12日，山东省水利厅下发《关于山东省引黄济青工程管理局各分局内部机构设置的批复》，青岛分局内设办公室、政工科、工程管理科、财务器材科、经营管理科。

#### （一）胶州管理处

1988年10月3日，棘洪滩水库工程处对外加挂胶州管理处牌子，机构建制级别、人员编制和隶属关系不变。

1989年4月11日，山东省水利厅公布山东省引黄济青工程大沽河枢纽管理所、山东省引黄济青工程小新河枢纽管理所、山东省引黄济青工程棘洪滩泵站管理所、山东省引黄济青工程棘洪滩水库管理所为副科级单位，隶属山东省引黄济青工程胶州管理处。

#### （二）棘洪滩水库管理处

1990年5月8日，山东省引黄济青工程棘洪滩水库管理所改为管理处，升为科级单位，直属山东省引黄济青工程管理局青岛分局。

1994年6月4日，设立山东省引黄济青工程棘洪滩水库工程管理所、山东省引黄济青工程棘洪滩水库供水管理所，两所隶属山东省引黄济青工程棘洪滩水库管理处。

1998年1月9日，山东省编委下发鲁编办〔1998〕3号文《关于省引黄济青工程棘洪滩水库管理所机构编制的批复》，同意山东省引黄济青棘洪滩水库管理所更名为山东省引黄济青棘洪滩水库管理处，为山东省引黄济青工程管理局青岛分局管理的副处级事业单位，可配备主任（副处级）1人，副主任（正科级）2人。2月23日，山东省水利厅下发鲁水人字〔1998〕8号文《关于省引黄济青工程棘洪滩水库管理机构编制的批复》，同意山东省引黄济青棘洪滩水库管理处成为山东省引黄济青工程管理局青岛分局管理的副处级事业单位，可配备主任1人、副主任（正科级）2人，管理处内设办公室、供水科、工程管理科、财务科、派出所5个科室，其他机构编制事项不变。

2006年12月29日，山东省引黄济青工程棘洪滩水库管理处机构规格由副处级调整为正处级，配主任1名、副主任2名，其他机构编制事项不变。

#### （三）平度管理处

1988年10月3日，山东省引黄济青张庄泵站工程处改称山东省引黄济青亭口泵站工程处，并加挂山东省引黄济青工程平度管理处的牌子。

1989 年 4 月 11 日，山东省引黄济青工程亭口泵站管理所改为副科级单位，隶属山东省引黄济青工程平度管理处。8 月 2 日，山东省引黄济青工程昌平河倒虹管理所、山东省引黄济青工程白沙河倒虹管理所成为副科级管理单位，隶属山东省引黄济青工程平度管理处。同年 11 月 22 日，平度管理处正式编制 71 人，下设人秘科、工程管理科、财务器材科、经营科。

1994 年 5 月 30 日，鉴于平度区段内有引黄济青和引黄济烟两条输水河道，建设和管理任务重，管理处建制规格定位为副处级，隶属关系不变。

1997 年 8 月 13 日，根据工作需要，经山东省引黄济青工程管理局党委研究决定，成立山东省引黄济青工程助水河管理所，为副科级单位，隶属山东省引黄济青工程平度管理处。

2004 年 12 月 29 日，山东省引黄济青工程平度管理处内设办公室、计划财物科、工程管理科，科级干部职数 7 名（3 正 4 副）；保留派出所，派出所所长、指导员按正科级配备。是年，山东省机构编制委员会办公室明确山东省引黄济青工程管理局承担胶东地区引黄调水工程建设管理职责后，由平度管理处代管山东省胶东调水工程灰埠泵站管理所、山东省胶东调水工程双山河倒虹管理所、山东省胶东调水工程马戈庄闸管理所。

**（四）即墨管理所**

1987 年 8 月 5 日，山东省引黄济青即墨县工程管理站设立，管理站为股级事业单位，编制 3 人，隶属山东省引黄济青指挥部青岛分部。次年 10 月 3 日，山东省引黄济青即墨县工程管理站更名为山东省引黄济青工程即墨管理站，隶属山东省引黄济青工程管理局青岛分局。

1989 年 8 月 2 日，山东省引黄济青工程即墨管理站改名为山东省引黄济青工程即墨管理所，升为副科级，隶属关系不变。

1998 年 6 月 30 日，山东省引黄济青工程即墨管理所合并到山东省引黄济青工程棘洪滩水库管理处；在系统内部，即墨管理所的人、财、物及工程等均由棘洪滩水库管理处负责统一管理，但对外仍保留山东省引黄济青工程即墨管理所的机构和编制。

**二、山东省引黄济青工程管理局滨州分局**

1988 年 10 月 3 日，山东省引黄济青工程指挥部惠民分部对外加挂山东省引黄济青工程管理局惠民分局的牌子；渠首工程处对外加挂博兴管理处牌子。1989 年 4 月 11 日，山东省引黄济青工程渠首泵站管理所、山东省引黄济青工程渠首管理所隶属山东省引黄济青工程博兴管理处；4 月 12 日，惠民分局内设人秘科、工程管理科、财务器材科、经营管理科。

1992 年 3 月 7 日，经国务院批准，惠民地区正式更名为滨州地区，山东省引黄济青工程管理局惠民分局更名为山东省引黄济青工程管理局滨州分局。

**三、山东省引黄济青工程管理局东营分局**

1988 年 10 月 3 日，山东省引黄济青东营工程处对外加挂山东省引黄济青工程东营管理处牌子。1989 年 4 月 11 日，山东省引黄济青工程小清河枢纽管理所隶属山东省引黄济青工程东营管理处。4 月 12 日，东营管理处内设人秘科、工程管理科、财务器材科、经营管理科。

1992年8月25日，山东省引黄济青工程东营管理处更名为山东省引黄济青工程东营分局，升为处级事业单位，机构隶属关系、人员编制不变。

### 四、山东省引黄济青工程管理局潍坊分局

1988年10月3日，山东省引黄济青工程指挥部潍坊分部对外加挂山东省引黄济青工程管理局潍坊分局的牌子，宋庄泵站工程处对外加挂寿光管理处牌子，寒亭工程处对外加挂寒亭管理处牌子，王耨泵站工程处对外加挂昌邑管理处牌子，山东省引黄济青高密县工程管理站更名为山东省引黄济青工程高密管理站。

1989年4月11日，山东省引黄济青工程宋庄泵站管理所、山东省引黄济青工程弥河枢纽管理所隶属山东省引黄济青工程寿光管理处，山东省引黄济青工程王耨泵站管理所、山东省引黄济青工程潍河枢纽管理所隶属山东省引黄济青工程昌邑管理处，山东省引黄济青工程胶莱河倒虹管理所（副科）隶属山东省引黄济青工程管理局潍坊分局。4月12日，潍坊分局内设办公室、政工科、工程管理科、财务器材科、经营管理科。

1989年8月2日，山东省引黄济青工程白浪河倒虹管理所（副科级）隶属山东省引黄济青工程寒亭管理处，山东省引黄济青工程胶莱河倒虹管理所更名为山东省引黄济青工程高密管理所，级别和隶属关系不变。

## 第二节　山东省胶东调水局

2004年，山东省机构编制委员会办公室明确山东省引黄济青工程管理局承担胶东地区引黄调水工程建设管理职责，并受省政府委托承担胶东地区引黄调水工程的项目法人职责。

2006年3月3日，山东省机构编制委员会办公室发布《关于省引黄济青工程管理局调整机构编制事项的通知》（鲁编〔2006〕14号），同意山东省引黄济青工程管理局更名为山东省胶东调水局，实行三级垂直管理，即省局、分局、管理处（图5-3）。其中，省局内设处室由5个调整为7个，即办公室、组织人事处、规划财务处、调度运行处、工程建设处、水质保护处、工程质量监督处；编制调整为108名，处级领导职数调整为18名，配备局长、书记各1名，副局长3名，总工程师、总会计师各1名

图5-3　2006年3月31日上午，山东省水利厅举行山东省引黄济青工程管理局更名揭牌仪式

（正处级）。随后，省委决定山东省引黄济青工程管理局党委书记何庆平的职务相应变更为山东省胶东调水局党委书记；省政府决定山东省引黄济青工程管理局局长卢文的职务相应变更为山东省胶东调水局局长。随后，山东省水利厅党组任命李凤强、江勇、鄂清光、骆德年为山东省胶东调水局副局长、

党委委员，张在耕为山东省胶东调水局纪委书记、党委委员，吕福才、毕树德为山东省胶东调水局党委委员，马吉刚为山东省胶东调水局总工程师，齐桂兰为山东省胶东调水局工会主席，张正达为山东省胶东调水局办公室主任，毕树德为山东省胶东调水局工程建设处处长，李建华为山东省胶东调水局组织人事处处长（试用期一年），王家庆为山东省胶东调水局规划财务处处长（试用期一年），谷峪为山东省胶东调水局调度运行处处长（试用期一年），王华忠为山东省胶东调水局水质保护处处长（试用期一年），李念平为山东省胶东调水局工程质量监督处处长（试用期一年）。9月27日，山东省水利厅以鲁水人字〔2006〕47号文批复，核定更名后7个处室的内设科级机构为26个。

2009年，山东省胶东调水局所属各分局、管理处完成单位名称变更，并设立山东省胶东调水局烟台分局。2016年又设立山东省胶东调水局威海分局。至此，山东省胶东调水局下设滨州、东营、潍坊、青岛、烟台、威海6个分局，分局以下有13个管理处（站），对工程实施有效管理。

**一、山东省胶东调水局青岛分局**

2009年5月26日，山东省机构编制委员会办公室以鲁编办〔2009〕30号《关于变更省胶东调水局所属事业单位名称的批复》（图5-4）下文，同意山东省引黄济青工程管理局青岛分局更名为山东省胶东调水局青岛分局，承担辖区内引黄济青工程和胶东调水工程的调度运行和维护、防汛、沿线水政执法等职能。所属的山东省引黄济青工程平度管理处更名为山东省胶东调水工程平度管理处、山东省引黄济青工程棘洪滩水库管理处（山东省引黄济青工程胶州管理处）更名为山东省胶东调水工程棘洪滩水库管理处（山东省胶东调水工程胶州管理处）。山东省胶东调水局烟台分局设立后，山东省胶东调水工程平度管理处编制由132名减至120名。

2013年11月27日，山东省胶东调水工程棘洪滩水库管理处和山东省胶东调水工程胶州管理处分设。调整后，山东省胶东调水工程棘洪滩水库管理处为山东省胶东调水局青岛分局所属正处级财政补贴事业单位，事业编制68人，配备主任1名、副主任2名。山东省胶东调水工程胶州管理处为山东省胶东调水局青岛分局所属正科级财政补贴事业单位，事业编制40人，配备主任1名、副主任2名。

图5-4 山东省机构编制委员会办公室《关于变更省胶东
调水局所属事业单位名称的批复》

2016 年 4 月，山东省胶东调水局设立威海分局，所需编制从青岛分局调剂 3 名，调整后的青岛分局编制为 50 名，其中管理人员 10 名、专业技术人员 40 名；山东省胶东调水工程平度管理处编制 79 名，其中管理人员 16 名、专业技术人员 63 名。

### 二、山东省胶东调水局滨州、东营、潍坊分局

2009 年 5 月 26 日，根据山东省机构编制委员会办公室《关于变更省胶东调水局所属事业单位名称的批复》，山东省引黄济青工程管理局滨州分局更名为山东省胶东调水局滨州分局、山东省引黄济青工程管理局东营分局更名为山东省胶东调水局东营分局、山东省引黄济青工程管理局潍坊分局更名为山东省胶东调水局潍坊分局、山东省引黄济青工程博兴管理处更名为山东省胶东调水工程博兴管理站、山东省引黄济青工程寿光管理处更名为山东省胶东调水工程寿光管理站、山东省引黄济青工程昌邑管理处更名为山东省胶东调水工程昌邑管理站、山东省引黄济青工程寒亭管理处更名为山东省胶东调水工程寒亭管理站。

山东省胶东调水局烟台分局设立后，所需编制从山东省胶东调水局现有事业单位调剂解决。调整后，山东省胶东调水工程博兴管理站编制由 118 名减至 88 名、昌邑管理站编制由 135 名减至 105 名、寿光管理站编制由 131 名减至 111 名、寒亭管理站编制由 64 名减至 44 名。

2016 年 4 月，山东省胶东调水局设立威海分局后，山东省胶东调水局潍坊分局编制调整为 50 名，其中管理人员 10 名、专业技术人员 40 名；山东省胶东调水局滨州分局编制调整为 30 名，其中管理人员 6 名、专业技术人员 24 名；山东省胶东调水局东营分局编制调整为 40 名，其中管理人员 8 名、专业技术人员 32 名；山东省胶东调水工程寿光管理站编制调整为 77 名，其中管理人员 15 名、专业技术人员 62 名；山东省胶东调水工程寒亭管理站编制调整为 34 名，其中管理人员 7 名、专业技术人员 27 名；山东省胶东调水工程昌邑管理站编制调整为 75 名，其中管理人员 15 名、专业技术人员 60 名；山东省胶东调水工程博兴管理站编制调整为 55 名，其中管理人员 13 名、专业技术人员 42 名。

### 三、山东省胶东调水局烟台分局

2009 年 5 月 26 日，山东省机构编制委员会办公室以鲁编办〔2009〕31 号《关于设立省胶东调水局烟台分局等机构的批复》（图 5-5）下文，同意设立山东省胶东调水局烟台分局，为山东省胶东调水局所属社会公益二类处级事业单位，经费来源为财政补贴，核定编制 25 名，配备局长 1 名、副局长 2 名；设立山东省胶东调水工程莱州管理站、山东省胶东调水工程招远管理站、山东省胶东调水工程龙口管理站、山东省胶东调水工程蓬莱管理站、山东省胶东调水工程福山管理站、山东省胶东调水工程牟平管理站，均为山东省胶东调水局所属社会公益二类科级事业单位，经费来源为财政补贴，分别核定编制 20 名、13 名、16 名、12 名、13 名、13 名。上述单位主要承担所在区域胶东调水工程的管理、维护和经营工作，所需编制从山东省胶东调水局现有事业单位调剂解决。

图5-5 山东省机构编制委员会办公室《关于设立省胶东调水局烟
台分局等机构的批复》

### 四、山东省胶东调水局威海分局

2016年4月25日，山东省胶东调水局威海分局设立，为山东省胶东调水局所属正处级公益二类事业单位，经费来源为财政补贴；核定事业编制16名，其中管理人员3名、专业技术人员13名，配备局长1名、副局长2名；主要职责是承担所在区域胶东调水工程的运行、维护工作。所需编制从山东省胶东调水局潍坊分局调剂5名，从山东省胶东调水局青岛分局调剂3名，从山东省胶东调水局滨州分局调剂2名，从山东省胶东调水局东营分局、山东省胶东调水工程平度管理处、山东省胶东调水工程寿光管理站、山东省胶东调水工程寒亭管理站、山东省胶东调水工程昌邑管理站、山东省胶东调水工程博兴管理站各调剂1名。

### 五、胶东调水联合工作办公室

2017年，由于青岛市供水形势严峻，为加强对工程沿线调水秩序的管理，山东省胶东调水局下发《关于在胶东调水青岛段工程沿线设立胶东调水联合工作办公室的批复》，同意由平度、胶州管理处与所在市（区）政府成立胶东调水联合工作办公室，主要职责是落实上级有关调水工作的指示精神，维护调水工作秩序，加强工程设施管理，研究解决调水过程中的重大问题。联合工作办公室由所在市（区）政府组织。

2017年12月27日，胶州市人民政府办公室联合胶州各镇政府、街道办事处和胶州市政府各部门、胶州市直各单位，成立胶东调水胶州段联合执法工作领导小组。

2018年1月6日，平度市政府办公室下发《关于成立胶东调水平度段联合执法工作领导小组的通知》，平度市人民政府办公室联合胶东调水及引黄济青输水工程沿线相关镇、山东省胶东调水工程平度管理处和平度市公安、水利、国土资源、环保、林业等市直单位，成立胶东调水平度段联合执法工作领导小组。

## 第三节　山东省调水工程运行维护中心

2019 年 2 月，根据山东省委机构编制委员会批复（鲁编〔2019〕12 号），山东省胶东调水局更名为山东省调水工程运行维护中心（图 5-6），作为引黄济青工程和胶东地区引黄调水工程的管理机构（图 5-7）。

山东省调水工程运行维护中心是省委编办批准成立的副厅级公益二类事业单位，经费来源为财政补贴，全系统核定编制 823 人。至 2021 年 5 月，有正式在编人员 650 人，其中省中心机关编制 111 人、在编人员 103 人。

图 5-6　中共山东省委机构编制委员会《关于调整省水利厅所属部分事业单位机构编制事项的批复》

图 5-7　2019 年 3 月 20 日，山东省调水工程运行维护中心举行揭牌仪式

2021 年 11 月 23 日，山东省调水工程运行维护中心被中华人民共和国水利部评为"第九届全国水利文明单位"。

### 一、工作职责

山东省调水工程运行维护中心承担的主要职责有以下八项。

（1）承担全省重大水利工程、骨干水网调水工程建设管理任务，履行项目法人职责。

（2）承担全省重大水利工程、骨干水网调水工程的运行、维护、巡查、防汛度汛等工作。

（3）为全省调水工程、水资源调度规划编制、相关标准、管理办法拟定、科技研究等提供技术支撑。

（4）承担全省重大调水工程、骨干水网工程供用水协议的签订和水费收取工作。负责调水工程水量计量等工作。

（5）负责按照批复的年度水量调度计划编制调度实施方案并组织实施。负责调水工程信息化、自动化等工作。

（6）承担所辖工程水质检测工作，配合做好水污染事故应急处理工作；负责调水工程水土资源保护开发等工作。

（7）负责相关安全生产工作。

（8）负责指导所属单位相关工作。

## 二、机构设置

按照分级负责、属地管理的原则，山东省调水系统实行人、财、物三级垂直管理，山东省调水工程运行维护中心下设分中心、管理站；其中省中心机关内设 9 个部室，分别为党群工作部、办公室、人事部、财务部、调度运行部、规划建设部、工程管理部、水土保护部、质量安全监督部（表 5-1）。省中心下设滨州、东营、潍坊、青岛、烟台、威海六个分中心（表 5-2）；分中心下设博兴、寿光、寒亭、昌邑、平度、胶州、棘洪滩水库、莱州、招远、龙口、蓬莱、福山及牟平 13 个管理站（其中，棘洪滩水库管理站为正处级单位，平度管理站为副处级单位，其他管理站为正科级单位。）（表 5-3）。

表 5-1　山东省调水工程运行维护中心内设机构主要职能一览表

| 机构名称 | 主要职责 |
|---|---|
| 党群工作部 | 负责中心党委的具体工作；承担机关党务、精神文明创建、纪检监察等工作；负责工会、共青团、妇工委等群团组织建设、管理等工作。 |
| 办公室 | 承担中心日常工作的综合协调和管理服务。 |
| 人事部 | 负责机构编制、人事管理、退休人员管理等工作；组织实施本单位及所属单位人才队伍建设工作。 |
| 财务部 | 负责水费收缴、水价测算工作；负责调水协议的签订；承担预决算管理、预算绩效管理、资产管理、审计工作。负责中心机关财务管理、会计核算、政府采购管理。指导所属单位财务管理等工作。 |
| 调度运行部 | 承担全省水资源调度规划、相关标准、管理办法拟定等技术支撑工作；拟定年度水量调度计划建议，编制调水方案并组织实施；承担调水工程调水水量计量及信息化、自动化等工作。 |
| 规划建设部 | 承担全省调水工程规划编制技术支撑工作；承担重大水利工程、骨干水网调水工程前期工作、建设管理工作；承担调水科技管理、学术交流等工作。 |
| 工程管理部 | 负责所辖工程的管理、维护及巡查工作；组织制定所辖工程大修岁修计划并实施；负责所辖工程规范化、标准化建设工作；负责所辖工程河长制、防汛度汛等工作。 |
| 水土保护部 | 承担所辖工程水质检测工作，配合做好水污染事故应急处理工作；负责所辖工程水土资源开发、水土保持、渠系绿化美化工作。 |
| 质量安全监督部 | 承担相关安全生产工作，负责安全标准化建设等工作；负责所属单位的质量和安全指导、监督工作。 |

表 5-2 山东省调水工程运行维护中心直属单位一览表

| 序号 | 单位名称 | 单位地址 |
|---|---|---|
| 1 | 省调水中心 | 山东省济南市历城区二环东路 3496 号 |
| 2 | 青岛分中心 | 山东省青岛市崂山区山东头路 68 号 |
| 3 | 东营分中心 | 山东省广饶县兵圣路 229 号 |
| 4 | 烟台分中心 | 山东省烟台市莱山区港城东大街 1779 号 |
| 5 | 潍坊分中心 | 山东省潍坊市高新技术开发区北宫东街 3645 号 |
| 6 | 威海分中心 | 山东省威海市环翠区青岛北路 132 号 |
| 7 | 滨州分中心 | 山东省滨州市滨城区黄河二路 617 号 |

表 5-3 山东省调水工程运行维护中心各分中心所属管理站一览表

| 序号 | 管理站名称 | 管理站地址 |
|---|---|---|
| 1 | 棘洪滩水库管理站 | 山东省青岛市城阳区锦宏西路 1001 号 |
| 2 | 平度管理站 | 山东省平度市人民路 118 号 |
| 3 | 胶州管理站 | 山东省胶州市泉州路 1 号 |
| 4 | 莱州管理站 | 山东省莱州市北苑路 2288 号 |
| 5 | 招远管理站 | 山东省招远市梦芝街道西外环路 |
| 6 | 龙口管理站 | 山东省龙口市兰高镇泰兴路 1 号 |
| 7 | 蓬莱管理站 | 山东省烟台市蓬莱区海市路 5 号海景苑小区 53 号楼 216 号 |
| 8 | 福山管理站 | 山东省烟台市福山区银河街 1 号 |
| 9 | 牟平管理站 | 山东省烟台市牟平区经济开发区统一桥北 200 米处 |
| 10 | 寿光管理站 | 山东省寿光市文圣街 5182 号 |
| 11 | 寒亭管理站 | 山东省潍坊市寒亭区益新街 4401 号 |
| 12 | 昌邑管理站 | 山东省昌邑市山前街 17 号 |
| 13 | 博兴管理站 | 山东省博兴县博城四路 215 号 |

### 三、山东省调水工程运行维护中心青岛分中心

2019 年 2 月，山东省胶东调水局青岛分局正式更名为山东省调水工程运行维护中心青岛分中心（以下简称"青岛分中心"）。青岛分中心为正处级事业单位，负责青岛辖区内引黄济青工程和胶东地区引黄调水工程的调度运行、工程大修岁修和日常管理工作，先后荣获山东省文明单位和省水利系统文明单位等荣誉称号。

青岛分中心机关内设办公室、组织人事科、财务科、调度运行科、工程科 5 个职能科室，下辖棘洪滩水库管理站、平度管理站、胶州管理站 3 个管理站。2022 年底，青岛分中心及各管理站编制共计

208 人，有在编职工 175 人（未含离退休职工 100 人），其中管理岗人员 34 人、专业技术岗人员 140 人、工勤岗人员 1 人，科级以上干部 48 人；青岛分中心机关编制 51 人，在编职工 35 人，其中，管理岗人员 6 人、专业技术岗人员 29 人。

棘洪滩水库管理站建制级别为正处级，担负着棘洪滩水库、棘洪滩泵站和输水渠的管理任务，先后荣获省级文明单位、省水利系统文明单位、省级花园式单位和省级青年文明号等荣誉称号。

平度管理站建制级别为副处级，担负着亭口泵站、灰埠泵站、输水河、倒虹、公路桥、生产桥以及所辖胶东调水工程的管理任务，是省级文明单位、省水利系统文明单位、省级花园式单位。

胶州管理站建制级别为正科级，担负着大沽河枢纽、小新河枢纽、输水渠、倒虹吸和生产桥等设施的管理任务，为省级文明单位和山东省水利系统文明单位。

# 第二章  运行管理

1989 年底，引黄济青工程试运行期间，工程运行实行统一调度、分级负责，用 41 天完成启动验收和全线试运行任务。在调度运行中，工程管理局先后制定数十个管理办法和多项规章制度，并根据现场情况和灾害类型制定应急调度方案，明确应急调度职责，提高应急响应效率。渠首、输水河、涵闸、泵站等工程运行正常，分水秩序良好，为正式通水积累经验，基本具备了向青岛市送水的条件。在冰期引水期间，对输水进行科学控制，采取"统一调度，抬高水位，稳定流量，持续不断，控制闸门，缓慢调节，禁止分水"的运行措施。按照"科学调水、精准配水、计划供水、依法管水、节约用水"的总体目标，优化水源配置，科学实施调度，规范运行管理，不断提高调水效能，为全省经济社会发展和人民群众生产生活提供了安全水、优质水、放心水。

## 第一节  调度管理

引黄济青工程实行统一调度、分级负责的运行原则，山东省引黄济青工程管理局设置总调度中心，负责全线的统一调度；分局设置分局调度中心，负责管辖区的统一调度运行；管理处设置调度组，负责辖区内的调度运行和管理。调度运行期间，各单位从全局出发，保证各类工程设施的正常运行，服从统一指挥，确保系统安全运行；同时在工作人员的调配、通信设施、车辆的使用管理、后勤保障等各方面满足调度运行的需要。[①]

**一、调度组织**

**（一）体系与分工**

全系统实行"三级垂直管理体制"。根据"统一调度，分级负责、实时反馈"的原则，设立总调度中心，

---

① 水利部南水北调规划设计管理局，山东省胶东调水局. 引黄济青及其对我国跨流域调水的启示 [M]. 北京：中国水利水电出版社，2009：120.

工程引水、蓄水、输水、配水等水资源调配管理工作职责由总调度中心具体履行。各分局（分中心）、管理处（站）按照行政区划负责各自辖区输水渠道、泵站、闸站、水库等管理维护及人员管理。其中，各分中心参照省调度中心职责成立分调度中心，负责辖区内调度运行、应急救援与运行管护人员技术安全培训，服从省调度中心统一调度指挥；各管理处（站）成立调度组，负责辖区内调度运行、应急救援工作，服从省调度中心、分调度中心调度指挥；泵站、闸站、渠道为现地运行单位，负责运行期间水位观测、接收调度指令，具体操作泵站、闸站机电设备、工程安全巡查、参与应急救援等运行工作，服从上级调度中心（组）指挥。

（二）总调度中心

根据需水、水源情况，负责编制通水运行中的总用水计划、季度用水计划和月用水计划，编制全线调度运行方案；根据供水计划、调度运行方案，负责通水期间全线的调度运行工作；全面掌握工程全线水位、流量、闸门开度、冰情、流量、设备运行等情况，合理控制沿线水位，确保工程设施安全，使输水过程连续稳定；根据需要改变运行方式，分析全线流量匹配情况、水位变化趋势，制订并下达调度指令，编制运行日报表并及时上报。

监督、检查下级运行管理单位执行调度指令、值班情况；指导、检查测流、巡视、防冻等工作，制定事故处理方案；组织收集、分析气候变化对调度运行的影响并及时布置应对措施或调整运行方案；制定发生水污染、机电设备故障等突发事件时全线控制站、分水闸、泄水闸的应急控制方案；对工程建设与维护、设备运行等提出整改建议和意见，参与调度运行自动化的建设、管理，实施科学调度；收集运行资料，做好运行资料的整编和分析工作，编写阶段性运行总结，通水结束后编写当年通水运行报告。

（三）分调度中心

检查落实工程大修、岁修和设备维修情况，汇总辖区用水计划；设专人负责落实分水时间、分水计量等工作；负责辖区内供电计划落实、引水计划落实和水质检测；落实总调度中心下达的供水调度计划，汇总、分析、上报所辖范围通水期间的调度运行情况（包括水位、流量、闸门开度、冰情、设备运行情况等）；定期对渠道、节制闸、退水闸、设备、设施的运行状况进行巡视、检查。调水结束后，搜集整理运行资料，编写辖区阶段性及通水运行总结报告。负责所辖范围内与地方政府及有关部门的水量计量、防汛等业务联络及协调工作。

（四）管理处（站）调度组

负责辖区工程的正常运行，按时完成设备岁修、大修及改造工作，负责完成调度运行前的工程检查、设备调试等准备工作；汇总用水户需水计划，提出本区段供水安排意见并报分局，根据批准用水量按指令分水；具体负责执行通水期间的调度指令，运行期间按规定做好辖区渠道、建筑物运行情况的巡视检查工作，按照运行要求做好水位、流量、闸门开度、冰情等水情测报工作；通水结束后整理运行资料，编写阶段性（当年）通水运行总结。做好辖区内防洪度汛、溃堤、滑坡、水质污染等应急准备工作，制定抢险预案，贮备抢险物资，落实抢险队伍和抢险机械，切实做好安全度汛及应急抢险工作。

## 二、调度机制

确定计划：严格实行计划用水，青岛市及其他用水单位按签订的年度用水合同确定计划；沿途农业用水由县（市、区）水利局于每年运行前15日内在设计供水量限额内，向引黄济青管理处书面提出用水计划，管理处汇总后上报分局，由分局汇总并提出安排意见，于送水方案确定前报省局。

制订方案：引水送水方案实行会议通过制度，省局按青岛市及各地上报的用水计划起草调度运行方案，组织会议讨论通过，作为年度送水的依据。各级管理单位严肃对待、严格执行，实施过程中如遇到特殊情况，由总调度中心更改，其他任何单位和个人都无权任意变更。

运行准备：各单位根据调度方案和各自的职责任务，安排好运行前的准备工作。各单位布置值班，确定值班地点和值班电话，排出值班负责人、值班人员、值班车辆和司机的名单及班次，由总调度中心统一指挥；水源所在地分局落实水源水量、水质；各单位检查落实工程是否具备运行条件，是否存在运行安全隐患；各分局对排污口进行封堵，对分水口进行铅封；各管理处组织清除河道内杂草杂物，确保通水正常运行。[①]

## 三、制度管理

引黄济青工程在运行管理上吸取以往水利工程重建设、轻管理的经验教训，在建设期间就着眼于未来的管理，超前探讨如何搞好工程规范管理，注重建管并举、双管齐下，为工程管理奠定良好基础。1989年，山东省政府发布《关于加强引黄济青工程管理的布告》（图5-8）《山东省引黄济青工程管理试行办法》，随后又以省政府名义下发《山东省引黄济青工程水费计收管理办法》，为引黄济青工程管理提供法律依据。

为制定、完善各项规章制度，引黄济青工程管理者向全国范围内的先进同行学习，前后十几次到广东东深调水工程、天津引滦入津等工程考察取经。通过不懈学习与实践，管理经验逐渐丰富，先后制定、完善《引黄济青职工管理若干规定》《调水运行管理办法》《泵站管理办法》《经费管理办法》《车辆管理办法》《财务管理办法》《工程大修项目管理办法》《工程调水突发事件应急预案》《水质检测管理办法》《工程供水管理办法》等50余项制度办法（图5-9），形成覆盖广泛、较为严密的制度管理体系。

21世纪，山东省积极推进引黄济青工程管理立法进程，《山东省胶东调水条例》于2011年11月25日通过山东省人大立法，

**山东省人民政府**
**关于加强引黄济青工程管理的布告**

图5-8 山东省人民政府《关于加强引黄济青工程管理的布告》

图5-9 引黄济青系统规章制度

---

① 水利部南水北调规划设计管理局，山东省胶东调水局.引黄济青及其对我国跨流域调水的启示 [M]. 北京：中国水利水电出版社，2009：123.

并于 2012 年 5 月 1 日起施行。2018 年年初，引黄济青工程纳入"河长制"管理范畴。《条例》的出台和"河长制"的推行，为推进依法管水、统筹治水、系统配水、安全供水提供了更加有力有效的法制保障。

**四、应急控制**

应急控制是指发生重大自然灾害、渠道溃堤、水污染、电力及设备等事故，使输水中断或需要临时采取措施控制渠道输水运行的应急调度。在接到应急指挥领导小组关于自然灾害或事故发生的报告后，应立即调查清楚事故发生的地点、规模、事故类型，分析事故对输水的影响，根据现场情况和灾害类型迅速制定出渠道应急调度方案。

系统发生事故时，事故有关运行管理单位的运行值班员应迅速、简明扼要地将事故情况报告总调度中心，并按调度指令进行处理。对无须等待调度指令即可由运行管理单位自行处理的，应在自行处理的同时，将事故情况报告总调度中心；事故处理完之后，再作详细汇报。处理系统运行事故时，应迅速限制事故发展，消除事故根源，解除对人身或设备和系统安全的威胁；当同时发生多起事故时，根据轻重缓急，先处理危害较大的事故，并及时向相关单位通报（图 5-10）。

图 5-10 2007 年 1 月 27 日，棘洪滩水库大坝内坡坍塌事故抢险

发生重大自然灾害、渠道溃堤等事故时，应采取相应调度措施，及时跟进抢险进展；对于对人身或设备设施安全有威胁、用备用发电机恢复用电启闭闸门等现场规程规定的可先处理后报告的其他情况，事故单位立即自行处理，但事后应尽快报告。

发生影响全线输水的险情后，应立即通过引黄闸、沉沙池出口闸、小清河节制闸、各级泵站及沿线各控制闸、退水闸、渠道本身的调节能力进行合理调节、配合联动，妥善处理，避免险情的进一步扩大，减小损失。在渠道应急控制过程中，事故点下游应注意控制水位降落速度，避免渠道边坡滑坡或衬砌板破坏；事故点上游渠道应注意水位上涨的速度，防止漫堤、淹没泵站等事故。

当某处发生溃堤事故时，立即关闭事故点相邻的上游节制闸，同时开启配套的退水闸，尽快关闭事故点上游的其他各节制闸。事故点上游节制闸的关闭应采取从下到上的顺序或同步关闭的方式；同时注意观察各闸前水位，适时提起相应的退水闸，使闸前水位不超过设计水位。事故点以下的各级节制闸适当调节控制，避免水位的降速过大，引起衬砌板滑坡。事故点相邻的下游节制闸若是不能承受反向水压力（反向水位差）的弧形闸门（暂定为弧形闸门不能承受反向水压力），则不要关闭，但应尽快关闭检修闸门，提起配套的退水闸，以防止或减少水体向事故点倒流，影响抢险。

## 第二节　输水调度

1989 年 9 月，山东省引黄济青工程指挥部成立调度中心，其主要职责是研究制订调度原则和调度计划、确定事故处理方案、严格准确地执行调令。同时启动验收及联合试运行，继而进行正式运行，保证正式运行过程中工程各项技术指标都达到或超过设计要求。

在调水运行管理上，引水期间对输水进行科学控制，实行统一调度、分级负责的制度，严格指令下达及反馈制度、计划用水、节约用水、计量和奖罚制度；为规范工程冬季冰期输水运行，采取"统一调度，抬高水位，稳定流量，持续不断，控制闸门，缓慢调节，禁止分水"的运行措施，防止冰盖破裂，产生冰塞、冰坝等事故；工程停止输水后实行蓄水保温停水，以防止输水河衬砌冻胀破坏。（图 5-11、5-12）

图 5-11　引黄济青工程运行年鉴

图 5-12　山东省调水工程年鉴

### 一、联合试运行

1989 年 9 月下旬，山东省引黄济青工程指挥部组织成立调度中心和启动验收委员会，研究制订调度原则和调度计划，确定事故处理方案，通知全线泵站、闸站对机电设备进行全面检查，严格、准确地执行调令。9 月 24 日，实测黄河流量为 2090 立方米每秒，含沙量为 29 千克每立方米，调度中心下达第一号指令，引黄济青进水闸开闸引水，控制流量为 15 ～ 20 立方米每秒，黄河水经低输沙渠进入沉沙池，水位上升。经观测，输沙渠和沉沙池大堤均安全稳定，因初期运行，沉沙池水位控制在 11.0 米（池底高程 6.5 米，堤顶高程 16.0 米，初期蓄水深 4.5 米）。

1989 年 9 月 26 日，沉沙池水位达 10.9 米（池底高程 6.5 米），指令出口闸开闸放水，开启出口闸至北堤涵闸之间输水河的全部控制闸门，打开需要分水的口门，向博兴及小清河以南送水。至 10 月

10 日，博兴供水基本完成，在继续向博兴供水的同时，开北堤涵闸，小流量充小清河子槽，控制流量不大于 10 立方米每秒，该河段原河道较宽，有 350 万立方米的调蓄能力。10 月 14 日，子槽水位达 3.95 米时（水深 5.25 米）正式向下游送水，充下游河道，15 日关闭。10 月 19 日，子槽水位达 4.01 米，为宋庄泵站试运行作好了准备。

1989 年 10 月 17 日，宋庄泵站完成启动验收的前期准备工作，10 月 18 日空载运行验收合格，确定小清河倒虹开闸放水，反修沟、塌河倒虹开闸，迎接过水，塌河泄水闸待命，一旦宋庄泵站启动发生问题，可在关闭上游闸门的同时开启泄水闸，弃掉多余水量。同时指令宋庄至王耨泵站之间的节制闸、分水闸做好分水准备。10 月 19 日，宋庄泵站前池水位达到 2.0 米（设计水位 1.8 米）时，指令机组带载启动。按照部颁《泵站技术规范》机组启动验收规定，相继开启 1 至 7 号机组。至 11 月 13 日试运行结束，全站最大流量达 20 立方米每秒，共提水 3768 万立方米。

1989 年 10 月 21 日，王耨泵站完成启动验收的前期准备工作，10 月 22 日空载运行验收合格。10 月 25 日，王耨泵站开启上游节制闸，指令阜康河泄水闸待命，以备王耨泵站开机出现问题时弃水，同时指令王耨泵站下游至亭口泵站间的所有涵闸做好接水准备。10 月 26 日，前池水位达到 2.1 米（设计水位 2.0 米）时，指令机组带载启动，相继开启 2 至 8 号机组；至 11 月 13 日试运行结束，全站最大流量达 21 立方米每秒，共提水 2761 万立方米。

1989 年 10 月 30 日，亭口泵站完成启动验收的前期准备工作，10 月 31 日空载运行验收合格，确定开启上游各控制点闸门，北胶新河泄水闸和昌平河倒虹待命，以备开机出现问题时，关闭倒虹，部分弃水。同时指令亭口至棘洪滩泵站之间的所有控制点和分水闸做好接水准备。11 月 2 日，前池水位达到 6.3 米时，指令机组带载启动，1 至 4 号机组均一次启动成功；至 11 月 25 日各机组试运行结束，全站最大流量达到 21 立方米每秒，共提水 941 万立方米。

1989 年 11 月 13 日，棘洪滩泵站完成启动验收的前期准备工作，11 月 14 日空载运行验收合格，指令上游各涵闸开启，小新河下节制闸待命，以备泵站启动出现问题时部分弃水。11 月 15 日，前池水位达到 3.5 米时，指令机组带载启动，2 至 7 号机组均一次启动成功。由于上游来水量小，仅能供单机启动用，联合运行及连续运行推迟到 1989 年 11 月 25 日正式通水时进行。

试运行期间，进水闸引水 6582 万立方米，沉沙池出口闸放水 6548 万立方米，沿线农业用水 3110 万立方米，博兴用水 1311 万立方米；引黄济青工程渠首、输水河、涵闸、泵站等工程运行正常，各县（市、区）分水秩序良好，为正式通水取得了经验，基本具备了向青岛送水的条件。

### 二、正式运行

1989 年 11 月 25 日，引黄济青工程开始正式通水运行。经过 1989 年冬季和 1990 年春季，至 1990 年冬季，共二年三期运行，工程各项技术指标均达到或超过设计要求。

沉沙池承担济青、沿途、渠首博兴县工农业用水的沉沙任务，运行中遵循"以济青引水为主、其他用水为辅"的原则，安排专门人员及时了解黄河水位、流量等情况。山东省引黄济青工程管理局根据青岛用水量和黄河水情，编制引水调度方案。引水期间，滨州分局调度中心渠首管理所采取领导带班制度，主要技术人员 24 小时轮流值班，根据省局调度中心指令，精心调度，及时解决突发问题；一线护堤人员巡回检查，以防大坝渗透毁坏；闸站人员每 2 小时观测 1 次水位，及时掌握沉沙池水情，确保安全运行。[①]

输水河输水试验及蓄水保温期间，实测流量损失分别为 9.5 立方米每秒和 4.3 立方米每秒，分别为设计流量损失（10.9 立方米每秒）的 86% 和 39%；实测半断面和全断面衬砌的糙率分别为 0.017 和 0.013，小于设计采用的 0.020 和 0.016；输水河防渗能力及过水能力均超过设计要求。冬季运行期间，250 余千米输水河没有出现冻胀破坏；汛期或汛后，地下水位较高的河段埋设的排水设施性能良好。

从对建筑物水头损失观测分析结果看，倒虹综合局部水头损失系数仅为 1.00 ~ 1.20，小于设计采用的 2.26 ~ 2.40，建筑物过流能力超过设计要求。各级泵站运行参数均达到设计及规范要求，机组效果超过规范标准，运行平稳，安全性能够满足各种工况下的运行要求。

两年运行期间累计向水库送水 23442 万立方米，最高蓄水位 11.79 米，蓄水 12350 万立方米；护坡稳定、坝体坚固，防护效果良好；水闸以下供水工程，通过砼暗管与白沙河水厂连接，日处理能力 36 万立方米，两年累计向青岛供水 6200 余万立方米，日供水高峰达 28.6 万立方米。

**三、输水控制**

为确保黄河大堤防洪安全、延长沉沙池使用寿命和降低运行成本，当黄河日均含沙量大于 30 千克每立方米、流量大于 5000 立方米每秒时不宜引水；同时，为增加引黄水量，在黄河小流量时也能够引水，一般确定渠首引黄闸最小引水流量为 10 立方米每秒、对应黄河来水量最小值为 60 立方米每秒；引水期间对输水进行科学控制。

**（一）等容量控制**

引黄济青工程运行控制是学习借鉴美国加州西水东调工程的"等容量"控制方法。该控制方法的基本原理是在运行中通过控制措施使长距离明渠在任何情况下都能变成水面波动较小的"管流"，使明渠输水按照要求的输水流量保持"漫流"输水。其计算采用非恒定流计算公式，当某一运行环节出现故障或沿途分水流量变化时，全线闸门同时操作，水位降落速度满足 0.30 米每小时、0.70 米每日的要求。利用"等容量"控制，引黄济青渠道可以利用渠道自身的调蓄能力，不需要另修调蓄水库，同时可减少渠道超高量，因而可减少大量工程投资。但这种全自动控制工程要求各渠段两端的闸门或泵站是能控的，即闸门能自动启闭和停止，水泵能自动改变和调节流量，并要求控制机构运行可靠。由于"等容量"需要可靠的自动化系统，而引黄济青工程所采用的设备大多达不到完全应用"等容量"控制的要求，输水时需要定时采集闸门开度数据并根据水情对闸门进行调节。初期用人工方法处理，耗费人力且效果不佳；后来对启闭机构进行改造，并采用新型 PLC（可编程控制器）对闸门进行测量和远程控制。

**（二）节制闸控制**

渠道控制建筑物的作用是调节水流量和水深，最典型的渠道控制建筑物就是节制闸，主要目的是控制水位和调节过闸流量。常用闸门操作技术有三种：一是顺序操作，即顺下游方向或顺上游方向依

---

① 王均乔，鲍芳，侯燕钦 . 引黄济青沉沙池运行管理与泥沙处理 [J]. 山东水利，2012（9）：36-37.

次运行每一控制闸；二是同步操作，即同步操作所有控制闸；三是选择性操作，也就是每个闸门独立运行，或某一渠段若干个控制闸联合运行。

### 四、停止输水运行

引黄济青工程停止输水基本有三种情况：一是满足供水需要，无其他特殊要求时正常停水；二是由于泵站断电停机或输水河局部发生破坏等造成事故停水；三是完成输水任务后，为防止输水河衬砌冻胀破坏的蓄水保温停水。

#### （一）正常停水

根据输水河衬砌的情况，当完成输水计划后，再无其他输水要求时，需停止输水。此时调度需掌握两个原则。

一是控制河道内水位降落速度。在正常停止输水时，必须控制河道内水位的降落速度。输水河每隔 5～15 千米有 1 座节制闸，4 级扬水泵站配合沿线节制闸门的控制，使输水河具有可控性。考虑到某些河段停水后蓄水的要求，整个输水河段全部停水的时间以不小于 3 天为宜。停水时，河槽内水位的降落首先发生在上游，然后向下游逐段传递。因此，闸门的控制应自上游向下游陆续进行。

二是部分河段需蓄水压重。输水河两岸地下水位高的地段，有的河段虽有暗管排水，但施工质量差、年久淤塞等造成排水失效；有时河段设计地下水位低，水文情势变化、人类活动影响、周围环境排水或灌溉系统变化造成地下水位高。上述情况的河段在停水过程中必须严格控制水位，尽量维持河道内水位不低于两岸地下水位。停止输水后，这些河段内必须蓄存一定水量，将位于该段下端的闸门全部关闭、以避免河段内泄空，也可在汛期蓄存一定雨水。该类型河段有宋庄、王耨、亭口、棘洪滩 4 座泵站的上游段，弥河倒虹的下游段，寒亭利民河倒虹的上、下游段，西新河倒虹的上、下游段，大沽河倒虹的下游段。

#### （二）事故停水

泵站断电、停泵或输水河出现溃堤事故等均会造成渠道停水。当发生事故停水时，发生事故处的每个渠段下端的节制闸门必须尽快关闭，以防该渠段水量泄空，水位骤降过大。其余上下游各段则需按"控制容量"的要求，逐段关闭闸门。

由于输水渠全线闸门自动化闭环控制还未实现，各闸门启闭机只能单一速度连续机械运行启闭，速度不能调节，还无法按照理论计算的闸门启闭过程运行。因此在实际应用中掌握以下规则。（1）正常输水时突然断电停泵，泵站后第一座闸站立即关闭闸门。（2）其他闸站闸门的关闭时间分成两种：亭口泵站以前渠段，采用 60 分钟将闸门全部关闭；亭口泵站以后渠段，由于输水渠底坡陡、闸站间距小，采用 40 分钟将闸门全部关闭。亭口泵站前的 20 分钟时差的水位壅高，经验证安全。（3）发生事故的渠段上游一级的各闸站，由于上游仍来水，可根据当时输水渠运行的水位，在关闭闸门后不致超过控制水位的情况下，由下游而上游逐级关闭闸门。（4）闸门的关闭采用"分级操作"的办法，即操作时将启闭机关关、停停，直至闸门全部关闭，一般需操作 3～4 次。（5）关闭闸门的过程，开始时关的时间要短、停的时间稍长，逐渐变成关的时间长、停的时间短。（6）泵站的停机也必须按上述原则，尽量减少泵站前后水位的波动。

**（三）蓄水保温停水**

引黄济青输水渠的设计，为解决混凝土衬砌冻胀破坏和减少工程投资，在塑膜和混凝土衬砌板间增加一层聚苯乙烯泡沫板，其垂直高度为 1.3 米，顶部在控制水位以上 0.3 米（由于受投资所限，没有全断面铺设保温板），聚苯乙烯泡沫板垂直高度的底部以下，在塑膜和混凝土衬砌板间采用当地土填充。因此，在冰冻期停水后，输水渠坡未铺设聚苯乙烯泡沫板的部分必须采取蓄水保温的措施，以保证水面（冰面）以下的渠床基土保持正温，保证控制水位以下的混凝土衬砌不出现冻胀破坏。

由于停水期间输水渠蓄水的蒸发、渗漏损失，水量不断消耗，如果输水渠段蓄水位降到聚苯乙烯泡沫板高度以下，混凝土衬砌将发生冻胀破坏。因此，要求停水时输水渠内的蓄水量要尽量多，蓄水水位要达到控制水位。

有蓄水保温要求时的停水调度，是基于正常输水时两节制闸之间渠段的水体容量小于蓄水保温要求的水体容量。

**五、冰期输水调度**

黄河为泥沙河流，按照黄河管理部门规定，引水必须引沙。由于冬季黄河水含沙量相对较小，因而引黄济青工程采用冬季引水。但在冰期输水过程中，上游流量变化，沿线分水、控制过程产生的水位变化均能导致冰盖破裂，产生冰塞、冰坝等。

为规范冬季冰期输水运行，输水调度采取"统一调度，抬高水位，稳定流量，持续不断，控制闸门，缓慢调节，禁止分水"的运行措施，在初步了解冰盖形成和消融的机理及输水河冰冻期特性后，初步制订冰盖下输水的"统（统一调度）、稳（稳定流量运行）、高（泵站前保持较高水位）、控（倒虹、涵闸实时控制水位）、禁（严禁输水河低水位运行）、避（形成冰盖后避免分水）、缓（慢慢增加或减小输水流量）、捞（注意捞草）"八字运行管理要点，效果良好。

一是统一调度。引黄济青输水河经过 10 个县（市、区），各段情况（包括闸门控制站，倒虹、涵闸上下游水位、冰情，泵站开停机组）都要由省调度中心统一掌握。输水河在冰期一般处于高水位、满负荷（个别段甚至超负荷）运行，因此全线必须严格统一调度，泵站开停机组都要经省调度中心统一指挥。省调度中心根据黄河水情、天气预报、输水分水计划和输水河现有水情，合理调度。

二是稳定流量运行。稳定流量运行最主要的是泵站要匹配，避免输水河水位、流量波动。这是冰期输水的关键之一，否则会影响冰期输水，造成弃水或出现安全事故。

三是泵站前保持较高水位。输水河形成冰盖后，水位壅高 0.5 ~ 0.6 米。因此泵站前池水位必须保持高于设计水位运行，以免泵站前形成较低的冰盖，影响过流。

四是倒虹、涵闸实时控制水位。如果倒虹、涵闸不控制水位，在输水时遇气温骤降，形成冰盖后水位壅高、槽蓄量增加、下泄量减少，使得下一河段形成的冰盖较低，影响过流和安全输水。对一个长河段，形成冰盖时闸门不控制，任其自然形成的冰盖是一个上游高下游低的斜面。融冰时，由于输水河较长，各地温度不同，融冰时间早晚不一，上游融冰下泄量增加而下游尚有冰盖，则易出险。

1992 年 2 月 11 日、12 日王耨泵站及联合沟倒虹前后高水位，均属此原因。因此，在冰盖形成及消融过程中各涵闸、倒虹都要实时控制水位。根据工程地理位置和气候特性确定控制水位的开始时间及控制闸门的执行顺序，可自上游开始逐级控制。为保持输水流量的稳定，最好上一级闸门控制稳定后再进行下一级。融冰时，应从下游向上游逐级解除控制。

五是严禁输水河低水位停水。输水河低水位停水时，水深浅，水体蓄热少，其结冰厚度为正常输水时的 2～3 倍。由于输水河线路长，上游停水 1 天下游就得停水 3 天，更会加重冰情。低水位停水后，再恢复输水，一般来讲是很危险的。来水会破坏静水形成的冰盖，产生大量流冰，这些冰靠人工无法清理，很容易造成冰塞。

六是形成冰盖后要避免分水。形成冰盖后分水易造成分水口下游输水河已形成的冰盖坍塌，影响正常输水，甚至危及输水河安全。需要弃水时，也应在保证弃水口以下输水河的流量和冰盖稳定的条件下，控制弃水流量。

七是增加、减小输水流量都要慢。在输水期，停水再恢复输水时，应注意在适当时机（一般在 12：00—16：00）逐段将水位壅起再输水，也应使流量慢慢由小到大，以免造成冰塞。停水时也应慢慢进行，以免水位骤降，冰盖突然坍塌或扬压力破坏渠道衬砌。

八是注意捞草。冰期输水时，因控制倒虹进口闸门使倒虹前壅水，因此倒虹前一般形成冰盖较早、较厚。此时若倒虹前杂草堆积，很难捞除，容易造成事故停水。因此，倒虹前拦污栅应早提起。形成冰盖后，杂草进入输水河，落在冰盖上面，应及时清除，以免融冰时杂草沉入水中、进入下级建筑物。泵站前应采取措施，加强捞草。[①]

工程原设计是在全年最低气温的春节前后 30 天内停机不引水。1991—1992 年冬、春最低气温在零下 17 度以下，在输水河全线基本形成冰盖的情况下，引黄济青工程第一次成功地进行冰盖下送水，实现春节前后不停机，突破了设计界限。实践证明，冰盖下送水，输水河衬砌无严重冻胀，工程未受到破坏。

## 第三节　多水源联合调度

进入 21 世纪，经过不懈努力，调水工程输水干线由 290 千米拓展到 600 千米，配水范围由青岛一市扩展到青岛、烟台、潍坊、威海四市，2015 年末，烟台、威海人民历史性地喝上了黄河水、长江水。2015 年至 2018 年，胶东调水工程连续运行 827 天，年均引水 9.1 亿立方米，年均配水 7.47 亿立方米，较设计规模翻了近一番，有力地缓解了胶东地区因连续干旱出现的水资源供需紧张局面，有效的水资源供给为胶东地区经济社会发展提供了强有力的支撑和保障。2019 年以来，充分发挥胶东调水工程和南水北调工程的综合调度功能，积极调引南四湖、东平湖、峡山水库雨洪资源 3.3 亿立方米，实现了

---

① 水利部南水北调规划设计管理局，山东省胶东调水局．引黄济青及其对我国跨流域调水的启示 [M]．北京：中国水利水电出版社，2009：118-120．

当地水和汛期雨洪资源的高效利用，有效降低了我省客水受水区的用水成本，也为黄河水源可持续利用和良性发展奠定了坚实基础。2020年首次实现南水北调、引黄济青、胶东调水、黄水东调和峡山水库等工程联合调度运行，形成了"三水、四线"调配水格局。

### 一、大沽河和峡山水库补水

为保证青岛市用水和水质安全，对峡山水库、大沽河等水源情况进行综合分析，适时开展其他水源引水补库工作。在黄河水源水量不足、给调度运行带来冰期无水保温等困难时，紧急调引峡山水库之水，以保证工程运行安全和入库水质安全。

2012年，引黄济青工程首次实现三处水源联合调度，各进水口的流量匹配是最重要的控制任务。因各处水源流量不稳定，特别是大沽河，引水渠道内的流量就很难稳定匹配，稍有不慎就会造成泵站机组频繁调节、渠道水位忽高忽低，严重威胁工程安全和运行安全。运行初期，经过反复调试，终于确定"以峡山水为主水源、适时调节潍河滩地和频繁调节大沽河进水流量"的匹配原则。即济峡渠道与潍河滩地流量匹配，济峡渠道清理流量加大后，关注水位情况，调整潍河滩地进水流量；上游来水与大沽河进水流量匹配，大沽河上游来水加大时，调减大沽河引水闸进水流量，总的控制目标是棘洪滩泵站开机不超过"三大两小"；大沽河水量减小后，密切注意引水闸前后的水位情况，防止水倒流进入大沽河。

以上调度措施保证了棘洪滩泵站机组的稳定运行和下游渠道水位、流量的稳定，达到安全运行和节能降耗的目标。

### 二、南水北调引水

南水北调东线工程从江苏省扬州市江都水利枢纽长江下游干流引水，利用京杭大运河及与其平行的河道逐级翻水向北输送；工程连通洪泽湖、骆马湖、南四湖、东平湖，并将它们作为调蓄水库，经泵站逐级提水进入东平湖，其间设13个梯级抽水站，总扬程65米。在东平湖分水两路：一路向北穿黄河后自流到天津；另一路向东，经新辟的胶东地区输水干线接引黄济青渠道至威海市米山水库，也就是胶东输水干线。

2013年10月下旬，南水北调东线山东段进行试通水，引黄济青帮助输送2000万立方米的水量，通过小清河子槽送入双王城水库。南水北调东线与引黄济青共用近50千米输水渠道，包括小清河子槽段、预备河段、塌河段，通过塌河节制闸下游的分水闸向双王城水库供水，运行时间为1个月。这是引黄济青工程首次实现黄河水、长江水的联合调度，其关键环节是流量匹配。

小清河子槽堤防薄弱、淤积严重，过流能力较差，只能低水位运行（低于4.5米），若同时满足引黄济青正常运行流量和南水北调流量，子槽水位将大大超出安全水位。为保证运行安全和兼顾双方利益，确定控制博兴城南节制闸、小清河上节制闸、北堤节制闸、预备河节制闸、塌河节制闸的水位、流量变化范围以及宋庄泵站、双王城入库泵站的流量匹配等几个关键节点，密切监控关键节点的流量、水位，加密重点断面的人工测流、水质监测，实现流量匹配稳定，保证全线运行安全，为黄河水、长江水的联合调度积累经验。2015年，引黄济青工程与南水北调工程建立工程联合运行长效机制，双方

图 5-13 小清河子槽上节制闸（摄于 2020 年）　　　图 5-14 小清河子槽下节制闸（摄于 2020 年）

长江水黄河水交汇处

图 5-15　位于博兴管理站北堤所北堤涵闸处的长江水黄河水交汇处（右侧渠道是引黄济青输水渠，水流从上向下流入小清河子槽；左侧渠道是来自东平湖的南水北调东线的长江水，从上往下经过小清河子槽上节制闸与黄河水交汇）

以小清河子槽上节制闸（图 5-13、5-14）为节点，长江水和黄河水在此汇入小清河子槽，然后由胶东调水局负责调度运行，输送长江水至潍坊和青岛（图 5-15）。

### 三、黄水东调引水

黄水东调工程是山东省委、省政府为统筹解决青岛、烟台、潍坊、威海四市的供水危机，保障胶东地区供水安全，促进当地经济社会发展，维护社会稳定而决策实施的一项重大应急性、公益性大型跨区域调水工程。工程由黄水东调应急工程、黄水东调二期工程两部分组成，自曹店、麻湾两处引黄泵站提取黄河水，改造利用原有的曹店、麻湾干渠输水至广南水库，沉沙、储水、调蓄后，经 116.41千米的新建地下双管道输水至青岛地区，途径潍北第二平原水库调蓄，在宋庄分水闸与引黄济青实现贯通（图 5-16）。工程设计流量为 15 立方米每秒，年供水量 3.15 亿立方米，概算总投资 65.03 亿元。工程全线新建入库泵站 1 座，引黄泵站 1 座，加压泵站、入沉沙池泵站各 2 座。

宋庄分水闸

图5-16 宋庄分水闸（右侧主渠道为引黄济青输水渠，左侧入口是黄水东调入水口，中间渠道是胶东地区引黄调水工程输水渠）

黄水东调工程于2017年1月15日正式开工；2018年8月20日一期工程通水，2019年11月26日二期工程通水验收。

2019年7月1日，黄水东调工程开泵调试通水；8月26日正式向青岛、烟台、威海三市应急供水，至当年底累计向胶东地区供水达13149万立方米。

黄水东调工程启动应急调水，首次实现了与引黄济青工程、南水北调东线工程联合运行，共同承担起胶东城市供水和沿线地区农业灌溉供水的任务，在发挥巨大社会效益、经济效益的同时，生态效益也非常显著。（表5-4）

表5-4 2015—2022年胶东调水工程引南水北调长江水和黄水东调黄河水水量统计表（单位：亿立方米）

| | 2015年 | 2016年 | 2017年 | 2018年 | 2019年 | 2020年 | 2021年 | 2022年 | 合计 |
|---|---|---|---|---|---|---|---|---|---|
| 长江水 | 0.4965 | 3.7 | 10.5 | 5.49 | 4.44 | 2.5 | 3.26 | 0.69 | 31.0765 |
| 黄水东调水 | 0 | 0 | 0 | 0 | 1.3 | 1.86 | 0.91 | 0 | 4.07 |

# 第三章 工程管理

针对引黄济青工程输水线路长、跨越区域广、工程类别多、管理难度大的特点，山东省引黄济青工程管理局提出输水河运行全面推行目标管理责任制和"全天候、全方位"的管理模式，四级泵站根据"控制容量"原理控制渠道内流量和水位实时变化，采用经验系数法定量考核调度运行管理。

工程维护始终坚持以保证良好运行状态为标准，不断加大大修、岁修力度，及时维修改造工程设施和设备。为维护沉沙池，每年对破损坡面进行维修；泥沙处理先采取以挖待沉的方案，后又提出"化整为零、临时占用、合理补偿、适时还耕"的新思路。90年代初期，工程全线实施3年绿化大会战，全线绿化成果初具规模。大沽河倒虹枢纽工程历经三废三修后，仍不能解决根本问题，遂于90年代中期改造设计不合理之处，进行彻底修复。

泵站被喻为引黄济青工程的"心脏"，集水工、机电、通信、自动化于一身，泵站管理在广泛吸取国内外调水工程管理经验的基础上，结合自身实际，对运行各个细节量化细化到各岗位、各管理者阶段内要达到的目标，全系统实行目标管理。

棘洪滩水库是山东省引黄济青工程的调蓄水库，每年都投入大量资金进行维修和技术改造，先后完成大坝内坡加固、测压管改造等工程；进行巡视检查、变形监测、渗流监测和水文气象监测，开展大坝上游干砌石护坡坍塌破坏机理和棘洪滩水库波浪观测两项研究，进行大坝安全鉴定，保证大坝安全，确保水库正常运行。

## 第一节　渠首沉沙池

引黄济青工程沉沙池设计使用40年，为维护其使用和处理泥沙，工程管理部门采取植树绿化的方式防止隔堤堤坡冲刷，采用开阶法补坡，每年对破损坡面进行维修；组织专业测量队观测沉沙池的淤积形态，制定泥沙处理方案。泥沙处理先采取以挖待沉的方案，后又提出"化整为零、临时占用、合理补偿、适时还耕"的新思路（图5-17）。

图 5-17 渠首沉沙池

## 一、管理维护

引黄济青工程沉沙池采用条渠形，设计总沉沙面积 36 平方千米，设 9 个条渠，分期使用，每条使用 4～5 年，总共可用近 40 年。为减轻与防止周边土地的盐碱化，沿两条隔堤的外侧分别开挖截渗沟，为防止隔堤堤坡冲刷，土方工程完工后及时在外坡、坡脚处植树绿化，坡面及堤肩种植草皮。由于沉沙条渠水面宽阔，风浪对南围堤临水坡有较大的淘刷。1989 年向青岛引水结束后，对淘刷堤坡进行加固维修，采用开阶法补坡，坡面用混凝土预制板衬砌。此后每年都对破损坡面进行维修。成立专业养护队伍，明确护堤员管理养护范围、养护标准，定期进行检查，发现问题及时采取措施加以修复。[①]

## 二、沉沙条渠冲淤观测

为观测隔堤沉降和条渠内泥沙淤积情况，1989 年 9 月土方工程完工后，惠民地区水利勘测设计院测量队沿条渠左右两条隔堤埋设对应固定桩，每隔 200 米左右埋设 1 个，左侧埋设 35 个、右侧埋设 33 个，并测量完工后的沉沙池的纵、横断面。此后，每个引水年度结束后，都组织专业测量队测量沉沙池的纵、横断面，了解淤积情况，总结淤积规律。同时，在上、中、下游取泥沙土样，分析淤积物颗粒的组成。为掌握引水量和沉沙池泥沙淤积量，分别在进水闸后、沉沙池出口闸后、北堤涵闸前设立测量站，监测渠道流量和提取水样。滨州分局设立泥沙实验室，对所取水样进行泥沙化验，计算沉沙池泥沙淤积量。

截止到 1992 年 2 月 17 日，经过 3 个年度、5 期运行，共引进泥沙 318 万立方米，引水平均含沙量为 4.99 千克每立方米；济青期引水 5.97 亿立方米，引沙 195 万立方米，引水平均含沙量为 4.08 千克每立方米，低于设计的引水含沙量为 6.7 千克每立方米；博兴灌溉期引水 2.0 亿立方米，引沙 123.3 万立方米，引水平均含沙量 7.71 千克每立方米，低于设计的引水含沙量 9.8 千克每立方米。沉沙池出口闸放水 7.84 亿立方米，放水平均含沙量 0.062 千克每立方米，沉沙池的拦沙率达 98.8%，超过设计 83% 的要求。另据 1990 年引水含沙量与黄河同期含沙量的相关分析结果，引黄济青工程引水平均含沙量仅为黄河含沙量的 60.8%。1991 年春季运行结束后，观测沉沙池的淤积形态，发现泥沙淤积速度符合设计要求，表面坡度和前坡位置基本与设计一致。运行结果表明，渠首引水含沙量小，沉沙池沉沙效果好，拦沙能力超过设计要求。[②]

## 三、泥沙处理

引黄必引沙，处理好泥沙问题是引黄工程的关键。从 1989 年 11 月正式向青岛市送水，至 1993 年 6 月，经过 4 个引水年度运行，2 号沉沙条渠沉沙池的沉积泥沙为 530 万立方米，上游段（张寨桥以上段）平均高程达到 11.0 米以上，中游段（张寨桥—刘王桥）高程为 10.0～11.0 米，沉沙池的自流沉沙功能几乎丧失。原设计进水闸后修建打渔张引水泵站，自流沉沙功能丧失后采用扬水沉沙，由于资金不足等，扬水泵站一直处于缓建状态。

1993 年 5 月，省局、滨州分局、博兴管理处组建清淤工作组，采取以挖待沉方案，连续 3 年采用泥浆泵在沉沙条渠内清淤，弃土沿隔堤堆放在条渠内两侧。这一方案尽管开发了 2 号沉沙条渠的沉沙

① 王均乔，鲍芳，侯燕钦．引黄济青沉沙池运行管理与泥沙处理 [J]．山东水利，2012（9）：36-37．
② 王大伟，江勇，周黎明．引黄济青工程运行情况简介 [J]．人民黄河，1993（01）：40-41．

能力，可以确保引黄济青工程的正常运行，但也减小沉沙池面积71.85万平方米，占沉沙池上、中游沉沙面积的1/3，不宜再继续扩大弃淤场地。否则，沉沙池面积减小，沉沙能力降低，不仅影响沉沙效果，而且也给今后清淤带来困难。

为使沉沙池开发运用逐步走向良性循环，确保引黄济青工程正常运行，在总结自身泥沙处理经验及借鉴其他引黄灌区成功经验的基础上，1996年又提出"化整为零、临时占用、合理补偿、适时还耕"的新思路，并在大量调查研究、现场勘察、分析计算工作的基础上，制订《引黄济青工程沉沙池清淤规划草案》，对此后10年的泥沙处理提出规划意见。清淤规划草案选择7块条形弃淤场，这些场地在隔堤外侧平行隔堤布置，垂直隔堤方向200米左右，面积为150万平方米，基本可满足10年使用。并据此对1996年开始的第一期挖泥船清淤进行具体安排，经与当地政府协商，选择2号条渠两隔堤外侧耕种条件差的荒碱低洼地进行淤改，使薄地变良田。根据淤积现状，先启用3块堤外弃淤场。对内贴弃淤场未达到弃淤高程的部分，仍以泥浆泵作业，堤外弃淤场采用挖泥船作业。从1996年开始，至1998年底第一期挖泥船清淤完工，挖泥船和泥浆泵3年共清淤346.2万立方米。1999年春天，3块堤外租用弃淤场按时还耕。从1999年开始又进行第二期施工，在上、中、下游堤外又开辟3块弃淤场，根据排距远近分别采用挖泥船和泥浆泵作业。1993—2011年底共完成清淤土方量1114万立方米，充分保证了工程的正常运行。

此外，为保护当地自然环境，保证弃淤场地不沙化，达到淤积高程的弃淤场要及时种植树木，树间种植苜蓿，搞好水土资源开发。[①]

## 第二节 输水河

在输水河运行管理中，全面推行目标管理责任制和"全天候、全方位"的管理模式，四级泵站根据"控制容量"原理控制渠道内流量和水位实时变化，采用经验系数法定量考核调度运行管理水平。由于输水河内肩外坡裸露严重影响工程安全运行，90年代初期，工程全线实施3年绿化大会战，全线绿化初具规模。大沽河倒虹枢纽工程历经三废三修后，仍不能解决根本问题，遂于90年代中期改造设计不合理之处，进行彻底修复（图5-18）。

### 一、全天候全方位管理

引黄济青工程输水采用"等容量"输水方式，全长250多千米的输水渠道皆为明渠，中间没有调蓄水库，给管理带来很大困难。尤其是在输水期间一旦

图5-18 引黄济青工程输水明渠

① 王均乔，鲍芳，侯燕钦. 引黄济青沉沙池运行管理与泥沙处理[J]. 山东水利，2012（9）：36-37.

失控，上游水头乘势而下，就会给下游带来严重损失。运行初期，引黄济青曾经发生因上游控制不利造成下游水位速长、大堤被冲的事故。

为从根本上杜绝此类事故发生，工程管理要加大监控力度，让工程运行状态时时都在控制之中，处处都在掌握之中；每个闸站都有人看守，每个管理点都有人监控；在工程日常管护方面，本着"经常养护，随时维修，养重于修，修重于抢"的原则，对渠道、伴渠路、泵站、闸门、启闭机、变压器等建筑物坚持做到一步到位、不留死角，定期进行检查，从制度化、规范化、精细化方面下功夫。由此总结出"全天候、全方位"的管理模式，即达到时时有人管、处处有人管，不留死角。

为坚持这一管理模式，运行期间，省局总控制室安排专人值班，每隔半个小时就要通过专用电话查岗，查看工程关键部位是否有人值守。如电话无人值守，则通报批评，累计一定脱岗次数，取消评优争先资格。遇到雨雪天更要加强现场巡查，及时发现事故隐患，保证工程正常运行。[1]

### 二、控制容量输水系统

引黄济青工程采用四级泵站串联式运行，缺乏调蓄能力，在发生泵站断电、事故以及冬季冰期输水等情况时，控制渠道内流量和水位实时变化十分困难。为此，根据"控制容量"原理，采用实时控制手段，将明渠中的水流变成"类似管状流"，在输水流量急剧变化的情况下，力求使水面波动最小。

引黄济青工程设置46座节制闸门，拥有微波通信系统和自动化监控系统，具备实现控制容量的必要条件。引黄济青工程管理局确立了以计算机网络为依托，包含泵站监控系统、闸站监控系统、数据库管理系统、专家决策系统等的总体设计方案。该系统以济南为调度中心，各分中心为分控中心，闸站、泵站等为数据采集点和受控点组成三级计算机网络，滨州、潍坊、东营、青岛分局和博兴、寿光、寒亭、昌邑、平度、胶州、水库管理处作为济南调度中心的远端用户。系统建成后，济南调度中心可以全面掌握全线的运行情况，及时观测各控制点的水位、流量、闸门开度、机组开停机等运行参数，并根据采集的参数优化调度；以此为基础，实现闸门启闭和机组开停调度运行自动化，最终目标是实现以"控制容量"为理论基础的全线调度运行的计算机自动决策与执行系统。

根据引黄济青工程实际情况，调度中心、各分控中心建立相应的局域网。调度中心和分控中心之间连成广域网。济南调度中心与各泵站之间的网络设备采用微波连接，泵站与闸站的通信采用一点多址专线通信。该项目的开发建设，不仅极大地提高了引黄济青工程的管理水平和供水效益，而且能为大型、远距离调水工程的建设管理提供参考。[2]

### 三、输水损失管理

引黄济青输水河工程在设计渗漏损失时，采用经验系数法，损失率定为32%。工程通水后，为准确计算输水损失，验证聚乙烯膜的防渗效果，先后进行动水和静水的观测和计算。1989—1990年度管理局在动水情况下观测输水损失，1990—1991年度又在蓄水保温情况下观测净水损失。据两次实测资料分析，输水损失率小于20%，[3] 但其中不同渠段的效率则因地而异。

① 管理增效益 创新谋发展——纪念引黄济青工程通水二十周年 [J]. 山东水利，2009（Z2）：9-10.
② 王大伟，江勇，张卫民 . 引黄济青工程管理的科技进步 [J]. 山东水利，1999（11）：30-31.
③ 王大伟 . 依靠科技 搞好引黄济青工程运行管理 [J]. 中国水利，1992（11）：7-8.

为在实际运行中尽量减少"跑、冒、渗、漏",提高输水利用系数,定量考核调度运行管理水平,必须把不同渠段的输水损失控制在最小范围内,才能争取全渠输水效率达到试验效果。为此,在分段试验的基础上,制定了《引黄济青工程管理调度运行办法》,定量考核调度运行水平,将基层管理单位所辖渠段的实测损失水量承包给基层单位,并与单位、个人的考评和经济效益挂钩。该管理办法实施后,水量损失有比较明显的减少,有效水利用率由实施前的 50% 提高到 67%。[①]

### 四、大沽河倒虹枢纽工程维修

大沽河枢纽于 1989 年底竣工,次年汛期开始拦蓄洪水,投入运行(图 5-19)。1990 年汛期,冲沙闸后发生二次水跃,左岸海漫下游 100 多米长护岸设施被冲毁。主要原因有三个:一是河道非法采砂情况严重,致使下游河底高程降低;二是倒虹中心线处施工不正确,上游出现偏角,导致冲沙闸泄洪时水流直接冲向左侧护岸;三是在进行泄水作业时由于闸门提速过快,下游部位没有形成水垫。另外,

图 5-19 大沽河枢纽(摄于 2020 年)

10 孔翻板闸门不能同步开启和关闭,其中的 4 孔相对开启较快,导致泄洪闸的消力坎被洪水冲毁,并致使部分海漫损毁。造成破坏的主因有两个:一是翻板闸门预制尺寸不够精确,金属件加工误差较大,闸门中的连接结构在外力作用下发生变形而扭曲;二是施工不良,消力池和海漫的功能达不到预定要求。

1994 年汛期,行洪导致冲沙闸的二级消力池和海漫浆砌石结构均被冲毁,左岸 25 米长的护坡被冲毁,防冲抛石区被冲出 3 米深的坑,泄洪闸防冲抛石区也有大部分被冲毁。主要原因有两个:一方面是汛期来水突然,且来水量较大,泄洪闸门猝不及防,无法正常调节控制过流;另一方面是河道采砂,导致拦河闸下游河床沙层下降 0.7 ~ 2.5 厘米,尾水位降低,进一步影响拦河闸的消能工作。

1996 年汛期,翻板闸下游消能系统大面积受损,受损面积达总面积的 80%。消力池冲蚀严重,冲坑最大深度达 2.2 米,与首次破坏一样出现二次水跃,消力坎下游部分海漫遭到冲击,冲坑最深处达 0.7 米。主因是翻板闸门状态不稳定,不能按设计进行水位调节,下游整个消流防冲系统不能正常工作。另外,河道内浆砌石施工质量不达标也是主要原因之一。

上述三次大破坏的修复工作,因为技术限制施工质量达不到设计要求,且原设计有不合理之处,虽然耗费了大量人力和财力,却无法彻底解决问题(图 5-20)。1997 年,经山东省水利勘测设计院水利专家指导,修复加固冲沙闸二级消力池,将消力池材料由浆砌石改为钢筋混凝土,并在消力池内设置消力墩。另外,在池内设置导流墙,减轻对下游左岸护坡的冲击。这次改造效果显著,大沽河枢纽顺利地度过后续几次强度较大的洪水考验。[②]

① 吕福才,毕树德,王大伟,卢宝松.引黄济青工程的管理与运行 [J].中国农村水利水电,2003(08):67-68.
② 谢忱.引黄济青工程大沽河枢纽改造研究 [D].山东大学,2014.

## 第三节　泵站

泵站管理分为日常管理、运行管理、组织管理、科技管理、经济技术指标 5 个大项。在广泛吸取国内外调水工程管理经验的基础上，引黄济青工程结合自身实际，在泵站全系统管理中实行全面质量管理，泵站运行的各个细节、各个岗位、各管理者要达到的阶段性目标等都进行量化细化。在调度运行、设备维护保养、泵站改造及技术革新方面实行目标管理，从而使泵站设备完好率保持在 98% 以上，提高了设

图 5-20　大沽河枢纽水毁抢修

备运行效率（图 5-21、5-22、5-23、5-24）。

图 5-21　1996 年，山东省引黄济青工程管理局党委书记张孝绪、局长王立民在王耨泵站检查工作

图 5-22　1999 年 5 月，引黄济青一九九九年度泵站工作会议在棘洪滩水库召开

图 5-23　2016 年 10 月 21 日，山东省胶东调水局局长郑瑞家在引黄济青工程平度段检查工作

图 5-24　2023 年 12 月 5 日，山东省调水工程运行维护中心党委书记、主任马玉扩赴滨州分中心打渔张泵站开展调研活动

### 一、全面质量管理

在泵站管理中，将全面质量管理方法与工程实际结合起来，应用于泵站工程运行管理与大修、岁修的全过程，建立泵站工程全面质量管理体系，对泵站实行全员、全过程、全面质量管理，强调领导、技术、后勤三保证。对内部的工程设备维修、改造及新建工程等层层把关，每个单项工程、每道工序

都配备质量监督员，赋予质量监督员相应的权利与责任，每完成一道工序都进行验收，确保质量达到标准。规定外包工程必须进行招标议标，招标评标人员由省局、分局、管理处、泵站管理所及有关技术专家组成，一切按经济规律进行操作，避免主观臆断、官僚作风、腐败风气造成的劣质工程，确保工程设备质量完好。①

泵站每天都有机电设备在运行，通信、自动化设备在工作，工程管理涉及主系统与附属设备、辅机系统、机电设备、通信设施、自动化系统管理与土建工程、物业管理。按照行业规范标准对每台设备的初始状况考核定级，建立设备台账。实行对基本设施、机电设备、庭院承包管理，责任到人，明确管护内容及要求，定期组织考核，考核结果与个人经济利益挂钩。制订《泵站安全制度汇编》《设备评定及奖惩管理办法》等规章制度，各管理处组织精干技术力量检修全部机电设备的元器件，利用防锈、喷漆技术改造设备，使设备精良、内在质量高、外观全新，从而使泵站的设备完好率保持在98%以上。②

由于实行全面质量管理，泵站从未出现不能开停机、购进劣质设备、建造"豆腐渣"工程的现象，全部经受住满负荷运行的考验。省局按照部颁《设备分类标准》对4座泵站的所有设备考评定级，考核结果为4座泵站无三类设备，一类设备占有率达到90%以上；亭口泵站达到全系统泵站管理先进一级站，棘洪滩泵站达到二级站。

### 二、调度运行管理

1998年，引黄济青工程开始实施调度运行自动化，并于当年完成以棘洪滩泵站为中心的自动化测控，实现了棘洪滩泵站所有运行参数的自动采集及所辖闸站的自动控制，并可实施远距离传输和控制。省局调度中心可以实时监控各级运行情况，实施以王耨、亭口、宋庄、渠首泵站为中心的自动化测控工程。2001年底，工程实现全线输水的自动化调度，提高了调度运行科技水平。③

### 三、设备维修养护

泵站维修工程项目有泵站主机泵大修、变压器维修养护和闸门维修等。对泵站工程维修费用实行量化考核，从行政、后勤、车辆、土建工程、机械设备、电气设备、金属结构、电气试验、生产用电、取暖10个方面，根据工程现场离基地的远近、设备数量的多少、工程现场情况等核实日常管理费用。工程的大修费用则采用申报、评估、立项、设计、审批列入年度计划的程序，然后分析单位技术经济指标并进行考核，考核结果列为年度工程检查评比内容。④

#### （一）主机泵维修养护

机组投入运行后，大修周期正常为7～10年，在此期间，每年都要对机组进行常规性小修检查，并根据实际运行情况，随时对主机泵出现的问题进行抢修。亭口泵站4台机组、棘洪滩泵站7台机组，在年度常规检查中，均发现有油、水管路油漆脱落、填料函有污垢或锈蚀、电机推力导向瓦需更换、

① 管理增效益　创新谋发展——纪念引黄济青工程通水二十周年[J].山东水利，2009（Z2）：9-10.
② 黄运增，杜序强.引黄济青工程依法管理模式探讨[J].山东水利，1999（11）：23-24.
③ 吕福才，毕树德，王大伟，卢宝松.引黄济青工程的管理与运行[J].中国农村水利水电，2003（08）：67-68.
④ 吕福才，毕树德，王大伟，卢宝松.引黄济青工程的管理与运行[J].中国农村水利水电，2003（08）：67-68.

压环及密封填料需更新等方面的问题。至 2017 年，均在不同时间进行过 1 ~ 3 次维修（图 5-25）。

图 5-25 2009 年 5 月，亭口泵站实施 1 号机组大修

### （二）变压器维修养护

变压器随着运行时间的增加，整体性能会降低，出现电缆老化严重等问题。1996 年 9 月，亭口泵站分别对 1 号主变和 41B 站变进行大修；2008 年 10 月，又对 2 号主变和 42B 站变进行大修。在此期间，还对 3 号闸变进行了大修。

棘洪滩泵站 3 台 35 千伏主变于 1988 年装设，2010 年 9 月分别对 1 号、2 号两台主变进行吊芯大修。同期，每年对 3 台主变进行常规检查，发现的问题有低压侧散热片锈蚀严重、变压器漏油等。另外，棘洪滩泵站棘西线是大沽河管理所、小新河管理所及下属各闸站的 6 千伏供电线路，由于线路建成时间较长，部分线杆出现地基松动、线杆倾斜、杆体开裂及内部钢筋锈蚀现象，2009 年 5 月和 2015 年 6 月，分别对部分线杆进行更换。

### （三）事故门卷扬机维修养护

各泵站每年对事故门卷扬机进行常规性检查，主要发现有闸门止水橡皮损坏导致闸门漏水、设备生锈等问题，然后对设备进行除锈上漆、整理控制盘线路。

## 四、泵站改造与技术革新

1989 年建成通水后，随着运行时间的加长，锈蚀与汽蚀使各泵站的叶片严重受损，机组、电气效率明显下降，辅助设备也出现严重老化现象。为保证泵站机组、电气运行安全，各泵站根据实际情况，每年上报大修计划，经上级批复后进行大修。

### （一）油压装置改造

亭口泵站油压装置电接点压力表触点开始时接入 220 伏交流电，因频繁启停，触点经常烧损黏连，油泵不能正常工作，油压下降，影响机组正常运行。之后将触点通电由交流改为直流，收到一定效果。随着变频技术的发展，又将两台油泵全部改成变频控制，油泵启动平稳，运行可靠。

### （二）机组桨叶调节改造

亭口泵站原来是四台泵组共用一套油压装置,其压力油仅可供单台泵组调节,而不允许两台及两台以上的泵组同时调节。这套油压装置一旦发生故障,所有机组都无法运行。2008年10月,亭口泵站在进行深入考察后,经省局批准,对4号机组进行实验性改造,将原调节机构拆除,更换成可独立调节的免抬轴水泵叶片角度调节器,取得良好效果。2009年7月,又照此对1号机组进行改造。2016年7月,2号机组桨叶调节装置突然发生漏油无法运行,经讨论分析并与厂家沟通,采取将现桨叶调节装置拆除直接更换为免抬轴水泵叶片角度调节器的处理方法,继续利用原有小轴作为传动装置,但此小轴为空心轴,其抗拉强度较弱,且小轴与叶轮体连接处存在断裂风险,故运行中尽量减少调节次数,并在下次大修时更换小轴。

## 第四节 棘洪滩水库

山东省引黄济青工程棘洪滩水库管理处成立后,不断加强水库安全管理,每年都投入大量资金进行水库维修和技术改造,先后完成大坝内坡加固、测压管改造等工程。同时,坚持巡视检查、变形监测、渗流监测和水文气象监测,开展大坝上游干砌石护坡坍塌破坏机理和水库波浪观测2项研究,开展大坝安全鉴定,保证大坝安全,确保水库正常运行(图5-26)。

图5-26 棘洪滩水库航拍图

为扩大供水规模,于20世纪初投资兴建棘洪滩水库配套水厂工程。同期,有效解决了水库与周边村庄的土地纠纷缺乏法律依据的问题。

### 一、坝体观测

棘洪滩水库是山东省引黄济青工程的调蓄水库,根据《土石坝安全监测技术规范》(SL60-94),必设观测项目为巡视检查、变形监测、渗流监测和水文气象监测。表面变形监测是变形监测中的必测项目,包括竖向位移监测和水平位移监测。渗流监测项目包括渗流量、坝基渗流压力和坝体渗流压力的观测,是土石坝安全监测的重点。

### （一）渗流监测

棘洪滩水库的观测项目主要有坝基流压力和坝体渗流压力、水平位移、竖向位移等。渗流监测沿围坝布置有 12 个断面，其中坝体渗流压力断面 7 个，坝基渗流压力断面 5 个，每个断面有 5 个测压管反映浸润线的位置。

大坝测压管观测方法采用人工方式，数据准确性比较高，但工作效率比较低，尤其是在观测点比较多、比较分散时（图 5-27）。鉴于上述情况，水库管理处决定采用自动观测，最终选定振弦式仪器作为实现水库大坝测压管自动监测的仪器（图 5-28）。

图 5-27 棘洪滩水库侧压管水位测量　　　　　图 5-28 大坝测压管分布示意图

为实现坝基、坝体渗流压力的自动监测，压力传感器置于测压管最低水位以下并固定好；压力传感器将所感受到的水压力转换成电信号，通过信号电缆传送给其附近（大坝现场）的数据采集单元（DAU），数据采集单元对所接入的监测仪器按照监控主机的命令或预先设定的时间间隔进行自动测量，并就地转换为数字量暂存于数据采集单元中，根据监控主机的命令向主机传送所测数据，数据采集单元之间由双绞线或光缆采用 RS-485 协议通信。

### （二）变形监测

变形观测主要是监测大坝本身及局部位置随时间变化而发生的变化，即确定测点在某一时刻的空间位置或特定方向的位移，可分为水平位移监测和垂直位移监测。垂直位移监测有 10 个断面，每个断面 5 个观测点；水平位移观测点设在桩号 1+412 到 3+374 之间，有观测基点 5 个、观测点 10 个。水平位移监测自动化主要采用垂线法、引张线法及真空激光准直法；垂直位移监测自动化采用真空激光准直法和静力水准法。近年，还采用 GPS 或全站仪实现水平位移监测和垂直位移监测自动化。

棘洪滩水库坝体是一个九边形，观测点多且测点分布比较广。若采用大地测量方法布网，则观测周期长，受外界环境影响大，受点间通视要求限制，难以达到预期效果。而采用 GPS 布网，具有不需要点间通视、布网灵活、可全天候作业、观测速度快、工作量小等优点。同时对所构网形的图形强度要求不高，可有效克服气象条件对观测的影响。因此，水库利用 GPS 进行水平位移和垂直位移的观测。

随着 GPS 接收机硬件性能和软件处理技术的提高，GPS 精密定位技术在大地测量、地壳形变监测、精密工程测量等诸多领域得到广泛应用和普及。采用 GPS 定位技术进行精密测量，平差后控制点的平面位置精度可以达到 1 ~ 2 毫米，高程精度为 2 ~ 3 毫米。研究结果表明，如果采用性能优良的接收机和优秀的数据处理软件，在采取一定措施后，GPS 能在短时间（数小时甚至更短）内以足够的灵敏度探测出变形体平面位移毫米级水平的变形。与观测边角相对几何关系的传统测量方法相比，GPS 监测具有可以实现高度自动化、大大减轻外业强度、能够迅速得到高效可靠的三维点位监测数据等优点。通过采用 GPS 一机多天线监测系统，1 台 GPS 接收机能够同时连接多台天线并保证信号完整可靠。水库采用 1 台基准站 GPS 接收机、8 台坝面监测 GPS 接收机、8 台 GPS 一机多天线控制器、一台基准站数据传输设备对 65 个测点进行监测。

**（三）环境物理量自动监测系统**

棘洪滩水库采用环境自动监测站对气温、气压、降雨量、蒸发量、风速、风向等参数进行自动测量，并将环境数据存储起来，供上位机查询处理。

**（四）监控系统**

棘洪滩水库工程安全监控管理系统软件具备功能强大、界面友好、操作方便的特点，软件包括在线监控、安全管理、系统管理、数据库管理等。包括数据的人工 / 自动采集、在线快速安全评估、测值的离线性态分析、监控模型 / 分析模型 / 预报模型管理、工程文档资料、测值及图像管理、报表制作、图形制作、辅助工具、辅助系统、演示学习系统等日常工程安全管理的全部内容。

1993 年，委托聊城地区水利勘测设计院开展棘洪滩水库大坝水平位移观测，同年 12 月中旬完成观测设施安装任务，测区内布设观测基点 5 个（A—E）、工作基点 8 个（P1—P8）、位移标点 16 个（W1—W16），共计 29 个点位。按观测基点—工作基点—位移标点的顺序观测，观测过程遵守有关的规范和方法要求。1994 年 3 月—1995 年 12 月，完成 3 次水平位移观测。根据 3 次《水平位移测量成果鉴定意见》，3 次水平位移观测成果都符合"技术任务书"中对点位精度的要求，最弱点点位中误差（坐标闭合差）如 W 各点均超过 1—2 万。水库处于相对稳定状态。

1994 年 12 月—1997 年 10 月，由棘洪滩水库工作人员完成 4 次沉陷垂直位移观测。垂直位移有 10 个断面，每个断面 5 个观测点，沉陷位移观测点设在桩号 1+412 到 3+374 之间，有观测基点 5 个、工作基点 8 个、位移标点 16 个。4 次观测数据显示，水库大坝处于相对稳定阶段。渗流观测沿围坝布置有 12 个断面，每个断面有 5 个测压管反映浸润线位置。运用棘洪滩水库大坝安全监测分析系统对观测资料进行整编分析及渗流有限元计算，结果表明观测段运行未见异常，土坝沉陷处于稳定阶段。

**二、安全维护与防护**

1993 年，棘洪滩水库达到设计蓄水高程 14.2 米后，由于风浪的作用，大坝上游干砌石护坡经常发生大面积坍塌，威胁大坝安全。1993 年—2008 年，省局累计投资 196 万元，先后进行 9 期维修，修复干砌石护坡约 25747 平方米。这不仅增加了工程维修费用，也给水库日常管理带来困难。为从根本上解决问题，水库管理处在国内水利专业机构和技术部门工程专家指导下，进行大坝上游干砌石护坡坍塌破坏的机理和水库波浪观测 2 项研究。

**（一）护坡坍塌破坏机理研究**

棘洪滩水库管理处先后与山东工业大学水工实验室共同完成"棘洪滩水库围坝坝顶高程及护坡安全性的综合研究"，与山东省水利专科学校联合完成"土坝护坡毁坏原因及修复技术研究"。研究表明，干砌石护坡坍塌破坏的重灾区为东南坝段和北坝段，与水库主导风向、波浪要素具有一致性。当以滤料湿化变形为主时，护坡坍塌沿坝长 10 ~ 100 米不等，其破坏宽度呈变幅不同的带状；从护坡坍塌破坏中心高程来看，一般在风浪爬高区域；从破坏形式来看，为漏斗状破坏，楔形石脱落，滤料流失，干砌石架空，然后在波浪压力打击下护坡塌陷，块石翻倒、脱落而破坏，原塌坑修复边缘仍是薄弱地段，应设法加强加固措施，以遏制发生反复破坏现象。找出干砌石护坡坍塌破坏原因：一是设计风速偏小，设计护坡率较小；二是干砌石护坡块石之间缝隙太宽，造成滤料被淘，砌石块架空；三是有些坝段的反滤料层滤料混杂；四是干砌石护坡厚度偏小。

**（二）水库波浪观测研究**

1998 年 12 月开始，棘洪滩水库管理处和国家海洋局第一海洋研究所联合开展棘洪滩水库波浪观测研究。观测时间为 1998 年 12 月 26 日—1999 年 1 月 13 日；观测地点位于棘洪滩水库东南，桩号分别为 12+200、12+800 和 13+400，离坝坡水边线约 30 米，测点平均水深 4.5 米；风要素观测 17 天，观测到 2 次冷空气过程；波浪要素观测 19 天，获取 204 组实测波浪资料。对观测资料进行分析，总结出特征波高与风速之间的关系：库区内不同点的波浪要素主要受风区和坝的影响，在 3 个不同测点建立风速与特征波高之间的关系，对库区的管理和坝体的保护是有益的。库区波群的特征：库区波浪最大波高以较高概率出现在长的波群链中，一般位于波群中心的前侧，这可能是水库大坝干砌石护坡侵蚀的主要原因；封闭小水域与海上的实测波浪特征波高存在明显差异，库区波浪受水体形状的影响较大。

**（三）大坝上游护坡加固**

为保护水库大坝安全运行，省局于 1997 年下达大坝内坡加固工程计划，至 2007 年共进行 7 期内坡加固工程（图 5-29），加固坡段为 9+000 — 1+350 及 3+000 — 6+850，加固总面积达 139974.85 平方米（图 5-30）。

图 5-29 棘洪滩水库大坝内坡加固工程施工

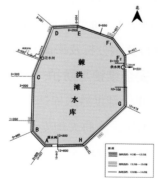

图 5-30 大坝内坡加固示意图

### （四）大坝内坡损毁修复

保证水库大坝安全是水库日常管理的重中之重。水库运行初期，由于风浪的作用，大坝上游干砌石护坡经常发生大面积坍塌，威胁大坝安全。1993 年—2008 年，累计投资约 196 万元，修复干砌石护坡约 25747 平方米（表 5-5）。

表 5-5　1993 年—2008 年大坝内坡损毁修复工程统计表

| | 时间 | 投资（万元） | 维修面积（平方米） | 备注 |
| --- | --- | --- | --- | --- |
| 一期工程 | 1993 | 17.27 | 3837.0 | — |
| 二期工程 | 1995 | 10.0 | 2150.0 | 抢修 |
| 三期工程 | 1999 | 22.72 | 4200.0 | — |
| 四期工程 | 2000 | 11.67 | 1870.0 | 超风速水毁修复 |
| 五期工程 | 2001 | 3.43 | 440.0 | — |
| 六期工程 | 2004 | 52.96 | 6636.0 | — |
| 七期工程 | 2005.12 | 45.63 | 4345.0 | — |
| 八期工程 | 2006.4 | | | |
| 九期工程 | 2006.7.5 | 32.3 | 2269.0 | — |
| 合计 | — | 195.98 | 25747.0 | |

### 三、大坝安全鉴定

2019 年 12 月 14 日，山东省调水工程运行维护中心组织专家对山东省水利科学研究院编制的《棘洪滩水库大坝安全鉴定报告》进行评审，鉴定棘洪滩水库大坝为二类坝，主要鉴定结论如下。（1）水库为平原水库，无防洪要求，坝顶高程、心墙顶高程满足规范要求。（2）大坝渗透稳定和坝坡抗滑稳定满足规范要求，上游 9.50 米高程以下局部干砌石护坡不满足规范要求；下游坝坡局部亏坡，草皮护坡质量差。（3）输水洞、泄水洞过流能力满足设计要求，进水闸、输水闸、泄水洞及竖井稳定性、结构强度满足规范要求。启闭设备运行正常，进水闸闸门面板锈蚀严重。（4）在Ⅶ度地震工况下，大坝和进水闸、输水洞、泄水洞钢筋混凝土竖井稳定满足规范要求，进水闸、输水洞及泄水洞结构强度满足规范要求，但不满足抗震构造要求。（5）水库管理及大坝安全监测设施基本满足运行管理要求。同时对运行管理或除险加固提出意见建议：加强工程的日常巡查和监测，工程存在的问题要尽快维修处理。

2020 年 6 月 24 日，山东省水利厅以鲁水运管函字〔2020〕36 号文印发《棘洪滩水库大坝安全鉴定报告书》（图 5-31）。鉴于水库的重要性，要求有关部门及时做好工程维修养护，加强日常养护，确保水库安全运行（图 5-32、5-33）。

图 5-31 山东省水利厅《关于印发棘洪滩水库大坝安全鉴定报告书的通知》

图 5-32 水库大坝二期内坡加固工程施工前

图 5-33 水库大坝二期内坡加固工程施工后

2021年9月，山东省水利勘测设计院有限公司完成《棘洪滩水库大坝安全鉴定存在问题整改工程实施方案（一期）》，并于9月15日通过专家审查。整改工程（一期）主要建设内容包括外坡局部补坡修复（设计桩号6+500～12+850）（图5-34）、草皮修整（设计桩号6+540～12+850），排水沟修复（设计桩号5+000～9+231）（图5-35），桩号13+847附近两条上坝道路加宽硬化（图5-36），进水闸闸门、启闭机更换等（图5-37）。9月18日，山东省调水工程运行维护中心以鲁调水规建字〔2021〕4号文印发整改工程实施方案（一期）。11月，整改工程（一期）开工；12月底，整改工程（一期）工程竣工并通过验收（图5-38），工程投资500.07万元。

图5-34 水库大坝外坡局部补坡修复、草皮修整（设计桩号6+500～12+850）

图5-35 排水沟修复（设计桩号5+000～9+231）

图5-36 围坝桩号13+847附近两条上坝道路加宽硬化

图5-37 水库进水闸闸门、启闭机更换

图 5-38 2021 年 12 月棘洪滩水库大坝安全鉴定存在问题整改工程（一期）及合同工程完工验收会议

2022 年 10 月 24 日，山东省调水工程运行维护中心以关于印发《棘洪滩大坝安全鉴定存在问题整改工程（二期）初步设计》的通知（鲁调水规建字〔2022〕11 号）批复了《棘洪滩大坝安全鉴定存在问题整改工程（二期）初步设计》（图 5-39），批复总投资 3187.96 万元。棘洪滩大坝安全鉴定存在问题整改工程（二期）主要对棘洪滩水库桩号 0+000 ～ 14+227 范围高程 9.50 米以下上游坝坡进行修复。其中，高程 9.50 ～ 7.50 米的坝坡采用 C30 现浇混凝土板护坡，3+000 ～ 6+050、10+100 ～ 13+900 范围内现浇混凝土板的有效厚度为 0.16 米，13+900 ～ 14+227（0+000）、0+000（14+227）～ 3+000、6+050 ～ 10+100 范围内现浇混凝土板的有效厚度为 0.13 米；高程 7.50 米以下的坝坡采用抛乱石护坡。

青岛分中心根据批复进行相关项目的招投标工作，2022 年 11 月 1 日，山东省调水工程运行维护中心青岛分中心委托招标代理进行招标；2022 年 11 月 28 日组织召开了《棘洪滩水库大坝安全鉴定存在问题整改工程（二期）施工图设计》审查会议；2022 年 11 月 30 日，通过竞争性磋商选定监理单位，2022 年 12 月 9 日签订监理合同；2022 年 12 月 12 日，通过竞争性磋商选定检测单位，2022 年 12 月 15 日签订质量检测合同；2022

**山东省调水工程运行维护中心文件**

鲁调水规建字〔2022〕11 号

山东省调水工程运行维护中心
关于印发《棘洪滩大坝安全鉴定存在问题整改
工程（二期）初步设计》的通知

青岛分中心：

《棘洪滩大坝安全鉴定存在问题整改工程（二期）初步设计》已通过专家审查并修改完善，现予以印发。有关事项通知如下：

一、工程主要内容

对棘洪滩水库桩号 0+000～14+227范围高程9.50m以下上游坝坡进行修复。其中，高程9.50～7.50m坝坡采用C30现浇混凝土板护坡，3+000～6+050、10+100～13+900范围内现浇混凝土

图 5-39 2022 年 10 月 24 日，山东省调水工程运行维护中心关于印发《棘洪滩大坝安全鉴定存在问题整改工程（二期）初步设计》的通知

年 12 月 13 日，通过竞争性磋商选定环境保护措施服务单位，2022 年 12 月 15 日签订环境保护措施项目技术服务合同；2022 年 12 月 13 日，通过竞争性磋商选定 7.5 米以下大坝边坡安全鉴定单位，2022

年 12 月 16 日签订安全鉴定委托合同；2022 年 12 月 16 日，通过公开招标选定 1 标、2 标施工单位，2022 年 12 月 20 日签订施工合同。

2023 年 1 月 11 日，山东省调水工程运行维护中心青岛分中心在棘洪滩水库管理站会议室组织召开第一次工地会议暨设计交底会议。会上，青岛分中心工程科详细介绍了工程开工准备情况，宣布了监理单位、监理范围、监理内容及对总监的授权，并对使用材料和施工质量提出具体要求。各参建单位分别介绍了项目部组建、开工准备等情况；设计人员对工程设计情况及施工中的注意事项作了详细说明，施工、设计、监理单位对工程设计进行了沟通交流。

2023 年 2 月 20 日，山东省调水工程运行维护中心青岛分中心组织召开施工组织设计、安全生产应急预案、临水作业及混凝土护坡施工专项方案专家评审会。

2023 年 3 月 10 日，青岛分中心在棘洪滩水库管理站组织召开了棘洪滩水库大坝安全鉴定存在问题整改工程（二期）7.5 米以下大坝边坡安全鉴定评审会（图 5-40），专家组经过充分审查、评议后认为，安全鉴定结果基本能够反应 7.5 米以下大坝边坡的基本情况，最终讨论通过了《安全鉴定报告》。

图 5-40 2023 年 3 月 10 日，棘洪滩水库大坝安全鉴定存在问题整改工程（二期）7.5 米以下大坝边坡安全鉴定评审会

根据安全鉴定单位对棘洪滩水库上游坝坡高程 7.5 米以下护坡出具的安全鉴定报告，山东省水利勘测设计院有限公司调整 7.5 米以下护坡的设计方案，同意取消 7.5 米高程以下抛乱石护坡和码头工程。2023 年 3 月 21 日，山东省水利勘测设计院有限公司下达设计更改通知单，取消 7.50 米高程以下抛乱石护坡，取消为抛石施工设置的码头。

水库大坝安全鉴定整改工程（二期）主体工程于 2023 年 2 月 27 日开始浇筑混凝土，3 月 25 日全部完成，比原计划提前 36 天完工（图 5-41、5-42）。2023 年 3 月 31 日，水库大坝安全鉴定整改工程（二期）完成分部工程验收；4 月 10 日完成单位及合同工程验收（图 5-43、5-44）。青岛分中心较好地完成了该项急难险重的建设任务，极大地缩短了棘洪滩水库低水位运行时间，有效保证了青岛的供水安全。

2023年12月，省调水中心在棘洪滩水厂二楼会议室组织召开棘洪滩水库大坝安全鉴定存在问题整改工程竣工验收会议，工程顺利通过竣工验收。

图 5-41　2023 年 1 月 31 日，省中心总工王家庆等到棘洪滩水库大坝安全鉴定存在问题整改工程（二期）施工项目部督导调研

图 5-42　2023 年 3 月 2 日，省调水中心党委书记、主任刘长军带队到棘洪滩水库调研水库大坝安全鉴定整改工程（二期）

图 5-43 2023 年 4 月 10 日，棘洪滩水库大坝安全鉴定存在问题整改工程（二期）单位及合同工程验收

图 5-44 2023 年 4 月 10 日，棘洪滩水库大坝安全鉴定存在问题整改工程（二期）单位及合同工程验收

### 四、水库配套水厂工程

引黄济青工程主要是按照设计原则和要求向青岛市供应黄河原水，但一直达不到设计规模。为扩大供水规模，经多方考察论证后，省局决定投资兴建棘洪滩水库配套水厂工程（现棘洪滩水库水厂一水厂）。工程位于城阳区与胶州市交界处，坐落在棘洪滩水库管理处驻地西 150 米，南临 204 国道；占地 26 亩，总投资 3600 多万元；水厂设计日供水能力为 4 万立方米。棘洪滩水库周边的李哥庄、蓝村、棘洪滩、上马、红岛、河套等乡镇是青岛市卫星城镇，经济发展前景广阔，水资源需求量大，是水库配套水厂的主要受水区。

水厂工程初期建设主要包括一级泵房、加药间、斜管沉淀池（预留）、微絮凝滤池、清水池、加氯间、二级泵房、回水池、相应管线及变配电等设施，后在斜管沉淀池前加设折板絮凝池，并将微絮凝滤池改造为 V 型滤池。水厂设备主要包括变配电、机泵、阀、水处理、自动化五大类。水厂用电负荷总装机容量约 130 千瓦；水处理类分出厂水的消毒、杀菌设备；自动化类主要根据工艺构筑物的厂区布置和工艺流程要求设计安装，现场分别在加药间控制室、滤池控制室、二级泵房设置 PLC 工作站。通过高速数据通道把现场 PLC 工作站、监控中心监控设备组成一套完整的水厂综合自动化监控系统。

棘洪滩水库配套水厂项目首期工程于 2004 年 5 月 6 日正式开工建设，土建主体工程按设计要求于 2005 年 7 月份完成；机电设备及自动化安装调试于 2005 年 8 月 16 日结束，选择购进安装较为先进的水处理成套设备；在自动化方面，通过招投标方式购进设备，通过自主摸索实现了水厂运行自动化和全方位监控，成为一家实现数字化、高起点运行的水厂。

2007 年 6 月，山东省胶东调水局青岛分局和中国水务投资有限公司合资组建成立青岛引黄济青水务有限责任公司，供水范围涵盖了青岛市城阳区、黄岛区、胶州市，供水面积达 3962 平方千米，服务受众 300 余万人。2007 年 8 月，城阳区西水东调工程完工，开始向城阳区供水。2008 年 3 月，引黄济青向胶州市调水工程正式通水。

2010 年 7 月，棘洪滩水库二水厂通水。设计规模为 15 万吨每日，其中一期工程为 7.5 万吨每日，2010 年竣工投产；二期工程设计规模为 7.5 万吨每日，2019 年投产运行。第二水厂采用混凝沉淀＋砂滤＋后臭氧＋活性炭过滤＋消毒的净水工艺。

2011 年 6 月，青岛引黄济青水务有限责任公司控股组建青岛碧海水务有限公司。碧海水务管家楼水厂坐落于青岛西海岸新区，占地面积约 86 亩，绿化覆盖率 40%，系青岛市生活饮用水卫生信誉度 A 级供水单位。水厂设计日供水能力为 10 万吨（最大日供水能力为 12.5 万吨），水源取自棘洪滩水库，加压经 47 千米输水管线途径城阳区、胶州市、黄岛区送至管家楼净水厂，中间设红石崖加压泵站。水厂一期于 2004 年建成投产，设计日供水能力为 6 万吨；二期于 2007 年建成投产，设计日供水能力为 4 万吨；臭氧 - 活性炭深度处理工艺于 2018 年 1 月建成投产，设计日供水能力为 10 万吨。净水厂主要承担青岛西海岸新区（黄岛区）的供水任务。

碧海水务红石崖净水厂坐落于青岛西海岸新区，占地面积约 83.64 亩，绿化覆盖率 40%，系青岛市生活饮用水卫生信誉度 A 级供水单位。水厂设计日供水能力为 16 万吨（最大日供水能力为 20 万吨），水源取自棘洪滩水库，加压后经 37 千米输水管线途径城阳区、胶州市、西海岸新区送至红石崖净水厂。水厂一期于 2014 年建成投产，设计日供水能力为 8 万吨（最大日供水能力为 10 万吨）；预留二期。臭氧－活性炭深度处理工艺于 2018 年 5 月建成投产，设计日供水能力为 8 万吨。净水厂主要承担青岛西海岸新区的供水任务。

2018 年 9 月，青岛引黄济青水务有限责任公司与城阳区政府合作成立青岛城阳水务有限公司。城阳水务下辖水厂 4 座，分别位于棘洪滩、流亭、惜福镇街道，共占地面积 78 亩，设计日供水能力合计 6.5 万吨，目前日供水 3 万吨。各水厂水源分别取自棘洪滩水库、书院水库、地下水，采用混凝、沉淀、过滤常规处理工艺，同棘洪滩水库水厂及海润仙家寨水厂出厂水混合后向管网供水。

2022 年，棘洪滩水库向棘洪滩水厂供水 7269 万立方米，2005 年—2022 年累计供水 65132 万立方米。

### 五、水库土地确权

棘洪滩水库坐落在青岛郊区的胶州、即墨、城阳三个县市（区）交界处，桃源河改道后的正式移交等问题迟迟没有解决，导致水库土地确权工作没有完成。确权工作的滞后，给水库管理和安全带来诸多困难和压力。由于水库占地范围没有法律界定依据，管理水库缺少法律依据，产生了多方面的不良后果。部分村民随意侵占库区土地，盲目开垦种植以及在库区放牧、游泳、毁坏工程等现象时有发生。

2007 年，山东省引黄济青工程管理局青岛分局、棘洪滩水库管理处先后走遍省局、省水利设计院、青岛市档案馆，胶州、城阳、崂山、即墨档案馆，各国土局、城建和本系统等档案室，查找搜集所有引黄济青建设时期的材料；寻找原工程征地当事人，与青岛土地局以及所属县市区土地部门、乡镇党委、政府、村庄密切联系沟通；然后对本次确权有用的材料进行整理、汇总、编纂。在此期间，仅在胶州查到具有法律依据的征地红线图，但也很不规范，红线图面积与实际征地面积相差较大，图形也不闭合。根据搜集的材料进行大量计算，去伪存真，确定水库确权范围。2008 年，山东省引黄济青工程管理局青岛分局安排骨干力量配合水库管理处协调重大问题，在人员、车辆、工程勘测等方面给予全力支持，经过不懈努力，终于取得水库库区、桃源河水域等七宗国有土地使用证书和房地产权证书。

根据确权范围，对水库周边实际进行调查，根据实际对确权范围进行修正。最后划定的棘洪滩水库实际确权范围与征地面积吻合。水库共占地 23540 亩，其中即墨市 6570 亩、胶州市 4290 亩、城阳区 12680 亩（老桃源河道的 780 亩土地不包含在内）。

棘洪滩水库地籍调查与确权发证工作历时一年半，依法取得登记土地 25154.5 亩，真正明确了水库土地权利的归属，有效地防止了水库因权属界限不清与周边村庄土地纠纷的发生，提高了依法管理水库资源的水平。

## 第四章　水政管理

引黄济青工程的水政管理主要涉及水政立法、水政执法、反恐保安等几个方面。1989 年工程运行前后，山东省政府及有关部门即制定多项相关法规，建立专门执法队伍。2008 年北京奥运会青岛帆船比赛和 2018 年上海合作组织青岛峰会期间，胶东调水局青岛分局加强组织领导，建立健全调水工程水污染防治联动工作机制，建立了与公安、水利、环保等部门联合执法机制，加强各方面协调配合；制定应急预案，配合武装警察、公安部门及时查处破坏水质的违法行为，全力做好配合保障及安全保卫工作，为水库安全保驾护航。

## 第一节  水政立法

1989 年通水之前，山东省人民政府及有关部门即发布《关于加强引黄济青工程管理的布告》和《山东省引黄济青工程管理试行办法》《山东省引黄济青工程水费计收和管理办法》，就工程管理和水价制定、水费收取办法等作出规定。至 2006 年，相继制定调度运行管理办法、泵站管理办法、职工管理办法、经费管理办法、车辆管理办法等 50 余项规章制度，工程管理制度不断完善，形成了一整套管理体系。山东省引黄济青工程管理局更名为山东省胶东调水局后，其管理功能由青岛调水管理转变为胶东地区水资源战略调配、优化配置、科学调度和开发利用后，上述规章制度难以满足胶东调水工程的管理需要，遂于 2011 年 12 月颁布《山东省胶东调水条例》。

### 一、"一布告两办法"

1989 年 4 月 9 日，山东省人民政府发布《关于加强引黄济青工程管理的布告》，11 月 9 日又向工程沿线有关市、行署、县（区）人民政府下发《山东省引黄济青工程管理试行办法》，成为引黄济青工程建设初期工程管理的规范性文件；同年，山东省物价局和山东省财政厅联合出台《山东省引黄济青工程水费计收和管理办法》。"一布告两办法"，尤其是《山东省引黄济青工程管理试行办法》的颁布实施，为引黄济青工程依法管理、有效保障引水安全和工程高效运行提供依据。

"一布告两办法"颁布后，沿线各级政府及工程管理机构将其印成文件，召开各类会议传达学习，并通过张贴、影视、广播等多种渠道广泛宣传、大造舆论，形成家喻户晓、人人皆知的局面。其间，青岛市也印发《关于加强引黄济青棘洪滩水库管理确保水库水资源免受污染》的紧急通知，明确指出："为保护水源不受污染，禁止在输水河、水库洗涤污染物和清洗车辆、容器，禁止倾倒矿碴、垃圾、含毒废水和污水，明确保护水质和水源的奖罚办法。"[①]

1993 年—2006 年，在具体的工程运行和管理中，立足于制度科学性、可操作性，追求管理规范化，先后制定了调度运行管理办法、泵站管理办法、职工管理若干规定、经费管理办法、车辆管理办法等 50 余项规章制度，逐步制定了覆盖工程管理各个岗位、各个环节的规章制度，并在实践中不断修改、加以完善，逐步提高了工程管理水平。

### 二、《山东省胶东调水条例》

随着时间的推移，《山东省引黄济青工程管理试行办法》中的不少规定已经不符合实际管理工作需要，特别是监督保障、工程管理、水质保护和水量调配等方面。如随意跨越、穿越调水工程建设桥

---

① 李明阁，苗汉生. 提高引黄济青水质的对策及其效果 [J]. 农田水利与小水电，1991（05）：1-3.

梁、架设管线、修建地下构筑物，严重影响调水工程的安全运行；在输水明渠和共用排涝河段周边频现污染水源现象，严重威胁调水水质；工程管理范围和保护范围不明确，有的输水（暗）管道占压地没有长期征用，给工程管理带来很多麻烦。尤其是2006年山东省调水管理机构改革后，作为主要针对引黄济青工程的管理办法，《山东省引黄济青工程管理试行办法》难以满足胶东调水工程的实际需要。从工程管理的迫切需要出发，为了更有效地依法办事、依法管好工程送好水、真正保护好工程，制定切实可行的工程管理保护法规显得十分重要。为此，山东省胶东调水局开始酝酿调水工程管理如何从规范化规章过渡到地方性法规。[①]

2006—2011年是胶东调水工程管理法制化进程的关键阶段。2006年3月，山东省胶东调水局向山东省水利厅上报《关于山东省胶东调水工程立法项目的报告》。此后5年，经过管理部门、主管部门、政府法制部门以及省人大常委会有关单位的共同努力（图5-45），十易其稿，于2011年11月25日由山东省第十一届人民代表大会常务委员会第27次会议审议通过并颁布《山东省胶东调水条例》（以下简称"《条例》"）（图5-46）。这是胶东调水工程管理健康发展的顶层设计，也是全国第一个省级调水工程管理地方性法规，标志着胶东调水工程管理已经形成了严密的制度管理体系，逐步由制度化、规范化走向法制化。[②]

山东省胶东调水条例

图5-45 山东省人大常委会副主任尹慧敏（中）出席《山东省胶东调水条例（草案）》立法座谈会

图5-46 《山东省胶东调水条例》

**（一）《条例》实施**

《条例》于2012年5月1日起施行，适用于山东省行政区域内从事胶东调水工程管理、水质保护、水量调配、监督保障等活动。"所称胶东调水，是指综合利用黄河水、长江水和其他水资源，通过调水工程向青岛市、烟台市、威海市等受水地区以及沿线其他区域引水、蓄水、输水、配水的水资源配置体系。"《条例》提出："胶东调水工作应当坚持统筹规划、科学调度、保障重点、兼顾沿线和安

① 马吉刚，马平，张伟，孙博. 胶东调水工程建设管理法制化发展浅析 [J]. 中国水利，2015（20）：58-61.
② 马吉刚，马平，张伟，孙博. 胶东调水工程建设管理法制化发展浅析 [J]. 中国水利，2015（20）：58-61.

全高效的原则。""胶东调水工程是由政府投资建设的公益性、基础性、战略性水利工程，属于国家所有，受法律保护。"①

在监管体制方面，因胶东调水工程线路长，情况复杂，所以建设和管理难度非常大，必须加大监管和执法力度，建立与之相适应的综合监管体制。对此，《条例》从三个层次对工程监管进行规范。一是明确各级政府职责。主要是对省政府和沿线设区的市、县（市、区）政府在加强领导、协调解决实际问题、搞好配套设施建设和管理等方面的职责作出规定："省人民政府应当加强对胶东调水工作的领导，统筹解决胶东调水工程规划建设、资金保障、水量配置等重大问题，保障调水工程有效运行。""胶东调水工程沿线设区的市、县（市、区）人民政府应当加强本行政区域内调水工程的保护，解决污染防治、土地使用、电力供应以及工程安全保卫等方面的具体问题。"②二是明确相关部门职责。《条例》规定："省水行政主管部门负责胶东调水工作的监督管理，其所属的胶东调水机构履行工程建设、管理维护、水质保护等职责。""发展改革、财政、国土资源、公安、农业、环境保护、林业、价格、黄河河务等部门，应当按照职责分工做好相关的工作。"③三是对社会监督内容做出相应规定。《条例》规定："任何单位和个人对破坏工程、污染水质等违法行为，都有权进行检举、控告；有关部门收到检举、控告后，应当及时调查处理。对在胶东调水工作中做出突出贡献的单位和个人，由人民政府给予表彰或者奖励。"④

在工程管理方面，《条例》对工程管理范围和保护范围内的禁止行为作出相应界定，对工程保护标志、安全警示标志、安全防护设施的设立、设置以及管理工作提出明确要求，对侵占、损毁工程设施以及擅自搭接线路等损害胶东调水工程的违法行为作出禁止性规定。上述规定使执法单位处理如偷水、伐树、采砂行为时有法可依，执法力度明显加大。

在水质保护方面，《条例》不仅对调水水质标准作出明确规定，即不得低于国家规定的地表水环境质量Ⅲ类水质标准，而且对黄河河务、环保、农业、林业等部门以及胶东调水机构的责任和紧急情况下的应急措施作出相应规定。如黄河河务主管部门和其他有关部门发现水质不符合规定标准时，应当立即通知胶东调水机构停止取水；胶东调水机构应当加强水质保护工作，建立健全水质监测制度和监测体系，定期对水质进行检测，并将检测结果向用水地区人民政府通报，发现水质低于规定标准时，应当立即停止取水或者及时采取弃水、冲刷渠道等有效措施，并通报环境保护、黄河河务等有关部门和单位；县级以上人民政府环境保护行政主管部门应当加强对排污行为的监督管理，对造成调水水质污染的单位，应当依法责令其停止排污或者限期治理。《条例》还对污染调水水质的行为作出禁止性规定。如严禁在调水工程上设置排污口，不得直接或者间接向水体排放、倾倒污水、废水等液体污染物以及垃圾、废渣等固体污染物，不得在调水工程管理和保护范围内堆放、存贮垃圾、废渣等污染物或设立造纸、印染、电镀、洗煤等污染严重的企业。

①山东省人民政府.山东省人民政府关于印发《山东省胶东调水条例》等法规的通知[J].山东政报，2011年第24期：7-21.
②山东省人民政府.山东省人民政府关于印发《山东省胶东调水条例》等法规的通知[J].山东政报，2011年第24期：7-21.
③山东省人民政府.山东省人民政府关于印发《山东省胶东调水条例》等法规的通知[J].山东政报，2011年第24期：7-21.
④山东省人民政府.山东省人民政府关于印发《山东省胶东调水条例》等法规的通知[J].山东政报，2011年第24期：7-21.

在水量调配方面，随着黄河中上游地区用水量逐渐增大，到达山东省的水量呈总体下降趋势，且水量不稳定，有时还出现多日断流的情况。为解决这一问题，国家投资建设南水北调工程，向京津鲁豫等地调取长江水。但调水资源是有限的，必须科学规划，优化利用。《条例》第二十四条据此作出明确规定："胶东调水机构应当按照省政府确定的水量分配方案，科学编制和组织实施调水计划，优化调度调水资源。""在保障向受水地区调水的前提下，应当积极向工程沿线高氟区和用水困难区提供生活、生产、生态用水，为农业提供农田灌溉用水，拓宽供水功能，提高供水效益。"为推行节约用水，提高调水资源利用水平，《条例》第二十五条对受水地区也提出具体要求："受水地区人民政府或者授权部门应当按照省人民政府确定的水量分配方案，与胶东调水机构签订供用水协议，并结合当地实际，合理调整取用水方式，优先利用调水资源，逐步恢复和改善水生态环境"。①

**（二）《条例》修正**

《条例》颁布实施以后，在保护调水工程安全运行、防止污染水源水质、科学进行水量调配、依法管水用水等方面发挥了重要作用。但随着《中华人民共和国水法》等上位法相继修正、治水理念不断演进、机构职能做出调整、各市水资源需求发生变化，《条例》在确权划界、水质安全、有序取水、河湖管理、水费缴纳等方面存在的覆盖面不全、针对性不足、操作性不强等问题逐渐显现，已无法适应和满足新时代调水管理工作的需要。主要表现在：一是受水地区范围扩大，《条例》的适用范围需要作相应调整；二是机构改革后，原胶东调水运行管理单位不再承担行政管理职能，《条例》涉及的行政许可、行政处罚、执法主体的有关规定需要作相应调整；三是随着胶东调水工程纳入河湖长制，《条例》的相关内容需要与河湖长制有关政策和规定相衔接；四是随着胶东调水工程水费定性的调整，现有的水价、缴费政策还有不适应、不匹配、不协调的地方，需要进一步优化和完善。为此，2019年3月，《条例》修正工作正式启动。

为做到科学立法、民主立法、依法立法，《条例》修正过程中积极开展调研座谈和意见征集。2020年11月和2021年10月，山东省水利厅和省司法厅先后两次到胶东调水工程沿线进行调研，并广泛征求工程沿线相关市和省直相关厅局意见，紧密围绕工程管理、水质保护、水量调配、调水秩序维护、水费收缴等迫切需要依法解决的实际问题，积极回应调水工程外引内联、开源节流、分质供水、备用水源、地下水管理等社会关切问题，逐条进行完善、补充和修正，形成《条例》修正草案，并于2022年3月30日经山东省第十三届人民代表大会常务委员会第三十四次会议表决通过，予以修正（图5-47）。

图5-47　2022年5月12日，山东省政府新闻办召开新闻发布会，对新修正的《山东省胶东调水条例》进行解读

① 山东省人民政府.山东省人民政府关于印发《山东省胶东调水条例》等法规的通知[J].山东政报，2011年第24期：7-21.

相较于原《条例》，新《条例》将原来的七章四十三条调整为七章四十二条，修正29条，删除1条，主要体现在以下几个方面。一是增加潍坊市为受水区。2012年5月1日《条例》施行时，潍坊市尚不是受水区，南水北调东线工程通水以后，潍坊市已成为主要受水区之一。因此将第二条修改为"本条例所称胶东调水，是指综合利用黄河水、长江水和其他水资源，通过引黄济青工程、胶东地区引黄调水工程向青岛市、烟台市、潍坊市、威海市等受水地区引水、蓄水、输水、配水的水资源配置体系"。二是行政审批权收归省水行政主管部门。将第十一条第一款修改为"在胶东调水工程管理范围内建设桥梁和其他拦水、跨水、临水工程建筑物、构筑物，或者铺设跨水工程管道、电缆等工程设施的，工程建设方案应当经省人民政府水行政主管部门或者其委托的下级水行政主管部门审查同意"。三是对水质保护提出更加明确的要求。将第十九条修改为"胶东调水运行管理单位应当加强水质保护工作，建立健全水质监测制度和监测体系，定期对水质进行检测。胶东调水运行管理单位发现水质低于规定标准时，应当立即采取停止取水等措施，并通报生态环境、黄河河务等有关部门和单位"。四是明确水费收缴相关事项。将第二十六条修改为"胶东调水工程供水水费包括基本水费和计量水费。受水地区设区的市人民政府应当按照供用水协议，在水量调度年度开始前缴纳基本水费，并按照年度实际供水量及时缴纳计量水费"。五是将落实河湖长制写入《条例》。将第三十一条修改为"胶东调水工程沿线县级以上人民政府应当全面落实河湖长制，健全河湖管护工作机制，加强调水工程配套设施建设，组织有关部门及时查处破坏工程设施、扰乱调水秩序、污染水质以及其他危害调水安全的行为，维护胶东调水工程安全和水质安全"。六是将行政执法权限部分下放。将第三十四条修改为"违反本条例规定的行为，法律、行政法规已经规定行政处罚的，从其规定；法律、行政法规未规定行政处罚的，除本条例另有规定外，由县级以上人民政府水行政主管部门依照本条例的规定实施"。

## 第二节　水政执法

引黄济青工程主要是明渠输水，沿途经过企业、村庄和学校等，渠道两侧没有安装防护网等隔离设施，人为向渠道排放污水、倾倒垃圾、游泳、洗衣等污染水质的现象时有发生。加上工程途经地有咸水区、高氟区，滨州、东营、潍坊段渠道都有与外部河道共用的区段，存在着外水污染渠道水质的隐患。1990年11月，引黄济青工程8个管理处全部建起派出所，建立辖区安全网和通讯网，加强警力，保护工程安全。1994年成立引黄济青水政监察支队，后更名为山东省胶东调水局水政监察支队，主要作为山东省水政监察总队的派出机构，负责所管工程和水质的管理保护及相关执法监督检查。

### 一、水利公安

为维护引黄济青工程设施和水质安全，加强治安管理，确保工程沿线的引水秩序，山东省编制委员会和山东省公安厅于1990年11月6日联合发文，批准在工程沿线棘洪滩水库、胶州、平度、寒亭、昌邑、寿光、广饶、博兴8个管理处分别成立水利公安派出所，主要负责维护本辖区引黄济青工程设施的安全；加强治安管理，维护本管区内的治安秩序，对水利工程沿线群众进行相关教育；侦破一般刑事案件，查处治安案件，协助公安机关侦破重大刑事案件；完成公安机关交办的其他治安保卫工作任务。派出所行使警告、五十元以下罚款裁决权，需要加重处罚的，报县公安局，按诉讼程序办理。派出所实行双重领导，公安业务工作以县公安局领导为主，所长、指导员的任免、调动应征得县公安局的同意；派出所人员配备、经费开支由山东省引黄济青工程管理局负责，[①]派出所编制包含在建警单位编制之内；派出所所需警服和装备，由县公安局造报计划。

由此，引黄济青工程管理局青岛分局设立青岛市公安局崂山分局棘洪滩水库派出所（编制5人）、胶州市公安局引黄济青派出所（编制4人）、平度市公安局引黄济青派出所（编制5人）；引黄济青工程管理局潍坊分局设立寿光县公安局引黄济青派出所（编制5人）、昌邑县公安局引黄济青派出所（编制5人）、潍坊市公安局寒亭区分局引黄济青派出所（编制4人）；引黄济青工程管理局惠民分局设立博兴县公安局引黄济青派出所（编制5人）；引黄济青工程管理局东营分局设立广饶县公安局引黄济青派出所（编制4人）。各派出所配备警车，公安警察与联防人员沿线巡逻，放水期间昼夜值班检查，每1千米配备1名护堤员配合公安警察作好运行监督。[②]派出所成立后的10多年时间里，"为确保工程设施和水质安全，加强治安管理，维护正常的引水秩序，发挥了重要作用。"[③]

后来，由于公安系统机构改革和队伍调整，引黄济青的8个公安派出所编制未能列入公安序列，失去执法权。其中，青岛市公安局崂山分局棘洪滩水库派出所于2008年7月29日撤销，棘洪滩水库治安管理工作由城阳区公安机关负责。

为确保棘洪滩水库水源地水质安全，经积极协调上级有关部门，先期恢复成立青岛市公安局城阳分局棘洪滩水库治安派出所，确保在2008年青岛奥帆赛期间向青岛安全供水。2008年8月5日，青岛市公安局城阳分局棘洪滩水库治安派出所成立，机构规格为正科级，人员编制由城阳分局内部调剂解决，领导职数按规定配备。2008年青岛奥帆赛期间，棘洪滩水库治安派出所"为确保向青岛供水的安全发挥了重要作用"。[④]当年10月20日，派出所人员正式进驻水库，从根本上解决了水库治安管理缺位问题。

2018年，省胶东调水局和省公安厅食药环侦总队建立水污染防范打击联动工作机制。5月4日，省水利厅、省公安厅以鲁水政字〔2018〕8号文联合下发《关于建立山东省胶东调水工程水污染打击防范联动工作机制的通知》，要求胶东调水沿线各地水利公安部门发挥各自职能优势，切实保障调水工程水质安全，形成防范、打击水污染违法犯罪活动合力。省胶东调水局先后4次下发通知，要求各分局加强巡查、加密水质监测，防范水污染事件发生。

## 二、水政监察

1994年，在山东省水利厅指导下，成立山东省引黄济青工程管理局水政监察支队，作为省水政监

① 水利部南水北调规划设计管理局，山东省胶东调水局.引黄济青及其对我国跨流域调水的启示[M].北京：中国水利水电出版社，2009：199.
② 李明阁，苗汉生.提高引黄济青水质的对策及其效果[J].农田水利与小水电，1991（05）：1-3.
③ 郭小雅.引黄济青工程水质安全保障措施及对策探讨[J].中国农村水利水电，2010（02）：45-47.
④ 郭小雅.引黄济青工程水质安全保障措施及对策探讨[J].中国农村水利水电，2010（02）：45-47.

察总队派出机构，按照《山东省引黄济青工程管理试行办法（修正）》，负责工程沿线水法律法规组织实施和监督检查，对重要水事活动进行指导，对危害工程和水质安全违法案件进行调查处理。支队下设 6 个大队（4 个分局、2 个建管局）。2007 年 1 月 11 日，省胶东调水局向省水利厅报送《关于健全完善山东省胶东调水局水政监察支队的请示》，申请将山东省引黄济青工程管理局水政监察支队更名为山东省胶东调水局水政监察支队。3 月 18 日，省水利厅以鲁水政字〔2007〕1 号文做出批复，同意成立滨州、东营、潍坊、青岛分局水政监察大队，主要作为省水政监察总队派出机构，受省水利厅委托，负责所管工程和水质管理保护及相关执法监督检查。4 月 25 日，按照省水利厅批复，经省局党委研究决定，成立山东省胶东调水局水政监察支队及大队。2012 年 5 月 1 日，《山东省胶东调水条例》施行，省水利厅根据《中华人民共和国行政处罚法》《山东省胶东调水条例》规定，委托省胶东调水局对胶东调水工作进行监督管理，查处违法行为。5 月 8 日，结合省胶东调水局实际，对水政监察队伍进行调整，设 1 个支队、5 个大队和 13 个中队。水政监察队伍的建立，对工程和水质安全的管理保护及相关执法监督检查工作发挥了重要作用。[①]为提高一线执法骨干在执法办案中的实际操作能力，胶东调水局先后在济南和王耨泵站举办执法人员业务培训班，对工作在基层一线的水政监察人员进行专业培训，提高执法人员的业务素质（图 5-48）。

图 5-48 2008 年 9 月 18—20 日，山东省胶东调水局举办水政执法培训班

在此期间，为进一步规范水行政执法行为，强化水政执法人员的责任，还先后制定了《山东省胶东调水水政监察工作规则》《山东省胶东调水水政监察程序细则》《输水工程设施看护人员工作制度》

---

① 郭小雅. 引黄济青工程水质安全保障措施及对策探讨 [J]. 中国农村水利水电，2010（02）：45-47.

《水政监察员守则》等规范性文件，使胶东调水水政执法工作逐步文明、规范、高效。

至 2015 年，胶东调水水政监察队伍共有 1 个执法支队、5 个执法大队、12 个执法中队，137 名水政监察人员取得山东省政府、水利部颁发的水政执法证并从事水政执法工作，水政监察人员数量约占管理人员数量的 20%，一定程度上改变了水政执法人员偏少、专业化程度偏低、基层水事违法案件难以发现的状况。自 2012 年《山东省胶东调水条例》开始实施至 2015 年，共查处和制止各类涉水案件 750 多起，下达《责令停止违法行为通知书》30 多份，依法查处穿越渠道施工 4 起，关停沿线工程管理范围内水质污染企业 9 家。①

2017 年，按照《山东省胶东调水条例》相关规定，省胶东调水局先后在潍坊段、青岛段工程沿线与所在市（区）政府联合成立"胶东调水联合工作办公室"，旨在与当地政府建立长效机制，共同维护调水工作秩序，加强工程设施管理，研究解决调水过程中的重大问题。

2019 年 5 月，按照《山东省政府行政执法监督局关于开展行政执法主体和行政执法人员清理工作的通知》（鲁府执监发〔2019〕2 号）要求，取消山东省调水工程运行维护中心委托行政执法资格，对工作人员持有的行政执法证予以注销。

## 第三节　反恐安保

2008 年北京奥运会青岛帆船比赛和 2018 年上海合作组织青岛峰会期间，为全面落实上级有关安排部署，保障供水安全，胶东调水局青岛分局全线密切协作，安排专人参与驻会工作，加强各方面协调配合，信息畅通，调度有力。水库管理处成立工作指挥部，加强组织领导，将安保当作一项重要政治任务狠抓落实，制订应急预案，配合武装警察、公安系统人员，全力做好配合保障及安全保卫工作，坚持 24 小时巡逻守护，为水库安全保驾护航。在此期间，还先后下发《加强扫黑除恶专项斗争线索摸排的通知》《印发扫黑除恶专项斗争排查工作承诺书的通知》《对扫黑除恶专项斗争情况进行督导检查的通知》等文件，印发《扫黑除恶专项斗争知识点》宣传册，接访并妥善处理 2 起地方施工企业实名举报事件，推动扫黑除恶专项斗争深入开展。

### 一、2008 年青岛奥帆赛期间反恐安保

青岛是 2008 年北京奥运会帆船比赛承办城市。作为青岛市重要的水源地，引黄济青工程沿线承担起艰巨的安保工作任务。2007 年 7 月 18 日，山东省胶东调水局党委召开专题会议对此加以研究。年末，在青岛市委召开的奥运安保工作会议上，棘洪滩水库被正式列为奥运会期间重点安保单位之一。

2008 年 4 月 5 日，山东武警总队总队长戴萧军，青岛市政府副秘书长卢新民，青岛武警支队队长孙晓富、政委任延波就棘洪滩水库反恐安保工作进行现场考察和具体研究。戴萧军总队长提出，水库反恐安保工作必须实行物防、技防、人防"三位一体"，并对省、市各级提出向棘洪滩水库派驻武警部队表示支持，决定派遣一个武警中队进驻水库，协助保卫水库安全。

---

① 马吉刚，马平，张伟，孙博 . 胶东调水工程建设管理法制化发展浅析 [J]. 中国水利，2015（20）：58-61.

奥运会开幕前夕，山东省胶东调水局青岛分局党委在水库召开奥运安保实战动员会议，会议提出了在奥运安保实战阶段必须严格遵守的6条纪律（图5-49、5-50、5-51）。

奥运会、残奥会期间，驻水库武警各哨位实行一岗双人制，进入全面警备状态；胶州、平度管理处也制定《反恐怖工作应急预案》，确定反恐防控重点目标，胶州管理处还与胶州市公安局签定《治

图5-49  2008年5月16日，棘洪滩街道召开水库安全会议，建立保护水库安全反恐群众防线

图5-50  2008年5月29日，棘洪滩水库反恐安保工作协调会在即墨蓝村召开

图 5-51　2008 年 7 月，武警在棘洪滩水库大坝上站岗，保卫水库安全

安与反恐协防协议》，加强治安警力。其中，在奥帆赛期间，驻水库武警官兵、公安干警和水库全体
干部职工坚持 24 小时巡逻、守卫、值班制度，实行全员反恐、全员执勤、全员巡逻，以及进入水库严
格检查制度；实行反恐安保责任追究机制，坚持水库管理处、武警、地方、公安定期沟通协调制度；
全面实现水库工程安全、水质安全、供水安全的目标。

　　2008 年 10 月 9 日，青岛市公安局召开奥运安保工作总结表彰会，授予棘洪滩水库管理处集体二
等功、水库派出所集体三等功，授予杨希桥二等功，孙池德、徐德林、吕传芳嘉奖。

**二、2018 年上合组织青岛峰会期间反恐安保**

　　上海合作组织青岛峰会是新中国成立以来山东省首次承办的大型国际会议，省、市党委、政府高
度重视，省水利厅及省胶东调水局有关领导现场检查指导、统筹安排、周密部署；省胶东调水局和青
岛分局专门召开"安全生产成员会议暨供水保障会议"，安排峰会期间的具体事项。

　　为全面落实上级有关安排部署，保障青岛峰会期间供水安全，青岛分局全线密切协作，制定《山
东省胶东调水局青岛分局保障青岛供水安全实施方案》并下发给各管理处、所、站，要求各单位结合
职责分工，认真组织实施。各单位提高认识、统一思想，全力保障青岛供水安全。从 2018 年 5 月 10
日至 6 月 15 日，山东省胶东调水局青岛分局安排专人参与上合峰会"环境气象组水量保障专班"驻会
工作，加强各方面协调配合，保持信息畅通，调度有力。

　　水库管理处借鉴 2008 年奥运会的安保经验，将峰会安保当作一项重要政治任务狠抓落实，成立工
作指挥部加强组织领导，制订应急预案，突击完成水库外围护栏、环库视频监控安装、大坝照明通讯
等重点工程，配备完善安防用品，整修泵站宿舍楼，为武警进驻提供条件。2018 年 5 月 21 日，武警
部队天津支队官兵正式进驻水库执行峰会安保任务，负责水库核心区的安全保卫工作，坚持 24 小时巡
逻守护，为水库安全保驾护航。

根据水库管理处提出的构筑水库反恐安保工作"三道防线"的要求，水政科作为反恐安保的第二道防线守卫力量，按照上级要求将工作重点转移到水库大坝外围巡查摸排以及周边群众的宣传发动上，及时调整工作部署，将水库辖区外围的镇、村划分为2个巡逻排查片区，成立2个摸排小组，落实责任、制定措施（图5-52）。管理处动员全处干部职工连续奋战一个月，24小时值守，确保内部安全。同时发挥水政科、水库派出所、地方政府、社区的群防群治效能，切实做到"技防、物防、人防"三个到位，实现了上合峰会期间水库环境安全、水质安全、工程安全。

图 5-52 2018 年上合峰会期间棘洪滩水库反恐安保

# 第五章　水质保护

水质保护是防治水污染和促进经济社会可持续发展的重要保障。引黄济青工程建成后，不断强化水质监测力量，落实水源、输水渠道和蓄水水库的水质监测、水污染防治与保护措施的实施；并采用生物方法控制水库藻类的过量繁殖，净化水体水质。

随着经济社会发展和人们生活水平的提高，在社会对水量需求不断增加的同时，对水质也提出了更高的要求。2011年12月颁布的《山东省胶东调水条例》，对调水水质标准、输水水质检测、污染调水水质行为的处罚等作出明确规定，成为全国第一个省级调水工程管理的地方性法规，对引黄济青工程的水质保护发挥了重要作用。

## 第一节　水质监测

水质监测是保障水质安全的基础性工作。引黄济青工程通水之前，山东省人民政府即颁布实施多项管理措施，对工程沿线的水质保护、水污染防治等各项工作都作出明确规定。工程建成并投入运行后，坚持以提供安全水、优质水、放心水为目标，实施最严格的水质监测制度，先后制定水质监测保护管理办法及突发性水污染事件应急预案等制度，为预防和应对突发性水污染事件提供了制度保证。山东省胶东地区引黄调水工程开工建设后，又制定或修订有关规范性文件，改扩建时期建设水质在线监测系统，为水质保护工作顺利开展提供了根本保证。

全面落实技术、物理、生物措施，全力保障水质安全，在胶东调水工程全线建成投用水质在线监测站11座，实时监测水质变化；设定人工水质监测断面13处，委托第三方检测机构每月定期开展3次水质检测，检测指标最多可达35项；每年选配30万尾以藻类为食的滤食鱼苗投放到棘洪滩水库，不断优化供水水质；逐步构建起了源头管控、过程管理、终端控制的全过程、立体化的水质安全保障网络，有效地保障了调水水质。

青岛市环境监测站自工程提闸放水开始即对打渔张黄河水源水质、输水渠道水质、蓄水水库水质连续进行3个月的跟踪监测，水的主要理化、毒理学指标完全符合国家生活饮用水源标准。经专业监测机构常年跟踪监测，引黄济青工程自建成通水以来，供水水质一直保持国家《地表水环境质量标准》（GB3838-2002）规定的Ⅱ类水质标准，完全符合青岛市对生活饮用水水源水质的要求。[①]此外，1989—2003年，棘洪滩水库水质理化指标和藻类监测数据也说明，水库水质等级始终处于Ⅱ级（良好级）以上，证明引黄济青工程管理局和水库管理处采取的工程措施、调度运行措施、管理措施和生物措施是有效的、成功的。

2006年，棘洪滩水库被水利部命名为全国第一批重要饮用水水源地；2008年被青岛市政府确定为青岛奥帆赛的供水水源地，有力保证了奥帆赛期间的供水水质安全。

### 一、管理职责

水质监测管理由省调水中心统一领导，各分中心、管理站分级负责。省调水中心负责制订调水工程水质监测实施方案；负责组织、监督、检查调水期间源水、渠道及水库水质监测，保障水源质量达到地表Ⅱ类水质及以上；负责组织、监督、检查水库日常水质监测，定期编写水质调查、分析报告；组织、指导调水工程水质监测实验室和水质在线自动监测站点的建设、运行和管理；组织水质监测业务培训；协调质监部门做好水质监测实验室资质认证；根据受水地区需求，做好水质监测的信息发布。

各分中心执行省调水中心制订的水质监测实施方案；负责协调当地有资质的水质监测机构，做好调水前及调水期间源水的委托监测，做好调水期间所辖区段水质监测，包括发生突发性水污染事件时的应急监测；负责水质监测实验室和水质在线自动监测站点的建设、运行和管理；负责水质检测数据

---

① 郭小雅. 引黄济青工程水质安全保障措施及对策探讨 [J]. 中国农村水利水电，2010（02）：45-47.

和检测报告的上报；负责原始水质检测资料及水质评价报告的保存和保密工作；组织分中心、管理站做好辖区水体异味、泡沫、颜色等水质感官性指标的人工观测。

棘洪滩水库管理站具体做好水质监测中心实验室的建设、运行和管理；负责水库水质理化指标和藻类指标的监测；做好调水期间工程沿线水质监测；负责水库水质检测数据和检测评价报告的上报；负责原始水质检测资料及水质评价报告的保存和保密工作。

## 二、监测制度

1989年11月，山东省人民政府颁布实施《关于加强引黄济青工程管理的布告》《山东省引黄济青工程管理试行办法》（以下简称《试行办法》）。1998年4月30日，山东省人民政府对《试行办法》进行修订，对工程沿线水质保护、水污染防治等各项工作都作出明确规定。工程运行中，结合水质保护工作实际，制定《山东省胶东调水水质监测保护管理办法》，使全系统的水质监测工作有章可循，更具可操作性。山东省胶东地区引黄调水工程开工建设后，根据工程建设和管理需要，于2008年12月制定《关于加强胶东调水工程管理的布告》，并由山东省水利厅、公安厅、国土资源厅和环境保护局联合发布。根据《试行办法》重新修订的《山东省胶东调水工程管理办法》，作为"条件成熟时争取完成的立法项目"被山东省政府列入2009年立法计划（鲁政办发〔2009〕12号）。规章制度和管理办法的建立健全，为水质保护工作顺利开展提供了根本保证。

为提高处置突发性水污染事件的能力，预防和减少突发性水污染事件及其造成的损害，保障供水安全，根据山东省政府和山东省水利厅关于加强应急管理工作的有关指示精神，山东省胶东调水局和各分局、管理处等单位分别制定了《应对突发性水污染事件应急预案》，对组织领导体系和工作机制，包括对污染事件分类、预警预测、应急响应程序、应急保障、奖罚等各个环节的具体内容都作出明确规定，为快速、有效地应对突发性水污染事件提供了根本保障。

## 三、人工采样监测

1989年11月，自引黄济青工程提闸放水开始，青岛市环境监测站同青岛市自来水公司便沿打渔张引黄闸至棘洪滩水库约250千米的河段，连续进行了3个月的跟踪监测。监测结果表明，引黄济青水质略低于全国闻名的崂山水，水的主要理化、毒理学指标完全符合国家生活饮用水源标准。

### （一）水源水质监测

引黄济青工程的主要水源为黄河水，辅助水源为峡山水库水和大沽河水。随着黄河上游水污染治理的进一步加强和生态环境的改善，黄河水质状况总体良好。历次调水前，水质管理部门都对引水水源进行监测把关，在调水前10天和前2天分别对源水水质进行理化指标监测；引水期间，每10天做1次水源感官性指标、毒理性指标监测；每月做1次水源水质全面监测。

### （二）渠道水质监测

调水期间，沿线各单位对所辖渠道内水质进行不定期随机取样监测（图5-53），确保输水过程中的水质安全，监测项目是《地表水环境质量标准》（GB3838-2002）表1规定的24项理化指标。从2018年开始，对渠道水质进行常态化监测，设置固定断面，每旬进行监测。

图 5-53 2006 年 11 月 16 日，青岛分局委托青岛市水环境监测中心在引黄济青工程输水河取样监测引来的黄河水水质

图 5-54 2011 年 4 月 1 日，青岛环保局环境监测站来棘洪滩水库采集水样

### （三）调蓄水库水质监测

棘洪滩水库进入供水运行后，为及时、准确了解水库水质变化趋势，水库管理处聘请青岛市环境监测站、中国科学院武汉水生生物研究所和青岛市水环境监测中心 3 家独立机构，对水库水质进行长期、系统监测。水质监测包括理化指标和藻类等指标，送水季节在沿线跟踪监测，非送水季节对水库水质每月进行 1 次监测。

1989—1990 年，青岛市环境监测站对棘洪滩水库水质理化指标进行不定期监测；1991 年起，在水库进水口和放水口 2 个断面每月进行 1 次监测，重点监测 35 项水质理化指标（图 5-54、图 5-55）。青岛市水环境监测中心从 1999 年 4 月起，每旬 1 次监测高锰酸盐指数、挥发酚、硝酸盐氮、亚硝酸盐氮、氨氮 5 项指标，按规范计算出水质指数，在《中国水利报》全国重点城市主要供水水源地水资源质量状况旬报上发布；从 1999 年 6 月起，在水库进、出水口 2 个断面每月采样 1 次，平行监测 22 项水质理化指标。根据国家《地表水环境质量标准》（GB3838-2002）【无标准的项目参照《生活饮用水卫生标准》（GB5749-85）】，对青岛市环境监测站 1989—2003 年的水质监测资料进行统计分析，棘洪滩水库水质始终达到地表水 Ⅰ 类标准的项目有：水温、pH、色度、溶解氧、BOD5、氨氮、非离子氨、亚硝酸盐氮、硝酸盐氮、挥发酚、氰化物、砷、总汞、六价铬、铅、硒、镉、石油类、氟化物、铜、锌、铁、锰、氯化物、硫酸盐；始终达到地表水 Ⅱ 类标准的项目有：总磷、高锰酸盐指数、大肠菌群；总硬度较高是由主水源为黄河水及库区为盐碱土质的地域因素所致。青岛市水环境监测中心监测的 22 项水质理化指标，经与青岛市环境监测站的水质理化指标监测结果比较，范围一致。[1]

---

① 刘浩，刘玉华，崔群．棘洪滩水库水质评价与分析 [A]．中国水利学会城市水利专业委员会：中国水利学会，2006:7.

图5-55 青岛市环境监测站在棘洪滩水库进水口、出水口取水样进行监测

图5-56 2010年1月14日，供水科藻类监测人员冒着零下十多度的寒冷正在水库进水口取样

1990年11月起，聘请中国科学院水生生物研究所对棘洪滩水库浮游藻类进行种类鉴别和定量分析，就浮游藻类的数量和种类比例及对水库富营养化的影响进行论证，并提出防止水库富营养化的多项措施。从1993年开始，该所浮游藻类研究专家在水库进水口和放水口2个断面阶段性地监测水库水中浮游藻类，后又指导建立水库水质实验室，在水库进、出水口2个断面系统地监测水库水中浮游藻类，定性、定量分析浮游藻类的种类、个数、生物量，监测频率为每月1次（图5-56）。

通过对棘洪滩水库1989—2003年水质理化指标和藻类监测数据的综合评价，说明水库水质质量等级始终处于Ⅱ级（良好级）以上；富营养化程度处于中营养—富营养过渡型的良好状态，这证明引黄济青工程管理局和水库管理处为保护输水水质、水库蓄水水质不受污染和不发生富营养化，采取的工程措施、调度运行措施、管理措施和生物措施是有效的、成功的。

2008年青岛奥帆赛期间，棘洪滩水库作为青岛市重要的水源地，根据奥运安保工作的新要求，加大水质监测力度，加密检测频次，对汞、砷等重金属元素每周监测1次，保证了奥帆赛期间的供水水质安全。

2018年5月，青岛市环境保护局印发《美丽青岛环保专项行动工作方案》（青环发〔2018〕78号），指出："除地质原因外，向市区供水的城市集中式饮用水水源地水质达标。""对棘洪滩水库、崂山水库、书院水库、大沽河水源地4处向市区供水的城市集中式饮用水水源地每月进行监测，在此期间开展一次全指标监测。"山东省胶东调水局青岛分局积极响应，制定了《山东省胶东调水局青岛分局保障青岛供水安全实施方案》（鲁胶调水青字【2018】51号）并认真组织实施，为上合峰会等在青岛举办的重大活动提供了安全、可靠的水资源保障。

**四、在线监测**

经济社会的发展及城市化的推进对供水水质及工程管理水平提出了更高的要求，传统的人工采样监测已难以满足多断面、高频次检测的需要。采用水质在线自动监测，可以及时获得连续在线的水质监测数据，运用计算机自动处理技术完成从取样、预处理、分析到数据处理及存贮的各个步骤。水质在线自动监测还不受自然灾害及重大社会事件对交通条件的影响，尽早发现监测断面水质的异常变化，为水质突发事件及时预警，保障调水水质安全。

为提升山东省引黄济青工程的水质实时在线监测能力，有效防范工程输水过程中突发性水污染事件的发生，为输水干线水质安全提供保障，省中心组织开展水质在线监测试点工作，采购一套水质在线监测设备，安装在小清河子槽下节制闸处，全天候监测水质变化情况。该设备于 2018 年 5 月底完成安装调试，11 月 27 日召开验收会议并通过验收。为进一步扩大水质在线监测系统应用所带来的效益，2019 年—2020 年建设了省调水中心水质监测中心及调水工程沿线 10 处现地子站，现地监测子站分别设置在灰埠泵站、东宋泵站、高瞳泵站、宋庄分水闸、黄水河泵站、北堤所、大沽河所、打渔张泵站、白浪河所以及亭口泵站（图 5-57）。检测设备采用全光谱分析结合电极法检测，检测时间短、反应迅速，理论上 1 分钟可以出 1 次测试结果。使用过程中，1～2 年更换电极耗材，无化学试剂费用（硫酸盐、综合毒性除外），避免二次污染，减少日常维护工作。

图 5-57 大沽河枢纽在线水质监测站监测设备

胶东调水工程水质在线检测系统于 2019 年 7 月 1 日开始建设，当年 10 月 6 日完工，11 月 30 日完成单位工程验收。相对于传统在线监测站点存在的检测范围窄、试剂耗材易造成水质污染、运行维护费用高等缺点，胶东调水工程水质监测系统监测范围更广，并针对水质特点进行参数设置，以高效掌握水质变化情况。

**（一）总体架构**

水质在线监测系统总体架构设计上可以分为三个层次，分别为现场数据采集控制层、通讯传输层、监控中心层。

现场数据采集控制层，建设内容主要为地表水水质监测子站建设，包括固定站点、水站仪器仪表集成及系统集成。该层实现水质监测数据、仪器设备状态数据、报警数据等指标数据的采集，视频监

控信息的传输，自动站与中心端的联网接入，以及自动站独立控制。

通讯传输层主要为利用山东省胶东调水自动化调度系统工程建设通信网络，将监测中心及各监测子站接入胶东调水业务内网。

监测中心层接入山东省胶东调水自动化调度系统。

（二）监测指标

灰埠泵站、东宋泵站、高瞳泵站、北堤所、大沽河所、打渔张泵站、白浪河所以及亭口泵站检测水温、pH、电导率、溶解氧、浊度、氨氮、高锰酸盐指数、总有机碳、总硬度、化学需氧量、硝氮、叶绿素a、硫化物、苯系物、氯化物、氟化物共16项指标；宋庄分水闸、黄水河泵站在多参数检测基础上增加综合毒性检测，选择生物检测技术（ISO11348标准方法）作为广谱检测手段应对可能发生的污染事故，从而反映水质总体状况。检测范围涵盖地表水环境质量标准基本项目及重金属、农药、真菌杀灭剂、杀鼠剂、有机溶剂、工业化合物等多种毒性物质，包含尚未列入国家标准内需检测的有害物质。

（三）联合监测

青岛市环保局在棘洪滩水库放水洞（溶解氧、pH、电导率、浊度、温度、氨氮、化学需氧量共7项指标）和棘洪滩水库泄水洞（溶解氧、pH、电导率、浊度、温度、氨氮、高锰酸盐指数、总氮、总磷共9项指标）设置两处水质在线监测站点；在胶州市胶东调水胶州段联合执法办公室大院内设置一处水质在线监测点，高锰酸盐指数、化学需氧量、氨氮、总氮、总磷、硫酸盐、常规五参数（pH、电导率、溶解氧、浊度、温度）共11项指标进行监测，实现三方联合监测，提高水质保障能力。

**五、2019年水质监测报告**

2019年胶东调水工程水质监测采取委托实验室人工定期监测（基本24项+补充5项）、水质在线自动监测（16～18项）和便携式快速监测仪（5项）不定期跟踪监测相结合的方式。

（一）委托实验室人工监测

该项工作由各分中心委托当地有资质的单位完成。工程全线滨州、东营、潍坊、青岛、烟台、威海6个分中心共设置19个监测断面，监测项目为《地表水环境质量标准》（GB3838-2002）基本项目24项加补充项目5项，共29项，监测频次为每月3次，取样时间为每月1日、11日、21日；威海因全部为管道输水，监测项目为基本24项，监测频次为每月1次，取样时间为每月1日。监测断面具体位置如下：滨州分中心设4个监测断面，分别在南水北调小清河上节制闸（测长江水）、打渔张进水闸（测黄河水）、北堤下游寨下生产桥及道口生产桥（测混合水）；东营分中心设3个监测断面，分别在广博边界、临时泵站、广寿边界；潍坊分中心设3个监测断面，分别在塌河、引黄入白、宋庄分水闸；青岛分中心渠道设3个监测断面，分别在昌平河、亭口泵站、桃源河；棘洪滩水库设2个监测断面，分别在水库入库口和出库口；烟台分中心设3个监测断面，分别在代古庄闸、辛庄泵站、黄水河泵站；威海分中心设1个监测断面，在辖区暗管出口。

（二）水质在线自动监测

水质在线自动监测站共有 6 座，分别位于小清河所、宋庄分水闸、灰埠泵站、东宋泵站、黄水河泵站、高疃泵站。其中，除小清河所外，其余 5 座属于胶东调水水质在线监测项目内容。监测频次：宋庄分水闸为每 2 小时 1 次，其余 5 座站为每 4 小时 1 次。

**（三）便携式快速监测仪跟踪监测**

调水运行初期弃水阶段，使用便携式快速监测仪跟踪监测水头，主要监测 pH、电导率、浊度、溶解氧、TDS（溶解性总固体）5 项参数，科学确定弃水水量。

**（四）水质监测结果**

依据《地表水环境质量标准》（GB3838-2002），监测国家生态环境部 2011 年印发的《地表水环境质量评价办法（试行）》水质评价指标中除水温、总氮和粪大肠菌群以外的 21 项指标。水温、总氮和粪大肠菌群作为参考指标单独评价（河流总氮除外）。六个分中心 19 个监测断面的 29 项监测指标，其中的基本 24 项除总氮以外，均符合《地表水环境质量标准》（GB3838-2002）Ⅲ类标准；其中的补充 5 项全部符合生活饮用水标准限值。24 项基本指标中，溶解氧、铜、锌、硒、砷、镉、六价铬、铅、氟化物、挥发酚、硫化物、阴离子表面活性剂、石油类、粪大肠菌群 14 项指标均达到地表水环境质量Ⅰ类标准，汞、氰化物检测精度只能测到符合Ⅲ类标准，氨氮、总磷符合Ⅱ类标准，高锰酸钾指数、化学需氧量、五日生化需氧量在Ⅱ和Ⅲ类之间，总氮超过Ⅲ类标准，水温、pH 符合Ⅲ类标准。为确保胶东调水工程输水渠道穿越当地河流时全部采用立体交叉型式，水源水流进入工程渠首后，3～4 天进入潍坊各分水口门，7 天左右进入青岛棘洪滩水库，10 余天进入烟台、威海各分水口门。因此，输水渠道水质状况主要取决于水源水质。2019 年胶东调水工程水源为黄河水和长江水，其中黄河水水质一直符合或优于地表水Ⅲ类标准（多数时段能达到Ⅱ类标准），长江水水质符合地表水Ⅲ类标准，仅硫酸盐 5 月份超标，为 250～300 毫克每升。针对长江水硫酸盐个别时段超标的现象，胶东调水工程通过调整黄河、长江水源配比，适当增加黄河水流量等措施，确保输水渠道水质硫酸盐达标。2019 年棘洪滩水库水质全部符合地表水Ⅲ类标准，相比 2018 年，硫酸盐超标问题得到解决。

# 第二节　水污染防治

水质安全直接关系到人民群众的身体健康和生命安全。工程建设之初，就通过设计输水渠道立体交叉、远离污染源等形式，防止输水受到沿途河道水质污染。工程建成输水后，工程管理局又制定相关法规、组建专门队伍，采取放水冲洗等运行防护措施，保证沿线渠道输水质量。水库水质保护采用生物方法控制水库藻类过量繁殖，净化水体水质。随着经济社会发展和人们生活水平的提高，在社会对水量需求不断增加的同时，对水质也提出了更高的要求。

**一、工程建设保护**

为确保引黄济青水质不受其他河道的污染，与引黄济青输水河相交的大小河流均采用倒虹、渡槽等钢筋混凝土建筑物立体交叉，并在倒虹洞身外缘一律涂刷热沥青隔离层，防止污水浸渗。输水河线路尽量躲开点、面污染源，远离城镇、村庄及可能引起污染的污染段。对靠近输水河有污染侧渗侵袭的地段，采取堵截、改移排污水道的措施或限期进行污水处理。

为防止工程沿线农田坡水携带农药、氨、氮、磷肥、硝酸盐等污染物进入输水河，输水河采用两岸筑堤挡住坡水，并在坡水上游侧按十年一遇标准开挖排水沟，排水沟与道路、沟渠等交叉处埋设涵管，连通田间排水系统，使田间坡水就近排入交叉河道。

输水河经过的部分地段地下水位埋藏浅，土壤中含有多种盐类、碱类物质，有的地段土壤可溶性氟含量达200毫克每升以上。为此，输水河采取防渗措施，防止土壤中的盐分、高矿化度地下水及高氟水影响引黄济青输水河水质。

### 二、运行管理防护

在向青岛正式送水前，根据输水河滞留水水质情况，在调水运行时，首先安排3~5天放水冲洗，将输水河中残留的积水、杂物通过沿线建设的5处泄水闸排出，然后自上而下用10天时间向沿线农田送水，再正式将水送入棘洪滩水库。

在向青岛正式供水的同时，通过沿线部分分水闸及25处放水管向群众提供生活饮用水。沿线群众自行修建近100处标准较高的蓄水塘储存水，既满足了群众对生活用水的需求，又防止了任意到输水河内取水造成的工程损坏和水质污染。

### 三、制度措施保障

工程调水前进行水质安全大检查，对全线可能造成水质污染的隐患进行排查，对渠道上的排污口、分水口、泄水口等逐一进行封堵，防止污水入侵。

建立安全巡查制度，特别是调水期间，对渠道及水库实行全天候巡逻值班，对工程重要部位如小清河子槽排污口、与自然河道公用的渠道段、水库安排专人负责，一旦发现异常情况，立即上报并及时采取处理措施。

严格调度运行措施，调水前对渠道内存水进行弃水，并引水冲刷，保证渠道内水质合格达标再开始引水。

加强工程安全防护设施的配备，在水库水源地安装防护隔离网及配套的高压脉冲报警系统，建立水库电视监控系统，实现水库全天候、全方位和封闭式管理和防护，有效杜绝因外来人员、车辆进入库区而产生的水质安全事件。

及时查处危及水质的单位和源头，先后关闭2家胶州段输水河附近带有污染性质的工厂。

### 四、生物净化

棘洪滩水库第一次蓄水后，原库底沉积物中的大量营养盐释放进入上覆水体，1990年夏季（7—8月），在水温、光照适宜的条件下，水库暴发藻华，大大增加了自来水厂的处理负担。针对水质监测中发现的藻类，专家建议采取食物网构建技术构建三级功能群净化系统，向水库投放20多万尾鱼苗，让其自然生长，提高水库自净能力，有效抑制藻类的繁殖生长，净化水质效果较好。当气温下降后，藻类大幅减少，从9月下旬开始水库水质清澈，水厂滤池工作周期达20小时以上，基本恢复正常。[①]

---

① 李明阁，苗汉生. 提高引黄济青水质的对策及其效果 [J]. 农田水利与小水电 ,1991（05）:1-3.

棘洪滩水库 1989—2003 年的藻类监测数据表明，水库水体稳定保持在中营养状态。因为水质状况良好和营养状态稳定，棘洪滩水库成为青岛市重要的饮用水水源地，为青岛市经济社会可持续发展提供了可靠的水源保证。随后几年，继续向棘洪滩水库投放鱼苗，2018—2022 年棘洪滩水库投放鱼苗统计表见表 5-6。

表 5-6 棘洪滩水库 2018—2022 年投放鱼苗统计表

| 年份 | 投放鱼苗 | 费用（元） |
|---|---|---|
| 2018 年 | 鳙鱼苗 1 斤 / 尾，174000 斤<br>白鲢苗 1 斤 / 尾，58000 斤<br>青鱼苗 1 斤 / 尾，3000 斤 | 1199878.8 |
| 2019 年 | 鳙鱼苗 1 斤 / 尾，171000 斤<br>白鲢苗 1 斤 / 尾，58000 斤<br>青鱼苗 1 斤 / 尾，3000 斤 | 1195144.2 |
| 2020 年 | 鳙鱼苗 1 斤 / 尾，142400 斤<br>白鲢苗 1 斤 / 尾，60000 斤<br>青鱼苗 1 斤 / 尾，3000 斤 | 1179880 |
| 2021 年 | 鳙鱼苗 1 斤 / 尾，75000 斤<br>白鲢苗 1 斤 / 尾，27000 斤 | 607350 |
| 2022 年 | 鳙鱼苗 1 斤 / 尾，90000 斤<br>白鲢苗 1 斤 / 尾，45300 斤 | 779790 |

## 第三节 棘洪滩水库实验室水质检测

为解决棘洪滩水库实验室仪器设备陈旧、设施老化等问题，使实验室的场所环境和设备设施能够满足《地表水环境质量标准》（GB3838-2002）29+5 项检验检测要求，在省中心的领导和支持下，投入 160.95 万元，按照标准化实验室建设标准，对水库水质实验室按照使用需求进行升级改造。工程于 2021 年 10 月 8 日开工，12 月 16 日竣工。

**一、实验室改造**

棘洪滩水库实验室改造内容包括实验室装修以及气路、强弱电电路系统、实验家具（试验台和试剂柜等）、排风和新风系统、微生物实验室升级等。

排风系统将所有实验室废气集中、有组织排放，且末端带有尾气净化装置，防止有害气体排放到空气中，确保达到废气排放相关标准的要求。实验室采用新风系统补充被排风系统所排出的空气，防止实验室由于负压太大而产生排风不畅的现象。

微生物实验室分为污染区、缓冲区、洁净区，洁净区和污染区进行严格隔离，避免交叉污染。洁净区采用紫外杀菌灯进行灭菌，并安装空气净化系统。

危化品及易挥发的药品采用净气型储药柜进行存放，柜顶部配备风机和活性炭过滤装置，风机运转使柜内空气形成负压，避免有毒有害成分挥发，提高了实验室环境标准。

同时实验室配备了视频监控系统、指纹锁，提高了实验室的安全管理水平。

## 二、检测能力

### （一）检测指标

棘洪滩水库实验室水质检测项目包括水温、pH、溶解氧、高锰酸盐指数、化学需氧量、五日生化需氧量、氨氮、总磷、总氮、铜、锌、氟化物、硒、砷、汞、镉、铬（六价）、铅、氰化物、挥发酚、石油类、阴离子表面活性剂、硫化物、粪大肠菌群、硫酸盐、氯化物、硝酸盐、铁、锰、叶绿素 a，共计 30 项。

### （二）仪器设备配备

棘洪滩水库实验室配备了 pH 计、浊度仪、便携式水质多参数分析仪、流动注射分析仪、可见分光光度计、紫外－可见分光光度计、原子荧光光度计、电感耦合等离子体质谱仪、全自动高锰酸盐指数测定仪、便携式水质毒性快速检测箱等检测仪器及立式压力蒸汽灭菌器、超纯水机、离心机、电子天平、生化培养箱、电热鼓风干燥箱、低温恒温槽、超声波清洗器、分液漏斗振荡器、数显恒温水浴锅、微波消解仪、紫外荧光暗箱、水质采样器、超净工作台、生物安全柜等辅助设备（图 5-58）。

图 5-58 棘洪滩水库水质化验室仪器

## 三、运行管理

棘洪滩水库实验室委托青岛中禹环境检测有限公司按照"共建、共用、共管、共享"的原则，共同负责实验室运行。每月 1 次对渠道、棘洪滩水库出入口、昌平河管理所昌平倒虹、桃源河站等 13 个断面进行水温、pH、溶解氧、高锰酸盐指数、化学需氧量、五日生化需氧量、氨氮、总磷、总氮、铜、锌、氟化物、硒、砷、汞、镉、铬（六价）、铅、氰化物、挥发酚、石油类、阴离子表面活性剂、硫化物、粪大肠菌群、硫酸盐、氯化物、硝酸盐、铁、锰、叶绿素 a 指标检测。每年 2 次对南四湖、东平湖、黄河沉沙池进行 29 项指标检测。每年 2 次对 11 个自动观测断面进行数据比对。

# 第六章　水价管理

引黄济青工程是国家批准投资兴建的、具有公益性质的社会福利性产业，初期按供水成本加供水投资核定向青岛市供水价格，供水水价、工程沿途农业供水水费标准远低于运行成本。后因水费收入不能保证工程的良性运行，严重制约着事业发展，更不利于未来的可持续发展。为此，1993 年，引黄济青工程管理局开始对引黄济青水价进行科学核算，先后进行五次改革，在国内首创两部制水费征收标准，逐步与供水市场"接轨"，实现了工程管理的良性运作。[①] 至 2016 年，水费收入基本满足了工程日常维护和管护需要，为调水事业发展提供了有力的资金支撑。

# 第一节　初期水价

引黄济青工程是国家批准、政府投资兴建的主要解决青岛市城市生活和工业供水用水的专项工程，是一种具有公益性质的社会福利性产业，水价确定带有很大的政策因素。初期，根据国务院《水利工程水费核订、计收和管理办法》及山东省政府《山东省水利工程水费计收和管理办法》等有关规定计算，引黄济青工程管理局按供水成本加供水投资的少许盈余，核定向青岛市工业供水价格，标准远低于运行成本。工程沿途农业供水经过 4 级泵站和输水河分段输送，各县供水成本不同，故对水费标准实行分段计算与核定。

1989 年，山东省财政厅、省物价局、省引黄济青工程管理局联合下文，明确了青岛市用水、沿线农业用水和人畜饮水水费标准及计收办法。至 1992 年，引黄济青工程水费收入总计 5112.5 万元，其中青岛市交水费 4570 万元，占初步设计水费的 31%；沿线农业交水费 542.5 万元，占初步设计水费的 35%；平均每年水费收入 1700 余万元，只占供水总成本的 1/3。[②] 收取的水费主要用于人员机构经费、黄河水源费、电费、工程维修及基建工程尾工等。[③]

## 一、青岛供水水价

引黄济青工程最初水价的确定主要是基于供水成本的核算。引黄济青工程具体分为水库及其以上的水源工程和水库以下的供水工程两部分。其中，水库以下的供水工程由青岛市自来水公司负责管理；水库及其以上的水源工程由山东省引黄济青工程管理局负责管理。工程总投资为 76245 万元，其中投资的 80% 形成固定资产。按照水利部《水利建设项目经济评价规范》计算，工程的折旧费和正常维修养护费、水源费、清淤占地补偿费、沉沙池更换费等，作为工程的供水总成本，再除以设计年青岛市供水量，即为每立方米的供水成本。在此基础上，根据国务院发布的《水利工程水费核订、计收和管理办法》及山东省政府制定的《山东省水利工程水费计收和管理办法》等有关规定计算供水价格。经计算，向青岛市工业供水价格应按供水成本加供水投资 4%～6% 的盈余核定，供水水价为 0.742 元每立方米。但是遵照省政府领导的意见，为尽量减轻青岛市的经济负担，实际上只按供水成本收费，年供水总成本 5106 万元。在这一情况下，为保证工程必要的维修养护费，对青岛市实行了基本水费和计量水费相结合的办法。

1989 年 11 月 3 日，经山东省人民政府同意，省引黄济青工程管理局、省财政厅、省物价局联合下发《关于印发＜山东省引黄济青工程水费计收和管理办法＞的通知》，其中明确：①引黄济青工程必须有偿供水；②对青岛市供水实行基本水费和计量水费相结合的制度；③水费作为供水单位耗费的

① 管理增效益 创新谋发展——纪念引黄济青工程通水二十周年 [J]. 山东水利，2009（Z2）:9-10.
② 冯润民，曹福英．引黄济青工程实现良性循环初探 [J]. 水利经济，1993（02）:22-24.
③ 冯润民，吴红燕．浅谈引黄济青工程水价改革 [J]. 水利经济，1996（03）:45-47.

补偿，只能用于引黄济青工程的运行管理、大修等支出，由工程管理单位计收、使用，任何部门不得截留、挪用。确定青岛市用水水费标准：工业用水水费 0.380 元每立方米，生活用水水费 0.087 元每立方米；年度内用水量达不到 3700 万立方米时收取基本水费 1400 万元；用水量超过 3700 万立方米时按计量水费标准收取水费。[①]

从 1989 年底到 1992 年底，引黄济青工程向青岛送水 2.35 亿立方米，其中工业和居民用水 9141.5 万立方米，平均每天用水 10.5 万立方米，相当于初步设计供水量的 1/3；青岛市总计交水费 4570 万元，占初步设计水费的 31%。

**二、农业用水水价**

因为引黄济青工程渠道从博兴县引水，沿途经过四级泵站和 253 千米输水河送到棘洪滩水库，引水沿线各县的供水成本不同，故对水费标准实行分段计算（表 5-7）。

表 5-7 引黄济青分段供水水费标准统计表

| 序号 | 计量水价地区范围 | 计量水价（元每立方米） |
|------|------------------|------------------------|
| 1 | 博兴县段 | 0.03 |
| 2 | 宋庄泵站以上广饶、寿光段 | 0.04 |
| 3 | 宋庄泵站以下、王耨泵站以上段 | 0.066 |
| 4 | 王耨泵站以下、亭口泵站以上段 | 0.078 |
| 5 | 亭口泵站以下、棘洪滩泵站以上段 | 0.087 |

同时，为鼓励博兴县节约用水和向青岛沿线多送水，按照设计指标，每向县外送 1 立方米水，省里给予补贴 0.004 元，每节约 1 立方米水奖励 0.01 元。补贴和奖励费用从收取的水费中解决，主要用于扶持渠道生产。

至 1992 年，工程沿线农业水费计收 542.5 万元，只占初步设计水费的 35%。

## 第二节　水价改革

根据设计，引黄济青工程在保证率为 95% 的年份，青岛市日供水量可增加 30 万立方米，年水费收入可达 4593 万元。但引黄济青工程最初水价确定时，工程尚未全面竣工，整个工程概算也未作调整，水费标准测算只是依据水库及其以上工程投资计算，水费标准偏低。从工程运行的角度和市场经济的观点看，这种最初的工程水价实质上仍是一种"指令性"水价，不是使工程达到良性循环的水价。

工程建成后，青岛市城市用水也没有优先引用引黄济青工程的水源，致使供水量达不到设计标准，工程不能充分发挥应有效益。随着工程不断老化，综合维修费用大幅度提高，再加上市场物价、提水电价和管理人员工资上涨较快，致使供水成本不断提高。此外，在水费计收执行过程中水的商品意识

---

① 马吉刚，孙培龙，陈军，等 . 引黄济青工程多水源配置水价政策研究分析 [J]. 水利科技与经济 ,2011（12）:40-42.

淡薄，不能严格执行水费计收制度，存在少交水费多放水、水费收入不到位的现象，依法治水不力。[①] 水费收入不能维持工程的简单再生产和良性运行，严重制约着事业开展，更不利于未来的可持续发展。由于水费收入较少，工程养护岁修费不能按正常需要安排，工程通水三年累计安排资金 1934 万元，平均每年 644 万元，只占设计正常工程养护岁修费的 41%，3 年累计亏损 7000 多万元。[②]

随着经济社会的发展和人类物质文化生活水平的不断提高，人类社会对水的需求日益增长，远距离引水成本也急剧加大，推进水价合理化和及时收取水费，关系着跨流域调水的良性循环和可持续发展，是保障工程正常运行的根本。为此，山东省政府自 1993 年开始，先后进行 5 次引黄济青的水价改革，调整力度逐次加大，水费收入增加。至 2016 年，水费收入基本满足了工程日常维护和管护需要，为调水事业发展提供了有力的资金支撑。[③]

### 一、第一次水价调整

90 年代初期，国家关于水利是基础产业、水利工程供水具有商品属性、应按商品交换的要求合理收费的观点逐渐被社会接受。面对引黄济青工程亏本运行的实际情况，考虑到物价上涨因素对供水成本的影响，以及工程配套和附属设施的建设不断增加投资的实际需要，山东省引黄济青工程管理局开始重新认识和考虑引黄济青工程的水价问题。为此，组织专人先后考察学习东深供水工程、天津引滦入津工程在水价核定、水费计收、使用、管理等方面的工作经验，并认真总结、汲取前几年由于水价偏低、工程亏本运行的教训，决定适应"大气候"，营造"小气候"，改革现行水价，对水价进行彻底改革，尽快扭转引黄济青工程严重亏损运行的局面。

为避免工程出现恶性循环，保证及时向青岛供水，山东省引黄济青工程管理局遵照国务院《关于贯彻执行 < 水利工程水费核订、计收和管理办法 > 的通知》（国办发〔1990〕10 号）的有关规定，经过认真核算和多方协调，确定了新的供水价格。1993 年 2 月，山东省人民政府办公厅转发省物价局、省水利厅《关于调整引黄济青供水价格的请示的通知》（鲁政办发〔1993〕11 号），将引黄济青供水价格调整为 0.89 元每立方米，且再次考虑到青岛市的承受能力，确定了实行新水价和制订 3 年内逐步到位的实际步骤及措施：从 1993 年开始，将年基本水量、基本水费分别调整为 3700 万立方米和 3840 万元，超过 3700 万立方米后，按计量水价 0.47 元每立方米收取；1994 年 3 月 3 日，计量水价核定为 0.645 元每立方米，自 1994 年 1 月 1 日起执行；1995 年 7 月 1 日起执行到位价格，即年基本水量、基本水费等不变，计量水价为 0.825 元每立方米。[④] 明确工程沿线农业用水价格和水费计收办法，确定按照泵站级次分段供水成本收费（表 5-8）。考虑到农民的负担和承受能力，也采取逐步到位的办法，1993 年暂按成本的 60% 计收。

---

① 冯润民，曹福英 . 引黄济青工程实现良性循环初探 [J]. 水利经济 ,1993（02）:22-24.
② 冯润民，曹福英 . 引黄济青工程实现良性循环初探 [J]. 水利经济 ,1993（02）:22-24.
③ 马吉刚，张伟，傅川 . 引黄济青工程建设管理发展思考 [J]. 中国水利 ,2013（20）:13-14.
④ 冯润民，吴红燕 . 浅谈引黄济青工程水价改革 [J]. 水利经济 ,1996（03）:45-47.

表 5-8 引黄济青分段供水价格表

| 序号 | 泵站级次分段 | 水费价格（元每立方米） |
|---|---|---|
| 1 | 博兴一干 | 0.05 |
| 2 | 宋庄泵站以上 | 0.105 |
| 3 | 王耨泵站以上 | 0.121 |
| 4 | 亭口泵站以上 | 0.151 |
| 5 | 入库泵站以上 | 0.183 |

在确定较为适度的水价后，如何严格编制、执行供水计划和加强水费计收工作就成为水价改革中又一新的关键问题。为此，根据《山东省引黄济青工程水费计收和管理办法》的规定，每年10月份，各用水单位都要认真地编制用水计划，报省引黄济青工程管理局，再由省局统一汇总平衡，并正式下达各单位用水指标。各用水单位按分配水量向省局财务部门预购水票，凭票供水。在供水过程中，工程管理部门严格计量供水水量。在工程沿线，以输水河各分水口分水量为准；在青岛市，则以棘洪滩水库放水洞出水量为准。为提高水量计量的准确度，还从美国进口 ORE 超声波流量计进行测量，更好地控制水量，提高水费计收的有效性。为了按照经济规律办事，工程管理部门根据市场经济的要求，本着"签订合同，各负其责，保证供水，保证用水"的精神，每年与青岛市自来水公司签订供、用水合同，明确供用水量、水价标准、交费时间和双方的权利义务。据此，双方互相支持，主动协作，默契配合，严格按合同办事。在工程沿线农业供水和人畜吃水方面，坚持对各用水单位"按方收费、预售水票、凭票供水"，各用水单位都遵照规定要求，提前到省局财务处预交水费，从而提高工程的供水效益。1993年，水费收入由以往每年1700万元左右提高到3560万元，缓解了水价低、工程亏本运行的困难和矛盾；工程维修养护费也由以往年度安排644万元提高到1586万元，较好地保证了工程正常维修、养护的需要，使工程运行处于良好状态。并且还从当年水费收入中拿出近1000万元解决基本建设投资缺口。

1994年3月3日，山东省人民政府办公厅以鲁政办发〔1994〕19号文件发布《关于核定1994年引黄济青工程供水价格的通知》，年基本水量3700万立方米和基本水费3840万元，仍按鲁政办发〔1993〕11号文件的规定执行；计量水价核定为0.645元每立方米。"[1]是年，引黄济青工程水费收入近6000万元，除上述正常费用外，又解决了基本建设投资缺口1600万元。[2]

1995年7月25日，山东省人民政府办公厅以鲁政办发〔1995〕60号文件发布《关于引黄济青工程供水价格的通知》，对1995年的供水价格作出明确规定。其中提出："为了保证引黄济青工程的正常运行，经研究确定从今年7月1日起执行1995年到位价格，即：年基本水量3700万立方米和基本水费3840万元不变，计量水价为0.825元每立方米，其他有关事项仍按鲁政办发〔1993〕11号文件

① 山东省胶东调水局水价改革资料选编 [G]. 济南：山东省胶东调水局,内部资料,2008:56.
② 冯润民,吴红燕. 浅谈引黄济青工程水价改革 [J]. 水利经济,1996（03）:45-47.

的规定执行。"① 这一年之后，水费年收入都在 6000 万元左右。水费收入的增加，为工程运行管理增加了后劲，工程投入和工程管理得到进一步加强，职工收入、生活福利待遇等也有较大提高。此外，还从水费收入中拿出 2600 万元解决了基本建设投资缺口，并提折旧 2324 万元（按规定应计提折旧费 2590 万元，沉沙条渠更换费 991 万元，合计 3489 万元）。②

此次价格调整，为解决水利吃"皇粮""喝大锅水"问题做出有益尝试，也为引黄济青工程逐步实现良性循环、改善工程投入情况和建立稳定的职工队伍打下良好基础。

### 二、第二次水价调整

随着引黄济青工程多年的运行，20 世纪末、21 世纪初，渠首黄河水源费、运行电费、工程维修费、工程管理费、泥沙处理费等大幅度上涨，引水成本急剧上涨，导致工程长期亏本，严重影响其正常运行。③ 为适当解决引黄渠首水价提高等供水成本增支因素对引黄济青工程正常运营的影响，充分发挥工程效益，经过多方协商，并报山东省政府同意，省物价局于 2001 年 9 月 29 日下发《关于调整引黄济青工程向青岛市供水基本水量和基本水费的通知》（鲁价格发〔2001〕308 号），对引黄济青工程向青岛市供水基本水量和基本水费进行调整，具体为：自 2001 年 1 月 1 日起，将每年基本用水量调整为 9000 万立方米（不含向黄岛区的供水），基本水费相应调整为 8212.5 万元；年用水量不足 9000 万立方米时，青岛市按照 9000 万立方米用水量付基本水费；年用水量超过 9000 万立方米后的计量水价，仍执行省政府办公厅鲁政办发〔1995〕60 号文件确定的标准，即 0.825 元每立方米。④ 基本水费缴纳的时间、次数及缴款相应比例等有关事项，仍按照省政府办公厅鲁政办发〔1993〕11 号文件的规定执行。

这种"基本水价加计量水价"的水费计收办法体现了用水量达不到设计标准时，每立方米水价应该高的特点。不管青岛市用水量多少，都能保证维持工程管理的基本费用。用水量达到设计用水量时，可以实现工程的简单再生产。⑤

### 三、第三次水价调整

2005 年 6 月，山东省物价局委托省价格事务所依据 2004 年国家发展改革委员会、水利电力部颁布实施的《水利工程供水价格管理办法》，结合引黄济青工程的实际管理运行情况，对引黄济青系统 2002—2004 年 3 年的实际成本费用开支进行监审，按照对固定成本、可变成本实行不同的补偿方式进行测算，确认引黄济青工程每立方米供水成本为 1.53 元。

2006 年 8 月，山东省物价局下发《关于调整引黄济青工程供水价格的复函》（鲁价格函〔2006〕85 号），依据测算审核结果，考虑到青岛市的实际困难，对引黄济青工程供水价格进行调整，确定自 2006 年 9 月 1 日起，分两步将引黄济青工程供水价格提高到保本水平。具体为：青岛市用水年基本水费为 7598.5 万元。计量水量为 9000 万立方米，计量水价为 0.685 元每立方米，分两步执行到位。其中，

① 山东省胶东调水局水价改革资料选编 [G]. 济南：山东省胶东调水局, 内部资料, 2008:57.
② 冯润民, 李建华. 搞好水价改革 实现工程良性循环 [J]. 水利经济, 1999（11）:17–18.
③ 马吉刚, 孙培龙, 陈军, 等. 引黄济青工程多水源配置水价政策研究分析 [J]. 水利科技与经济, 2011（12）:40–42.
④ 马吉刚, 孙培龙, 陈军, 等. 引黄济青工程多水源配置水价政策研究分析 [J]. 水利科技与经济, 2011（12）:40–42.
⑤ 吕福才, 毕树德, 王大伟, 等. 引黄济青工程的管理与运行 [J]. 中国农村水利水电, 2003（08）:67–68.

2006年9月1日至2007年8月31日，计量水价执行0.34元每立方米；2007年9月1日起，计量水价执行0.685元每立方米。[①]

2007年9月28日，山东省物价局《关于引黄济青供水超9000万立方米后供水价格的批复》（鲁价格发〔2007〕200号）确定：2007年年底以前，年用水量超出9000万立方米部分仍执行9000万立方米的计量水价，即0.685元每立方米（不含税）；自2008年起，年用水量超出9000万立方米部分执行计量水价，即0.776元每立方米（不含税）。[②]

2007年11月15日，山东省物价局、省水利厅联合发布《关于核定我省部分水利工程供水含税价格的通知》（鲁价格发〔2007〕245号），进一步明确引黄济青工程含税基本水费和含税计量水价：基本水费8045万元；计量水价，年供水9000万立方米以内，2007年9月1日前执行0.36元每立方米，2007年9月1日后执行0.725元每立方米；年供水超过9000万立方米，2007年底前执行0.725元每立方米，2008年起执行0.822元每立方米。[③]

### 四、第四次水价调整

2014年后，胶东地区降水明显减少，当地水资源接近枯竭。为缓解水资源短缺矛盾，保障人民生活和社会经济的发展需要，2016年6月，按照山东省政府统一安排和要求，依据《中华人民共和国合同法》《南水北调工程供用水管理条例》《山东省南水北调条例》《山东省胶东调水条例》等法律法规，及《南水北调工程总体规划》《南水北调东线一期工程可行性研究总报告》《山东省引黄济青工程设计》《山东省引黄济青改扩建工程初步设计》《山东省胶东地区引黄调水工程初步设计》《关于南水北调东线一期主体工程运行初期供水价格政策的通知》和省物价局关于胶东调水工程水价政策的有关规定等，经协商一致，山东省南水北调工程建设管理局、山东省胶东调水局和青岛市人民政府三方签订供用水协议，规定向青岛市调引长江水的水费由南水北调工程水费和胶东调水工程水费两部分组成。

南水北调工程水价，依据《关于南水北调东线一期主体工程运行初期供水价格政策的通知》执行两部制水价，两部制水价由基本水价和计量水价组成（表5-9）。胶东调水工程水价，依据山东省物价局2015年12月4日《关于对引黄济青工程和胶东调水工程供水价格测算情况征求意见的函》及省政府常务会议研究的意见执行两部制水价，两部制水价由基本水费和计量水价组成（表5-10）。本协议水价适用于本次调引长江水、黄河水，待正式水价政策批复确定后，执行政府核定的供水价格及水费政策。

表5-9 南水北调两部制水价价格表

| 序号 | 供水计量断面 | 基本水价（元每立方米） | 计量水价（元每立方米） |
|------|------|------|------|
| 1 | 双友分水闸（平度市） | 0.82 | 0.83 |
| 2 | 棘洪滩水库 | 0.82 | 0.83 |

---

[①] 山东省胶东调水局水价改革资料选编[G]. 济南：山东省胶东调水局,内部资料,2008：60.
[②] 山东省胶东调水局水价改革资料选编[G]. 济南：山东省胶东调水局,内部资料,2008：61.
[③] 山东省胶东调水局水价改革资料选编[G]. 济南：山东省胶东调水局,内部资料,2008：66.

表 5-10 引黄济青工程和胶东调水工程两部制水价价格表

| 序号 | 供水计量断面 | 基本水费（万元） | 黄河水计量水价（元每立方米） | 长江水计量水价（元每立方米） |
|---|---|---|---|---|
| 1 | 双友分水闸（平度市） | 132.33 | 0.572 | 0.705 |
| 2 | 棘洪滩水库（含即墨市） | 10663.8 | 0.667 | 1.277 |

2016 年 8 月 31 日，山东省物价局《关于引黄济青工程和胶东调水工程调引黄河水长江水供水价格的通知》（鲁价格一发〔2016〕94 号）确定了以下内容，输水工程基本水费由职工薪酬、管理费用和 50% 的固定资产折旧、50% 的修理费等部分计提规定的税金后构成，是保障工程基本运行的费用，无论输水与否，无论输何种水、输多少水，均需缴纳基本输水费。计量水价由输水工程计量价格、水源价格（分黄河水、长江水）和水损三部分组成。计量输水价格由输水总成本扣除基本水价成本部分后计提规定的税金构成。通过胶东调水工程和引黄济青工程调引的长江水，每年应按国家下达的基本水价 0.82 元每立方米和各市承诺的长江水量缴纳基本水费。各口门输水工程基本水费与计量水价见表 5-11。上述价格自 2016 年 1 月 1 日起执行，试行期三年，期满后根据工程实际运行成本等情况核定正式价格。

表 5-11 各口门输水基本水费与计量水价表

| 分水口门 | | 输水基本水费（万元） | 计量水价 | |
|---|---|---|---|---|
| | | | 黄河水（元每立方米） | 长江水（元每立方米） |
| 引黄济青工程 | | 10663.8 | 0.667 | 2.107 |
| 胶东调水工程 | 双王城水库 | 241.43 | 0.265 | 1.059 |
| | 潍北平原水库 | 241.43 | 0.296 | 1.175 |
| | 峡山水库 | 724.19 | 0.392 | 1.313 |
| | 宋庄 | | | |
| | 平度 | 132.33 | 0.572 | 1.535 |
| | 莱州 | 679.16 | 0.826 | 1.885 |
| | 招远 | 777.49 | 1.101 | 2.308 |
| | 龙口 | 1119.51 | 1.514 | 2.763 |
| | 蓬莱 | 1164.87 | 1.694 | 2.975 |
| | 栖霞 | 571.44 | 1.874 | 3.155 |
| | 福山 | 4728.10 | 2.170 | 3.452 |
| | 牟平 | 825.33 | 2.70 | 3.981 |
| | 米山水库 | 6484.91 | 2.965 | 4.246 |

注：输水基本水费为年缴纳金额

### 五、第五次水价调整

2020年12月22日，山东省发展和改革委员会下发《关于胶东调水和黄水东调工程调引黄河水长江水价格的通知》（鲁发改价格〔2020〕1426号），根据《山东省水利工程供水价格管理实施办法》规定和成本监审结果，核定了胶东调水工程和黄水东调工程调引黄河水、长江水的价格。通过胶东调水工程调引长江水的青岛、烟台、威海、潍坊等市，每年按国家下达的基本水价每立方米0.82元和各市承诺的调引长江水量缴纳基本水费；胶东调水和黄水东调工程供各市县分水口门基本水费和综合计量价格标准具体见表5-12；山东水发黄水东调工程有限公司向东营市支付的水利工程运行维护费每立方米0.397元（此费包含广南水库供水运行费用0.038元每立方米）不变。上述价格均为含税价格（不含水资源税）。本通知自2021年1月1日起，至2023年12月31日止。

表5-12 各市县分水口门基本水费（长江水、黄河水）计量价格和综合计量价格表

| 口门名称 | 胶东调水工程 | | | 黄水东调工程 | | 各口门基本水费与计量水价 | |
|---|---|---|---|---|---|---|---|
| | 基本水费（万元每年） | 长江水 | 黄河水 | 黄河水 | | 基本水费（万元每年） | 综合计量水价（元每立方米） |
| | | 计量水价（元每立方米） | 计量水价（元每立方米） | 基本水费（万元每年） | 计量水价（元每立方米） | | |
| 高密 | 241 | 1.43 | 0.459 | 615.93 | 2.16 | 856.93 | 1.68 |
| 青岛市 | 14563.43 | 1.842 | 0.591 | 7818.86 | 2.16 | 22382.29 | 1.51 |
| 双王城水库 | 354.48 | 1.012 | 0.248 | – | – | 354.48 | 0.69 |
| 潍北平原水库 | 140.94 | 1.144 | 0.281 | – | – | 140.94 | 0.83 |
| 峡山水库 | 818.31 | 1.221 | 0.325 | – | – | 818.31 | 0.96 |
| 潍北二库 | – | – | – | 3247.94 | 1.144 | 3247.94 | 1.14 |
| 宋庄 | – | – | – | 4916.15 | 1.82 | 4916.15 | 1.82 |
| 平度 | 162.15 | 1.463 | 0.501 | 130.70 | 2.55 | 292.85 | 1.49 |
| 莱州 | 388.68 | 1.782 | 0.721 | 424.61 | 2.55 | 813.29 | 1.79 |
| 招远 | 290.39 | 2.189 | 0.897 | 392.09 | 2.56 | 682.48 | 2.08 |
| 龙口 | 382.53 | 2.629 | 1.282 | 424.61 | 2.59 | 807.14 | 2.25 |
| 蓬莱 | 719.53 | 2.772 | 1.425 | 392.09 | 2.59 | 111.62 | 2.29 |
| 栖霞 | 297.49 | 2.871 | 1.524 | 163.22 | 2.59 | 460.71 | 2.45 |
| 福山 | 3218.86 | 3.091 | 1.744 | 1192.22 | 2.59 | 411.08 | 2.44 |
| 牟平 | 771.92 | 3.564 | 2.217 | 163.22 | 2.59 | 935.14 | 2.93 |
| 米山水库 | 7369.37 | 3.641 | 2.294 | 1633.40 | 2.59 | 9002.77 | 2.93 |

为加强东平湖生态保护，促进水资源利用，2021年3月16日，山东省发展和改革委员会下发《关于明确东平湖调水价格的通知》（鲁发改价格〔2021〕188号），通知明确以下内容。①东平湖水资

源出湖口门价格为4—6月（下同）0.24元每立方米，其他月份0.22元每立方米，其中：4-6月0.14元每立方米、其他月份0.12元每立方米为黄河渠首水费，0.08元每立方米为东平湖水源生态维护费，0.02元每立方米为东平湖水资源补助费（山东黄河河务局东平湖管理局）。②南水北调东线山东干线东线工程济南市各口门价格为0.34元每立方米，济青上节制闸价格为0.56元每立方米；南水北调东线山东干线北线工程聊城市各口门价格为0.34元每立方米，德州市各口门价格为0.56元每立方米。③东平湖水资源进入胶东调水工程后，其价格按（鲁发改价格〔2020〕1426号）明确的综合计量价格标准执行。上述价格为含税试运行价格，试行时间自2021年4月1日起，有效期至2023年3月31日。

为做好向青岛市输送黄河水、长江水等工作，2021年11月，山东省调水工程运行维护中心依据《中华人民共和国民法典》《山东省胶东调水条例》等法律法规，根据《山东省调水管理办法》《山东省发展和改革委员会关于明确胶东调水和黄水东调工程调引黄河水长江水价格的通知》《山东省发展和改革委员会关于明确东平湖调水价格的通知》《山东省水利厅关于胶东调水工程黄水东调工程执行口门综合计量水价的通知》（鲁水财函字〔2021〕16号）等文件有关政策，与青岛市人民政府签订2021年1月1日至2023年12月31日供用水协议。协议明确：根据鲁发改价格〔2020〕1426号文件的规定，自2021年起，无论当年度是否受水，青岛市应每年缴纳基本水费22675.14万元，其中调水中心基本水费14725.58万元、黄水东调基本水费为7949.56万元（表5-13）；南水北调基本水费（10660万元）由财政直接划转，本协议不作考虑。计量水价水费按照鲁发改价格〔2020〕1426号文件规定执行。

表5-13 2021—2023年基本水费计算表

| 序号 | 口门名称 | 调水中心（万元） | 黄水东调（万元） | 合计（万元） |
| --- | --- | --- | --- | --- |
| 1 | 青岛市 | 14563.43 | 7818.86 | 22382.29 |
| 2 | 平度（胶东线） | 162.15 | 130.7 | 292.85 |
| 3 | 合计 | 14725.58 | 7949.56 | 22675.14 |

2021年12月24日，山东省发展和改革委员会以《关于确认调引东平湖水价格政策的函》（鲁发改价格函〔2021〕150号），明确山东省调水中心调引东平湖水价格：南水北调东线山东干线工程济青（小清河子槽）上节制闸之前，按照《山东省发展和改革委员会关于明确东平湖调水价格的通知》（鲁发改价格〔2021〕188号）执行；南水北调东线山东干线工程济青（小清河子槽）上节制闸之后，按照《山东省发展和改革委员会关于明确胶东调水和黄水东调工程调引黄河水长江水价格的通知》（鲁发改价格〔2020〕1426号）明确的综合计量价格标准执行。

2022年4月13日，山东省发展和改革委员会以《关于明确胶东调水工程部分供水口门价格的通知》（鲁发改价格〔2022〕292号），明确了胶东调水工程新增农业供水、非农业供水口门价格及新增水源价格。①潍坊段所有分水口门供农业用水价格为0.1797元每立方米，青岛段所有分水口门供农业用水价格为0.2581元每立方米。②滨州市（博兴）分水口门黄河水供非农业用水为0.29元每立方米；东营市（广饶）分水口门长江水供非农业用水价格为0.97元每立方米。③峡山水库向胶东各市县供水（非农业），峡山水库出库口门价格为 0.64 元每立方米；水库防汛腾库排放的弃水出库口门价格为 0.13 元每立方米，进入胶东调水工程宋庄闸后各分水口门价格均按鲁发改价格〔2020〕1426 号明确的各口门综合计量水价执行。上述价格均为含税（不含水资源税）试行价格，上述分水口门前期已经供水尚未结算的，按此价格结算。

# 第七章 信息化管理

经过近几年水利信息化建设，山东水利逐步形成"一个中心、一个平台、一张图表、一套标准"的信息化建设整体格局，初步建立起以信息采集系统为基础、通信系统为保障、计算机网络为依托、决策支持系统为核心的省级水利信息化系统，水利现代化管理能力得到有效提升。山东省胶东调水工程，包括引黄济青工程和胶东地区引黄调水工程，是南水北调东线工程的重要组成部分，也是山东省重要的骨干水网，实现了黄河水、长江水与当地水资源联合调度、优化配置。基于工程调度运行、区域水资源优化配置、水利信息化和智慧化、调水工程系统统一调度等需要，为实现调水输水过程自动化、运行管理信息化的目标，建立了山东省胶东调水自动化调度系统。

## 第一节 规划建设

图 5-59 山东省发展和改革委员会《关于胶东调水工程有关问题的批复》

2012 年 7 月 31 日—8 月 4 日，山东省工程咨询院受山东省发展和改革委员会委托，在济南组织召开"山东省胶东地区引黄调水工程相关问题"审核会，通过了《山东省胶东地区引黄调水工程调度运行管理系统方案》。其中，系统总体框架包含信息采集系统、通信系统、计算机网络系统、闸（泵）站计算机监控系统、视频监视系统、数据管理平台、应用支撑平台、应用系统、应用交互、信息安全和标准规范体系，审定工程静态总投资为 2.79 亿元，其中工程费用为 2.25 亿元。2013 年 5 月 27 日，山东省发展和改革委员会以鲁发改农经〔2013〕601 号文对《山东省胶东地区引黄调水工程调度运行管理系统方案》进行批复（图 5-59），同意该方案并对新增投资予以确认。

2013 年以来，胶东地区连年干旱，按照省委、省政府部署安排，引黄济青、胶东调水工程自 2014 年起持续向青岛、烟台、潍坊、威海四市实施抗旱应急调水。

工程按照最大运行能力，采取超常规措施，超设计供水范围、超设计运行时间、超设计水位、超机组大修时限全天候运行。为应对繁重的调水任务，急需自动化、信息化管理手段完善供水调度运行管理方式。工程引调长江水时需要与南水北调工程联合运行，南水北调调度运行管理系统已基本完成建设，大部分功能已上线使用，为达到整个调水工程安全、高效、可靠的目标，急需尽快实施胶东调水自动化调度系统。

2014 年 7 月 10 日，山东省发展和改革委员会、山东省水利厅以鲁发改重点〔2014〕694 号文对《山东省引黄济青改扩建工程初步设计报告》进行批复（图 5–60），同意通信与自动化工程建设内容为改造完善通信与自动化系统，主要内容包括信息采集系统、计算机监控系统、通信系统、业务应用系统、应用支撑平台、数据资源管理系统、系统运行实体环境等，批复工程部分投资为 1.01 亿元。

上述两个自动化系统分别列在山东省胶东地区引黄调水工程和山东省引黄济青改扩建工程中，但因引黄济青渠首至宋庄分水闸段与胶东地区引黄调水工程共用，由一个单位管理。为将这两个自动化系统合并建设成一个覆盖胶东地区引黄调水工程和引黄济青工程全部的自动化调度系统，2018 年 5 月，山东省水利勘测设计院受山东省胶东调水局委托，将《山东省胶东地区引黄调水工程调度运行管理系统方案》和《山东省引黄济青改扩建工程初步设计报告》中的通信自动化改造工程合并设计，形成山东省调水工程自动化调度系统工程实施方案，工程总投资为 5.44 亿元；7 月 6 日，山东省水利厅以鲁水发规字〔2018〕21 号批复同意（图 5–61）；11 月，山东省胶东调水局完成《山东省调水工程自动化调度系统工程实施方案》项目招标工作。

档号 | 序号
GKJL.ZT.Y-018 | 1

正本

山东省发展和改革委员会
山 东 省 水 利 厅

鲁发改重点〔2014〕694 号

关于引黄济青改扩建工程
初步设计及概算的批复

省胶东调水局：

你局《关于报批山东省引黄济青改扩建工程初步设计的请示》（鲁胶调水字〔2013〕13号）和省工程咨询院的评审报告（鲁工咨设字〔2014〕24号）均悉。经研究，批复如下：

一、工程规模及设计标准

工程等别为 I 等；主要建筑物输水渠道、泵站为1级；棘洪滩水库大坝为2级，大沽河枢纽工程为3级，穿河倒虹、节制闸、泄水闸、分水闸、渠道与二、三级公路的交叉建筑物、河（沟、渠）穿输水渠道的倒虹（涵洞、渡槽）等为3级；拆除改建的交通桥梁设计荷载标准为：码头桥公路–II级，其他参照公路–II级，加固改造的按原设计标准；渠道设计洪水标准为50年一遇，校核

–1–

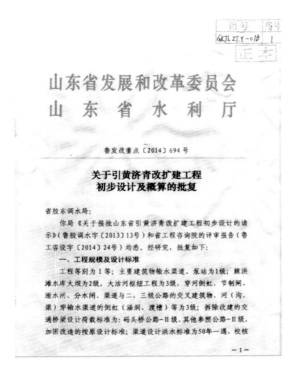

图 5–60 山东省发展和改革委员会、山东省水利厅《关于引黄济青改扩建工程初步设计及概算的批复》

山东省水利厅文件

鲁水发规字〔2018〕21 号

山东省水利厅关于山东省胶东调水
自动化调度系统工程实施方案的批复

山东省胶东调水局：

你局报来的《关于胶东调水自动化调度系统实施方案的请示》（鲁胶调水字〔2018〕23 号）收悉。根据省政府《胶东调水工程验收推进工作专题协调会会议纪要》（〔2018〕29 号）以及专家评审意见，经研究，批复如下：

一、工程建设的必要性

2013 年 5 月 27 日、2014 年 7 月 10 日，省发改委分别以鲁发改农经〔2013〕601 号、鲁发改重点〔2014〕694 号文，批复胶东地区引黄调水工程和引黄济青改扩建工程自动化调度系统建设。其中：引黄济青改扩建工程批复内容为：计算机监控、视频监控、计算机网络、综合通信网络、调度电话、工程管理综合信息系统以及机房环境工程等，批复投资 1.0063 亿元。胶东地区引黄调水工程批复内容为：计算机监控、图像监控、通信、数据资源管理、应用支撑平台及系统

1

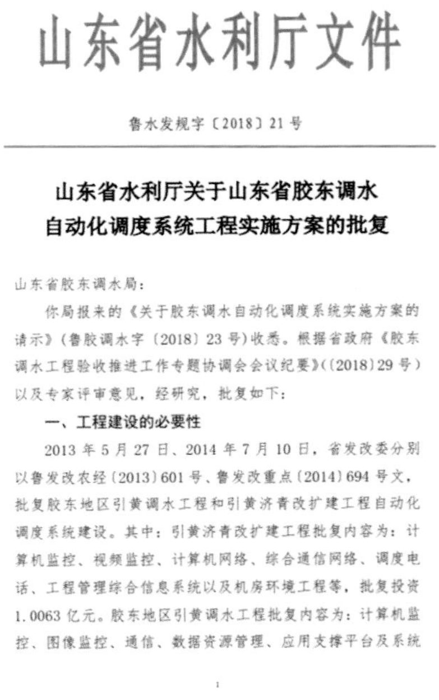

图 5–61 2018 年山东省水利厅《关于山东省胶东调水自动化调度系统工程实施方案的批复》

## 第二节 项目实施

胶东调水工程是实现山东水资源优化配置，缓解胶东地区水资源供需矛盾，改善当地生态环境的重要水利基础设施。山东省胶东调水自动化调度系统，基于调水工程科学调度运行、调水工程现代化管理、区域水资源优化配置以及水利信息化、智慧化发展和调水工程系统统一调度，紧紧围绕水量调度运行管理特点，分析研究系统建设的关键问题，以调水业务为核心，以自动化控制为重点，统筹考虑工程运行管理、综合办公要求，开发建设能够应对各种调水突发事件和调度决策的会商系统，满足胶东调水工程水量调度以及相关业务的用户需求，进行数据采集、传输、存储系统建设，做到采集数据全面、传输及时、数据畅通、信息共享，为调度决策提供功能强大的支持环境。建立在该系统的支持下，全面提高水量调度等各项业务的处理能力，实现调水过程的自动化，保证全线调水安全，并运用综合信息管理系统实现管理现代化。

### 一、工程概况

山东省胶东调水自动化调度系统集通信传输、计算机网络、自动化控制、视频监控等现代信息技术于一体，包含通信系统、计算机监控系统、计算机网络系统、视频监控系统、业务支持系统等建设内容。系统建设区域范围包括整个山东省胶东调水工程范围以及相应的各级管理机构。系统建成后，能够实现调水过程自动化和运行管理信息化，最大限度地发挥工程投资效益，为胶东调水工程安全高效运行和科学管理提供技术保障，提升工程运行管理水平，实现调度运行的自动化控制。（图5-62）

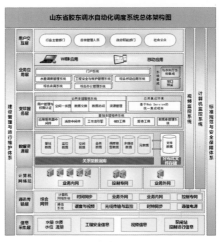

图5-62 山东省胶东调水自动化调度系统总体构架图

### 二、工程建设相关内容

#### （一）项目建设工期

胶东地区引黄调水部分：2018年11月—2019年11月；引黄济青改扩建部分：2018年11月–2021年09月。

#### （二）项目建设有关单位

项目法人：山东省胶东地区引黄调水工程建设管理局、山东省调水工程运行维护中心（原山东省胶东调水局）分别为胶东地区引黄调水工程自动化分项及引黄济青改扩建工程自动化分项的项目法人。

现场管理单位：山东省调水工程运行维护中心各分中心、管理站。

工程质量监督单位：山东省水利工程建设质量与安全监督中心。

设计单位：山东省水利勘测设计院。

代建单位：山东省水利勘测设计院。

监理单位：山东省科源工程建设监理中心、安徽博达项目管理咨询有限公司。

跟踪审计单位：山东中天建华工程造价咨询有限公司、山东天元工程造价咨询有限公司。

主要施工单位：中水三立数据技术股份有限公司、深圳市东深电子股份有限公司、南瑞集团有限公司、青岛清万水技术有限公司、山东省邮电工程有限公司、重庆信科通信工程有限公司、山东万博科技股份有限公司、中国电信集团系统集成有限责任公司、积成电子股份有限公司、山东锋士信息技术有限公司、中国水利水电科学研究院、上海华讯网络系统有限公司、同方股份有限公司、中国通信建设第四工程局有限公司、上海华东电脑股份有限公司、广州南方测绘科技股份有限公司等。

**（三）工程项目划分**

根据子系统和物理区域划分为19个标段：计算机监控系统分为4个标段，视频监控系统分为2个标段，通信系统分为4个标段，计算机网络系统分为2个标段，水量调度和三维模拟系统1个标段，视频会商系统1个标段，业务应用平台1个标段，数据资源管理1个标段，机房环境1个标段，大坝安全监测1个标段，虚拟化改造和存储提升1个标段。

**（四）主要建设内容**

**1. 计算机监控系统**

在主、备调部署监控服务器及数据库服务器各2台，监控平台软件和数据库软件各2套，监控应用软件各1套；在6个市分中心部署监控系统服务器各1台；在13个泵站分中心部署监控服务器各2台，监控平台软件和数据库软件各2套，监控应用软件各1套。

改造泵站计算机监控，在95处闸站、46处阀站设置129套现地站PLC，在7个分水闸设置远程IO设备7套。

新建水位测井80处，新设水位计163套、压力计43套。新设管道流量计7套、明渠流量计3套。

整合接入管道段各阀门上、下游现有管道压力计。使用方便的扁平化分布式架构通用组态软件，整个系统采集信息点有69723个，实时采集水情、设备运行状态等信息。

**2. 视频监控系统**

在主、备调部署总控管理服务器、管理平台、流媒体服务器、外网访问服务器各2台（套）。在13个泵站分中心部署软硬件管理平台及存储设备，各设置1套显示终端。在闸阀（站）管理区设置93个视频现地站，部署网络硬盘录像机、监控工作站和显示终端。明渠段视频点设直流远供系统93套。

在泵站中控室、变配电室、主厂房各机组及水位测点等处设置功能监视相机，在园区出入口及各重要部位设置安防监视相机。在闸站（阀站）闸阀室、配电室、闸门、阀门及水位测点等处设置功能监视相机，在园区及闸站（阀站）出入口设置安防监视相机。在明渠各分水口处增设功能监视相机，在公路（铁路、生产路）桥梁及间隔较大处增设安防监视相机。全线共设置2645个视频点。采用现地+集中模式，都已接入调度中心。（图5-63）

图5-63 视频监控系统相关画面图片

### 3. 通信系统

采用自建与租用相结合的方式。采用物理双路由：一路沿 10 千伏电力线路架空敷设 36 芯 ADSS 光缆，另一路在电力线路的对侧堤顶新建管道敷设 36 芯管道光缆。

环形组网：组建 1 个 10 吉比特每秒核心环，组建 2 个 10 吉比特每秒汇聚环和 1 个局部汇聚环。视频监控专网：随主干架空光缆同杆敷设 12 芯光电复合缆。

新建管道 428 千米，新立杆 2507 棵，新建手孔 1029 座，敷设光缆 2034 千米。安装 OSN7500 传输设备 18 套，备调中心安装时钟设备 2 套、网管系统 1 套；高频开关电源系统（50 安 ×8，含监控模块）16 架，配套阀控式密封铅酸蓄电池组（含电池架，48 伏 /500 安时）32 组。

调度电话：调度核心交换设备 2 套、触摸屏电脑调度台 10 套、语音网关 2 套、中继网关 10 套、集中录音系统 2 套、网管系统 1 套、计费系统 1 套；IAD 设备 47 套、IP 电话 940 部、模拟电话 1542 部、按键式调度台 16 部。（图 5-64）

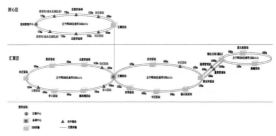

图 5-64 传输系统网络拓扑图

### 4. 计算机网络系统

根据对计算机网络系统承载信息和网络流量、流向的分析，本工程按控制专网、业务内网和业务外网组建计算机网络系统。采用物理网闸方式实现不同网络间的安全。控制专网采用双核心节点的环型结构，用于承载实时性要求最强、安全性要求最高的泵、闸站监控信息，即承载计算机监控系统的信息；业务内网用于承载应用系统的信息，采用 VLAN 方式为各应用系统和网管系统信息建立不同的逻辑子网，网络架构上采用环型结构；业务外网用于承载互联网的信息。整个网络建设中汇聚层采用企业级，接入层采用工业级。

核心和汇聚层网络设备：核心路由器 6 台、核心交换机 6 台、接入交换机 196 台、监控终端 74 台；汇聚路由器 40 台、汇聚交换机 42 台、三层交换机 37 台、UPS 18 套。

接入层网络设备：A 类三层交换机 173 台、B 类视频汇聚接入交换机 220 台、C 类接入交换机 198 台、D 类视频监控交换机 1092 台；网络机架 90 架；UPS 主机、蓄电池、电池柜各 90 套。

安全设备：网闸 6 台、防火墙 48 台、入侵防御系统 8 套、堡垒机 4 台、防毒网关 3 台、网络防病毒系统 2 套、漏洞扫描 1 台、终端集中管理系统 1 套、身份认证网关 4 套、流量清洗系统 1 套、网页防篡改系统 1 套、上网行为管理 2 台。（图 5-65）

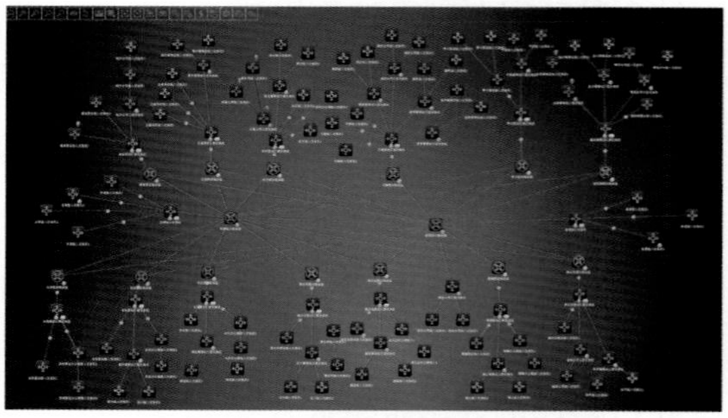

图 5-65 网络拓扑图

### 5. 视频会议及会商环境

为满足调度管理单位间进行异地会商的需求，实现各级管理机构异地应急指挥等功能，实现多点视频沟通、多点会议、电子会商、双视频流等要求，在各级管理机构间建立异地视频会议系统，减少员工出差成本和缩短时间。实现各分会场之间的高质量图像与语音交流的同时，能够支持投影、文件演示、数据传输和会议直播等业务的需求，实现各种视频、数据、语音多业务交互式的会议。

建设 32 路 MCU 1 台，会议管理平台（含视音频融合网关）1 套，录播服务器 1 台；主、备调中心、6 个分中心、14 个管理站(所)的高清视频会议系统 22 套，专业扩声系统、大屏幕显示系统、中央控制系统 22 套、数字会议系统 1 套。满足了主、备调中心、6 个分中心、14 个管理站（所）视频会商的需求，可以实现呼叫 IP 电话、会议期间添加视频监控画面等功能。（图 5-66）

图 5-66 视频会商系统图

6. 数据中心及实体环境

为支撑起整个自动化调度系统业务应用，保障自动化调度系统稳定、可靠工作，胶东调水工程自动化调度系统共设置两个数据中心，分别位于省局主调中心和王耨泵站备调中心，完全满足容灾备份的要求。

实体环境按照 B 类机房标准建设。对业务内网的服务器，构建两个逻辑业务区（虚拟化业务区和数据库业务区），通过构建虚拟化业务平台来进行有效合理承载，提升资源利用率。利用原 FC 交换机和数据存储，构建 SAN 网络，实现存储资源的共享。

主调中心共部署服务器 24 台，存储设备 2 套，备份设备 1 套；备调中心共部署服务器 19 台，存储设备 1 套，备份设备 1 套。

数据中心硬件设备部署主要包括主、备调中心的服务器设备、存储设备和备份设备。服务器设备采用传统物理机架构，存储设备采用光纤磁盘阵列，备份设备采用虚拟磁带库。在主调中心共布设物理服务器 24 台、光纤磁盘阵列 2 台、光纤交换机 2 台、虚拟磁带库 1 台，承担控制专网、业务内网和业务外网的安全应用、业务应用、应用支撑、数据库管理、数据交换、数据存储与备份等业务。在备调中心共布设物理服务器 23 台、光纤磁盘阵列 1 台、光纤交换机 2 台、虚拟磁带库 1 台，承担控制专网和业务内网灾备网络安全、业务应用、应用支撑、数据库管理、数据交换、数据存储等业务。除此之外，6 个分中心调度室、13 个管理站会商会议室的硬件建设以及 12 个泵站的机房（保护室）的改造、机柜、动力配电、机房专用空调系统、消防系统、防雷接地、动力环境监测等系统的建设也在其中。（图 5-67）

图 5-67 主调中心机房图

7. 应用支撑平台及业务应用系统

充分考虑各个应用系统的通用、共性的技术与类同的需求，对其进行提炼与抽象，搭建统一的开发与运行环境，构建各系统共用的应用组件，实现跨系统的数据、流程的交互，解决各业务应用系统建设在技术层面的统一布局问题，实现各应用系统的快速搭建的同时保障稳定性、扩展性，保障各系统之间的互连、互通、互操作，形成可供复用的软件资源，减少重复开发和投资，为实现胶东调水全线自动化调度提供基础支撑平台。

应用支撑平台建立在综合数据库之上，为各类业务应用系统提供通用的服务支撑。应用支撑平台建设包括基础支持组件系统、公共支撑服务系统和应用集成环境三部分。基础支持组件包括应用服务器中间件、消息中间件、工作流引擎、GIS 工具、报表工具、CA 身份认证；公共支撑服务系统包括用户管理与权限认证、空间一张图展示、资源管理系统；应用集成环境主要提供统一的 WebService 的系统集成框架。

围绕"自动化、信息化"的建设目标，着力建设核心业务、数据资源、应用支撑等应用平台。实现调水过程自动化、综合办公协同化、工程管理流程化、信息服务移动化、综合运维一体化、三维可视化展示、应用支撑一体化、信息数据资源化、集成统一门户化等系统功能。系统以门户系统为统一访问入口，以一张图子系统为各项信息集中展示平台，聚合水量调度、工程管理、综合办公、档案管理等系统的核心信息，并为各业务子系统提供统一用户管理授权访问，最终实现一个集中部署、跨级应用的综合调水自动化调度系统。

主要建设内容有综合数据库管理系统 2 套、应用服务器中间件 2 套、消息中间件 1 套、工作流引擎 2 套、GIS 工具 2 套、报表工具 1 套、综合运维管理系统 1 套。

数据资源管理平台：数据资源管理平台 1 项、数据采集管理 1 项、数据治理管理 1 项、数据存储管理 1 项、数据资源目录 1 项、数据访问服务 1 项。

应用支撑平台：用户管理与权限认证子系统 1 项、空间一张图子系统 1 项、资源管理子系统 1 项。

业务应用系统有工程管理系统、综合办公管理系统、档案管理系统、综合运维系统、资源目录系统、水量调度系统、数据资源系统、财务内控系统、门户系统等。（图 5-68）

图 5-68 内网门户

8. 棘洪滩水库大坝安全监测

综合利用物联网技术、数字视频技术、电气自动化技术、计算机技术和网络技术，建成较为完善的水库工程安全防范体系和大坝照明系统，构建实用、高效、可靠的安防系统，达到保障水库工程蓄水、供水安全的目的。建设内容主要包括大坝照明系统、大坝安全监测系统、视频监控系统、大坝周界入侵报警、整合信息采集系统、水库管理区内部的计算机网络系统和建设放水洞、进水洞、引水洞的计算机监控系统。

坝体表面位移监测系统建设：部署 3 个 GNSS 基准点（分别位于泵站、管理站和供水闸）、17 个位移监测点，建设数据传输网络，实现与中心的实时传输。

浸润线监测系统建设：清洗原有的 14 个监测断面的 60 处测压管以及新建的 10 处测压管，部署跟踪式智能渗压遥测仪 70 套。

监测中心建设：建设管理服务器、打印机各 1 套，部署大坝安全自动监测信息管理系统软件 1 套，可实时查询各测点渗流和位移数据，并可以显示图表、分析报表、分析预测大坝安全性、红标显示异常数据。（图 5-69）

图 5-69 棘洪滩水库大坝安全监测设备图

9. 第三方测试、网络安全等级保护

选定第三方测试单位，对计算机网络、水量调度系统软件、业务应用平台软件进行功能测试。经第三方测试，测试结果与需求所述基本符合，并形成报告。

系统进行了网络安全等级测评并对系统进行分子系统定级，其中计算机监控和通信传输系统定为网络安全等级保护三级，视频监控、水量调度、视频会议、工程管理、外网门户和综合移动应用定为网络安全等级保护二级，以上系统完成定级备案；8 个信息系统等级保护测评和备案工作已完成，测评结论为良。（图 5-70、5-71）

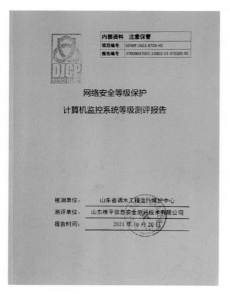

图 5-70 网络安全等级保护计算机
监控系统等级测评报告

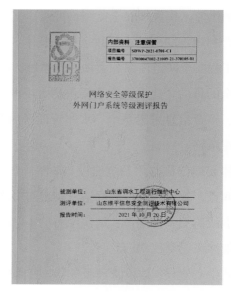

图 5-71 网络安全等级保护外网门
户系统等级测评报告

（五）项目建设成果

经山东省水利工程建设质量与安全监督中心确认和批复，本工程共划分为 24 个单位工程，147 个分部工程，583 个单元工程。依据质量评定规程和标准，合同完工工程验收和单位工程验收由项目法人委托代建单位组织，有关单位参加，分部工程验收委托监理单位组织完成。最终 24 个单位工程质量全部合格，其中优良 21 个，优良率 95.8%；147 个分部工程全部合格，其中 138 个优良，优良率 93.9%；583 个单元工程全部合格，其中 498 个优良，优良率 93.6%。工程质量评定资料齐全。

三、项目主要意义

山东省胶东调水自动化调度系统以胶东调水工程调水业务为核心，以全线自动化控制为重点，运用先进的水利技术、通信技术、信息技术和自动控制等技术，建设服务于自动化调度监控、信息监测、工程安全监测及运行维护、工程管理等业务的信息化作业平台和调度会商决策支持环境，实现调水过程自动化和运行管理信息化，保障全线调水安全。

（一）实现智能决策，科学调度

自动化调度系统通过现代化的信息采集、通信和计算机网络、远程自动控制等先进技术，为调水工程提供程控电话交换、工程自动监控、视频监控、实时水量水质监测、输水调度模拟等功能，从而为调水工程相关部门实现现代化的调度运行管理提供有力的支持。实现调水过程自动化、调度智能化、运行标准化、管理规范化，保障全线调水安全。

（二）进一步提升工程管理水平

随着 OA 办公、视频会商、工程建设管理、经费计划管理、档案远程报送等系统的建成运用，逐步改变了传统的办公模式，提高了工作人员的办公效率，实现了办公自动化、工程管理信息化、业务应用移动化，进一步提升了调水工程的管理水平。

### （三）为"智慧调水"打下基础

胶东调水自动化调度系统集信息采集、计算机监控、调度运行决策管理、业务应用办公自动化等配置于一体，已实现运行管理信息化，调水过程自动化，为下一步实现智慧调水做好了技术支撑，打下了技术基础。

### （四）高效运维助力设备健康运行

通过自动化运维工作的全面合理展开，整体运维成效显著，主要表现为：故障率降低；安全生产意识提升；运维人员技术能力提升；故障处理时效大幅提高；应急响应迅速。通过运维实现了常态化的网络完好率＞99%、计算机监控系统在线率＞99%、视频监控探头在线率＞99%等超高指标。

## 第三节 运维管理

随着胶东调水自动化调度系统设备的部署和各系统的上线应用，整个项目由建设转入运维管理，迫切需要建立一套高效的运维体系。通过广泛调研、学习先进经验、结合自身实际等措施，确定了山东省调水工程运行维护中心自动化调度系统运行维护组织及管理方案，确立了专业管理＋属地统一标准分部门分专业相结合的模式。

### 一、运维组织

#### （一）运维范围

自动化调度系统运维的范围和对象以 2018 年 11 月进行项目招标的《山东省调水工程自动化调度系统工程实施方案》工程所涵盖的项目建设范围为主，另外涵盖围绕该项目的补充合同、补充协议和泵闸站原有的 LCU 柜及接入仪表；自动化调度系统运维的对象主要包括计算机监控系统、视频监控系统、通讯线路及设备、企业级网络及网络安全设备、会议及会商设备、数据中心设备、机柜及机房、应用平台及系统软件和水库监测系统及设备等；骨干链路涉及租用运营商链路部分的故障处理主要由租赁方解决，故障解决过程中需要运维服务队伍配合；分中心、管理站和管理所属地如存在没有维护计划或安排的系统或设备，也可纳入自动化调度系统运维的工作安排中。

自动化调度系统运维依据系统和设备类型、运维工作主要内容和难度等进行专业划分，共划分为三大不同的运维专业方向。

（1）统一运维：省中心（除主调度中心计算机监控系统软件）、备用调度中心、企业级计算机网络（控制专网、业务内网、业务外网，主要是新华三设备）和网络安全设备（涉及 6 个分中心、13 个泵站和泵站管理所、高密所）；

（2）计算机监控系统：泵闸阀站 PLC 机柜、接入 PLC 机柜的现场仪表、泵闸阀站监控中心站控上位软件及配套硬件（含大屏）、分中心监控中心控制系统上位软件及配套硬件（含大屏）、主备调度中心控制系统上位软件及配套硬件；

（3）计算机网络系统：视频监控系统、通信线路（含租赁）、电话及语音调度系统、机房（除企业级网络系统的机柜、网络设备和 UPS）。

**（二）运维工作内容**

系统和设备巡查，包括日常巡查和应急巡查，巡查工作执行情况的督查和检查；故障处理；监屏值班；参与应急抢险；设备台账整理及维护和属地管理制度建设；备品备件及库房管理；配合运维标准化体系建设。

**（三）运维体系构建思路**

自动化调度系统高效运维体系的构建思路可概括为"三结合、四统一、二转变"。

1. 三结合

自动化调度系统运维体系的构建需要结合调水业务、工程养护、运行调度工作通盘考虑。

2. 四统一

（1）统一思想：自动化调度系统建设不是目的，实现使用效益最大化才是目的，运维的根本目的也不是解决故障，而是更好地服务调水业务；

（2）统一管理：自动化调度系统运维由省中心统一规划及管理，最大限度规避普遍存在的管理下沉造成的组织绩效低下，分中心及管理站辅助属地管理；

（3）统一平台：自动化调度系统以主调度中心为运行调度中枢，坚持一网（自动化调度网络）、一屏（调度中心大屏）、一平台（自动化调度统一应用平台）、一中心（省中心统一管理团队）、一队伍（调度中心调水调度及计算机监屏队伍）的原则；

（4）统一规范：通过统一的规程规范建设，以制度管理代替经验决策，解耦基层管理单位专业管理能力的差异对运维工作的影响。

3. 二转变

（1）转变泵闸站各自独立运行、管理机构属地负责制的分散管理模式，通过省调度中心的统一调度，逐步实现调水工程全线统一调度的工程运行模式；

（2）促进各级管理人员转变工作思路，由依靠个人的经验管理为主逐步转变为围绕自动化调度系统智能调度为主。

**（四）运维体系顶层设计**

山东省调水工程自动化调度系统高效运维顶层设计要点，概括为"五要点、一体系、一中枢"。五要点：领导重视、整体规划、专业队伍、制度管理、考核驱动；一体系：构建运维管理制度体系，涵盖架构设计、技术类、流程类、考核类共16项制度；一中枢：以省调度中心为运维运转中枢。

**（五）运维组织管理架构**

自动化调度系统运维相关方主要包括业主管理团队、运维管理团队、专家咨询团队、主调度中心调水调度及计算机系统监屏团队、统一运维服务队伍、引黄济青段计算机监控系统运维服务队伍、引黄济青段计算机网络系统运维服务队伍、胶东调水段计算机监控系统运维服务队伍、胶东调水段计算机网络系统运维服务队伍，自动化调度系统运维组织管理架构如图5-72所示

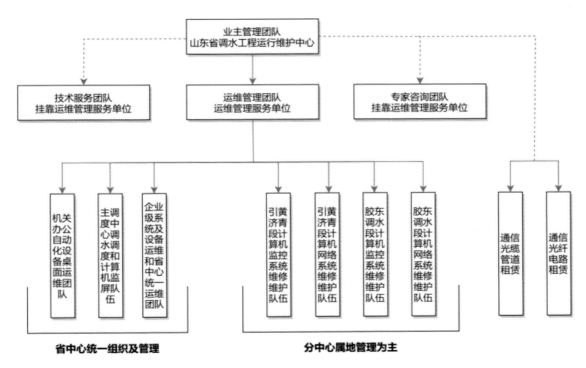

图 5-72 自动化调度系统运维组织管理架构图

### （六）职责和范围

1. 业主管理团队（调度运行部、分中心及管理站管理代表）职责

监督与本单位有关的运维队伍的工作执行情况，并定期对这些运维队伍的工作进行评价；协助与本单位有关的自动化调度系统运维队伍的工作；现场监督与本单位有关的一级故障处理，现场确认处理完毕；根据本单位工作需要，可安排与本单位有关的运维队伍临时从事其他应急工作；与本单位有关的运维队伍的劳动纪律管理及监督等。

2. 运维管理团队职责

负责对调度中心计算机系统监屏团队、机关办公自动化设备桌面运维团队、统一运维团队、引黄济青段计算机监控系统运维团队、引黄济青段计算机网络系统运维团队、胶东调水段计算机监控系统运维团队、胶东调水段计算机网络系统运维团队的日常工作进行管理；负责专家咨询团队和技术服务团队的工作组织及协调；负责对自动化调度系统运维相关方进行现场检查；负责自动化调度系统备品备件的管理及协调；负责自动化调度系统运维标准的执行和落实；负责组织自动化调度系统运维考核工作；负责各自动化调度系统运维团队的争议协调和界定；完成对自动化调度系统运维资料的整理及归档等。

3. 专家咨询团队职责

负责对调水工程典型工程建设现场考察与指导；负责自动化调度系统运维重大技术问题的专业咨询；配合运维管理团队组织的自动化调度系统运维管理或调水研讨会等。

**4.计算机系统监屏团队职责**

负责在主调度中心进行24小时监屏,应急情况下在备用调度中心进行;负责对计算机监控系统、视频监控系统、水量调度系统、网管软件进行动态监视;负责及时发现监屏范围内的系统故障、并进行反馈与跟踪;参与自动化调度系统运维考核;完成监屏工作中资料的整理等。

**5.机关办公自动化设备桌面运维职责**

负责省中心机关办公设备的故障排除;负责省中心局域网络系统维护工作;负责省中心会议期间的设备调试和保障;负责省中心机房环境维护等。

**6.统一运维服务队伍运维范围及职责**

运维范围:省中心(除主调度中心计算机监控系统软件)、备用调度中心、自动化调度系统的骨干传输系统、网管系统、企业级网络系统、电话语音调度系统、会商系统和产品的维修维护工作(涉及6个分中心、13个泵站和泵站管理所、高密所)等。

职责:负责自动化调度系统应用管理软件系统的运维及简单开发性维护;负责主备调机房、传输核心设备、主干网络系统和设备的日常运维;负责运维工作范围内业务应用软硬件的开发性维护;负责运维工作范围内的系统和设备故障的及时发现及处理;负责监控运维范围内的租用链路状态,协调解决链路故障;负责整理运维工作范围内的系统和设备台账;负责运维工作范围内的设备标牌标识标准化管理;负责运维工作过程中资料的填报及记录;配合运维标准化规程建设;参与自动化调度系统运维考核;参与属地管理单位临时调度的应急抢险工作;完成属地管理单位安排的其他配合协助工作等。

**7.引黄济青段计算机监控系统运维服务队伍运维范围及职责**

运维范围:引黄济青段全段计算机监控系统及设备[包括宋庄分水闸全部及胶莱河倒虹闸(昌邑)],泵闸站LCU柜、启闭机柜、接入LCU柜的现场自动化设备设施、泵闸站监控中心站控上位软件及配套硬件、分中心监控中心控制系统上位软件及配套硬件、管理站(所)控制室控制系统上位软件及配套硬件、主备调度中心控制系统上位软件及配套硬件、流量数据信息传输等。

职责:负责引黄济青全段计算机监控系统及设备设施的维修维护[包括宋庄分水闸全部及胶莱河倒虹闸(昌邑)]工作;负责运维工作范围内的系统和设备故障的及时发现及处理;负责运维工作范围内业务应用软硬件的开发性维护;负责整理运维工作范围内的系统和设备台账;负责运维工作范围内的设备标牌标识标准化管理;负责运维工作过程中资料的填报及记录;配合运维标准化规程建设;参与自动化调度系统运维考核;参与属地管理单位临时调度的应急抢险工作;完成属地管理单位安排的其他配合协助工作等。

**8.引黄济青段计算机网络系统运维服务队伍运维范围及职责**

运维范围:引黄济青全段视频监控系统及设备、通信线路、电话及语音调度系统、会商系统、网络机房设备、柴油发电机等。

职责:负责引黄济青全段视频监控系统及设备的维修维护工作;负责运维工作范围内业务应用软

硬件的开发性维护；负责运维工作范围内的系统和设备故障的及时发现及处理；负责监控运维范围内的租用链路状态，协调解决链路故障；负责整理运维工作范围内的系统和设备台账；负责运维工作范围内的设备标牌标识标准化管理；负责运维工作过程中资料的填报及记录；配合运维标准化规程建设；参与自动化调度系统运维考核；参与属地管理单位临时调度的应急抢险工作；完成属地管理单位安排的其他配合协助工作等。

9. 胶东调水段计算机监控系统运维服务队伍运维范围及职责

运维范围：胶东调水段全段计算机监控系统及设备 [ 不包括胶莱河倒虹闸（昌邑 ）], 泵闸站 LCU 柜、启闭机柜、接入 LCU 柜的现场自动化设备设施、泵闸站监控中心站控上位软件及配套硬件、分中心监控中心控制系统上位软件及配套硬件、管理站（所）控制室控制系统上位软件及配套硬件、主备调度中心控制系统上位软件及配套硬件、流量数据信息传输等。

职责：负责胶东调水段全段计算机监控系统及设备设施的维修维护 [ 不包括胶莱河倒虹闸（昌邑 ）] 工作；负责运维工作范围内的系统和设备故障的及时发现及处理；负责运维工作范围内业务应用软硬件的开发性维护；负责整理运维工作范围内的系统和设备台账；负责运维工作范围内的设备标牌标识标准化管理；负责运维工作过程中资料的填报及记录；配合运维标准化规程建设；参与自动化调度系统运维考核；参与属地管理单位临时调度的应急抢险工作；完成属地管理单位安排的其他配合协助工作等。

10. 胶东调水段计算机网络系统运维服务队伍运维范围及职责

运维范围：胶东调水段全段视频监控系统及设备、通信线路、电话及语音调度系统、会商系统、网络机房设备、柴油发电机等。

职责：负责胶东段全段视频监控系统及设备的维修维护工作；负责运维工作范围内业务应用软硬件的开发性维护；负责运维工作范围内的系统和设备故障的及时发现及处理；负责监控运维范围内租用链路状态，协调解决链路故障；负责对运维工作范围内的系统和设备台账整理；负责运维工作范围内的设备标牌标识标准化管理；负责运维工作过程中资料的填报及记录；配合运维标准化规程建设；参与自动化调度系统运维考核；参与属地管理单位临时调度的应急抢险工作；完成属地管理单位安排的其他配合协助工作等。

11. 通信光缆管道租赁

运维范围：主要为牟平城区管道通信资源租赁。

12. 通信光纤、电路租赁

运维范围：主要为工程现场至各单位办公场所的光纤、电路等 21 条通信资源租赁。

**二、管理制度**

为保证运维工作的顺利开展，特制定了 16 项制度和规范，相关内容如表 5-14 所示。

表 5-14 山东省调水工程自动化运维规范规程

| 序号 | 规范规程类型 | 规范规程名称 | 编制标准 |
|---|---|---|---|
| 1 | 顶层设计 | 《水利工程自动化调度系统运维组织、流程及管理体系》 | 先企后地 |
| 2 | 技术类 | 《山东省调水工程自动化调度系统计算机监控系统运维标准及技术规程》 | 企标 |
| 3 | | 《山东省调水工程自动化调度系统视频监控系统运维标准及技术规程》 | 企标 |
| 4 | | 《山东省调水工程自动化调度系统通信传输系统运维标准及技术规程》 | 企标 |
| 5 | | 《山东省调水工程自动化调度系统机房实体换件及电源系统运维标准及技术规程》 | 企标 |
| 6 | | 《山东省调水工程自动化调度系统计算机网络系统运维标准及技术规程》 | 企标 |
| 7 | | 《山东省调水工程自动化调度系统应用平台及业务应用系统运维标准及技术规程》 | 企标 |
| 8 | | 《山东省调水工程自动化调度系统视频会议及会商环境运维标准及技术规程》 | 企标 |
| 9 | | 《山东省调水工程自动化调度系统数据中心及机房及一体化机柜运维质量标准及技术规程》 | 企标 |
| 10 | | 《山东省调水工程自动化调度系统数字棘洪滩系统运维标准及技术规程》 | 企标 |
| 11 | 职责类 | 《山东省调水工程自动化调度系统巡查及督查规程》 | 企标 |
| 12 | | 《山东省调水工程自动化调度系统调度监屏规程》 | 企标 |
| 13 | 管理类 | 《山东省调水工程自动化调度系统运维工作管理办法》 | 企标 |
| 14 | | 《山东省调水工程自动化调度系统备品备件管理办法》 | 企标 |
| 15 | | 《山东省调水工程自动化调度系统运行维护资料档案管理办法》 | 企标 |
| 16 | 考核类 | 《山东省调水工程自动化调度系统运行维护工作绩效考核及评定等级设置及奖惩管理办法》 | 企标 |

**三、运维涉及的主要流程**

自动化调度系统运维涉及的主要流程大类包括：故障发现及报告流程；故障处理流程；自动化运维巡查流程；疑难故障处理流程；应急抢险流程；库房管理流程；考核流程。

# 第四节 数字孪生

受工程建设投资的限制，山东省胶东调水自动化调度系统主要涉及与调水工作相关的自动化调度与管理业务的建设，智慧水利应用功能涉及较少，为进一步启动智慧调水业务的建设，以提升胶东调水调度智慧化水平和安全运行监管能力，推进山东省调水工程运行维护中心数字化转型为目标，结合数字化转型，以数字化、网络化、智能化为主线，以数字化场景、智慧化模拟、精准化决策为路径，推进算据、算法、算力建设，对胶东调水工程实体以及建设、运行管理活动进行数字化映射、智能化模拟，实现数字工程与物理工程的同步仿真运行、虚实交互、迭代优化，构建数字孪生胶东调水工程体系和“四预”功能体系，提升工程建设和运行管理的数字化、网络化、智能化水平，提升精准化决策水平，推动水网工程智慧化建设高质量发展，推动胶东调水数字化转型高质量发展。数字孪生胶东调水工程成为水利部数字孪生流域建设94个先行先试项目之一。（图5–73）

数字孪生流域建设先行先试
证 书
山东省调水工程运行维护中心：
你单位在水利部开展的“数字孪生流域建设先行先试工作（2022-2023年）”中承担了“数字孪生胶东调水工程”一项任务。
特颁此证。
水利部办公厅
2022年4月

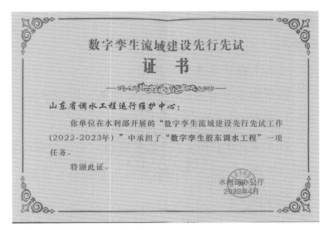

图5–73 数字孪生流域建设先行先试证书

## 一、总体目标

基于“先进、实用、安全、高效、兼容”的总体原则，按照 “需求牵引、应用至上、数字赋能、提升能力”总要求，以数字化、网络化、智能化为主线，以数字化场景、智慧化模拟、精准化决策为路径，准确把握水利部、山东省水利厅的新要求，推进数字孪生胶东调水建设。按照“整合已建、统筹在建、规范新建”要求，巩固拓展现有工程信息化建设成果，以数字化、网络化、智能化为主线，以数字化场景、智慧化模拟、精准化决策为路径，以坚实的网络安全体系为底线，以时空数据为底座、数学模型为核心、水利知识为驱动，对胶东调水实体工程全要素、工程管理全过程、调水运行维护中心治理全领域进行数字映射、智能模拟、前瞻预演，实现与实体工程同步仿真运行、虚实交互、迭代优化，搭建涵盖调水业务全链条可成长的模型和知识平台，实现调水业务综合态势感知、安全风险预警、智能决策分析、联动协同调度，支撑“四预”（预报、预警、预演、预案）功能和智能应用运行，构建智慧胶东调水工程体系，为调水工程调度运行提供智慧化决策支撑，高质量推动胶东调水工程数字化转型，提升工程智能化建设和运行管理水平。（图5–74）

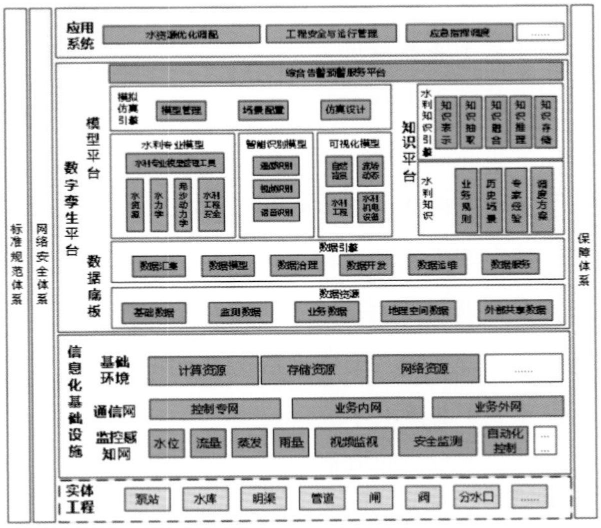

图5–74 数字孪生胶东调水总体框架图

## 二、建设框架内容

按照《数字孪生水利工程建设技术导则（试行）》的建设要求，数字孪生胶东调水工程建设任务包括基础设施完善、数字孪生平台搭建、业务应用、网络安全体系等内容。

### （一）基础设施完善

完善基础感知体系。按照“自动化控制、信息化管理、智慧化决策”要求，更新网络设备；整合

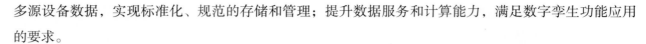

多源设备数据，实现标准化、规范的存储和管理；提升数据服务和计算能力，满足数字孪生功能应用的要求。

**（二）数字孪生平台搭建**

数字孪生平台搭建包括数据底板、模型平台、知识平台和综合告警平台四个方面的内容。

1. 数据底板

补充完善 L1 和 L2 级数据底板，通过数据汇集、对接、共享及处理，对新采集数据和原有数据进行统一管理，完成胶东调水工程主要渠道、管道、闸站、水库等工程 L3 级数据底板建设。

2. 模型平台

开展水利专业模型、人工智能模型和可视化模型建设。其中，水利专业模型主要建设水资源、水力学、泥沙动力学及水利工程安全等模型，提升工程运行安全、供水安全和精细化调水能力。人工智能模型主要建设遥感识别、视频识别、语音识别等模型。可视化模型主要建设自然背景、流场动态、水利工程和水利机电设备等模型。

3. 知识平台

建设知识平台，对现有预报调度方案、调度规则、内容分析服务、自然语言搜索服务、行业语义库、知识图谱服务进行整合集成，建设调度方案库、业务规则库、历史场景库和专家经验库。

4. 综合告警平台

围绕保障胶东调水工程三个安全的目标，遵循数字孪生工程建设技术导则和水利业务"四预"功能基本要求，构建综合告警服务平台，为调水工程运行管理应用中的核心典型业务应用提供支撑。

**（三）业务应用**

在数字孪生胶东调水工程建设水资源优化调配、工程安全与运行管理、应急指挥调度等业务应用，并结合实际需求持续扩展和升级完善。

**（四）网络安全体系**

数字孪生水利工程系统的网络安全等级为第三级。网络安全体系建设主要在现有的安全设施和网络安全管理制度的基础上，按照相应等级要求开展定级、备案、建设、整改、测评。重点保障关键信息化基础设施和三级核心系统的网络安全。

**（五）共建共享**

共建共享是将基础设施、数字孪生平台、智能业务应用系统有机结合，形成协调统一的系统。系统建成后预留接口，实现与水利厅、水利部等上级管理部门的共建共享。

**三、项目实施情况**

在数字孪生胶东调水工程的总体框架下，按照"总体架构、急用先建"的原则，在充分利用已有信息基础设施、水利专业模型的基础上，进一步补充完善信息基础设施。补充完善 L1、L2 和 L3 级数据底板，开展模型平台和知识平台的搭建，完成数字孪生胶东调水工程整体框架的搭建（包括数据引擎、水利知识引擎、模拟仿真引擎），初步搭建向前可兼容、向后可成长、横向可扩展至胶东调水全线的数字孪生平台，开展数字孪生胶东调水先行先试建设。

先行先试总体思路：搭建向前可兼容、向后可成长的技术框架，实现由自动化调度系统向数字孪生胶东调水工程的平滑过渡；结合数字孪生场景运用，进一步优化数字孪生场景搭建和配套的管理体系建设。"围绕一个目标，坚持两个原则，做好四个融合，开展五项应用，提升五大能力"的"12455"总体思路。

一个目标：以数字孪生为手段持续提升工程全业务管理效能；

两个原则：孪生系统架构可成长、智慧业务应用可再造；

四个融合：融合数据资源、融合模型管理、融合预警响应、融合业务应用；

五项应用：全局水量智慧调配、泵站智慧运行维护、平原水库智慧管控、明渠梯级闸泵智能运行控制、管道泵阀智能应急调控；

五大能力：数字可视化展现能力、工程健康度评估能力、调度运行联动协同能力、风险识别与处置能力、以虚优实的工程管理能力。

先行先试建设统筹考虑胶东调水工程多水源多目标、多类水利工程建筑、梯级闸泵群联合调控等特点，整合扩展信息化基础设施，初步搭建向前可兼容、向后可成长、横向可扩展至胶东调水全线的数字孪生平台。选取最重要的全局水量调配业务场景，以及最有代表性的打渔张泵站、棘洪滩水库、王耨—胶莱河明渠（段）、高疃—星石泊管道（段）等实体工程场景作为试点应用，围绕水资源优化调配、工程安全与运行管理、应急指挥调度等业务需求，采取"急用先建"的策略，各有侧重地实现智能化应用系统。

（一）全局水量调配

依托现有的水量调度系统，采用数字孪生技术对水利专业模型升级扩展，按照"四预"管理要求，利用可视化模型和模拟仿真引擎对调度方案的生成、执行、调整、优化、告警进行场景化展示，整体提升胶东调水工程全局水量调配业务的智慧化水平。

（二）打渔张泵站

通过建设水泵机组"声纹、振动、温度"等感知手段，丰富"泥沙淤积模拟、泥沙对水泵组件损耗预测、设备健康评价"等专业模型，实现"泵站优化调度、智能巡检和维护、泵站标准化管理"等智能应用，构建以泵站场景为单元的智慧运行维护体系，总结数字孪生泵站工程建设管理经验，以期推广至全线其他泵站，提升泵站管理能效。

（三）棘洪滩水库

通过建设"视频安防"等感知手段，构建"水库调度、水质分析、大坝工程安全监测"等专业模型，实现"水库供水安全、水库调度管理、水库智能安防、标准化运行管理"等智能应用，整体提升棘洪滩水库供水安全保障能力。

（四）王耨—胶莱河明渠（段）

通过建设"无人机智能巡检"等感知手段，强化"渠道水力学模型、渠池状态评价模型、闸泵实时调控模型"等专业模型,实现"渠道智能巡检、明渠输水调度预演、闸泵实时控制"等智能应用,提升渠道供水安全保障能力和河长制管理智慧化水平。

**(五)高疃—星石泊管道(段)**

通过增设"管道高频压力监测"等感知手段,强化"有压管道瞬变流计算模型、管道输水系统水力安全评价模型、管道输水系统实时调控模型"等专业模型,实现"泵阀联合调控、输水管线安全监测、输水管道应急处理"等智能应用,提升输水管道实时调度控制、安全运行监控和应急管理能力。

**四、预期效益**

**(一)发挥工程综合效益**

完成数字孪生胶东调水工程的框架建设,形成数字孪生胶东调水工程建设的网络安全保障体系和标准规范体系;建设完成胶东调水知识平台和模型平台,全面提升胶东调水工程辅助决策与管理数字化、智能化能力;升级胶东调水工程多水源多目标调度系统,实现调水工程水量的精准调配,提升梯级泵站输水安全性与经济性。

**(二)推动水利科技创新**

提升打渔张泵站运行安全的保障能力;提升棘洪滩水库综合管理能效;实现河渠输水闸泵群联动控制的智能化、智慧化,为后期全线推广建设提供基础;提升胶东调水工程有压管道在多工况切换过程中的安全保障与应急处置能力,保障有压管道运行安全;打造数字孪生水网建设的样板工程。

# 第八章　标准化管理

自 2018 年以来,山东省调水工程运行维护中心认真贯彻落实"节水优先、空间均衡、系统治理、两手发力"的新时期治水思路,围绕打造现代化调水工程目标,按照"提档升级,强化功能,重塑形象"的工作思路,先后实施了 240.19 千米管护道路和 13 级泵站、77 座闸站改造提升工程、渠首清淤和加固工程、亭口泵站 35 千伏平口线改造工程、高疃泵站改造扩容工程以及渠系绿化美化等工程项目,累计完成投资 5.83 亿元。经过不懈努力,工程全线设施设备实现了更新换代,管护条件实现了提档升级,工程整体形象面貌显著提升。

2019 年,依照山东省政府批复的《山东省胶东调水工程管理范围和保护范围划定实施方案》,全面完成胶东调水工程管理和保护范围划定。全面推行专业化养护,按照水利部、省水利厅关于推进水利工程"管养分离"的工作要求,完成运行管理模式改革。在此期间,以打造标准化、信息化、安全化"三位一体"现代化调水工程为目标,坚持"顶层设计、试点先行、完善体系、分类实施"的工作思路,持续推进工程管理标准化和安全生产标准化达标创建工作。

## 第一节 工程管护道路标准化改造

引黄济青干渠工程设计渠道堤顶宽度为 8.0 米，管护道路采用泥结碎石路面，路面宽 4.5 米，渠道沿线结合工程需要配套了排水设施和绿化护坡工程。引黄济青管护道路对工程管理起到了重要作用，但随着社会经济的发展和基础设施配套水平的提高，泥结碎石道路已不能满足工程管理的需要。为打造便捷高效的管护道路系统，山东省调水工程运行维护中心对 240.19 千米引黄济青干渠管护道路进行了硬化。

根据工程管理运行、工程形象提升等方面的需求，初步编制完成《山东省胶东调水（引黄济青）管护道路改造规划方案》（以下简称《规划方案》）《山东省胶东调水（引黄济青）管护道路改造实施方案》（以下简称《实施方案》）。2019 年 4 月 23 日和 9 月 10 日，分别组织专家完成《规划方案》和《实施方案》的综合评审。

按照省中心要求，《规划方案》分滨州、东营、潍坊寿光、潍坊寒亭、潍坊昌邑、青岛平度、青岛胶州、青岛即墨八个段进行设计。滨州段全长约 35.97 千米，其中高低输水渠段总长约 14.69 千米，沉沙池段总长约 3.10 千米，输水干渠段总长约 18.18 千米；东营段全长约 11.14 千米；潍坊段全长约 112.37 千米（寿光段全长约 39.81 千米，寒亭段全长约 20.96 千米，昌邑段全长约 51.60 千米）；青岛平度段全长约 55.35 千米；青岛胶州段全长约 16.36 千米；青岛即墨全长约 12.36 千米，其中输水干渠段长约 1.65 千米，棘洪滩水库段长约 10.71 千米。高低渠、沉沙池及输水干渠段管护道路路面宽度为 5.0 米，棘洪滩水库段管护道路路面宽度为 6.0 米～7.0 米。除滨州渠首至新建泵站段、河滩漫水路段、现状较完好水泥混凝路段为水泥混凝土路面结构外，其余路段均采用沥青混凝土路面，路面结构层总厚度为 41 厘米（未计黏层、封层及透层厚度）。

工程布置根据路线总体走向，充分利用原管护道路，在管理范围内对老路进行局部裁弯取直、适当调整纵坡，优化、提高平纵指标，使线形尽量符合规范要求的同时更加便捷顺畅。按照水利工程管护道路的定位，对不满足四级公路标准的路段通过合理布置安全设施以保障交通安全。

输水干渠工程全线采用单车道，棘洪滩水库坝顶路采用双向两车道。改造标准参照四级公路标准，设计车速 20 千米每小时，路面结构设计使用年限 8 年。沿程设交通标志、交通标线、里程碑、护栏、警示柱、限高限宽设施等。工程在实施过程中，按照规定及时与监理单位、检测单位、施工单位分别签订合同，并坚持"安全第一、预防为主"的方针，加强对安全生产工作的管理，签订合同的同时与承包人签订安全生产责任书。各施工单位施工前制定了专项环境保护工程实施方案和文明施工管理措施。

### 一、滨州段工程

山东省胶东调水（引黄济青段）管护道路改造项目滨州段工程位于滨州市博兴县，工程全长 35.97 千米，其中高低输水渠段 14.69 千米，沉沙池段 3.10 千米，输水干渠段 18.18 千米。

2019 年 12 月 19 日，山东省调水工程运行维护中心以鲁调水财审字〔2019〕41 号对《山东省胶东调水（引黄济青段）管护道路滨州输水干渠段改造实施方案》及预算进行了批复，滨州输水干渠段管护道路预算投资 2533.44 万元。

2021 年 4 月 1 日，山东省调水工程运行维护中心以鲁调水工建字〔2021〕6 号《山东省调水工程运行维护中心关于印发引黄济青段管护道路改造项目沉沙池段、高低输水渠段实施方案及施工图的通知》对滨州高低输沙渠、沉沙池段管护道路改造工程进行了批复，批复工程预算总投资 2329.96 万元。

**（一）主要建设内容**

山东省胶东调水（引黄济青段）管护道路改造项目滨州段工程主要建设内容有：管护道路土方开挖填筑、水泥稳定土底基层、水泥稳定碎石基层、沥青混凝土面层、路缘石、波形梁钢护栏、限高限宽等安全设施及道路交通标线等。

工程批复预算总投资 4863.40 万元。

**（二）主要工程量和总工期**

本工程主要工程量：土方清理 64916.38 立方米、土方开挖 15363.53 立方米、路基填筑压实 37953.34 立方米、水泥稳定土底基层 162371.72 平方米、级配碎石 36717.38 平方米、水泥稳定碎石基层 168770.59 平方米、沥青混凝土面层 172089.95 平方米、波形梁钢护栏安装 35688.1 米、沥青路面热熔标线 9889.16 平方米、道路交通标志 1117 个、限高限宽设施 11 座。

根据省中心批复，本工程分 2 期实施：第一期实施的滨州输水干渠段改造工程，于 2020 年 6 月 20 日正式开工，2020 年 10 月 26 日全部工程完工，历时 129 天；第二期实施的高低输水渠、沉沙池段改造工程于 2021 年 7 月 22 日开工，2022 年 9 月 23 日全部工程完工，历时 429 天。

**（三）质量等级评定**

依据《水利水电工程施工质量检验与评定规程》（SL176—2007）《公路工程技术标准》（JTG B01—2014）《公路工程质量检验评定标准》（JTGF801—2012）等有关规定，结合本工程实际，经监督单位、项目法人、现场管理机构、设计单位、监理单位、检测单位、施工单位共同验收评定，并报省中心质量监督部核备。本工程项目 3 个单位工程、15 个分部工程、585 个单元工程全部合格。

**（四）部分工程投入使用验收**

2021 年 12 月 8 日，山东省调水工程运行维护中心在渠首泵站所会议室主持召开了山东省胶东调水（引黄济青段）管护道路改造项目滨州段工程部分工程投入使用验收会议，同意管护道路渠首泵站管理所至蔡寨桥段桩号 K0+000—K3+570、沉沙池段 K0+000—K3+101.075、张寨桥至进水闸段桩号 K0+000—K2+860、K3+050—K7+515.534 和输水干渠段 K0+000—K18+106.266 通过验收。

**（五）竣工验收**

2023 年 3 月 22 日—23 日，省调水中心在滨州组织召开山东省胶东调水（引黄济青段）管护道路改造项目滨州段工程竣工验收会议。省中心办公室、财务部、规划建设部、质量安全监督部有关同志，项目法人滨州分中心，设计、施工、监理、检测等参建单位代表及特邀公路、工程管理、财务专家 30 余人参加会议。

会议成立了工程竣工验收委员会，验收委员会实地查看了工程现场，集中观看了工程建设专题片，认真听取了各参建单位的工作报告，审阅了工程档案。经过充分讨论，形成了竣工验收鉴定书。验收委员会一致认为，山东省胶东调水（引黄济青段）管护道路改造项目滨州段工程已按照批复的设计内容全部完成；工程质量合格；竣工决算已通过审计；工程档案已通过专项验收；工程初期运行状况良好，已发挥效益。同意该工程通过竣工验收，同意交付使用。

**二、东营段工程**

2021年4月1日，山东省调水工程运行维护中心以鲁调水工建字〔2021〕7号文《山东省调水工程运行维护中心关于印发引黄济青段管护道路改造项目东营段实施方案及施工图的通知》，批复了东营段管护道路改造项目。工程位于广饶县境内，沿引黄济青输水干渠右堤布置，起点位于王道泵站出水渠出口，终点至广寿边界。

工程沿胶东调水工程（引黄济青段）东营段输水明渠右堤布置。主要建设内容包括11.14千米（项目批复）的路基处理、水泥稳定土底基层、水泥稳定碎石基层、路缘石安装、中粒式沥青混凝土、波形梁钢护栏、道路交通标线以及配套里程碑、警示柱、限高限宽设施等工程项目。预算总投资1184.02万元。

**（一）主要工程量及工期**

工程共完成水泥稳定土底基层65877.05平方米，水泥稳定碎石基层55224.59平方米，AC-16中粒式沥青混凝土52727.26平方米，路缘石安装20843.8米，波形护栏11.007千米，限宽限高设施7座，安全警示标志16个，震荡式减速标线270平方米等。

工程分两期施工：第一期为2021年7月23日至2021年11月6日，历时106天；第二期于2022年4月18日开工，2022年5月29日完成，历时42天。

**（二）质量等级**

经过分部工程验收鉴定和质量评定，根据《公路工程质量检验评定标准》（JTG F801—2012）《水利水电工程施工质量检验与评定规程》（SL176—2007）规定，本项目共1个单位工程，质量评定为优良，包含5个分部工程，305个分项工程，分项工程合格率为100%。

**（三）竣工验收**

2022年9月1日—2日，山东省胶东调水（引黄济青段）管护道路改造项目东营段工程竣工验收会议在广饶召开。省调水中心规划建设部主持会议，省南水北调山东干线公司、东营市公路局、广饶县财政局3位专家，东营分中心主要负责同志，省中心相关部室及设计、施工、监理、检测等有关人员参加会议。

按照工程竣工验收程序，专家组实地查看了管护道路工程建设情况，现场听取了工程概况的有关汇报，对存在的问题提出了整改意见。验收会议上，设计、施工、监理、监测单位分别做了工程管理报告，验收专家组听取了项目法人单位工程管理工作报告，现场查看了工程档案资料整编情况，并对各单位存在的问题进行了反馈。经过充分讨论评议，形成了《山东省胶东调水（引黄济青段）管护道路改造

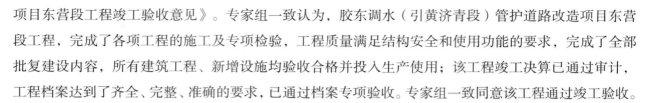

项目东营段工程竣工验收意见》。专家组一致认为，胶东调水（引黄济青段）管护道路改造项目东营段工程，完成了各项工程的施工及专项检验，工程质量满足结构安全和使用功能的要求，完成了全部批复建设内容，所有建筑工程、新增设施均验收合格并投入生产使用；该工程竣工决算已通过审计，工程档案达到了齐全、完整、准确的要求，已通过档案专项验收。专家组一致同意该工程通过竣工验收。

**三、潍坊段工程**

2020年5月26日，省调水中心以《山东省调水工程运行维护中心关于山东省胶东调水（引黄济青段）管护道路改造项目潍坊段实施方案及概算的批复》（鲁调水工建字〔2020〕6号）批准该项目实施。同日，省调水中心以《山东省调水工程运行维护中心关于山东省胶东调水（引黄济青段）管护道路改造项目潍坊段施工图及预算的批复》（鲁调水工建字〔2020〕8号），对潍坊段施工图进行了批复。

山东省胶东调水（引黄济青段）管护道路改造项目潍坊段工程全部位于潍坊市境内，全线分为5个标段。其中：施工一标位于寿光管理站所辖寿广边界至弥河倒虹上游段，长约21.53千米；施工二标位于寿光管理站所辖弥河倒虹下游至寿寒边界段，长约18.28千米；施工三标位于寒亭管理站所辖寿寒边界至东虞河倒虹进口，长约20.96千米；施工四标位于昌邑管理站虞河倒虹出口至潍河上游段，长约27.45千米；施工五标位于昌邑管理站潍河下游段，长约24.15千米。工程预算总投资15236.05万元。

**（一）主要工程量和总工期**

该工程主要工程量：清基92270立方米、土方开挖68319.7立方米、填前基底整平压实786870立方米、利用土方68320立方米、借土填方86060立方米、土方压实154350立方米、水泥稳定土基层535480.57平方米、水泥稳定碎石基层638387平方米、级配碎石底基层131359.3平方米、PC-2乳化沥青透层550855.2平方米、PC-3乳化沥青黏层19720.42平方米、AC-16中粒式沥青混凝土（厚50毫米）557174.76平方米、AC-10细粒式沥青混凝土（厚30毫米）18448.42平方米、同步碎石封层550855.19平方米、预制混凝土路缘石226489.22米、钢筋混凝土立柱1365个、波形梁钢护栏112734.16米、单柱式交通标志208个、沥青路面热熔标线33887.02平方米、限高限宽设施68座、公里桩114个、半公里桩167个等。

工程于2020年9月1日正式开工建设，2020年12月20日完成全部施工内容，总工期111天。

**（二）质量等级**

依据《水利水电工程施工质量检验与评定规程》（SL176—2007）《公路工程技术标准》（JTG B0—2014）《公路工程质量检验评定标准》（JTG F801—2012）等有关规定，结合本工程实际，经项目法人、现场管理机构、监理单位、施工单位共同验收评定，并报省中心质量监督部核定。该工程项目5个单位工程、37个分部工程、4203个单元工程全部合格；工程项目施工质量合格。

**（三）竣工验收**

2021年9月16—17日，省调水中心在潍坊组织召开山东省胶东调水（引黄济青段）管护道路改造项目潍坊段工程竣工验收会议。省调水中心党委委员、副主任骆德年出席会议并任验收委员会主任。省中心财务部、规划建设部、质量安全监督部负责同志，潍坊分中心及设计、施工、监理、质量检测等参建单位代表及特邀技术专家参加会议。

验收委员会实地查看了工程现场，集中观看了工程影像资料，听取了工程建设管理、设计、施工、监理、检测、运行及质量安全监督等单位的工作报告，详细查阅了工程档案资料，经过充分讨论，形成了竣工验收鉴定书。验收委员会一致认为，山东省胶东调水（引黄济青段）管护道路改造项目潍坊段工程已按照批复要求完成全部设计内容，工程质量合格，竣工决算已通过审计，工程档案已通过专项验收，目前工程运行状况良好，已发挥工程效益，同意通过竣工验收。

### 四、青岛段工程

山东省胶东调水（引黄济青段）管护道路改造项目青岛段工程位于平度市、胶州市、即墨区的引黄济青干渠及棘洪滩水库坝顶，工程全长 84.07 千米（平度段 55.35 千米，胶州段 16.36 千米，即墨段 1.65千米，棘洪滩水库坝顶路 10.71 千米）。

2019 年 12 月 12 日，省调水中心以《关于山东省胶东调水（引黄济青段）管护道路棘洪滩水库坝顶路改造实施方案及预算的批复》（鲁调水财审字〔2019〕43 号），对棘洪滩水库坝顶路改造工程实施方案及预算进行了批复。

2020 年 5 月 27 日，省调水中心以《关于山东省胶东调水（引黄济青段）管护道路改造项目青岛部分渠段施工图及预算的批复》（鲁调水工建字〔2020〕10 号），对 2020 年度平度（37+850—终点）、胶州、即墨段施工图及预算进行了批复。

2021 年 4 月 1 日，省调水中心以《关于印发引黄济青段管护道路改造项目平度（0+000—37+850）段实施方案及施工图的通知》（鲁调水工建字〔2021〕8 号），对 2021 年实施的平度段管护道路实施方案及预算进行了批复。

#### （一）主要建设内容

山东省胶东调水（引黄济青段）管护道路改造项目青岛段工程主要建设内容有：管护道路土方开挖填筑、6% 水泥稳定土底基层、水泥稳定碎石基层、50 毫米厚 AC-16 中粒式沥青混凝土、路缘石、波形梁钢护栏、限高限宽等安全设施及道路交通标线等。

工程批复预算总投资 11271.83 万元。

#### （二）主要工程量和总工期

本工程主要工程量：清基 41375.75 立方米、土方开挖 79069.66 立方米、填前基底整平压实470957.28 立方米、利用土方 40969.67 立方米、借土填方 28249.07 立方米、土方压实 95110.21 立方米、路拌水泥稳定土底基层 464607.58 平方米、水泥稳定碎石基层 464051.84 平方米、PC-2 乳化沥青透层429419.08 平方米、沥青混凝土路面 445953.63 平方米、路缘石 150316.11 米、波形梁钢护栏 72013.32 米、警示柱道口标柱 749 根、单柱式交通标志 101 个、沥青路面热熔标线 25296.61 平方米、震荡式减速标线 2037.86 平方米、限高限宽设施 50 座、公里桩 74 个等。

根据省中心批复，本工程分 3 期实施：第一期实施的棘洪滩水库坝顶路改造工程，于 2020 年 4 月28 日正式开工，2020 年 9 月 30 日全部工程完工，历时 155 天（图 5-75）；第二期实施的 2020 年平度（37+850—终点）、胶州、即墨段工程于2020年8月20日开工，2020年12月22日全部工程完工，历时124天；第三期实施的2021年平度（0+000—37+850）段工程于2021年5月25日开工，2021年9月1日全部工程完工，历时99天（图5-76）。

图5-75 改造后的棘洪滩水库管护道路

图5-76 改造后的青岛段输水渠管护道路

**（三）质量等级评定**

依据《水利水电工程施工质量检验与评定规程》（SL176—2007）《公路工程技术标准》（JTG B01—2014）《公路工程质量检验评定标准》（JTGF801—2012）等有关规定，结合本工程实际，经监督单位、项目法人、现场管理机构、设计单位、监理单位、检测单位、施工单位共同验收评定，并报省中心质量监督部核备。本工程项目11个单位工程、98个分部工程、3305个单元工程全部合格。

**（四）竣工验收**

2021年12月26—27日，省调水中心在青岛市组织召开山东省胶东调水（引黄济青段）管护道路改造项目青岛段工程竣工验收会议。省调水中心党委委员、副主任骆德年出席会议并任验收委员会主任。省中心办公室、财务部、规划建设部、质量安全监督部和青岛分中心有关负责同志，设计、施工、监理、质量检测等参建单位代表及特邀技术专家参加会议。

验收委员会查看了工程现场，观看了工程建设声像资料，听取了工程建设管理、设计、监理、施工、质量检测、运行管理及质量安全监督的工作报告，查阅了工程档案资料，讨论并通过竣工验收鉴定书。验收委员会认为，山东省胶东调水（引黄济青段）管护道路改造项目青岛段工程已按照批复完成全部设计内容，工程质量合格，竣工决算已通过审计，工程档案已通过专项验收，工程初期运行状况良好，工程通过竣工验收。

# 第二节 所、闸站标准化提升

山东省引黄济青与胶东调水工程各区域工程设施不统一，标识性不强。出于整体考虑，为保证统一性和特色性，2021年山东省调水工程运行维护中心对引黄济青全线、胶东调水全线的13级泵站、77座闸站进行整体标准化提升，对具体内容、标准、重点进行统一规划。

其中青岛段所、闸站整体提升改造工程（一期）分2021、2022年两年实施。

2021年项目投资共计603.88万元，施工共计1个标段，2021年8月14日完成招标工作，8月20日签订施工合同，8月26日项目开工，12月6日项目完工，12月14日完成验收，历时103天。主要建设内容包括：胶州管理站范围内7座启闭机房及4处庭院提升改造；平度管理站范围内闸室建筑物及11座启闭机房提升改造，灰埠泵站行车拆除安装、新建膜结构车棚、办公楼门窗更换等。

2022年项目投资共计1203.31万元，施工共计2个标段，2022年5月21日2个标段均完成招标工作，6月2日签订施工合同，6月9日所、闸站改造提升项目召开第一次工地会议（图5-77）。1标段6月14日开工，11月21日完工，历时161天；2标段6月15日开工，11月8日完工，历时147天，2个标段均于12月1日完成验收。主要建设内容包括：棘洪滩水库管理站范围内供水所、即墨所（图5-78、5-79）提升改造；胶州管理站范围内9座启闭机房及1处庭院提升改造（图5-80、5-81、5-82、5-83）；平度管理站范围内18处管理所、闸站及其附属启闭机房提升改造（图5-84、5-85）。

图5-77 2022年6月9日，青岛段所、闸站整体提升改造工程（一期）第一次工地会议

图5-78 2022年7月6日，改造提升前的即墨管理所

图5-79 2022年9月22日，改造提升后的即墨管理所

图5-80 2021年8月19日，改造提升前的引黄济青大沽河枢纽引水闸

图5-81 2021年8月19日，改造提升前的引黄济青大沽河枢纽冲沙闸、引水闸

图 5-82　2022 年 10 月 21 日，改造提升后的引黄济青大沽河枢纽冲沙闸

图 5-83　2022 年 10 月 21 日，改造提升后的引黄济青大沽河枢纽冲沙闸、引水闸

图 5-84　2022 年 7 月 19 日，白沙河管理所院内房顶改造

图 5-85　2022 年 11 月 7 日，青岛分中心党委书记、主任隋永安到陈家沟倒虹闸站督导检查

　　所、闸站改造提升项目完成后，提升了青岛段沿线的整体工程形象，提高了工程管理标准化水平，对消除老旧工程存在的安全隐患、统一工程设施的设计风格、提高沿线管理人员的居住环境等均具有深远的影响。

## 第三节　管养分离

　　引黄济青与胶东调水工程管养分离体制改革是山东省调水工程运行维护中心落实关于水利工程"管养分离"体制改革的部署安排，全面提升工程现代化水平和管护水平，在维护调水秩序、加强工程管理、确保运行安全的基础上，对原有调水工程运行管理机制的改革。按照水利部、省水利厅关于推进水利工程"管养分离"的工作要求，山东省调水工程运行维护中心于 2020 年全面完成运行管理模式改革，引入专业维修养护公司 4 家，落实巡视维护人员 875 名，对工程全线 450 千米明渠、150 千米管道暗渠、13 级泵站及沿线 190 多座闸站、阀井实行专业维修养护，实现了由自建直管向市场化、专业化、社会化管理的重大转变，有效解决了人员编制不足、管养职责不清、管护水平不高等问题，大幅提升了工程管护效能。

　　"管养分离"实施之前，省调水中心组织人员先后赴山西省黄河万家寨水务集团有限公司、江苏省江都水利工程管理处、南水北调山东干线有限公司等水管单位开展专题调研。调研之后，在全面梳理引黄济青与胶东调水工程设施设备、管理模式、人员用工现状等基础之上，组织完成了工程维修养护经费和管护人员经费的测算，于2019年11月编制完成《山东省引黄济青工程滨州、东营、青岛段2020年度维修养护委托服务方案》并组织专家评审。

　　2020年，由省中心统一组织招标，中标单位为山东润鲁水利工程养护有限公司，青岛段中标金额为1534.38万元，服务期限为2020年4月15日至2021年4月30日（图5-86）。4月15日，引黄济青工程青岛段渠道、棘洪滩水库开始实行"管养分离"，主要实施内容为引黄济青工程青岛段渠道及水库工程的维修养护、巡视维护及运行管理等工作（图5-87）。2021年，由省中心牵头，滨州、东营、青岛三个分中心联合招标，中标单位为山东润鲁水利工程养护有限公司[2021年8月企业更名为水发养护工程（山东）集团有限公司]，青岛段中标金额为1052.07万元，服务期限为2021年5月1日至2021年12月31日（图5-88、5-89）。2022年青岛分中心通过政府采购公开招标，中标单位为水发养护工程（山东）集团有限公司，中标金额为1578.07万元，服务期限为2022年1月1日至2022年12月31日（图5-90、5-91）。

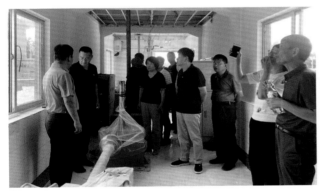

图5-86 2021年8月17日，省中心工程管理部马成科长等查看维修养护现场

图5-87 2021年8月18日，引黄济青工程2020年维修养护年度验收会议召开，青岛分中心、平度管理站、胶州管理站、棘洪滩水库管理站、润鲁养护公司主要人员参会

图5-88 2021年9月23日，维修养护单位维修保养启闭机

图5-89 2021年11月14日，维修养护单位对树木进行涂白

图 5-90　2022 年 8 月 18 日，省调水中心成立稽查组对青岛段"管养分离"及泵站代运行项目开展专项稽查

图 5-91　2022 年 10 月 27 日，青岛分中心对维修养护项目资料进行检查，平度管理站、胶州管理站、棘洪滩水库管理站相关同志参与检查

　　2021 年 1 月 1 日，胶东调水青岛平度段明渠、灰埠泵站开始实行"管养分离"，主要实施内容为胶东调水工程青岛段明渠工程和灰埠泵站的维修养护、巡视维护及运行管理等工作。2021 年由青岛分中心公开招标，中标单位为潍坊鲁鸢水务有限公司，中标金额为 906.91 万元，服务期限为 2021 年 1 月 1 日至 2021 年 12 月 31 日（图 5-92、5-93）；2022 年由青岛分中心通过政府采购公开招标，中标单位为潍坊鲁鸢水务有限公司，中标金额为 895.30 万元，服务期限为 2022 年 1 月 1 日至 2022 年 12 月 31 日（图 5-94、5-95）。

图 5-92　2021 年 11 月 16 日，维修养护单位清理渡槽垃圾

图 5-93　2021 年 11 月 29 日，维修养护单位修整 4 米路及道路两旁垃圾

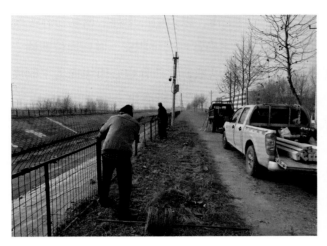

图 5-94 2022 年 1 月 14 日，维修养护单位维修防护网

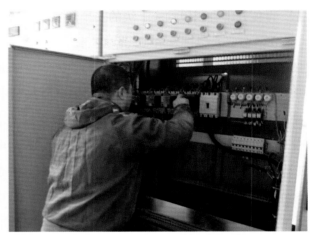

图 5-95 2022 年 6 月 24 日，维修养护单位维修保养变压器

“管养分离”实施以来，充分解决了运行管护人员不足、能力不高等问题，维修养护水平逐年提升，管理能力不断增强；同时也规范了维修养护的财务行为，加强了财务管理监督，使维修养护顺应时代，走向专业化、市场化、社会化。

## 第四节 工程管理标准化

为进一步落实“水利工程补短板、水利行业强监管”的水利改革发展总基调，提升调水工程运行管理水平，确保工程运行安全，持续充分发挥效益，山东省调水工程运行维护中心积极响应水利厅要求（图 5-96），大力推进工程标准化管理。坚持“顶层设计、试点先行、完善体系、分类实施”的工作思路，明确了“2022 年底前，工程标准化管理全部达标”的整体目标，着力构建“一物一标准、一事一标准、一岗一标准”的管理标准框架体系（图 5-97），相继出台工程管理办法 9 项、预案 2 项、标准 / 规程 79 项，形成规范业务流程 106 项，全系统初步形成了岗位有职责、操作有规程、管理有标准、考核有依据的“四有”管理格局。

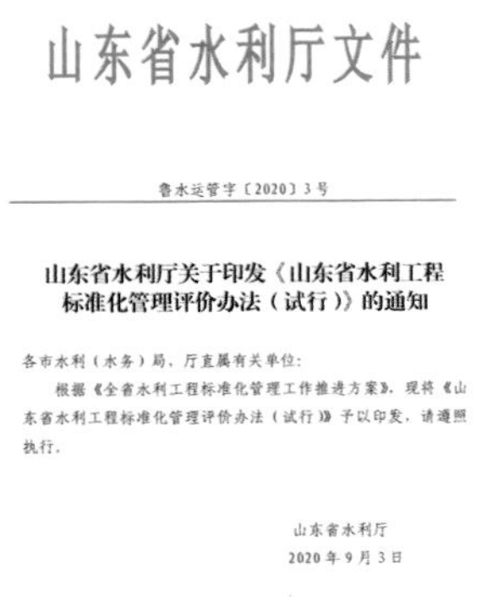

山东省水利厅文件

鲁水运管字〔2020〕3 号

山东省水利厅关于印发《山东省水利工程标准化管理评价办法（试行）》的通知

各市水利（水务）局、厅直属有关单位：

根据《全省水利工程标准化管理工作推进方案》，现将《山东省水利工程标准化管理评价办法（试行）》予以印发，请遵照执行。

山东省水利厅

2020 年 9 月 3 日

图 5-96 山东省水利厅关于印发《山东省水利工程标准化管理评价办法（试行）》的通知

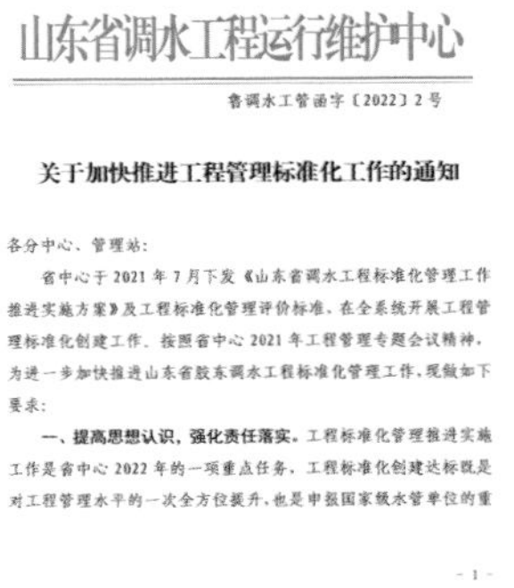

山东省调水工程运行维护中心

鲁调水工管函字〔2022〕2 号

关于加快推进工程管理标准化工作的通知

各分中心、管理站：

省中心于 2021 年 7 月下发《山东省调水工程标准化管理工作推进实施方案》及工程标准化管理评价标准，在全系统开展工程管理标准化创建工作。按照省中心 2021 年工程管理专题会议精神，为进一步加快推进山东省胶东调水工程标准化管理工作，现做如下要求：

**一、提高思想认识，强化责任落实。**工程标准化管理推进实施工作是省中心 2022 年的一项重点任务，工程标准化创建达标既是对工程管理水平的一次全方位提升，也是申报国家级水管单位的重

- 1 -

图 5-97 省中心《关于加快推进工程管理标准化工作的通知》

青岛分中心积极响应上级的安排部署，高度重视标准化创建工作，以“中心主导、密切协作、统一标准、分级实施”为原则，落实责任主体，确定管理组织结构，明确管理岗位职责，做到岗位明确、职责清晰、责任到人、履职到位。自启动工程标准化达标创建工作以来，青岛分中心组织完善了制度标准体系，于 2022 年 3 月 29 日，下发了《青岛分中心关于加快推进工程管理标准化工作进度的通知》，对青岛分中心工程标准化的建设提出了具体的要求；4 月 2 日以《青岛分中心关于成立工程标准化管理工作领导小组的通知》（鲁调水青字〔2022〕14 号）（图 5–98）成立了青岛分中心工程标准化管理工作领导小组；5 月 23 日，青岛分中心根据省中心下发的赋分标准整理了泵站、闸站标准化创建赋分细节，并下发至管理站；6 月 1 日，青岛分中心在大沽河管理所召开了闸站工程标准化推进会，检查了闸站工程标准化进度及大沽河枢纽现场标准化布置情况等。青岛分中心积极落实制度宣贯、培训等相关工作，组织工作专班集中培训，认真学习研究水利厅、省中心下发的相关文件，多次召开标准化推进会，组织各管理站完成了标准化达标创建任务。

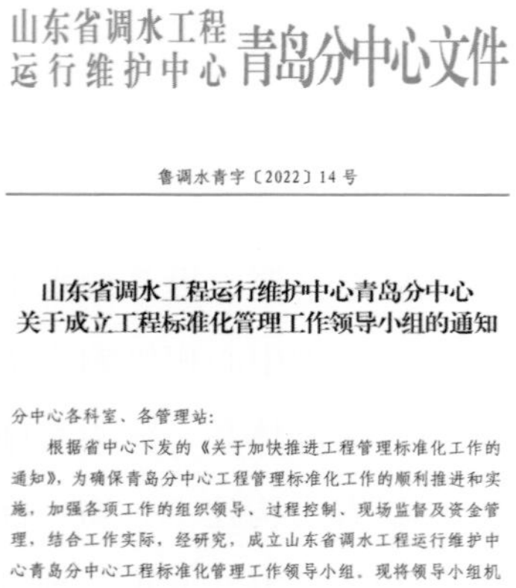
山东省调水工程运行维护中心 青岛分中心文件

鲁调水青字〔2022〕14 号

山东省调水工程运行维护中心青岛分中心
关于成立工程标准化管理工作领导小组的通知

分中心各科室、各管理站：

根据省中心下发的《关于加快推进工程管理标准化工作的通知》，为确保青岛分中心工程管理标准化工作的顺利推进和实施，加强各项工作的组织领导、过程控制、现场监督及资金管理，结合工作实际，经研究，成立山东省调水工程运行维护中心青岛分中心工程标准化管理工作领导小组，现将领导小组机

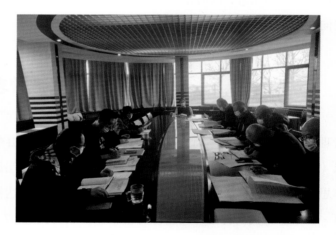

图 5–98　青岛分中心《关于成立工程标准化管理工作领导小组的通知》

图 5–99　2022 年 3 月 11 日，棘洪滩水库管理站召开工程标准化推进会议

各管理站积极贯彻落实省调水中心、青岛分中心的决策部署，均制定并下发了标准化推进实施方案，成立了标准化领导小组，明确了人员职责、分工和各类事项的完成时间节点（图 5–99、5–100）。经过多次交流、修改、完善，形成了泵站、闸站、管理所办公区、工程区配置标准清单以及柜榍、警示标识统计表及渠道标识图册、标准化示范工程创建任务清单等，主要包括泵站、闸站、渠道简介、消防管理卡、设备管理卡、防汛物资明细表、防汛物资调配图、防汛物资储备分布图等，并做好了标准化标牌的上墙工作。管理房、闸室、启闭机的外观颜色、标志规范统一；标线、标牌的大小、高度、间距严格按照省中心制定的标准设置；管理制度牌（图 5–101）、操作规程牌、风险告知牌、工程简介牌、警示标识牌等按照水利厅的设置标准进行悬挂，布局合理、齐全醒目；设备操作定岗、定责，职工进行岗前培训合格后方可上岗（图 5–102）；操作时，按照操作规程规范操作；工程检查采取日巡查、

每月综合检查、汛前汛后和通水前通水后的定期检查及恶劣天气等情况之后的专项检查等方式，检查内容包括金属结构、机电设备、通信设施、防护设施、堤身、渠坡等。通过多层次、全方位的检查方式，确保了工程安全。

图 5-100　2022 年 3 月 23 日，平度管理站召开工程标准化达标创建第一次推进会

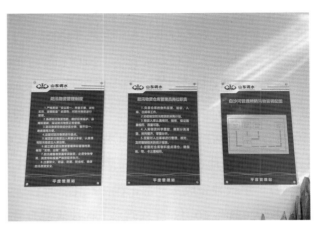

图 5-101　2022 年 11 月，白沙河管理所防汛仓库制度上墙

图 5-102　2022 年 5 月 26 日，水库管理站组织堤防水闸运行管护人员培训班

图 5-103　2022 年 6 月，平度管理站堤防工程管理手册和管理制度手册

此后，各管理站根据实际推进情况修订完善工程标准化任务清单，明确管理标准，分解工作任务，规范管理流程，按照评价标准推进工程现场整改，陆续完成设备等级评定、泵站安全鉴定、《标准化管理手册》《制度手册》《操作规程手册》编制等各项工作（图 5-103），组织了相应的培训，并将成果应用于指导大修及日常维修养护。

2022 年 10 月，按照《山东省调水工程运行维护中心标准化管理达标创建自评验收工作方案》要求，依据省水

图 5-104　2022 年 11 月，平度管理站工程标准化档案资料展示

利厅《山东省水利工程标准化管理评价办法》《山东省胶东调水工程标准化管理工作推进实施方案》等文件，各管理站完成了标准化档案整理的纸质和电子文档整编工作（图5-104），做到电子文档和纸质文档相对应；标准化宣传视频制作完成，符合档案验收标准。结合自身工程标准化管理达标创建工作进展实际，积极开展自主评定工作，自评结果符合标准化创建达标要求，形成了自评报告书并上报青岛分中心，青岛分中心在审阅后于2022年11月14日以《青岛分中心关于上报工程标准化管理自评报告书的报告》（鲁调水青字〔2022〕83号）向省中心提交了工程标准化自评报告。

2022年12月20日—21日，省水利厅调水处组织标准化验收工作，青岛分中心及平度管理站进行工作汇报。水库、水闸、泵站、明渠、管道5类单项工程顺利通过省级标准化管理工程终验，并被水利部认定为全国首批三家调水工程标准化管理试点单位之一。

2023年5月6日至12日，顺利完成水利部工程标准化管理评价工作，标志着胶东调水工程成为全国首个申报并完成水利部工程标准化管理评价的调水工程。2023年6月，顺利通过水利部标准化管理验收。2023年10月，胶东调水工程被认定为第一批水利部标准化管理调水工程，成为全国首个创建、首个申报、首批认定的水利部标准化管理调水工程（图5-105）。

图5-105　水利部办公厅关于认定第一批水利部标准化管理调水工程的通报

工程管理标准化的创建，使得工程设施设备更加完善、管理制度制定更加标准、运行管理行为更加规范、安全管理体系更加健全、管理经费使用更加高效、管理人员业务能力得到提升，推进了工程管理现代化、精细化、标准化水平，使工程管理迈上了新台阶。

## 第五节　安全生产标准化

2021年3月以来，为贯彻落实国家水利部、省水利厅"八抓二十项"创新举措和安全生产标准化安排部署，省调水中心把标准化建设作为引领安全生产工作提档升级的重要抓手，以规范工作流程、夯实管理基础、提升管理效能为目标，按照"顶层设计、分级实施、强化指导、整体推进"的工作思路，启动水利安全生产标准化一级达标创建工作。成立创建工作领导小组，研究制订工作方案、实施计划和推进措施，突出台账资料完备和现场管理提效，分阶段、有步骤地做好宣贯动员、专题培训、观摩交流、摸排督导、整改提升等工作，抓好各阶段工作推进、任务落实、问题整改、效果评价等，全面推进水利安全生产标准化一级达标创建，切实提高调水系统安全生产管理水平和职工安全意识。

在创建过程中，邀请技术支撑单位全程跟踪指导，适时优化创建方案，紧紧围绕资料完备、现场管理、业务培训等方面，聚焦完善制度体系、规范台账资料、加强现场管理、强化风险管控、整治问题隐患等内容精准发力，制定完善237项制度，组织开展6次专项督导，培训各类人员685人次，安装标识标牌9000余个。陆续完成了自评报告上报、档案资料汇总整理、标准化视频答辩和专家现场核查等工作，有效确保了创建工作有计划、按步骤、高质量、有成效地推进。

各分中心及所辖管理站加强组织领导，配备精干力量，结合自身实际，研究制订切实可行的措施，按照细则要求，从规章制度完善、台账资料模块化整理、作业现场标准化管理、安全风险管控及隐患排除治理等方面做了大量卓有成效的工作，如期完成了材料申报工作。

青岛分中心在省中心的组织下，通过细致咨询、研究讨论、借鉴成功案例等方式，结合工作实际按照目标管理、制度化管理、教育培训、现场管理、安全风险管控及隐患排查治理、应急管理等八大项安全生产标准化评审标准，进行了安全生产标准化一级达标创建工作，全面查找薄弱环节，完善各项评审内容，并逐步做好了资料的整理（图5-106）及现场管理工作。

图5-106 安全生产标准化资料

图5-107 2022年7月20日，青岛分中心开展安全生产标准化一级达标创建督导会议

2021年3月，青岛分中心进行基础调研、分析经营运行；2021年3月至4月，组织培训并动员全体职工参与培训；2021年3月至5月，策划制订安全生产管理制度、应急预案、操作规程，汇编印发并组织培训；2021年5月至2022年6月，创建实施，验证管理制度；2022年6月，组织自评；2022年6月至8月，分中心在自评的基础上持续改进、创新安全生产标准化工作（图5-107），并网上提交自评报告及安全生产标准化支撑资料；2022年10月6日通过网上评审；2022年10月11日下午，分中心主要负责人及相关人员进行了视频答辩。

图 5-108　2022 年 6 月 14 日，青岛分中心在平度举办安全生产标准化建设培训

自开展安全生产标准化工作以来，青岛分中心印发了 47 项管理制度，印发了 1 个综合应急预案、16 个专项应急预案、15 个现场处置方案，印发了 22 项安全操作规程；共计组织培训 74 次，累计培训 2339 人次（图 5-108）；组织演练 8 次，其中综合演练 1 次，防汛演练 2 次，消防演练 2 次，现场处置演练 3 次，共计演练人数 131 人次。

2023 年 1 月，青岛（图 5-109）、东营、潍坊、滨州、烟台 5 个分中心被水利部认证为水利安全生产标准化一级单位。2023 年 8 月，省中心、威海分中心通过水利部安全生产标准化一级达标评价，实现了全系统安全生产标准化一级达标全覆盖。水利安全生产风险管控"六项机制"入选省级试点并以"优秀"等次通过验收，典型经验做法在全省推广。

安全生产标准化创建作为推动调水事业高质量发展的重要抓手、提升本质安全水平的解题之策，全面夯实了安全生产基础，提升了安全管理水平和效能，有效推动调水中心系统安全生产工作向规范化、系统化、制度化迈进。下一步，省调水中心系统将继续深入贯彻习近平总书记关于安全生产工作的重要论述，牢固树立安全发展理念，坚决落实上级安全生产工作的部署要求，巩固拓展安全生产标准化一级达标创建成效，在推进重大事故隐患专项整治行动、安全生产风险管控"六项机制"建设等方面聚焦发力，努力把安全生产工作打造成为调水中心系统的一张重要名片，为全面推进国家省级水网先导区建设提供重要支撑（图 5-110）。

图 5-109　青岛分中心安全生产标准化一级达标证书

图 5-110　山东省调水工程运行维护中心党委书记、主任马玉扩到威海段检查安全生产和卧龙隧洞出口改造提升建设情况

第六篇

# 胶东地区引黄调水工程

山东省胶东地区引黄调水工程是党中央、国务院和山东省委、省政府决策实施的远距离、跨流域、跨区域大型水资源调配工程，是黄河引黄史上最大的跨流域调水工程，[①] 也是山东省级骨干水网的重要组成部分和实现山东省水资源优化配置的重大战略性、基础性、保障性民生工程。实施该项调水工程，可将原先分散的水网连接贯通起来，实现全省水源优化配置、缓解胶东地区水资源供需矛盾，有效保证胶东地区城市、工业用水需要，彻底改变长期形成的与农业争水和超量开采地下水的现状，改善当地生态环境；也可实现长江水、黄河水、当地水的联合调度、优化配置，从根本上缓解山东省水资源紧缺的局面，支撑经济社会的可持续发展及人与自然的和谐发展。[②]

胶东地区既是人口密集、经济发达的地区，也是我国缺水严重的地区之一，具有水资源总量少、年际变化大、年内分布不均、地域分布差异显著、连续枯水年概率大的特点，属资源性、工程性和生态性缺水并存区域。区内既无大储量的地下水，也没有客水资源，多年平均降水量649毫米，人均水资源占有量仅相当于全国的1/6，而且水资源开发利用难度大。在严重干旱的情况下，单靠当地水资源难以解决日益加剧的供需矛盾。[③] 新中国成立以来，胶东各市先后兴建了大量的拦、蓄、引水工程和地下水开采、灌溉及城市供水工程。80年代开始，山东省供水形势持续紧张，给工农业生产造成巨大损失，给人民生活、社会安定以及生态环境带来严重后果，最缺水的胶东地区尤为突出。

早在20世纪80年代末，山东省就曾多次对胶东地区引黄调水工程的必要性、可行性及布局、规模进行过分析论证，但后来由于工程投资问题和大旱后又进入丰水期，致使工程暂缓建设。[④] 1998—2000年，胶东地区连续三年大旱，据有关部门统计，烟台、威海的平均降水量比历史同期减少51%，两市供水矛盾演变成供水危机，1300多家企业停产、限产；[⑤] 许多地方以牺牲农业和环境为代价，挤占农业灌溉用水，超量开采地下水，造成生态环境恶化。

21世纪初，胶东地区引黄调水工程开始启动。工程从山东省滨州市黄河打渔张引黄闸引黄河水，经输水明渠、压力管道、隧洞、暗渠输水至烟台市门楼水库、威海市米山水库，输水线路总长482.4千米，其中利用既有引黄济青段工程172.5千米（含引黄济青输沙渠及沉沙池长），占线路总长的36%；工程近期以黄河水为水源，设计年引水规模1.43亿立方米（其中，烟台市9650万立方米、威海市3650万立方米、青岛的平度市1000万立方米），引水天数91天，供水目标以城市生活用水与重点工业用

① 牛新元.胶东地区加紧建设引黄调水工程[N].黄河报,2007-8-11（003）.

② 水利部南水北调规划设计管理局,山东省胶东调水局.引黄济青及其对我国跨流域调水的启示[M].北京:中国水利水电出版社,2009:299-300.

③ 山东省胶东地区引黄调水工程建设管理局.八方合力建水网 千里调水润胶东——记山东省胶东地区引黄调水工程[J].山东水利,2008（7）:5-7.

④ 吕东立.千里调水润胶东 世纪圆梦展宏图——山东省胶东地区引黄调水工程建设纪实[N].中华建筑报,2008-10-11（016）.

⑤ 山东省胶东地区引黄调水工程建设管理局.八方合力建水网 千里调水润胶东——记山东省胶东地区引黄调水工程[J].山东水利,2008（7）:5-7.

水为主，供水区包括青岛、烟台、威海的 12 个市（区），兼顾生态环境和部分高效农业用水，[①]受水区涉及总土地面积 1.56 万平方千米、耕地 832.5 万亩、人口 788 万；[②]远期在南水北调东线工程建成后，以长江水为水源，设计年调水量 3.83 亿立方米。[③]

工程于 2003 年 12 月 19 日开工建设；2013 年底完成综合调试及试通水。工程累计完成投资 523639.98 万元，占概算总投资的 96.17%；其中：建筑安装工程投资 231945.26 万元、设备投资 86356.98 万元、待摊投资 201837.43 万元、其他投资 3500.30 万元。[④]2019 年，胶东地区引黄调水工程通过竣工验收。胶东地区引黄调水工程的建成通水，完备了省级骨干水网，改变了烟台、威海两市没有客水的历史，优化了胶东地区水资源配置格局，助力了当地经济社会的发展。

# 第一章 工程项目

山东省胶东地区引黄调水工程位于山东省胶东半岛北部，工程自滨州市博兴县打渔张引黄闸引黄河水，自东营小清河子槽上节制闸引长江水，[⑤]途经 6 市、16 个县（市、区），即滨州市博兴县，东营市广饶县，潍坊市寿光市、寒亭区、昌邑市，青岛市平度市，烟台市莱州市、招远市、龙口市、蓬莱市、栖霞市、福山区、莱山区、高新区、牟平区，威海市文登区。工程建设任务是贯通宋庄分水闸至威海米山水库段的输水干线，为青岛、烟台、威海等胶东地区重点城市调引黄河水、长江水创造条件，缓解胶东地区供水紧张的矛盾，防止莱州湾地区海水内侵，改善当地生态环境，保证该地区经济社会的可持续发展。[⑥]

## 第一节 工程立项

20 世纪末，胶东地区遭受连年干旱，烟台居民生活用水被迫实行定时限量供应，40 元买 1 立方米饮用水的史无前例的高价在威海市出现；700 多万亩农田因为干旱不能播种，4607 个村庄水井见底；成千上万的人们远走他乡肩挑、人扛、车拉、牛驮取回少得可怜的饮水。靠天吃水的局面，使得城乡居民用水出现严重困难。[⑦]连续大旱引发的供水危机引起党中央、国务院的高度重视，在干旱缺水最严峻的时刻，国务院总理温家宝两次到胶东地区深入调研并作出明确批示，山东省委、省政府决定借鉴

① 山东省胶东地区引黄调水工程开工 [J]. 水利水电技术,2004（1）:16.
② 胶东引黄调水工程昨开工 青岛再润黄河水 [N]. 青岛晚报，2003－12－20（3）.
③ 山东省胶东调水局 . 黄金之渠 [M]. 济南 : 内部资料,2009:28.
④ 山东省胶东地区引黄调水工程建设管理局 . 山东省胶东地区引黄调水工程竣工验收工程建设管理工作报告 [R].2019:105.
⑤ 刘圣桥 . 一渠清水润胶东——引黄济青工程建成通水 30 周年 [M]. 济南 : 内部资料,2019:23.
⑥ 山东省胶东地区引黄调水工程建设管理局 . 山东省胶东地区引黄调水工程竣工验收工程建设管理工作报告 [R].2019:2-3.
⑦ 吕东立 . 千里调水润胶东 世纪圆梦展宏图——山东省胶东地区引黄调水工程建设纪实 [J]. 中华建筑报,2008-10－11（16）.

引黄济青工程的成功经验实施胶东地区引黄调水工程。[①]

2000 年 7 月，山东省水利厅组织编制《南水北调东线工程向胶东地区供水应急方案》；9 月 24 日，山东省水利厅以《关于呈批山东省胶东地区应急调水工程可行性研究报告的请示》（鲁水规计字〔2000〕118 号文）上报国家计委和水利部，申请立项。9 月 29 日，山东省胶东应急供水工程指挥部召开第一次成员会议，会议由省长李春亭主持，就应急调水工程和指挥部工作的有关问题进行研究安排。10 月 11—16 日，受水利部委托，水利部水利水电规划总院在济南对《山东省胶东地区应急调水工程可行性研究报告》（图 6-1）进行审查。10 月 23 日，水利部黄河水利委员会以黄水调〔2000〕11 号文《关于对"山东省人民政府关于解决胶东地区应急调水工程引黄水量的函"的复函》，同意山东省在南水北调东线工程通水前向烟台、威海应急调引黄河水，调水量在国家分配给山东的可供水量指标内调剂解决。11 月 18—27 日，受国家计划委员会委托，以中国国际工程咨询公司副董事长张春园为组长的专家组对山东省胶东应急调水工程进行考察评估，评估组在听取山东省水利厅、省环保局等单位和部门的工作汇报并进行实地考察后，在济南对《山东省胶东地区应急调水工程可行性研究报告》进行咨询评估。评估认为：胶东属资源型缺水地区，已纳入南水北调东线工程供水范围，跨流域调水是解决胶东地区水资源短缺的根本措施；该工程既能应急调引黄河水，又可作为永久工程调引长江水，尽快实施是必要的；工程设计充分考虑了与南水北调东线工程的衔接，方案可行，建设条件良好。12 月 17 日，山东省胶东应急供水工程指挥部办公室以鲁胶供水办函字〔2000〕1 号文委托山东省水利勘测设计院开展山东省胶东应急调水工程初步设计工作。12 月 23 日，根据省长办公会第 49 次会议关于"加快建设进度，力争立项后一年左右基本完成工程建设"的精神，山东省胶东应急供水工程指挥部办公室以鲁胶供水办函字〔2000〕2 号文敦促水利设计院抓紧开展初步设计工作。

图 6-1 《山东省胶东地区应急调水工程可行性研究报告》

2001 年 2 月 27 日，山东省政府办公厅以鲁政发〔2001〕15 号文《山东省人民政府关于尽快批复胶东供水应急救灾工程可行性研究报告的请示》上报国务院，阐述胶东地区水资源危机现状及采取的应急措施，并进一步阐述了兴建胶东地区供水工程的必要性。3 月 13 日，中国国际工程咨询公司以咨农水〔2001〕172 号文《关于山东省胶东地区应急调水工程可行性研究报告的评估报告》上报国家计委，建议批准立项，并尽早开工建设。7 月 2 日，山东省政府以鲁政字〔2001〕190 号文《山东省人民政府关于请求加快胶东应急调水工程审批立项有关问题的函》报国家计委，详细制订工程资金筹措方案、工程管理体制改革和水资源管理体制改革方案。是年，"胶东地区应急调水工程"更名为"胶东地区

① 吕东立 . 千里调水润胶东 世纪圆梦展宏图——山东省胶东地区引黄调水工程建设纪实 [J]. 中华建筑报 ,2008-10 -11（16）.

引黄调水工程"。[①]

2002年2月22日，国家发展计划委员会以计投资〔2002〕253号文《国家计委关于审批山东省胶东地区引黄调水工程项目建议书的请示》，上报国务院。2月28日，山东省政府办公厅以鲁政发〔2002〕17号文《山东省人民政府关于尽快批复胶东地区供水工程的请示》上报国务院，阐明胶东地区旱情发展情况，并表明山东省已做好工程开工的各项准备工作。4月3日，国家发展计划委员会《印发国家计委关于审批山东省胶东地区引黄调水工程项目建议书的请示的通知》（计投资〔2002〕523号），对工程项目建议书进行批复，明确该项目建议书已经国务院批准立项（图6-2）。9月23日，山东省计委以鲁计投资〔2002〕991号向国家计委、水利部、建设部上报《山东省胶东地区引黄调水工程可行性研究报告》（图6-3）。

图6-2　国家发展计划委员会《印发国家计委关于审批山东省胶东地区引黄调水工程项目建议书的请示的通知》

图6-3　《山东省胶东地区引黄调水工程可行性研究报告》

2003年8月22日，国家发展和改革委员会在经过国务院批准后，以发改投资〔2003〕1013号文《印发国家发展改革委关于审批山东省胶东地区引黄调水工程可行性研究报告的请示的通知》（图6-4），对工程可行性研究报告进行批复，并明确中央安排预算内投资7亿元。2003年10月20日，山东省发展计划委员会以《关于山东省胶东地区引黄调水工程初步设计的批复》（鲁计重点〔2003〕1111号）（图6-5），对工程初步设计进行批复，审定概算总投资为28.94亿元。[②]2009年12月9日，山东省发展和改革委员会以《山东省发展和改革委员会关于胶东地区引黄调水工程有关问题确认意见的函》（鲁发改农经〔2009〕1564号），对工程进行调整批复，核定投资39.17亿元。

## 一、工程设计

① 山东省胶东地区引黄调水工程建设管理局.八方合力建水网 千里调水润胶东——记山东省胶东地区引黄调水工程 [J].山东水利,2008（7）:5-7.
② 山东省胶东地区引黄调水工程建设管理局.八方合力建水网 千里调水润胶东——记山东省胶东地区引黄调水工程 [J].山东水利,2008（7）:5-7.

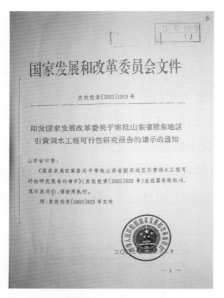

图 6-4 国家发展和改革委员会《印发国家发展改革委关于审批山东省胶东地区引黄调水工程可行性研究报告的请示的通知》

图 6-5 山东省发展计划委员会《关于山东省胶东地区引黄调水工程初步设计的批复》

胶东地区引黄调水工程输水线路总长 482.4 千米，其中利用既有引黄济青段工程 172.5 千米，新辟输水线路 309.9 千米，包括宋庄分水闸至黄水河泵站前输水明渠段长 160.02 千米，黄水河泵站至米山水库输水管道、输水暗渠及隧洞段长 149.88 千米。

工程全线共设灰埠、东宋、辛庄、黄水河、温石汤、高疃、星石泊 7 级提水泵站；布置任家沟、村里、桂山、孟良口子及卧龙 5 座输水隧洞；新建大刘家河、淘金河、界河、孟格庄、后徐家、八里沙河 6 座渡槽；其他明渠段水闸、倒虹吸、桥梁等建筑物 496 座，管道（暗渠）段阀、井等 218 处；配套建设自动化调度系统、管理设施、水土保持和输变电工程等。

本工程的工程等别为Ⅰ等，主要建筑物为 1 级，次要建筑物为 3 级。[①]

## 二、工程设计标准

胶东地区引黄调水工程设计洪水标准：输水渠穿（跨）河倒虹、渡槽等为 1 级建筑物，设计洪水标准采用 50 年一遇，校核洪水标准采用 200 年一遇；穿输水渠倒虹、涵洞、渡槽等为 3 级建筑物，设计洪水标准采用 20 年一遇，校核洪水标准采用 50 年一遇；输水渠右岸排水沟（排坡水）设计排水标准采用 10 年一遇。

工程地震设防标准：输水线路自宋庄分水闸至胶莱河以西，地震动峰值加速度为 0.15g，胶莱河以西至米山水库，地震动峰值加速度为 0.10g，地震动反应谱特征周期为 0.40 秒，相当于地震基本烈度Ⅶ度。[②]

---

① 山东省胶东地区引黄调水工程建设管理局 . 山东省胶东地区引黄调水工程竣工验收工程建设管理工作报告 [R].2019:2-3.
② 山东省胶东地区引黄调水工程建设管理局 . 山东省胶东地区引黄调水工程竣工验收工程建设管理工作报告 [R].2019:3.

### 三、主要技术特征指标

胶东地区引黄调水工程的建设规模：宋庄分水闸至黄水河泵站段输水明渠工程，设计流量 12.6 ~ 22.0 立方米每秒，校核流量 16.4 ~ 29.0 立方米每秒；黄水河泵站至门楼水库段输水管道与隧洞、暗渠工程，设计流量 11.0 ~ 12.6 立方米每秒，隧洞和暗渠校核流量 14.3 ~ 16.4 立方米每秒；门楼水库至威海米山水库段输水管道工程，设计流量 4.8 ~ 5.5 立方米每秒，隧洞校核流量 6.2 ~ 7.2 立方米每秒。

工程设计以黄河水为水源，在南水北调东线工程建成后以长江水为水源。工程设计年调水量 1.43 亿立方米，其中烟台市 0.965 亿立方米、威海市 0.365 亿立方米、青岛市 0.1 亿立方米。供水目标为城市生活与工业用水、生态环境及部分高效农业用水，供水区包括青岛、烟台、威海的 12 个县（市、区）。[1]

## 第二节 建设项目

工程从滨州市打渔张引黄闸引黄河水，经新建沉沙池沉沙后，利用既有引黄济青工程输水河至昌邑市宋庄镇，在该镇引黄济青输水河左岸新建宋庄分水闸分水，沿莱州湾新辟输水明渠至龙口市黄水河泵站，再经压力管道、任家沟隧洞、村里隧洞及清洋河暗渠输水至烟台市门楼水库（图6-6）；在清洋河暗渠末端新建高瞳泵站分水，沿门楼水库北岸、林门线、沟莱线穿桂山隧洞，继续沿烟威高速穿孟良口子隧洞、卧龙隧洞至威海米山水库。[2]

图 6-6 门楼水库

### 一、引黄济青改建配套工程

引黄济青改建配套工程包括小清河分洪道子槽衬砌、子堤加高、丹河倒虹改造、输水河衬砌、宋庄及王耨泵站机组更换、12B 倒虹排涝工程等。[3]

---

① 山东省胶东地区引黄调水工程建设管理局.山东省胶东地区引黄调水工程竣工验收工程建设管理工作报告 [R].2019:3.

② 山东省胶东地区引黄调水工程 [J].山东水利,2008（7）:3.

③ 山东省胶东地区引黄调水工程建设管理局.山东省胶东地区引黄调水工程竣工验收工程建设管理工作报告 [R].2019:4.

## 二、明渠工程

输水明渠工程（图6-7）自引黄济青工程设计桩号160+500宋庄分水闸（图6-8）分水至黄水河泵站，全长160.02千米。该段设计流量12.6～22.0立方米每秒，校核流量16.4～29.0立方米每秒。明渠横断面设计均采用梯形单式输水断面型式，设计水深2米～3米，渠堤内坡系数为1.0～2.5，外坡系数1.5。输水渠堤防有交通要求的一侧堤顶宽度为5.5米～7.0米，堤顶铺设0.2米厚的泥结碎石路面，路面宽度4.5米～6.0米，另一侧堤顶宽度为4.0米，路面不硬化。渠顶及渠坡均采取排水措施，对交通道路以上渠坡采取土工网防护措施。

图6-7 胶东调水工程潍坊段输水明渠

图6-8 宋庄分水闸

渠道为全断面衬砌，衬砌高度为设计水位加1.5米，共采用6种衬砌型式，分别为：全断面铺设聚苯乙烯保温板+土工膜+土工布+6厘米预制砼板、全断面铺设聚苯乙烯保温板+土工膜+土工布+6厘米预制肋形砼板、全断面铺设聚苯乙烯保温板+钢丝网+6厘米现浇砼板、全断面5厘米C10砼垫层+10厘米现浇砼板、全断面铺设聚苯乙烯保温板+8厘米现浇砼板、渠坡5厘米C10砼垫层找平+聚丙烯土工格栅+喷C30厘米砼厚5厘米+渠底现浇10厘米厚C30砼等。[①]

## 三、管道工程

胶东调水工程黄水河泵站至米山水库段输水工程采用压力管道、暗渠和隧洞输水，线路总长149.88千米。根据所在地区不同，划分为不同管段：黄水河泵站至温石汤泵站输水工程，包含龙口段输水管道、任家沟隧洞及任家沟暗渠工程；温石汤泵站至高疃泵站输水工程，包含蓬莱段输水管道、村里隧洞及村里暗渠工程；高疃泵站至星石泊泵站输水工程，包含福山段、莱山段、牟平（一）段共3段输水管道及桂山隧洞、孟良口子隧洞工程；星石泊泵站至米山水库输水工程，包含牟平（二）段、文登段共2段输水管道及卧龙隧洞、卧龙暗渠工程。[②]

黄水河泵站至门楼水库段输水管道设计流量为11.0～12.6立方米每秒，校核流量为14.3～16.4

---

① 山东省胶东地区引黄调水工程建设管理局.山东省胶东地区引黄调水工程竣工验收工程建设管理工作报告[R].2019:4.
② 山东省胶东地区引黄调水工程建设管理局.山东省胶东地区引黄调水工程竣工验收工程建设管理工作报告[R].2019:4-5.

立方米每秒；输水方式为加压输水，设输水管道两排，管道外径为 2000 毫米 ~ 2200 毫米，管材为螺旋钢管和预应力钢筒混凝土管，均为地埋敷设。

门楼水库至威海米山水库段输水管道设计流量为 4.8 ~ 5.5 立方米每秒，校核流量为 6.2 ~ 7.2 立方米每秒。输水管道为一排，管道外径为 1600 毫米 ~ 2200 毫米，管材为螺旋钢管、预应力钢筒混凝土管和玻璃钢管 3 种，均为地埋敷设。

### 四、暗渠工程

胶东调水工程新建 3 座暗渠，分别为任家沟暗渠、村里暗渠、卧龙暗渠。

在任家沟隧洞出口与温石汤泵站前池之间设任家沟（图 6-9）暗渠连接；设计流量为 12.6 立方米每秒，校核流量为 16.4 立方米每秒；暗渠全长 1395.6 米，设计过水断面为 1.9 米 × 2.7 米（宽 × 高）；当温石汤泵站前池水位为 93.0 米时，在校核流量下暗渠内为有压流，其他工况均为半有压流。

图 6-9 任家沟暗渠

在村里隧洞出口与高疃泵站前池之间设村里暗渠连接，设计流量为 11.0 立方米每秒，校核流量为 14.3 立方米每秒；暗渠总长约 28.96 千米，渠底比降为 1/177.4 ~ 1/2280；暗渠过流断面尺寸分为 1.8 米 × 2.6 米（宽 × 高）、2.6 米 × 2.6 米 2 种断面形式，不同断面之间设 12 米长渐变连接段；当通过校核流量时暗渠内为有压流，其他工况均为半有压流。

卧龙暗渠进口与卧龙隧洞出口相连接，出口接文登段输水管道；设计流量为 4.8 立方米每秒；暗渠全长 324.6 米，比降为 1/2700；设计过水断面为 1.6 米 × 2.0 米（宽 × 高），为有压暗渠。[①]

### 五、泵站工程

胶东调水工程全线新建灰埠、东宋、辛庄、黄水河、温石汤、高疃、星石泊 7 座泵站，改建宋庄、王耨 2 座泵站（图 6-10、6-11）。

图 6-10 2005 年 6 月 29 日，宋庄泵站改造 3# 水泵弯管吊装

图 6-11 2005 年 7 月，王耨泵站励磁改造工程

---

① 山东省胶东地区引黄调水工程建设管理局 . 山东省胶东地区引黄调水工程竣工验收工程建设管理工作报告 [R].2019:9.

灰埠泵站（图6-12）位于平度市灰埠镇附近，设计流量为20.70立方米每秒，校核流量为26.90立方米每秒，设计净扬程8.0米；主厂房共安装6台泵，其中4台主泵为1400HD-9型混流泵，配套同步电机功率800千瓦；2台1000HDS-9型水泵作为调节泵，配套电机功率为400千瓦，总装机容量为4000千瓦。

东宋泵站（图6-13）位于莱州市东宋镇西南，设计流量为19.70立方米每秒，校核流量为25.60立方米每秒，设计净扬程12.86米；主厂房共安装6台泵，其中4台主泵为1400HD-14型混流泵，配套同步电机功率为1100千瓦；2台1000HDS-12型水泵作为调节泵，配套电机功率为560千瓦，总装机容量为5520千瓦。

图6-12 灰埠泵站

图6-13 东宋泵站

辛庄泵站（图6-14）位于招远市辛庄镇季家村北，烟潍公路以西，设计流量为17.00立方米每秒，校核流量为22.10立方米每秒，设计净扬程32.01米；泵站主厂房安装8台（6用2备）1200S39型单级双吸卧式离心泵，单机设计流量为2.83立方米每秒，配套同步电机8台，单机额定功率为1400千瓦，总装机容量为11200千瓦。

黄水河泵站（图6-15）位于龙口市兰高镇侧高村西、鸦鹊河右岸、黄水河左岸，设计流量为12.6立方米每秒，校核流量为16.4立方米每秒，设计净扬程64.39米；主厂房内共安装10台RDL600-830A型双吸离心泵，配套同步电机型号T1900-6（电压10千伏，8台）、Y1900-6（电压10千伏，2台），泵站总装机容量为19000千瓦。

图6-14 辛庄泵站

图6-15 黄水河泵站

温石汤泵站（图 6-16）位于蓬莱市境内村里集镇温石汤村东、黄水河左岸、泵站设计流量为 12.6 立方米每秒，设计净扬程 18.27 米；泵站安装 10 台 800S29 型双吸离心泵，8 用 2 备，配套异步电机 10 台，功率为 710 千瓦，总装机容量为 7100 千瓦。

高疃泵站（图 6-17）位于烟台市福山区高疃镇高疃村东、门楼水库上游清洋河左岸，北邻 G204 国道；泵站设计流量为 5.5 立方米每秒，设计净扬程 56.85 米；泵站安装 4 台 800S65 型双吸离心泵，3 用 1 备，配套同步电机 2 台，异步电机 2 台，功率为 1700 千瓦，总装机容量为 6800 千瓦。

图 6-16　温石汤泵站

图 6-17　高疃泵站

星石泊泵站（图 6-18）位于烟台市牟平区龙泉镇星石泊村，设计流量为 4.8 立方米每秒，设计净扬程 50.32 米；泵站安装 4 台 800S72 型双吸离心泵，3 用 1 备，配套同步电机 3 台，异步电机 1 台，功率为 1700 千瓦，总装机容量为 6800 千瓦。[1]

图 6-18　星石泊泵站

## 六、隧洞工程

胶东调水工程新建 5 座隧洞，包括任家沟隧洞、村里隧洞、桂山隧洞、孟良口子隧洞和卧龙隧洞。

任家沟隧洞（图 6-19）进口位于龙口市任家沟村东，出口位于蓬莱市，进口与龙口段输水管道连

---

[1] 山东省胶东地区引黄调水工程建设管理局.山东省胶东地区引黄调水工程竣工验收工程建设管理工作报告 [R].2019:9-11.

接，出口接任家沟暗渠；设计流量为12.6立方米每秒，校核流量为16.4立方米每秒；设计断面为3.9米×3.5米（宽×高）加半圆拱，隧洞全长3577米，比降为1/1500；隧洞进、出口分别设竖井、通气孔通至地面，为无压隧洞。

村里隧洞进口与蓬莱段输水管道连接，出口接村里暗渠；设计流量为11.0立方米每秒，校核流量为14.3立方米每秒；设计断面为3.8米×3.3米（宽×高）加半圆拱，隧洞全长6347米，比降为1/1500；隧洞进、出口分别设竖井通至地面，为无压隧洞。

桂山隧洞（图6-20）进口位于烟台市莱山区莱山镇贾家疃村北，出口位于梁家夼村北，为莱山段输水管道工程的组成部分；设计流量为5.5立方米每秒，校核流量为6.9立方米每秒；设计断面为圆型，洞径为2.6米，隧洞全长2050米，比降为1/10000；隧洞进、出口分别与输水管道连接，为有压隧洞；隧洞进、出口压力线分别为63.3米、62.7米，隧洞进、出口洞顶压力水头分别为10.8米、11.0米。

图6-19 任家沟隧洞

图6-20 桂山隧洞

孟良口子隧洞进口位于烟台市牟平区大窑镇万家山村北，出口位于序班庄北，为牟平一段输水管道工程的组成部分；设计流量为4.8立方米每秒，校核流量为6.2立方米每秒；设计断面为2.4米×1.9米（宽×高）加半圆拱，隧洞全长2192米，比降为1/1000；隧洞进、出口分别设竖井通至地面，为无压隧洞。

卧龙隧洞进口位于牟平区龙泉镇潘格庄，出口位于文登区界石镇辛上庄，进口与牟平二段输水管道连接，出口接卧龙暗渠；设计流量为4.8立方米每秒，校核流量为6.2立方米每秒；设计断面为2.4米×1.9米（宽×高）加半圆拱，隧洞全长1251.2米，比降为1/1500；隧洞进、出口分别设竖井通至地面，为无压隧洞。[1]

### 七、渡槽工程

胶东调水工程共建设6座渡槽，包括大刘家河、淘金河、孟格庄、界河、后徐家、八里沙河渡槽。[2]

---

① 山东省胶东地区引黄调水工程建设管理局.山东省胶东地区引黄调水工程竣工验收工程建设管理工作报告[R].2019:7-9.
② 山东省胶东地区引黄调水工程建设管理局.山东省胶东地区引黄调水工程竣工验收工程建设管理工作报告[R].2019:11.

大刘家河渡槽跨越莱州市境内大刘家河，长 506 米，设计流量为 19 立方米每秒，进口设节制闸。槽身为简支梁式预应力砼箱形结构，单跨跨度 25 米，共 18 跨，槽身净宽 4.50 米、净深 3.15 米，底梁宽 0.6 米、高 1.0 米，沿底板每隔 4.50 米设一道底肋，底肋宽 0.5 米、高 1.0 米，槽身底板厚 0.30 米、侧立板厚 0.40 米、顶板厚 0.20 米；在渡槽两端支座处加大端梁断面尺寸，端梁宽 0.6 米、高 1.30 米。

淘金河渡槽（图 6-21）进口位于招远市辛庄镇辛庄村南，长 1340 米，设计流量为 16.3 立方米每秒，进口设节制闸。槽身采用 3 种结构形式：一是上承式预应力砼拉杆拱式矩形渡槽结构，跨度 50.6 米，共计 15 跨，长 759 米；二是简支梁式预应力砼矩形渡槽结构，跨度 20 米，共计 16 跨，长 320 米；三是简支梁式普通钢筋砼矩形渡槽结构，跨度 10 米，共计 24 跨，长 240 米，槽身净宽 4.5 米、净高 2.95 米。

孟格庄渡槽位于招远市境内孟格庄村东南方向的天然冲沟上，长 430 米，设计流量为 16.3 立方米每秒。槽身采用简支梁式预应力砼箱形结构，单跨跨度 25 米，共 15 跨，槽身净宽 4.50 米、净深 3.15 米，底梁宽 0.6 米、高 1.0 米，沿底板每隔 4.50 米设一道底肋，底肋宽 0.5 米、高 1.0 米，槽身底板厚 0.30 米、侧立板厚 0.40 米、顶板厚 0.20 米；在渡槽两端支座处加大端梁断面尺寸，端梁宽 0.6 米、高 1.30 米。

界河渡槽（图 6-22）进口位于招远市辛庄镇马家沟村南，长 2021 米，设计流量为 16.3 立方米每秒，槽身采用 3 种结构形式：一是上承式预应力砼拉杆拱式矩形渡槽结构，跨度 50.60 米，共计 21 跨，长 1062.6 米；二是简支梁式预应力砼矩形渡槽结构，跨度 20 米，共计 36 跨，长 720 米；三是简支梁式普通钢筋砼矩形渡槽结构，跨度 10 米，共计 18 跨，长 180 米，槽身净宽 4.5 米、净高 2.95 米。

图 6-21 淘金河渡槽

图 6-22 界河渡槽

后徐家渡槽（图 6-23）进口位于龙口市后徐家村东，长 369 米，设计流量为 15.0 立方米每秒，槽身采用 2 种结构形式：一是下承式预应力砼桁架拱式矩形渡槽结构，跨度 40.20 米，共 6 跨，长 241.2 米，槽身净宽 4.50 米、深 2.95 米；二是简支梁式普通钢筋砼矩形渡槽结构，跨度 10.0 米，进口 3 跨、出口 4 跨，长 70 米。

图 6-23 后徐家渡槽

八里沙河渡槽位于龙口市境内邢家村东南方向龙口市西游饮料厂北侧,长 165 米,设计流量为 15.0 立方米每秒。槽身采用 3 种结构形式:一是下承式预应力砼桁架拱式矩形渡槽结构,跨度为 40.20 米,1 跨;二是简支梁式预应力砼矩形渡槽结构,跨度 20 米,进、出口各 1 跨,长 40 米,槽身净宽 4.50 米、深 2.95 米;三是简支梁式普通钢筋砼矩形渡槽结构,跨度 10 米,共 3 跨,长 30 米。

## 八、高位水池、无压水池及调流调压设施

### (一)高位水池

在福山段桩号 4+708.4 处设无压高位水池 1 座,高位水池上游管道采用加压输水,高位水池下游管道采用有压重力输水。高位水池平面净尺寸为 20 米 × 10 米(长 × 宽),水池底板底高程 83.0 米,池内最高水位 93.5 米,设计水位(最低水位)87.53 米,进出管道管中心高程 85.6 米,水池池顶高程 94.1 米。水池最大容积 1900 立方米,设计容积 706 立方米。

### (二)无压水池

在桂山隧洞出口处设 1 座无压调节水池。调节水池位于莱山段管道 7 号阀门井上游 43.0 米处,管中心高程 53.78 米,输水管道外径为 2200 毫米。调节水池设计水位 61.0 米,最低水位 59.2 米,最高水位 65.0 米,溢流水位 65.0 米。

### (三)活塞式控制阀

根据管道线路特点和运行工况要求,在桂山隧洞进口、孟良口子隧洞进口、星石泊泵站前池处、米山水库出水口上游处设置活塞式控制阀调流调压。其中桂山隧洞进口设置 2 台,其余均设置 1 台。图 6-24、6-25 为米山水库出水口上游处设置的威海界石调流调压阀站。

<table>
<tr><td>图 6-24 威海界石调流调压阀站</td><td>图 6-25 威海界石调流调压阀站 2</td></tr>
</table>

## 九、交叉建筑物工程

明渠工程共布置各类交叉建筑物 496 座，其中水闸 21 座，包括渠首进水闸 1 座、节制闸 2 座、分水闸及向渠内排涝闸 18 座；输水渠穿河倒虹 20 座（图 6-26）；输水渠穿路倒虹、暗涵 21 座；输水渠跨河交通桥 11 座，跨输水渠人行桥 1 座，穿大莱龙铁路交叉建筑物 4 座，跨输水渠公路桥 74 座，跨输水渠交通桥 232 座，河、沟、渠穿输水渠交叉建筑物 111 座。[①]

图 6-26 诸流河倒虹

## 十、安全防护工程

在输水明渠两侧采用护栏网防护，输水明渠工程防护段长度为 143.868 千米，两岸护栏防护总长为 287.736 千米。防护网采用 PVC 包塑铁丝框架焊接护栏网，尺寸为 1.2 米 ×3.0 米（高 × 宽）。护栏网孔为 75 毫米 ×150 毫米，丝径 3.2 毫米，浸塑后直径 4.0 毫米；立柱直径 48 毫米，并设素混凝土基础，固定在输水渠两岸。[②]

## 十一、水土保持工程

输水渠工程区，在渠道背水坡种植草皮，固坡防冲；堆土（石）区和护堤地采用乔、灌、草相结

① 山东省胶东地区引黄调水工程建设管理局.山东省胶东地区引黄调水工程竣工验收工程建设管理工作报告 [R].2019:13.
② 山东省胶东地区引黄调水工程建设管理局.山东省胶东地区引黄调水工程竣工验收工程建设管理工作报告 [R].2019:16-17.

合的混交形式，充分利用土地，因地制宜，因地造景，美化、绿化渠道周边环境。明渠弃渣区，主要位于莱州、招远、龙口段的丘陵地区，采用生态措施进行防护处理，弃渣表层覆盖 0.3 米种植土，然后播撒草籽和种植乔木。管理机构及各类建筑物的管理区，空闲地进行乔、灌、草、花等植物措施绿化、美化。输水暗渠（隧洞、管道）工程区，施工期采用永久弃土（石、渣）区的植物防护措施和临时弃土区的临时拦挡措施。[①]

### 十二、工程管理设施

主要包括市、县管理机构的生产、生活区各类设施用房和工程沿线泵站、闸站管理用房，参考国内其他大型输水工程的实际情况设定管理人员数量和建筑面积，并执行国家办公用房规定。经统计，实际建筑物面积总计 28094 平方米，其中：市级管理机构建筑物面积为 3966 平方米，县级管理机构建筑物面积为 8296 平方米，泵站管理所建筑物面积为 9617 平方米，管理站建筑物面积为 6214 平方米。工程建设初期，根据工程建设管理需要，配备必要的交通运输车辆；并修建进站道路以便与县、乡主干道连接，便于工程管理；并完善站区围墙及上下水等附属设施。[②]

### 十三、输变电工程

包括灰埠泵站 35 千伏输电线路、东宋泵站 35 千伏输电线路、辛庄泵站 35 千伏输电线路、黄水河泵站 35 千伏输电线路、温石汤泵站 35 千伏输电线路、高疃泵站 35 千伏输电线路、星石泊泵站 35 千伏输电线路等（图 6-27）。[③]

图 6-27 泵站 35 千伏线路送电前验收

烟台段 10 千伏架空线路工程。工程横跨莱州、招远、龙口、蓬莱、福山区、莱山区、牟平区 7 个县市区，沿胶东调水输水明渠、暗渠及管道段架空安装，全长约 145.48 千米。

### 十四、专项设施改造工程

包括工程建设范围内的电力、通讯、灌排供水、公路等设施的迁移补偿共 1702 处，其中电力 582 处、通讯 270 处、灌排供水 582 处、公路 228 处。[④]

### 十五、自动化调度系统工程

计算机监控系统：在主、备调及 7 处泵站、明渠段 31 处闸站、管道段 46 处阀站部署计算机监控软硬件平台及系统，设 57 处水位测井并配备浮子式水位计，同时在 4 处关键性水位站增设雷达式水位计。

视频监视系统：全线共建设主、备调 2 个视频监视中心，7 个泵站视频监视分中心，37 个视频

① 山东省胶东地区引黄调水工程建设管理局.山东省胶东地区引黄调水工程竣工验收工程建设管理工作报告 [R].2019:17.
② 山东省胶东地区引黄调水工程建设管理局.山东省胶东地区引黄调水工程竣工验收工程建设管理工作报告 [R].2019:18.
③ 山东省胶东地区引黄调水工程建设管理局.山东省胶东地区引黄调水工程竣工验收工程建设管理工作报告 [R].2019:13-15.
④ 山东省胶东地区引黄调水工程建设管理局.山东省胶东地区引黄调水工程竣工验收工程建设管理工作报告 [R].2019:16.

现地站，1168个视频监视点位，设32套直流远供电源系统用于视频点位供电。

通信系统：通信光缆建成环型结构，同一环上的光缆采用物理双路由，一路沿电力线路敷设ADSS光缆和光电复合缆，另一路采用自建管道光缆的方式。设11个站点的10G传输设备，采用环形结构组网，敷设各类光缆1316千米。

计算机网络系统：在主备调中心、分中心、泵站、各现地闸站、管理所设置网络交换设备，组建控制专网、业务内网和业务外网。

数据中心：在调度中心设置22台2路8核中端服务器，承载各类业务的管理及应用；设置容量为90太字节的光纤磁盘阵列存储2套，用作数据存储。在备调中心设置18台2路8核中端服务器，承载各类业务的管理及应用；设置容量为90太字节光纤的磁盘阵列存储1套，用作数据存储。在主、备调中心各设置2台4路16核高端服务器，承载数据管理业务；各设置容量为60太字节的虚拟带库1套，用作数据备份。

业务应用系统：设置水量调度系统、工程安全与维护管理系统、综合办公管理系统、综合会商系统、综合移动应用系统、门户系统等。

运行实体环境：在调度中心布设双排模块化机柜2套，单排模块化机柜1套；在备调中心布设单排模块化机柜5套；在各泵站机房布设单排模块化机柜2套。[①]

### 十六、环境保护工程

水环境保护：在胶东调水工程沿线的泵站、水闸、倒虹等建筑物的施工过程中，沙石骨料加工冲洗、混凝土拌和、浇筑养护和基坑排水等产生的废水，主要通过在施工区低凹处设沉淀池进行处理。对施工机械产生的油污废水，设置集油池，将油污废水集中处置或者采用油水分离器进行处理。

大气环境保护：对施工和交通运输产生的扬尘，配备洒水车，在无雨天气定时洒水，降低扬尘影响；选用符合国家有关卫生标准的施工机械和运输工具，对运输车辆的燃油废气采取削减与控制措施，使尾气达标排放，或采用无铅汽油。

噪声环境保护：施工期选用符合国家有关卫生标准的施工机械和运输工具，噪音机械设备布设在远离声环境敏感区的位置，噪音值较高的施工机械设置在室内或有屏蔽的场所。隧洞等爆破作业临近村庄等区段的，采取限时限量作业手段，减少对群众生活的影响。在高噪声环境下作业的施工人员（如隧洞爆破、钻孔等）要佩戴防噪耳塞、耳罩或防噪声头盔。

固体废弃物：施工期产生的固体废弃物主要包括施工中产生的弃土（石、渣）、建设过程中产生的建筑垃圾以及施工人员产生的生活垃圾。弃渣运至指定弃渣场集中堆放；生活垃圾统一收集清理，进行卫生填埋。[②]

---

① 山东省胶东地区引黄调水工程建设管理局.山东省胶东地区引黄调水工程竣工验收工程建设管理工作报告[R].2019:15-16.

② 山东省胶东地区引黄调水工程建设管理局.山东省胶东地区引黄调水工程竣工验收工程建设管理工作报告[R].2019:17-18

# 第二章　工程建设

　　作为山东省胶东地区引黄调水工程建设项目主管单位，山东省水利厅负责本项目的检查、监督、管理工作。2003年12月，山东省政府以鲁政发〔2003〕113号文，公布成立山东省胶东地区引黄调水工程指挥部及办公室，并明确指挥部办公室在工程建设期间担任工程的项目法人。2004年8月8日，山东省机构编制委员会以《关于胶东地区引黄调水工程法人机构的通知》（鲁编〔2004〕14号），批复山东省引黄济青工程管理局承担胶东地区引黄调水工程建设管理职责，并受省政府委托，作为胶东地区引黄调水工程的项目法人，[①]工程指挥部办公室不再担任项目法人，由省水行政主管部门对该工程进行组织协调，领导、监督项目法人组织工程建设实施。根据省编委文件的精神，8月16日，省水利厅以鲁水建字〔2004〕94号文件批复胶东地区引黄调水工程项目法人组建方案，由山东省引黄济青工程管理局担任胶东地区引黄调水工程的项目法人，全面履行项目法人职责。9月22日，山东省水利厅以鲁水建字〔2004〕117号文件批复组建山东省胶东地区引黄调水工程建设管理局，全面负责工程的建设与管理，承担项目法人职责，并按有关规定成立综合部、财务部和工程部等相应的管理机构，配备相应的建设管理人员，对项目建设的工程质量、工程进度、资金管理、档案管理和生产安全负总责。[②]工程于2003年12月19日开工建设。主要工程数量为土石方开挖2129.53万立方米、土石方填筑约1530.39万立方米、砌石约24.16万立方米、混凝土约121.24万立方米、钢筋制作安装43749.19吨。金属结构制作安装3.24万吨，采购与安装61台套启闭机，采购与安装48台套水泵及电机等；35千伏输电线路73.5千米，10千伏输电线路200千米；生产安装螺旋钢管33.52千米、预应力钢筒砼管71.97千米、玻璃钢管17.58千米；完成永久征地16923.79亩，其中耕地10935.5亩、园地3908.2亩、林地2051.5亩；临时占地10059亩，其中耕地2103.46亩、园地3131.1亩、林地702.53亩。输水明渠两侧防护网总长度为287.736千米。水保工程措施包括：渠道内坡拦渣墙1800米等；临时措施有编织袋装土临时拦挡10400立方米等。管理设施建设面积28094平方米。工程开工以后，山东省建管局根据工程建设进度、建设规模的需要，科学划分工程建设项目，分批次、分标段组织招标，通过招标明确中标单位，并签订合同。先后与有关单位签订招标代理、设计、监理、施工、设备采购、科研等各类合同180余个，其中主要为施工和设备采购合同。参建各方严格履行合同中约定的义务，保证工程建设的顺利实施。[③]

　　2013年7月底，主体工程实现全线贯通，年底具备通水运行条件。2014年后，又先后完成调流调压设施、管理设施、水土保持、安全防护、自动化调度系统建设。2019年12月，工程正式通过竣工验收并交付使用，标志着山东省胶东地区引黄调水工程建设阶段已经完成，正式转入管理阶段。

---

① 水利部南水北调规划设计管理局，山东省胶东调水局.引黄济青及其对我国跨流域调水的启示[M].北京：中国水利水电出版社,2009:301.

② 山东省胶东地区引黄调水工程建设管理局.山东省胶东地区引黄调水工程竣工验收工程建设管理工作报告[R].2019:59-60.

③ 王晓东.山东省胶东地区引黄调水工程合同管理工作的探讨[C].调水工程应用技术研究与实践,2009:629-632.

## 第一节 施工准备

胶东地区引黄调水工程立项后，山东省胶东地区引黄调水工程指挥部办公室在建章立制、工程总体实施方案、工程线路优化、落实投资计划、部分建筑物设计、渠首沉沙池方案选定、大莱龙铁路应急工程、征地迁占、施工监理和招投标等方面做了大量的工作，为工程施工做好充分准备。[①]

为保障工程建设顺利开展，山东省水利厅、山东省胶东地区引黄调水工程指挥部办公室先后组织完成19批次施工图设计审查并批复（图6-28、6-29）；山东省胶东地区引黄调水工程建设管理局成立相应的管理机构，组织完成工程监理、施工和设备采购的招标工作。2004年11月8日，山东省胶东地区引黄调水工程建设管理局以《关于山东省胶东地区引黄调水工程主体开工的请示》（鲁水胶建管工字〔2004〕2号）向省水利厅申请工程开工；11月15日，省水利厅以《山东省水利厅关于胶东地区引黄调水工程主体工程开工报告的批复》（鲁水建字〔2004〕130号）批复同意工程开工。

图6-28 2004年12月21日，山东省胶东地区引黄调水工程桥梁工程施工图设计审查会

图6-29 2005年3月8日，山东省胶东地区引黄调水工程输水明渠施工图设计审查会

### 一、征地迁占

做好施工场地的征迁补偿和地上附着物清表工作，是工程建设的首要条件。2000年10月13日，中共山东省委以鲁委〔2000〕284号文公布成立山东省胶东应急供水工程指挥部，由省长任指挥，指挥部办公室设在省水利厅，由厅长宋继峰任办公室主任，耿福明任常务副主任兼总工程师，战树毅、宋文平、王立民、卢文任副主任；[②] 指挥部成员单位由有关省直单位、市（地）人民政府组成。山东省胶东应急供水工程指挥部办公室负责胶东调水工程移民安置补偿的政策制订、重大问题协调等工作；各市相应成立指挥部、负责辖区内移民安置补偿的协调工作。

2003年，山东省计划委员会批复胶东调水工程的初步设计。征地补偿和移民安置的主要内容：永久征地21609.13亩，临时占地15591.56亩；征地补偿和移民安置投资概算金额为92046.22万元，送

① 吕东立,孙熙,张京,张璐.胶东地区引黄调水骨干工程将全面开工 [J].山东水利,2004（10）:4-5.
② 山东省胶东地区引黄调水工程建设管理局.山东省胶东地区引黄调水工程竣工验收工程建设管理工作报告 [R].2019:257.

审 87432.77 万元，审定总金额 88779.21 万元。① 是年 12 月，胶东地区引黄调水工程开工，永久征地上报工作同期开展。

2004 年 2 月 24 日，山东省胶东应急供水工程指挥部办公室与省国土资源厅联合召开胶东地区引黄调水工程征地工作协调会，要求征地报批手续于 3 月 20 日前完成。6 月和 7 月，山东省胶东应急供水工程指挥部办公室分别在烟台、济南与国土资源厅召开 2 次征地协调会，推动报批工作进程。②10 月，山东省水利厅成立山东省胶东地区引黄调水工程建设管理局，作为胶东地区引黄调水工程的项目法人（鲁水建字〔2004〕94 号），负责胶东调水工程移民安置补偿的资金拨付、督导检查等工作；各市建管局负责胶东调水工程移民安置补偿的具体实施和资金兑付等工作。

2005 年 8 月，国土资源部下发《关于胶东地区引黄调水工程建设用地的批复》（国土资函〔2005〕710 号），批复胶东地区引黄调水工程永久征地 1111.8348 公顷。9 月，山东省胶东地区应急供水工程指挥部印发《胶东调水工程建设征地补偿和移民安置暂行办法》，并在第二次山东省胶东应急供水工程指挥部会议上，与工程沿线的滨州、东营、潍坊、青岛、烟台、威海市人民政府签订《山东省胶东地区引黄调水工程征地迁占补偿和施工环境保障责任书》，明确胶东地区引黄调水工程征地补偿及移民安置工作由地方政府负责组织实施。③10 月，山东省胶东地区引黄调水工程建设管理局作为项目法人与地方建管单位签订征迁补偿委托协议，由地方建管单位代表地方政府负责征迁补偿的具体实施工作。④2006 年初，征地拆迁补偿费共计 41483.72 万元全部兑付到乡镇或村；⑤ 当年底，基本完成征地迁占及地面附着物补偿。

2010 年 1 月，山东省胶东地区引黄调水工程建设管理局与地方建管单位签订征迁补偿委托协议，委托地方建管单位实施胶东地区引黄调水村里集以下管道暗渠段临时占地征迁补偿工作。后期由于设计变更、配套设施建设等因素，工程需要增加永久征地面积。5 月，国土资源部以《关于胶东地区引黄调水工程设计变更及配套设施建设用地的批复》（国土资函〔2010〕361 号）（图 6-30）批复工程设计变更及配

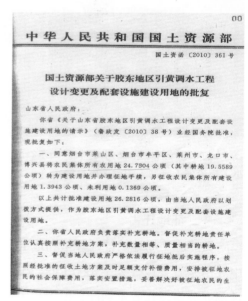

图 6-30 中华人民共和国国土资源部《关于胶东地区引黄调水工程设计变更及配套设施建设用地的批复》

①山东省胶东地区引黄调水工程建设管理局.山东省胶东地区引黄调水工程竣工验收工程建设管理工作报告[R].2019:50.
②吕东立,孙熙,张京,张璐.胶东地区引黄调水骨干工程将全面开工[J].山东水利,2004（10）:4-5.
③山东省胶东地区引黄调水工程建设管理局.八方合力建水网 千里调水润胶东——记山东省胶东地区引黄调水工程[J].山东水利,2008（7）:5-7.
④山东省胶东地区引黄调水工程建设管理局.山东省胶东地区引黄调水工程竣工验收工程建设管理工作报告[R].2019:50-51.
⑤山东省胶东地区引黄调水工程建设管理局.八方合力建水网 千里调水润胶东——记山东省胶东地区引黄调水工程[J].山东水利,2008（7）:5-7.

套设施建设用地 26.2816 公顷。[①]

## 二、保障措施

施工交通：工程范围内铁路、公路交通发达，建有大莱龙、蓝烟、青荣城际铁路以及荣乌、潍莱、同三等高速公路，遍及城乡的公路网基本可通达或接近施工区段，县乡支线公路四通八达，可直接至施工现场附近。

施工供电：工程输水线路较长，距当地电网的高、低压输电线路远近不一，施工用电具备条件的采用附近供电线路解决；小型机械、施工及生活照明，用电量较小，就近利用村镇变电所和沿线已有的供电设施供电；偏远区段附近没有供电线路的，采用柴油发电机组供电或直接采用柴油机作动力。

施工供水：工程沿线地区水质相对较好，用水地点比较分散。施工期间通过利用就近河道内的蓄水供水；利用基坑排水抽排至蓄水池内作施工用水；就近打集水井，水泵提水至蓄水池作施工用水；部分地段通过拖拉机或汽车运水供应等方式解决。生活用水通过在生活区打生活用水井或利用就近村庄生活用水的方式解决。

对外通讯：工程所在地通讯系统比较发达，网络设备和移动通讯设备已普及，可维持正常的通讯。[②]

## 三、施工分标及主要参建单位

胶东调水工程共分为 8 个服务标段、193 个标段的施工、重要材料及设备采购招标，14 个自动化调度系统采购招标。

工程全线共设 8 个建设管理单位，分别为：山东省胶东地区引黄调水工程渠首项目建设管理处、山东省胶东地区引黄调水工程小清河子槽项目建设管理处、山东省胶东地区引黄调水工程潍坊项目建设管理处、青岛市调水管理局（原青岛市胶东调水工程建设管理局）、山东省胶东调水附属工程青岛建设管理处、烟台市南水北调工程建设管理局（原烟台市胶东地区引黄调水工程建设管理局）、山东省胶东调水附属工程烟台建设管理处、威海市胶东地区引黄调水工程建设管理局。

工程质量监督单位为山东省水利工程建设质量与安全监督中心站；设计单位为山东省水利勘测设计院、铁道第一勘察设计院；工程检测单位为山东省水利工程建设质量与安全检测中心站、山东省水利工程试验中心等。

工程施工、监理、设备采购等单位均通过招标确定（图 6-31、6-32、6-33、6-34）。其中，监理单位包括水利部淮委水利水电工程建设监理中心、山东省水利工程建设监理公司、山东省科源工程建设监理中心、江苏河海工程建设监理有限公司、山东龙信达咨询监理有限公司、山东三兴铁路监理咨询责任有限公司、山东省科源工程建设监理中心与安徽博达通信工程监理有限责任公司联合体等。

---

① 山东省胶东地区引黄调水工程建设管理局.山东省胶东地区引黄调水工程竣工验收工程建设管理工作报告 [R].2019:51.
② 山东省胶东地区引黄调水工程建设管理局.山东省胶东地区引黄调水工程竣工验收工程建设管理工作报告 [R].2019:22-23.

图 6-31 2005 年 12 月 9 日，胶东调水渡槽工程施工招标开标会召开

图 6-32 2006 年 4 月 19 日，昌邑段明渠施工招标开标会召开

图 6-33 2004 年 5 月 9 日，山东省胶东地区引黄调水工程施工监理招标开标会召开

图 6-34 2005 年 2 月 4 日，举行宋庄、王耨泵站改造设备采购签字仪式

工程主要施工单位包括：中国水利水电第一工程局有限公司、中国水利水电第四工程局有限公司、中国水利水电第十三工程局有限公司、中铁四局集团有限公司、中铁四局集团第五工程有限公司、中铁十局集团有限公司、中铁十四局集团有限公司、山东水利工程总公司、山东省水利工程局、山东大禹工程建设有限公司、山东省引黄济青建筑安装总公司、黄河建工集团有限公司、湖南省水利水电工程总公司、江苏省水利建设工程有限公司、河北省水利工程局、天津市华水自来水建设有限公司、淮阴水利建设集团有限公司、青岛瑞源工程集团有限公司、青岛市水利工程建设开发总公司、青岛江河水利工程有限公司、山东临沂水利工程总公司、威海水利工程集团有限公司、烟台市水利工程处、平度市引黄济青建筑安装工程公司、招远市水利建设工程有限公司、禹城市水利局安装公司、龙口市宏润城市建设工程有限公司、龙口市水利建筑安装工程有限公司、莱阳市抗旱服务队等。

自动化调度系统主要承包单位包括：中国电信集团系统集成有限责任公司、中国通信建设第四工程局有限公司、同方股份有限公司、中水三立数据技术股份有限公司、山东锋士信息技术有限公司、中国水利水电科学研究院、深圳市东深电子股份有限公司、青岛清万水技术有限公司、山东省邮电工程有限公司、山东万博科技股份有限公司、积成电子股份有限公司、上海华讯网络系统有限公司、上海华东电脑股份有限公司等。

工程主要设备供应商包括：上海电气集团上海电机厂有限公司、北京前锋科技有限公司、无锡市锡泵制造有限公司、顺特电气有限公司、山东泰开成套电器有限公司、许继电气股份有限公司、湖北省咸宁三合机电制造有限责任公司、青岛清方华瑞电气自动化有限公司、山东水总机械工程有限公司、河南上蝶阀门股份有限公司、西安济源水用设备技术开发有限责任公司、无锡市金羊管道附件有限公司、江苏玉龙钢管有限公司、山东电力管道工程公司、新疆国统管道股份有限公司等。[①]

## 第二节　项目施工

山东省胶东地区引黄调水工程于 2003 年 12 月 19 日在招远市辛庄泵站举行开工典礼，拉开工程建设序幕（图 6-35）。[②]2005 年起，泵站、隧洞等控制性工程陆续奠基开工（图 6-36、6-37、6-38）；2009 年底完成明渠工程建设；2010 年开始实施暗渠及门楼水库以下段管道工程。2011 年 6 月，对宋庄分水闸至黄水河泵站段明渠工程进行综合调试运行，综合调试表明，明渠工程具备通水条件。2013 年 7 月，主体工程全线贯通；12 月底对全线进行试通水，将黄河水分别送入门楼水库和米山水库，胶东调水主体工程具备通水条件。2014 年至 2019 年 11 月底，完成工程管理设施、自动化调度系统、安全防护、水土保持、泵站消防设施等，工程全面建成。

图 6-35　2003 年 12 月 19 日，胶东地区引黄调水工程开工典礼仪式隆重举行

图 6-36　2003 年 12 月 19 日，胶东地区引黄调水工程开工

图 6-37　2005 年 10 月 20 日，省水利厅、省局领导为胶东调水工程灰埠泵站奠基

图 6-38　2005 年 6 月 27 日，举行山东省胶东调水隧洞工程开工典礼

---

① 山东省胶东地区引黄调水工程建设管理局.山东省胶东地区引黄调水工程竣工验收工程建设管理工作报告[R].2019:23-25.
② 山东省胶东地区引黄调水工程建设管理局.八方合力建水网 千里调水润胶东——记山东省胶东地区引黄调水工程[J].山东水利,2008（7）:5-7.

工程建设主要分为省控工程、委托建管工程、附属设施和自动化调度系统等；其中，省控工程包括泵站工程、渡槽工程、输水倒虹工程、管道工程、隧洞工程、暗渠工程、引黄济青配套改造工程、穿大莱龙铁路交叉建筑物工程等。

**一、泵站工程**

东宋泵站于 2005 年 11 月 1 日开工，2010 年 12 月 30 日完工（图 6-39）。主要施工过程：地基开挖工程，2005 年 11 月 1 日至 2005 年 12 月 18 日；引水渠及清污机闸工程，2006 年 3 月 19 日至 2008 年 7 月 25 日；前池工程，2005 年 12 月 26 日至 2006 年 9 月 22 日；主厂房水工工程，2005 年 12 月 20 日至 2006 年 8 月 16 日；出水机房水工工程，2005 年 11 月 2 日至 2008 年 11 月 9 日；金属和机电设备安装工程，2007 年 5 月 1 日至 2010 年 12 月 30 日；电气设备及安装工程，2008 年 5 月 1 日至 2010 年 12 月 30 日；机房房建工程，2006 年 10 月 4 日至 2009 年 12 月 18 日。

图 6-39 东宋泵站施工现场

温石汤泵站于 2005 年 11 月 5 日开工，2009 年 11 月 25 日完工（图 6-40）。主要施工过程：地基开挖工程，2005 年 11 月 5 日至 2006 年 3 月 8 日；引水渠及清污机闸工程，2006 年 3 月 13 日至 2008 年 7 月 10 日；前池工程，2006 年 3 月 14 日至 2007 年 3 月 29 日；主厂房水工工程，2006 年 3 月 14 日至 2007 年 4 月 3 日；出水机房水工工程及出水渠工程，2006 年 3 月 14 日至 2008 年 3 月 29 日；金属和机电设备安装工程，2006 年 10 月 11 日至 2009 年 11 月 16 日；电气工程，2006 年 10 月 11 日至 2009 年 11 月 16 日；机房房建工程，2006 年 7 月 17 日至 2008 年 8 月 30 日。[1]（图 6-41）

---

[1] 山东省胶东地区引黄调水工程建设管理局.山东省胶东地区引黄调水工程竣工验收工程建设管理工作报告[R].2019:26-27.

图 6-40 温石汤泵站

图 6-41 2007 年 4 月 28 日，省水利厅尚梦平副厅长、省局何庆平书记、卢文局长视察温石汤泵站施工工地

## 二、渡槽工程

孟格庄渡槽工程于 2006 年 6 月 2 日开工，2007 年 12 月底合同项目全部完工。主要施工过程：地基开挖工程，2006 年 6 月 12 日至 2007 年 12 月 20 日；排架工程，2006 年 6 月 2 日至 2007 年 6 月 24 日；槽身工程，2006 年 10 月 1 日至 2007 年 12 月 2 日；进出口工程，2007 年 9 月 8 日至 2007 年 12 月 25 日。

界河渡槽于 2006 年 5 月 14 日开工，2011 年 4 月 6 日合同项目全部完工。主要工程施工过程：灌注桩工程，2006 年 7 月 18 日至 2007 年 6 月 15 日；基础开挖工程，2006 年 6 月 6 日至 2008 年 7 月 30 日；渡槽下部结构工程，2006 年 6 月 21 日至 2007 年 9 月 7 日；拉杆拱工程，2007 年 4 月 27 日至 2008 年 8 月 5 日；槽身工程，2006 年 11 月 13 日至 2008 年 9 月 19 日；进出口工程，2007 年 4 月 17 日至 2008 年 12 月 7 日；桥头堡工程，2007 年 3 月 19 日至 2009 年 7 月 26 日；金属结构及机电设备安装工程，2007 年 6 月 10 日至 2011 年 4 月 6 日（图 6-42、6-43）。[1]

图 6-42 界河渡槽施工

图 6-43 界河渡槽施工现场

① 山东省胶东地区引黄调水工程建设管理局.山东省胶东地区引黄调水工程竣工验收工程建设管理工作报告[R].2019:27-28.

### 三、管道工程

工程95标段于2007年4月3日开工，2009年12月20日合同项目全部完工。主要施工过程：0+000～0+620管道工程，2007年10月3日至2008年10月4日；0+620～1+242.3管道工程，2007年10月7日至2008年10月4日；1+242.3～1+730管道工程，2007年5月28日至2007年6月27日；1+730～2+220管道工程，2009年4月11日至2009年6月14日；2+220～2+685管道工程，2008年6月19日至2009年4月11日；2+685～3+035管道工程，2008年3月29日至2009年5月30日；3+035～3+535管道工程，2007年6月6日至2009年7月25日；3+535～4+035管道工程，2008年4月26日至2009年4月27日；4+035～4+535管道工程，2007年6月6日至2009年7月25日；4+535～5+098.8管道工程，2007年6月6日至2008年9月2日；金属结构及机电设备安装工程，2009年7月25日至2009年12月20日。

工程96标段于2006年11月20日开工，2009年6月30日合同项目全部完工。主要工程施工过程：施工降排水工程，2006年12月21日至2007年5月10日；土石方开挖工程，2007年1月1日至2007年5月31日（图6-44、6-45）；石垫层铺设工程，2007年1月10日至2007年6月10日；管道安装工程，2007年1月20日至2007年6月20日（图6-46）；顶管施工工程，2007年3月10日至2007年5月10日；附属建筑物施工工程，2007年3月20日至2007年6月10日；土石方回填工程，2007年2月1日至2007年6月20日；砌石工程，2007年4月1日至2007年6月10日；机电设备及阀门、管件安装工程，2007年6月1日至2007年6月25日；竣工清理，2007年6年26日至2007年6月30日。[①]

图6-44 基槽开挖

图6-45 人工清基

图6-46 施工现场

### 四、隧洞工程

孟良口子隧洞工程于2010年9月10日开工，2014年5月30日合同项目全部完工（表6-1）；任家沟隧洞工程于2005年9月1日正式开工，2009年12月30日合同项目全部完工（表6-2）（图6-47、6-48）。[②]

---

① 山东省胶东地区引黄调水工程建设管理局.山东省胶东地区引黄调水工程竣工验收工程建设管理工作报告[R].2019:28-29.
② 山东省胶东地区引黄调水工程建设管理局.山东省胶东地区引黄调水工程竣工验收工程建设管理工作报告[R].2019:29-30.

图 6-47　2007 年 7 月 10 日，山东省副省长贾万志视察胶东调水任家沟隧洞施工现场　　图 6-48　2008 年 4 月 19 日，省局何庆平书记、卢文局长带领系统工作会议代表检查胶东调水工程任家沟隧洞

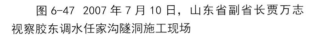

表 6-1　孟良口子隧洞主要工程施工过程

| 施工阶段 | 施工时间 |
|---|---|
| 施工准备 | 2010 年 8 月 10 日至 2010 年 9 月 10 日 |
| 隧洞进口段工程 | 2011 年 3 月 1 日至 2014 年 5 月 30 日 |
| 隧洞洞身（进口段） | 2011 年 3 月 1 日至 2013 年 11 月 30 日 |
| 隧洞洞身（出口段） | 2010 年 11 月 19 日至 2013 年 8 月 2 日 |
| 隧洞出口段工程 | 2010 年 9 月 10 日至 2013 年 10 月 30 日 |
| 隧洞进口段管道安装 | 2012 年 9 月 7 日至 2014 年 5 月 30 日 |
| 隧洞出口段管道安装 | 2013 年 6 月 26 日至 2013 年 9 月 10 日 |
| 金属结构及机电设备安装 | 2013 年 8 月 10 日至 2013 年 11 月 14 日 |

表 6-2　任家沟隧洞主要工程施工过程

| 施工阶段 | 施工时间 |
|---|---|
| 进口段 | 2005 年 11 月 1 日至 2009 年 8 月 10 日 |
| 进口工作面 | 2006 年 1 月 1 日至 2009 年 3 月 20 日 |
| 九里沟西侧工作面 | 2006 年 1 月 15 日至 2009 年 3 月 31 日 |
| 九里沟东侧工作面 | 2006 年 3 月 1 日至 2009 年 4 月 30 日 |
| 出口工作面 | 2006 年 10 月 16 日至 2009 年 1 月 10 日 |
| 出口段 | 2006 年 9 月 1 日至 2009 年 12 月 30 日 |

### 五、暗渠工程

村里暗渠（160 标段）工程于 2010 年 6 月 12 日正式开工，2011 年 7 月 10 日完工。主要施工过程：基坑开挖工程，2010 年 5 月 15 日至 2011 年 6 月 18 日；垫层工程，2010 年 5 月 20 日至 2011 年 6 月 20 日；1# ~ 100# 洞身砼工程，2010 年 11 月 29 日至 2011 年 3 月 31 日；101# ~ 200# 洞身砼工程，2010 年 10 月 27 日至 2010 年 12 月 28 日；201# ~ 300# 洞身砼工程，2010 年 10 月 13 日至 2011 年 5 月 14 日；301# ~ 400# 洞身砼工程，2010 年 10 月 4 日至 2011 年 5 月 20 日；401# ~ 500# 洞身砼工程，2010 年 6 月 1 日至 2011 年 4 月 18 日；501# ~ 600# 洞身砼工程，2010 年 6 月 30 日至 2011 年 5 月 18 日；601# ~ 700# 洞身砼工程，2010 年 12 月 6 日至 2011 年 7 月 5 日；701# ~ 800# 洞身砼工程，2010 年 10 月 30 日至 2011 年 7 月 5 日；801# ~ 836# 洞身砼工程，2010 年 11 月 20 日至 2011 年 4 月 16 日；土方回填工程，2010 年 8 月 15 日至 2011 年 7 月 10 日；附属结构物工程，2010 年 11 月 29 日至 2011 年 5 月 25 日。

任家沟暗渠上游段（151 标段）工程于 2008 年 8 月 14 日开工，2009 年 12 月 31 日完工。主要施工过程：暗渠 0+000 ~ 0+140 段，2009 年 7 月 1 日至 2009 年 12 月 30 日；暗渠 0+140 ~ 0+240 段，2009 年 1 月 5 日至 2009 年 12 月 30 日；暗渠 0+240 ~ 0+360 段，2008 年 11 月 22 日至 2009 年 6 月 30 日；暗渠 0+360 ~ 0+480 段，2008 年 10 月 20 日至 2009 年 5 月 30 日；暗渠 0+480 ~ 0+600 段，2008 年 8 月 14 日至 2008 年 12 月 30 日；暗渠 0+600 ~ 0+720 段，2008 年 10 月 6 日至 2009 年 4 月 15 日。[①]

### 六、委托建管工程

委托建管的明渠及交叉建筑物工程共 41 个标段，自 2007 年 5 月陆续开工建设，各标段根据各自实际情况制订详细的施工进度计划，依次完成土石方开挖（图 6-49）、堤顶填筑、砼板衬砌（图 6-50、6-51）、公路桥、生产桥、穿渠倒虹、跨渠渡槽、泥结碎石路面及附属建筑物等工程。2010 年底基本完成主体工程建设，2011 年 6 月全面完工。[②]

图 6-49 明渠开挖　　　　　　　图 6-50 明渠衬砌施工　　　　　　图 6-51 明渠衬砌施工

明渠 120 标段于 2007 年 5 月 20 日开工，2009 年 10 月 10 日完工。主要施工过程：清基清表、旧

---

① 山东省胶东地区引黄调水工程建设管理局. 山东省胶东地区引黄调水工程竣工验收工程建设管理工作报告 [R].2019:30-31.

② 山东省胶东地区引黄调水工程建设管理局. 山东省胶东地区引黄调水工程竣工验收工程建设管理工作报告 [R].2019:31.

建筑物拆除，2007 年 5 月 20 日至 2007 年 10 月 20 日；渠道开挖、堤防填筑、土石方挖运筑堤等主要工程项目，2007 年 5 月 21 日至 2007 年 11 月 26 日；机械化衬砌现场工艺试验，2008 年 4 月 18 日至 2008 年 4 月 23 日（图 6-52）；渠道衬砌，2008 年 4 月 24 日至 2009 年 6 月 28 日；交通桥及公路桥施工，2007 年 7 月 15 日至 2009 年 10 月 10 日；倒虹吸工程，2007 年 7 月 26 日至 2009 年 9 月 16 日；节制闸工程，2008 年 3 月 28 日至 2009 年 9 月 18 日；排水沟开挖护砌工程，

图 6-52 输水明渠机械化衬砌

2007 年 6 月 13 日至 2009 年 7 月 23 日；排水涵桥及暗涵工程，2007 年 11 月 25 日至 2009 年 8 月 6 日；堤顶排水系统工程，2009 年 6 月 10 日至 2009 年 9 月 10 日；泥结碎石路面工程，2009 年 6 月 14 日至 2009 年 7 月 10 日。

明渠 122 标段于 2007 年 5 月 20 日开工，2009 年 12 月 1 日完工。主要施工过程：渠道土方开挖工程，2007 年 5 月 20 日至 2008 年 11 月 26 日；左岸渠堤填筑工程，2007 年 5 月 20 日至 2008 年 11 月 26 日；右岸渠堤填筑工程，2007 年 5 月 20 日至 2008 年 11 月 18 日；六边形板衬砌工程，2009 年 2 月 15 日至 2009 年 11 月 6 日；路面及辅助工程，2009 年 10 月 1 日至 12 月 1 日；排水暗涵工程，2008 年 10 月 30 日至 2009 年 11 月 28 日；跨渠交通桥工程，2007 年 8 月 1 日至 2009 年 6 月 1 日；跨渠公路桥工程，2007 年 8 月 1 日至 2008 年 9 月 9 日。

明渠 148 标段于 2007 年 12 月 22 日开工，2010 年 7 月 10 日完成。主要施工过程：输水明渠开挖工程，2007 年 12 月 22 日至 2008 年 9 月 30 日；输水明渠渠堤填筑工程，2007 年 12 月 22 日至 2008 年 10 月 30 日；预制砼六边形板衬砌工程，2008 年 10 月 8 日至 2009 年 11 月 20 日；公路桥工程，2008 年 4 月 28 日至 2008 年 12 月 10 日；交通桥工程，2008 年 3 月 20 日至 2008 年 12 月 15 日；穿威乌高速暗渠工程，2008 年 4 月 28 日至 2008 年 9 月 20 日；欧头李家村西渡槽工程，2009 年 3 月 10 日至 2009 年 9 月 10 日；倒虹工程，2008 年 3 月 13 日至 2008 年 8 月 20 日；穿路圆涵（桥涵）工程，2009 年 5 月 5 日至 2009 年 9 月 20 日；排水沟及泥结碎石道路工程，2009 年 5 月 5 日至 2010 年 7 月 10 日。[①]

### 七、附属设施

安全防护工程：平度段开工日期为 2013 年 11 月 1 日，完工日期为 2019 年 5 月 10 日；烟台段开工日期为 2015 年 9 月 15 日，完工日期为 2015 年 11 月 30 日。

水土保持工程：平度段开工日期为 2012 年 1 月 1 日，完工日期为 2019 年 6 月 17 日；烟台段开工日期为 2011 年 3 月 15 日，完工日期为 2019 年 4 月 26 日。

管理设施工程：平度段开工日期为 2013 年 12 月，完工日期为 2018 年 3 月；烟台段开工日期为

---

① 山东省胶东地区引黄调水工程建设管理局 . 山东省胶东地区引黄调水工程竣工验收工程建设管理工作报告 [R].2019:31-33.

2010 年 6 月 26 日，完工日期为 2018 年 12 月 25 日。[①]

### 八、自动化调度系统

自动化调度系统开工日期为 2018 年 10 月 25 日，完工日期为 2019 年 11 月底。主要施工过程如下。

#### （一）通信光缆敷设

明渠段通信线路于 2018 年 11 月 3 日开工，2019 年 7 月 30 日完工（图 6-53、6-54）。其中：宋庄分水闸—灰埠泵站光缆施工，2018 年 11 月 3 日至 2019 年 7 月 25 日；灰埠泵站—东宋泵站光缆施工，2018 年 11 月 3 日至 2019 年 7 月 26 日；东宋泵站—辛庄泵站光缆施工，2018 年 11 月 3 日至 2019 年 7 月 30 日；辛庄泵站—黄水河泵站光缆施工，2018 年 11 月 3 日至 2019 年 7 月 19 日。

图 6-53 通信光缆铺设

图 6-54 通信光缆架设

管道段通信线路于 2018 年 11 月 3 日开工，2019 年 7 月 20 日完工。其中：黄水河泵站—温石汤泵站光缆施工，2018 年 11 月 3 日至 2019 年 1 月 26 日；温石汤泵站—高疃泵站光缆施工，2018 年 11 月 3 日至 2019 年 3 月 5 日；高疃泵站机房—星石泊泵站光缆施工，2018 年 11 月 3 日至 2019 年 6 月 15 日；星石泊泵站—米山水库光缆施工，2018 年 11 月 3 日至 2019 年 7 月 20 日。

#### （二）通信、传输设备及系统组网

通信设备安装于 2019 年 1 月 15 日开工，2019 年 8 月 17 日完工。其中：主调中心通信设备安装，2019 年 1 月 15 日至 2019 年 6 月 30 日；备调中心通信设备安装，2019 年 4 月 16 日至 2019 年 6 月 25 日；七级泵站通信设备安装，2019 年 4 月 21 日至 2019 年 8 月 16 日；烟台分中心及蓬莱管理站通信设备安装，2019 年 5 月 4 日至 2019 年 8 月 17 日。

企业级交换机安装于 2019 年 2 月 25 日开工，2019 年 10 月 17 日完工。其中：主调中心交换机安装，2019 年 2 月 25 日至 2019 年 9 月 26 日；备调中心交换机安装，2019 年 3 月 19 日至 2019 年 9 月 30 日；七级泵站交换机安装，2019 年 5 月 19 日至 2019 年 10 月 11 日；分中心、管理站交换机安装，2019 年 5 月 21 日至 2019 年 10 月 17 日。

工业级交换机安装于 2019 年 4 月 25 日开工，2019 年 10 月 26 日完工。其中：硬件安装，2019 年

① 山东省胶东地区引黄调水工程建设管理局.山东省胶东地区引黄调水工程竣工验收工程建设管理工作报告 [R].2019:33-34.

4月25日至2019年9月21日；线缆接线，2019年5月25日至2019年10月11日；系统测试，2019年7月25日至2019年10月26日。

（三）视频监控及会商系统

视频监控系统于2019年1月20日开工，2019年7月30日完工（图6-55、6-56）。其中：主备调视频设备安装调试，2019年3月15日至2019年6月30日；胶莱河—灰埠泵站段视频设备安装，2019年5月21日至2019年7月27日；灰埠泵站—东宋泵站段视频设备安装，2019年4月25日至2019年7月29日；东宋泵站—辛庄泵站段视频设备安装，2019年3月26日至2019年7月28日；辛庄泵站—黄水河泵站段视频设备安装，2019年4月27日至2019年7月23日；黄水河泵站—温石汤泵站段视频设备安装，2019年3月7日至2019年6月14日；温石汤泵站—高疃泵站段视频设备安装，2019年3月29日至2019年6月15日；高疃泵站—星石泊泵站段视频设备安装，2019年3月25日至2019年6月26日；星石泊泵站—米山水库段视频设备安装，2019年4月24日至2019年6月15日。

图 6-55 视频监控系统施工

图 6-56 视频监控系统安装

视频会商系统于2018年11月15日开工，2019年8月31日完工。其中：主调中心视频会商系统，2019年2月18日至2019年8月31日；备调中心视频会商系统，2019年6月1日至2019年6月3日；烟台、威海分中心视频会商系统，2019年5月29日至2019年8月15日；管理站视频会商系统，2019年5月10日至2019年8月21日。

（四）自动化监控系统安装调试

自动化监控系统安装调试于2019年1月12日开工，2019年11月20日完工。其中：主备调计算机监控系统安装调试，2019年5月20日至2019年10月14日；分中心计算机监控系统安装调试，2019年7月5日至2019年10月20日；七级泵站计算机监控系统安装调试，2019年5月15日至2019年9月26日；闸（阀）站计算机监控系统安装调试，2019年4月4日至2019年10月11日；信息采集基础设施，2019年5月15日至2019年11月20日。

（五）实体环境施工

实体环境施工于2018年12月11日开工，2019年9月30日完工。其中：主备调中心实体环境施工，

2018 年 12 月 11 日至 2019 年 6 月 20 日；分中心实体环境施工，2018 年 12 月 11 日至 2019 年 7 月 19 日；管理站实体环境施工，2018 年 12 月 11 日至 2019 年 8 月 6 日；泵站实体环境施工，2018 年 12 月 11 日至 2019 年 7 月 19 日；10 千伏输电线路施工，2018 年 12 月 11 日至 2019 年 9 月 29 日。[①]

## 第三节　设计优化

在工程建设过程中，由于国家政策调整和沿线其他工程建设等原因，新情况、新问题不断出现。自 2003 年起，国家出台新的土地政策，工程沿线相继建成大莱龙铁路、威乌高速公路、西气东输煤气管道等多项工程，206 国道及青银高速也在紧张施工，输水线路沿线的村镇地面附着物大量增加，新的工矿企业不断上马，交叉建筑物不断增加，不得不对原线路进行调整。为适应新情况变化的要求，山东省胶东调水指挥部研究决定，设计部门对胶东调水工程进行线路调整和优化设计。调整后的设计内容、路线走向等都发生了较大的变化，工程投资也大幅度增加。[②]调整后的胶东地区引黄调水工程输水线路、施工图较批复初设的进水口起点位置和末端位置以及沿程都有较大变化。

2009 年 12 月 9 日，山东省发展和改革委员会以《关于胶东地区引黄调水工程有关问题确认意见的函》（鲁发改农经〔2009〕1564 号）批复了变更设计，批复工程建设总投资为 39.17 亿元。主要内容包括：输水明渠线路调整、衬砌形式调整；增设了任家沟隧洞及大刘家河、孟格庄及八里沙河 3 座渡槽；管道及暗渠工程线路调整等。2013 年 5 月 27 日，山东省发展和改革委员会以《关于胶东地区引黄调水工程有关问题的批复》（鲁发改农经〔2013〕601 号）批复了胶东地区引黄调水工程有关问题的请示。批复工程建设总投资为 50.69 亿元。2019 年 9 月 9 日，山东省水利厅以《关于山东省胶东地区引黄调水工程初步设计变更准予水行政许可决定书》（鲁水许可字〔2019〕67 号）决定准予许可，批复工程建设总投资为 56.00 亿元。主要内容包括：完善提升泵站消防设施、35 千伏输电线路、水毁和整改工程、渠首沉沙池等 15 项；补充新增调压调流及附属工程。

### 一、输水渠变更

考虑工程沿线基础设施的建设，地形、地物及地方城镇规划的变化，在原初步设计的基础上调整了部分渠段。主要变化渠段共 11 段，其中昌邑境内 1 段、平度境内 2 段、莱州境内 3 段、龙口境内 5 段；变更长度为 29.479 千米，约占总长度的 18.5%。[③]

### 二、输水渠衬砌变更

输水明渠衬砌主要发生 3 项变更：增加机械化衬砌方案，机械化衬砌长度为 19.92 千米；增加钢丝网现浇板衬砌型式，钢丝网现浇板衬砌长度为 4.887 千米；改进喷射聚合物砂浆方案，由喷射砂浆

① 山东省胶东地区引黄调水工程建设管理局 . 山东省胶东地区引黄调水工程竣工验收工程建设管理工作报告 [R].2019:34−37.

② 山东省胶东地区引黄调水工程建设管理局 . 八方合力建水网 千里调水润胶东——记山东省胶东地区引黄调水工程 [J]. 山东水利 ,2008（7）:5−7.

③ 山东省胶东地区引黄调水工程建设管理局 . 山东省胶东地区引黄调水工程竣工验收工程建设管理工作报告 [R].2019:37.

改为喷射混凝土，厚度由 3 厘米提高至 5 厘米。[①]

### 三、明渠建筑物及其他明渠工程

新增渡槽 3 座；新增跨渠交通桥 30 座；新增穿路倒虹 12 座；新增其他建筑物 34 座。建筑物由 429 座增加到 505 座，增加约 18%；过水建筑物长度由 10.22 千米增加到 16.54 千米，增加约 62%。

10.11 千米明渠衬砌内增加排水设施；9.39 千米明渠增设右侧排水沟及过沟涵管；部分渠段衬砌增加保温板；部分渠堤外增设边坡护砌和排水沟护砌；增设明渠安全防护工程。[②]

### 四、黄水河泵站至村里隧洞段输水线路调整

在施工图设计阶段，经过与初步设计方案的比较，最终选用投资省、运行费用低的利用任家沟隧洞输水方案。自黄水河泵站出口接管点开始敷设管道至任家沟隧洞，之后经 1.4 千米暗渠到达温石汤泵站。并在温石汤泵站出口接管点与初步设计线路会合，到达村里隧洞入口。[③]

### 五、村里隧洞至米山水库输水管道变更

工程批复后，沿线相继建成威乌高速公路、烟台市南外环等基础设施，与本工程用地发生严重冲突，导致高疃泵站至星石泊泵站段部分输水管道线路调整。调整输水管道线路为：由途经福山、芝罘、莱山、牟平、文登 5 个县市区调整为途经福山、莱山、牟平、文登 4 个县市区，增加桂山、孟良口子 2 座隧洞和卧龙隧洞暗渠；调整村里暗渠线路，村里暗渠工程因河槽水位较高、施工排水难度大、河道采砂影响、规划建设拦河闸、坝与暗渠存在交叉等因素，由沿河道主河槽或滩地布置调整为沿河道两岸大堤外侧布设，桩号 0+350 ～ 7+150 暗渠轴线调整为沿河道左岸布置，桩号 7+150 ～ 13+650 暗渠轴线沿河道右岸布置。[④]

### 六、输变电线路

泵站 35 千伏输电线路批复为单杆双回架空线路。在实施时，受限于电源点的出线间隔，改为单杆单回架设。

高疃泵站以下段 10 千伏输电线路由架设专线为阀门井供电、供电半径外的阀门井根据现场实际情况就近引接 10 千伏电源的方案变更为适当压缩沿输水管道架设的 10 千伏专线长度（电源引自泵站 10 千伏出线）、离泵站较远的阀门井根据现场实际情况就近引接 10 千伏电源的方案，输电线路长度由 60.1 千米变更为 28.64 千米。[⑤]

### 七、门楼水库以上段整改及水毁工程

新增明渠高镇方段渗水加固工程；新增衬砌内排水设施；新增道路、建筑物和管理设施；新增排水及排水沟；新增龙口段管道防护等。新增渠道衬砌水毁修复；新增排水沟清淤与加固；新增排水建筑物清淤与加固；新增应急排水闸工程；新增水毁堤修复工程；新增界河渡槽基础防护与加固工程；

① 山东省胶东地区引黄调水工程建设管理局.山东省胶东地区引黄调水工程竣工验收工程建设管理工作报告 [R].2019:38.
② 山东省胶东地区引黄调水工程建设管理局.山东省胶东地区引黄调水工程竣工验收工程建设管理工作报告 [R].2019:38.
③ 山东省胶东地区引黄调水工程建设管理局.山东省胶东地区引黄调水工程竣工验收工程建设管理工作报告 [R].2019:38.
④ 山东省胶东地区引黄调水工程建设管理局.山东省胶东地区引黄调水工程竣工验收工程建设管理工作报告 [R].2019:38.
⑤ 山东省胶东地区引黄调水工程建设管理局.山东省胶东地区引黄调水工程竣工验收工程建设管理工作报告 [R].2019:39.

新增输水暗渠工程防护等。①

### 八、自动化调度系统

视频监视系统：明渠渠道视频监视系统由在穿路倒虹等关键点设置变更为在全线布设，同时加密泵（闸、阀）站监视点，由 519 处高清、标清混合布点调整为 1168 处高清布点；新增渠道视频计算机网络交换机和直流远供电源设备，利用架空主干光缆路由新增 1 条 12 芯光电复合缆 264.32 千米。

光缆租用方案调整：工程现场至城区管理机构的光缆租用方案由统一租用 20 兆带宽调整为租用纤芯 4 芯两路、市政通信管道及 155 兆带宽相结合；租期由 1.5 年调整为 3 年。

根据鲁水发规字〔2018〕21 号文对山东省胶东调水自动化调度系统实施方案的批复，本工程与引黄济青改扩建工程相应项目合并设计建设，统一建设标准并按范围划分投资。②

### 九、泵站

作为主要节点工程，胶东调水工程 7 座泵站的主、副厂房的消防设施仅有火灾报警控制器、烟雾探测器、干粉灭火器、应急灯、消防栓等。按照现行防火设计规范，提升泵站的消防能力。③

### 十、管理设施

胶东调水工程管理设施主要包括市、县管理机构的生产、生活区各类设施用房和工程沿线泵站、闸站的管理用房，工程批复管理设施建设面积 32697 平方米。在工程实施过程中，根据现行国家规定，并结合工程实际和地方规划，采取新建、购置等建设方案，对部分闸站采取合并建设，实际建筑面积总计 28094 平方米。④

### 十一、高位水池扩建工程

原有高位水池容积偏小，为保证高疃泵站事故停机时管顶处于淹没状态，不造成管道进气、下游局部高点管道拉空等危害，保留现有高位水池，北侧紧邻扩容修建新水池。新建高位水池为矩形水池，长 32.40 米、宽 29.4 米、高 6.90 米，水池底板高程为 82.80 米；设计水位为 87.53 米。⑤

### 十二、渠首沉沙池

2018 年 4 月 4 日，山东省水利厅下发《关于暂停实施胶东地区引黄调水渠首沉沙池工程的意见》（鲁水发规字〔2018〕15 号）。综合考虑渠首沉沙池工程占压基本农田、耕地占补平衡指标和土地征用手续近期无法办理，以及工程引水源黄河泥沙含量发生变化等情况，经商省发展改革委，原则同意暂停实施胶东地区引黄调水渠首沉沙池工程，待各方面条件成熟后，另行安排。⑥

---

① 山东省胶东地区引黄调水工程建设管理局.山东省胶东地区引黄调水工程竣工验收工程建设管理工作报告[R].2019:39.
② 山东省胶东地区引黄调水工程建设管理局.山东省胶东地区引黄调水工程竣工验收工程建设管理工作报告[R].2019:39.
③ 山东省胶东地区引黄调水工程建设管理局.山东省胶东地区引黄调水工程竣工验收工程建设管理工作报告[R].2019:40.
④ 山东省胶东地区引黄调水工程建设管理局.山东省胶东地区引黄调水工程竣工验收工程建设管理工作报告[R].2019:40.
⑤ 山东省胶东地区引黄调水工程建设管理局.山东省胶东地区引黄调水工程竣工验收工程建设管理工作报告[R].2019:40.
⑥ 山东省胶东地区引黄调水工程建设管理局.山东省胶东地区引黄调水工程竣工验收工程建设管理工作报告[R].2019:40.

# 第四节　重大技术

胶东地区引黄调水工程供水目标以城市生活与重点工业用水为主，供水区包括青岛、烟台、威海的 12 个市（区）。在工程建设中，积极探索社会主义市场经济条件下的工程建设管理体制，坚持高起点规划、高质量建设原则，尤其是对一些重大技术问题进行有益的探索和处理，为把这一工程建成民心工程、精品工程、生态工程、示范工程奠定坚实的基础。

## 一、预应力拉杆拱式渡槽

位于招远市的界河渡槽是胶东地区引黄调水工程中大型输水建筑物之一，渡槽总长 2021 米，设计流量 16.3 立方米每秒，加大流量 21.2 立方米每秒，建筑物级别 Ⅰ 级，抗震设防烈度 7 度。该渡槽净空高 23 米，单跨长 50.6 米。为达到合理增加渡槽跨度、减少槽墩数量、简化支墩结构、降低工程投资的目的，对渡槽结构设计方案进行大量调研工作。经对梁式渡槽、上承拱式和下承拱式渡槽、桁架拱式渡槽、预应力拉杆拱式渡槽进行比较，确定采用预应力拉杆拱式渡槽。

拱式渡槽是最基本也是应用最广泛的渡槽结构形式，槽身与槽墩之间的拱肋及上部结构由横向联系组成整体承重结构，拱上结构将上部荷载传给拱肋，拱肋将拱上竖向荷载转变为轴向压力，并给墩台较大的水平推力，而拱内弯矩比较小，因此，拱式渡槽适用于较大跨度。但是，由于拱式渡槽在拱脚处将产生较大的水平推力，若槽墩较高会在槽墩根部产生很大的弯矩，致使槽墩结构加大，施工难度大、工程投资大。为减小拱脚水平推力，需尽可能地降低槽墩的高度，改善结构的受力条件，便于施工、节省投资。在界河渡槽工程设计中，综合预应力混凝土技术和拱式渡槽结构的优点和特点，并考虑目前的施工技术水平，经多方案论证分析、计算与比选，采用"上承式预应力混凝土拉杆拱式渡槽"新型结构形式。结构形式与一般拱式渡槽的不同之处是在拱肋两拱脚之间设置预应力混凝土拉杆来承受水平推力。该结构形式具有以下特点：一是拱肋和预应力混凝土拉杆组合形成自身受力平衡体系，简支在槽墩上，槽墩不受水平推力，支墩结构简单，受力明确；二是整体结构紧凑，大大降低槽墩高度，提高结构的抗震与稳定性能；三是不会产生连拱效应，节省加强墩；四是结构刚度大，加上预应力反拱作用，渡槽在正常使用期间，整个结构挠度变形极小；五是在温度变化及砼收缩和徐变情况下，拱肋和拉杆同时变形，且两者变形极为接近，其产生的内力较小；六是槽墩轻巧、施工方便、拉杆无需日常维护，耐久性好、结构安全可靠，工程投资省。工程自 2011 年建成以来，经历多个运行期检验，安全监测无明显沉降变形，工程质量良好。[①]

## 二、新型齿条式启闭机

胶东调水工程水闸工程采用新型齿条式启闭机，具有传动效率高、结构紧凑、自动化控制可靠性高的优点。当梯级泵站调水系统事故停电时，闸门可实现自重闭门分段截流水体，避免明渠下游出现

---

[①] 山东省胶东地区引黄调水工程建设管理局.山东省胶东地区引黄调水工程竣工验收工程建设管理工作报告[R].2019:40-42.

漫堤和水淹泵站的现象。启闭机吊杆为齿杆，具有高效率（70% 以上）、低能耗（电机功率是常规启闭机的 1/5 以下）的特点；同时方便工程管理。[1]

### 三、新增调流调压设施

2013 年底，山东省建管局对门楼水库以下段管道工程进行充水试压及调试，调试过程中发现，利用已安装的阀门调流调压，阀门汽蚀和振动严重。通过对国内同类工程的调研，并进行不同运行工况分析和计算，确定在该段输水工程增设调流调压等设施。主要建设内容：桂山隧洞进口调流调压设施、出口无压水池；孟良口子隧洞进口调流调压设施；星石泊泵站调流调压设施；界石镇 2# 阀门井下游调流调压设施及黄水河泵站旋转滤网。其中主要设备有活塞式调流阀 5 套，球阀 4 套，电动阀 8 套，配套流量计、电气控制设备及旋转滤网设备。通过运行检验，调流阀的开度与流量呈线性关系，易于操作；能够实现流量的精确控制，并保持恒定流量运行；出口部位的线性收缩和出口节流部件产生的引导对撞及阻力，可产生消能及减压效果；管道运行时，只对各处活塞阀进行运行控制，管道沿线的电动蝶阀全部处于开启状态，不参与控制运行，方便运行管理。新增的调流调压设施极大保证了运行的可控性和安全性。[2]

### 四、自动化调度系统工程

胶东地区同时面临干旱缺水和城市用水量增加的双重压力，客水需求骤增。2015 年以来胶东调水工程及引黄济青工程长期处于超负荷运转，引水量和年运行时间均远超设计指标。工程最长连续运行 800 多天，无论是现场管理人员还是工程运行设施均面临高强度运作、长时间透支的考验。为应对严峻的运行形势，2018 年开工建设高度自动化的工程管理调度系统，以提高运行管理人员的工作效率，减轻工作人员的劳动负担，保障工程运行安全可靠。

对现场各关键输水设施运行状态进行全面监视、监测：通过计算机监控系统采集各闸水位，各阀门井压力，各交水断面、分水口、泵站出口等关键处的流量，各泵站水泵、电机、闸、供配电设备等关键设备的工况；通过视频监视系统采集各站点运行工况。省、市、县及各渠道现场管理人员实现足不出户即可获取控制目标的关键数据和直观画面。

平台统一、数据共享：全线采用统一平台，管理人员仅需了解典型站点情况，无需逐个泵站、闸站、阀站研究，极大降低了各站点管理人员的交流门槛。数据来源统一且可追溯，省、市、县各级运行人员可同时获取所需的确定性数据。

辅助决策、预警提前：系统具备一定智能性，可在运行工程中不断减小差值。可自动对历史数据进行分析汇总，自动排除偏差较大的数后，形成平均值。监测值与理论值偏差超标时，向管理人员发布预警，提前排除隐患。

性能稳定、维护简单：系统建设中大量采用工业级设备，仅需简单维护或免维护。关键部位、易

---

① 山东省胶东地区引黄调水工程建设管理局 . 山东省胶东地区引黄调水工程竣工验收工程建设管理工作报告 [R].2019: 42.
② 山东省胶东地区引黄调水工程建设管理局 . 山东省胶东地区引黄调水工程竣工验收工程建设管理工作报告 [R].2019: 42.

损部位采用高可靠冗余设计，可保证长期稳定可靠运行。[①]

### 五、调水工程全系统水力过渡过程仿真计算和水锤分析

胶东调水工程属于大型长距离调水工程，长距离输水系统常因供水调节、检修和事故停电等而改变工况。工况改变会引起系统中能量的不平衡，水体的惯性作用导致管道中产生水锤，此时压力会发生激烈的上升或下降，会失去控制而使水倒流及机组倒转，甚至明渠出现溢流或露底，明流隧洞中还可能出现明满交替流动。

为提高胶东调水工程系统、设备与运行的安全可靠性，全面正确地分析泵站调水工程过渡过程中的水流特性，按照调水系统的真实结构及组成元件的真实特性，对工程全系统进行水力过渡过程研究。计算过渡过程从滨州引黄闸断面开始，沿输水明渠、管道、暗渠、隧洞及各级供水泵站提水，最后进入下游米山水库。计算工况包括：各级泵站的正常启动和停泵工况，进行启动和停泵程序研究，优化启动和停泵程序，校核各泵站前池是否满足系统运行的最小尺寸；各级泵站的事故停泵工况；全系统联合运行的不同流量下的稳态工况，得到稳态水面线，校核系统过水能力等。对各级泵站管道系统的正常启动、停泵工况和事故停泵工况进行计算，确定最优开阀规律和关阀规律，得到管道系统的最大水锤压力上升、最小压力以及水泵的最大倒转速；全系统稳定工况进行计算，得到稳态时全系统沿程水面曲线，验证池岸、渠顶、洞顶（包括暗渠）等高程是否符合规范要求和系统各部水流衔接是否顺畅。全系统水力过渡过程仿真计算和水锤分析为输水工程方案设计、管线布置、泵参数选择、安全保障措施及调度运行方案的制订提供科学依据。[②]

### 六、黄水河泵站至米山水库段输水工程调度运行方案

黄水河泵站至米山水库段输水工程采用压力管道、暗渠和隧洞输水，线路总长149.88千米，设计流量4.8～12.6立方米每秒，具有长距离、多起伏、高扬程、多梯级调水的特征。管道线路中心高程为–3.0～112.0米，黄水河、温石汤、高疃、星石泊4级加压泵站设计扬程分别为：83米、29米、65米、73米；无压（有压）隧洞5座。确保该段工程的安全可靠运行是胶东调水工程运行管理的重大技术难题。

2013年底，山东省建管局进行该段充水试压及调试，调试过程中发现，利用已安装的阀门调流调压，阀门汽蚀和振动严重。通过对国内同类工程的调研，结合国内外先进技术，研究明渠—泵站—管道—隧洞—暗渠输水安全调度系统和调度运行方法，编制黄水河泵站至米山水库段输水工程调度运行方案，结合动态水力模型计算、分析系统水力工况，确定高位水池、调节水池和调流调压设备各工况条件的调节方案和控制参数，保障输水系统稳态运行、水压分布合理、低压安全工作。

调度运行方案增设的调流调压设施主要包括：桂山隧洞进口调流调压设施、出口无压水池；孟良口子隧洞进口调流调压设施；星石泊泵站调流调压设施和界石镇2#阀门井下游调流调压设施。其中有活塞式调流阀5套、球阀4套、电动检修阀8套、配套流量计及电气控制设备。通过运行检验，调流

① 山东省胶东地区引黄调水工程建设管理局.山东省胶东地区引黄调水工程竣工验收工程建设管理工作报告[R].2019:42-43.
② 山东省胶东地区引黄调水工程建设管理局.山东省胶东地区引黄调水工程竣工验收工程建设管理工作报告[R].2019:44-45.

阀的开度与流量呈线性关系，易于操作；出口部位的线性收缩和出口节流部件产生的引导对撞及阻力，能够产生消能及减压效果；能够实现流量的精确控制，并保持恒定流量运行；管道运行时，只对各处活塞阀进行运行控制，管道沿线的电动蝶阀全部处于开启状态，不参与控制运行，方便运行管理。

调度运行方案极大地保证了运行的可控性和安全性。黄水河泵站、高疃泵站、星石泊泵站，均经历过突然停电和小流量运行等最不利工况的考验，全系统运行平稳可靠，没有发生水锤破坏现象。[①]

### 七、水质在线监测系统

胶东调水工程设置宋庄分水闸、灰埠泵站、东宋泵站、黄水河泵站、门楼水库（高疃泵站）5 处水质在线监测站，可对 16 ~ 18 个水质参数进行自动监测，及时掌握各监测站水质信息，为防范输水过程中突发性水污染事件的发生提供前端预警，为山东省胶东地区引黄调水输水干线的水质安全提供保障。

相对于传统在线监测站点存在的检测范围窄、试剂耗材易造成水质污染、运行维护费用高的缺点，胶东调水工程水质监测系统主要有以下特点。一是监测范围广。针对胶东调水的水质特点，进行参数设置，高效掌握水质的变化情况。其中，灰埠泵站、东宋泵站、高疃泵站检测水温、总硬度、pH、溶解氧、电导率、高锰酸盐指数、化学需氧量、浊度、总有机碳、硝氮、氨氮、叶绿素、硫化物、苯系物、氯化物、氟化物 16 个参数；宋庄分水闸、黄水河泵站增加检测硫酸盐、综合毒性 2 个参数。二是检测设备采用全光谱分析并结合电极法检测，检测时间短，反应迅速，理论上 1 分钟可以出 1 次测试结果。使用过程中，1 ~ 2 年更换电极耗材，无任何化学试剂费用（硫酸盐、综合毒性除外），避免二次污染，免去大量日常维护工作。三是该系统涵盖水源预警系统的建设理念，宋庄分水闸和黄水河泵站在多参数检测的基础上，增加综合毒性检测，选择生物检测技术（ISO11348 标准方法）作为广谱检测手段来应对可能发生的污染事故，从而反映水质的总体状况。该检测设备对 5000 余种不同类型的化学物质具有敏感的效应，反映的毒性物质包括重金属、农药、真菌杀灭剂、杀鼠剂、有机溶剂、工业化合物等，其中包括尚未列入国家标准内需检测的有害物质。[②]

## 第五节 防汛度汛

胶东地区河流具有"源短、坡陡、流急"的特征，受胶东地区地理、地势、地貌和夏季受偏北气流控制的影响，旱涝灾害交替发生。同时，受全球气候变化的影响，暴雨、超强台风等极端天气发生频率明显增高，对防汛工作提出严峻挑战。尤其是 2013 年汛期暴雨频发，对引黄调水在建泵站工程、暗渠管道工程及周边农作物造成不小影响。[③]工程施工期间，山东省建管局高度重视防汛工作，把确保

① 山东省胶东地区引黄调水工程建设管理局.山东省胶东地区引黄调水工程竣工验收工程建设管理工作报告[R].2019:45-46.
② 山东省胶东地区引黄调水工程建设管理局.山东省胶东地区引黄调水工程竣工验收工程建设管理工作报告[R].2019:46-47.
③ 周雪杨,崔春梅,高景光.胶东地区引黄调水工程安全度汛探讨[J].山东水利,2014（6）:60-61.

人民生命财产安全和工程安全放在各项工作的首位，认真贯彻《防洪法》，坚持"安全第一、常备不懈、以防为主、全力抢险"的防汛工作方针，立足于防大汛、抗大洪、抢大险，采取切实有效的措施，抓细、抓实、抓牢各项防汛工作。

**一、落实责任**

建立防汛机构，加强领导，明确分工，责任到人，全面落实防汛工作责任制。山东省建管局成立以局长任组长，分管副局长和各地（市）建管机构主要负责人任副组长，工程部、综合部、财务部等有关部门负责人为成员的山东省胶东地区引黄调水工程防汛领导小组。各级建管单位、现场指挥部、监理和施工单位也相应成立防汛领导小组，健全组织机构，明确岗位职责，严格落实安全度汛责任制，明确安全度汛责任，坚持责权统一，坚持谁负责、谁指挥的原则。防汛期间，各参建单位防汛机构、责任人、抢险队伍全部到位，在省建管局防汛领导小组的统一指挥下具体开展防汛工作。[1]

各级防汛领导小组和监理、施工项目部防汛小组在汛期设立防汛专用电话，安排值班人员吃住在岗，认真做好电话、传真、邮件等专项记录，做好交接班记录，严格值班制度，保证24小时不脱岗、不断岗、不漏岗，手机保持24小时开机，及时接受相关的调度指令；雨情随时上报，工情及时传达，任务准时完成。同时，搜集气象资料，及时掌握天气情况，密切关注雨情、水情，掌握渠道、泵站水位变化，加强与当地防汛部门联系，做好汛情、工情的上传下达。[2]

**二、安全度汛方案、预案**

山东省建管局根据上级要求和胶东调水工程特点，制定《山东省胶东地区引黄调水在建工程安全度汛方案》及防洪预案要点，认真做好防汛准备，包括组织准备、防御洪水方案准备、工程准备、气象与水文工作准备、防汛物资和器材准备，并接受相关地方政府及防汛部门的监督指导，主动与有关部门沟通，及时了解上游洪水、降雨等信息。汛前组织有关施工单位编制安全度汛方案并组织审查，做好洪水及超标准洪水预案的演练，提高防洪抗洪的能力。[3]

**三、工程措施**

汛期来临之前，对河道内施工的工程筑牢围堰，疏通好原有的排水沟道，确保排水体系畅通；统筹规划，合理安排好工期，需破河堤、穿河道的工程要在汛前完工，并及时恢复原有河堤、河道，确保河道泄洪畅通和在建工程安全。[4]各施工项目部根据各自区段的防汛任务，储备编织袋、铁锨、排水管、雨衣、彩条布、应急照明灯具等防汛物资，并准备好挖掘机、推土机、装载机、水泵等防汛机械设备。同时，根据施工围堰的导流标准，认真做好围堰检查和维护工作，保证围堰施工质量，确保围堰安全稳定。[5]

---

[1] 山东省胶东地区引黄调水工程建设管理局.山东省胶东地区引黄调水工程竣工验收工程建设管理工作报告[R].2019:47.

[2] 周雪杨,崔春梅,高景光.胶东地区引黄调水工程安全度汛探讨[J].山东水利,2014（6）:60-61.

[3] 山东省胶东地区引黄调水工程建设管理局.山东省胶东地区引黄调水工程竣工验收工程建设管理工作报告[R].2019:47-48.

[4] 山东省胶东地区引黄调水工程建设管理局.山东省胶东地区引黄调水工程竣工验收工程建设管理工作报告[R].2019:48.

[5] 周雪杨,崔春梅,高景光.胶东地区引黄调水工程安全度汛探讨[J].山东水利,2014（6）:60-61.

### 四、监督检查

每年汛期来临之前，山东省建管局防汛领导小组对防汛工作进行统一部署，统一安排，搞好动员，提高防汛认识，增强防汛工作的自觉性和主动性，并及时传达上级文件、领导讲话和有关防汛的会议精神。历年汛前组织全线在建工程安全度汛大检查，排除隐患，保证工程安全度汛。

加强监督检查，认真落实各项防汛措施，把防汛工作落到实处。每年汛期来临之前，各级防汛领导小组对胶东调水工程沿线河流、管道、明渠、泵站等重点部位进行全面隐患排查，并填写防汛工作手册，做好检查情况报告书。对汛前检查出的典型问题，及时制订解决措施，尽快处理可能出现危情、险情的工段，做到不留一处死角、不留一丝危险。[①] 在此基础上，山东省建管局组织有关人员进行全面、细致的大检查，检查人员、设备、料物到位情况及防汛预案制订情况，检查施工围堰、临时导流、河堤边坡防护、河槽内建筑物、抢险防汛道路、排水排涝系统、隐蔽工程验收、信息保障等防汛措施情况，发现问题及时整改，汛期安排专人巡查和检查重点部位。[②]

### 五、标准内及超标准洪水应对

遇到标准内洪水时，各级防汛小组严格按照各自职责要求，做好自己分管业务内的防汛工作；各抢修队员随时服从统一调遣和安排，一旦发生防汛险情，即时到位，随时投入抢险工作，妥善处理和保护临时停工在建工程，防止事故的发生和扩展，尽可能减少工程损失。遇到超标准洪水时，按照保证人员安全的原则，优先撤离施工人员，避免人员伤亡事故的发生，并在可能的情况下，撤离施工机械和设备，将损失降到最低，同时将有关情况报有关防汛部门；当在建工程发生洪水灾害时，由属地建管机构防汛领导小组的主要领导主持防汛会商会议，动员部署防汛工作，派出工作组赴一线指导抢险工作，根据情况转移危险区域的职工、财产，组织强化巡视查险和加固防洪设施，及时组织导流排洪、控制险情。[③]

2013年7月1日至23日，烟台市发生历史罕见的持续强降雨，全市平均降雨量349毫米，特别是7月9日至13日，胶东调水工程烟台段连续5天出现暴雨天气，灾情最严重的莱州市平均降雨量为331毫米，最大点降雨量为472.5毫米，其中暴雨中心2个小时的降雨量达到166毫米。降雨量超过有历史记录的1954年，达到百年一遇的强降雨，超过胶东供水工程设计标准。山东省建管局在暴雨来临前及时通知工程各参建单位做好应急抢险各项准备工作，检查人员、设备、物料到位情况，检查施工围堰、临时导流、河堤边坡防护、河槽内建筑物、抢险防汛道路、排水排涝系统、隐蔽工程验收、信息保障等防汛措施情况，降雨期安排专人现场检查工程情况，发现问题根据应急预案及时响应处理。为确保明渠工程堤坝安全，减少群众财产损失，建管单位果断采取临时向明渠内排水的抢险方案，经过紧张抢险，明渠左右两侧水位迅速下降，制止了险情的进一步发展，最大限度地减轻了工程和群众损失。针对渡槽基础冲刷险情，建管单位启动应急预案，派出人员，及时与地方政府及防汛抗旱指挥

① 周雪杨，崔春梅，高景光.胶东地区引黄调水工程安全度汛探讨 [J]. 山东水利 ,2014（6）:60-61.
② 山东省胶东地区引黄调水工程建设管理局.山东省胶东地区引黄调水工程竣工验收工程建设管理工作报告 [R].2019:48.
③ 周雪杨，崔春梅，高景光.胶东地区引黄调水工程安全度汛探讨 [J]. 山东水利 ,2014（6）:60-61.

部办公室取得联系，地方政府主要领导亲临现场指挥，调动附近村民共同抢险，抽调挖掘机、自卸车、铲车等施工机械进场，抛填石块、防汛草袋等，险情得到及时处置。为确保安全度汛，安排人员昼夜观察渡槽，确保渡槽的安全；并按要求组织抛石加固处理，确保河堤行洪和渡槽安全。降雨过后，山东省建管局组织沿线建管单位、山东省水利勘测设计院等单位有关人员，对胶东调水工程输水渠段进行详细的实地调研，排查水毁情况，并出具设计方案进行完善修复，经专家审查和省水利厅批复后实施，保障了汛期工程安全和群众生命财产安全。[1]

## 第六节　工程验收

山东省胶东应急供水工程指挥部办公室在组建伊始，就非常注重制度建设，拟定有关工程建设、投资计划、财务、招投标、质量、安全生产、廉政建设、档案管理等方面的九项制度、八个办法、两个细则（图6-57），使各项工作做到有章可循、违章必纠。为了预防职务犯罪和搞好工程廉政建设，成立由省检察院、水利厅和指挥部办公室以及工程沿线6市有关人员组成的预防职务犯罪工作领导小组及办公室，负责对该工程预防职务犯罪工作的总体部署，并联合印发《关于胶东地区引黄调水工程预防职务犯罪工作实施意见》，制

图 6-57　调水工程建设管理"三卷两册"

定强化预防工作七条措施，做到工程与廉政合同一起签，确保工程优质、资金安全、干部优秀。[2]

工程完工后，山东省建管局依据《水利水电建设工程验收规程》（SL223—2008）《水利水电工程质量检验与评定规程》（SL176—2007）《水利信息化项目验收规范》（SL588-2013）等规范及设计文件组织工程验收。其中，分部工程验收委托监理机构主持，分别组织完成1116个分部工程的验收工作，质量全部合格，其中优良778个。单位工程验收由建管单位主持，验收工作组由项目法人、设计、监理、施工、质量检测和运行管理等单位代表及主要设备厂家代表组成，山东省水利工程建设质量与安全监督中心站派员全程列席验收会议，验收工作组成员查看了工程现场，听取了施工、监理、设计、质量检测、项目法人等单位汇报，观看了有关声像资料，审查了各单位工程的分部工程验收资料及有关工程档案资料，经过认真讨论，形成各工程的单位工程验收鉴定书；在此期间，分别组织完成143个单位工程的验收工作，质量全部合格，其中优良58个。

---

① 山东省胶东地区引黄调水工程建设管理局.山东省胶东地区引黄调水工程竣工验收工程建设管理工作报告 [R].2019:49.
② 吕东立,孙熙,张京,张璐.胶东地区引黄调水骨干工程将全面开工 [J].山东水利,2004（10）:4-5.

## 一、通水验收

依据《水利水电建设工程验收规程》（SL223—2008）《给水排水管道工程施工及验收规范》（GB50268—2008）等规范，2018年4月21-24日，山东省水利厅组织成立技术性检查专家组，开展山东省胶东地区引黄调水工程通水验收技术性检查工作，技术性检查专家组通过查看胶东调水工程现场、查阅相关验收资料，形成《山东省胶东地区引黄调水工程全线通水验收技术性检查报告》。

2018年4月25日，山东省水利厅组织成立胶东调水工程通水验收委员会，对山东省胶东地区引黄调水工程进行通水验收（图6-58、6-59）。通水验收委员会一致认为：胶东调水工程通水验收所涉及的110个单位工程已按批准设计内容完成，工程满足全线通水条件，未完工程已制订实施计划；验收中发现的问题不影响工程通水，全线通水后不影响遗留尾工的施工；工程施工过程中发生的质量问题已做处理；已完工程质量合格；移民迁占工作已完成；工程调度运行方案、度汛方案及相关应急预案已编制完成；工程于2011年、2013年分两阶段完成综合调试和试通水，2015年起按上级要求实施应急抗旱调水至今，工程运行正常，同意胶东调水工程通过通水验收。[①]

图6-58 山东省水利厅组织胶东地区引黄调水工程通水验收现场勘查　　图6-59 山东省水利厅组织胶东地区引黄调水工程通水验收会

## 二、工程专项验收

### （一）征地移民安置

2019年6月14日，青岛市完成胶东调水青岛段移民安置验收工作（图6-60）；6月28日，潍坊市完成胶东调水潍坊段移民安置验收工作；6月29日，烟台市和滨州市分别完成胶东调水烟台段、滨州段移民安置验收工作（图6-61）；7月3日，东营市和威海市分别完成胶东调水东营段、威海段移民安置验收工作（图6-62）。其中，沉沙池工程初设批复永久占地7676亩，因工程暂停实施，工程实际永久占地面积为16923.79亩，临时占地10059亩，征迁补偿投资87940.22万元。

① 山东省胶东地区引黄调水工程建设管理局.山东省胶东地区引黄调水工程竣工验收工程建设管理工作报告[R].2019:84-85.

图 6-60　平度段建设征地移民安置验收

图 6-61　烟台段建设征地移民安置验收

图 6-62　东营段建设征地移民安置验收

验收结论显示：山东省胶东地区引黄调水工程移民迁占工作已完成所有批复项目，满足工程建设和管理需要；工程建设完成并投入运行，财务管理规范，补偿兑付到位；征地确权手续基本完成；移民档案资料真实完整、分卷合理；自验、初验工作组织严谨、规范有序，验收结论准确，符合移民安置终验要求。同意通过山东省胶东地区引黄调水工程建设征地移民安置终验。[①]

**（二）工程建设档案**

工程历经规划建设与初期运行，形成纸质档案16092卷、18489件，照片资料39017张，光盘资料8967盘，竣工图纸19727张，完整记录了工程从立项到竣工验收全过程涉及的建设、管理、财务、施工、设备、科研、监测、检测、服务、运行等各门类资料。[②]

2019年10月28—29日，山东省胶东地区引黄调水工程档案通过了省水利厅会同省档案馆组织的档案专项验收（图6-63）。专家组通过听取项目法人工程建设及档案管理自检情况汇报、监理单位工程档案审核情况汇

图 6-63　档案专项验收

① 山东省胶东地区引黄调水工程建设管理局.山东省胶东地区引黄调水工程竣工验收工程建设管理工作报告 [R].2019:82.
② 庄志凤.信息化技术在山东省胶东地区引黄调水工程建设档案管理中的应用与思考 [J].山东档案，2021（2）:80-82.

报，查看工程档案并现场抽查后一致认为：山东省胶东地区引黄调水工程各参建单位高度重视档案工作，工程档案符合水利部《水利工程建设项目档案管理规定》（水办〔2005〕480号）和《水利工程建设项目档案验收管理办法》（水办〔2008〕366号）的要求，工程档案组卷分类合理，内容较完整，案卷排列基本有序，档案整理过程基本保持材料间的有机联系，竣工图图面清晰，设计变更手续较完备，能够反映工程建设实际情况；工程档案在工程建设中发挥了应有的作用，为日后工程运行、管理与维护创造了条件。经综合考核评议达优良等级，同意工程通过档案专项验收。[1]

### （三）水土保持

根据《水利部关于加强事中事后监管规范生产建设项目水土保持设施自主验收的通知》（水保〔2017〕365号），山东省胶东地区引黄调水工程建设管理局于2019年6月20日主持召开山东省胶东地区引黄调水工程水土保持设施验收会议（图6-64）。会议认为：该工程实施过程中基本落实水土保持方案及批复文件要求，完成了水土流失预防和治理任务，水土流失防治指标达到水土保持方案确定的目标值，符合水土保持设施验收的条件，同意该工程水土保持设施通过验收。

图6-64 水土保持专项验收

水土保持设施验收会后，山东省建管局按程序公示并向省水利厅报备。2019年7月4日，山东省水利厅出具《关于山东省胶东地区引黄调水工程水土保持设施自主验收报备证明的函》（鲁水保函[2019]17号），接受该项目水土保持设施验收报备。[2]

### （四）环境保护

根据《中华人民共和国环境保护法》《建设项目竣工环境保护验收管理办法》以及《关于发布＜建设项目竣工环境保护验收暂行办法＞的公告》等有关规定，2019年8月28日，山东省胶东地区引黄调水工程建设管理局组织召开山东省胶东地区引黄调水工程竣工环境保护设施验收会议（图6-65）。会议认为：山东省胶东地区引黄调水工程在建设和调试期间，重视环境保护工作，基本执行环保"三同时"要求；在施工和调试过程中，采取有效的污染防治措施与生态保护

图6-65 环保专项验收

① 山东省胶东地区引黄调水工程建设管理局.山东省胶东地区引黄调水工程竣工验收工程建设管理工作报告[R].2019:82-83.
② 山东省胶东地区引黄调水工程建设管理局.山东省胶东地区引黄调水工程竣工验收工程建设管理工作报告[R].2019:83.

措施；在施工和试运行阶段，执行国家和地方的环保法规、规章和环境保护部对于建设项目环境保护工作的各项要求。该工程满足建设项目竣工环境保护验收的条件，通过验收。

2019年9月11日，报告编制单位山东环测环境科技有限公司在网站上进行验收项目公示，2019年10月16日公示期结束后在国家环保部网站进行公示。[①]

### 三、竣工验收

2019年12月18日，山东省水利厅在济南主持召开山东省胶东地区引黄调水工程竣工验收会议。省水利厅党组成员、副厅长王祖利出席会议并讲话；省水利厅二级巡视员徐希进，省水利厅总工程师、一级调研员凌九平参加会议。省自然资源厅、省水利厅等部门代表，滨州、东营、潍坊、青岛、烟台、威海6市市政府及水利（水务）局代表以及特邀专家，建设单位和工程设计、施工、监理、设备生产、质量检测、运行等参建单位代表参加。

验收工作严格按照水利工程验收规程进行。12月13日至15日，竣工验收委员会部分专家和代表先后实地检查了昌邑宋庄分水闸，平度双山河倒虹、灰埠泵站，莱州东宋泵站、王河倒虹，招远界河渡槽、辛庄泵站、淘金河渡槽，龙口管理站、黄水河泵站，蓬莱温石汤泵站，福山高疃泵站，莱山桂山调流阀站，烟台分中心，牟平星石泊泵站，威海米山水库分水口等工程。

12月16日至17日，省水利厅召开了工程竣工技术预验收会议，通过观看工程影像资料，听取工程建设管理、设计、监理、施工、质量检测、运行管理、技术鉴定、质量监督等单位的工作报告，讨论并通过竣工技术预验收工作报告，形成了竣工验收鉴定书初稿。

12月18日上午，竣工验收委员会观看了工程建设的影像资料，听取了山东省调水工程运行维护中心党委书记、主任，山东省胶东地区引黄调水工程建设管理局局长刘长军代表项目法人单位作的工程建设管理报告，听取了省政协原副主席、研究员汪峡代表竣工验收委员会作的竣工技术预验收报告，现场查阅了工程建设档案资料，讨论通过了工程竣工验收鉴定书。验收委员会一致认为：山东省胶东地区引黄调水工程已按照批复的设计内容完成，工程质量合格，财务管理规范，投资控制合理，工程运行正常，效益发挥显著，工程正式通过竣工验收并交付使用。

# 第三章　初期运行

2011年6月，胶东调水工程明渠段组织综合调试。2013年主体工程建成后，分别组织进行门楼水库以上段及高疃至米山水库段的综合调试工作。随后，因胶东地区连续发生大范围特大干旱，地表蓄水严重不足，尤其是作为山东省主要经济城市的烟台、威海，供水形势十分严峻。为缓解供水紧张局面，胶东地区引黄调水工程多次组织向烟台、威海等市的应急调水。在此期间，工程调水运行正常，无重

---

① 山东省胶东地区引黄调水工程建设管理局. 山东省胶东地区引黄调水工程竣工验收工程建设管理工作报告[R].2019:83-84.

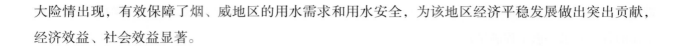

大险情出现，有效保障了烟、威地区的用水需求和用水安全，为该地区经济平稳发展做出突出贡献，经济效益、社会效益显著。

# 第一节　运行环节

山东省胶东地区引黄调水工程竣工验收后，由项目法人单位山东省建管局交由山东省调水工程运行维护中心负责运行管护，管理单位性质为事业单位。经过初期运行，该工程各环节运行良好。

## 一、输水明渠

胶东地区引黄调水工程初期运行期间，明渠工程经受了设计水位考验，工程运行状态和总体防渗效果良好，河道堤防工程无坍塌、河道无淤积、建筑物实体观测结果正常、闸门启闭正常，输水河的防渗能力及过水能力均超过设计要求。冬季运行期间，输水渠没有出现冻胀破坏，汛期或汛后，地下水位较高的河段埋设的排水设施性能良好，防冻、排水能力达到设计标准。

宋庄分水闸至黄水河泵站段输水明渠工程设计流量为 12.6 ～ 22.0 立方米每秒，校核流量为 16.4 ～ 29.0 立方米每秒。运行期间，根据供水水源及沿线供水需求来综合考虑宋庄分水闸分水流量，宋庄分水闸最大运行流量达到 19 立方米每秒。代古庄倒虹至东宋泵站段，设计流量为 20.7 立方米每秒，2015 年 4 月 21 日至 2019 年 11 月 20 日期间最大运行流量为 16.5 立方米每秒。东宋泵站至辛庄泵站段，设计流量为 19.7 立方米每秒，2015 年 4 月 21 日至 2019 年 11 月 20 日期间最大运行流量为 20 立方米每秒。辛庄泵站至黄水河泵站段，设计流量为 17 立方米每秒，2015 年 4 月 21 日至 2019 年 11 月 20 日期间最大运行流量为 15 立方米每秒。[①]

## 二、输水管道与暗渠

工程运行期间，管道运行正常，排气阀等各类控制设施运行正常，调流阀调流控制能力和精度达到设计要求，管道流量满足各工况要求，符合设计标准。

龙口段（黄水河泵站以下）设计流量为 12.6 立方米每秒，2015 年 4 月 21 日至 2019 年 11 月 20 日期间最大运行流量是 11.9 立方米每秒。蓬莱段（温石汤泵站以下）设计流量为 11.0 立方米每秒，2015 年 4 月 21 至 2019 年 11 月 20 日期间最大运行流量达到 10.3 立方米每秒。高疃泵站至牟平分水口段设计流量为 5.5 立方米每秒，2015 年 4 月 21 日至 2019 年 11 月 20 日期间最大运行流量达到 5.2 立方米每秒。牟平分水口以下段设计流量为 4.8 立方米每秒，2015 年 4 月 21 日至 2019 年 11 月 20 日期间最大运行流量达到设计流量。[②]

## 三、泵站

2015 年 4 月 21 日至 2019 年 11 月 20 日运行期间，东宋泵站、黄水河泵站、高疃泵站、星石泊泵

① 山东省胶东地区引黄调水工程建设管理局. 山东省胶东地区引黄调水工程竣工验收工程建设管理工作报告[R].2019:96-97.
② 山东省胶东地区引黄调水工程建设管理局. 山东省胶东地区引黄调水工程竣工验收工程建设管理工作报告[R].2019:97-98.

站已达到设计运行流量，灰埠泵站、辛庄泵站、温石汤泵站基本达到设计运行流量，各级泵站运行参数均达到设计及规范要求，机组效率超过规范标准，运行平稳，安全可靠，能够满足各种工况下的运行要求。

（一）灰埠泵站

2015年4月23日至2019年11月20日，累计运行1175天，累计运行45068.36台时，累计过水量7.29亿立方米（表6-3）。[①]

表6-3 灰埠泵站运行参数

| | | 机组1# | 机组2# | 机组3# | 机组4# | 机组5# | 机组6# |
|---|---|---|---|---|---|---|---|
| 设计流量（立方米每秒） | 20.7 | 3.1 | 6.4 | 6.4 | 6.4 | 6.4 | 3.1 |
| 最大运行流量（立方米每秒） | 18 | 3.0 | 6.5 | 6.4 | 6.2 | 6.2 | 3.0 |

（二）东宋泵站

自2015年4月23日开机至2019年11月20日，分6个阶段应急调水，累计运行1169天，累计运行43397.4台时，累计过水量5.74亿立方米（表6-4）。[②]

表6-4 东宋泵站运行参数

| | | 主机组2# | 主机组3# | 主机组4# | 主机组5# | 调节机组1# | 调节机组6# |
|---|---|---|---|---|---|---|---|
| 设计流量（立方米每秒） | 19.7 | 5.85 | 5.85 | 5.85 | 5.85 | 2.75 | 2.75 |
| 最大运行流量（立方米每秒） | 20 | 5.9 | 5.9 | 5.9 | 5.9 | 2.8 | 2.8 |

（三）辛庄泵站

自2015年4月23日开机至2019年11月20日，分6个阶段应急调水，累计运行1167天，累计运行48578台时，累计过水量5.74亿立方米（表6-5）。[③]

表6-5 辛庄泵站运行参数

| | | 机组1# | 机组2# | 机组3# | 机组4# | 机组5# | 机组6# | 机组7# | 机组8# |
|---|---|---|---|---|---|---|---|---|---|
| 设计流量（立方米每秒） | 17.0 | 2.83 | 2.83 | 2.83 | 2.83 | 2.83 | 2.83 | 2.8 | 2.83 |
| 最大运行流量（立方米每秒） | 15 | 3.1 | 3.1 | 3.1 | 3.1 | 3.1 | 3.1 | 3.1 | 3.1 |

① 山东省胶东地区引黄调水工程建设管理局 . 山东省胶东地区引黄调水工程竣工验收工程建设管理工作报告 [R].2019: 98.
② 山东省胶东地区引黄调水工程建设管理局 . 山东省胶东地区引黄调水工程竣工验收工程建设管理工作报告 [R].2019: 98.
③ 山东省胶东地区引黄调水工程建设管理局 . 山东省胶东地区引黄调水工程竣工验收工程建设管理工作报告 [R].2019: 98-99.

**（四）黄水河泵站**

自 2015 年 4 月 23 日开机至 2019 年 11 月 20 日，分 6 个阶段应急调水，累计运行 1165 天，累计运行 82712 台时，累计过水量 4.87 亿立方米（表 6-6）。[①]

表 6-6 黄水河泵站运行参数

|  |  | 机组 1# | 机组 2# | 机组 3# | 机组 4# | 机组 5# | 机组 6# | 机组 7# | 机组 8# | 机组 9# | 机组 10# |
|---|---|---|---|---|---|---|---|---|---|---|---|
| 设计流量（立方米每秒） | 12.6 | 1.65 | 1.65 | 1.65 | 1.65 | 1.65 | 1.65 | 1.65 | 1.65 | 1.65 | 1.65 |
| 最大运行流量（立方米每秒） | 11.9 | 1.85 | 1.85 | 1.85 | 1.85 | 1.85 | 1.85 | 1.85 | 1.85 | 1.85 | 1.85 |

**（五）温石汤泵站**

自 2015 年 12 月 21 日开机至 2019 年 11 月 20 日，分 5 个阶段应急调水，累计运行 1060 天，累计运行 72486 台时，累计过水量 4.34 亿立方米（表 6-7）。[②]

表 6-7 温石汤泵站运行参数

|  |  | 机组 1# | 机组 2# | 机组 3# | 机组 4# | 调节机组 5# | 调节机组 6# | 机组 7# | 机组 8# | 机组 9# | 机组 10# |
|---|---|---|---|---|---|---|---|---|---|---|---|
| 设计流量（立方米每秒） | 12.6 | 1.87 | 1.87 | 1.87 | 1.87 | 1.87 | 1.87 | 1.87 | 1.87 | 1.87 | 1.87 |
| 最大运行流量（立方米每秒） | 10.3 | 2.2 | 2.2 | 2.2 | 2.2 | 2.2 | 2.2 | 2.2 | 2.2 | 2.2 | 2.2 |

**（六）高疃泵站**

自 2015 年 12 月 21 日开机至 2019 年 11 月 20 日，分 5 个阶段应急调水，累计运行 1060 天，累计运行 47984 台时，累计过水量 3.07 亿立方米（表 6-8）。[③]

表 6-8 高疃泵站运行参数

|  |  | 机组 1#( 同步 ) | 主机组 2#( 调节 ) | 主机组 3#( 调节 ) | 主机组 4#( 调节 ) |
|---|---|---|---|---|---|
| 设计流量（立方米每秒） | 5.5 | 1.9 | 1.9 | 1.9 | 1.9 |
| 最大运行流量（立方米每秒） | 5.2 | 2.1 | 2.1 | 2.1 | 2.1 |

① 山东省胶东地区引黄调水工程建设管理局 . 山东省胶东地区引黄调水工程竣工验收工程建设管理工作报告 [R].2019: 99.
② 山东省胶东地区引黄调水工程建设管理局 . 山东省胶东地区引黄调水工程竣工验收工程建设管理工作报告 [R].2019: 99.
③ 山东省胶东地区引黄调水工程建设管理局 . 山东省胶东地区引黄调水工程竣工验收工程建设管理工作报告 [R].2019: 99-100.

**（七）星石泊泵站**

自 2015 年 12 月 21 日开机至 2019 年 11 月 20 日，分 5 个阶段应急调水，累计运行 1056 天，累计运行 45509 台时，累计过水量 2.72 亿立方米（表 6-9）。[①]

表 6-9 星石泊泵站运行参数

|  |  | 机组 1#(同步) | 主机组 2#(调节) | 主机组 3#(调节) | 主机组 4#(调节) |
|---|---|---|---|---|---|
| 设计流量（立方米每秒） | | 4.8 | 1.65 | 1.65 | 1.65 | 1.65 |
| 最大运行流量（立方米每秒） | | 4.8 | 2.0 | 2.0 | 2.0 | 2.0 |

**（八）35 千伏、10 千伏线路**

胶东调水工程历经 2015 年向烟台北部 4 市应急调水、2016—2019 年向烟台及威海等市应急调水，35 千伏电源工程线路运行正常，满足 35 千伏线路的设计和安装要求；10 千伏架空线路工程线路运行正常，满足 10 千伏线路的设计和安装要求；工程运行正常，无重大险情出现。

运行前，所有值班人员到岗，岗位责任明确，安排专人进行检查工作。设备检查内容包括：各种接地系统及其接地电阻值应符合设计要求；送电前继电保护装置应按设计值整定完毕，其保护、操作与控制系统以及事故报警、显示和信号系统应模拟试验以确认正确可靠；手车柜操作机构应灵活，动作可靠，接地开关在断开位置；检查变电站满足受电要求，主要为高压柜、变压器、电缆等设备安装调试任务已完成，相关预防性试验结论合格；变电站安全用具、监测工具、消防用具齐全等。线路检查内容包括：沿线塔基有无损坏现象；线路上有无树枝、树叶碰到线路；线路上有无鸟窝等；线路终端杆有无配备通讯设备，有无专人看护。

在运行中，仔细观察冲击电流和变压器的声音，有异常情况立刻分闸，并做记录，分析其原因，紧急情况应告知值班长，立即报告上级调度，以便检查处理（图 6-66）。[②]

图 6-66 运行人员抄录运行数据

**四、闸阀站**

通过检查和维护，确保闸阀站运行正常，具体检查内容如下。运行前，全面检查站内外土建工程和机电设备的情况，检查阀门设备的制造和安装质量。运行时，检查各阀门、管道部位工作是否正常，站内外各种设备工作是否正常；检查继电保护、控制系统、微机系统以及计量等部件是否正常，并记录其异常现象；阀门井及调流阀站管道周围设有专人监听声响，如摩擦声、撞击声、杂声等，应迅速

① 山东省胶东地区引黄调水工程建设管理局.山东省胶东地区引黄调水工程竣工验收工程建设管理工作报告 [R].2019: 100.
② 山东省胶东地区引黄调水工程建设管理局.山东省胶东地区引黄调水工程竣工验收工程建设管理工作报告 [R].2019: 100-101.

判别其部位，分析其原因，紧急情况应告知值班长，立即报告上级调度，以便检查处理；值班人员要注意监听流水声音，有异常声音报值班长。停水后检查各部位有无异常现象。

运行期间，通过调节界石调流调压阀实现流量增减，使卧龙水位保持在 59.2 米到 61 米之间，调流阀过站流量最高不超过 4.8 立方米每秒。[①]

**五、水质**

明渠段原水监测以《地表水环境质量标准》（GB 3838—2002）为主要依据，由有资质的监测机构定期监测。监测结果表明，未发现有重金属、氰化物、挥发酚等有毒物质，输水河沿线水质没有明显变化，水质基本稳定。管道、暗渠段工程属于封闭性质，水质可靠性较高，工程整体水质符合城市饮用水源地水质要求。[②]

## 第二节　应急供水

2014—2017 年，胶东地区连续 4 年降水明显偏少，特别是汛期，青岛、烟台、潍坊、威海 4 市基本没有形成入库径流。城市供水水源严重不足，65 座大中型水库蓄水较历年同期严重偏少，其中 35 座大中型供水水库基本干涸或低于死水位，为建库 50 多年来出现的唯一一次干涸无水的现象。城市供水缺口之大、持续时间之长、程度之深、范围之广、情势之急是 1951 年有全省气象记录以来所未见。[③]

为有效缓解胶东地区因连续干旱出现的水资源供需紧张的局面，山东省胶东调水局多次召开专题会议进行督导调度，按时完成引黄调水干线工程整修、调水全线工程设备调试，积极支持胶东地区 4 市完成配套工程建设，并派出工作组驻烟台，协调应急调水工作（图 6-67、6-68、6-69）。2015 年 4 月 21 日起，胶东地区引黄调水工程开始向烟台、威海应急调水；至 2020 年 7 月 31 日，工程累计向烟台市供水超过 3.37 亿立方米，向威海市供水超过 2.73 亿立方米。[④]

图 6-67 山东省胶东调水局安全生产成员会议暨供水保障专题会议

图 6-68 泵站检修

① 山东省胶东地区引黄调水工程建设管理局.山东省胶东地区引黄调水工程竣工验收工程建设管理工作报告 [R].2019:101-102.

② 山东省胶东地区引黄调水工程建设管理局.山东省胶东地区引黄调水工程竣工验收工程建设管理工作报告 [R].2019: 102.

③ 张烨，魏松，马吉刚.胶东调水工程保障供水安全的实践 [J].中国水利,2020（07）:53-55.

④ 山东省胶东地区引黄调水工程建设管理局.山东省胶东地区引黄调水工程竣工验收工程建设管理工作报告 [R].2019:96.

图 6-69 综合调试及应急调水管理办法

**一、应急调水**

自 2015 年 4 月 21 日至 2020 年 7 月 31 日，胶东地区引黄调水工程先后分 6 个阶段向烟台、威海等市进行应急调水，及时发挥了工程效益，有效保障了烟、威地区用水需求和用水安全，也为科学化管理和调度积累了经验（图 6-70）。

图 6-70　2015 年 8 月 25 日，省政府召开向威海应急调水动员大会，
省政府应急办主任张积军、省水利厅厅长王艺华出席会议并讲话

第一阶段：自 2015 年 4 月 21 日至 7 月 6 日，向烟台北部 4 市应急调水。宋庄分水闸累计过水 5162.34 万立方米，向烟台市累计供水 3150 万立方米。

第二阶段：自 2015 年 12 月 14 日至 2016 年 7 月 1 日，向烟台、威海等市应急调水。宋庄分水闸累计过水 12474.74 万立方米；累计向烟、威地区调引客水 8229 万立方米，其中，向烟台市累计供水 4616.46 万立方米、向威海市累计供水 3612.73 万立方米。

第三阶段：自 2016 年 8 月 15 日至 2017 年 8 月 5 日，向烟台、威海等市应急调水。宋庄分水闸累计过水 37221.04 万立方米；累计向烟、威地区调引客水 1.89 亿立方米，其中，向烟台市累计供水 10359.49 万立方米、向威海市累计供水 8503.20 万立方米。

第四阶段：自 2017 年 11 月 7 日至 2018 年 8 月 8 日，向烟台、威海等市应急调水。累计向烟、威地区调引客水 8481 万立方米，其中，向烟台市累计供水 2108 万立方米、向威海累计供水 6373.36 万立方米。

第五阶段：自 2018 年 11 月 11 日至 2019 年 6 月 28 日，向烟台、威海等市应急调水。累计向烟、威地区调引客水 1.56 亿立方米，其中，向烟台市累计供水 8000 万立方米、向威海供水 7611 万立方米。

第六阶段：自 2019 年 9 月 1 日至 2019 年 11 月 20 日，向烟台、威海等市应急调水。累计向烟、威地区调引客水 6641.57 万立方米，其中，向烟台市累计供水 5392.01 万立方米、向威海供水 1249.56 万立方米。[①]

## 二、供水效益

胶东地区引黄调水工程是实现山东省水资源优化配置、缓解胶东地区水资源供需矛盾、改善沿线生态环境的重大战略性、基础性、保障性民生工程，是山东 T 字型骨干水网的重要组成部分；也是南水北调东线工程的主干线，从而成为全国"三纵四横"水网总体规划的重要组成部分。[②] 工程涉及土地总面积 1.56 万平方千米、人口 788 万人。[③]

工程运行为胶东地区城市生活、工业及农业用水提供了有效保障，彻底改变了长期形成的城乡、工农业争水和超量开采地下水的现状，实现了长江水、黄河水、当地水联合调度、优化配置，从根本上缓解了山东省水资源紧缺的局面，为烟、威地区经济平稳发展做出了突出贡献，为人们的生产、生活创造了安全、稳定的环境；保障了该地区经济社会的繁荣稳定，避免了因缺水而造成的社会恐慌；减少了地下水开采，有效防止了海水入侵，改善了区域生态环境。此外，还促进了科学技术、文化教育事业的发展，促进了经济社会的可持续发展及人与自然的和谐发展。

---

① 山东省胶东地区引黄调水工程建设管理局 . 山东省胶东地区引黄调水工程竣工验收工程建设管理工作报告 [R].2019:102–103.
② 山东省胶东地区引黄调水工程开工 [J]. 水利水电技术 ,2004（1）:16.
③ 牛新元 . 胶东地区加紧建设引黄调水工程 [N]. 黄河报 ,2007–8–11（003）.

第七篇

工程改扩建

　　山东省是严重缺水省份，多年来水资源仅占全国的 1.07% 左右；全年平均降水量为 679.5 毫米，且时空分布不均，降水主要集中在 7 月—9 月，降水量占全年的 70% 多，空间分布则是由南向北逐渐减少。水资源短缺、水生态脆弱、水灾害威胁三大水问题并存，特别是水资源严重匮乏的自然禀赋条件无法改变。[①] 随着经济社会的持续发展、人口数量的迅速增加，水资源短缺成为山东省经济社会发展的重要制约因素。胶东地区引黄调水工程启动后，原本仅承担着向青岛市输送黄河水任务的引黄济青工程，又将担负起向青岛、潍坊、烟台、威海引江与引黄以保证 4 市基本用水需求的任务。但引黄济青工程经过多年运行，已进入整体老化期，暴露出引水困难、渠道衬砌受到不同程度损坏、泵站机组老化、渠道过流能力下降等一系列问题，直接影响向胶东城市供水的安全（图 7-1）。因此，通过加快引黄济青调水工程改扩建解决工程存在的问题，以满足引江与引黄的需要、减少区域外调入水量损失、实现水资源优化调度和有效保护、真正落实最严格的水资源管理制度，便成为山东省水利工程建设的重中之重。

图 7-1　打渔张泵站建成前，低输沙渠由于淤积严重，建设临时泵船提水

　　2012 年 12 月，山东省政府对引黄济青改扩建工程可行性报告作出批复，批复概算总投资 11.76 亿元，工程自 2014 年底启动实施，建设工期 36 个月。[②] 其时，适逢胶东 4 市连年干旱，胶东调水工程长时间执行应急抗旱调水任务，始终不具备全线施工条件。2015 年起，在不影响胶东 4 市用水需求的前提下，充分利用每年 3 个月的停水期，集中实施引黄济青改扩建工程，根据工程任务与规模，结合胶东地区引黄调水需要，先后对渠首引黄闸、沉沙池、输水渠、泵站等设施进行整修、完善，对部分设备进行改造、更换。至 2020 年 11 月，主体工程建设基本完成，2021 年又着手处理剩余尾工。至 2021 年底，

① 高汉山，金帮琳 . 引黄济青调水工程改扩建分析 [J]，东北水利水电，2012（10）：15-16.
② 仇志峰，隋昕 . 引黄济青改扩建工程建设浅析 [J]，山东水利，2016（7）：3-4.

全面完成引黄济青改扩建批复建设内容，2021年12月通过竣工验收，工程累计完成投资约13.19亿元。2023年12月28日，水利部公布2023年度国家水土保持示范名单，山东省引黄济青改扩建工程获评"国家级水土保持示范工程"。

引黄济青改扩建工程完成后，渠道糙率降低，运行水位较设计水位降低，渠道整体过流能力恢复原设计输水要求，渠道防渗经济效益显著，各泵站、闸站装置效率较改造前均有一定提高，设备运行安全性、可靠性和引取黄河水的能力明显提高。通过与其他工程联合调度运行，最大引水流量达到50立方米每秒，水资源供给能力和配置效率显著提升。

# 第一章　工程设计

2008年11月，山东省水利勘测设计院受山东省胶东调水局委托，承担《山东省引黄济青改扩建工程可行性研究报告》（以下简称《可研报告》）编制工作。《可研报告》结合胶东地区引黄调水工程需要，对现有引黄济青工程进行改扩建，工程设计对渠首引黄闸、沉沙池、输水渠、泵站等设施进行整修、完善，对部分设备进行改造、更换。2010年5月，山东省工程咨询院邀请有关专家对《可研报告》进行评审；12月，水利部水利水电规划设计总院在济南召开会议（图7-2），对《可研报告》（修订稿）进行审查，与会专家认为，为保障引黄济青工程引黄和引江输水目标的实现，满足胶东地区城市生活和工业用水需求，确保工程输水安全，恢复引黄济青原有输水能力，对其进行改建十分必要（图7-3、7-4）。2011年4月，《可研报告》通过水利部规划设计总院审查。[①]2012年底，工程获山东省发展和改革委员会批复。

图7-2　2010年12月16日至19日，水利部水利水电规划设计总院在济南召开会议，对《山东省引黄济青改扩建工程可行性研究报告》进行了专家审查

图7-3　2010年12月16日，水利部水利水电规划设计总院专家管志诚副总工一行15人来水库就引黄济青改扩建工程可行性研究报告进行现场勘察。此为专家在棘洪滩泵站厂房勘察

---

①高汉山，金帮琳．引黄济青调水工程改扩建分析[J]．东北水利水电，2012（10）：15-16．

图7-4 2010年12月16日至19日，水利部水利水电规划设计总院在济南召开会议期间，专家在山东省引黄济青工程沿线进行考察

## 第一节 工程布局

引黄济青改扩建工程利用打渔张引黄闸引水，经渠首取水工程提水入沉沙池，沉沙后进入引黄济青输水渠，通过宋庄、王耨、亭口、棘洪滩4级泵站，提水入棘洪滩水库调蓄。工程途经博兴、广饶、寿光、寒亭、昌邑、高密、平度、胶州、即墨9个县（市、区），地理坐标为东经118°07′—120°12′，北纬36°22′—37°16′。输水渠全长253千米，其中利用天然河道41.34千米、输水明渠211.16千米；沿线穿过36条较大河道，为确保水质，均采用立体交叉形式。

### 一、工程立项

2012年12月25日，山东省发展和改革委员会下发《关于引黄济青改扩建工程可行性研究报告的批复》（鲁发改农经〔2012〕1614号），对引黄济青改扩建工程可行性研究报告进行批复。该工程主体建筑工程量为土方开挖196.86万立方米，土方填筑125.15万立方米，拆除砌石、混凝土等34.18万立方米，浆砌石4.53万立方米，混凝土浇筑44.92万立方米，钢筋制安4334吨，水泥搅拌桩截渗墙33.27万平方米，保温板铺设489.67万平方米。主要材料用量为水泥20.43万吨（其中抗硫酸盐水泥11.36万吨）、钢筋4621吨、汽油468吨、柴油1967吨、砂子40.91万立方米、碎石34.68万立方米、块石2.06万立方米。主要工日数量为343.30万工日。[1]

2014年7月10日，山东省发展和改革委员会、山东省水利厅下发《关于引黄济青改扩建工程初步设计及概算的批复》（鲁发改重点〔2014〕694号）（图7-5），对引黄济青改扩建工程初步设计及概算进行批复，批复工程总投资11.76亿元，其中工程部分静态投资11.60亿元、水保及环境保护投资0.16亿元。[2]

---

[1] 高汉山，金帮琳. 引黄济青调水工程改扩建分析 [J]，东北水利水电，2012（10）：15-16.
[2] 高汉山，金帮琳. 引黄济青调水工程改扩建分析 [J]，东北水利水电，2012（10）：15-16.

图 7-5 《关于引黄济青改扩建工程初步设计及概算的批复》

2019 年 7 月 12 日，山东省水利厅下达《关于山东省引黄济青改扩建工程设计变更准予水行政许可决定书》（鲁水许可字〔2019〕46 号），对改扩建工程设计变更准予许可，核增投资 1.76 亿元，核定总投资 13.52 亿元。

## 二、工程布局

引黄济青改扩建工程的原有工程总体布局不变，渠首引黄闸为打渔张引黄闸，重建渠首进水闸，开挖至打渔张泵站段的低输沙渠，在渠首进水闸下游低输沙渠 0+700 处新建低渠节制闸，在低输沙渠右岸新建打渔张泵站，提水入现有的高输沙渠，并对现有的高输沙渠进行整修和衬砌；输水线路不变、输水渠上的桥梁、节制闸、渡槽、河沟渠穿输水渠交叉建筑物数量不变；除渠首新建打渔张泵站外，其他 4 座泵站位置不变，更新改造老化的机电设备及金属结构部分，仍采用棘洪滩水库进行调蓄；工程管理机构不变，不增加永久占地。

工程青岛段自引黄济青胶莱河倒虹出口（179+549）到棘洪滩水库沿线，渠道衬砌总长度 70.345 千米，其中平度段 53.391 千米、胶州段 15.468 千米、水库段 1.486 千米；输水河防护工程长度 141.1 千米，涵盖青岛段渠道全线；管理设施改造工程涉及青岛全线 5 个管理所、14 个管理站、31 座闸室，闸站电气涉及 3 个管理站、24 个站所，金属结构涉及 3 个管理站、20 个闸站。亭口泵站位于平度市崔家集镇孙家屯村；大沽河枢纽工程位于引黄济青输水河设计里程 241+399 处、胶州市东北约 20 千米的胶莱镇小高村东大沽河上；棘洪滩泵站、棘洪滩水库均位于城阳区棘洪滩镇以西。

## 第二节 初步设计

引黄济青改扩建工程的主要目的，是通过改造原有的引黄济青工程，解决引黄济青工程老化、输水能力降低等问题，使其恢复原有的输水能力，承担起引黄和南水北调东线一期工程向胶东地区潍坊、青岛、烟台、威海等城市供水的任务。

### 一、设计方案

改扩建工程的等级和标准均同原工程设计，工程等别为Ⅰ等。主要建筑物标准：输水渠道、泵站为1级；棘洪滩水库大坝为2级；大沽河枢纽工程为3级；穿河倒虹、节制闸、泄水闸、分水闸、渠道与二、三级公路的交叉建筑物、河（沟、渠）穿输水渠道的倒虹（涵洞、渡槽）等为3级。拆除改建的交通桥梁设计荷载标准：码头桥公路为Ⅱ级、其他参照公路为Ⅱ级。加固改造的按原设计标准：渠道设计洪水标准为50年一遇，校核洪水标准为200年一遇；打渔张枢纽至输水渠桩号222+000段地震设防烈度为7度，桩号222+000至252+897段和棘洪滩水库地震设防烈度为6度。

结合实际情况，主要对以下工程进行改造完善。（1）完善渠首取水系统。主要工程内容包括重建渠首进水闸、新建节制闸和渠首泵站，开挖并整修高、低输沙渠，并对渠首泵站以前的低输沙渠和泵站后的高输沙渠进行衬砌。（2）对输水渠道进行清淤，对利用小清河子槽渗漏严重的渠段进行截渗，对输水渠进行全断面防渗，完善冬季渠道衬砌保温措施，有计划有步骤地对输水渠衬砌进行改造。（3）对宋庄、王耨、亭口、棘洪滩4级提水泵站机电设备及金属结构进行改造。（4）新建亭口泵站35千伏线路。（5）对沿线主要参与控制的节制闸、倒虹入口闸、泄水闸等机电设备及金属结构进行改造。（6）对棘洪滩水库大坝主风向上的护坡进行加糙，对非主导风向的坝坡进行改扩建，完善水质检测、水库安全防护监视系统。（7）改造完善通信自动化系统。（8）对输水渠危桥进行修复，保证交通道路安全畅通。（9）对大沽河引水枢纽工程进行重建、改造，主要包括重建大沽河交通桥，对原倒虹做防渗漏处理，对泄水闸、冲沙闸和引水闸进行维修加固。（10）为便于工程管理，加固交通流量大的输水渠交通道路，渠道两侧增加安全防护网和安全警示牌，在每座建筑物处增加下渠台阶。（11）对现有管理设施进行维修，更换低压输电线路等。

### 二、设计修改

根据山东省水利厅引黄济青改扩建专题会议，山东省胶东调水局立即将引黄济青输水渠道齿墙、利用旧板护底等问题函告省水利勘测设计院，设计院根据引黄济青工程施工现场实际情况对齿墙、利用旧板护底问题等出具具体的优化设计方案。

为加快施工进度，保证按期完成工程任务，对保存基本完好的原有齿墙给予保留，对破损严重的按设计要求进行开挖、浇筑；针对滨州段输水渠道的实际情况，利用拆除的废弃旧板铺设于输水渠底；渠底原有现浇混凝土护砌部分保持现状。

原设计渠底开挖50厘米，变为开挖11厘米，然后铺设土工膜，上面覆盖5厘米砂找平层，再铺设旧板护底，M15砂浆勾缝，缝宽3厘米。

### 三、主要技术特征指标

引黄济青输水渠衬砌改造工程青岛段总长 70.345 千米，原设计流量为 24.5 立方米每秒~27.2 立方米每秒，校核流量为 27 立方米每秒~29.9 立方米每秒；河底宽度 8 米~12.7 米，设计水深 2.1 米~3.0 米，设计水位 6.26 米~13.04 米，校核水位 6.41 米~13.33 米；设计比降 1/5000~1/20000，输水渠内坡边坡系数 1.5。现设计流量为 29.2 立方米每秒~30.3 立方米每秒，校核流量为 32.1 立方米每秒~33.3 立方米每秒；设计水深 1.88 米~3.08 米，设计水位 6.02 米~13.27 米，校核水位 6.17 米~13.27 米，设计水位略有变化，渠道其他设计指标不变。

引黄济青改扩建桥梁工程及其主要技术指标如表 7-1。

表 7-1 引黄济青改扩建桥梁工程主要技术特征指标

| 编号 | 名称 | 桩号 | 类别 | 桥面宽（米） | 跨径（米） | 桥长（米） | 下部结构 | 设计采用角度（°） |
|---|---|---|---|---|---|---|---|---|
| 1 | 曹家庄东北 | 190+724 | 五类 | 4.5+2*0.5 | 10 | 35.04 | 扩大基础 | -30 |
| 2 | 曹家庄东 | 191+262 | 五类 | 4.5+2*0.5 | 10 | 41.84 | 扩大基础 | 40 |
| 3 | 朱家庄北 | 193+106 | 五类 | 4.5+2*0.5 | 10 | 38.84 | 扩大基础 | -35 |
| 4 | 大刘庄北 | 193+750 | 五类 | 4.5+2*0.5 | 10 | 38.84 | 扩大基础 | -35 |
| 5 | 小高后 | 241+217 | 四类 | 4.5+2*0.5 | 8.28 | 30.84 | 扩大基础 | 28 |
| 6 | 郭家屋子南 | 250+566 | 四类 | 4.5+2*0.5 | 12 | 28.6 | 扩大基础 | 22 |
| 7 | 赵家村东 | 183+342 | 五类 | 4.5+2*0.5 | 8 | 25.4 | 扩大基础 | 0 |
| 8 | 曹家庄西北 | 190+110 | 五类 | 4.5+2*0.5 | 10 | 35.04 | 扩大基础 | -30 |
| 9 | 小刘庄南 | 195+487 | 四类 | 4.5+2*0.5 | 16.5 | 33 | - | 0 |
| 10 | 五里屯 | 196+738 | 四类 | 4.5+2*0.5 | 16.5 | 33 | - | 0 |
| 11 | 大喜屯西 | 201+110 | 五类 | 4.5+2*0.5 | 9 | 46.84 | 扩大基础 | -40 |
| 12 | 东刘家口 | 214+143 | 五类 | 4.5+2*0.5 | 8 | 26.54 | 扩大基础 | -30 |

棘洪滩水库设计最高蓄水位 14.2 米，总库容 1.58 亿立方米，相应水面面积 14.529 平方千米；设计死水位 6.5 米，死库容 4780 万立方米，相应水面面积 13.66 平方千米，兴利库容 1.104 亿立方米；设计向青岛市日供水规模为 71.9 万立方米。

输水渠建筑物设计指标不变，均采用原设计值。

亭口泵站 35 千伏供电线路施工工程：新建 220 千伏西林站—平度亭口泵站 35 千伏送电线路，总长度 19.33 千米；额定电压 35 千伏，导线型号 JL/G1A-120/25 钢芯铝绞线，电缆型号 ZR-YJV-26/35kV—3×185mm²。

亭口泵站设备安装工程：前池设计水位 6.26 米，出水池设计水位 13.04 米，泵站设计净扬程 6.78 米，设计流量 29.2 立方米每秒。采用 4 台 1600HDQ-9 型全调节立式导叶式混流泵，原 900 千瓦同步电动机功率调增为 1000 千瓦，型号为 TL1000-20/2150，电压改为 10 千伏。

棘洪滩泵站设备安装工程：前池设计水位4.02米，出水池设计水位12.00米，泵站设计净扬程7.98米，设计流量28立方米每秒。采用5台1600HD-10（1.6HL-50E）立式导叶式全调节混流泵（其中2台采用叶片全调节形式），配套TL1120-24型同步电动机，单机功率为1120千瓦，电压等级为10千伏；2台900HD-11.5立式混流泵，配套YL5602-12型异步电动机，单机功率为355千瓦，电压等级为10千伏。泵站总装机容量为6310千瓦。

青岛段闸站电气设备采购及安装工程：包括250千伏安箱式变电站1座、160千伏安箱式变电站1座、100千伏安箱式变电站7座、80千伏安箱式变电站4座、50千伏安箱式变电站5座、30千伏安箱式变电站6座、0.4千伏抽屉柜2个、0.4千伏动力箱5个。10千伏高压电缆720米，10千伏高压电缆头48套（每套3相），低压电力电缆11250米。

引黄济青改扩建工程（第二期）青岛段闸站金属结构设备采购及安装工程项目：主要包括输水渠沿线部分需进行金属结构设备更新或维修的水闸，共20座（表7-2）。20座水闸中，闸门报废的13座、维修的7座；20座水闸中，启闭机报废的17座、维修的1座、正常的2座；闸门冬季输水期需频繁启闭、控制运行的部分水闸要设置闸门门槽发热电缆融冰装置，该装置采用发热电缆融冰的防冻措施，需设置门槽防冻装置的水闸共4座。

表7-2 青岛段闸站各水闸金属结构设备更新或维修汇总表

| 名称 | 孔数 | 闸门规格尺寸（宽×高－水头） | 闸门型式 | 金属结构设备更新或维修主要内容 | | | 地区 |
|------|------|--------------------------|----------|--------|----------|--------|------|
| | | | | 闸门 | 闸门预埋件 | 启闭机 | |
| 联合沟倒虹进水闸 | 2 | 3.5×3.5-5.04m | 潜孔式平面定轮钢闸门 | 更换闸门 | 更换闸门预埋件 | 更换为2×100kN电动齿杆式 | |
| 刘庄节制闸 | 2 | 4×4-3.88m | 露顶式平面定轮钢闸门 | 更换闸门止水结构 | 使用原闸门预埋件 | 更换为2×100kN电动齿杆式 | |
| 昌平河倒虹进水闸 | 2 | 3.5×3.5-4.81m | 潜孔式平面定轮钢闸门 | 更换闸门止水结构 | 使用原闸门预埋件 | 离合器大修 | |
| 大喜屯倒虹进水闸 | 2 | 3.5×3.5-3.71m | 潜孔式平面定轮钢闸门 | 更换闸门 | 更换闸门预埋件 | 更换为2×100kN电动齿杆式 | 平度 |
| 陈家沟倒虹进水闸 | 2 | 3.5×3.5-5.24m | 潜孔式平面定轮钢闸门 | 更换闸门 | 更换闸门预埋件 | 更换为2×100kN电动齿杆式 | |
| 白沙河倒虹进水闸 | 2 | 3.5×3.5-5.23m | 潜孔式平面定轮钢闸门 | 更换闸门 | 更换闸门预埋件 | 更换为2×100kN电动齿杆式 | |
| 丰收沟倒虹进水闸 | 2 | 3.5×3.5-4.91m | 潜孔式平面定轮钢闸门 | 更换闸门 | 更换闸门预埋件 | 更换为2×100kN电动齿杆式 | |

| | | | | | |
|---|---|---|---|---|---|
| 清水河倒虹进水闸 | 2 | 3.5×3.5-4.66m | 潜孔式平面定 | 更换闸门 | 更换闸门预埋件 | 更换为2×100kN电动齿杆式 | 平度 |

| 闸名 | 孔数 | 尺寸 | 型式 | 闸门 | 预埋件 | 启闭机 | 地区 |
|---|---|---|---|---|---|---|---|
| 清水河倒虹进水闸 | 2 | 3.5×3.5-4.66m | 潜孔式平面定 | 更换闸门 | 更换闸门预埋件 | 更换为2×100kN电动齿杆式 | 平度 |
| 小清河倒虹进水闸 | 2 | 3.5×3.5-4.91m | 潜孔式平面定轮钢闸门 | 更换闸门 | 更换闸门预埋件 | 更换为2×100kN电动齿杆式 | |
| 助水河倒虹进水闸 | 2 | 3.5×3.5-4.46m | 潜孔式平面定轮钢闸门 | 更换闸门 | 更换闸门预埋件 | 更换为2×100kN电动齿杆式 | |
| 刘家荒分水闸 | 2 | 2×2-1.6m | 铸铁闸门 | 更换闸门 | 更换闸门预埋件 | 更换为100kN手电两用螺杆式 | 胶州 |
| 刘家荒节制闸 | 2 | 4×3.5-2.05m | 露顶式平面定轮钢闸门 | 更换闸门止水结构 | 更换闸门预埋件，设门槽发热电缆融冰装置 | 更换为2×100kN电动齿杆式 | |
| 大沽河倒虹进水闸 | 2 | 3×3.5-4.39m | 潜孔式平面定轮钢闸门 | 更换闸门 | 更换闸门预埋件 | 使用原启闭机 | |
| 大沽河东堤穿涵节制闸 | 3 | 3×3.5-7.96m | 潜孔式平面定轮钢闸门 | 更换闸门止水结构 | 使用原闸门预埋件 | 更换为2×100kN电动齿杆式 | |
| 东小埠节制闸 | 2 | 5×3.5-2.01m | 露顶式平面定轮钢闸门 | 更换闸门止水结构 | 更换闸门预埋件，设门槽发热电缆融冰装置 | 更换为2×100kN电动齿杆式 | |
| 小新河上节制闸 | 3 | 4×3.5-2.09m | 露顶式平面定轮钢闸门 | 更换闸门止水结构 | 更换闸门预埋件，设门槽发热电缆融冰装置 | 更换为2×100kN电动齿杆式 | |
| 小新河下节制闸 | 2 | 5×3.5-2.38m | 露顶式平面定轮钢闸门 | 更换闸门止水结构 | 更换闸门预埋件，设门槽发热电缆融冰装置 | 使用原启闭机 | |
| 利民河倒虹进水闸 | 2 | 3.5×3.5-4.95m | 潜孔式平面定轮钢闸门 | 更换闸门 | 更换闸门预埋件 | 更换为2×100kN电动齿杆式 | 胶州 |
| 桃源河倒虹进水闸 | 2 | 3×3-4.44m | 潜孔式平面定轮钢闸门 | 更换闸门 | 更换闸门预埋件 | 更换为2×100kN电动齿杆式 | |

## 第三节 设计变更

设计方案确定后，从胶东地区旱情及需水趋势分析，预计短期内不具备长时间停水施工的条件，再加上其他方面原因，工程较初步设计有较大变化。根据工程实际情况，需要对原设计方案进行相应的变更，其中包括：引黄济青工程供水时间延长，每年有效施工时间大幅缩短；每年停水时间缩短，泵站改造被迫分期实施；台风造成部分工程水毁，为尽快完成修复任务，需对原设计方案进行变更；棘洪滩水库调蓄能力制约改扩建施工工期；根据工程管理需要，自动化调度系统需进一步完善提升等。

工程主要设计变更皆履行变更程序，变更程序符合规范、规程要求。

**一、变更缘由**

一是水库调蓄能力制约工期。受胶东地区持续干旱影响，棘洪滩水库变成青岛市的主要水源地，承担着向青岛市区供水的任务，水库总库容1.58亿立方米，死库容4780万立方米，设计兴利库容1.104亿立方米。棘洪滩水库向青岛市区日供水量约100万立方米，在水库蓄满水的情况下仅能支持3个月，必须在停水3个月后再次充库蓄水，才能保障青岛的城市用水安全。所以每年留给引黄济青改扩建的施工时间仅为3个月。

二是有效施工时间大幅缩短。引黄济青改扩建工程自2014年启动以来，胶东地区连续干旱，缺水严重，为保障胶东地区用水，只能延长供水时间。据统计，引黄济青工程2015年引水303天，2016年、2017年全年不间断运行，2018年引水271天。即便如此，胶东地区缺水形势依然十分严峻。为此，山东省委、省政府要求加快推进引黄济青改扩建工程建设进度，确保2020年完成主体工程建设，尽早发挥工程效益。受供水时间限制，改扩建工程每年的有效施工时间大幅缩短，其中2015年改扩建一期大部分工程施工工期不足3个月，寒亭段不足2个月；2018年改扩建后续工程实施期间，受到第18号台风"温比亚"的严重影响，仅有的3个月施工期进一步缩短。

三是台风造成工程水毁。受2018年8月第18号台风"温比亚"影响，山东多地出现大暴雨、局部特大暴雨，工程沿线长时间、大强度降雨，地下水位急剧上升，特别是潍坊市境内的寿光市遭受百年不遇的洪涝灾害，弥河决堤，输水渠道出现多处溃堤和内坡衬砌坍塌滑坡等损毁。为不影响引黄济青工程正常输水，尽快完成工程修复，需对弥河滩地、利民河倒虹至虞河倒虹等渠段的原设计方案进行变更。

四是泵站改造分期实施。根据批复初设方案，宋庄、王耨、亭口、棘洪滩4座泵站机电及金属结构改造工程需停水施工，且停水施工时间需不少于6个月。受胶东地区持续干旱影响，泵站改造工程无法在1个停水期一次性改造完成，为确保按期完成建设任务，被迫分2个停水期实施。

五是自动化调度系统提升。2014年初设方案批复以来，受水地区连年同时遭遇干旱缺水和城市用水量增加的双重压力，工程运行工况从每年阶段性运行相应变化为连续运行，运行情况的重大变化对自动化调度系统建设提出了更高要求。同时从管理需求和运行调度的统一性出发，将2014年批复的山东省引黄济青改扩建工程初步设计通讯自动化部分，与2013年批复的山东省胶东地区引黄调水工程调度运行管理系统方案合并建设，按统一标准实施。

此外，鉴于城市与农业用水矛盾非常突出，工程沿线非法取水现象频繁发生，社会生态环境、安全形势日趋严峻，防范恶性水安全事件十分重要，有必要将视频监视布控范围扩大到渠道沿线各管理所（站）及渠道本身工况。2018年6月，上海合作组织峰会在青岛举行，为配合上合组织青岛峰会的召开，根据棘洪滩水库管理需要及地方政府相关要求，研究决定建设棘洪滩水库视频监视项目，并将该项目作为自动化调度系统实施方案的一个专项提前实施。

## 二、主要变更内容

### （一）渠首取水工程

打渔张泵站主厂房及上下游连接段基础工程：打渔张泵站主厂房、进口闸、进口闸翼墙、进水池挡墙、拦沙闸地基、拦沙闸后出水池及下游翼墙地基，利用原施工的碎石桩复合地基，处理范围不足部分，由初设批复的新增部分碎石桩调整为水泥土搅拌桩。

打渔张泵站副厂房工程：初步设计批复副厂房基础采用柱下钢筋混凝土钻孔灌注桩，招标设计时，根据原建筑方案副厂房为地上一层建筑，地基处理变更为 3 : 7 灰土换填；施工图阶段，由于建筑方案调整，原单层副厂房调整为局部 6 层塔楼，经计算及分析，又恢复为柱下钢筋混凝土钻孔灌注桩基础。

**（二）输水渠道改造工程**

保留原齿墙及利用旧板护底、现浇混凝土护底渠段：为有效缓解胶东地区旱情，引黄济青工程需加大供水。按照山东省委、省政府及省水利厅的要求，引黄济青改扩建一期工程要于 2015 年 11 月 25 日前全部完成，而 2015 年 8 月 25 日停水后改扩建工程才能开始实施，短时间内无法保证按照原设计完成全部建设任务。为此，根据设计单位现场勘察鉴定情况，齿墙由初设批复的拆除重建变更为对质量满足要求的进行保留；初设批复半断面衬砌护底采用回填 50 厘米厚的当地土变更为利用旧板或现浇混凝土护底；考虑到引黄济青工程长期调水运行实际，引黄济青改扩建后续工程亦参照一期实施方案，对满足设计要求的齿墙进行保留及利用旧板护底。

新增东营段渠底冲沟回填工程：预备河倒虹出口—雷埠沟生产桥（桩号 61+063—64+778）、码头公路桥—预备河倒虹进口（桩号 59+625—60+990）渠道降水后，发现渠底大面积严重冲坑，由于工期紧张采用回填砂石方案。

东营输水渠衬砌改造工程试验段：2018 年 3 月，山东省水利厅和财政厅《关于下达 2018 年省级水利科研与推广项目计划的通知》（鲁水科外字〔2018〕1 号）批复了寒冷地区调水工程渠道衬砌绿色修复关键技术研究与应用项目的立项及经费计划，以解决工程存在的技术难题。为使科研成果紧密结合工程实际，选择引黄济青输水渠广饶雷埠沟生产桥（桩号 64+778）至广寿边界（桩号 66+278）作为试验段，共计 1500 米。试验方案中，防冻胀、踏步、封顶板与防护板等设计内容维持不变，渠坡衬砌采用再生骨料混凝土板、混凝土异形板等方案，渠底采用现浇混凝土衬砌，复合土工膜改为土工布。

潍坊塌河倒虹—宋庄泵站段：塌河倒虹至西张僧河倒虹段（桩号 67+184—73+549），在原衬砌基础上进行衬砌加高；西张僧倒虹至宋庄泵站段（桩号 73+662—77+700），在原戗台基础上现浇 15 厘米混凝土。

潍坊潍河左侧滩地：衬砌形式由全断面预制混凝土板衬砌变更为全断面现浇混凝土衬砌。

潍坊利民河倒虹出口—虞河倒虹进口段：由半断面预制混凝土板衬砌变更为全断面现浇混凝土衬砌。

弥河倒虹滩地明渠改造：渠坡由初设批复的浆砌石护坡变更为现浇混凝土护坡；渠底由初设批复的干砌旧板变更为现浇混凝土衬砌。

新增大沽河滩地渠道衬砌工程：大沽河滩地渠道长 120 米（桩号 242+193—242+313），原设计方案中未包含该段渠道衬砌改造。根据工程现场实际情况，增加该段衬砌工程，衬砌方案采用全断面预制混凝土板衬砌。

昌邑石方段：该段渠道（桩号 159+137—159+637）渠底由预制混凝土板衬砌变更为现浇混凝土衬砌，158+882—159+137、159+637—159+813 段渠底由初设批复的铺设聚苯乙烯保温板变更为碎石＋中粗砂垫层。

阜康河倒虹出口至远东庄南路段：该段渠道（桩号 131+938—136+202）原设计为全断面衬砌，采用 C30 混凝土预制板 + 复合土工膜 + 保温板 + 厚 10 厘米中粗砂垫层，拆除原现浇护底及坡脚，新建 C30 现浇混凝土齿墙。变更为渠底采用 C30 现浇混凝土 10 厘米厚 + 复合土工膜 +10 厘米厚中粗砂垫层，取消保温板。

徐林庄节制闸至国防公路桥段：该段渠道原设计采用全断面衬砌，渠坡采用 C30 混凝土预制板 + 复合土工膜 + 保温板，渠底采用旧混凝土板 + 复合土工膜 + 中粗砂 10 厘米，新建 C30 现浇混凝土齿墙。变更为渠道断面形式采用弧形坡脚梯形，渠底以上 1 米及坡脚外侧渠底以上 2 米现浇混凝土厚度 0.15 米，渠底其他部位采用 C30 混凝土现浇 10 厘米厚。冲沟、冲坑采用回填渠段内多余的旧板、拆除齿墙石料及石渣。

吴沟河上节制闸至北胶新河倒虹段：该段渠道原设计采用半断面衬砌，渠坡采用 C30 混凝土预制板 + 复合土工膜 + 保温板，渠底采用回填当地土 50 厘米 + 复合土工膜，新建 C30 现浇混凝土齿墙，在渠道左岸渠底以上 4 米新建现浇混凝土饯台。变更后渠道齿墙尺寸为 70 厘米 ×50 厘米（高 × 宽）；渠底复合土工膜以上覆土厚度由 0.5 米调整为 0.7 米；取消饯台设计，原边坡放至渠底；其中郝家屯桥至北胶新河倒虹段（桩号 174+642—175+454）右岸（阴坡），保温板下现浇 C15 混凝土垫层 10 厘米。

**（三）桥梁工程**

取消寒亭段坊央公路桥（118+394）、昌邑段老营峄路生产桥（161+139）加固维修和平度段辛付庄南生产桥（200+307）拆除重建工程。

寿光段寇家坞西南生产桥（69+624）工程：寇家坞西南生产桥设计荷载等级由公路 II 级 ×0.8 调整为公路 II 级，桥墩桩长由 20 米调整为 25 米，桥台桩长由 20 米调整为 21 米。

西马塘渠生产桥（76+350）：西马塘渠生产桥设计荷载等级由公路 II 级 ×0.8 调整为公路 II 级，桥墩、桥台桩长均由 20 米调整为 28 米。

**（四）小清河子槽截渗设计**

在穿堤障碍物处，将多头小直径水泥土搅拌桩变更为高压定喷形成的高喷墙，共 24 处，长 846.55 米；根据实际情况，左岸截渗范围由 42+450—54+636 调整为 42+450—54+394，比初步设计缩短 242 米。

**（五）宋庄、王耨、亭口和辣洪滩四级泵站机电设备改造**

将原有 6 千伏配电系统增容改造成 10 千伏配电系统变更为新增 10 千伏变配电系统，相应增加变配电室、电缆沟等土建工程，增加计算机监控自动化系统等；更换部分管件及辅机；变更部分液压启闭机配件。

**（六）自动化调度系统**

新增渠道全线及泵（闸）站部分视频监视：渠道全线布设视频监视系统，泵（闸）站加密监视点布置；配套增加计算机网络交换和直流远供电源设备，同时利用架空主干光缆路由敷设 1 条 12 芯光电复合缆以满足新增渠道视频供电及通信需求。

新增棘洪滩水库项目专项：主要建设大坝照明系统、入侵报警系统、计算机通信网络系统、大坝安全监测系统、计算机监控系统、视频监视系统，整合和建设水文（水位、流量）、雨水情、气象等各类信息采集系统。

小清河段（赵王河倒虹至引黄济青上节制闸段）光缆变更为与南水北调工程共建；起点至城区管理机构光缆租用公网资源，增列光缆租用费。

与胶东调水相应项目合并建设，统一建设标准。主要包括数据资源管理系统（原数据建库及数据库管理系统）、应用支撑平台（原支撑平台）、数据中心硬件等。计算机监控系统、通信系统、计算机网络系统、业务应用系统、运行环境等结合胶东地区引黄调水工程，根据工程管理需要按统一标准进行完善提升。

### （七）水土保持工程

东营、潍坊、青岛段的输水渠迎水边坡水土保持防护措施由撒播草籽调整为满铺草皮（图7-6）。

图7-6 输水渠迎水边坡满铺草皮

# 第二章 工程建设

按照批复的工程建设总体方案，第一期项目为2014年底至2015年底实施。主要实施内容为输水渠改造工程80.29千米、渠首高输沙渠衬砌工程、小清河子槽截渗工程、棘洪滩水库改造工程、部分危桥改造工程、35千伏供电线路工程及泵站机电、金属结构设备采购等。[①]

引黄济青改扩建工程青岛段工程投资约为30379.4万元，其中土建部分合同总投资为23458.4万元、机电部分合同总投资约6921.0万元。一期工程青岛段主要内容为平度、胶州段25千米的输水渠道衬

---

① 仇志峰，隋昕．引黄济青改扩建工程建设浅析 [J]．山东水利，2016（07）：3-4.

砌改造和棘洪滩水库护坡加固。整个一期工程原定工期为208天，但由于旱情特别严重，工程一直处于通水运行状态。为避让应急抗旱调水，同时保证胶东地区用水需求，山东省水利厅要求改扩建一期工程集中在2015年8月25日至11月25日3个月内完成。山东省胶东调水局青岛分局采取各种赶工措施，在11月25日前完成了改扩建一期主体工程，保证了青岛市供水安全。整个工程改扩建完成后，棘洪滩水库的日最大供水能力达到71.9万立方米，青岛市供水保障水平得到进一步提高。

## 第一节　建设内容

引黄济青改扩建工程主要建设任务包括完善渠首取水工程（拆除重建渠首进水闸、新建低输沙渠节制闸及打渔张泵站）、206千米输水渠衬砌改造、40座桥梁改造、小清河子槽截渗23.67千米、4座泵站（宋庄、王耨、亭口、棘洪滩）和60座水闸电气及金属结构改造、棘洪滩水库坝坡加固改造、大沽河枢纽加固改造、管理设施维修改造、自动化调度系统、安全防护和水土保持工程等。通过改造原有的引黄济青工程，解决工程老化、输水能力降低等问题，使其恢复原有的输水能力，承担引黄和南水北调东线一期工程向胶东地区潍坊、青岛、烟台、威海等城市供水的任务。

### 一、主要工程量

土建项目：土石方开挖66.59万立方米、土石方填筑64.34万立方米、砌石3.48万立方米、混凝土32.05万立方米、钢筋制安3331.82吨、渠道清淤78.82万立方米、管理设施维修34.29万平方米、植树2359棵、草皮护坡20.22万平方米。

金属结构及机电设备改造（包括泵站、闸站）：新装水泵5台、电机5台，改造水泵23台、电机28台，更换安装启闭机174台、闸门183扇、齿杆214根，金属结构制作安装1125.97吨，新建35千伏变电站4座。

35千伏线路架设：新建35千伏线路36.66千米。

### 二、渠首取水工程

主要工程内容包括拆除重建渠首进水闸、整修和衬砌高输沙渠5700米、疏挖渠首进水闸前700米渠道、新建低输沙渠节制闸和打渔张泵站（图7-7、7-8）。

图7-7　2019年7月3日，低输沙渠节制闸和打渔张泵站进水闸施工

图7-8　打渔张泵站

### 三、输水渠改造工程

主要工程内容：对输水渠道进行清淤，对原衬砌的输水渠及吴沟河进行衬砌改造，对弥河倒虹滩地明渠进行改造，对低输沙渠及输水渠两岸进行安全防护，对部分渠段的渠堤进行加固，翻修改造输水渠两侧部分损毁交通道路，加固改造或拆除改建工程沿线40座跨渠交通桥梁，对小清河子槽两岸堤防进行截渗处理等。为便于工程管理，加固交通流量大的输水渠交通道路，渠道两侧增加安全防护网和安全警示牌，在每座建筑物处增加下渠台阶。

引黄济青改扩建工程青岛段渠道衬砌工程共70.345千米，主要为输水渠衬砌、清淤、踏步、水位观测井工程；堤防加固工程5.045千米；8座生产桥拆除重建（曹家庄东北生产桥、曹家庄东生产桥、朱家庄北生产桥、大刘庄北生产桥、赵家村东生产桥、曹家庄西北生产桥、大喜屯西生产桥、东刘家口生产桥）、4座生产桥维修加固（小高后生产桥、郭家屋子南生产桥、小刘庄南生产桥、五里屯生产桥）。渠道衬砌工程主要工程量包括土方开挖46.35万立方米、土方回填10.99万立方米、混凝土浇筑2.67万立方米、预制板预制7.65万立方米、土工膜铺设196.41万平方米、保温板铺设170.71万平方米。渠道采取全断面防渗保温，减少渗漏损失，简化冬季蓄水保温措施；同时通过渠道清淤、渠底衬砌等措施，提升工程输水量及输水速度。桥梁工程包括土方开挖1.19万立方米、土方回填0.98万立方米、C30混凝土0.14万立方米、C40混凝土375立方米、钢筋制安306吨。

### 四、棘洪滩水库改造工程

棘洪滩水库加固与改造工程采用现浇混凝土对部分干砌石坝坡进行加固、改造，完善大坝观测设施和水质检测系统。

水库大坝内坡加固改造工程，主要建设内容为M10浆砌石护坡工程、现浇混凝土护坡工程及观测设施工程。干砌石拆除31105立方米，挑拣、清打后的块石用胶轮车回运20553立方米；M10浆砌石护坡27322立方米，M10浆砌条石消浪坎1849.49立方米，现浇混凝土护坡8259立方米，干砌石缝灌砂3442立方米，干砌石缝灌细石砼1721立方米，排水管安装22304米，闭孔泡沫板安装81立方米，弃料外运10663立方米，沉降位移标点20个、测压管钻孔624米、测压管612米。新增防浪墙底部与浆砌石护坡结合部位砼及浆砌石护坡结合部位混凝土项目1419.45立方米。

为确保能够对大坝的渗流、位移进行正常观测，并使原观测数据具有可比性，本次设计原位置侧5.0米重建60个测压管及20个位移标点。实施改扩建工程后，棘洪滩水库入库流量由23立方米每秒增加到28立方米每秒，加大流量可提升至34.1立方米每秒；水库设计日供水能力由30万立方米每日增加到71万立方米，最大达到130万立方米。

### 五、大沽河枢纽改造工程

大沽河枢纽加固改造工程主要包括对倒虹吸进行防渗处理，维修加固泄洪闸、冲沙闸、引水闸，维修加固漫水交通桥，更换翻板闸门和倒虹止水，拆除重建上下游连接段。（图7-9）

**图7-9 大沽河枢纽工程**

泄洪闸、冲沙闸上游连接段拆除重建。右侧增设浆砌块石护坡，左侧护坡挡墙维持现状，维修局部破损部位；在上游铺盖齿墙下增设一道水泥土搅拌桩防渗墙，墙底至泥岩。枢纽溢流坝、泄洪闸及冲沙闸段下游的消力池、海漫、防冲槽拆除重建；枢纽下游护坡改建；倒虹内置增设一道压板止水；更换泄洪闸、冲沙闸、引水闸闸门及启闭设施。交通桥更换栏杆及桥面铺装。

水泥土搅拌桩防冲墙752.47立方米，C30混凝土11653.33立方米，C20埋石砼海漫累计5721.17立方米，M10浆砌石工程4126.4立方米，冲沙闸、引水闸闸门安装26.8吨（6扇），泄洪闸水力自控翻板闸门20扇，倒虹吸止水修复545.96米，左岸高压线塔灌注桩17根。

### 六、输水河防护工程

输水渠全封闭防护位置为沿输水渠左、右堤内肩路缘石或衬砌防护板外侧埋设护栏网，并分段与沿线桥梁、节制闸、输水渠穿河（沟、渠）倒虹连接封闭。每个封闭段设一处检修门。防护长度共141086米。土方开挖3791立方米，土方回填1659立方米，C25混凝土基础2133立方米，护栏网142176米，标识牌236个。

安全防护采用PVC包塑铁丝框架焊接护栏网，防护高度1.5米。

### 七、机电及金属结构改造工程

对宋庄、王耨、亭口、棘洪滩4座泵站的机电设备及金属结构进行改造。对渠首进水闸、沉沙池出口闸和输水线路沿线55座控制闸、东张僧河5座分水闸的金属结构设备进行更新或维修。

### 八、自动化调度系统

改造完善自动化调度系统，主要包括计算机监控系统、视频监视系统、计算机网络系统、通信网络系统、综合管理信息系统及运行实体环境等。（图7-10）

图7-10 亭口泵站自动化调度值班室

### 九、水土保持工程

将水土流失防治区划分为打渔张泵站区、输水渠改建工程区、大沽河枢纽改建工程区、棘洪滩水库大坝改建工程区、施工生产生活区5个防治分区，建立完善包括工程措施、植物措施和临时措施在内的水土流失防治措施体系。

打渔张泵站区：泵站建设期间采取彩钢板临时围挡、防尘网临时防护；工程建设完工后进行土地整治，对区内的空地进行园林绿化，对新建高输沙渠边坡及堤顶进行绿化，对堆置弃土进行撒播植草防护。

输水渠改建工程区：工程建设完工后进行土地整治，根据输水渠道建设期间植被损坏情况进行边坡植草防护、输水渠堤顶绿化，同时对堆置弃土进行撒播植草防护，对输水渠沿线桥梁施工期的泥浆钻渣进行处理。

大沽河枢纽改建工程区：对大沽河枢纽上、下游进行浆砌石护岸，对堆置弃土进行拦挡防护等。

棘洪滩水库大坝改建工程区：对水库大坝加固，对堆置弃土进行拦挡防护。

施工生产生活区：将土地整治和植被恢复措施相结合，同时在施工前进行表土剥离防护，施工期对堆料场等进行彩钢板围挡。

水土保持工程青岛段主要为草皮护坡 13 万平方米。

### 十、环境保护工程

加强施工期的环境管理工作并成立环境管理小组；优化施工方案，严格限定施工范围；加强对生活污水和生产废水的收集处置；落实施工固废的收集及处置；指导施工期生态保护工作，并依据水保方案的要求督促相关单位开展水土保持工作；成立环境风险应急小组，加强施工期环境风险防范。严格执行环境保护设施与主体工程同时设计、同时施工、同时投产使用的"三同时"制度。

### 十一、管理设施维修工程

管理设施维修改造的主要内容：对工程沿线管理所（站）、泵站主厂房和出水机房、闸室等设施的内外墙统一进行修缮和改造，对房顶进行修缮或平改坡，对破损门窗进行更换，对管理设施低压线路、配电设施进行更换等。

本项工程涉及沿线 21 个管理所、43 个管理站和 74 座闸室。其中，青岛段涉及 5 个管理所、14 个管理站、31 座闸室；主要包括外墙修缮 20738 平方米、房屋内墙修缮 8982 平方米、房顶修缮 3399 平方米、平改坡 1381 平方米、低压输电线路改造 6559 米、办公楼门窗改造 810 平方米及办公楼配电配套 4540 米。通过实施改扩建，对工程设施进行更换，设施老化及安全隐患问题得到解决；泵站机电设备得到更新改造，运行效率提高，能耗降低，安全可靠性得到保障。

增加水质在线监测和数据传输系统，能够及时准确掌握水质变化情况；增设防护网，实现全封闭运行；增加远程视频监控系统，便于及时发现和处理水源污染问题，确保水质达标，保障用水安全。

改扩建完成后，通过自动化调度系统实现了平台联通、远程监控、远程操作等，丰富调度手段，调度指令下达、信息获取更快捷，运行数据更加详实、准确，为快速决策、及时处理突发状况提供了有力支撑。

### 十二、渠首打渔张泵站新建工程

从低输沙渠右岸开挖泵站引水渠，引水渠后接泵站进口闸、清污闸段，清污闸后依次布设前池、进水池、泵站主厂房、拦沙闸、出水池及高输沙渠等。打渔张泵站进水建筑物主要包括引水渠、泵站进口闸、清污机闸、前池、进水池；出水建筑物主要包括出水管路、拦沙闸、出水池及下游连接段。主厂房共选用 5 台 1700ZLQ-6 型水泵，配套电动机功率为 900 千瓦，泵站总装机容量为 4500 千瓦。5 台泵作"一"字形排列，机组间距 5.75 米。

### 十三、宋庄泵站设备改造工程

7 台主泵中的 5 台于 2005 年更换为立式导叶式混流泵。根据以往改造经验，将未改造的 2 台轴流泵改造为 1400HD-9 型立式导叶式混流泵，泵型结构同上次改造，采用不锈钢叶轮及导叶体，原进、出水流道不变，叶片角度为 0°，水泵转速为 375 转每分钟。为提高电机效率和便于管理，7 台主电机按原型号 TL720-16/1730 更换，电机功率 720 千瓦，电压改为 10 千伏。原 2 台 26HB-40 型卧式混流泵更换为 800HW-12 型卧式混流泵，转速为 490 转每分钟，将原 2 台 JSQ1410-10 型 200 千瓦电机更换为 YL560-12 型 315 千瓦电机，电压改为 10 千伏。

### 十四、王耨泵站设备改造工程

6 台主泵更换主轴及轴承，更换水泵叶轮（采用不锈钢）、导叶体（采用不锈钢）及转轮室（采用不锈钢），其中 2 台采用叶片全调节形式，以满足流量调节要求。原 6 台 800 千瓦同步电动机单机功率调增为 1000 千瓦、型号为 TL1000-24，电压改为 10 千伏。更新 2 台 900HLB-10 型 315 千瓦调节泵机组，水泵型号不变，电压改为 10 千伏。

### 十五、亭口泵站改造工程

供电线路：新建 220 千伏西林站—平度亭口泵站 35 千伏送电线路，总长度 19.33 千米；其中单回架空线路 18.78 千米、电缆线路 0.55 千米，新建单回路角铁塔 88 基（图 7-11）。改造 35 千伏平口线 #168—#171 段，总长度 0.54 千米，其中单回架空线路 0.44 千米、电缆线路 0.1 千米。

图 7-11 2017 年 2 月 14 日，35 千伏供电线路铁塔架设施工

设备安装：原 4 台 18CJS-70 型液压全调节立轴轴流式水泵改为 1600HD-9 型立轴导叶式全调节混流泵（采用不锈钢叶轮）。同步电动机 TL00-20，单机功率调增为 1000 千瓦，电压改为 10 千伏。对 4 台主水泵的叶片调节装置进行相应的更新。更换水泵机组上游处检修闸、检修闸门起吊设备及运行轨道，增设 2 扇检修门、1 台检修闸门起吊设备。更换泵站出口快速闸门、事故闸门及启闭设备。更换泵站前池清污机、泵站口快速闸门、事故闸门及相应的启闭设备。更换 2 台主变、1 台近区变、2 台站变。35 千伏变电站改造为户内及站内设备更新。将 6 千伏电压等级改为 10 千伏，更换 6 千伏开关柜。更新继电保护，新增计算机监控系统、视频监控系统和通信系统等。

### 十六、棘洪滩泵站设备安装工程

5 台 1.6HL-50B 型立式混流泵改为 1600HD-10（1.6HL-50E），机型基本不变，更换水泵叶轮（采用不锈钢）、大轴及轴承、导叶体（采用不锈钢）（图 7-12）及转轮室等。其中 2 台采用叶片全调节形式，以满足流量调节要求。同步电动机更换为 TL1120-24 型，单机功率调增为 1120 千瓦，电压改为 10 千伏。更新 2 台 900HD-11.5 型 330 千瓦调节泵机组，水泵型号不变，电机改为 YL5602-12、355 千瓦，电压改为 10 千伏。泵站前池清污机进行维修。更换水泵机组上游处检修闸门、检修闸门起吊设备及运行轨道。更换泵站出口快速闸门、事故闸门及启闭设备。更换泵站前池清污机、泵站出口快速闸门、事故闸门及相应的启闭设备。更换 2 台主变、1 台近区变、2 台站变（图 7-13）。将 6 千伏电压等级改为 10 千伏，更换 6 千伏开关柜。更换低压配电系统。将 7 根混凝土出水管改为 7 根壁厚为 22 毫米的钢管。更新继电保护，新增计算机监控系统、视频监控系统和通信系统等。

图 7-12 2019 年 9 月 19 日，棘洪滩泵站水泵层导叶体安装　　图 7-13 2019 年 8 月 28 日，棘洪滩泵站变压器进场

### 十七、青岛段闸站改造工程

金属结构设备采购及安装工程：输水干渠沿线部分需进行金属结构设备更新或维修的水闸共 20 座。主要为 35 孔闸门预埋件安装、26 扇钢闸门安装、2 扇铸铁闸门安装、34 台齿杆式启闭机安装、2 台螺杆式启闭机安装和 9 套发热电缆融冰装置安装。

电气设备采购及安装工程：250 千伏安箱式变电站 1 座，160 千伏安箱式变电站 1 座，100 千伏安箱式变电站 7 座，80 千伏安箱式变电站 5 座，30 千伏安箱式变电站 6 座，0.4 千伏安抽屉柜 2 个，0.4 千伏安动力箱 5 个。主要划分为平度段、胶州段及棘洪滩段，共 3 部分。其中：平度段包括输水渠沿线闸站更换箱式变电站 6 台，分别为 XBW-30 千伏安 3 台（大喜屯管理所、陈家沟管理所、丰收沟管理所）、XBW-50 千伏安 1 台（曹家庄管理所）、XBW-80 千伏安 2 台（西河管理所、白沙河管理所）；胶州段为输水渠沿线闸站更换箱式变电站 8 台，分别为 XBW-30 千伏安 4 台（利民河管理所、刘家荒管理所、大沽河进口管理所、东小埠管理所）、XBW-50 千伏安 1 台（大沽河枢纽工程）、XBW-100 千伏安 2 台（小新河管理所、小新河管理所下闸）、XBW-160 千伏安 1 台（大沽河管理所）；棘洪滩段包括水库沿线管理房更换箱式变电站 10 台，分别为 XBW-50 千伏安 3 台（1 号管理房、3 号管理房、4 号管理房东）、XBW-80 千伏安 2 台（2 号管理房、4 号管理房）、XBW-100 千伏安 4 台（放水洞、1 号管理房南、桃源河站、养殖场）、XBW-250 千伏安 1 台（管理处）。

## 第二节　工程施工

工程批复后，恰遇胶东地区连年干旱，缺水严重，工程不得不长时间进行应急调水，2016 年和 2017 年全年不间断运行，一直不具备施工条件。为此，在确保胶东 4 市用水安全的前提下，改扩建工程按照"全面准备、化整为零、相机实施、分批完成"的原则，充分利用 2015 年 8—10 月、2018 年 8—10 月和 2019 年 8—11 月、2020 年 9—11 月等 2 至 3 个月的 4 个短暂停水期，有效推进项目实施。

2015 年主要实施输水渠衬砌改造工程、渠首高输沙渠衬砌工程、小清河子槽截渗工程、棘洪滩水库改造工程、桥梁改造、王耨和亭口泵站 35 千伏线路架设等，完成投资约 2.51 亿元。

2018 年完成输水渠衬砌改造、混凝土衬砌板预制、渠道安全防护工程、打渔张泵站 35 千伏线路架设、打渔张泵站枢纽及低输沙渠节制闸工程地面以下部分建设，以及打渔张泵站水泵、宋庄泵站水泵、宋庄和王耨泵站清污机及金属结构、亭口和棘洪滩泵站金属结构生产等，完成投资约 2.56 亿元。

2019 年完成输水渠衬砌改造、渠道安全防护工程、桥梁改造、混凝土衬砌板预制、打渔张泵站土建工程及设备安装、渠首进水闸及低输沙渠节制闸工程建设，完成宋庄、王耨、亭口、棘洪滩泵站改造及亭口泵站 35 千伏变电站的新建、宋庄泵站 35 千伏线路工程，完成大沽河枢纽改造、管理设施维修改造、部分闸站改造工程、通讯自动化线路铺设及部分设备安装调试，完成投资约 4.72 亿元。

2020 年实施渠道衬砌改造尾工建设、渠道防护工程，完成宋庄、王耨、棘洪滩泵站改造及 3 个泵站的变电站新建，完成闸站改造工程和自动化调度系统，完成投资约 2.43 亿元。

在确保供水安全的前提下，泵站改造实施方案调整为四级泵站分期实施过渡，采用泵站双电压运行实施方案，确保泵站改扩建工程工期，泵站改扩建工程量相对建设临时泵站少且节省投资。绿色混凝土项目结合引黄济青改扩建工程，较好地贯彻水利工程绿色发展理念，有效提高胶东调水工程的输水能力。施工期间，各级均加强防汛工作，层层制订安全度汛方案、预案，加强监督检查，特别是在遇到台风水毁的情况下，有效应对超标准降水，保证工程建设的顺利进行。

**一、渠首取水工程**

渠首进水闸、低输沙渠节制闸及低输沙渠清淤工程于 2018 年 6 月 26 日开工，主要包括拆除重建渠首进水闸（图 7-14）、新建低输沙渠节制闸工程、金属结构安装工程、电气安装工程和低输沙渠清淤等工程。

图 7-14 2020 年 9 月 12 日，引黄济青进水闸

打渔张泵站于2018年6月27日开工，主要包括：土方开挖，水泥搅拌桩基础处理，泵站进口闸、前池、进水池、主厂房、出口拦沙闸、出水池、主副厂房建设，金属结构及水机安装，电气设备安装和调试，400米高输沙渠。（图7-15、7-16）

图7-15 打渔张泵站主厂房　　　　　　图7-16 低输沙渠节制闸和打渔张泵站进水闸

上述工程均于2019年12月12日完工。

**二、渠道改造工程**

高输沙渠段（0+400—5+386）自2015年4月26日开工，主要包括：高输沙渠土方填筑、修坡、混凝土齿墙浇筑、土工布铺设、保温板铺设、混凝土预制板安装等。桩号0+400—1+800段于2019年6月23日完工，桩号1+800—5+386段于2015年11月19日完工。

输水渠道段衬砌改造工程（0+000—18+468）主要包括旧混凝土衬砌板、保温板、塑料膜拆除，边坡修整，部分齿墙修复，土工布、保温板铺设，新混凝土板预制及安装和利用旧混凝土板衬砌渠底等。具体如下。

滨州段：桩号0+000—18+468段自2015年3月10日开始预制混凝土板，8月26日至11月16日完成渠道衬砌改造施工。

东营段：桩号58+162—59+625、61+063—64+778段自2014年11月17日开始预制混凝土板，2015年9月1日至10月26日完成渠道衬砌改造施工；桩号54+655—54+921、59+625—60+990段于2018年7月27日开始预制混凝土板，2019年9月2日至10月20日完成渠道衬砌改造施工；桩号64+778—66+278段于2019年9月1日至10月31日完成渠道衬砌改造施工。

潍坊段：桩号105+955—118+394、154+888—169+783、175+740—179+231段于2015年3月25日开始预制混凝土板，8月28日至11月30日完成渠道衬砌改造施工；桩号146+456—151+456段于2018年8月24日至11月30日完成渠道衬砌改造施工；桩号66+278—105+955、118+394—146+456、151+456—154+403、169+704—175+454于2019年9月1日至11月28日完成渠道衬砌改造施工。

青岛段：桩号179+549—185+113、204+667—209+865、229+851—234+679、242+373—252+472段于2015年8月25日至11月25日完成渠道衬砌改造施工；桩号209+865—210+465、210+865—211+065、211+465—213+023、217+190—218+923、220+391—221+056、221+400—222+321、

225+106—225+987 段于 2018 年 8 月 15 日至 11 月 11 日完成渠道衬砌改造施工；桩号 185+113—204+501、210+465—210+865、211+065—211+465、213+023—217+066、218+923—220+391、221+056—221+400、222+440—225+106、225+987—229+851、234+679—241+702 于 2019 年 9 月 6 日至 12 月 15 日完成渠道衬砌改造施工（图 7-17、7-18、7-19）。1 标、3 标剩余戗台以上部分尾工于 2020 年 6 月 30 日完工。

图 7-17　2019 年 10 月 7 日，平度段渠道衬砌渠坡削坡施工

图 7-18 2019 年 10 月 14 日，平度段渠坡衬砌板安装施工

图 7-19　2019 年 11 月 19 日，平度段渠道衬砌施工——渠底衬砌板安装

### 三、桥梁改造工程

主要对生产桥危桥进行旧桥拆除、混凝土灌注桩基础处理、桥板预制及安装、桥面铺装、防撞护栏安装等，对部分生产桥旧桥进行维修加固。工程于 2014 年 11 月 18 日开工，2019 年 12 月 28 日完工。具体如下。

滨州段：九甲、三新低渠、三新高渠等生产桥拆除重建于 2015 年 5 月 12 日开始预制混凝土桥板，8 月 26 日至 11 月 5 日完成旧桥拆除、重建施工；刘王生产桥拆除重建于 2018 年 10 月 29 日开工，2019 年 11 月 28 日完工。

东营段：码头公路桥和北堤干渠、北堤村东、义和等生产桥于 2014 年 11 月 18 日开始进行桥板预制，2015 年 9 月 1 日至 10 月 31 日完成拆除重建。2015 年 9 月 1 日至 10 月 31 日完成南堤、央五、雷埠沟等生产桥维修加固。

潍坊段：东马塘沟西、北寨西等生产桥拆除重建于 2015 年 7 月 20 日开始预制混凝土桥板，9 月 1 日至 12 月 1 日完成拆除重建；八里庄北、孟家庄西北等生产桥拆除重建于 2018 年 9 月 21 日开工，2019 年 5 月 29 日完工；寇家坞西南桥、西马塘渠桥、冯家北桥、冯家东北桥、中疃南、伊家西北、王麻屯、郝家屯南等生产桥拆除重建于 2019 年 9 月 12 日开工，12 月 22 日完工；营里社南、温家北、温家村东生产桥维修加固于 2019 年 9 月 2 日开工，12 月 25 日完工。

青岛段：曹家庄东北、曹家庄东、朱家庄北、大刘庄北等生产桥拆除重建于 2015 年 8 月 25 日开工，11 月 10 日完工；小高后、郭家屋子南等生产桥维修加固于 2015 年 10 月 22 日开工，11 月 5 日完工；曹家庄西北（图 7-20）、赵家庄等生产桥拆除重建于 2019 年 8 月 14 日开工，11 月 22 日完工；小刘庄南、五里屯等生产桥维修加固于 2019 年 10 月 25 日开工，11 月 30 日完工；大喜屯西、东刘家口等生产桥拆除重建于 2019 年 4 月 26 日开始预制混凝土桥板，9 月 2 日至 12 月 6 日完成拆除重建。

图 7-20 2019 年 9 月 17 日，平度段曹家庄西北生产桥拆除

### 四、小清河子槽截渗工程

主要进行水泥土搅拌桩截渗墙施工，小清河子槽左岸（42+450—54+636）于 2014 年 12 月 14 日开工，2015 年 9 月 30 日完工；小清河子槽右岸（42+810—54+290）于 2014 年 12 月 14 日开工，2015 年 9 月 28 日完工。

### 五、渠道防护工程

桩号 0+000—252+817 的渠道防护工程，主要进行防护网立柱基坑开挖、立柱基础混凝土浇筑及立柱安装、防护网网片安装等施工；工程于 2018 年 4 月 11 日开工，2020 年 11 月 6 日完工。具体如下。

滨州段：高低输沙渠桩号 0+000—5+868 段于 2018 年 5 月 17 日开工，2019 年 11 月 28 日完工；输水渠道桩号 0+000—18+468 段于 2018 年 5 月 17 日开工，6 月 23 日完工。

东营段：输水渠道桩号 55+162—66+278 段于 2018 年 5 月 16 日开工，12 月 17 日完工。

潍坊段：输水渠道桩号 66+278—80+400 段于 2020 年 4 月 1 日开工，4 月 20 日完工；桩号 80+400—105+700、118+394—155+400 段于 2019 年 4 月 1 日开工，2020 年 5 月 31 日完工；桩号 105+700—118+394、155+400—169+783 段于 2018 年 4 月 11 日开工，6 月 13 日完工；桩号 169+783—179+549 段于 2018 年 4 月 11 日开工，2020 年 4 月 20 日完工。

青岛段：输水渠道桩号 179+549—252+817 段于 2018 年 11 月 25 日开工，2020 年 11 月 6 日完工。

**六、泵站新建和改造**

新建打渔张泵站：2018 年 6 月 27 日—2019 年 11 月 14 日完成泵站进口闸工程。2018 年 6 月 29 日—2019 年 11 月 20 日完成前池、进水池工程。2018 年 6 月 30 日—2019 年 11 月 30 日完成 15.33 米高程下主厂房工程。2018 年 7 月 2 日—2019 年 11 月 30 日完成出口拦沙闸、出水池工程。2019 年 1 月 7 日—2019 年 12 月 12 日完成主副厂房房建工程。2018 年 8 月 25 日—2019 年 12 月 12 日完成金属结构及水机安装工程。2018 年 8 月 27 日—2019 年 11 月 30 日完成电器设备安装工程。总计完成土方开挖 57093 立方米，混凝土工程 9707.63 立方米，土方回填 152031.8 立方米，水泥搅拌桩 8011.88 立方米，钢筋制安 749.98 吨，房建工程 3529 平方米，安装水泵、电机 5 台，闸门 65 吨，启闭机 8 台，清污机 3 台。

宋庄泵站：2019 年 2 月 27 日至 7 月 31 日完成 35 千伏变压器室、10 千伏高压开关室、LCU 室的建设和原 400 伏室的改造，以及相关电缆沟、电缆廊道的施工。2019 年 9 月 5 日—11 月 30 日停水期完成 1#、5#、6#、7# 机组水泵、电机及相关励磁装置的更新改造，以及机组主电缆接线及二次接线，完成供水排水等辅机系统的施工；更换水泵机组上游检修闸门、检修闸门起吊设备及运行轨道；更换泵站出口快速闸门、事故闸门及预埋件、快速闸门、事故闸门的启闭设备；更换 2 台主变、1 台近区变、2 台站变；更新改造 10 千伏开关柜 19 组，安装低压柜 7 组。2020 年 7 月 30 日—10 月 30 日停水期完成剩余 2#、3#、4# 机组水泵、电机及相关励磁装置、辅机系统的施工，以及 7 根混凝土出水管道拆除及钢管安装。

王耨泵站：2019 年 3 月 12 日—2019 年 11 月 15 日完成新建变电站、35 千伏变压器室、10 千伏高压开关室的建设，完成 3 台主变、LCU 室柜子安装和原变电站拆除，以及相关电缆沟、电缆桥架、电缆廊道的施工。2019 年 9 月 16 日—11 月 30 日停水期完成 4#、5#、6#、7#、8# 机组水泵、电机及相关励磁装置的更新改造，以及机组主电缆接线及二次接线，完成供水排水等辅机系统的施工；完成 7 根混凝土出水管拆除和 7 根新出水管安装；更换水泵机组上游检修闸门、检修闸门起吊设备及运行轨道；更换泵站出口快速闸门、事故闸门及预埋件、快速闸门、事故闸门的启闭设备；更换 3 台主变；更新改造 10 千伏开关柜一组，安装低压柜一组。2020 年 9 月 1 日—11 月 13 日停水期完成剩余 1#、2#、3# 机组水泵、电机及相关励磁装置、辅机系统的施工，以及 3 根出水管道安装。（图 7-21）

图 7-21 2019 年 7 月 5 日，王耩泵站中控室西移改建工程正在施工

亭口泵站：2019 年 2 月 12 日—8 月 30 日完成新建 35 千伏室内变电站的建设。2019 年 8 月 27 日—
11 月 30 日安装完成室内变电站 35 千伏变压器 3 台（图 7-22）、站用变压器 2 台、10 千伏高压开关
柜 16 台套、35 千伏高压开关柜 11 台套、室内及主厂房、副厂房动力箱 5 台套、励磁开关柜及变压器
4 台套、0.4 千伏配电柜 11 台套等（图 7-23）；2019 年 7 月 25 日—11 月 30 日停水期完成 4 台水泵、
4 台电机的更新改造（图 7-24、7-25）；2 台套排水泵及附属控制阀门等设备的安装，6 台套电动葫芦
的拆除安装；闸门拆除安装 2 扇；4 台套出口启闭机、4 台套卷扬启闭机控制屏、4 台套快速闸门液压
启闭机的拆除安装。

图 7-22 2019 年 9 月 8 日，亭口泵站干式变压器母线安装

图 7-23 2019 年 11 月 5 日，亭口泵站
LCU 柜安装

图 7-24 2019 年 9 月 14 日，亭口泵站机组测量定子水平数据　　　　　图 7-25 改造后的亭口泵站主厂房

棘洪滩泵站：2019 年 2 月 27 日—9 月 12 日完成新建 35 千伏变压器室、10 千伏高压开关室、LCU 室的建设和原 400 伏室的改造（图 7-26），以及相关电缆沟、电缆廊道的施工。2019 年 8 月 25 日—11 月 30 日停水期完成 1#、5#、6#、7# 机组水泵（图 7-27）、电机及相关励磁装置的更新改造，以及机组主电缆接线及二次接线，完成供水排水等辅机系统的施工；更换水泵机组上游检修闸门、检修闸门起吊设备及运行轨道；更换泵站出口快速闸门、事故闸门及预埋件、快速闸门、事故闸门的启闭设备（图 7-28）；更换 2 台主变、1 台近区变、2 台站变；更新改造 10 千伏开关柜 19 组（图 7-29），安装低压柜 7 组。2020 年 8 月 26 日—10 月 30 日停水期完成剩余 2#、3#、4# 机组水泵、电机及相关励磁装置、辅机系统的施工，以及 7 根混凝土出水管道拆除及钢管安装。（图 7-30、7-31、7-32）

图 7-26 2019 年 6 月 24 日，棘洪滩泵站新建变电站主体竣工　　　　　图 7-27 2019 年 10 月 17 日，棘洪滩泵站 1# 机组电机安装

图 7-28 2019 年 10 月 27 日，棘洪滩泵站启闭机房动力柜安装

图 7-29 2019 年 9 月 2 日，棘洪滩泵站 10kV 开关柜安装

图 7-30 棘洪滩泵站主厂房

图 7-31 棘洪滩泵站联轴层

图 7-32 棘洪滩泵站出水池厂房

### 七、35千伏线路工程

主要完成杆塔基础、接地敷设、铁塔组立、金具安装、导线架设、基础防护、电缆敷设等工程。新建打渔张泵站35千伏供电线路工程于2018年8月3日开工，2019年6月12日完工；宋庄泵站35千伏供电线路工程于2019年3月18日开工，2019年6月26日完工；王耨泵站35千伏供电线路工程于2019年3月18日开工，2019年6月26日完工；亭口泵站35千伏供电线路工程于2016年11月11日开工，2017年10月20日完工（图7-33、7-34）。

图7-33 2017年1月17日，35千伏供电线路塔基开挖　　图7-34 2017年2月15日，35千伏供电线路铁塔基础砼浇筑

### 八、闸站改造工程

主要进行闸站金属结构采购及安装，包括原闸门、启闭机、预埋件等拆除，更换预埋件、闸门、启闭机等，现浇混凝土等；闸站电气设备采购及安装，包括箱式变电站安装、箱变基础施工、不锈钢栏杆安装、高低压电缆施工等。具体如下。

滨州段：闸门及启闭机改造工程于2019年8月20日开工，2020年11月5日完工；电气设备改造工程于2019年5月10日开工，2019年8月21日完工。

东营段：金属结构及机电设备改造工程于2018年12月25日开工，2019年11月12日完工。

潍坊段：闸站金属结构改造工程于2019年2月15日开工，2020年11月15日完工；闸站电气设备改造工程于2019年9月5日开工，2020年11月15日完工。

青岛段：闸站金属结构改造工程于2018年5月10日开工，2019年11月26日完工；闸站电气设备改造工程于2018年4月10日开工，2019年11月25日完工（图7-35、7-36）。

图 7-35 2019 年 10 月 30 日，平度段闸门安装

图 7-36 2019 年 11 月 10 日，胶州段闸门启闭机安装

## 九、大沽河枢纽改造工程

主要进行泄洪闸、冲沙闸上游连接段拆除重建，枢纽溢洪坝、泄洪闸及冲沙闸段的下游消力池、海漫、防冲槽拆除重建，枢纽下游护坡改造，增设倒虹内置压板止水，泄洪闸、冲沙闸、引水闸闸门及启闭设备等更换，交通桥栏杆更换及桥面重新铺装等工程。工程于 2019 年 1 月 25 日开工，2019 年 12 月 16 日完工。（图 7-37、7-38、7-39）

图 7-37 2019 年 7 月 6 日，大沽河枢纽改造工程——C25 砼消力池浇筑混凝土

图 7-38 2019 年 7 月 6 日，胶州段大沽河引水枢纽重建改造工程一级跌水混凝土浇筑

图 7-39 2019 年 9 月 27 日，大沽河枢纽改造工程——大沽河左岸护坡砌筑

## 十、棘洪滩水库大坝加固

采用现浇混凝土对部分干砌石坝坡进行加固。2015 年 3 月 11 日—2015 年 11 月 10 日完成 K0+000—K3+000、K13+900—K14+227 段，2015 年 8 月 25 日—2015 年 11 月 10 日完成 K3+000—K6+050 段，2015 年 9 月 30 日—2015 年 10 月 29 日完成 K1+350—K3+000 段，2015 年 10 月 1 日—2015 年 11 月 10 日完成 K6+050—K13+900 段。（图 7-40）

图 7-40 棘洪滩水库改扩建项目——水库大坝主风向的上游干砌块石护坡加糙施工完成

### 十一、水土保持工程

滨州段：2020 年 11 月 2 日开工，2020 年 12 月 10 日完工，种植乔木 2809 株。

东营段：2020 年 7 月 4 日开工，2020 年 7 月 20 日完工，植草皮 8000 平方米。

潍坊段：2020 年 6 月 14 日开工，2020 年 8 月 6 日完工，植草皮 7.44 万平方米。

青岛段：2020 年 7 月 1 日开工，2021 年 3 月 21 日完工，植草皮 13.58 万平方米。

### 十二、管理设施改造

滨州段：2019 年 10 月 7 日开工，2019 年 11 月 28 日完工。

东营段：2019 年 10 月 7 日开工，2019 年 11 月 28 日完工。

潍坊段：2019 年 7 月 9 日开工，2019 年 11 月 28 日完工。

青岛段：2019 年 6 月 15 日开工，2019 年 11 月 30 日完工。

管理设施改造具体施工阶段如下：（1）开工准备：2019 年 6 月 12 日至 2019 年 6 月 15 日；（2）施工放样：2019 年 6 月 15 日至 2019 年 6 月 16 日；（3）屋顶修缮：2019 年 6 月 16 日至 2019 年 11 月 12 日；（4）房屋外墙修缮：2019 年 6 月 20 日至 2019 年 11 月 25 日；（5）房屋内墙修缮：2019 年 6 月 25 日至 2019 年 11 月 28 日；（6）配电配套：2019 年 6 月 25 日至 2019 年 11 月 2 日；（7）门窗更换：2019 年 6 月 11 日至 2019 年 11 月 15 日；（8）竣工清理：2019 年 11 月 25 日至 2019 年 11 月 30 日。

### 十三、自动化调度系统

泵闸站计算机监控系统：2018 年 11 月开工，2021 年 9 月完工。

流量计采购安装：2018 年 11 月开工，2021 年 9 月完工。

视频监控系统采购安装：2018 年 11 月开工，2021 年 9 月完工。

通信光缆敷设：2018 年 11 月开工，2021 年 9 月完工。

通信传输设备采购：2018 年 11 月开工，2021 年 9 月完工。

企业级网络设备采购：2018 年 11 月开工，2021 年 9 月完工。

工业级网络设备采购：2018 年 11 月开工，2021 年 9 月完工。

水量调度系统、三维系统：2018 年 11 月开工，2021 年 9 月完工。

视频会商系统：2018 年 11 月开工，2021 年 9 月完工。

系统集成、平台建设、综合办公等：2018 年 11 月开工，2021 年 9 月完工。

基础环境：2018 年 11 月开工，2021 年 9 月完工。

棘洪滩水库大坝安全监测：2020 年 7 月开工建设，2021 年 2 月上线运行。

服务器设备虚拟化及文件存储系统提升：2021 年 7 月开工建设，2021 年 9 月完成实施。

## 第三节 技术应用

引黄济青改扩建工程在确保供水安全的前提下，研究制订符合实际的四级泵站分期实施过渡工程方案，最终决定采用泵站双电压运行实施方案。该方案能够满足胶东地区供水安全的需要，确保泵站改扩建工程工期，泵站改扩建工程量比建设临时泵站少且节省投资。通过合理的设计变更，能够实现濒临淘汰的旧设备彻底更新，为泵站下一步的可靠运行打下基础。

结合引黄济青改扩建工程，绿色混凝土项目主要研究渠道衬砌改造过程中废旧衬砌的利用、绿色混凝土预制衬砌、新型渠道衬砌结构形式、施工规程、检测规程及渠道衬砌嵌缝机、逆止式排水阀等设备的制造，较好地贯彻了水利工程绿色发展理念，有效地提高了胶东调水工程的输水能力，研究成果在绿色混凝土中使用可以起到示范作用，推广后可以提高水利工程建设中绿色生产占比，社会效益显著。

### 一、泵站分期改造

按照初设批复的泵站改造方案，宋庄、王耨、亭口、棘洪滩 4 座泵站机电及金属结构改造工程需停水施工，考虑到泵站改造施工涉及电压等级由 6 千伏改造为 10 千伏，计划泵站改造工程在一个停水期一次性改造完成后再投入运行。泵站工程主要包括宋庄泵站改造 4 台水泵和 9 台电机、王耨泵站改造 8 台水泵和 8 台电机、亭口泵站改造 4 台水泵和 4 台电机、棘洪滩泵站改造 7 台水泵和 7 台电机以及相应机电设备和金属结构部分。由于受泵站施工场地限制，最多能够同时改造 2 台机组。照此计算，一次性完成泵站全部机组改造，停水施工时间需不少于 6 个月。工程批复后，由于每次停水时间太短，4 座泵站工程一直无法实施。通过对胶东地区旱情及供需水形势分析，预计短时间内引黄济青工程不具备长时间停水（停水期 6 个月以上）供四级泵站一次性改造完成的条件。因此，初步设计中泵站改造实施方案难以实施，需对方案进行调整。

根据山东省政府批复的《山东省水安全保障规划》，引黄济青工程改扩建作为省级骨干水网建设的重要内容，明确要求 2020 年前完成。而且泵站设备超期运行、不及时更换也存在诸多安全隐患，必须尽快实施泵站改造。要在确保供水安全的前提下解决泵站设备安装改造工期不足的问题，必须充分利用每年3个月的停水时间，研究制订符合实际的四级泵站分期实施过渡工程方案。

为确定合适的泵站分期实施过渡工程方案，项目法人组织相关专家和设计单位多次到宋庄、王耨、亭口和棘洪滩泵站实地调研，专题研究分期实施方案，最终决定采用泵站双电压运行实施方案。具体如下（以亭口泵站为例）。

（1）水机改造：在2019年停水前2个月适当减小流量，改为运行1#、2#机组，4#机组作为备用机组，在充分做好堵漏的基础上拆除3#机组，并对其基础进行改造和安装部分设备。停水后，拆除4#机组并对其基础进行改造，在2019年度3个月的停水期间，将3#、4#机组安装调试完成，并接入新建35千伏-10千伏系统。同时，在停水期完成闸站清污机、进口检修闸门及预埋件，出口快速门、事故门及预埋件，启闭机等设备的更新改造工作。在2019—2020运行年度，3#、4#机组将由新变电站供电，1#、2#机组继续由原变电站供电。

在2020年停水前2个月适当减小流量，将2#机组作为备用机组，在充分做好堵漏的基础上拆除1#机组，并对其基础进行改造和安装部分设备。停水后，完成1#、2#机组的改造，并接入新建35千伏-10千伏系统。

（2）电气改造：2019年初完成新建变电站房屋土建的建设；2019年停水前完成室内变电站、开关柜及自动化设备安装工作；2019年供水恢复前完成变压器、开关柜与新建自动化系统的连接调试工作，并在3#、4#机组改造完成后，将3#、4#机组接入新建变电站35千伏-10千伏～0.4千伏系统，新供电系统投入运行，同时原有35千伏-6千伏变配电系统保持对1#、2#机组的供电模式不变。

在2019—2020运行年度，保持35千伏-10千伏～0.4千伏、35千伏-6千伏两套供电系统同时运行。

2020年度停水期，完成1#、2#机组改造，接入新的35千伏-10千伏～0.4千伏系统，并完成与新建自动化的连接，同时拆除原5千伏～6千伏电力系统，完成泵站改造。

## 二、渠道衬砌绿色修复

为更好地实践绿色发展理念，结合引黄济青改扩建工程渠道衬砌改造工程，开展《寒冷地区调水工程渠道衬砌绿色修复关键技术研究与应用》项目，该项目被山东省水利厅和省财政厅作为2018年度省级水利科研与技术推广项目立项，项目编号SDSLKY201814。项目主要研究渠道衬砌改造过程中废旧衬砌的利用、绿色混凝土预制衬砌、新型渠道衬砌结构形式、施工规程、检测规程及渠道衬砌嵌缝机、逆止式排水阀等设备的制造。结合引黄济青改扩建工程，项目在东营段渠道衬砌改造工程设置1500米试验段，对项目的绿色混凝土预制衬砌、多种衬砌形式和设备等进行验证。

项目于2018年3月开始，2018年度完成室内试验，并完成试验段试验方案的编制；2019年完成室外试验和资料的收集整理；2020年完成项目有关报告的编制；至2020年9月底完成。

项目共完成技术总报告1项；完成"引黄济青绿色混凝土制造技术"研究报告、"引黄济青预制混凝土板绿色新型结构研究"报告各1项；完成山东省地方标准《输水渠道预制衬砌板施工规程》《输水渠道预制衬砌板检测规程》；完成混凝土嵌缝机、新型地埋式单向阀等专利7项；完成论文3篇。

项目具有以下 2 个特点。（1）旧衬砌板的绿色修复：旧板直接复用或者粉碎后用作骨料和垫层料，有效地解决了大量建筑垃圾对环境造成的不利影响，同时可以减少骨料和垫层料开采对环境的破坏，做到了绿色混凝土、绿色衬砌。（2）新型绿色衬砌结构形式：混凝土大板容易产生裂缝，且施工困难，但是小板缝隙多，整体性不好，利用小板组合成大板，克服了各自的缺点，是一种新的绿色结构形式。

通过项目实施与技术成果推广应用，引黄济青改扩建工程节约了一定的资金和减少了工期。尤其是绿色混凝土的实施，充分利用替换下来的不符合重新利用要求的旧板，节约大量材料；同时，减少了这些旧板造成的建筑垃圾的运输和填埋场地。另一方面，新型绿色衬砌结构的研究与应用可以延长衬砌寿命，增加渠道过流能力，减少渠道的渗漏量，对于调水工程的运行也可以产生明显的经济效益。通过研究新型绿色衬砌结构，减少嵌缝所需要的材料和工期，对山东省乃至全国的混凝土预制板衬砌工程具有重要的指导意义，推广应用后，可以产生较大的经济效益。

# 第四节　施工期防汛度汛

防汛工作关系到人民生命财产的安全，关系到工程建设的顺利进行，涉及社会稳定和发展大局。施工期间，通过健全组织机构，明确岗位职责，严格落实安全度汛责任制，山东省胶东调水局（山东省调水工程运行维护中心）成立以主任任组长、副主任任副组长、各处室负责人为成员的工程防汛领导小组，各分中心、监理和施工单位也相应成立防汛领导小组。防汛期间，坚持"责权统一，谁负责、谁指挥"的原则，各参建单位防汛机构、责任人、抢险队伍全部到位，在省局（中心）防汛领导小组的统一指挥下具体开展防汛工作；各级防汛领导小组和监理、施工项目部防汛小组设立防汛专用电话，实行 24 小时值班，防汛人员遵守防汛值班制度，手机保持 24 小时开机，及时接受相关的调度指令。

## 一、度汛预案

山东省胶东调水局（山东省调水工程运行维护中心）根据上级要求和改扩建工程特点制订《山东省引黄济青改扩建工程度汛方案及防汛预案》，经专家评审后报省水利厅核备。

汛前组织有关施工单位编制安全度汛方案并组织审查，河道内施工的工程采取筑牢围堰，疏通好原有排水通道，确保排水体系畅通；统筹规划，合理安排好工期，确保在建工程度汛安全。同时做好防御洪水的培训和演练，提高防洪抗洪的能力。在此基础上，认真做好防汛准备，包括组织准备、防御洪水方案准备、工程准备、气象与水文工作准备、防汛物资和器材准备，并接受相关地方政府及防汛部门的监督指导，与有关部门主动沟通，及时了解上游洪水、降雨等信息。

加强监督检查，认真落实各项防汛措施，把防汛工作落到实处。山东省胶东调水局（山东省调水工程运行维护中心）在每年汛期来临之前，组织有关人员进行一次全面、细致的大检查，检查人员、设备、物料到位情况及防汛预案制订情况，检查施工围堰、临时导流、河堤边坡防护、河槽内建筑物、抢险防汛道路、排水排涝系统、隐蔽工程验收、信息保障等防汛措施情况，发现问题及时整改，汛期安排专人加强重点部位的巡查和检查。

### 二、汛情应对

2018年至2020年连续遭遇"温比亚""利奇马""巴威"等台风强降雨，山东省胶东调水局（山东省调水工程运行维护中心）在暴雨来临前及时通知工程各参建单位做好应急抢险各项准备工作，检查人员、设备、物料到位情况，检查施工围堰、临时导流、河堤边坡防护、河槽内建筑物、抢险防汛道路、排水排涝系统、隐蔽工程验收、信息保障等防汛措施情况，降雨期安排专人现场检查工程情况，发现问题时，根据应急预案及时响应处理，保障人员安全。

强台风过境时，为确保明渠工程堤坝安全，减少群众财产损失，果断临时利用明渠排涝抢险，最大限度减轻涝灾损失。

降雨过后，山东省胶东调水局（山东省调水工程运行维护中心）组织有关参建单位和专家，对引黄济青工程输水渠段进行详细的实地调研，排查水毁情况，并编制修复方案，经专家审查和省水利厅批复后实施，保障了汛期工程安全、群众生命财产安全和年度供水安全。

# 第三章  建设管理

按照山东省水利厅《关于组建引黄济青改扩建工程项目法人的通知》，山东省胶东调水局（山东省调水工程运行维护中心）作为工程的项目法人，成立山东省引黄济青改扩建工程建设管理办公室，总体负责引黄济青改扩建工程的建设管理工作。材料及设备供应由施工单位和中标供应商负责组织，工程设计、勘查和质量与安全监督单位进行验收和质量把关。

山东省水利厅作为引黄济青改扩建工程的上级主管部门，负责本项目的检查、监督、管理工作，协调投资筹措方案，督促投资及时到位。为此，组建成立专门机构，督导、调度引黄济青改扩建工程建设进展情况，对工程建设、资金筹措等进行研究部署，促进工程顺利实施。

## 第一节  综合管理

山东省胶东调水局（山东省调水工程运行维护中心）作为工程的项目法人，成立山东省引黄济青改扩建工程建设管理办公室，总体负责引黄济青改扩建工程的建设管理工作，组织可行性研究报告、初步设计文件的编制、报批及施工图设计的编制审报等工作；组织工程建设管理办法、制度、技术要求的制订，组织工程建设总体实施方案的制订；监督、检查、指导各分局（分中心）的建设管理工作；指导各分局（分中心）认真落实开工前交底制度和开工报告制度；负责办理工程质量监督、项目划分报批手续；组织编制、审核、上报项目年度建设计划，落实年度工程建设资金，按合同及有关协议向各分局（分中心）拨付工程款，用好、管好建设资金；审查各分局（分中心）报送的在建工程安全生产方案、度汛方案及相应的安全度汛措施。指导各分局（分中心）组织编制本辖段竣工决算；组织竣工验收工作等。

2014年8月29日，山东省胶东调水局组建青岛建管处，下设平度、胶州、水库改扩建工程建设管理项目部。2018年6月29日，青岛分局为顺利开展建设管理工作，明确分局各科室、各管理站的主要职责：参与工程项目的招标工作，对工程质量、进度、投资、安全及廉政建设等负全责，确保工程施工保质保量开展，无安全责任事故的发生；积极负责档案资料的管理，对各参建单位的档案资料及时进行监督、检查；积极协调好各有关部门的关系，为工程建设创造良好的施工环境。

**一、项目法人**

2014年8月19日，山东省水利厅发布《关于组建引黄济青改扩建工程项目法人的通知》（鲁水建字〔2014〕14号），同意山东省胶东调水局组建山东省引黄济青改扩建工程建设管理办公室，为引黄济青改扩建工程项目法人单位，办公室主任、法人代表为郑瑞家，常务副主任为骆德年，技术负责人为马吉刚、谷峪，财务负责人为刘太鹏；内设综合部、计划财务部、工程建设管理部、安全生产与工程质量监督部、纪检监察室5个职能部门。滨州、东营、潍坊、青岛四个分局分别组建引黄济青工程改扩建项目渠首建设管理处、东营建设管理处、潍坊建设管理处、青岛建设管理处，受引黄济青改扩建工程建设管理办公室委托，承担相应的建设管理工作。

2015年8月12日，山东省水利厅发布《关于调整引黄济青改扩建工程项目法人的通知》（鲁水建字〔2015〕13号），将引黄济青改扩建工程项目法人由山东省引黄济青改扩建工程建设管理办公室调整为山东省胶东调水局；滨州、东营、潍坊、青岛四个分局分别作为工程建设现场管理机构，受项目法人委托，承担相应的建设管理工作。

2019年2月，山东省胶东调水局更名为山东省调水工程运行维护中心。是年6月24日，山东省水利厅印发《关于引黄济青改扩建工程项目法人变更的批复》（鲁水建函字〔2019〕42号），同意引黄济青改扩建工程项目法人变更为山东省调水工程运行维护中心，法人代表为刘长军。

**二、工期管理**

2014年7月10日，山东省发展和改革委员会、山东省水利厅印发《关于引黄济青改扩建工程初步设计及概算的批复》，批复工期为36个月。工程批复后，项目法人立即组织监理、检测和第一期工程施工单位的招标工作。2019年7月12日，省水利厅印发《关于山东省引黄济青改扩建工程设计变更准予水行政许可决定书》，决定将施工工期计划调整为2021年底。工程分为两期实施。

一期土建工程计划开工日期为2014年11月5日，计划竣工日期为2015年5月31日，计划工期208天。因2015年旱情严重，引黄济青工程一直处于送水运行状态，无法按原计划日期开工。实际工程于2015年8月25日停水后正式开工，当年11月10日完工。

二期土建工程根据招标时间不同，合同计划开、完工时间不同。其中：渠道衬砌改造工程5、6、7标段计划开工日期为2018年1月1日，计划竣工日期为2018年9月30日，计划工期273日历天；渠道衬砌改造工程1、3、9标段计划开工日期为2018年8月20日，计划竣工日期为2018年11月20日，计划工期90日历天；渠道衬砌改造工程8标段和大沽河枢纽改造工程计划开工日期为2018年9月10日，计划竣工日期为2018年12月10日，计划工期90日历天；输水河防护工程施工计划开工日期为2018

图7-41　2019年9月10日上午，青岛分中心在亭口泵站四楼会议室组织召开引黄济青改扩建工程青岛段（第二期）2019年施工动员大会

年7月15日，计划竣工日期为2018年12月31日，计划工期169日历天；管理设施维修工程（青岛段）计划开工日期为2019年4月1日，计划竣工日期为2018年10月30日；水土保持工程（青岛段）计划开工日期为2019年7月31日，计划竣工日期为2020年5月31日，计划工期180日历天。但因胶东地区连年旱情严重，引黄济青工程一直处于送水运行状态，无法按原计划日期开工。2018年6月30日，渠道衬砌改造工程正式开工，工程利用2018年和2019年各3个月停水期进行实施，于2020年5月30日完工（图7-41）。

大沽河枢纽改造工程于2019年1月25日开工，当年12月16日完工；输水河防护工程于2018年11月25日开工，2020年11月10日完工；管理设施维修工程（青岛段）于2019年6月15日开工，当年11月30日完工；水土保持工程（青岛段）于2020年7月1日开工，2021年3月21日完工。

亭口泵站35千伏供电线路施工开工时间为2016年11月10日，完工日期为2017年11月30日；亭口设备施工安装工程于2019年2月21日开工，同年12月31日完工。

由于胶东地区供水形势持续紧张，2019年度改扩建工程停水期仅为3个月，棘洪滩泵站改扩建工程不具备一次完成全部施工安装任务的条件，因此分两期实施，即2019年度和2020年度工期各为3个月。2019年3月1日，棘洪滩泵站设备施工安装工程正式开工，2020年10月31日完工；青岛段闸站电气设备采购及安装于2018年4月10日开工，2019年11月25日完工；青岛段闸站金属结构设备采购及安装于2018年5月10日开工，2019年11月26日完工。

### 三、材料及设备管理

选择国内信誉较好的15家单位作为主要施工单位，按照招标文件要求及时组建项目部，严格执行各项审批手续，严格按照招标文件要求生产制造，按照计划完成各项设备的生产制造，在设备安装阶段，及时派驻技术人员到场指导安装工作。

渠道衬砌改造工程材料及设备采购主要有复合土工膜、保温板、排水盲管、逆止式排水器等。复合土工膜、保温板的采购由发包人、监理和施工单位联合考察，确定供货厂家；其余材料和设备由施工单位自行采购，严格按照合同规范执行。所有进场材料、设备均有出厂合格证或材料质保证书。监理单位对材料和设备严格把关，做好材料进场前的检验和试验，保证进场材料质量。

亭口泵站35千伏供电线路施工所需电缆、电线、钢筋及混凝土等材料由设备安装单位统一采购，电缆导线等主要材料由发包人、监理和施工单位联合考察，确定供货厂家，进场后进行联合到货验收。

泵站电机、水泵、开关柜、变压器、启闭机、清污机、金属结构等重要设备由省局（省中心）会同各分局（分中心）统一公开招标采购，设备出厂前进行联合出厂验收，验收合格后方可出厂，进场后进行联合到货验收，并办理移交手续。

闸站启闭机、闸门、预埋件、箱变等主要设备由设备安装单位统一采购，设备出厂前进行联合出厂验收（图7-42），验收合格后方可出厂，进场后进行联合到货验收。

图7-42 2019年10月16日，济南，闸门启闭机出厂验收

### 四、工程督导

引黄济青改扩建工程系政府投资项目，按照批复的工程建设总体实施方案，第一期项目为2014年底至2015年底，实施工期1年；2015年被列入国家重点督导考核内容和山东水利36项重点工作的第一项。

影响引黄济青改扩建工程实施的最大制约因素是调水。2015年，潍坊、青岛、烟台、威海4市平均降雨量427.87毫米，较历年同期偏少31.7%；4个市大中型水利工程蓄水总量7.57亿立方米，较历年同期偏少31%。连续的干旱缺水，导致当地城乡供水出现短缺，工农业生产遭受巨大损失。引黄济青工程即使处于满负荷、全天候、全时段运行状态，最大可调水量为7.2亿立方米，引水缺口达5.4亿立方米，供需矛盾突出。[①] 随着胶东地区各市用水需求逐年上升，引黄济青工程已由初设时3个月的调水运行时间转为全年常态化运行。这就决定了受调水影响的工程项目的最长施工工期，也就是必须在3个月的停水时间内完成或者阶段性完成施工安装任务。

引黄济青改扩建工程机电设备及金属结构涉及40项合同，也就是由40个生产厂家组织生产、供货、安装、调试。首先，停水之前，所有计划安装的机电设备及金属结构都必须完成生产并将货品运至指定地点。其次，停水期内安装哪些机电设备和金属结构项目必须提前谋划好、计划好。一旦停水期内完不成设备和金属结构的安装调试，泵站无法正常启动运行，势必影响调水。[②]

2015年后，水利部稽察工作组、审计署驻济南特派办等部门先后对工程进行专项督察和审计，重

---

① 仇志峰，隋昕. 引黄济青改扩建工程建设浅析 [J]. 山东水利, 2016（07）:3-4.
② 白萍萍，刘宗晓. 加快引黄济青改扩建工程建设对策研究 [J]. 山东水利, 2019（11）:10-11.

点关注投资计划完成情况、工程建设质量与安全生产责任制落实情况，以及建设资金使用情况。[①]2016年，国家对投资计划执行提出明确要求，水利部几次稽察都提出引黄济青改扩建投资计划执行缓慢的问题。2018年4月，山东省水利厅印发《山东省水安全保障总体规划2018—2020年水利重点建设项目清单》，将引黄济青改扩建列为省级骨干水网工程建设的重要内容，要求2020年底前完成全部建设任务。2019年，引黄济青改扩建工程被列入山东省政府重点督办事项和全省新旧动能转换调度名单。[②]2019年11月21日，山东省政府新闻办公室召开"引黄济青建成通水30年"新闻发布会，宣布山东省投资13.52亿元实施的"引黄济青改扩建工程"主体工程基本完成。

### 五、水土保持

为做好引黄济青改扩建工程的水土保持工作，山东省水利科学研究院受项目法人委托编制完成《山东省引黄济青改扩建工程水土保持方案报告书》。2011年4月13日，水利部水利水电规划设计总院在北京主持召开报告书的评审会。2012年6月8日，水利部以水保函〔2012〕75号文对引黄济青改扩建工程项目作出批复。

施工过程中，水土保持工程措施主要包括土地整治、输水渠衬砌、浆砌石护岸、表土剥离及回填；植物措施包括边坡植草防护、输水渠堤顶绿化、撒播植草防护、铺种草皮等；临时措施包括彩钢板临时拦挡、防尘网临时防护、临时施工围堰处理等。

为反映项目建设期及完工后的水土流失动态和防治效果，项目法人于2018年10月委托山东省水利科学研究院进行水土保持监测和验收工作，并签订水土保持技术服务合同。合同签订后，及时编制完成《山东省引黄济青改扩建工程水土保持监测实施方案》，根据工程进度填报季度监测报表和年度监测报告。

水土流失监测内容包括扰动土地情况、取土（石、料）弃土（石、渣）情况、水土流失情况、水土保持措施等。具体包括：扰动范围、面积、土地利用类型及其变化情况；取土（石、料）场、弃土（石、渣）场及临时堆放场的数量、位置、方量及表土剥离、防治措施落实情况；土壤流失面积、土壤流失量、取土（石、料）弃土（石、渣）潜在土壤流失量和水土流失危害情况；水土保持措施类型、开（完）工日期、位置、规格、尺寸、数量、林草覆盖度（郁闭度）、防治效果、运行状况。监测方法以地面观测和实地调查为主，结合资料收集综合分析。项目建设期相关数据采取资料查阅方式和遥感监测获取。

2023年12月，引黄济青改扩建工程在荣获省级水土保持示范工程的基础上，被水利部评为国家水土保持示范工程。

### 六、档案管理

按照国家和山东省档案馆的有关规定和要求，山东省胶东调水局制定了《山东省引黄济青改扩建工程档案管理办法》，自引黄济青改扩建项目建管机构组建之初，各级建管单位就成立档案工作领导小组，明确档案工作负责人、专兼职档案管理人员及其岗位职责。工作中，规范档案工作流程，统一

① 仇志峰，隋昕. 引黄济青改扩建工程建设浅析 [J]. 山东水利，2016（07）:3-4.
② 白萍萍，刘宗晓. 加快引黄济青改扩建工程建设对策研究 [J]. 山东水利，2019（11）:10-11.

标准，为引黄济青改扩建工程档案资料的规范化、制度化、科学化管理提供保障。

为适应信息时代档案管理需要，山东省胶东调水局（山东省调水工程运行维护中心）安装并使用档案管理系统，实现文档一体化管理，提高工作效率。举办档案培训班3次，培训专（兼）职档案员200余人次，做到引黄济青改扩建工程档案工作不论规模大小、类型多少，一个目标，一个标准，提高档案管理水平，确保档案质量。各参建单位将档案管理纳入工程建设的总体计划，结合引黄济青改扩建工程建设实际，制定档案归档、借阅、保管、保密、统计、库房管理、实物档案管理、档案设备维护使用等10余项档案管理制度。项目法人始终坚持把规范档案管理摆在工程建设的重要位置，为利用者查阅、复制档案资料及现行文件利用提供便捷、准确的服务，累计借阅档案资料5000件次；随时为工程审计、稽查提供所需的各种载体的档案资料，累计提供各种档案资料1000件次，确保了档案资料的完整、准确和系统。

山东省胶东调水局（山东省调水工程运行维护中心）坚持"一级抓一级，各负其责"的工作原则，压实责任，利用工程档案检查及档案移交的有利时机，对各参建单位提交的资料进行认真检查，使档案管理真正实现边收集、边利用、边完善，直至符合归档标准。工程改扩建任务完成后，各单位工程档案验收工作已全部完成，均被评为合格及以上等次。据统计，引黄济青改扩建工程共形成工程档案4500余卷、竣工图4000余张、照片档案9000余张、光盘1000余盘。

## 第二节　项目管理

为满足胶东地区用水需求，根据引黄济青工程实际情况，改扩建工程建设实行"统筹安排、分步实施，统一管理、分级负责，先急后缓、整体推进，总体控制、突出重点"的原则，统筹兼顾改扩建工程建设和调水运行工作。工程建设采取山东省胶东调水局（山东省调水工程运行维护中心）统一组织管理与各分局（分中心）具体组织实施管理相结合的方式。山东省胶东调水局（山东省调水工程运行维护中心）承担项目法人责任，全面负责本工程的建设管理，滨州、东营、潍坊、青岛四个分局（分中心）作为现场管理机构，承担各自辖区内改扩建工程建设管理任务，严格按建设程序组织实施各项工程建设。

为确保工程建设质量及施工进度，山东省胶东调水局（山东省调水工程运行维护中心）举全系统之力、全体上阵、全力以赴。集中实施期间，抽调精干力量成立督导组，由省局（中心）领导带队常驻现场，靠前指挥，亲自调度，现场督办，全面了解掌控工程建设情况，及时处理工作中遇到的问题（图7-43、7-44）。通过日调度、周调度会、现场检查督导等形式，了解工程进展、传达上级文件、安排部署相关工作、协调解决相关问题，定期通报工程建设情况、存在问题，

图7-43　2019年7月29日—30日，省调水中心刘长军书记、骆德年副主任一行对引黄济青改扩建工程青岛段进行检查督导

图 7-44 2019 年 12 月 5 日,省中心刘长军书记、分中心王家庆主任到亭口泵站检查机组运行

图 7-45 2019 年 9 月 18—19 日,青岛分中心王家庆主任一行检查督导引黄济青改扩建工程青岛段的建设

督促问题整改。各分局(分中心)、管理站主要力量靠在工地,对施工进度、建设质量及进度实时督导(图 7-45)。

经过参建单位的共同努力,在保障引黄济青工程向胶东地区应急供水的前提下,改扩建工程进展顺利,建设过程中对需变更项目及时协调完成变更,根据相关规范制订工程建设招投标、质量、安全、检测、验收等办法,确保工程建设管理规范有序。至 2020 年底,除自动化工程和水土保持工程尚有少量尾工外,其他建设内容全部完工。

## 一、设计勘测

山东省水利勘测设计院承担引黄济青改扩建工程的设计任务,并以合同方式明确双方的职责和义务。

设计单位按照科学、经济、美观的原则筛选最佳设计方案,及时提交勘测设计资料,施工前进行技术交底,介绍主要技术、安全要求。工程施工期间,成立专门设代组,专业配置及人员构成满足合同要求及工程建设施工需求,设计人员深入施工现场,研究解决施工中发现的问题,提出设计(修改)通知单,完善施工图,积极与参建各方配合,及时处理施工中出现的技术问题,并参与重要隐蔽工程、分部工程、单位工程等各阶段的验收工作,确保工程顺利实施。

## 二、工程监理

引黄济青改扩建工程积极推行建设监理制,通过国内公开招标,选择具有相应资质和业绩的监理公司,对本工程建设实施阶段进行施工监理,并授予监理单位对工程施工的质量、进度、投资进行控制和信息、合同管理以及内部协调的权力。

监理单位根据合同和施工规范的要求,组建项目监理部,遵循及时提交监理规划、编制监理实施细则、制订监理工作流程、技术文件审核和审批、监理例会等主要监理工作制度,并将开展监理工作的基本工作程序、工作制度和工作方法向承包人进行交底。

监理单位依据投标文件及监理合同组建工程项目监理机构,派驻施工现场。监理工作实行总监理工程师负责制。项目监理机构按照“公正、独立、自主”的原则和合同规定的职责开展监理工作,并承担相应的监理责任。监理人员严格履行职责，根据合同的约定，工程的关键工序和关键部位采取旁站方式进行监督检查。强化施工过程中的质量控制，上一工序施工质量不合格，监理人员不签字，不准进行下一工序施工。

监理单位督促施工单位建立健全质量保证体系，审核施工单位提交的施工组织设计和施工技术方案，对开工条件进行控制，并适时签发开工令；对原材料进行检查和平行检测，杜绝不合格材料进场和使用；通过现场记录、旁站监督、检查、测量、平行检验、巡视检验、质量管理制度、指示、签证等对工程质量、进度、投资、安全等方面进行控制，对混凝土浇筑等工程的关键工序、关键部位坚持跟班旁站；编制工程进度计划，对进度计划中的关键工序进行重点监控，并根据工程的进度偏差，进行必要的调整；通过召开监理例会对工程施工进行部署、总结和分析，解决工程施工中存在的问题；对施工单位的计量测量数据进行复核，对提报的工程量按照合同规定的计量方法进行审核，按合同规定的条款控制工程款的支付，对监理日记、大事记、抽检、旁站等监理资料进行整理归档。

### 三、质量与安全监督

按照《水利工程质量管理规定》和《水利工程质量监督管理规定》的要求，本工程的质量监督单位为山东省水利工程建设质量与安全监督中心站，山东省水利厅以鲁水建函字〔2015〕89号文成立以刘长军为组长，隋永安、薛峰为副组长，刘斌、王尚志、马德富、郭庆华等9名同志为成员的"引黄济青改扩建工程质量与安全督导工作组"，负责该工程的质量监督工作。2018年，山东省水利工程建设质量与安全中心成立后，由于质量监督职能调整，成立以李森焱为站长，王尚志、李森、刘德领、刘淑萍、马德富、郭庆华为成员的山东省水利工程建设质量与安全监督中心站。中心站制订监督总计划和引黄济青改扩建工程质量监督实施意见等相关文件。

根据工程建设进展情况和工作实际需要，山东省水利工程建设质量与安全监督中心站不断调整和充实有关质量监督人员。工程建设期间，施工单位坚持"百年大计，质量第一"的宗旨，全面推行质量管理，建立完善的质量保证体系，落实质量责任制，严格按施工图纸和有关规范标准进行施工；对施工日记、大事记、材料检测、工程验收、安全生产、现场照片、录像等档案资料进行整理归档。中心站采用不定期抽查等形式对工程建设质量与安全进行监督，对下列重点内容随时进行抽查。

一是各单位质量管理机构设置和人员配置情况及岗位责任制执行情况，以及试验检测设备是否满足项目工作需要并通过检定情况。

二是施工工艺、设备是否能保证工程质量。

三是渠道衬砌工程、桥梁工程、管理设施维修工程、安全防护工程、水土保持工程、机电设备金属结构安装、隐蔽工程及重要项目环节施工时，施工单位技术、质检人员是否到岗尽职工作，监理工程师对工程质量是否实施了有效控制。

四是施工工序、工程质量是否符合设计、规范要求。

五是原材料、中间产品及半成品是否及时进行了质量检验，是否符合要求；机电设备、金属结构是否有生产许可证、产品合格证。

六是施工质量是否按规定及时进行了抽查，有关质量方面的资料是否真实、齐全。

七是发现的质量方面的问题是否及时按规定处理解决。

八是其他还需要检查的项目。

**四、质量检测**

项目法人商监督机构委托山东省水利工程建设质量与安全检测中心站、山东省水利工程试验中心对认为需要进行工程质量检测的项目进行抽样检测，检测数据作为质量核定的依据。

两家检测单位均成立引黄济青改扩建工程质量检测项目部，对工程建设质量进行第三方检测，定期向项目法人上报工程质量检测简报，参加隐蔽工程、分部工程、单位工程验收工作，并出具相应单位工程检测报告，完成合同约定的检测任务，为保证引黄济青改扩建工程建设质量发挥重要作用。

# 第三节　招标投标

引黄济青改扩建工程均按规定严格履行招标投标程序，采取国内公开招标方式，并接受山东省水利厅的监督、检查。省水利厅对所有招标项目进行指导和监督，在每批次工程项目具备招标条件后，山东省胶东调水局（山东省调水工程运行维护中心）书面向省水利厅报送招标请示报告，明确该批次的招标内容、招标组织形式、招标计划安排、投标人资格、评标标准及评标办法、评标委员会组建方案等，待省水利厅同意后组织实施。按有关程序组织评标，公示结束后，按规定在有关网站发布中标通知书，并以书面形式将招标总结报告报省水利厅备案。

引黄济青改扩建工程共完成 12 个服务标段招标、92 个施工及设备采购标段招标、12 个自动化调度系统施工及采购招标。

**一、滨州段工程**

引黄济青改扩建工程滨州段工程（第一批）1—8 标段施工招标于 2014 年 9 月 25 日在有关媒体发布招标公告，10 月 28 日开标，其中 1—3 标段投标家数不足 3 家不予开标；4—8 标段经专家评审，按程序确定中标人。

引黄济青改扩建工程滨州段工程（第二批）9—14 标段施工招标于 2014 年 12 月 1 日在有关媒体发布招标公告，12 月 27 日开标，经专家评审，按程序确定中标人。

引黄济青改扩建工程滨州段（第一批）新建打渔张泵站 35 千伏供电线路施工招标于 2015 年 10 月 9 日在有关媒体发布招标公告，11 月 7 日开标，经专家评审，按程序确定中标人。

引黄济青改扩建工程（第二期）滨州段 1—4 标段施工招标于 2015 年 11 月 17 日在有关媒体发布招标公告。招标过程中，由于山东省政府要求继续向潍坊、青岛、烟台、威海胶东 4 市应急抗旱调水，按照省水利厅安排，招标工作于 2015 年 12 月 1 日暂停。根据省水利厅 2017 年 11 月 7 日印发的《关于引黄济青改扩建二期工程招标的答复》，恢复招标工作，11 月 9 日通知原投标人恢复招标，12 月 12 日开标。其中，2—4 标段投标家数不足 3 家不予开标；1 标段专家评审，按程序确定中标人。

引黄济青改扩建工程（第二期）滨州段 2 标段渠首进水闸、低输沙渠节制闸及低输沙渠清淤工程二次招标于 2018 年 6 月 15 日发布招标公告，投标人均不足 3 家再次流标。经请示，最终以商务谈判方式选择山东水总有限公司为项目施工单位。

滨州段（第二期）3标段刘王生产桥拆除重建工程二次招标于2018年6月15日在有关媒体发布二次招标公告，7月17日开标，经专家评审，按程序确定中标人。

滨州段（第二期）4标段输水河安全防护工程二次招标于2018年2月13日在有关媒体发布二次招标公告，3月9日开标，经专家评审，按程序确定中标人。

引黄济青改扩建工程滨州段打渔张泵站机电设备及金属结构项目，共分为打渔张泵站主变设备、打渔张泵站开关柜设备、打渔张泵站计算机监控、打渔张泵站金属结构4个标段，于2018年7月12日在有关媒体发布招标公告，8月8日开标，其中打渔张泵站主变设备投标人不足3家不予开标，其余3个标段开标后经专家评审，按程序确定中标人。

引黄济青改扩建工程滨州段打渔张泵站主变设备采购于8月21日发布二次招标公告，9月18日开标，经专家评审，按程序确定中标人。

引黄济青改扩建工程滨州段闸站金属结构设备采购及安装、电气设备采购及安装工程招标于2018年11月2日在有关媒体发布招标公告，11月29日开标，闸站电气设备采购及安装工程因投标家数不足3家不予开标，闸站金属结构设备采购及安装工程开标后经专家评审，按程序确定中标人。

引黄济青改扩建工程滨州段闸站电气设备采购及安装工程于2018年12月7日进行二次招标，最终按程序确定中标人。

## 二、东营段工程

引黄济青改扩建工程东营段工程（第一期）1—4标段施工招标于2014年9月29日在有关媒体发布招标公告，10月25日开标，经专家评审，按程序确定各标段中标人。

引黄济青改扩建工程（第二期）东营段1—3标段施工招标于2015年11月6日在有关媒体发布招标公告。招标过程中，由于山东省政府要求继续向潍坊、青岛、烟台、威海胶东4市应急抗旱调水，按照省水利厅安排，招标工作于2015年12月1日暂停。根据省水利厅2017年11月7日印发的《关于引黄济青改扩建二期工程招标的答复》，恢复招标工作，11月9日通知原投标人恢复招标；11月15日开标，1至3标段投标家数均不足3家不予开标。

东营段（第二期）1标段输水渠衬砌改造工程二次招标于2018年6月1日在有关媒体发布二次招标公告，6月22日开标，经专家评审，按程序确定中标人。

东营段（第二期）2标段输水渠防护工程二次招标于2018年2月13日在有关媒体发布二次招标公告，3月9日开标，投标家数不足3家不予开标。由于该项目2次开标均流标，按相关规定，经山东省水利厅批复同意后，择优选择山东临沂水利工程总公司为项目施工单位。

东营段（第二期）3标段金属结构设备电气设备采购及安装招标于10月26日发布招标公告，11月20日上午在山东省水利工程交易中心开标，经专家评审，按程序确定中标人。

## 三、潍坊段工程

引黄济青改扩建工程潍坊段工程（第一批）1、4标段施工招标，于2014年9月24日在有关媒体发布招标公告，10月24日开标，经专家评审，按程序确定各标段中标人。

引黄济青改扩建工程潍坊段工程（第一批）2、3、5标段施工招标，于2014年9月24日在有关媒体发布招标公告，10月31日开标，其中5标段因投标人不足3家不予开标；2、3标段经专家评审，按程序确定各标段中标人。

引黄济青改扩建工程（第二期）潍坊段1—14标段施工招标，于2015年11月6日在有关媒体发布招标公告。招标过程中，由于山东省政府要求继续向潍坊、青岛、烟台、威海胶东4市应急抗旱调水，按照省水利厅安排，招标工作于2015年12月1日暂停。根据省水利厅2017年11月7日印发的《关于引黄济青改扩建二期工程招标的答复》，恢复招标工作，11月9日通知原投标人恢复招标，调整招标限价后，部分标段重新划分调整。

引黄济青改扩建工程（第二期）潍坊段输水渠道衬砌改造工程（第一批）6—11标段施工招标，于2018年6月15日发布招标公告，2018年7月13日开标，经专家评审，按程序确定各标段中标人。

引黄济青改扩建工程（第二期）潍坊段输水渠道衬砌改造工程（第二批）1—3标段施工招标，于2018年7月20日发布招标公告，8月14日开标，经专家评审，按程序确定各标段中标人。

引黄济青改扩建工程潍坊段闸站金属结构采购及安装工程招标，于2018年11月2日发布招标公告，11月29日开标，经专家评审，按程序确定中标人。

引黄济青改扩建工程宋庄、王耨泵站设备安装工程招标，于2018年12月3日发布招标公告，12月28日开标，经专家评审，按程序确定各标段中标人。

引黄济青改扩建工程王耨泵站35千伏线路工程施工招标，于2017年5月23日发布招标公告，6月21日开标，经专家评审，按程序确定中标人。

引黄济青改扩建工程宋庄泵站35千伏线路工程施工招标，于2018年12月3日发布招标公告，12月28日开标，经专家评审，按程序确定中标人。

引黄济青改扩建工程潍坊段闸站电气设备采购及安装工程招标，于2019年1月3日发布招标公告，1月28日开标，经专家评审，按程序确定中标人。

### 四、青岛段工程

引黄济青改扩建工程青岛段工程（第一批）1—3标段施工招标，于2014年9月30日在有关媒体发布招标公告，10月29日开标，经专家评审，按程序确定各标段中标人。

引黄济青改扩建工程青岛段（第二批）亭口泵站35千伏供电线路施工招标，于2015年10月24日在有关媒体发布招标公告，11月20日开标，经专家评审，按程序确定中标人。

引黄济青改扩建工程（第二期）青岛段输水渠道改造工程1—12标段施工招标，于2015年11月6日在有关媒体发布招标公告。招标过程中，由于山东省政府要求继续向潍坊、青岛、烟台、威海胶东4市应急抗旱调水，按照省水利厅安排，招标工作于2015年12月1日暂停。根据省水利厅2017年11月7日印发的《关于引黄济青改扩建二期工程招标的答复》，恢复招标工作，11月9日通知原投标人恢复招标。11月15日开标，其中，1—4、9—11标段因投标家数不足3家不予开标；5—8标段输水河衬砌改造工程、12标段输水河防护工程经专家评审，按程序确定各标段中标人。

引黄济青改扩建工程(第二期)青岛段输水渠道改造工程1、3、9标段(经分析,流标原因为价格偏低,调整招标限价后,将原标段1、2合为标段1,原标段3、4合为标段3,原9、10标段合为标段9重新招标),于2018年7月26日开标,经专家评审,按程序确定各标段中标人。

引黄济青改扩建工程(第二期)青岛段8标段渠道衬砌改造工程、12标段输水河防护工程因施工单位原因终止合同,重新组织招标。引黄济青改扩建工程(第二期)青岛段8标段渠道衬砌改造工程、11标段大沽河枢纽改造工程招标,于2018年7月27日在有关媒体上发布招标公告,8月24日开标,经专家评审,按程序确定各标段中标人。

引黄济青改扩建工程(第二期)青岛段12标段输水河防护工程招标,于2018年5月29日在有关媒体发布招标公告,因报名家数不足3家流标。于2018年6月13日发布第二次招标公告,7月10日开标,经专家评审,按程序确定中标人。

引黄济青改扩建工程青岛段闸站金属结构设备采购及安装招标,于2018年11月2日在有关媒体上发布招标公告,11月30日开标,经专家评审,按程序确定中标人。

引黄济青改扩建工程青岛段闸站电气设备采购及安装招标,于2018年11月2日在有关媒体发布招标公告,于11月15日发布变更公告,12月19日开标,经专家评审,按程序确定中标人。

引黄济青改扩建青岛段亭口泵站、棘洪滩泵站设备施工安装工程招标,于2018年12月3日发布招标公告,12月28日开标,经专家评审,按程序确定各标段中标人。

**五、其他项目招标**

施工监理Ⅰ标段和监理Ⅱ标段招标,于2014年9月5日在有关媒体发布招标公告,9月30日开标,经专家评审,按程序确定各标段中标人。

引黄济青改扩建工程35千伏线路监理招标,于2015年9月18日在有关媒体发布招标公告,由于报名不足3家,于2015年10月2日发布二次招标公告,12月31日开标,经专家评审,按程序确定中标人。

引黄济青改扩建工程管理设施维修工程施工招标,于2019年2月3日在有关媒体发布招标公告,3月1日开标,经专家评审,按程序确定中标人。

引黄济青改扩建工程水土保持工程招标,于2019年5月17日在有关媒体上发布招标公告,6月13日开标,经专家评审,按程序确定山东淮海水利工程有限公司为中标人。

环境监测及环境保护措施和水土保持监测及水土保持设施验收技术咨询综合服务招标,于2018年8月22日在有关媒体发布招标公告,9月18日开标,经专家评审,按程序确定各标段中标人。

竣工验收技术鉴定服务项目招标,于2020年4月30日在有关媒体发布招标公告,5月26日开标,经专家评审,按程序确定中标人。

棘洪滩水库项目大坝安全检测系统采购与安装招标,于2020年4月30日在有关媒体发布招标公告,5月28日开标,经专家评审,按程序确定中标人。

## 第四节　合同管理

合同是建设管理的重要依据，山东省引黄济青改扩建工程严格实施工程合同管理。为进一步加强工程合同管理，山东省胶东调水局（山东省调水工程运行维护中心）根据国家相关法律、法规制定《山东省引黄济青改扩建工程合同管理办法》，对合同的签订程序、履行、变更和解除、纠纷处理等各方面作出具体规定。

### 一、合同订立

在项目招标阶段，结合工程实际，认真编制招标文件，细化招标设计，组织审查技术条款和专用条款，分析可能存在争议的合同条款和细则并明确意见，避免合同执行期间产生纠纷。

项目中标通知书下达后，与中标人依据招标文件中约定的合同条款订立合同，对部分其他需特别载明的事项，通过双方协商的方法签订会议纪要或补充合同协议书。合同签订的同时，与中标单位签订廉政责任书和安全生产责任书，明确双方在廉政和安全生产方面的责任与义务。

合同文本采用部门会签方式，并送交法律咨询单位审查，保证合同条款严谨合法。

### 二、合同履行

合同履行过程中，山东省胶东调水局（山东省调水工程运行维护中心）会同各分局（分中心）对质量、进度、投资、安全实行全过程控制，跟踪、收集工程有关信息，认真按照合同约定履行义务和权利；加强施工和设备生产过程中的质量控制，严把各环节的验收质量；严格控制施工和设备生产进度，按照合同文件规定的条款规范工程量计量和价款结算，及时处理工程实施过程中出现的变更、索赔、延期等问题；严格按照有关程序处理合同变更，对部分其他需特别载明的事项，通过双方协商的办法签订会议纪要或补充合同协议书，切实把合同作为建设管理的依据和基础。

工程建设过程中，合同双方基本能遵守条款约定，履行合同义务，合同执行情况较好。

### 三、青岛段合同

青岛分局（分中心）严格按照《中华人民共和国合同法》《山东省引黄济青改扩建工程合同管理办法》等有关规定，遵守法律、法规，同施工单位签订施工合同。

在签订施工合同前，项目负责人、法定代表人等对合同的主要内容要进行审核，审核结果符合要求无异议后再进行合同的签订，为项目正常实施奠定基础。所签订合同在青岛分局（分中心）档案室存档，以备核查。在项目实施过程中，建设各方都能按照合同进行履约，遵守合同条款，严格按照有关合同条款进行工程款支付、工程结算等，没有因合同不完善或其他原因而引起的合同纠纷事件。

其他省控项目由山东省胶东调水局（山东省调水工程运行维护中心）与勘测设计、监理、设备供货等单位依法签订合同。按照《中华人民共和国合同法》，施工期间严格合同管理，认真履行双方的权利和义务，为工程建设提供良好保证。

## 第五节 环保管理

山东省环境保护厅批复的《山东省引黄济青改扩建工程环境影响报告书》提出，在项目建设和运行管理中应当重点做好环境管理，优化施工方案，合理安排施工计划，并开展施工期环境监理，严格落实报告书对施工期提出的各项污染防治措施，减轻施工对周围环境和敏感目标的不利影响，杜绝施工扰民现象的发生。工程严格执行环境保护设施与主体工程同时设计、同时施工、同时投产使用的"三同时"制度；按照"雨污分流"的原则，合理设计雨水管网、废水管网，对高噪声源采取隔声、减震等降噪措施，落实各类固体废物的收集、处置和综合利用措施，以生态保护理念指导工程规划、设计、施工和建设后的生态保护和恢复，减轻项目对生态环境的不良影响，采取相应措施，防治水土流失和生态破坏。

### 一、水环境污染保护

混凝土施工废水处理：工程施工所用混凝土部分为现场制作，现场混凝土拌合站设置简易沉淀池，混凝土制作产生的废水经简单沉淀后循环利用，用作场地降尘。工程所建单体构筑物整体上工程量相对较小，混凝土养护用水未形成地面径流，未对地表水体造成不利影响。

施工机械、车辆冲洗含油废水处理：工程施工期，现场未设置专门的施工机械及车辆维修场地，施工设备的维修保养均到附近城镇专门的门店，因此现场没有产生含油废水。

施工人员生活污水处理：工程施工期，部分施工场地的施工人员租住当地民房，部分施工场地设置施工营地，施工营地内设置旱厕及化粪池，化粪池定期清掏处理。

施工排水处理：工程施工期充分利用沿途闸站代替围堰对渠水进行截流，渠道内的积水就近抽排入临近渠段，及时打捞渠内悬浮物。工程施工产生的基坑渗水量较小，直接抽排入附近渠道，没有产生污染。

水环境风险应急预案：编制工程施工期水环境风险应急预案；根据应急预案的要求，各建管单位成立应急小组，配备了相关应急物资。

### 二、大气控制与治理

材料堆放扬尘减缓：工程施工期砂子、石子、水泥等料场均远离居民区、学校等敏感目标，并采用防尘网遮盖。

交通运输扬尘减缓：工程施工期，所有颗粒原料和渣土运输车辆在进行运输作业时均采用篷布遮盖；运输车辆的运输路线尽量避开居民区；夜间不进行运输作业。

弃土扬尘控制：施工产生的临时弃土及时外运，在晴朗天气对其表面进行洒水抑尘，并采用防尘网遮盖。

大型临时设施扬尘减缓：工程施工期，所有预制场地均远离村庄，场地地面均采取硬化措施并在晴朗天气进行场地洒水降尘；预制场内的砂子、水泥等颗粒状材料均采用防尘网遮盖。

燃油废气减缓：施工单位定期对施工机械及设备进行检修和保养，使其处于良好的运转状态，尾气排放符合要求。

噪声控制与治理：工程现场设置的施工营地均与村庄保持一定距离，减小施工噪声对声环境敏感目标的影响；工程施工时间均安排在白天，夜间未进行施工；施工单位定期对施工机械和设备进行检修和保养，减小其运转噪声。

### 三、固废控制与治理

工程施工期，施工人员所住营地均配置垃圾桶对生活垃圾进行收集，并由专人运至附近村庄垃圾集中点统一处置；工程单体构筑物土方开挖产生的弃土就地用作回填土；渠底淤泥清理后堆置于渠道两岸，用作工程后期绿化用土；渠道拆除旧板部分再利用，其余废弃旧板集中运至指定地点存放；施工结束后，现场施工营地进行原状恢复。

### 四、环境监测

工程施工期，委托有环境监测资质的南京龙悦环境科技咨询有限公司，集中开展3次施工期水、气、声监测工作，检测结果均符合要求。

2020年新型冠状病毒肺炎疫情期间，严格按照防疫工作要求，结合工作实际，编制《引黄济青改扩建工程新型冠状病毒肺炎疫情防控工作方案》和《引黄济青改扩建工程新型冠状病毒肺炎疫情防控应急预案》，并严格落实，未出现疫情。对服务及施工人员开展人群健康体检，主要体检指标为乙肝、胸透等，体检不合格的人员严禁参与工程施工。

### 五、生态保护

工程施工期，严格控制施工范围，禁止多占土地，未占用基本农田。施工结束后对临时占地进行及时复垦，对临时占地、渠道两岸及相关区域进行绿化。

# 第四章  工程质量

引黄济青改扩建工程贯彻执行"百年大计，质量第一"的方针，建立健全"政府监督、项目法人负责、社会监理、企业保证"的质量管理体系，实行工程质量领导责任制。项目法人和各现场管理机构建立质量检查体系，监理单位建立质量控制体系，施工单位建立质量保证体系，设计单位建立设计服务体系。

山东省胶东调水局（山东省调水工程运行维护中心）成立以主任为组长的工程安全生产领导小组，负责全中心的安全生产指导、检查工作，严格落实安全生产"一岗双责制"，与各分中心、参建单位签订安全生产责任书，层层建立责任制，将安全生产责任落实到具体单位和个人。

山东省胶东调水局（山东省调水工程运行维护中心）会同监理、施工单位根据《水利水电建设工程验收规程》《水利水电工程施工质量检验与评定规程》和设计文件进行项目划分，报监督中心站批复后实施。施工过程中严格按照批复的项目划分进行单元、分部和单位工程质量评定和验收，对项目划分调整部分重新报送监督中心站进行确认。工程共划分为80个单位工程，354个分部工程。经对65项工程进行单位工程验收，质量全部合格，其中优良工程22个。

# 第一节 质量监督

山东省胶东调水局（山东省调水工程运行维护中心）成立工程质量管理领导小组，全面负责引黄济青改扩建工程建设质量管理工作。各分局（分中心）作为工程建设现场管理机构，管理、协调、服务工程施工。建立健全施工质量检查体系，根据工程特点建立质量检查机构，配备相应质量管理人员，对工程质量负全面责任。

工程建设实行质量领导责任制，设计单位对其编制的勘测设计文件的质量负责；监理单位依据投标文件及监理合同组建工程项目监理机构，派驻施工现场；施工单位依据投标文件及施工合同组建工程施工项目部，加强施工现场管理，建立健全质量保证体系，落实质量责任制，对施工全过程进行质量控制。

## 一、质量管理

山东省胶东调水局（山东省调水工程运行维护中心）制定《山东省引黄济青改扩建工程质量管理办法》《山东省引黄济青改扩建工程质量检测实施细则》等，强化对工程的制度监管。针对施工项目特点，组织专业人员编制《山东省引黄济青改扩建工程施工技术要求》并以鲁胶调水改扩建字〔2014〕18号印发，明确施工技术要求，严格控制质量标准。

设计单位对其编制的勘测设计文件的质量负责。山东省水利勘测设计院作为改扩建工程设计、勘察单位，建立健全设计质量保证体系，加强设计过程质量控制，每批次施工图设计完成后，均组织专家进行施工图评审，设计单位按评审意见修改后实施。健全设计文件的审核会签制度，做好设计文件的技术交底工作。施工过程中，成立设计代表组，派设计代表常驻工地，协调解决设计方面的问题，按时参加设计交底，及时出具设计变更，促进工程顺利实施。

山东省水利工程建设质量与安全监督中心站作为质量与安全监督单位，在工程实施期间组成专门监督小组进行不定期的抽查监督，对发现的问题及时出具整改通知书，列席分部工程验收和出席单位工程验收，并及时对分部工程质量评定进行核备和单位工程质量评定进行核定。

施工单位依据投标文件及施工合同组建工程施工项目部，加强施工现场管理，建立健全质量保证体系，落实质量责任制，对施工全过程进行质量控制。在施工组织设计中，制订质量控制措施计划和工程质量管理目标；在施工全过程中，明确岗位质量责任，加强质量检查工作，制定工程质量管理、原材料管理、技术交底、技术培训、技术方案报审、工程质量检验评定、质量奖惩等制度并认真执行落实。

## 二、质量监督

工程开工初期，质量监督工作的主要内容如下。（1）对监理单位、设计单位、施工单位和有关产品制作单位的资质、经营范围进行复核。（2）对监理单位的质量检查体系和施工单位的质量保证体系及设计单位的现场服务等实施监督检查。（3）检查工程质量管理需要填写的表式是否符合要求，特别是隐蔽工程和关键部位的检查、验收记录是否齐全。（4）检查工程所用材料、设备有无出厂证明、产品合格证等有关资料。（5）检查工程施工现场、施工用料存放等。如钢筋、水泥、砂石骨料应堆放整齐，标志齐全清晰，同时要满足相应施工材料的存放质量要求；施工设备应按要求存放和采取安全防护措施；施工现场应安全措施到位，有必要的防护设施，警示标牌设置齐全。（6）检查了解工程设计批复情况和项目法人与各有关单位签订的合同、协议和施工组织设计及各种工程施工技术措施要求。

施工期间，重点对参建各方的质量行为、工程实体、技术资料进行抽查，参加有关验收和进行质量核定工作。（1）对参建各方的质量行为进行监督检查，包括现场检查技术规程、规范和质量标准的执行情况，施工工艺、设备是否保证工程质量，施工工序是否按照规范、设计要求进行。（图7-46）（2）技术资料监督检查。原始资料检查包括主要原材料出厂合格证和质量检查、试验资料，主要设备出厂合格证明、技术证明书，重要地质勘测资料、钻孔录像资料，土建工程质量检查原始记录，单位工程评定资料，观测设备安装前对仪器进行的力学、温度、绝缘等性能检测和率定资料，观测设备安装质量测定试验原始记录，重大质量事故和工程缺陷处理资料，工程观测原始记录，水准点高程、位置、定位、测量记录，隐蔽工程验收记录及施工日志，监理日志、监理月报，灌浆工程的孔、孔距、配制、施工原始记录等；重要文件检查包括上级批文和有关指示，主体工程发包合同，施工图及修改设计通知单，分部工程验收签证资料，单位工程质量评定资料，各种观测控制标点的位置和明细表，设备、备品、专用工具、专用器材清单，工程建设大事记和主要会议记录，重要咨询报告。对已完工程部位，检查是否按批准的项目划分做到及时评定、及时验收，表格填写是否清楚，内容是否齐全完善。

图7-46 2015年12月6日，省质量监督站对引黄济青改扩建工程进行质量评估，图为质量监督站专家检测棘洪滩水库大坝混凝土施工质量

## 第二节 质量控制

山东省胶东调水局（山东省调水工程运行维护中心）分别与山东省水利工程建设质量与安全检测中心站和山东省水利工程试验中心签订施工质量检测合同，确定第三方检测机构，负责对所有工程项目进行巡回检查、质量监督、随机抽样检测，随机抽调各单位的施工资料及记录进行检查。第三方检测单位定期向省中心、分中心上报《引黄济青改扩建工程质量检测简报》，报告工程施工质量情况。对出现的质量问题下达整改意见通知，加强工程施工现场的质量控制。

施工过程中，第三方检测单位根据有关规范和标准进行原材料、中间产品和工程实体自测和抽检，检测的频次和检测结果均符合规范和设计要求。工程施工过程中未发生质量事故，工程质量缺陷经处理后合格。

### 一、质量控制

项目开工前，山东省胶东调水局组织设计、施工、现场建设管理单位进行设计技术交底及图纸答疑，监理人对施工图纸审查后盖章签发。监理人负责对承包人的主要管理人员、组织机构、施工总平面布置、施工总进度计划、施工资源配置、施工技术方案、质量保证体系、安全保证体系等施工组织设计内容进行分项审核和批复。

各分局（分中心）作为现场管理机构，对工程施工质量进行现场监管。施工过程中，项目法人会同监理单位对重要工序和关键部位进行巡视和检查。对关键工序和重要隐蔽工程，组织各参建单位进行联合检查和验收，对有关施工质量保障措施进行严格审查并在施工中重点检查。

工程所用的水泥、钢材、砂石、聚苯乙烯保温板、复合土工膜等材料均有出厂合格证，所有材料均按规定抽样，送至具备相应资质的检测单位进行检验，并经监理抽检合格后方可使用。混凝土配合比等也由具备相应资质的单位进行试验，监理审核后，按要求制作试块检测。

按照"省中心统一调度，分中心具体负责"的方法，将设备监造任务分解到各分中心，充分发挥了基层技术人员的专业特长，对水泵、电机等主要设备生产厂家采取业主、监理联合驻厂监造，确保了设备生产质量和进度满足工程建设需要。

### 二、质量检测

施工过程中，第三方检测单位根据有关规范和标准进行原材料、中间产品和工程实体自测和抽检，检测的频次和检测结果均符合规范和设计要求。

对滨州段、东营段和潍坊段分别按照单位工程编写质量检测报告39份，主要抽检水泥33组、砂子35组、石子31组、钢筋及焊接件66组、外加剂16组、土工合成材料29组、保温板38组；回填土压实度抽检34点次；小清河子槽堤截渗工程检测截渗墙长度23.666千米，截渗墙水泥土抗压强度12组、渗透系数12组；混凝土拌合物坍落度183次、混凝土拌合物含气量191次，制作混凝土抗压试块55组、抗冻试块30组、抗渗试块20组；混凝土抗压强度回弹测区3080个，勾缝砂浆抗压强度回弹测区840个，渠坡衬砌表面平整度469点次，钢筋保护层厚度262点次，生产桥基桩检测32棵；

闸门抽检 16 扇，其中焊缝探伤 481.463 米，防腐涂层厚度抽检 204 点局部厚度。

对青岛段工程的水泥抽检 40 组，砂子抽检 37 组，碎石抽检 33 组，引气减水剂 28 组，复合土工膜 21 组，保温板 23 组；钢筋 Φ8—Φ22 抽检 38 组，其中焊接 4 组，所检原材料合格；对混凝土拌合物检查 342 次，其中坍落度 68 次、含气量 274 次，质检结果在允许范围内；混凝土试块抽检 109 组，其中抗冻试块 24 组、抗渗试块 15 组、抗压试块 70 组。

### 三、质量缺陷处理

在山东省引黄济青改扩建工程（第二期）滨州段 1 标段工程出口拦沙闸侧墙、胸墙施工中，出口拦沙闸右 1 孔 I -1 裂缝为 II 缺陷、I -2 裂缝为 II 缺陷，出口拦沙闸右 2 孔 II -1 裂缝为 II 缺陷、II -2 裂缝为 I 缺陷。经咨询相关专业人员及南京信基防水材料有限公司技术人员，制定采用聚氨酯灌浆剂的处理方案。处理完成后，经建设、设计、监理、施工单位联合验收，满足设计要求。2019 年 3 月 16 日，向山东省水利工程建设质量与安全监督中心备案。

## 第三节　安全生产

山东省胶东调水局（山东省调水工程运行维护中心）成立以局长（主任）为组长的工程安全生产领导小组，负责全局（中心）的安全生产指导、检查工作，严格落实安全生产"一岗双责制"，与各分局（分中心）、参建单位签订安全生产责任书，层层建立责任制，将安全生产责任落实到具体单位和个人。施工单位由项目经理、技术、质量、安全负责人等组成安全生产领导小组，项目经理为安全第一责任人，建立健全各项安全生产制度和安全检查制度，保证工程施工安全。制定各级各类施工规章制度和应急预案，加强过程监管，强化文明施工管理，未发生任何安全事故。

### 一、规章制度

山东省胶东调水局（山东省调水工程运行维护中心）结合工程特点，组织制定《山东省引黄济青改扩建工程安全生产管理办法》，明确参建单位安全管理职责、管理措施和安全事故报告程序。在系统内制定年度安全生产管理工作考核制度，将安全生产目标纳入年度（绩效）考核，充分调动各单位工作的积极性和主动性。监督检查各施工、设备生产单位的安全生产责任制度、隐患排查与治理制度、安全教育培训制度、特种作业人员管理制度、职业健康管理制度、消防安全管理制度、交通安全管理制度的制定和落实情况。并要求各施工单位根据岗位、工程特点，引用和编制岗位安全操作规程，发放到相关班组，严格执行。

### 二、过程监管

山东省胶东调水局（山东省调水工程运行维护中心）建立安全生产检查机制，定期组织安全生产检查，对各参建单位安全落实情况进行评分考核。在沿线推行"安全生产年""安全生产月"活动，提高参建单位对安全生产工作的重视程度。

在施工过程中，建立以项目经理为首的安全生产保证体系，坚持管生产必须管安全的原则，要求参建各方切实履行自身安全职责。项目经理为安全生产第一责任人，建立以项目总工为首的技术安全保证体系，研究、制订和落实安全技术措施，组织安全知识和安全技术知识的教育培训工作。建立以安全科长为首的专业安全检查保证体系，配备专职安检员，坚持经常检查与定期检查相结合、普通检查与重点检查相结合的安全检查制度。查出事故隐患，并采取相应的预防和控制措施。

工程建设期间，由现场管理机构负责监督施工项目部认真制订施工方案、安全方案并严格执行，严禁擅自改变设计施工方法或简化工序流程，严肃作业纪律；加大对深坑开挖、高空临边、模板支撑、脚手架、塔机等危险性较大的施工作业的监管力度，特种作业人员必须持证上岗，施工作业过程加强现场监理；保证安全投入的落实，严格按照现场实际需要配备安全管理人员、配置检查检测设备；健全事故预防和应急体系，加强隐患排查，发现安全风险迅速、正确作出应急处理并及时上报，防患于未然；建设期间，每年组织建管、监理、设计、施工等单位对全线工程进行安全生产检查，督导各施工承包单位落实各项安全措施，重点抓好安全防护用具佩戴、特种作业人员持证上岗、危险作业区域警示牌照悬挂、节假日安全值班、规范作业等内容，对发现的问题印发检查通报，实行销号制度，限期整改落实。

### 三、应急预案

山东省胶东调水局（山东省调水工程运行维护中心）组织参建单位，根据工程施工特点和范围，对施工现场易发生重大事故部位、环节制订专项施工方案，预防安全突发事件。督导各施工单位制订安全事故应急救援预案，落实应急抢险队伍，做好抢险物资储备，加强抢险队伍培训和演练（图7-47），做到应急处置快速高效，加大安全生产知识宣传教育力度，努力提高安全生产责任意识。

图 7-47 棘洪滩泵站施工人员防落水急救演练

### 四、文明工地建设

在施工现场设置明显的施工标牌（图7-48）；现场管理人员配证上岗，管理人员与工人佩戴不同颜色的安全帽；现场材料分区堆放，做到成垛、成堆、有序，工完料清；在区域内的深坑、沟槽周围设置围栏或安全标志；遵守社会公德、职业道德和法律法规，妥善处理与施工现场周围的公共关系。工程施工期，按照环保"三同时"制度的要求，落实环评及批复所提出的水、气、声、生态保护等各项措施，避免或减轻施工对工程区域环境的影响。

图 7-48 平度段渠道，闸站施工现场悬挂安全标识

## 第四节 工程验收

验收工作组由项目法人、设计、监理、施工、主要设备厂家、质量检测和运行管理等单位代表组成，山东省水利工程建设质量与安全监督中心站派员全程列席验收会议。验收工作组成员通过查看工程现场，听取施工、监理、设计、质量检测、项目法人等单位的汇报，观看有关声像资料，审查各分部工程验收资料及有关工程档案资料，经过认真讨论，形成各工程的单位工程验收鉴定书。项目法人依据《水利水电建设工程验收规程》（SL223—2008）《泵站安装及验收规范》（SL317—2015）等相关规范和工程设计文件要求，对山东省引黄济青改扩建65项工程进行单位工程验收，质量全部合格，其中优良工程22个。

### 一、泵站验收

受山东省水利厅委托，项目法人组织泵站机组启动验收。打渔张泵站于2020年1月通过机组启动验收，2020年9月完成单位工程验收；宋庄、王耨泵站于2020年1月通过机组启动验收，2020年11月完成单位工程验收；亭口泵站于2020年4月通过机组启动验收（图7-49），2020年9月完成单位工程验收；棘洪滩泵站于2020年4月通过机组启动验收，2020年11月完成单位工程验收（图7-50）。

经验收，各泵站改造机组运行正常，各项技术参数均满足规范要求。

图 7-49 2020 年 4 月 19 日，亭口泵站机组运行验收，查看机组运行数据

图 7-50 2020 年 9 月 13 日，棘洪滩泵站

## 二、工程验收

2021 年 12 月 16 日，山东省水利厅在济南召开山东省引黄济青改扩建工程竣工验收会议（图 7-51）。验收委员会观看工程验收片，听取工程建设管理、设计、监理、施工、质量检测、运行管理、技术鉴定、质量和监督等单位的工作报告以及竣工技术预验收工作报告，现场查阅工程建设档案资料，讨论通过了工程竣工验收鉴定书。

图 7-51 2021 年 12 月 16 日，山东省水利厅在济南召开山东省引黄济青改扩建工程竣工验收会议

专家组一致认为，山东省引黄济青改扩建工程除变形监测项目、业务应用系统模块调整、泵站一体化监控设施、网络及安全系统优化提升尚未完成外，已按批复的初步设计和设计变更全部完成，工程尾工已有建设计划。工程质量合格，外观形象良好，各阶段验收中遗留问题基本整改完毕，剩余问题对工程安全运行无影响。水保、环保、档案已通过专项验收，消防已备案，竣工决算通过审计。工程初期运行状况良好，效益明显。同意山东省引黄济青改扩建工程通过竣工验收。

## 三、质量等级

按水利工程验收规范规定，结合引黄济青改扩建工程实际，单位工程验收由项目法人组织，有关单位参加；分部工程验收委托监理单位组织完成。其中，涉及通水验收的 65 个单位工程全部完成验收，经质量监督部门核定，工程质量全部达到合格及以上等级，其中优良工程 22 个；单位工程验收合格率 100%，优良率 33.8%。

## 第五节　工程运行

2015年10月30日引黄济青改扩建一期工程完成后，按照上级要求全面启动应急调水，连续运行至2018年8月18日，中间仅在2018年2月3日至2月23日停水检修20天，最长连续运行时间827天；在此期间，工程累计引水28.5亿立方米，累计配水22.2亿立方米。2018年—2019年度调水工作自2018年11月1日启动，2019年8月31日结束，工程累计引水7.87亿立方米，累计配水5.9亿立方米。2019年—2020年度调水工作自2019年11月19日开始，2020年8月27日结束，累计引水10.19亿立方米，累计配水8.05亿立方米。

引黄济青改扩建工程对胶东4市实施的不间断应急调水，有效地缓解了4市的用水危机，为胶东地区的社会稳定和经济发展提供了有力的水资源支撑和安全保障，极大促进了城市发展，尤其是生态环境的改善，优化了当地投资环境，利用外资情况发生较大变化。

### 一、自动化系统运行

自动化调度系统建设期间，施工基本在工程管理区域内，调水工程基本处于正常运行和管理状态。已建成投入使用的部分，系统运行一切正常，未发现质量问题，达到设计标准，满足工程的正常运行要求。

### 二、水质检测

原水监测以《地表水环境质量标准》（GB3838—2002）为主要依据，由有资质的监测机构定期监测。监测结果表明，未发现有重金属、氰化物、挥发酚等有毒物质的污染，输水河沿线水质没有明显变化，水质基本稳定，工程整体水质符合城市饮用水源地水质要求。

第八篇

工程效益

　　"引黄济青工程是促进青岛市和山东省经济发展的一项重大措施。……工程通水后，每天可向青岛市供应净水 30 万吨。在满足青岛用水的同时，还可为沿线地区提供农业用水，为 61 万高氟区的人民提供生活用水。"[①]工程建成至 2023 年 12 月，工程累计调水量达到 124.8 亿立方米，其中调引黄河水 85.6 亿立方米、长江水 34.1 亿立方米、东平湖等当地水 5.1 亿立方米。累计配水 87.25 亿立方米，其中青岛 62.1 亿立方米、潍坊 12.2 亿立方米、烟台 7.3 亿立方米、威海 3.95 亿立方米、东营 1.7 亿立方米。通过向青岛、潍坊、烟台、威海、东营供水，有力地保障了五市的基本用水需求，极大地促进了各市的经济社会发展；同时解决了广北、寿北、潍北等工程沿线高氟区 75 万居民的饮水困难问题。通过向沿线农业供水，据统计累计为博兴县和工程沿线提供农业用水 17.25 亿立方米，有效地改善了土地灌溉条件，扩大灌溉面积 333.3 万亩，带动粮食增产约 8 亿多公斤和农民增收。此外，工程调度运行中自然水量的渗透，一方面回补地下，增加地下水补给量超 13 亿立方米，抬高地下水位；另一方面，渗水压制咸水入侵，改善地下水生态，改良渠道两侧土地，保护生态环境，昌邑、寒亭、寿光等北部沿海咸水地区受益尤为明显。

　　30 余年间，引黄济青工程逐渐发展成为一个集供水、防洪、灌溉、生态及乡村文明建设等功能于一体的综合体系，为保证和推进以青岛为代表的胶东四市及工程沿线的经济社会可持续发展提供了可靠的水源保障，发挥了巨大的社会效益、经济效益和生态效益，被誉为齐鲁大地上的"黄金之渠"。

# 第一章　社会效益

　　引黄济青工程主要是为解决青岛市及工程沿途城市用水，并兼顾农业用水、生态补水。工程建成后，有效缓解了青岛生产生活用水及沿线咸水、高氟区人畜饮水困难，在最需要的时候、最关键的时刻，起到了稳定民心、稳定发展的作用。

　　胶东地区引黄调水工程建成后，工程受水区域和人口有所增加，扩大了工程受益覆盖面。2004 年，青岛市黄岛区纳入工程受水区范围。2014 年后，青岛、潍坊、烟台、威海四市的受水范围进一步扩大。

## 第一节　受水人口

　　引黄济青是解决青岛供水问题的关键工程，青岛作为最早的受水区，引黄济青工程为当地经济社会发展提供了可靠的水源保证，同时解决了工程沿线水资源严重缺乏地区的生产生活用水问题。2003 年后，引黄济青工程又开辟向烟台、威海输水的胶东地区引黄调水工程，潍坊部分地区和平度市也借

---

① 马麟. 长虹贯齐鲁 [M]. 济南：山东省新闻出版局（内部资料），1989:1.

机在引黄济青工程输水河上增建引水设施、修建输水管道,使工程受水区域和人口有所增加,工程受益覆盖面扩大。

2014年开始,胶东地区持续干旱,本地水源干枯,供水形势严峻。青岛市供水范围从市内四区扩展到全市所有区域。潍坊市依托引黄济青工程,修建多项引黄入潍工程,使全市受水区域扩大到潍坊西部城区及昌邑、高密等市。烟台、威海两市加快引黄调水工程建设进度,受水区域扩大到烟台、威海的11个区市,受益人口大幅增加。2019年开始,工程向东营市供水。

至2023年,引黄济青工程受益人口达2300多万人,占全省总人口的比例超过22%。

## 一、输水河沿线受水人口

引黄济青输水干线所经之地多属历史上水资源严重缺乏的地区,也是山东省地方性氟中毒重点分布区之一,其中,沿线胶莱河沿岸的高密、平度以及昌邑等市县的部分乡镇和输水河以北的寿光、寒亭和昌邑北部的滨海平原,历史上都属内陆高氟区。区域内绝大部分地方的人畜饮用水含氟量为1.1～2.0毫克每升,不少地方在2.1～4.0毫克每升,有的甚至达到4.1～7.0毫克每升;在高密、平度县境内,相当多的地方含氟量高达7.1毫克每升。长期饮用含氟量高的水,轻者形成氟斑牙(这是氟中毒特有的临床表现,根据牙齿损害程度可分为白垩、着色、缺损3种类型),影响容貌美观,加重后伴有牙痛、牙齿松动甚至脱落;重者则引起骨骼系统病理性变化,根据病情不同可出现腰、腿关节疼痛和肩、肘、膝、髋关节活动受阻,直至肢体变形、全身瘫痪,部分或者全部丧失劳动能力和生活自理能力。根据山东省委防治地方病领导小组办公室在1979—1980年组织调查的资料统计,引黄济青输水干线所经过的博兴、广饶、寿光、昌邑、潍县、平度、高密、胶县共有氟中毒病人113万人;其中,氟斑牙103.3万人、氟骨病9.5万人。[1]胶莱河沿岸的高密、平度及昌邑等市县的部分乡镇属内陆高氟区,氟中毒事件比较普遍,仅高密县氟中毒人数就达33万人,占全县人数的40%以上。[2]引黄济青工程输水干线所经过的8个县内约144万人,饮用含氟量超过国家规定饮用水标准的水,从地区分布上又较集中于输水干线两侧,若以两侧各10千米为限,此范围受害人口约为62万人(推算到工程发挥效益的1988年)。

形成地方性氟中毒的主要原因是饮用水含氟量过高,所以,预防发病的根本措施就是降低饮用水中的含氟量。根据山东省地方病防治研究所等单位在氟病区进行的药物治疗和改水除氟效果的定期追踪观察发现,药物治疗虽有明显效果,但不能根治,只有改饮低氟水后才能彻底治愈。一般中、轻度氟骨病患者,在改水除氟的条件下,结合药物治疗,1~2年可恢复劳动能力;重度病人也可恢复部分劳动技能,参加轻微劳动,或者由生活不能自理变为基本可以自理。

工程建成后,在保证向青岛供水的前提下,同时也可向沿线高氟区每年供水1500万立方米[3],使高密、平度等沿途高氟区的人民群众喝上黄河水(图8-1)。[4]到2023年,共解决沿线包括博兴、广(饶)

① 包怡斐,孙熙.引黄济青工程效益评价[J].山东经济战略研究,1997(03):40+42+41+46.
② 包怡斐,孙熙.引黄济青工程效益评价[J].山东经济战略研究,1997(03):40+42+41+46.
③ 徐新民.打渔张引黄灌区与引黄济青工程史略[J].春秋,2003(01):12-15.
④ 宋庆荣,张伟,刘恒洋.胶东调水工程渠首沉沙池生态功能浅析[J].中国水利,2018(08):24-26.

北、寿（光）北、昌（邑）北和高密等历史上咸水、高氟水地区 75 万人的饮水困难。从此氟病区群众就可以长期得到符合饮用标准的低氟水，彻底避免氟中毒对人体健康和社会、经济发展所造成的巨大危害。其环境效益主要表现在两个方面：一是即将进入高发病率年龄的青、壮年可以免受氟中毒的危害，不再患病，从而保持其劳动能力；二是当前的部分中、轻度氟骨病患者可以治愈，从而恢复其劳动能力。这样不但可以通过正常的生产劳动获得直接经济收入，而且还可以节省治疗氟骨病的医药费。

图 8-1 2016 年 10 月，向高密引水分水闸（桩号：207+380）

此外，在滨海平原，浅层地下水含盐量高，氯离子含量一般为 500 毫克每升，广（饶）北、寿（光）北、昌（邑）北等地被称为滨海"三北"咸水区，缺水人口达 60 余万人。工程原计划解决 46 万人的饮水问题，由于连年干旱，缺水人口猛增，在最初的供水中，实际解决 70 万人和 10 万头大牲畜的饮水问题。不久之后，对上述三区总供水量逐步达到 2000 万立方米，为设计供水量的 1.82 倍，共解决 100 万人的饮水问题，取得较好的社会效益。[①]

随着工程的稳步运转，供水量逐年增加，每年向沿线提供净水 1100 万立方米左右，缓解了工程沿线咸水、高氟区的人畜饮水困难。

## 二、胶东地区受水人口

2013 年，引黄济青工程开始向潍坊供水，当年末潍坊市共有常住人口 922.52 万人；2015 年，胶东调水工程向烟台、威海应急调水，是年两市常住人口分别为 701.41 万人和 280.53 万人。2019 年，工程向东营市供水，是年东营市常住人口为 218 万人。2023 年，潍坊、烟台、威海、东营四市常住人口分别增长到 937 万人、703.22 万人和 291.4 万人和 220.6 万人（表 8-1）。至是年，引黄济青工程通水 30 余年间，累计为胶东五市配水 87.25 亿立方米，其中青岛 62.1 亿立方米、潍坊 12.2 亿立方米、烟台 7.3 亿立方米、威海 3.95 亿立方米、东营 1.7 亿立方米。特别是自 2014 年起，为有效缓解胶东地

---

① 孙贻让. 合理利用水资源 充分发挥综合效益——山东省"引黄济青"工程运行述评 [J]. 中国人口·资源与环境,1991（Z1）:20-24.

区因连续干旱出现的水资源供需紧张局面，按照山东省委、省政府的部署安排，引黄济青工程连续5年实施应急抗旱调水，累计引水43.26亿立方米（其中调引黄河水19.1亿立方米、长江水24.16亿立方米），占全省总用水量的4.07%，支撑GDP占全省GDP总量的41.5%；累计为胶东四市配水34.97亿立方米，其中，青岛19.83亿立方米、潍坊9.12亿立方米、烟台3.31亿立方米、威海2.71亿立方米。据统计，工程向四市配水量分别占四市总供水量的60.68%、17.9%、12%、16.2%，有力地保障了胶东四市基本的用水需求。

表8-1 2013—2023年潍坊、烟台、威海、东营四市常住人口统计表（单位：万人）

| 城市 | 2013年 | 2014年 | 2015年 | 2016年 | 2017年 | 2018年 | 2019年 | 2020年 | 2021年 | 2022年 | 2023年 |
|------|--------|--------|--------|--------|--------|--------|--------|--------|--------|--------|--------|
| 潍坊 | 922.52 | 924.72 | 927.72 | 935.7 | 936.3 | 937.3 | 935.15 | 938.67 | 940 | 941.8 | 937 |
| 烟台 | 698.93 | 700.23 | 701.41 | 706.4 | 708.94 | 712.18 | 713.8 | 710.21 | 708.28 | 705.87 | 703.22 |
| 威海 | 280.56 | 280.92 | 280.53 | 281.93 | 282.56 | 283 | 283.6 | 290.65 | 291.5 | 291.8 | 291.4 |
| 东营 | 209.2 | 210.9 | 212.3 | 214.2 | 216 | 217.5 | 218 | 219.4 | 219.5 | 220.9 | 220.6 |

数据来源：根据各市历年国民经济和社会发展统计公报整理。

### 三、青岛市受水人口

1989年，青岛市人口为657.1万人；1999年为702.9万人，比1989年增长6.97%；2009年青岛市常住人口850.03万人，比1989年增长20.9%；2023年青岛市常住人口1037.2万人，比1989年增长57.8%，其中市区常住人口743.89万人。到2023年，引黄济青工程累计为青岛配水62.1亿立方米，成为青岛市最主要的供水工程；2010年—2023年累计向青岛供水43.7亿立方米，其中供水最多的年份是2016年，当年供水量为4.74亿立方米，占青岛市区用水总量的77.5%多，保障了青岛市的用水安全，优化了投资环境，极大地促进了青岛市的经济社会发展。

根据《青岛市水资源公报》的数据，2009年—2023年青岛全市的人均年用水量都在100立方米上下浮动（表8-2）。根据青岛市历年人口和引黄济青供水量、青岛市城市供水量统计表，以及1989—2004年青岛市常住人口与供水量图（图8-2）、2005年—2023年青岛市常住人口与供水量图（图8-3），可以看出：1989年—2023年，青岛市人口和城市总供水量不断增长，其中引黄济青供水量占青岛市城市供水量的比例持续增加，引黄济青工程发挥的供水保障作用不断加大（表8-3、8-4）。

表8-2 2009—2023年青岛市人均年用水量表

| 年度 | 2009 | 2010 | 2011 | 2012 | 2013 | 2014 | 2015 | 2016 | 2017 | 2018 | 2019 | 2020 | 2021 | 2022 | 2023 |
|------|------|------|------|------|------|------|------|------|------|------|------|------|------|------|------|
| 人均用水量（立方米） | 129.3 | 123.43 | 115.69 | 112.61 | 118.18 | 118.3 | 96.26 | 101.27 | 101.61 | 99.31 | 96.68 | 99.78 | 103.5 | 115.9 | 119.6 |

数据来源：根据历年青岛市水资源公报统计。

图 8-2 1989 年 -2004 年青岛市常住人口和供水量图

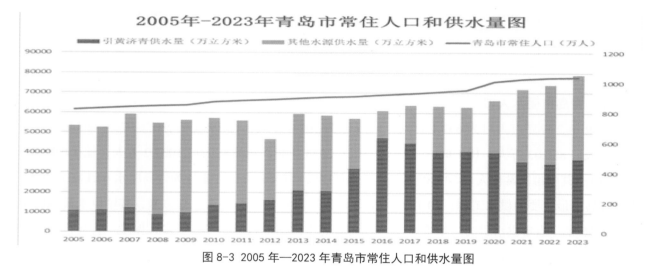

图 8-3 2005 年—2023 年青岛市常住人口和供水量图

表 8-3 1989—2023 年青岛市常住人口数与引黄济青供水量、青岛市城市供水量统计表

| 年份 | 青岛市常住人口（万人） | 引黄济青供水量（万立方米） | 其他水源供水量（万立方米） | 青岛市城市供水量（万立方米） | 年份 | 青岛市常住人口（万人） | 引黄济青供水量（万立方米） | 其他水源供水量（万立方米） | 青岛市城市供水量（万立方米） |
|---|---|---|---|---|---|---|---|---|---|
| 1989 | 657.1 | 214.38 | ----- | ----- | 2007 | 838.67 | 12240.52 | 46959.48 | 59200 |
| 1990 | 666.6 | 2759.45 | ----- | ----- | 2008 | 845.61 | 8705.0 | 45995 | 54700 |
| 1991 | 670.9 | 5053.44 | 25246.56 | 30300 | 2009 | 850.03 | 9674.0 | 46526 | 56200 |
| 1992 | 673.1 | 5281.55 | 27718.45 | 33000 | 2010 | 871.51 | 13483.0 | 43617 | 57100 |
| 1993 | 675.3 | 4906.31 | 32293.69 | 37200 | 2011 | 879.51 | 14324.0 | 41676 | 56000 |
| 1994 | 678.5 | 7923.73 | 24476.27 | 32400 | 2012 | 886.85 | 16099.0 | 30601 | 46700 |
| 1995 | 684.6 | 7306.37 | 28893.63 | 36200 | 2013 | 896.41 | 20861.0 | 38539 | 59400 |
| 1996 | 690.2 | 6294.73 | 31205.27 | 37500 | 2014 | 904.62 | 20792.0 | 37908 | 58700 |
| 1997 | 695.4 | 6838.84 | 32461.16 | 39300 | 2015 | 909.7 | 31947.0 | 25153 | 57100 |

| 1998 | 699.5 | 5631.38 | 33768.62 | 39400 | 2016 | 920.4 | 47377.99 | 13722.01 | 61100 |
|------|-------|---------|----------|-------|------|-------|----------|----------|-------|
| 1999 | 702.9 | 5832.49 | 34867.51 | 40700 | 2017 | 929.05 | 44712.0 | 18988 | 63700 |
| 2000 | 706.6 | 9005.63 | 34194.37 | 43200 | 2018 | 939.48 | 40192.03 | 23307.97 | 63500 |
| 2001 | 710.4 | 5502.38 | 41197.62 | 46700 | 2019 | 949.98 | 40537.12 | 22462.88 | 63000 |
| 2002 | 715.6 | 9042.3 | 41457.70 | 50500 | 2020 | 1010.57 | 40178.09 | 26121.91 | 66300 |
| 2003 | 720.6 | 9563.33 | 42336.67 | 51900 | 2021 | 1025.7 | 35603 | 36297 | 71900 |
| 2004 | 731.1 | 9680.24 | 43419.76 | 53100 | 2022 | 1034.2 | 34529 | 39571 | 74100 |
| 2005 | 819.55 | 10629.0 | 42671.00 | 53300 | 2023 | 1037.2 | 36854 | 42146 | 79000 |
| 2006 | 829.42 | 11081.3 | 41518.70 | 52600 | | | | | |

资料来源：**青岛市常住人口**：根据 1989 年—2023 年历年青岛市统计年鉴；**引黄济青供水量**：根据山东省调水工程运行维护中心青岛分中心调运科提供的 1989 年—2023 年供水量数据；**青岛市城市供水量**：1989 年—2023 年根据青岛市水文中心提供数据。

表 8-4 2006—2020 年青岛市居民生活用水情况统计表

| 年份 | 居民生活用水量（亿立方米） | 居民生活人均用水量（立方米） | "引黄济青"居民生活增供水量（亿立方米） | "引黄济青"居民生活人均增供水量（立方米） | 居民生活增供水经济效益（亿元） |
|------|------|------|------|------|------|
| 2006 | 3.16 | 38.10 | 0.32 | 3.89 | 3.29 |
| 2007 | 3.03 | 36.13 | 0.39 | 4.62 | 5.26 |
| 2008 | 3.87 | 45.77 | 0.35 | 4.09 | 5.45 |
| 2009 | 2.61 | 30.70 | 0.26 | 3.01 | 4.64 |
| 2010 | 2.82 | 32.37 | 0.40 | 4.63 | 8.44 |
| 2011 | 2.87 | 32.58 | 0.41 | 4.64 | 9.37 |
| 2012 | 2.92 | 32.93 | 0.48 | 5.40 | 12.29 |
| 2013 | 2.97 | 33.11 | 0.59 | 6.53 | 15.76 |
| 2014 | 2.80 | 30.95 | 0.54 | 6.01 | 15.75 |
| 2015 | 2.73 | 30.01 | 1.00 | 10.94 | 30.81 |
| 2016 | 3.11 | 33.79 | 1.58 | 17.18 | 50.04 |
| 2017 | 3.16 | 34.01 | 1.50 | 16.11 | 50.89 |
| 2018 | 3.22 | 34.27 | 1.39 | 14.76 | 42.49 |
| 2019 | 3.32 | 34.93 | 1.47 | 15.43 | 57.62 |
| 2020 | 3.45 | 34.25 | 1.38 | 13.69 | 71.18 |

资料来源：《"引黄济青"工程向青岛市供水效益调查研究报告（2006 年—2020 年）》，2021 年 12 月山东省调水工程运行维护中心编；引黄济青工程 2006 年—2020 年度供水量调整为本文最新的供水量数据，计算依据的供水总量调整为包含引黄济青水、长江水、黄水东调水供水量之和。

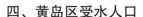
### 四、黄岛区受水人口

2004 年，青岛市黄岛区人口 27.99 万人；2012 年增加到 31.69 万人；2012 年 12 月，胶南市并入新的黄岛区后，人口数量爆发式增长，2013 年人口达到 146.37 万人，比 2004 年增长 422.9%；2023 年人口达 200.78 万人，比 2004 年增长 617%。在此期间，引黄济青工程向黄岛供水量从 2004 年的 121 万立方米提高到 2023 年的 6983 万立方米（表 8-5），增长 57 倍多；工程向黄岛区供水量占黄岛区总用水量的比例从 2004 年的 2.8% 提高到 2023 年的 32.5%，其中 2016 年占比最高、达 69.24%，平均年份占比达 40% 以上，为黄岛的社会和经济发展提供了最可靠的供水保障（图 8-4）。

表 8-5 黄岛区人口与引黄济青工程向黄岛区历年供水总量表

| 年份 | 人口 | 黄岛区总供水量 | 引黄济青供水量 | 引黄供水占黄岛区总用水比例 |
|---|---|---|---|---|
| 2004 | 27.99 | 4312 | 121 | 2.80% |
| 2005 | 30.03 | 4010 | 902 | 22.50% |
| 2006 | 31.67 | 4085 | 808.1 | 19.78% |
| 2007 | 32.68 | 4270 | 1148.6 | 28.90% |
| 2008 | 32.11 | 5120 | 1632 | 31.90% |
| 2009 | 31.57 | 4583 | 1374.94 | 30% |
| 2010 | 31.29 | 4962 | 2267 | 45.69% |
| 2011 | 31.47 | 6131 | 2912 | 47.49% |
| 2012 | 31.69 | 5264 | 3202 | 60.84% |
| 2013 | 146.37 | 16744 | 3422 | 20.44% |
| 2014 | 148.42 | 16510 | 4014 | 24.31% |
| 2015 | 149.36 | 11100 | 5850 | 52.70% |
| 2016 | 151.59 | 16458 | 11396 | 69.24% |
| 2017 | 153.92 | 16181 | 9997 | 61.80% |
| 2018 | 157.73 | 14095 | 9815 | 69.63% |
| 2019 | 160.82 | 15149 | 8496 | 56.08% |
| 2020 | 190.36 | 15607 | 9847 | 63.09% |
| 2021 | 196.42 | 17556 | 6121 | 34.87% |
| 2022 | 199.35 | 20435 | 5518 | 27% |
| 2023 | 200.78 | 21489 | 6983 | 32.5% |
| 合计 | | 224061 | 95826 | 40.08%（平均值） |

资料来源：**黄岛区人口**：根据 2004 年—2023 年历年青岛市统计年鉴；**引黄济青供水量**：根据山东省调水工程运行维护中心青岛分中心调运科提供的 2004 年—2023 年供水量数据；**黄岛区供水量**：根据 2004 年—2023 年历年水资源公报。

图 8-4 棘洪滩水库向黄岛供水渠首泵站（左侧建筑）和一水厂全景

## 第二节 青岛用水

引黄济青工程竣工前，崂山水库是青岛市生产生活的主要水源，青岛市自来水厂日供水能力为 30 万立方米。引黄济青工程建成通水后，1990 年青岛市自来水厂的日供水能力翻了一番，达到 60 万立方米。工程通水之初，只向青岛市内四区（现市内三区，下同）供水，2004 年供水区域扩大到黄岛区，2005 年起工程供水范围逐渐扩展到全域三市七区。引水初期通水时间为冬、春季，引水 100 天左右，从 2015 年起全年不间断通水运行。工程向青岛市供水量逐年增加，从设计日供水 30 万立方米扩大到日供水 150 万立方米，至 2016 年青岛最高日供水能力可达 162 万立方米。

### 一、市区供水

引黄济青工程供水在青岛市区历年用水中所占比例越来越大，特别是 2010 年之后，受天气干旱、城市用水增加等因素影响，引黄济青供水量在青岛市区总供水量中的占比迅速增加，从 1989 年开始供水时的 214.38 万立方米、占全市总用水量的 2.07%，到 2016 年最高峰时的 22549 万立方米、占全年市内三区供水量的（不含再生水和海水淡化水）92.72%（表 8-6）。其中，1990—2000 年，引黄济青向青岛市区年平均供水量为 5164 万立方米，占供水总量的比例为 38%；2001—2010 年，引黄济青向青岛市区年平均供水量为 6735 万立方米，占供水总量的比例为 36%；2011—2023 年，引黄济青向青岛市区年平均供水量为 14996 万立方米，占供水总量的比例为 66%。至 2016 年，引黄济青工程累计调引黄河水 52.03 亿立方米，向青岛市输送黄河水 36.31 亿立方米，解决了青岛市淡水资源严重匮乏的困难，基本满足了青岛市经济、社会发展的用水需要。[①]

表 8-6 1990—2023 年青岛市内三区供水量及引黄济青供水量

| 年份 | 青岛市内三区供水量（万立方米） | 青岛市内三区引黄济青供水量（万立方米） | 引黄济青占青岛市内三区供水量比例 | 年份 | 青岛市内三区供水量（万立方米） | 青岛市内三区引黄济青供水量（万立方米） | 引黄济青占青岛市内三区供水量比例 |
|---|---|---|---|---|---|---|---|
| 1990 | 9165 | 2346 | 25.60% | 2009 | 20086 | 5229 | 26.03% |
| 1991 | 10612 | 4295 | 40.47% | 2010 | 19243 | 7994 | 41.54% |
| 1992 | 12076 | 4489 | 37.17% | 2011 | 19055 | 7040 | 36.95% |
| 1993 | 12595 | 4170 | 33.11% | 2012 | 20124 | 8780 | 43.63% |
| 1994 | 13594 | 6735 | 49.54% | 2013 | 21943 | 12298 | 56.05% |

① 张烨，谷峪，郑英．调水工程水资源优化配置保障体系建设探讨 [J]．山东水利，2018（03）：27-28．

| 1995 | 14617 | 6210 | 42.48% | 2014 | 22559 | 12208 | 54.12% |
|---|---|---|---|---|---|---|---|
| 1996 | 14892 | 5351 | 35.93% | 2015 | 22743 | 18774 | 82.55% |
| 1997 | 15336 | 5813 | 37.90% | 2016 | 24319 | 22549 | 92.72% |
| 1998 | 16229 | 4787 | 29.50% | 2017 | 24300 | 18804 | 77.38% |
| 1999 | 15476 | 4958 | 32.04% | 2018 | 22012 | 16867 | 76.63% |
| 2000 | 16181 | 7655 | 47.31% | 2019 | 22650 | 18489 | 81.63% |
| 2001 | 16731 | 4184 | 25.01% | 2020 | 20695 | 14966 | 72.32% |
| 2002 | 16963 | 7335 | 43.24% | 2021 | 22518 | 14003 | 62.19% |
| 2003 | 17650 | 7261 | 41.14% | 2022 | 23908 | 15444 | 64.60% |
| 2004 | 19955 | 7169 | 35.93% | 2023 | 24764 | 14728 | 59.47% |
| 2005 | 18556 | 7646 | 41.21% | 合计 | 627205 | 319109 | 48.22% |
| 2006 | 17887 | 7648 | 42.76% | | | | |

资料来源：根据历年水资源公报、用水总量报告等相关资料统计。

## 二、郊区供水

作为向青岛供水的重要水源，除向青岛市内三区供水外，引黄济青工程也一直是崂山区、城阳区、黄岛区和胶州市的重要供水水源，特别是2010年之后，供水量迅速增加。2015—2018年，由于连续干旱，本地水源不足，引黄济青也分别向即墨、平度、莱西供水，实现向青岛市7区3市供水的全覆盖，成为青岛市最重要的城市供水水源。其中，1990—2000年，引黄济青向青岛市年平均供水量为6076万立方米；2001—2010年，年平均供水量为9960万立方米；2011-2023年，年平均供水量为32616万立方米。2016年引黄济青向青岛市供水最多，为47377万立方米。（表8-7、8-8、8-9）

表8-7 1989年—2023年引黄济青工程向青岛市总供水量统计表

| 年份 | 总供水量（万立方米） | 年份 | 总供水量（万立方米） |
|---|---|---|---|
| 1989 | 214.38 | 2007 | 12240.52 |
| 1990 | 2759.45 | 2008 | 8705.0 |
| 1991 | 5053.44 | 2009 | 9674.0 |
| 1992 | 5281.55 | 2010 | 13483.0 |
| 1993 | 4906.31 | 2011 | 14324.0 |
| 1994 | 7923.73 | 2012 | 16099.0 |
| 1995 | 7306.37 | 2013 | 20861.0 |
| 1996 | 6294.73 | 2014 | 20792.0 |
| 1997 | 6838.84 | 2015 | 31947.0 |

| 1998 | 5631.38 | 2016 | 47377.99 |
|------|---------|------|----------|
| 1999 | 5832.49 | 2017 | 44712.0 |
| 2000 | 9005.63 | 2018 | 40192.03 |
| 2001 | 5502.38 | 2019 | 40537.12 |
| 2002 | 9042.3 | 2020 | 40178.09 |
| 2003 | 9563.33 | 2021 | 35603.77750 |
| 2004 | 9680.24 | 2022 | 34529.36665 |
| 2005 | 10629.0 | 2023 | 36854.0187 |
| 2006 | 11081.3 | 合计 | 590712.1479 |

资料来源：根据山东省调水工程运行维护中心青岛分中心调运科提供的 1989 年—2023 年供水量数据。

表 8-8 1991—2023 年青岛市城市供水中引黄济青工程供水量占比统计表  供水量单位：（万立方米）

| 年份 | 引黄济青供水量（万立方米） | 青岛市城市供水量（万立方米） | 引黄济青供水所占比例 | 年份 | 引黄济青供水量（万立方米） | 青岛市城市供水量（万立方米） | 引黄济青供水所占比例 |
|------|------|------|------|------|------|------|------|
| 1991 | 5053.44 | 30300 | 16.68% | 2008 | 8705 | 54700 | 15.91% |
| 1992 | 5281.55 | 33000 | 16.00% | 2009 | 9674 | 56200 | 17.21% |
| 1993 | 4906.31 | 37200 | 13.19% | 2010 | 13483 | 57100 | 23.61% |
| 1994 | 7923.73 | 32400 | 24.46% | 2011 | 14324 | 56000 | 25.58% |
| 1995 | 7306.37 | 36200 | 20.18% | 2012 | 16099 | 46700 | 34.47% |
| 1996 | 6294.73 | 37500 | 16.79% | 2013 | 20861 | 59400 | 35.12% |
| 1997 | 6838.84 | 39300 | 17.40% | 2014 | 20792 | 58700 | 35.42% |
| 1998 | 5631.38 | 39400 | 14.29% | 2015 | 31947 | 57100 | 55.95% |
| 1999 | 5832.49 | 40700 | 14.33% | 2016 | 47377.99 | 61100 | 77.54% |
| 2000 | 9005.63 | 43200 | 20.85% | 2017 | 44712 | 63700 | 70.19% |
| 2001 | 5502.38 | 46700 | 11.78% | 2018 | 40192.03 | 63500 | 63.29% |
| 2002 | 9042.3 | 50500 | 17.91% | 2019 | 40537.12 | 63000 | 64.34% |
| 2003 | 9563.33 | 51900 | 18.43% | 2020 | 40178.09 | 66300 | 60.60% |
| 2004 | 9680.24 | 53100 | 18.23% | 2021 | 35603.77750 | 71900 | 49.52% |
| 2005 | 10629 | 53300 | 19.94% | 2022 | 34529.36665 | 74100 | 46.6% |
| 2006 | 11081.3 | 52600 | 21.07% | 2023 | 36854.0187 | 79000 | 46.65% |
| 2007 | 12240.52 | 59200 | 20.68% | 合计 | 587682.9328 | 1725000 | 31.04% |

资料来源：根据历年水资源公报、用水总量报告等相关资料统计。

表 8-9 2006—2020 年引黄济青工程青岛市人均增供水情况统计表　单位：立方米每人

| 年份 | 项目人均增供水量（立方米） | 工业人均增供水量（立方米） | 农业人均增供水量（立方米） | 居民生活人均增供水量（立方米） |
|---|---|---|---|---|
| 2006 | 13.36 | 2.67 | 5.96 | 3.89 |
| 2007 | 14.60 | 3.39 | 5.57 | 4.62 |
| 2008 | 10.29 | 2.17 | 3.44 | 4.09 |
| 2009 | 11.38 | 2.37 | 4.63 | 3.01 |
| 2010 | 15.47 | 2.84 | 4.69 | 4.63 |
| 2011 | 16.29 | 3.09 | 5.02 | 4.64 |
| 2012 | 18.15 | 3.37 | 5.77 | 5.40 |
| 2013 | 23.27 | 4.33 | 7.34 | 6.53 |
| 2014 | 22.98 | 4.36 | 7.52 | 6.01 |
| 2015 | 35.12 | 7.94 | 8.02 | 10.94 |
| 2016 | 51.48 | 11.10 | 11.32 | 17.18 |
| 2017 | 48.13 | 10.91 | 9.84 | 16.11 |
| 2018 | 42.78 | 9.77 | 8.94 | 14.76 |
| 2019 | 42.67 | 8.88 | 8.46 | 15.43 |
| 2020 | 39.89 | 8.14 | 10.08 | 13.69 |

资料来源《"引黄济青"工程向青岛市供水效益调查研究报告（2006 年—2020 年）》，2021 年 12 月山东省调水工程运行维护中心编；引黄济青工程 2006-2020 年度供水量调整为本文最新的供水量数据，计算依据的供水总量调整为包含引黄济青水、长江水、黄水东调水供水量之和。

## 第三节 防洪排涝

引黄济青工程与小清河防洪共用小清河分洪道子槽 36.8 千米，建有输水与泄洪共用的上、下节制闸枢纽，承担 5 年一遇排涝，分流为 450 立方米每秒；20 年一遇防洪，分流为 900 立方米每秒。工程昌邑段借用吴沟河天然河道 5.6 千米，建有上、下节制闸，由山东省引黄济青工程管理机构管理、运用，除引黄济青工程输水外，还承担着该市青山流域来水防洪与排涝任务。工程寿光段弥河倒虹与滩地，利用弥河河道断面 1020 米中的 700 米，引黄济青工程弥河管理所承担着该段弥河的防汛任务；工程潍河倒虹、输水河长 4800 余米，在潍河两岸均建有穿堤涵闸和管理所，承担该段潍河的防洪排涝任务。引黄济青寒亭管理处利民河管理所、昌邑管理处阜康河管理所及平度管理处助水河管理所还承担该地区跨乡、镇、区防洪排涝的水事纠纷调解处理工作。引黄济青输水河与胶州市小新河共用穿胶济铁路桥段 402 米，该河段承担大沽河与桃源河之间区域的洪涝水排泄。[①]

---

① 水利部南水北调规划设计管理局，山东省胶东调水局 . 引黄济青及其对我国跨流域调水的启示 [M]. 北京：中国水利水电出版社，2009:243.

山东省胶东调水局根据山东省政府办公厅鲁政办字〔2011〕46号文《关于成立山东省人民政府防汛抗旱总指挥部的通知》和省政府防汛抗旱总指挥部鲁汛旱总字〔2011〕7号文《关于公布山东省胶东地区防汛抗旱指挥部的通知》要求，成立山东省胶东地区防汛抗旱指挥部（简称"省胶东防指"）由潍坊、青岛、烟台、威海四市人民政府和省胶东调水局组成，其中，潍坊市人民政府为指挥长单位，其他为成员单位。省胶东防指的职责是全面掌握胶东地区防汛抗旱总体情况及动态，检查落实省防总指安排的防汛抗旱任务；对胶东地区内主要河流重要堤段及重点大中型水库、重点防洪城市进行防汛检查，以及胶东地区内抗旱检查；组织有关市人民政府及相关部门编制和修订跨市重要河流防御洪水方案、洪水调度方案和紧急情况下跨市跨流域应急调水方案，报请省政府或省政府授权有关部门批准；协调处理关系胶东地区全局的防洪安全、供水安全和市际防汛抗旱重大问题；调处各行业（或部门）影响防汛抗旱及饮水安全的重大问题；根据省防总指授权，按照经批准的江河防御洪水方案、洪水调度方案和应急抗旱及调水方案等，指挥流域性防汛抗旱工作；协调市间防汛抗旱有关信息传递共享，协调、指导胶东地区各市抗洪抢险、救灾和抗旱工作；督办执行省防总指调度指令，完成省防总指交办的其他任务。省胶东防指下设办公室，办公室设在省胶东调水局，具体承担省胶东防指日常工作；办公室没有批复正式机构和编制，由省胶东调水局工程质量监督处代为行使职能，设主任一名、副主任两名，下设综合科（由安全生产与质量监督科代为行使职能）、防汛抗旱科（由工程管理科代为行使职能）、减灾科（由水土资源开发中心代为行使职能）三个业务科室。在此期间，山东省胶东调水局（山东省调水工程运行维护中心）树牢底线思维，强化风险意识，坚持提升工程防御能力和强化应急管理"两手抓，两手硬"，全面提升防灾减灾能力。一方面，开展1座水库、6座渡槽、84座水闸的安全鉴定，依据鉴定结论，对病险水闸实施除险加固；建成投用棘洪滩水库大坝安全监测系统，全面掌握工程运行状况。另一方面，深入开展工程防汛隐患排查整治，编制《山东省胶东调水工程度汛方案及应急预案》等5个预案及控制运用计划，完善应急响应和部门联动机制，组建应急抢险队伍，做好防汛物资储备，全面提升应急防御能力，实现了工程安全度汛。

**一、小清河防洪综合治理胶东调水工程王道泵站**

小清河是鲁中地区的重要行洪排涝河道，流经济南、滨州、淄博、东营、潍坊5市12县（市、区），全长229千米，流域面积为10433平方千米，约占全省总面积的1/15，人口占1/10，经济总量占1/7。小清河是因航运需要人工开挖形成，行洪能力先天不足，常给局部地区造成严重的洪涝灾害。2019年，省委、省政府决定实施小清河防洪综合治理工程。是年12月28日，小清河防洪综合治理工程正式动工。

2020年4月，山东省水利厅根据小清河防洪综合治理总体规划，实施小清河防洪综合治理胶东调水工程，对引黄济青工程原设计输水线路进行优化调整，新建大型泵站1座、引水涵闸1座和输水暗涵、竖井、出水渠630米。工程于2021年6月具备通水运行条件，2021年9月顺利通过机组启动验收，2023年8月通过竣工验收，累计完成投资1.8亿元，建成后的小清河防洪综合治理胶东调水工程，进一步优化了工程供水线路，既解决了引黄济青工程小清河子槽段过流能力不足的问题，又解除了引黄济青工程输水明渠占用小清河子槽滩地影响行洪的安全隐患。

　　小清河防洪综合治理胶东调水工程王道泵站是胶东调水工程梯级提水泵站之一（图8-5），其主要功能是抬高引黄济青渠道输水水位，提高胶东调水干渠输水能力。泵站位于东营市广饶县大码头镇北堤村北，小清河干流桩号187+300，包括引水涵闸、输水暗涵、竖井、泵站、出水渠等建筑物，泵站主厂房位于小清河右堤外、引黄济青干渠右堤南侧（图8-6）。泵站土建工程自2020年4月20日正式开工，2021年11月18日完工。在小清河分洪道子槽下节制闸以上约200米的右岸新建引水涵闸，闸后接输水暗涵横穿小清河滩地，输水暗涵出口接引黄济青倒虹穿越小清河干流，倒虹出口接输水暗涵过渡段连接至泵站前池，泵站工程由前池、进水池、主厂房、副厂房、出口控制闸、出水池、渐变段等组成。泵站设计流量为36立方米每秒，加大流量为39.6立方米每秒，泵站主厂房内布置6台DN1800平面S型轴伸贯流泵，4用2备，总装机容量为2400千瓦。王道泵站的工程等别为Ⅰ等，引水涵闸、输水暗涵、泵站、出口控制闸等主要建筑物级别为1级，挡墙等次要建筑物级别为3级，临时建筑物级别为4级。设计洪水标准为100年一遇，校核洪水标准为300年一遇。

图8-5 王道泵站全景

图8-6 王道泵站主厂房

## 二、引黄济青大沽河枢纽

　　大沽河位于胶东半岛西部，其流域总面积为4631.3平方千米，总体呈南北走向，发源于烟台，由招远市自北向南，经过招远、莱西、平度、即墨、胶州、城阳等市（区），流入胶州湾，全长179.9千米，为省辖河道。水流量季节性变化大，因此在河道上兴建有很多水利工程。其中，引黄济青大沽河引水枢纽位于胶州市胶莱镇小高村东大沽河上（图8-7），南距济青高速2.5千米，距引黄济青唯一的调蓄水库棘洪滩水库仅11.2千米。[①]

图8-7 大沽河枢纽

---

① 谢忱.引黄济青工程大沽河枢纽改造研究[D].山东大学,2014.

大沽河引水枢纽是引黄济青工程的重要子工程之一，水利建筑物包括倒虹、交通桥、引水闸、溢流坝、泄洪闸、漫水路、冲沙闸、明渠及穿堤涵洞等。大沽河引水枢纽同时担负着大沽河防洪排水任务。工程于1989年底竣工，并于次年的汛期开始拦蓄洪水，投入运行。

### 三、山东省引黄济青工程寿光段洪毁修复加固

2018年8月，受第18号台风"温比亚"影响，山东全省普降特大暴雨，引黄济青滨州、东营、潍坊、青岛段工程遭受了不同程度的损坏。省胶东调水局及时到达现场进行防汛抢险，组织应急泄洪，加强值班值守和工程巡视，组织对水毁工程进行修复，共修复200余处坍塌破坏点和3处约10千米的明渠溃堤，累计完成5.7万平方米水损面积修复。其中，受损最严重的是寿光市。

8月中旬，因一周内先后受到台风"摩羯"和"温比亚"的影响，寿光市出现连续集中强降雨，遭受百年不遇的洪涝灾害，弥河决堤，洪水淹没引黄济青输水渠，导致弥河倒虹出口两处溃堤共计85米，弥河滩地明渠500多米堤坝严重损毁，渠道工程内坡衬砌多处坍塌、滑坡，弥河西堤上游出现管涌现象。在此期间，为帮助塌河附近村庄减轻排涝压力，宋庄泵站于8月27日开启塌河泄水闸，开始逆向排洪，这是引黄济青工程通水以来首次进行塌河泄洪。

为保证调度运行工作的顺利实施，山东省胶东调水局和潍坊分局安排实施山东省引黄济青水毁工程寿光段修复加固工程。该工程于9月18日开工，10月20日竣工；共完成弃土清理及外运1.64万立方米，渠道清淤1.08万立方米，水泥土回填5354.78立方米，土工布袋内填中粗砂739.46立方米，C30联锁块74.22立方米，打木桩663根，管井1260米，完成工程投资372.52万元。

### 四、迎战台风"利奇马"

2019年8月4日，台风"利奇马"获得日本气象厅命名。8月7日5时许被中国中央气象台升格为台风，当日23时许又被中国中央气象台进一步升格为超强台风。8月8日，山东省防汛抗旱指挥部召开防台风紧急会议，并于21时启动防台风亚级应急响应。同日，为确保工程运行期间度汛安全，引黄济青运行段全线降低运行水位，小清河子槽、宋庄泵站、王耨泵站、亭口泵站、棘洪滩泵站的水位分别降至3.8米、2.0米、2.0米、6.2米、4.0米。8月9日，省调水中心紧急通知各分中心做好防御台风"利奇马"的准备工作，要求省中心、各分中心、各管理站在台风期间实行领导带班24小时值班制度，并加强调度中心值班力量，确保通信联络和信息渠道畅通，及时做好汛情上传下达和抢险救灾工作；工程沿线要及时排查险工险段，做好停水准备，保障工程度汛安全。工程沿线随即组织人员对工程进行隐患排查，引黄济青段重点排查沿渠两岸的排水通道、35千伏线路等存在隐患部位，小清河子槽临时泵站、塌河、弥河、阜康河北郊新河等泄水（分水）闸做好紧急情况下泄水准备；全面检查胶东调水段的泵站35千伏、10千伏线路及变配电系统，做好突发雷击、断电等事故应急预案，并做好紧急情况下开机准备，严密监控泵站前池水位，对穿输水河倒虹、涵洞及排水沟做好清淤及导流，切实保证涝水外排，对泵站上游海郑河、诸流河、鸦鹊河泄水闸及外接的泄洪渠道进行全面检查，做好泄水准备。

8月10日1时45分许，"利奇马"在浙江省温岭市城南镇沿海登陆，登陆时中心附近最大风力为16级（52米每秒），这是2019年以来登陆中国的最强台风和1949年以来登陆浙江的第三强的台风。随后其纵穿浙江、江苏两省并移入黄海海面，直接影响山东。是日，按照省水利厅安排部署，省调水

中心主任刘长军带队赴淄博市、潍坊市指挥督导防汛抢险工作。8月11日20时50分许，"利奇马"在山东省青岛市黄岛区沿海再次登陆，登陆时中心附近最大风力为9级（23米每秒），此后移入渤海海面并不断减弱。

8月12—13日，省调水中心现场组织寿光丹河、弥河段抢险，加固堤防，解除决口、漫溢、管涌、渗水等险情。8月14日，省调水中心指挥广饶段破除小清河子槽临时泵站围堰，投入150余人次、机械设备500余台时，协助小清河子槽泄洪2000多万立方米。

# 第二章　经济效益

工程从1989年11月25日建成通水，到1993年1月累计引水9.6亿立方米，向青岛市区供水1.5亿立方米，增加产值100多亿元，工程投入产出比为1:11。1990年，青岛市国民生产总值为180.77亿元，引黄济青工程当年向青岛市供水2759万立方米。2023年，青岛市国民生产总值为1.576万亿元，较1990年增加了73.7倍；是年，引黄济青工程向青岛市供水3.68亿立方米，较1990年增加了14.56倍。引黄济青工程解决了青岛市生产生活缺水问题，改善了基础设施和外商投资环境，对青岛市、山东省以及整个黄河中下游的经济发展和对外开放发挥了十分重要的作用。

## 第一节　工业效益

1992年，山东出现历史上罕见的大旱，全省十几个城市闹水荒，1—8月份，青岛全市3000家企业完成产值220亿元，利税22亿元，比1989年通水前同期翻了一番，经济效益创历史最好水平。至1992年上半年，工程向青岛市实际供水1亿多立方米，青岛市两年经济效益增加70多亿元。[1]至1998年底，工程给青岛市增加经济效益200多亿元。[2]在胶东半岛发生严重干旱的1997年、2000年，引黄济青工程更是担当起青岛市供水的主力，确保了青岛市的稳定发展，大大改善和巩固了青岛市的投资环境，为青岛市增加产值400余亿元。[3]

自2004年起，引黄济青工程为满足城阳区、黄岛区、胶州市、即墨区、平度市、莱西市等区市的发展，陆续向各区市供水，以满足大批工业项目的用水需求。至2005年底，供水为青岛市创造工业产值1329.67亿元，创造直接经济效益119.67亿元[4]。据1989—2008年青岛市工业产值及相关行业利税的调查统计分析，工程供水共为青岛市创造直接经济效益约176亿元。根据缺水损失法计算，青岛市缺水造成工业净水值的损失为13元每立方米，利税损失为8.76元每立方米。引黄济青工程平均每立

① 聂生勇. 新建有新意　重建亦重管——引黄济青工程通水运行三年经验谈 [J]. 中国水利,1992（11）:4-7.
② 孙培龙，周黎明，吕建远. 山东省引黄济青工程投资效益浅析 [J]. 水利建设与管理,1999,19（05）:50-51.
③ 吕福才，毕树德，王大伟，卢宝松. 引黄济青工程的管理与运行 [J]. 中国农村水利水电,2003（08）:67-68.
④ 张烨，张伟，张泽玉，刘圣桥. 引黄济青工程在生态用水调度中的作用分析 [C]// 山东省水资源生态调度学术研讨会论文集. 山东水利学会：山东省科学技术协会,2007:4.

方米水增加工业产值 15 元，每立方米水的经济效益为 9 元[1]（表 8-10）。

表 8-10 2006—2020 年青岛市工业用水情况及"引黄济青"工业增供水量统计表

| 年份 | 工业总产值（亿元） | 工业增加值（亿元） | 工业用水量（亿立方米） | 工业人均用水量（立方米） | "引黄济青"工业增供水量（亿立方米） | "引黄济青"工业人均增供水量（立方米） |
|------|------|------|------|------|------|------|
| 2006 | 5918.81 | 1374.10 | 2.17 | 26.16 | 0.22 | 2.67 |
| 2007 | 7430.64 | 1577.20 | 2.22 | 26.47 | 0.28 | 3.39 |
| 2008 | 8946.73 | 1795.90 | 2.05 | 24.24 | 0.18 | 2.17 |
| 2009 | 10255.62 | 1887.40 | 2.05 | 24.12 | 0.20 | 2.37 |
| 2010 | 11614.83 | 2155.70 | 1.73 | 19.90 | 0.25 | 2.84 |
| 2011 | 13277.96 | 2430.70 | 1.91 | 21.71 | 0.27 | 3.09 |
| 2012 | 15310.26 | 2608.40 | 1.82 | 20.52 | 0.30 | 3.37 |
| 2013 | 16897.18 | 2752.90 | 1.97 | 21.99 | 0.39 | 4.33 |
| 2014 | 17444.21 | 2878.70 | 2.03 | 22.44 | 0.39 | 4.36 |
| 2015 | 18019.43 | 2944.80 | 1.98 | 21.77 | 0.72 | 7.94 |
| 2016 | 17415.71 | 2989.20 | 2.01 | 21.84 | 1.02 | 11.10 |
| 2017 | 13019.73 | 3133.80 | 2.14 | 23.03 | 1.01 | 10.91 |
| 2018 | 11389.78 | 3161.30 | 2.13 | 22.67 | 0.92 | 9.77 |
| 2019 | 17415.71 | 3159.90 | 1.91 | 20.08 | 0.84 | 8.88 |
| 2020 | 17444.21 | 3268.40 | 2.05 | 20.35 | 0.82 | 8.14 |

资料来源：《"引黄济青"工程向青岛市供水效益调查研究报告（2006 年—2020 年）》，2021 年 12 月山东省调水工程运行维护中心编；引黄济青工程 2006 年—2020 年度供水量调整为本文最新的供水量数据，计算依据的供水总量调整为包含引黄济青水、长江水、黄水东调水供水量之和。

根据《中国城市水资源可持续开发利用》中部分主要城市节水考核指标，青岛市工业万元产值取水量为 1988 年 62 立方米 / 万元、1991 年 55.6 立方米 / 万元、1996 年 16.2 立方米 / 万元。[2] 青岛市水利勘测设计院有限公司 2004 年 8 月编制的《青岛市水资源综合规划水资源开发利用情况调查评价》中提出，青岛市 2005 年工业万元产值的耗水量为 11 立方米，指标呈逐年下降趋势，且下降速度和幅度都较大。

据山东省调水工程运行维护中心推算，2006—2020 年引黄济青工程每年向青岛市工业增供水经济效益均超过 10 亿元，其中 2013 年、2014 年超过 50 亿元，2015 年至 2020 年每年超过 100 亿元（表 8-11），2006—2020 年工程的工业增供水经济效益总计达 1103.94 亿元，远远超过工程的建设成本，足以证明该项目决策的重要性，工程为青岛市工业经济发展带来巨大活力。

① 包怡斐，孙熙. 引黄济青工程可持续发展再评估 [J]. 中国人口·资源与环境,1997（02）:57-60.
② 钱易，刘昌明，邵益生. 中国城市水资源可持续开发利用 [M]. 北京：中国水利水电出版社,2002:.

表 8-11 2006—2020 年引黄济青工程向青岛市工业增供水经济效益计算表

| 年 份 | 2006 | 2007 | 2008 | 2009 | 2010 | 2011 | 2012 | 2013 |
|---|---|---|---|---|---|---|---|---|
| 工业增供水经济效益（亿元） | 13.90 | 20.09 | 15.51 | 18.36 | 31.11 | 34.12 | 43.15 | 53.78 |
| 年 份 | 2014 | 2015 | 2016 | 2017 | 2018 | 2019 | 2020 | 合计 |
| 工业增供水经济效益（亿元） | 56.60 | 106.74 | 151.11 | 151.39 | 135.87 | 139.92 | 132.28 | 1103.94 |

资料来源《"引黄济青"工程向青岛市供水效益调查研究报告（2006 年—2020 年）》，2021 年 12 月山东省调水工程运行维护中心编；引黄济青工程 2006 年—2020 年度供水量调整为本文最新的供水量数据，计算依据的供水总量调整为包含引黄济青水、长江水、黄水东调水供水量之和。

# 第二节 农业效益

引黄济青工程在完成向青岛等胶东四市供水任务的同时，还为工程沿线农业提供灌溉用水，在工程沿线土地改良、农业生产等方面发挥了重要作用，为沿线地区粮食增产、农民增收以及实现农业规模化经营、调整和优化产业结构等奠定了坚实基础，成为工程沿线乃至山东省经济社会发展不可替代的水源。

## 一、农业用水

至 2017 年，引黄济青累计向工程沿线提供农业灌溉用水 17.2481 亿立方米，其中给博兴 12.1154 亿立方米，给其他沿线地区 5.1327 亿立方米（表 8-12），基本满足了沿线各地市农业生产的用水需要，为渠首及工程沿线的农业发展发挥了重大作用。

表 8-12 引黄济青工程为渠首及工程沿线农业供水总量表

| 年份 | 博兴农业用水（万立方米） | 工程沿线农业用水（万立方米） | 累计提供农业用水（万立方米） |
|---|---|---|---|
| 1989 | 1826 | 7290 | 9116 |
| 1990 | 9065 | 9552 | 18617 |
| 1991 | 8483 | 5596 | 14079 |
| 1992 | 10534 | 7598 | 18132 |
| 1993 | 7419 | 2551 | 9970 |
| 1994 | 5097 | 677 | 5774 |
| 1995 | 4887 | 952 | 5839 |
| 1996 | 7739 | 1052 | 8791 |
| 1997 | 4157 | 886 | 5043 |
| 1998 | 7129 | 420 | 7549 |
| 1999 | 4817 | 1009 | 5826 |

| 2000 | 5705 | 772 | 6477 |
|---|---|---|---|
| 2001 | 5255 | 395 | 5650 |
| 2002 | 4413 | 1037 | 5450 |
| 2003 | 251 | 691 | 942 |
| 2004 | 1822 | 110 | 1932 |
| 2005 | 2032 | 723 | 2755 |
| 2006 | 3591 | 755 | 4346 |
| 2007 | 1553 | 140 | 1693 |
| 2008 | 4161 | 765 | 4926 |
| 2009 | 2004 | – | 2004 |
| 2010 | 1906 | – | 1906 |
| 2011 | 1687 | 186 | 1873 |
| 2012 | 2179 | 50 | 2229 |
| 2013 | 2462 | 778 | 3240 |
| 2014 | 2214 | 4656 | 6870 |
| 2015 | 4077 | 2686 | 6763 |
| 2016 | 1943 | – | 1943 |
| 2017 | 2746 | – | 2746 |
| 合计 | 121154 | 51327 | 172481 |

资料来源：本表数据根据省局调度运行年鉴整理；2014年以前省局数据与博兴数据相同；2015—2017年数据为博兴数据；2017年数据统计至11月13日。

### 二、农业土地灌溉效益

农业灌溉效益主要是指水利工程在提高农作物产量和质量方面所得到的效益。引黄济青工程为工程沿线的农业灌溉提供用水，基本可以满足工程沿线各地市农业生产的用水需要，有效扩大灌溉面积，大大改善了灌溉条件，为渠首及工程沿线的农业发展发挥了重大作用。至2023年，工程累计为博兴县和工程沿线提供农业用水20多亿立方米，扩大改善灌溉面积333.3万亩，增产粮食约8亿千克；其中，寿光市改善粮食种植面积40万亩。

#### （一）渠首农业土地灌溉

山东省打渔张灌区是我国兴建较早、全国闻名的大型引黄灌区，是苏联专家参与规划设计、我国第一个五年计划156项重点项目之一，也是山东省开发最早、规模最大的引黄灌区。山东省引黄济青工程兴建后，打渔张灌区成为渠首，后来又成为胶东调水工程的渠首。

引黄济青工程的兴建，大大改善了博兴县的灌溉条件，高标准、全衬砌的输水河，工程规整，交通方便，桥、涵、闸全面更新，过水流量增大 1~2 倍，灌溉周期缩短一半，改善和扩大灌溉面积约 10 万亩，还负担着博兴县打渔张一干渠 2 万公顷农田的引黄灌溉任务。[1] 工程输水河博兴段建有分水口门 23 处，负担博兴县打渔张一干渠 30 万亩农田的灌溉，平均每年供水 0.42 亿立方米。根据农作物的需求，一年需灌溉 2~5 次，农民田间灌溉所需之水源源不断地从干渠经毛渠流入田地里。

工程通水 7 年时间，已为博兴县提供灌溉用水 4.37 亿立方米，工程沿线增加灌溉面积 50 余万亩，年均增加经济效益 2000 万元。[2] 至 1998 年，工程为渠首博兴县提供农灌用水 6.62 亿立方米，起到了清水灌溉、减少清淤负担的作用，并将全县灌溉农田的轮灌期由半月 1 次缩短为 7 天 1 次。[3]

据统计，至 2017 年，工程累计为博兴县提供农业供水 12 亿立方米；对租用土地放淤配套改良还耕，农民分别栽植速生杨和庄稼，粮食产量比租用前提高 20% 以上，[4] 且连年丰收，效果较好，受益范围涉及乔庄、庞家、陈户、经济开发区（城东）、吕艺、店子、湖滨等镇（街道办事处）。

### （二）沿线农业土地灌溉

引黄济青工程负担沿线广饶、寿光、寒亭、昌邑 6.67 万公顷农田的补水灌溉任务。[5] 其中，为小清河南提供水源，使补源面积由原来 6 万亩扩大到 11 万亩。工程出小清河子槽后，输水河沿线有 38 处分水闸，分别负担广饶、寿光、寒亭、昌邑 100 万亩缺水农田的补水灌溉。1989—1990 年第一个运行周期，正值全省严重干旱，由于引来黄河水，为沿线秋播、冬灌和小麦返青提供了水源。据潍坊市 1989 年底统计，"三北"缺水区和昌邑南部、高密北部久旱的土地得到灌溉，当地农民争先恐后地进行小麦冬灌和补种，15 万亩小麦普浇一遍水，其中寒亭区北部 57 个村庄补种小麦 2 万亩。1990 年仅寒亭区沿黄受益乡镇就增产小麦近 500 万千克，多种经营收入增长 500 万元；其中，肖家营乡小麦总产 366 万千克，比 1989 年增产 300.5 万千克；多种经营收入 882 万元，比 1989 年增加 282 万元。寿光县利用黄河水灌溉农田和苇田 20 万亩次，该县牛头镇村筹款 14.2 万元，买水 215 万立方米，灌棉田 4000 亩、苇田 6000 多亩，浇水后 2 项合计当年净收 140 万元，为水费的 10 倍。昌邑县在小麦返青季节浇灌麦田 12 万亩，浇灌春田 2 万亩，城北大小坑塘、蓄水池全部灌满，是十几年来灌水最好的一次。

1992 年，工程沿线改善和增加灌溉面积 45 万亩，3 年即向沿途农业供水 4 亿立方米，约计浇地 200 万亩次，增产粮食 1 亿千克。[6] 通水 7 年时，为工程沿线增加灌溉面积 50 余万亩，年均增加经济效益 2000 万元。[7] 至 1998 年底，为工程沿线浇地 260 余万亩（次），增加粮食产量 2.2 亿千克、棉花 5780 万千克、蔬菜 2800 万千克、水果 76 万千克，年均增加经济效益 5600 余万元（表 8-13）。2002 年，

① 张烨，谷峪，郑英. 调水工程水资源优化配置保障体系建设探讨 [J]. 山东水利,2018（03）:27-28.
② 包怡斐，孙熙. 引黄济青工程效益评价 [J]. 山东经济战略研究,1997（03）:40+42+41+46.
③ 孙培龙，周黎明，吕建远. 山东省引黄济青工程投资效益浅析 [J]. 水利建设与管理,1999,19（05）:50-51.
④ 郑飞. 胶东调水工程渠首沉沙池泥沙处理利用探索 [J]. 城市建设理论研究（电子版）,2019（18）:185.
⑤ 张烨，谷峪，郑英. 调水工程水资源优化配置保障体系建设探讨 [J]. 山东水利,2018（03）:27-28.
⑥ 聂生勇. 新建有新意 重建亦重管——引黄济青工程通水运行三年经验谈 [J]. 中国水利,1992（11）:4-7.
⑦ 包怡斐，孙熙. 引黄济青工程效益评价 [J]. 山东经济战略研究,1997（03）:40+42+41+46.

工程沿线扩大改善灌溉面积 3 万余平方千米，增加粮食 2.5 亿多千克。[①] 至 2009 年，工程通水运行累计为工程沿线提供农业用水 12 亿多立方米、扩大改善灌溉面积 80 余万亩、增产粮食 5 亿多千克。

表 8-13 1990—1998 年引黄济青工程农业经济效益统计表 [②]

| 项目<br>年份 | 粮食 | | 棉花 | | 蔬菜 | | 果树 | | 解决人畜饮水 | |
|---|---|---|---|---|---|---|---|---|---|---|
| | 实灌<br>面积<br>（万亩） | 增加<br>产量<br>（吨） | 实灌<br>面积<br>（万亩） | 增加<br>产量<br>（吨） | 实灌<br>面积<br>（万亩） | 增加<br>产量<br>（吨） | 数量<br>（棵） | 增加<br>产量<br>（吨） | 镇乡<br>人数<br>（万人） | 大牲<br>畜数<br>（万头） |
| 1990 | 11.7 | 13515 | 10.30 | 4669 | —— | —— | —— | —— | 2.29 | 0.63 |
| 1991 | 11.7 | 3515 | 10.30 | 4669 | —— | —— | —— | —— | 2.29 | 0.63 |
| 1992 | 27.3 | 34487 | 2.10 | 16050 | 0.20 | 4000 | 75000 | 100 | 26.65 | 2.03 |
| 1993 | 15.0 | 21930 | 10.0 | 4500 | 0.20 | 4000 | 75000 | 100 | 0.96 | 0.30 |
| 1994 | 19.5 | 27146 | 12.10 | 5550 | 0.20 | 4000 | 75000 | 100 | 0.25 | —— |
| 1995 | 18.8 | 27924 | 12.10 | 5970 | 0.20 | 4000 | 80000 | 120 | 5.00 | 0.004 |
| 1996 | 18.8 | 27924 | 2.10 | 5970 | 0.20 | 4000 | 75000 | 100 | 5.00 | 0.004 |
| 1997 | 18.0 | 27000 | 0.00 | 4500 | 0.20 | 4000 | 80000 | 125 | 5.00 | —— |
| 1998 | 18.8 | 27924 | 12.10 | 5970 | 0.20 | 4000 | 80000 | 120 | 5.00 | 0.004 |
| 合计 | 160 | 221365 | 101.0 | 57848 | 1.40 | 28000 | 540000 | 765 | 52.44 | 3.60 |

### 三、青岛农业增供水经济效益

引黄济青工程虽然没有直接给青岛市提供农业灌溉用水，但是因为工程供水满足了青岛城市用水需求，没有挤占青岛农业用水，为青岛市农业发展创造了有利条件。根据山东省调水工程运行维护中心编制的《"引黄济青"工程向青岛市供水效益调查研究报告（2006 年—2020 年）》，青岛市农业增供水经济效益在 2010 年后每年都超过 10 亿元，在 2015 年达到 40 亿元，2016 年至 2020 年每年都超过 50 亿元（2018 年约 50 亿元），2006—2020 年总计达到 413.34 亿元，证明该项目为青岛农业发展注入活力，能够有效缓解水资源短缺导致的减产等农业问题（表 8-14）。

表 8-14 青岛 2006—2020 年农业增供水经济效益表

| 年份 | 2006 | 2007 | 2008 | 2009 | 2010 | 2011 | 2012 | 2013 |
|---|---|---|---|---|---|---|---|---|
| 农业增供水经济效益<br>（亿元） | 5.68 | 7.86 | 6.12 | 6.83 | 11.79 | 13.07 | 15.92 | 20.70 |
| 年份 | 2014 | 2015 | 2016 | 2017 | 2018 | 2019 | 2020 | 合计 |
| 农业增供水经济效益<br>（亿元） | 21.15 | 39.98 | 56.60 | 53.65 | 49.33 | 53.82 | 50.83 | 413.34 |

---

① 吕福才，毕树德，王大伟，卢宝松 . 引黄济青工程的管理与运行 [J]. 中国农村水利水电 ,2003（08）:67-68.
② 孙培龙，周黎明，吕建远 . 山东省引黄济青工程投资效益浅析 [J]. 水利建设与管理 ,1999,19（05）:50-51.

资料来源:《"引黄济青"工程向青岛市供水效益调查研究报告（2006年—2020年）》，2021年12月山东省调水工程运行维护中心编；引黄济青工程2006—2020年度供水量调整为本文最新的供水量数据，计算依据的供水总量调整为包含引黄济青水、长江水、黄水东调水供水量之和。

## 第三节　青岛市城市综合效益

至2023年底，工程累计向青岛市棘洪滩水库送水59.04亿立方米，向青岛市供水59.07亿立方米，满足了青岛市工业、居民生活等用水需要，改善了青岛市投资环境和旅游环境，尤其是生态环境的改善，使得国内外旅游人数增长迅速。

### 一、居民生活增供水经济效益

根据山东省调水工程运行维护中心编制的《"引黄济青"工程向青岛市供水效益调查研究报告（2006年—2020年）》，2006年—2020年，调水工程的居民生活用水增供水经济效益总计达到383.29亿元（表8-15），有效满足了青岛城市居民生活用水需求。

表8-15 居民生活增供水经济效益

| 年份 | 2006 | 2007 | 2008 | 2009 | 2010 | 2011 | 2012 | 2013 |
|---|---|---|---|---|---|---|---|---|
| 居民生活增供水经济效益（亿元） | 3.29 | 5.26 | 5.45 | 4.64 | 8.44 | 9.37 | 12.29 | 15.76 |
| 年份 | 2014 | 2015 | 2016 | 2017 | 2018 | 2019 | 2020 | 合计 |
| 居民生活增供水经济效益（亿元） | 15.75 | 30.81 | 50.04 | 50.89 | 42.49 | 57.62 | 71.18 | 383.29 |

资料来源：山东省调水工程运行维护中心编：《"引黄济青"工程向青岛市供水效益调查研究报告（2006年—2020年）》，2021年12月；引黄济青工程2006-2020年度供水量调整为本文最新的供水量数据，计算依据的供水总量调整为包含引黄济青水、长江水、黄水东调水供水量之和。

### 二、旅游效益

工程建成通水后，大大改善了青岛市的旅游环境，国内外旅游人数增长迅速。如1992年，是山东省又一大旱之年，全省十几个主要城市缺水，当年五、六两个月，棘洪滩水库每天向青岛市区供水30万立方米以上，酷热时全市日用水高峰达42万立方米，超出往年日用水最高峰（37.8万立方米）11%多；1—7月份，全市30家涉外宾馆接待外宾12万人次。[①]

到2005年，青岛市国内旅游人数由1989年的441.1万人增加到2449.03万人，国外旅游人数由1989年的5.747万人增加到68.44万人，旅游总收入由1989年的39159万元增加到2566789.13万元，增长63倍多（表8-16）。

---

① 聂生勇.新建有新意　重建亦重管——引黄济青工程通水运行三年经验谈 [J]. 中国水利,1992（11）:4-7.

表 8-16 1984-2005 年青岛市国内外旅游人数、收入统计表

| 年 度 | 旅游人数（万人） | | 旅游收入（万元） | | |
| --- | --- | --- | --- | --- | --- |
| | 国内 | 国外 | 国内 | 国外 | 合计 |
| 1984 年 | 305 | 3.361 | 8800 | 695 | 9495 |
| 1985 年 | 375 | 4.6621 | 12500 | 1456 | 13956 |
| 1986 年 | 413.3 | 4.518 | 15000 | 2771 | 17771 |
| 1987 年 | 461.1 | 5.3987 | 17800 | 4074 | 21874 |
| 1988 年 | 502.1 | 6.0401 | 22500 | 6061 | 28561 |
| 1989 年 | 441.1 | 5.7465 | 29700 | 9459 | 39159 |
| 1990 年 | 391.1 | 7.2019 | 34200 | 13534 | 47734 |
| 1991 年 | 409.7 | 8.3064 | 37900 | 19029 | 56929 |
| 1992 年 | 509.4 | 10.8252 | 49900 | 24138 | 74038 |
| 1993 年 | 560.5 | 13.8163 | 61700 | 28206 | 89906 |
| 1994 年 | 757 | 15.7703 | 86500 | 43371 | 129871 |
| 1995 年 | 835.4 | 17.7797 | 476000 | 48320 | 524320 |
| 1996 年 | 902 | 19.107 | 502000 | 54598 | 556598 |
| 1997 年 | 963 | 19.789 | 540500 | 81051 | 621551 |
| 1998 年 | 1013.6 | 19.9547 | 605900 | 84909 | 690809 |
| 1999 年 | 1131.5 | 22.7697 | 716000 | 94781 | 810781 |
| 2000 年 | 1285.06 | 26.0592 | 881794 | 118164 | 999958 |
| 2001 年 | 1519.13 | 32.3079 | 1028414.7 | 146907 | 1175321.7 |
| 2002 年 | 1794.9 | 41.7452 | 1306155.86 | 198993 | 1505148.86 |
| 2003 年 | 1654.57 | 34.1158 | 1218956.07 | 130073 | 1349029.07 |
| 2004 年 | 2157.44 | 52.2498 | 1837871 | 237771 | 2075642 |
| 2005 年 | 2449.03 | 68.4407 | 2225890.63 | 340899 | 2566789.63 |

资料来源：《引黄济青工程沿线城镇供用水情况调查分析资料汇编》，2008 年 10 月山东省胶东调水局规划财务处编。

2019 年，青岛市接待入境旅游人数 1702568 人次、入境旅游收入 1084000 万元，接待国内旅游人数 11132.58 万人次、国内旅游收入 1897.2 亿元。2020 至 2022 年由于受三年疫情影响，旅游各项数据大幅下滑。（表 8-17）。[1]

---

[1] 青岛市统计局, 国家统计局青岛调查队 .2020 青岛统计年鉴 [M]. 北京 : 中国统计出版社有限公司 ,2020:368-370.

表 8-17 2006—2022 年青岛市国内外旅游人数、收入统计表

| 年 度 | 旅游人数（万人） | | 旅游收入（亿元） | | |
|---|---|---|---|---|---|
| | 国内 | 国外 | 国内 | 国外 | 合计 |
| 2006 年 | 2801 | 85.4 | 281.8 | 43.4 | 325.20 |
| 2007 年 | 3258.78 | 108 | 350 | 50.25 | 400.25 |
| 2008 年 | 3389.53 | 80 | 385.52 | 34.75 | 420.27 |
| 2009 年 | 3903.4 | 100 | 451 | 38 | 489.00 |
| 2010 年 | 4396.65 | 108.05 | 540.07 | 40.33 | 580.40 |
| 2011 年 | 4956.11 | 115.64 | 637.34 | 44.05 | 681.39 |
| 2012 年 | 5590.5 | 127 | 755.5 | 52.1 | 807.60 |
| 2013 年 | 6161.31 | 128 | 886.07 | 50.93 | 937.00 |
| 2014 年 | 6716 | 128 | 1011 | 50 | 1061.00 |
| 2015 年 | 7322.02 | 133.81 | 1132.51 | 137.5 | 1270.01 |
| 2016 年 | 7940.07 | 141.05 | 1283.6 | 155.08 | 1438.68 |
| 2017 年 | 8672.1 | 144.4 | 1468.06 | 172.04 | 1640.10 |
| 2018 年 | 9848.9 | 153.6 | 1651 | 216.1 | 1867.1 |
| 2019 年 | 11132.58 | 170.26 | 1897.2 | 108.4 | 2005.6 |
| 2020 年 | 6293.5 | 18.8361 | 1010.7 | 疫情未统计 | 1010.7 |
| 2021 年 | 8198.9 | 22.2857 | 1411 | 疫情未统计 | 1411 |
| 2022 年 | 6581.3 | 24.546 | 1006.4 | 疫情未统计 | 1006.4 |

资料来源：2006 年—2022 年青岛市国民经济和社会发展统计公报

旅游收入的大幅度提高，既增加了青岛市的经济收入，同时也大大扩大了青岛的知名度和对外开放程度。

# 第三章 生态效益

引黄济青工程作为典型的跨流域调水工程，是人工干预水资源的时空分配，势必会对工程全线的水资源、生物、气候乃至人类社会生活、经济的发展产生影响，尤其是对生态环境的影响是显著的。[①] 渠首沉沙池处理不当可能会造成周围土地沙化，输水河因渗漏可能造成两岸大面积土地盐碱化，棘洪滩水库由于长期蓄水可能使水库周围土地沼泽化以及水库水体富营养化等。但调水工程距离较长，具

---

① 常玉苗，王慧敏. 基于系统视角的跨流域调水对生态环境影响研究 [J]. 人民长江, 2007（06）:13-14+32.

有绿化所需要的土地资源和水资源，易于开展植树造林绿化，目的是利用生物措施来保护工程，防止水污染。之后，围绕提升工程管理水平，对工程进行绿化提升改造，利用水系打造生态环境。

对渠首土地沙化，按照设计中提出的"盖淤还耕"要求，采取沉沙与造田同步进行的措施，把沉沙池中的部分土地还耕，并取得较好效果。对输水河两岸耕地的影响，引黄济青工程是冬季输水，输水河两岸的地下水位暂时有所提高，但在土地春季返盐之前，地下水迅速降至输水前水位，故两岸基本不曾出现土地盐碱化问题。相反，因为输水河通过多年的淡水运行，两岸土壤及地下水均有淡化趋势。至于棘洪滩水库周围土地浸没问题，棘洪滩水库通过截渗、导渗等工程措施，防止水库周围土地浸没，渗出水量达到设计控制要求，沿库群众充分利用水库淡水养鱼、种菜，发展灌溉，取得很好的经济效益。青岛市环境监测站对棘洪滩水库每年定期观测，监测结果完全符合国家《地面水环境质量标准》规定的饮用水标准。[①]

工程建成后，引黄济青工程管理局（山东省调水工程运行维护中心）十分重视工程的绿化和水土资源开发，依照"维护工程，美化环境，增加效益"的指导思想，先后开展3次"绿化美化"大会战，积极争取与地方共建，彻底消灭绿化空白点。

由于青岛、潍坊、烟台、威海4市本地水资源严重不足，城乡争水、工业挤占农业用水的现象时有发生，河流出现干涸、地下水位下降严重、地面沉陷、海水入侵、河堤开裂等诸多生态环境问题。引黄济青工程及胶东地区引黄调水工程的建成通水，极大缓解了四市用水紧张局势，保障了用水安全，对减轻当地水资源过度开采、防止海水内灌和地下水漏斗形成、保护水生态环境、建设生态文明城市具有重大意义。

2018年起，引黄济青工程纳入"河长制"管理范畴，工程管理部门全面落实河长制要求，着力构建覆盖胶东调水输水干线的省、市、县、乡、村五级河长管理体系，工程沿线市、县两级管理机构相继纳入当地河长办成员单位，夯实了河长制工作基础。在此期间，依照省政府批复的《山东省胶东调水工程管理范围和保护范围划定实施方案》，全面完成胶东调水工程管理和保护范围划定。同时，以工程特色突出、调水文化丰富、数字化领先为宗旨，全力打造美丽幸福示范河湖，实现"水清、河畅、岸绿、景美、人和"的目标，推动胶东调水工程焕发新的生机与活力。

## 第一节　地下水环境改善

引黄济青工程沿线本就缺水严重，由于工农业迅速发展，加上多年连续干旱，竞相超采地下水，以致引起地下水位大幅度下降、漏斗区面积不断扩大，造成海水大范围入侵。还引发地面沉陷、地下水枯竭、河道堤防断裂塌陷等一系列环境问题。[②]引黄济青工程建成后，有力地压制了咸水入侵，促进了沿线地下水回补和土壤不同程度的改善。

---

① 包怡斐，孙熙．引黄济青工程效益评价 [J]．山东经济战略研究，1997（03）：40+42+41+46.
② 包怡斐，孙熙．引黄济青工程效益评价 [J]．山东经济战略研究，1997（03）：40+42+41+46.

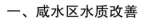

### 一、咸水区水质改善

海水入侵是指陆地地下淡水水位下降而引起的海水直接侵染淡水层的现象；由风暴潮、人为因素等造成的海水漫溢内陆或沿河道上溯造成的侵染也属海水入侵。咸水入侵则是指由于淡水区地下水位下降，陆地上的古咸水越过原咸淡水界面侵染淡水含水层的现象。

70年代中期以来，山东沿海地区陆续发生海咸水入侵问题，而且愈来愈严重。自80年代起，特别是90年代，由于连续干旱，降水量明显偏少，地表水缺乏，河道断流，蓄水工程干涸，而工农业用水量急剧增加，为缓解供水紧张矛盾，不得不超量开采地下水，地下水位持续下降，形成大面积地下水降落漏斗区，甚至出现地下水位负值区，使咸淡水界面遭到破坏，导致发生严重的海咸水入侵。

山东沿海地区海咸水入侵主要发生在滨海平原和冲洪积平原，在沙质海岸带，一般砂层较厚、颗粒粗，透水性好，标高又低，为海咸水入侵提供了"通道"；在入海河流中、上游修建大量水库、塘坝、拦河闸等蓄水工程，逐级拦蓄截流，大大减少了下游平原区地下水补给量。同时，由于河道下游大量挖沙，降低了河床高程，延长了潮流界距离，海水沿河道上溯，加快了海水入侵速度；沿海地区大量发展海水养殖与盐田及盐化工业，人为地将海水引进拦蓄，使海水侵染附近地下水源，造成附近生态平衡破坏、粮田发生盐渍化、地下水被侵染等严重后果。

海咸水入侵对当地工农业生产、人民生活及身体健康、生态环境造成极大危害。工业方面，水质变咸而使产品质量下降；供水不足而造成工厂停产、搬迁或倒闭；因水质处理或远距离调水增加工厂投资和成本费用；因工厂设备锈蚀而缩短使用寿命；由于水源问题而丧失一些项目，损失更是难以估算。农业方面，由于海咸水侵染后地下水被咸化，大批机井报废，农田丧失灌溉能力，粮食产量大幅度下降。其中寿光、寒亭和昌邑北部为主要咸水入侵区，三区自1980至1989年咸水入侵面积达161平方千米，侵染耕地17.9万亩，造成42万人吃水困难。咸水入侵前，该区域土质肥沃，地下水丰富，粮食亩产一般都在1000斤以上；被咸水侵染后，地下水氯离子含量为500～1000毫克每升，土壤产生不同程度的盐渍化，农业一般减产20%～40%，部分减产80%以上。因地下水复咸而报废的机井达2376眼，侵染区面积仍有继续扩大的趋势[1]。

山东省水文总站开展的海咸水入侵普查结果显示，到1992年，全省沿海五市中共有19个县、市、区发生海咸水入侵，总面积达964.4平方千米。其中，海水侵染面积579.9平方千米、咸水侵染面积384.5平方千米；超量开采地下水引起的海水入侵面积为493.3平方千米，其他原因引起的海水入侵面积为86.6平方千米，咸水入侵均为超量开采地下水所致。另外威海市的荣成、乳山，青岛市的胶州、胶南通过普查发现多处海水入侵点，只是面积小未做统计。此外，从广饶县石村过小清河经博兴、滨州一直到德州地区乐陵市，这段咸淡水接触界面历史上就存在，长期比较稳定。[2]

海咸水入侵对山东省沿海地区工农业生产和人民生活造成了严重危害，成为当地重大自然灾害之

---

① 孙贻让.合理利用水资源　充分发挥综合效益——山东省"引黄济青"工程运行述评[J].中国人口·资源与环境,1991（Z1）:20-24.

② 张静，肖起模.山东沿海地区咸水入侵现状分析[J].地下水,1995（03）:124-126+129.

一。据不完全统计，到 1992 年底共有 7000 多眼机井报废，减少灌溉面积 53 万多亩（表 8-18），减少粮食产量达 17863 万千克。地下水被污染导致 70 多万人、36 多万头大牲畜饮水发生困难，该区内已有甲状腺肿瘤、氟斑牙、氟骨病、布氏菌病、肝吸虫病等多种疾病，有些病种则是由近年地下淡水被侵染引起或加重的。[①] 此外，海咸水侵染导致土壤盐分明显上升，沿海良田生态环境遭到破坏，植被能力减弱，水土流失严重。

表 8-18 1992 年山东沿海咸水入侵情况统计表

| 县、市、区 | 面积（平方千米） | 县、市、区 | 面积（平方千米） | 县、市、区 | 面积（平方千米） | 县、市、区 | 面积（平方千米） |
|---|---|---|---|---|---|---|---|
| 芝罘区 | 16.4 | 莱阳市 | 22.3 | 崂山区 | 23.4 | 寿光市 | 110.4 |
| 福山区 | 9.0 | 海阳市 | 47.8 | 黄岛区 | 1.0 | 寒亭区 | 85.1 |
| 蓬莱市 | 27.3 | 牟平县 | 15.0 | 即墨市 | 2.0 | 昌邑县 | 80.6 |
| 龙口市 | 90.8 | 长岛县 | 2.5 | 平度市 | 56.0 | 潍坊合计 | 276.1 |
| 招远市 | 15.6 | 开发区 | 14.3 | 青岛合计 | 82.4 | 东营广饶 | 20.4 |
| 莱州市 | 234.2 | 烟台合计 | 495.2 | 威海文登 | 90.3 | 全省总计 | 964.4 |

引黄济青工程建成运行后，不仅使寿光、潍北等咸水区群众结束了喝咸水的历史，而且每年自然水量的渗漏，改善了沿线两岸村庄的土地状况，促进了沿线地下水的回补和土壤不同程度的改善，昌邑、寒亭、寿光等北部沿海咸水地区受益更明显。引黄济青工程是冬季输水，输水河两岸的地下水位暂时有所抬高。在土地春季返盐之前，地下水已降至输水前的水位，故两岸不曾出现过土地盐碱化的问题。相反，因为输水河多年的淡水运行，两岸土地及地下水均有淡化趋势，[②] 工程沿线附近地区地下水位普遍抬高，并使一些海水内侵较严重的地区重新繁殖出大量的淡水毛蟹、毛虾。[③] 寿光市进行利用黄河水抬高地下水位阻止海水入侵的小区试验研究，具备大面积推广条件。[④]

## 二、地下水源补充

胶东半岛地下水资源由于多年超采，采补失衡，地下水位逐年下降，80 年代一般下降 10 米左右，形成大面积地下水漏斗区。地下水位的大幅度下降，还加剧了河道污水对两岸地下水的污染，严重影响人民群众的身体健康。尤其是 2014—2015 年胶东地区连年干旱，地下水位下降明显。[⑤]

引黄济青工程输水河全长 253 千米，有 211 千米采取预制混凝土板衬砌，衬砌形式分全断面衬砌和半断面衬砌 2 种，其余渠道未进行衬砌。工程沿途对地下水的补充主要包括沿途弃水直接渗入地下、沿途农用水未利用部分渗入地下、引水运行期间输水河内水渗漏进入地下。1981—1989 年，大沽河水

① 张静，肖起模．山东沿海地区咸水入侵现状分析 [J]．地下水，1995（03）:124-126+129.
② 包怡斐，孙熙．引黄济青工程可持续发展再评估 [J]．中国人口·资源与环境，1997（02）:57-60.
③ 聂生勇．新建有新意 重建亦重管——引黄济青工程通水运行三年经验谈 [J]．中国水利，1992（11）:4-7.
④ 包怡斐，孙熙．引黄济青工程可持续发展再评估 [J]．中国人口·资源与环境，1997（02）:57-60.
⑤ 冯慧．胶东调水工程受水区水资源利用分析 [J]．水利技术监督，2020（06）:220-223.

源地疏干开采期结束，青岛市通过引黄济青工程供水，减少地下水开采，地下水位有所回升。

自工程通水至 1996 年，先后向沿河两岸地下水漏斗区回灌补充水源 2.0 亿立方米，提高地下水位 1 米左右，缓解了地下水超采造成的环境影响。[①] 至 2006 年，工程总渗漏水量为 3.2 亿立方米（表 8-19），回补地下（表 8-20），地下水位有所抬高，且部分地段地下水位上升非常明显；通过向灌区输水和各级河渠、沟网蓄存，地下水位一般抬高 1 ~ 2 米，增补了地下水源，可以在干旱条件下，使地下水位逐年恢复，生态环境逐年好转。[②]

表 8-19 1989—2005 年引黄济青工程渗漏水量汇总表 [③]

| 年份 | 渗漏水量（万立方米） | 年份 | 渗漏水量（万立方米） |
|---|---|---|---|
| 1989 | 1681 | 1998 | 795.947 |
| 1990 | 4756 | 1999 | 3485 |
| 1991 | 3444 | 2000 | 3751 |
| 1992 | 3731 | 2001 | 952 |
| 1993 | 198.16 | 2002 | 1480 |
| 1994 | 2723.49 | 2003 | 1900 |
| 1995 | 1361.77 | 2004 | 145.32 |
| 1996 | 561.99 | 2005 | 2198.288 |
| 1997 | 947.96 | 合计 | 31878.637 |

表 8-20 1989—2005 年引黄济青工程回灌地下水情况统计表

| 年份 | 回灌地下水量（万立方米） | 产生效益（万元） |
|---|---|---|
| 1989 年 | 891 | 63 |
| 1990 年 | 1455.5 | 356.6 |
| 1991 年 | 1741.5 | 477.1 |
| 1992 年 | 1345.5 | 373.28 |
| 1993 年 | 1482.5 | 501 |
| 1994 年 | 1588.5 | 484 |
| 1995 年 | 1204.5 | 407 |
| 1996 年 | 1693.5 | 500 |
| 1997 年 | 1272.5 | 405 |

① 包怡斐，孙熙. 引黄济青工程可持续发展再评估 [J]. 中国人口·资源与环境, 1997（02）:57-60.
② 孙贻让. 合理利用水资源 充分发挥综合效益——山东省"引黄济青"工程运行述评 [J]. 中国人口·资源与环境, 1991（Z1）:20-24.
③ 张烨，张伟，张泽玉，刘圣桥. 引黄济青工程在生态用水调度中的作用分析 [C]// 山东省水资源生态调度学术研讨会论文集. 山东水利学会: 山东省科学技术学会, 2007:49-52.

| | | |
|---|---|---|
| 1998 年 | 1577.5 | 513 |
| 1999 年 | 1304.5 | 490 |
| 2000 年 | 1674.5 | 496 |
| 2001 年 | 1264.5 | 485 |
| 2002 年 | 1636.5 | 506 |
| 2003 年 | 933.5 | 128 |
| 2004 年 | 1317.5 | 332 |
| 2005 年 | 1242.5 | 308 |
| 合计 | 23626 | 6824.98 |

资料来源：《引黄济青工程沿线城镇供用水情况调查分析资料汇编》，2008 年 10 月山东省胶东调水局规划财务处编。

至 2022 年 12 月，引黄济青工程通水运行 33 年，共补充沿线地下水超 13 亿立方米，既抬高了地下水位（部分地段地下水位上升非常明显），又压制了咸水的入侵，改善了区域土地状况，保护了生态环境。

### 三、青岛海水入侵减少

自 20 世纪 80 年代，青岛市的骨干河道如大沽河断流时间最少 97 天，最多达 365 天。尤其是平、枯水年份非汛期，全市河流几乎都发生断流。由于地下水的严重超采，地下水位持续下降，形成了大沽河漏斗区、白沙河漏斗区、新安河漏斗区、大泮洼漏斗区、新河漏斗区，这些漏斗区均为浅层地下水漏斗区，极易引起海水入侵。比如，大沽河水源地是向青岛市区供水的主要水源地之一，1981 年遇到特大干旱，全市平均降雨 368.1 毫米，大沽河全年断流，无径流水可取，市区供水出现危机；同年 9 月开始实施开发大沽河地下水向青岛供水的应急工程。至 1993 年底，沿大沽河中下游 408 平方千米的第四系含水沙层中，建成开采面积达 275.3 平方千米的水源地。据实际调查，1982 年—1984 年这 3 年，在 225.4 平方千米的开采区内共开采水量为 21805 万立方米，年均开采量为 7268 万立方米，平均开采模数达 31.41 万立方米每平方千米，特别是 1982 年开采量达 2959 万立方米，开采模数达 48.5 万立方米每平方千米。在疏干开采过程中，水位大幅度下降，特别是李戈庄采区 1981 年 12 月 30 日至 1984 年底，由采前水位埋深 4.72 米下降到 7.69 米，总降幅为 3.12 米，其中 1984 年 6 月底平均水位埋深最大，为 8.06 米。至 1984 年 6 月，由之前不足 10 平方千米的水位负值区扩大到 86.75 平方千米，漏斗中心水位 -8.18 米。1986 年—1989 年仍是枯水年，特别是 1988 年和 1989 年，向市区供水开采量达 12721 万立方米，大沽河水源地因疏干开采，至 1989 年底，各采区水位埋深基本上接近甚至超过 1984 年底的水位埋深，李戈庄采区的负值漏斗区由 1985 年底的 31.7 平方千米又扩大到了 62.5 平方千米。1988 年、1989 年海水内侵又进入到 1984 年底的边界线。

引黄济青工程的建成通水，从根本上解决了青岛市水资源短缺的问题，从而使上述问题得到了极大的改善和解决。据调查，2000年，青岛市海水入侵面积为150.2平方千米，之后海水入侵面积逐渐稳定。[1]

## 第二节　沉沙处理及利用

图8-8 沉沙池（摄于2020年9月12日）

为防止渠首输水沉沙所造成的土壤沙化，引黄济青工程渠首建有沉沙池，自1989年底建成通水至2019年，共引黄河泥沙1320.65万立方米（图8-8）。在此期间，随着运行时间增加，沉沙池进口水流流速减慢，水流挟沙能力变小，输沙渠短期内失去自流沉沙能力，为此，不得不从1992年下半年开始采取清淤措施。为解决因泥沙处理而降低沉沙池沉沙能力并恶化生态环境的问题，工程管理部门探索出泥沙综合利用的有效途径。

### 一、沉沙池清淤

引黄河水引进的泥沙通过输沙渠送入沉沙池（图8-9、8-10），由于沉沙池进口水流突然扩散，流速减慢，水流挟沙能力变小，80%以上的泥沙沉在进口，输沙渠底面比降加剧变缓，短期内失去自流沉沙能力。仅持续3个放水年度，累计引水量8.3亿立方米，沉沙池进口段沉积泥沙386万立方米，底高程达10.51米，[2] 输沙渠比降由设计的1/6000变为平底，已达不到设计的引、输水能力，沉沙池基本不能自流沉沙。[3] 自1992年下半年，沉沙池受淤积影响，引水出现困难，只能采取清淤措施（图8-11）。

图8-9 引黄济青渠首低位输沙渠（摄于2007年11月）

图8-10 高低输沙渠（摄于2020年9月12日）

① 包怡斐，孙熙.引黄济青工程效益评价 [J].山东经济战略研究,1997（03）:40+42+41+46.

② 郑飞.胶东调水工程渠首沉沙池泥沙处理利用探索 [J].城市建设理论研究（电子版）,2019（18）:185.

③ 黄云国.沉沙池功能开发的研究与实践 [J].山东水利,1999（11）:37-40.

图 8-11 打渔张引黄闸前黄河淤积情况（摄于 2005 年 9 月 23 日）

（1）挖塘机内贴坡式清淤。渠首输、沉沙工程原设计不需要清淤，在工程范围以外没有规划弃淤场。只能把弃淤贴在沉沙池上、中游远离主溜沟的大堤内坡，简称内贴坡式清淤；机械选用挖塘机（泥浆泵）。从 1993 年下半年开始大规模实施，当年完成清淤量为 128.7 万立方米，使沉沙率从上年度的（济青期）98.9% 提高到 99.2%。持续运行四年后，至 1996 年，共处理泥沙 292.59 万立方米，内贴占用沉沙面积 71.79 万平方米，占整个沉沙面积的 20.6%。[①]

（2）挖泥船池外排淤。经过 1993—1996 年的内贴式清淤，沉沙池沉沙面积相对减少，沉沙效率相对降低。经放水运用，沉沙效率明显发生变化，由 1994—1995 年度的 99.4% 降至 1995—1996 年度的 96.8%、1996—1997 度的 85.8%，已接近设计标准。如再无期无度的继续扩大内贴面积，势必降低沉沙池的功能，因此改为采用挖泥船池外排淤。其主要内容是在沉沙池上、下游用输距较远的挖泥船，把泥沙排到堤外规划的弃淤场内。弃淤场规划按照"化整为零、临时占用、合理补偿、适时还耕"的租地原则，临时租用周边低洼地。从 1997 年到 2000 年，共处理泥沙 470.28 万立方米，临时租用弃淤场 1046 亩，使沉沙池沉沙效率恢复到 98.4%。

（3）挖塘机外排内贴结合。由于泥沙大部分沉积在沉沙池上游，不送水运行时一般为干池，不适用于挖泥船水下作业。自 2001 年始，又采用新型挖塘机池外排淤。这种新型挖塘机功率大、输距远，不需水下作业，一直延续至 2018 年，从而有效地延长沉沙池的使用周期，保障工程引、送水运行。（图 8-12）

图 8-12 沉沙池

① 黄云国 . 沉沙池功能开发的研究与实践 [J]. 山东水利 ,1999（11）:37-40.

**二、泥沙处理**

引黄济青工程和胶东调水工程沉沙池自 1992 年实施清淤至 2019 年，共处理泥沙 1141 万立方米，其中内贴清淤 547.35 万立方米、外排清淤 593.65 万立方米。内贴式清淤占用沉沙池面积 117.2 万平方米（1757 亩），使沉沙池面积减少 1/3，沉沙能力降低；外贴式清淤则占用大量土地，若处理不好易造成渠首沙化并恶化生态环境。因此，选择泥沙综合利用的有效途径，对于工程持续沉沙能力和生态环境的保持尤为重要。<sup>①</sup> 为此，引黄济青和胶东调水工程在渠首沉沙池泥沙处理、延长沉沙池使用年限、减少清淤占地、泥沙综合利用等方面进行积极实践，探索出综合利用新路径。

（1）盖淤还耕。改良低洼盐碱荒地是泥沙处理利用的重要方式。工程管理部门临时租用地方群众的脊薄荒地，使用 2 ～ 3 年，在使用期内合理补偿，把荒碱地改造成良田，还耕前在弃淤场表层铺盖 30 厘米红黏土。此途径利用泥沙 593.65 万立方米，占处理泥沙的 51.5%，改良荒碱地 1628 亩，产生较大的社会效益和经济效益，受到当地政府和群众的支持与欢迎。

（2）植树造林。在内贴淤地种植杨树、柳树等苗木 7 万余棵，不断筛选引进新优植物材料，加强绿地建设新材料新技术应用，建立规范化标准化苗圃，打造生态绿化基地，在防风固沙、改善生态环境的同时又具有很高的经济效益。至 2017 年，完成生态造林 32800 棵，苗木储备 48 亩。<sup>②</sup>

（3）作为新型建筑材料资源。众合新型墙体材料有限公司建设在 2# 沉沙池下游，引进具有世界先进水平的意大利产技术设备，用黄河泥沙生产各种普通烧结砖、高档装饰砖、地砖、装饰贴片。该公司一期工程投资 1.53 亿元，于 2006 年 5 月份投产，年生产能力为 2.5 亿标块。

（4）支援高速公路建设。2017 年，抓住长深高速广饶至高青段建设的有利时机，将内贴淤土外运，用于高速公路路基建设，将淤积泥沙变废为宝。<sup>③</sup>

## 第三节　自然生态提升

引黄济青工程输水渠与沿线所有自然河流都采用立交形式通过，而且在输水渠上设有分水闸。这样，既可以保护当地水域体系不被破坏，使之维持原来的生态平衡；同时，工程的建成使用，又可以给沿途各地带来改善生态环境的水资源。但工程建成初期，没有必要的防护措施造成渠堤和水库坝外坡大面积水土流失，严重影响工程安全运行。从 1990 年春季开始，引黄济青工程管理局结合工程实际，因地制宜、科学规划，逐段整平弃土场、逐步改良土壤、逐年植树种草，弃土场栽植乔木、灌木，渠堤、水库坝外坡栽植灌木、草皮，工程边界栽植绿篱。

引黄济青工程永久占地 4333 公顷，可以绿化的土地近 1000 公顷，<sup>④</sup> 工程通水转入正常运行管理后，各地管理部门本着"因地制宜，适地适树，保护工程，美化环境，讲求效益"的原则，从保护工程、

① 郑飞. 胶东调水工程渠首沉沙池泥沙处理利用探索 [J]. 城市建设理论研究（电子版）,2019（18）:185.

② 宋庆荣，张伟，刘恒洋. 胶东调水工程渠首沉沙池生态功能浅析 [J]. 中国水利,2018（08）:24-26.

③ 宋庆荣，张伟，刘恒洋. 胶东调水工程渠首沉沙池生态功能浅析 [J]. 中国水利,2018（08）:24-26.

④ 周黎明，于维丽，吕建远，程鹏飞. 绿化美化工程 改善生态环境 [J]. 山东水利,1999（11）:29+46.

保护水质出发，结合辖区段内工程实际，科学规划，统筹安排，持续加大工程绿化力度，投资400余万元在输水河大坝内外侧栽植草皮、乔灌木，以防止水土流失、防风固沙，且有效减少外物落入输水河内对水体造成污染的现象。1994年开始实施工程绿化三大会战（"攻坚战""歼灭战""围歼战"），先后投入资金600多万元，共种植乔木82万余株、灌木300多万株、美化树10万株、花椒（刺槐墙）258.9千米、草皮250万平方米，基本实现工程绿化的目标。为确保绿化成果，此后不断增加投入，对树木进行更新换代，同时实现从单纯绿化美化到获得经济效益的转变，年获经济效益500万元以上。[1] 经过多年努力，工程沿线逐步形成乔、灌、草相结合的立体水土保持混交林、复层结构防护体系林，有效地控制水土流失、改善生态系统，对保证工程安全运行发挥重要作用。[2] 至2000年底，输水渠沿线共栽植乔木80万株、风景树10万株、灌木300万株、草皮120万平方米、输水渠两岸绿篱250千米，达到渠道两岸绿树成荫、内外边坡草皮覆盖、工程两岸植物墙保护的目标。[3] 是年，引黄济青工程被全国绿化委员会评为全国绿色通道标准示范路（段）。此后，还先后获得"山东省绿化造林先进单位""全国部门造林绿化400佳单位"和"2007年度全省保护母亲河行动先进集体"等称号（表8-21）。

表 8-21 1989—2005 年引黄济青工程沿线苗木栽植情况统计表

| 年份 | 苗木栽植量（万株） | 产生效益（万元） |
|---|---|---|
| 1989 年 | 0.086 | 0 |
| 1990 年 | 20.38 | 92.5 |
| 1991 年 | 13.01 | 6.7 |
| 1992 年 | 20.75 | 17.93 |
| 1993 年 | 24.55 | 4.3 |
| 1994 年 | 16.098 | 3.5 |
| 1995 年 | 34.34 | 32.8 |
| 1996 年 | 27.91 | 3.23 |
| 1997 年 | 13.216 | 0.5 |
| 1998 年 | 12.21 | 15.48 |
| 1999 年 | 23.0061 | 89.9745 |
| 2000 年 | 8.5895 | 92.1331 |
| 2001 年 | 8.8584 | 87.4188 |
| 2002 年 | 6.8658 | 67.92 |
| 2003 年 | 23.7204 | 46.95 |
| 2004 年 | 15.7508 | 97.06 |
| 2005 年 | 20.0678 | 71.83 |
| 合计 | 289.4088 | 730.2264 |

资料来源：《引黄济青工程沿线城镇供用水情况调查分析资料汇编》，2008年10山东省胶东调水局规划财务处编。

① 马成，唐诚，于洁. 引黄济青工程生态建设实践与探索 [J]. 山东水利,2013（6）:11-12.

② 于维丽. 浅谈生态工程建设在引黄济青工程中的作用 [J]. 中国水利,2001（02）:63.

③ 吕福才，毕树德，王大伟，卢宝松. 引黄济青工程的管理与运行 [J]. 中国农村水利水电,2003（08）:67-68.

山东省调水工程运行维护中心文件

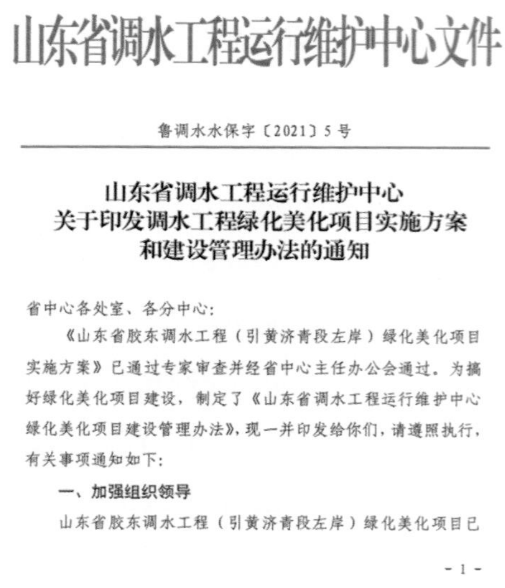

鲁调水水保字〔2021〕5 号

山东省调水工程运行维护中心
关于印发调水工程绿化美化项目实施方案
和建设管理办法的通知

省中心各处室、各分中心：

《山东省胶东调水工程（引黄济青段左岸）绿化美化项目实施方案》已通过专家审查并经省中心主任办公会议通过。为搞好绿化美化项目建设，制定了《山东省调水工程运行维护中心绿化美化项目建设管理办法》，现一并印发给你们，请遵照执行。有关事项通知如下：

一、加强组织领导

山东省胶东调水工程（引黄济青段左岸）绿化美化项目已

- 1 -

图 8-13 《山东省调水工程运行维护中心关于印发调水工程绿化美化项目实施方案和建设管理办法的通知》

工程绿化使沉沙池、小清河子槽、输水河 2/3 的河段等宜有水面的地方都保持常年有水，渠首沉沙池充分利用沉沙池的水、草、土资源，充分考虑沉沙池的地形地貌，将沉沙池分成不同生态区，分别打造自然生态；并使生态建设与打渔张灌区风景区、渠首森林公园建设相适应，与周围村镇建设相促进，成为胶东调水工程水系生态建设的示范工程。对宜建绿化景观的输水河管理所（站）进行专门规划设计，建设花坛等景观建筑，并进行合理绿化，乔、灌、草搭配，使管理所、站庭院四季长青、三季有花。[1]渠首沉沙池和棘洪滩水库每年都引来天鹅栖息、野鸭成群，小气候得到改善；沿线输水河两岸鱼蟹生长、蒲苇茂盛，荷藕满池，绿树成荫，成为风景宜人的旅游胜地。

为进一步做好工程沿线的绿化美化，2021 年，《山东省胶东调水工程（引黄济青段左岸）绿化美化项目实施方案》《山东省调水工程运行维护中心工程绿化美化管理办法》及《山东省调水工程运行维护中心绿化美化管理技术指南》（图 8-13）相继颁布实施。是年，投资 3100 万元，实施引黄济青干渠左岸绿化美化工程，完成植树 4 万株、草坪铺设 26.8 万平方米，绿化面积 59 万平方米。2022 年 12 月，胶东调水工程寿光段和棘洪滩水库入选全省水系绿化样板名单，2023 年 12 月，平度、博兴段工程获评全省水利绿化样板，绿色水系建设取得显著成效。

**一、渠首生态**

引黄济青工程之前，由于对黄泛平原区水土流失及土地沙化的严重性和危害性重视程度不够，黄河中下游大部分引黄灌溉工程渠首均出现沙化局面。[2]风沙问题严重制约着沿黄地区农业生产发展和生态环境改善。引黄济青工程防患于未然，在工程设计中就将沉沙池淤满后盖红（黏土封顶），8 米高大堤粉砂土段用亚黏土包壳，植物护坡等措施列为施工组织的重要内容；工程建设时就考虑建成后的工程管理，有计划有步骤地对渠首输沙、沉沙工程采取综合治理措施。

**（一）自然生态区建设**

引黄济青工程从 1989 年建成通水后，数年的运行逐步形成几片新淤地。从 1996 年起，工程管理部门开始在新淤地建设 2 片林区，南区 130 亩、北区 105 亩，当年春，种植梧桐树 1255 棵、毛白杨 1100 棵、钟林 46 棵、杨树 4620 棵，种植苜蓿草 235 亩。经过多年绿化，沉沙池围堤形成 2 条郁郁葱葱的林带，昔日春秋大风季节风沙蔽日的现象成为历史。博兴县气象部门提供的资料显示，治理区月

① 包怡斐，孙熙. 引黄济青工程可持续发展再评估 [J]. 中国人口·资源与环境,1997（02）:57-60.
② 牛蓝田. 水润春秋 [M]. 北京：中国文化出版社，2011:95.

最大风速平均降低 2.8 米每秒，临界起沙风速平均增大 1.38 米每秒，空气质量明显好转。[1]

胶东调水渠首工程正式运行后，沉沙池水位都保持在 9.5 米以上，对保护生态平衡起到较大作用，逐渐成为部分候鸟的栖息地。池内充足的饵料还吸引着各种鸟类，每到冬季，许多珍奇鸟类如天鹅、灰鹤纷纷前来栖息，被博兴县政府批准为鸟类保护区（图 8-14、8-15），有候鸟 70 余种且呈现出增多趋势（图 8-16）。生物多样性也显著提高，沉沙池内芦苇、菖蒲等水生植物得到保护性恢复，菟丝子、紫苜蓿等野生植物也得到保护；野生鲤鱼、鲫鱼、草鱼等北方淡水鱼类日益增多，河虾、河蟹时有可见；现有国家二类保护动物白头鹤、灰鹤等各种珍禽鸟类约 79 种在此繁衍栖息。[2]

图 8-14 博兴县政府在渠首沉沙池设置的鸟类保护区

图 8-15 博兴县政府在渠首沉沙池设置的鸟类保护区管理办法

图 8-16 在渠首沉沙池出口闸设置的鸟类保护标牌

渠首沉沙池周围逐渐形成自然生态区，于 2001 年 12 月被山东省政府正式命名为"山东省打渔张森林公园"。公园经营面积 4.5 万亩，森林覆盖率 73.2%，绿地 5 万多平方米，育苗 70 余亩；森林中木本植物 21 科 34 种，鸟类 9 目 17 科 40 余种；主要景点有观河亭、引黄闸、济青沉沙渠、乔庄水库水上公园、花园、稻香村、大禹像等，逐步形成一处以森林旅游为主，集观光、垂钓、科普、购物等游、娱、吃、住、行为一体的旅游胜地。[3]

① 郑飞 . 胶东调水工程渠首沉沙池泥沙处理利用探索 [J]. 城市建设理论研究（电子版）,2019（18）:185.
② 宋庆荣 , 张伟 , 刘恒洋 . 胶东调水工程渠首沉沙池生态功能浅析 [J]. 中国水利 ,2018（08）:24-26.
③ 徐新民 . 打渔张引黄灌区与引黄济青工程史略 [J]. 春秋 ,2003（01）:12-15.

2012年后，为改善渠首生态环境，发挥工程最大效益，实现从功能水到生态水、文化水"三水合一"的生态水系工程目标，结合渠首沉沙池区域水系防护林工程项目，先后投资965万元，依托渠首打渔张森林公园和打渔张灌区水利风景区，分阶段实施渠首生态造林、渠首沉沙池水系生态保护和两岸生态林建设、渠首沉沙池南围堤生态绿化等水系生态示范工程建设及相应的基础设施建设、改造等，

图8-17　2019年7月3日，在渠首沉沙池设置的城市饮用水水源保护区标牌

实施沉沙池内天然沙丘修整美化及张寨桥至刘王桥之间水生植物保护性恢复工程，对沉沙池内的天然沙丘，在保留原生态造型的基础上，经人工整修顺水流方向形成纵堤，堤上间隔栽植柳树、碧桃等乔木；同时，在张寨桥至刘王桥之间的输水槽两侧栽植芦苇、蒲草等水生植物进行保护性恢复，提升沉沙池湿地生态环境现状。[1]工程完工后，区域内林木繁茂、道路畅通、景观秀美，凸显良好的生态效果（图8-17）。

2015年，山东省打渔张森林公园获评国家4A级旅游景区。

### （二）生态修复清淤

引黄济青工程运行初期，渠首泵站因故未建，2#沉沙条渠的扬水沉沙未能实现，只有靠自流沉沙。在不新征（建）沉沙条渠的情况下，既要保证为青岛供水，又要延长沉沙条渠的使用寿命。技术人员经过研究论证，于1996年春提出"化整为零、临时占用、合理补偿、适时还耕"的新模式，并付诸实施。1996年租用与2号条渠紧邻的土地436亩，占用三年，堆积泥沙250万立方米，租用农民土地每年每亩补偿1000元，三年补偿3000元，另加三年后还耕农民土地时每亩补偿500元水利配套费。这部分租地，淤至协议高程并盖淤、配套还耕后，农民分别栽植速生杨和庄稼，不仅杨树长势良好，粮食产量也比租用前提高20%以上，且连年丰收。利用清淤地绿化和经济林木覆盖，使沉沙条渠周围绿树成荫，改变了过去尘土飞扬的景象，对水土保持、生态修复起到良好作用。

### 二、输水河生态

引黄济青输水河渠堤填筑土方段共长160余千米，工程两岸弃土场面积1000公顷，绝大部分是盐碱土、生土、板结土，缺少养分，土地条件差。引黄济青工程建成初期，输水河内肩外坡裸露，风来飞沙走石、雨来水土流失，严重影响工程安全运行。1993年，山东省引黄济青工程管理局运筹在工程全线开始进行为期3年的绿化大会战，工程管理者及沿线各级政府加班加点，动员所有力量，动用所有机械，参与工程沿线绿化建设。博兴县委、县政府五大班子率领乡镇干部500多人，在渠首与省局机关及基层职工一起义务植树；解放军某部炮兵旅在水库与棘洪滩水库管理处职工开展绿化军民共建；寒亭是全线土质最差的地方，武警官兵也投入引黄济青工程绿化大会战。1995年春季，调整绿化品种结构，注重实效，乔木、灌木、草皮合理配置，工程全线绿化初具规模。是年，山东省引黄济青工程

---

[1] 曹倩. 胶东调水工程生态建设现状分析及改进措施研究 [J]. 水资源开发与管理,2019（11）:37-41+66.

管理局被省绿化委授予"省级部门造林绿化先进单位"。1996年主要对各绿化空白点进行各个击破。经过三年会战,工程沿线形成乔、灌、草结合的立体绿化美化格局,累计栽植防护林木75万株、经济林木5万株、灌木300万株、美化类树木10万余株、绿篱250千米、草皮80万平方米,绿化面积达到可绿化面积的100%。引黄济青沿线春有花、夏有草、秋有果、冬有绿,各花园式管理所、站被输水河串联成一条斑斓的绿色林带。这一年,山东省引黄济青工程管理局被国家绿化委授予"全国部门造林绿化400佳单位"(图8-18)。

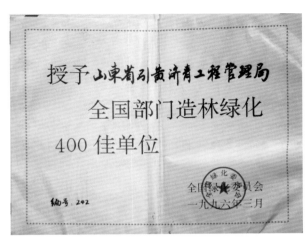

图8-18 "全国部门造林绿化400佳单位"证书

生态建设大大降低了工程的维护费用。在植树种草前,平均每年汛期3次50毫米以上的暴雨,水土流失达2万立方米以上。在实施植物措施后,有效控制水土流失,每年减少渠堤岁修经费30余万元;每年汛期暴雨冲刷渠内坡,造成混凝土衬砌板断裂破坏,草皮护坡后混凝土衬砌板毁损率下降30%,每年节省混凝土衬砌板维修经费30余万元;输水河沿线由于绿色植物覆盖,大大减少风沙流土涌向河底,每年节约清淤费用10万元;水库坝外坡植物覆盖后,每年节省护坡固坝维修经费20余万元。据统计,实施林草覆盖生态建设10年,累计节省工程岁修经费近800万元。至90年代末,引黄济青工程建起"绿色银行",估算林木总值达到1500万元以上,部分林木进入采伐期、经济林进入盛果期,林产品销售收入达到120万元。[①]

2000年,引黄济青工程绿化通道被国家绿化委命名为1999年"全国绿色通道示范段"。工程由昔日一望无际的黄土渠坡、盐碱荒滩,变为蜿蜒253千米的草葱树茂花繁、三季有花、四季常青、到处鸟语花香的绿色林带,形成横贯齐鲁东部的绿色长廊。

**(一)滨州段**

滨州博兴段自打渔张引黄闸起至小清河分洪道子槽桩号31+367处,全长43.62千米(含沉沙池6.09千米),其中输水干渠24.56千米,小清河子槽12.971千米。输水干渠段渠道衬砌层以上草本植被自

① 于维丽. 浅谈生态工程建设在引黄济青工程中的作用 [J]. 中国水利,2001(02):63.

然恢复，覆盖度较高，渠道两侧林带基本连续，受占地限制，林带宽度为 10 ～ 40 米，主要树种为杨树、松柏（图 8-19、8-20）。小清河子槽段为人工开挖沟槽，未衬砌，子槽岸坡为自然草皮，覆盖度较高；因小清河子槽两侧仍属基本农田，仅在紧邻渠道岸边有零星乔木，无连续成规模的防护林带。

图 8-19 渠首输水河两岸绿化（摄于 2006 年 6 月 20 日）　　图 8-20 渠首输水河 8 米路绿化（摄于 2006 年 6 月 20 日）

### （二）东营段

东营广饶段包括引黄济青小清河子槽段及分洪道节制闸至潍坊界渠道段 2 部分，总长度约 34.6 千米，其中子槽段植被情况与上游段相似，基本无连续成规模的防护林带；分洪道节制闸至潍坊界渠道段两岸营造宽度为 10 ～ 25 米的林带，也存在局部不连续或单薄现象，绿化树种以白蜡、木槿、杨树为主。

### （三）潍坊段

潍坊段自寿光广饶界至北胶莱河，全长约 119.0 千米，跨寿光市、寒亭区、昌邑市、高密市 4 市（区）。各段渠道衬砌层以上草本植被恢复较好，覆盖度较高；寿光段两侧防护林带较为完备，防护林带宽度 10 ～ 40 米，较连续，树种以国槐、毛白蜡、北京栾为主，生态防护效果较好；寒亭段、昌邑段局部由于土壤盐碱化严重，草本及树木成活率不高，干渠两侧植被较少，基本无连续的防护林体系，随着土壤盐碱化的减轻，昌邑下游段植被逐渐恢复，除个别段缺失外，两侧基本形成 10 ～ 25 米的防护林（绿）带，树种以法桐、圆柏、速生杨、毛白蜡、国槐为主，部分段行道树两侧栽植有木槿、黄山栾、五角枫、红叶碧桃等景观绿化树种，生态防护及景观效果较好。（图 8-21、8-22）

图 8-21 潍坊段输水河渠道　　　　　　　　　　　图 8-22 潍坊段输水河渠道

### （四）烟台段

烟台段包括明渠及管道 2 部分，其中明渠自莱州市邱家村生产桥至黄水河泵站段约 121.7 千米，跨莱州市、招远市、龙口市 3 市（区），渠道衬砌层以上草本植被自然恢复，普遍覆盖度较高，生态防护效果较好；渠道两侧林带整体单薄，局部缺失，不能形成连续的生态防护效应。受诸多因素影响，干渠两侧特别是穿越农村段总体植被建设及恢复情况不佳，无完善的防护林（绿）带或防护林（绿）

图 8-23　烟台段输水河渠道

带单薄，植物品种单一，不能形成有效的防护体系；而各管理段因自然条件、管理管护等诸多因素影响，渠道沿岸植被建设及恢复情况不尽相同，两岸植被不系统、不连续，难以形成完整的生态廊道。（图 8-23）

### （五）青岛段

青岛段全长约 106.4 千米，其中北线引黄调水工程段 32.8 千米，全部在平度市境内；南线引黄济青段自北胶莱河至棘洪滩水库，全长 73.6 千米，穿越平度市、胶州市、即墨区 3 市（区）。渠道衬砌层以上草本植被自然恢复，普遍覆盖度较高，生态防护效果较好，但沿线防护林不尽完善。平度胶东引黄调水段（北线）渠道两侧基本无连续防护林带，个别段段道路一侧栽植 1 ~ 3 行乔木，基本不能形成有效的生态防护带；平度引黄济青段（南线）两侧林带单薄，个别渠段单侧虽有较宽林带，但不连续，不能形成连续的防护效应（图 8-24、8-25）。胶州段、即墨段较短，约 18.2 千米，但干渠两侧植被情况整体较好，除局部缺失外，干渠两侧基本营造了 10 ~ 30 米宽的林带，生态防护效果较好。[①]

图 8-24 平度管理处输水河两岸绿化（摄于 2004 年 6 月 12 日）

图 8-25 平度管理处助水河管理所辖段输水河两岸绿化（摄于 2014 年 8 月 12 日）

胶州段输水河两岸沿线种植的树木形成一条 30 余里的"绿色走廊"（图 8-26），成为胶州市的一道风景线。胶州管理处按照"因地制宜、突出特色、合理布局、和谐发展"的原则，重点在苗圃建设和苗木结构调整布局及输水河两岸土地开发利用上科学规划，形成以苗圃为龙头，以输水河两岸绿

① 曹倩 . 胶东调水工程生态建设现状分析及改进措施研究 [J]. 水资源开发与管理 ,2019（11）:37-41+66.

化带为依托，优势互补的城市绿化苗木基地，将苗圃发展由单纯的"绿化美化型"向"生态效益、社会效益、经济效益有机结合的综合效益型"转变，实现良性循环发展（图8–27、8–28）。[①]

图 8-26 胶州管理处输水河两岸绿化（摄于 2004 年 6 月 11 日）

图 8-27　胶州管理处苗圃中培育的黄金槐树苗（摄于 2004 年 6 月 12 日）

图 8-28 胶州管理处苗圃中培育的马褂木树苗（摄于 2004 年 6 月 12 日）

### 三、棘洪滩水库生态

棘洪滩水库兴建前，水库辖区内自然条件异常恶劣，荆棘丛生，杂草遍地，地势低洼，而且大部分土地盐碱化程度高。[②]水库蓄水当年引来天鹅栖息，野鸭成群，小气候得到改善。水库坝外水塘，鱼蟹生长，蒲苇茂盛，荷藕满池，树木成荫，地下水淡化，对防止海水入侵也起到一定效果。[③]

水库建成投运初期，坝外坡水土流失相当严重，一场暴雨径流冲沟深达半米多，危及水库大坝安全。1993 年以后，逐年采用结缕草和苜蓿护坡，使水库坝坡植物覆盖率达到 100%，有效地保护水库坝外坡不受风雨侵害，维护大坝稳固和安全。经过多年努力，棘洪滩水库坝顶路平坦洁净，坝内坡规范整齐，

① 崔淑花 . 引黄济青工程胶州段的发展历程 [J]. 山东水利 ,2020（07）:65–67.

② 牛蓝田 . 水润春秋 [M]. 北京 : 中国文化出版社 ,2011:98.

③ 引黄济青工程竣工报告 [R]. 山东省引黄济青工程指挥部 ,1991:5–7.

坝外肩花红草绿，坝外坡绿草覆盖，压重台和绿化带林木成行，宛如绿色长廊（图8-29），良好的生态环境成为珍稀水鸟栖息的理想场所，吸引天鹅、水鸭、灰鹤等大量野生珍稀鸟类翔集，也为水库增添一道风景。1998年12月，棘洪滩水库管理处和棘洪滩泵站被山东省建设委员会评为"省级花园式单位"（图8-30、8-31）。

图 8-29　棘洪滩水库

图 8-30　2009年11月，宋庄、王耨、亭口、棘洪滩四个泵站及水库管理处荣获"省级花园式单位"称号

图 8-31　省级花园式单位棘洪滩泵站

引黄济青工程每年冬季引水，气温低、风力大，输水河两岸林带屏障能大大降低风速，有效防护范围为林带的 20 ～ 25 倍，风速可降低 30% ～ 50%。由于风速降低，输水河水波浪对渠堤混凝土衬砌板的冲击破坏有所减少。输水河两岸边界栽植的刺槐、花椒绿篱屏障，对于防止杂草杂物和沿途农田废弃塑膜进入输水河起到关键作用，保证了输水水质。

棘洪滩水库在蓄水后的第一年曾经出现富营养化趋势，水库管理部门经与中国科学院水生生物研究所共同研究，确定采取放养食草性鱼类或不投饵料的"以鱼养水"生物净化方式，以消除富营养化现象。自1990年开始，平均每年投放大规格鲢鱼、鳙鱼等品种鱼苗100多万尾，它们以水中的浮游动物和藻类为食，对水库的水质起到净化作用。[1] 中国科学院水生生物研究所连续三年对水库内的藻类种类、主要营养盐、氯磷浓度进行系统观测取样、分析、论证，最后，确定水库处于中营养型—富营养型的过渡型，水质良好。青岛市环境监测站对棘洪滩水库每月定期观测，监测结果完全符合国家《地面水环境质量标准》规定的饮用水标准。[2] 因为食物来源单一，棘洪滩水库投放的鱼类不仅远离药物，而且肉质鲜嫩，富含蛋白质，还没有泥腥味，2007 年，鲢鱼、鳙鱼、鲤鱼、鲫鱼、黄颡鱼、鲇鱼和大银鱼通过国家有机食品认证（图 8-32），棘洪滩水库也成为我市首家有机水产品生产基地。自 2008 年起，棘洪滩水库中的野生鱼开始大规模捕捞上市。[3]

图 8-32　棘洪滩水库野生鱼《有机产品认证证书》

### 四、苗木基地

为使绿化工程产生经济效益，山东省引黄济青管理部门多次组织系统有关人员到南京、安徽、河南的相关专业苗圃参观学习，最后确定在保证工程绿化的同时，大力种植经济型林木，并利用空闲地建造苗圃进行育苗，以获得经济效益，再将经营收入资金用于生态工程建设，以促进工程良性循环（图 8-33）。为此，各管理单位对已有绿化苗木用经济型苗木更新替代，有的管理处还租地建苗圃，如引黄济青寿光管理处利用工程空闲地及租地建设苗圃 113.33 公顷（图 8-34、8-35），已发展成为全国知名的苗木基地和全国最大的苗木基地之一，是全国北方片区绿化协会会员。1997 年现存苗木数量 25 万余株、年效益 150 余万元，实现工程绿化美化型向经济效益型的转变。将经营收入资金再用于生态建设，每年全系统对生态建设投入的资金达 500 多万元，实现自我生态建设发展的良性循环。[4]

图 8-33 职工在苗圃除草，管护苗木

图 8-34 寿光管理处苗圃（摄于 2004 年 6 月 13 日）

---

[1] 宋学智，刘浩. 我市首家有机水产品基地诞生 [N]. 青岛日报，2008-2-5（011）.
[2] 包怡斐，孙熙. 引黄济青工程可持续发展再评估 [J]. 中国人口·资源与环境,1997（02）:57-60.
[3] 宋学智，刘浩. 我市首家有机水产品基地诞生 [N]. 青岛日报，2008-2-5（011）.
[4] 包怡斐，孙熙. 引黄济青工程可持续发展再评估 [J]. 中国人口·资源与环境,1997（02）:57-60.

图 8-35 寿光管理处苗圃内青桐苗木（摄于 2004 年 6 月 13 日）

## 第四节 河长制

推行河长制是落实绿色发展理念、推进生态文明建设的内在要求，是解决我国复杂水问题、维护河湖健康生命的有效举措，是完善水治理体系、保障国家水安全的制度创新。为深入贯彻落实中共中央办公厅、国务院办公厅印发的《关于全面推行河长制的意见》（厅字〔2016〕42 号）精神和省委、省政府印发的《关于加快推进生态文明建设的实施方案》（鲁发〔2016〕11 号）要求，建立健全河湖管理保护长效体制机制，系统推进全省河湖管理保护和生态文明建设，山东省政府决定在全省范围内全面实行河长制。2017 年 3 月 31 日，省委办公厅、省政府办公厅联合印发《山东省全面实行河长制工作方案》，在全省启动河长制工作，通过"全面排查、系统整治、巩固提高"三步走战略，按照属地负责、分类施治、统筹考核、务求实效的原则，建立起省、市、县、乡四级河长体系以及责任明确、协调有序、监管严格、保护有力的河湖管理保护体制和良性运行机制。

2018 年 5 月，胶东调水输水干线被纳入省级河长制管理范畴，成为全国首批被纳入河长制管理的引调水工程。根据河长制要求，山东省调水工程运行维护中心着力构建覆盖胶东调水输水干线的省、市、县、乡、村五级河长管理体系，工程沿线市、县两级管理机构相继纳入当地河长办成员单位，夯实了河长制工作基础。坚持"治理"和"管控"两手抓，全面落实河长工作责任制，编制完成《山东省胶东调水输水干线"一河一策"综合整治方案》，深入开展胶东调水输水干线综合整治专项行动，2018 年来累计清理整治各类问题 624 项，工程权益得到有效维护。依照省政府批复的《山东省胶东调水工程管理范围和保护范围划定实施方案》，全面完成胶东调水工程管理和保护范围划定，共划定 574 千米工程管理和保护范围，调查建筑物 1256 座，安装界桩 3773 座、公告牌 572 座。省调水工程运行维护中心累计投资近 5 亿元，对胶东调水输水干线强化综合整治和生态保护，建成省胶东调水输水干线

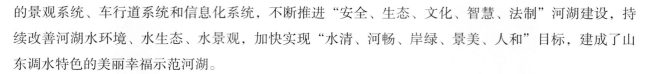

的景观系统、车行道系统和信息化系统，不断推进"安全、生态、文化、智慧、法制"河湖建设，持续改善河湖水环境、水生态、水景观，加快实现"水清、河畅、岸绿、景美、人和"目标，建成了山东调水特色的美丽幸福示范河湖。

**一、胶东调水工程管理保护范围**

为全面落实河长制，胶东调水工程（含引黄济青工程）按照水利部、省水利厅关于河湖管理范围和保护范围划定工作的要求（以下简称划界工作），于2019年启动划界工作，省中心以鲁调水质监字〔2019〕7号文件对划界工作作出部署。2020年，《山东省胶东调水工程管理范围和保护范围划定方案》编制完成；9月29日，山东省人民政府以鲁政字〔2020〕215号《关于山东省胶东调水工程管理范围和保护范围划定实施方案的批复》同意该实施方案。实施方案在《山东省河湖管理范围和水利工程管理与保护范围划界确权工作技术指南（试行）》的基础上，提高了界桩公告牌结构尺寸和制作标准，增加了输水渠道纵、横断面测量和全线建筑物调查。按照省政府批复的要求，省水利厅正式启动实施胶东调水工程划界工作。

在省水利厅的统一领导下，省调水中心配备精干力量加强建设管理，在全国范围内组织公开招标，优选监理、施工单位；沿线政府及有关单位大力支持，省建安中心全程监督指导，各参建单位密切配合，2021年内全面完成胶东调水工程管理范围和保护范围划定工作，由工程沿线六市人民政府发布公告，共划定574千米工程管理和保护范围，测量典型横断面28.07千米（148个断面）、纵断面265.37千米，调查建筑物1256座，安装界桩3773座、公告牌572座，完成成果数据库文件编制并录入山东省河湖长制管理信息系统。其中，2021年7月完成《山东省胶东调水工程管理范围和保护范围划定项目胶州市管理范围界桩身份证》《山东省胶东调水工程管理范围和保护范围划定项目即墨区、棘洪滩水库管理范围界桩身份证》，8月完成《山东省胶东调水工程管理范围和保护范围划定项目平度市管理范围界桩身份证》；9月23日，青岛市以青政发〔2021〕17号发布《关于划定省胶东调水青岛段工程管理范围和保护范围的公告》（图8-36）。

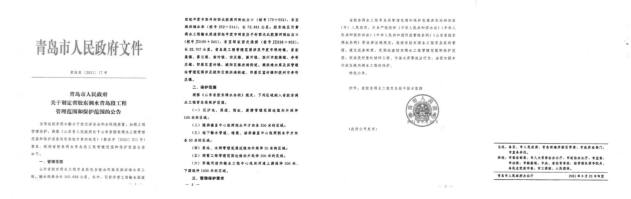

图8-36 《关于划定省胶东调水青岛段工程管理范围和保护范围的公告》

2021 年 12 月 14 日，省调水中心在济南组织召开胶东调水工程管理范围和保护范围划定合同工程完工验收会议。会议由省调水中心党委委员、副主任毕树德主持。验收组观看了工程影像资料，听取了各参建单位汇报，查阅了工程档案资料，讨论通过了合同工程完工验收鉴定书。

### 二、美丽幸福示范河湖

2018 年，山东省水利厅要求全省河湖于 2021—2023 年全部建成美丽幸福河湖。2022 年，山东省调水工程运行维护中心将胶东调水输水干线省级美丽幸福河湖创建工作列入年度重点工作任务。根据工作安排，2022 年东营、滨州、潍坊、青岛段工程进行创建。为加强创建工作的组织领导，推进各项工作顺利开展，省中心及有关分中心分别成立了创建工作领导小组。

在省中心统一安排部署下，2022 年 3 月，各有关分中心分别向当地河长办提出创建胶东调水输水干线美丽幸福示范河湖的申请；当地河长办均同意创建，并列入各市 2022 年度省级美丽幸福示范河湖建设名录。2022 年 4 月，各分中心编制完成辖区段的省胶东调水输水干线省级美丽幸福示范河湖建设实施方案；4 月 22 日，东营、滨州、潍坊分中心的创建方案通过了省中心组织的专家评审，青岛分中心的创建方案通过了青岛市河长办组织的专家评审，上报省水利厅备案。

图 8-37 2022 年 8 月 28 日，胶东调水输水干线青岛段市级河长常红军副市长在巡河

各分中心根据省级美丽幸福示范河湖建设要求和建设实施方案，进行了紧张有序的创建工作。创建过程中，坚持以习近平生态文明思想为引领，紧紧围绕"责任体系、基础工作、管理保护、空间管控、河湖管护、河湖文化"六大方面，动员发动有关部门，统筹整合多方资源，强化落实多项举措，如期完成了建设任务。进一步完善了河道各类工程体系，形成了有效的责任体系、制度体系和管理体系，为省胶东调水输水干线省级美丽幸福示范河湖建设奠定了坚实的基础。（图 8-37、8-38、8-39）

图 8-38 2022 年 8 月 28 日，常红军副市长在棘洪滩泵站检查

图 8-39 2022 年 8 月 28 日，常红军副市长在棘洪滩水库大坝上检查

2022年10月17日，青岛市水务管理局按照《省级美丽幸福示范河湖评定办法》要求，组织验收组对省胶东调水输水干线青岛段省级美丽幸福示范河湖建设工作进行验收（图8-40）。验收组查看了工程建设现场（图8-41、8-42），观看了汇报视频，听取了青岛分中心的情况汇报，查阅了验收资料。专家组经充分讨论，一致同意省胶东调水输水干线青岛段通过市级审验。

图8-40　2022年10月17日，验收组进行省级美丽幸福示范河湖市级审验

图8-41　验收组在胶东调水输水干线青岛段检查

图8-42　验收组查看工程建设现场

2023年1月，山东省水利厅公布2022年省级美丽幸福示范河湖名单，胶东调水输水干线青岛段、东营段、潍坊段、滨州段渠道工程被评为省级美丽幸福示范河湖。

# 第四章 技术输出效益

作为新中国成立后山东省最大的水利和市政建设工程，引黄济青工程自1989年正式通水运行以来，在工程设施、管理手段、输水调度方法、工程绿化美化及配套制度等方面均走在全国同行业前列。同时，在工程建设和运行管理实践中锻炼了一批敢打硬仗的工程建设人才，培养出一支有理想、有纪律、富于主人翁和献身精神、肯钻研现代科学技术知识的坚强运行管理队伍。运行30多年来，引黄济青人除完成工程调度运行任务外，还依托自身人才优势和技术优势，大力开拓对外技术输出业务，把工程管理、调度运行中积累的技术和经验输出到全国新建的跨流域调水工程中，不断扩大对外服务市场。其中，2000—2005年先后5次向新疆调水工程提供技术援助；2002年为山西万家寨引黄工程进行技术培训；2008年起，先后承担了南水北调中线京石段应急调水和台儿庄、万年闸、二级坝泵站的运行技术服务工作。2016年9月，派出专家为浙江引水管理局授课。近年来，还多次参加水利部组织的调水工程相关课题研究。

引黄济青工程通过对外技术输出和开展技术合作，使新建引水工程的运行管理少走了很多弯路，发挥了良好的示范效益。

## 第一节 援疆引额济克工程管理

额尔齐斯河是我国西部边陲的一条重要国际河流，在我国境内河长633千米，境内流域面积为5.27万平方千米，年降水产生的地表水资源为118.6亿立方米。流域内矿产资源丰富，经济以牧业为主，农牧结合，工业及采矿业尚不发达，水资源利用率很低，经过流域规划，在满足该地区远期规划水平年经济社会发展和布伦托海、吉力湖及额尔齐斯河谷地林草生态用水，以及预测的合理出境水量的情况下，尚有部分水资源可供外调利用。而天山北麓的乌鲁木齐经济带是国家确定的西北三大经济开发区之一，北疆铁路是欧亚大陆桥的纽带，克拉玛依市是新兴石油城，都处于蓬勃发展的阶段，对水的需求不断增长，但当地已无新的水资源可供利用，地下水严重超采，周边生态环境恶化，缺水问题已成为当地经济社会发展、改善生态环境和提高人民生活水平的主要制约因素。解决这一问题，除了进一步调整产业结构和合理利用当地水资源外，还必须增加新的水源。根据额尔齐斯河流域规划和区域水资源配置要求，从额尔齐斯河调水是解决这一地区用水需求的唯一可行方案。[1]20世纪90年代，为了解决乌鲁木齐经济区建设和北疆油田开发的用水困难，发展沿线地方及兵团农业灌溉和牧业生产，促进北疆特别是阿勒泰地区和农十师的经济发展，新疆维吾尔自治区决定兴建额尔齐斯河北水南调供水工程。[2]

---

[1] 张立德. 新疆引额供水工程建设管理概要 [J]. 水利建设与管理，2002（6）：1-4.
[2] 我国西北地区的大型调水工程——新疆引额尔齐斯河供水工程 [J]. 西北水资源与水工程，1995（1）：96.

引额济克（克拉玛依）工程是额尔齐斯河调水第一期工程，工程位于新疆维吾尔自治区北部的阿勒泰和克拉玛依地区，是确保克拉玛依石油工业和城镇生活用水以及带动沿线农业开发的一项跨地区、跨流域大型水利工程，对开发新疆、发展新疆具有十分重要的战略意义。[①]工程建议书于1996年9月经国家计委批准；同年10月，国家计委和水利部分别批准该项目的可研报告初步设计。1997年4月，国家计委批准开工报告。工程总干渠全长133千米，总投资20.43亿元，年可引水8.4亿立方米，新开发土地100万亩；[②]工程自1997年开工，至2000年主体工程基本竣工，全面投入生产运行。[③]

## 一、援疆工作队

引额济克工程由"635"水库枢纽总干进水闸消力池末端至顶山分水枢纽（图8-43），渠线全长133.646千米，其主要任务是从额尔齐斯河"635"水库枢纽引水（图8-44、8-45），向克拉玛依工业及沿途的农牧业灌区供水。该工程于1997年3月开始建设，2000年8月1日投入运行。[④]工程内容主要包括：大Ⅱ型拦河水库枢纽、坝后电厂、133千米总干渠、217千米西干渠、112千米风克干渠、大型跨河渡槽、3座中间调节水库、17千米的7条输水隧洞、沿线防洪工程及闸、涵、桥、路等配套工程。工程设计年供水量8.4亿立方米，其中城市及石油工业供水1.9亿立方米、农牧业灌溉供水6.5亿立方米。[⑤]工程大部分渠道穿越戈壁、沙漠等无人区，由于输水渠道中间没有调蓄水库，调度运行按等容量

图8-43 引额济克工程635水库总干进水闸闸室（摄于2011年8月11日）

图8-44 引额济克工程635水库（摄于2011年8月11日）

图8-45 引额济克工程635水库放水闸（摄于2011年8月11日）

① 葛红成，崔群.情洒戈壁——省引黄济青工程管理局援疆工作纪实 [J].山东水利，2001（7）：34-35.
② 葛红成，崔群.情洒戈壁——省引黄济青工程管理局援疆工作纪实 [J].山东水利，2001（7）：34-35.
③ 周小兵，新疆引额济克调水工程管理模式 [J].水利建设与管理，2001，21（05）：6+8.
④ 孙翀，郑飞，杨忠告，韩军平，刘正江，引额济克总干渠工程的运行管理 [J]，山东水利，2006（5）：36-38.
⑤ 周小兵，新疆引额济克调水工程管理模式 [J].水利建设与管理，2001，21（05）：6+8.

理论进行。① 如何实现对这一长距离调水工程的高起点、高水平运行管理，使其发挥设计效益，是新疆
额尔齐斯河流域开发工程建设管理局（以下简称"额河建管局"）在工程建设期间就考虑的问题。

　　在工程管理模式上，额河建管局进行了有益的探索和实践。"为了使管理工作尽快步入正规化轨道，
少走弯路，避免失误，建管局采用'请进来'的办法，整装引进技术和人才。把国内同行业先进的管
理技术和经验直接移植过来为我所用。"② 为寻找到理想的合作伙伴，额河建管局的足迹几乎遍布全国
所有大型水利工程。通过多方比较，优中选优，最后把目光聚集到了齐鲁大地，锁定在具有同类工程
管理经验的山东省引黄济青工程管理局。③

　　经过协商，山东省引黄济青工程管理局与额河建管局很快就合作事宜达成一致："由山东省引黄
济青工程管理局组织援疆工作队，协助引额济克枢纽工程和总干渠及其水工建筑物的管理，为期两个
年度运行期。"④

　　山东省引黄济青工程管理局对这项工作给予高度重视，把它当作响应中共中央和国务院开发西部
号召的一项重要举措。为选拔援疆工作队队员，他们提出了三个硬条件："一要政治强，二要业务硬，
三要身体棒"，⑤ 并据此在全系统进行了广泛发动，层层筛选，严格把关。最终，陈志向等 16 名精通
技术、具有管理经验的业务骨干组成第一期援疆工作队，赴新疆协助引额济克工程总干渠的运行管理（图
8-46）。工作队成员的专业涉及水工、机电、通信等方面，他们当中既有敢打硬仗、善于管理的统军之才，
也有功底扎实、技术精湛的业务尖子，业务素质高，工作能力强，可谓精兵强将。⑥

图 8-46　援疆引额济克工程管理工作队主要成员合影

① 王来印．PLC 自动控制系统在新疆引额济克工程中的应用 [J]．四川水利，2004（5）：25-26．
② 周小兵．新疆引额济克调水工程管理模式 [J]．水利建设与管理，2001，21（05）：6+8．
③ 葛红成，崔群．情洒戈壁——省引黄济青工程管理局援疆工作纪实 [J]．山东水利，2001（7）：34-35．
④ 葛红成，崔群．情洒戈壁——省引黄济青工程管理局援疆工作纪实 [J]．山东水利，2001（7）：34-35．
⑤ 葛红成，崔群．戈壁盛开"济青"花 [J]．山东水利，2002（1）：16-17．
⑥ 葛红成，崔群．情洒戈壁——省引黄济青工程管理局援疆工作纪实 [J]．山东水利，2001（7）：34-35．

### 二、代运行管理

2000 年 5 月 10 日，山东省引黄济青工程管理局召开欢送大会（图 8-47），欢送援疆引额济克工程管理工作队赴新疆参与引额济克枢纽工程管理工作。[①] 从这一天起，引黄济青人开始了以技术输出方式进行西部开发的实践。到达新疆后，援疆工作队成员被安置于引额济克工程的各个重要管理岗位（图 8-48），他们把引额济克工程看作是自己的事业，以主人公的负责精神创造性地开展工作，提高了引额济克管理人员的整体综合素质，使工程的运行管理工作从一开始就比较规范。短短 400 来天，就把一个缺乏运行管理经验的引额济克，带入制度化、规范化、科学化的运行管理轨道。引黄济青的管理方式、管理经验在他们高效率的运作下，成功地转化为具有引额济克特点的运行管理手段，极大地提高了引额济克的管理水平。[②]

图 8-47　2000 年 5 月 10 日，山东省引黄济青工程管理局召开欢送援疆引额济克工程管理工作队大会

图 8-48　2001 年 9 月，韩军平和宿奎杰等在顶山节制退水闸合影

初到引额济克工程工地，摆在援疆工作队面前的工作是纷繁而复杂的。"引额济克总干渠位于库尔班通古特沙漠北测，穿越百余千米的戈壁荒滩，地质复杂，气候恶劣"。[③] 与山东迥然不同的地理气候条件决定了引额济克工程在运行管理上有其自身规律，不能照搬引黄济青的模式和做法，必须坚持从实际出发，灵活运用，摸索出一套适合引额济克工程的运行管理办法。额尔齐斯河是一条国际河流，这就对调度运行提出了很高的要求，以避免不必要的水事纠纷和国际争端。此外，机电设备操作难度之高、工程沿线地质条件之复杂，以及机构人员、制度建设等方面的不配套，都给调度运行工作转入正轨带来很大困难。为确保工作有的放矢，援疆工作队的同志不辞劳苦，进行了大量的调研工作。他们认真查阅有关资料，深入工地现场，听取工程技术人员的意见，在短短的时间里，对 7.2 万个工程技术数据进行了计算、核定，形成了几十万字的记录材料，为调度运行工作的开展奠定了基础。从工程长远发展角度出发，援疆工作队的同志根据当地的实际情况，借鉴引黄济青的成功经验，积极探索

① 葛红成，崔群. 省引黄济青局向新疆输出管理 [J]. 山东水利，2000（5）：18.

② 葛红成，崔群. 戈壁盛开"济青"花 [J]. 山东水利，2002（1）：16-17.

③ 孙翀，郑飞，杨忠告，韩军平，刘正江. 引额济克总干渠工程的运行管理 [J]. 山东水利，2006（5）：36-38.

符合引额济克工程实际的管理模式，提出了运行管理工作"制度化、规范化、科学化"和保证工程安全、保证运行人员安全的运行管理目标和要求，实现了引黄济青经验与引额济克实际的成功嫁接，为工程的长期良性发展打下了坚实基础。[①]（图8-49）

图8-49 2001年10月，省局为完成当年工作任务的援疆工作队举行欢迎会

援疆工作队针对引额济克工程管理中的薄弱环节，积极为额河建管局献计献策，先后对工程的调度、运行、安全监测等关键岗位进行了优化配置，明确了相互关系、职责范围及其承担的工作任务，大大提高了运行管理工作效率。围绕提高工程运行管理水平，援疆工作队协助额河建管局从制度建设入手，"短短的一年半时间，在协助做好工程安全调度运行的基础上，系统完成了运行规章制度、调度计划方案和具体的岗位操作规程"，[②]为引额济克制定了418条2.58万字的一系列规章制度，涵盖了工程管理运行的各个方面，大到目标责任，小到安全操作，建起了引额济克工程的制度管理体系。在实际工作中，明确部门职能，明晰岗位职责，科学划分管理范围，实施统一管理，分级负责，避免管理交叉，杜绝管理空白；并强化制度的严肃性，狠抓制度的落实，职工的事业心和责任感明显增强了。[③]

为夯实引额济克工程高起点、高水平的人才基础，造就一支业务素质过硬的管理队伍，援疆工作队从工程和设备的实际出发，自编培训教材，把引黄济青管理的实践经验毫无保留地传授给新疆同行。从基本知识运用到设备安全操作，从现场传帮带到上岗严格考核，言传身教、诲人不倦，把各岗位上的操作人员轮训一遍（图8-50）。两个运行周期下来，他们编写的教材达到了10多万字，培训人员达到200多人次，使引额济克运管队伍的整体业务素质有了质的改变。[④]其中，通过理论授课和岗位"传、

① 葛红成，崔群.情洒戈壁——省引黄济青工程管理局援疆工作纪实 [J].山东水利，2001（7）：34-35.
② 周小兵.新疆引额济克调水工程管理模式 [J].水利建设与管理，2001,21（05）：6+8.
③ 葛红成，崔群.情洒戈壁——省引黄济青工程管理局援疆工作纪实 [J].山东水利，2001（7）：34-35.
④ 孙翀，郑飞，杨忠告，韩军平，刘正江.引额济克总干渠工程的运行管理 [J].山东水利，2006（5）：36-38.

图 8-50 省局派出的技术人员为新疆额河建管局职工进行运行管理培训

帮、带"，培训水工运行和机电运行管理人员 70 余人，大部分可以独立上岗工作。[1] 新疆维吾尔自治区人才培训中心的领导高度评价他们的培训工作：编写的教材可作为全疆水利系统的通用教材，培训质量是全疆最好的。[2]

搞好水费计收是实现额河建管局经济持续健康发展和工程良性循环的关键。援疆工作队按照国家有关法令、法规和自治区有关文件精神，将引黄济青的"供用水合同制度"移植到引额济克，确定了"确保基本水量、确保基本水费、双方计量核准、水量定期核签"的基本思路，"每年 4 月 15 日前，各用水单位同额河建管局签订供需水合同，供用水双方依据供水合同的要求各负其责，保证供水，保证用水。这使供用水管理纳入了法制化轨道。[3] 使引额济克从投入运行伊始就步入了经济上良性循环的轨道，避免了亏本运行。"[4]

援疆工作队靠着一丝不苟的科学态度和认真负责的实干精神，努力做好引额济克工程科学调度运行这篇大文章。2000 年度运行，工作队根据引额济克的工程特性和水力模型试验核定的 6 万多个数据，确定了"合理调配水量，兼顾蓄水用水发电"的总原则，编制了调度运行方案，引额济克一次试运行成功，满足了克拉玛依市的供水需求。2001 年度运行，阿勒泰地区发生了历史上的最大降雪，引额济克度汛形势非常严峻。工作队的同志处惊不乱，以扎实的业务功底和丰富的运行经验，对可能出现的不同标准洪水、不同泄洪组合方式、不同起调水位进行了调洪演算，确定了工程安全度汛的一系列技术指标，提出了各泄水建筑物的运用原则和要求。主汛期间，引额济克工程上游最大洪峰流量为 1392 立方米每秒，为 40 年来同期最大值，但他们运用削峰、错峰相结合的调度运行方式，削峰幅度 20% 左右，最大限度地发挥了水库的调节作用，确保了工程安全度汛，取得了防洪度汛的决定性胜利。他们的工作赢得了新疆同行的信任和敬佩，在工程沿线，说起引黄济青援疆工作队，人们都要竖起大拇指说："山东人，亚克西！"[5]

高质量、高标准，是援疆工作队时刻遵守的工作信条。当他们在工作中发现引额济克的机电设备不能适应高标准、高水平管理运行时，高度的责任心促使他们把问题反映到额河建管局。很快，改造机电设备的重担又落到了工作队每个成员的肩上，查缺陷、绘图纸、搞设计，每位同志都投入到了紧张的工作中；新工艺、新材料、新技术、现代化的管理手段被他们运用到了引额济克机电设备中；配电线路改造、盘柜组装、闸门吊轮定位，一项项繁重的工作在他们手下完成。短短的 400 多天，近 40

① 周小兵. 新疆引额济克调水工程管理模式 [J]. 水利建设与管理，2001,21（05）：6+8.

② 葛红成，崔群. 戈壁盛开"济青"花 [J]. 山东水利，2002（1）：16-17.

③ 孙翀，郑飞，杨忠告，韩军平，刘正江. 引额济克总干渠工程的运行管理 [J]. 山东水利，2006（5）：36-38.

④ 葛红成，崔群. 戈壁盛开"济青"花 [J]. 山东水利，2002（1）：16-17.

⑤ 葛红成，崔群. 戈壁盛开"济青"花 [J]. 山东水利，2002（1）：16-17.

个技改项目被他们攻克,平均每10天一项。[①](图8-51)

图8-51 2002年9月10日,山东省水利厅和省局领导到新疆慰问援疆工作队

引额济克工程是新世纪投入运行的工程,保护和改善生态环境是其重要的任务之一,也是工程管理重要的日常工作之一。在工程建设施工期间就对道路两侧、防洪堤以及弃料点、取土区进行平整,使其与自然地貌相衔接,有条件的地方喷洒渠水,促使其尽快恢复植被。工程通水后,借鉴引黄济青经验,积极开展绿化美化工作,努力发挥工程的社会效益、生态效益。按照"建一个样板工程,建一个生态工程"的要求,从"防风固沙、改善生态、维护工程、美化环境"入手,在总干渠两岸的戈壁荒滩上建成了百余千米的绿色长廊,成为一条亮丽的风景线;[②]沿渠各站所结合巡渠管理工作,种植4~5行杨树、榆树,用干渠水灌溉;"635"水利枢纽坝后300米范围内种植林带和草类,覆盖面积约60万平方米,呈现出一片绿色景观。站在坝顶,向上游看水天相连,向下游看大坝巍然屹立;道路有林带护卫,青绿成趣,成为新疆旅游景点之一。[③]

援疆工作队的每一名成员都深知自己的责任。他们从事每一项工作,不是立足于一年、两年,而是放眼于未来,在他们看来,把管理经验和技术留给引额济克,使引额济克的管理水平居全国同行业领先地位,这才是援疆的根本目的。为此,他们注重资料的收集、归类分析和整理总结,形成了一整套真实、完整、科学的运行档案。两年来,他们整理科技档案126卷,专题技术总结报告10余万字,《调度运行年鉴》两册。翻开他们整理的档案,运行日志、水位情况、流量关系曲线图表、水文气象等内容应有尽有,严谨详实。

图8-52 新疆额河流域开发建设管理局向山东省引黄济青工程管理局赠送感谢牌匾

工作队完成两年的代运行管理工作后,把这些资料交到新疆同志的手中,为引额济克留下了一支永远不走的援疆工作队。[④](图8-52)

① 葛红成,崔群.戈壁盛开"济青"花 [J].山东水利,2002(1):16-17.
② 孙翀,郑飞,杨忠告,韩军平,刘正江.引额济克总干渠工程的运行管理 [J].山东水利,2006(5):36-38.
③ 张立德.新疆引额供水工程建设管理概要 [J].水利建设与管理,2002(6):1-4.
④ 葛红成,崔群.戈壁盛开"济青"花 [J].山东水利,2002(1):16-17.

## 第二节　援京应急调水

从 1997 年开始，海河流域持续干旱，位于海河流域北部地区的北京市，缺水形势较为严重。由于缺水，北京市不得不长期超采地下水，地下水水位持续下降，并多次从同一流域的山西、河北两省向官厅、密云水库调水。"2007 年，密云、官厅 2 座水库可利用来水量 1.61 亿立方米，比 2006 年同期可利用来水量 3.49 亿立方米减少了 1.88 亿立方米；2 座水库的蓄水量为 10.77 亿立方米，比 2006 年同期蓄水量 11.91 亿立方米减少了 1.14 亿立方米。""在采取加大节水和挖潜力度等措施后，预计北京市 2008 年仍有 3 亿立方米供水缺口。"[①] 为了应对连续干旱造成的水资源供给紧张局面，确保 2008 年北京奥运会和城市供水安全，有关部门决定在南水北调中线工程正式通水以前实施应急调水，自河北省的岗南、黄壁庄、王快 3 座水库，利用现有石津干渠、沙河干渠，修建连接工程，与南水北调中线工程京石段总干渠相接，将 3 座水库的 3 亿立方米水送入北京市。根据南水北调中线干线工程建设管理局（以下简称"中线局"）的邀请，山东省胶东调水局（以下简称"胶东调水局"）先后派出 20 名同志参与此次应急调水工作，其中 6 名同志完成阶段性工作返回；其余 14 名同志根据工作需要，在完成合同规定的任务后于 2011 年 9 月底返回，历时 4 个年头，圆满完成了这次援京应急调水任务，受到南水北调中线干线工程建设管理局的高度赞评，进一步巩固和提升了胶东调水局在跨流域长距离调水领域的地位。

### 一、前期准备

南水北调中线是当时在建的投资规模最大、线路最长的跨流域调水工程，工程自丹江口水库陶岔至北京团城湖和天津外环河，全长 1432 千米。作为缓解首都缺水问题而先期开工建设的项目，南水北调中线干线京石段应急供水工程（以下简称"京石段"）线路长度为 307.2 千米，其中明渠渠道长 187.55 千米，建筑物长度 106.395 千米（含 PCCP 管道 56.199 千米，低压暗涵 17.911 千米，其他建筑物 32.285 千米）。起点位于石家庄市古运河，途经石家庄市的新华、正定、新乐和保定市的典阳、定州、涞水、涿州等 12 个市（县、区），穿北拒马河中支后进入北京市，经房山、丰台、海淀等区，最后到达颐和园团城湖。工程按立交输水布置，在河北省境内以明渠输水为主，在北京市境内以暗涵输水为主。"工程总干渠起点石家庄古运河处设计流量为 170 立方米每秒、加大流量为 200 立方米每秒；冀京交界设计流量为 50 立方米每秒，加大流量为 60 立方米每秒；北京团城湖末端设计流量为 30 立方米每秒，加大流量为 35 立方米每秒。"[②] 工程于 2003 年 12 月 30 日开工，2008 年 4 月主体工程基本建成；[③] 全线设有 14 个控制闸站（含团城湖节制闸和泵站）。[④]

"岗南、黄壁庄水库为串联水库，联合调蓄后由黄壁庄水库放水，经石津干渠连接工程进入中线

---

① 京石段工程建成通水 河北三库联动送北京 [N]. 中国水利报，2008-9-27（00F）.

② 京石段工程建成通水 河北三库联动送北京 [N]. 中国水利报，2008-9-27（00F）.

③ 李占京、李奕杰、苏梓昕. 南水北调中线干线京石段（河北境内）应急供水工程运行管理探索与实践 [J]. 中国水利学会 2019 学术年会论文集（第四分册）[M]. 湖北宜昌，2019-10-12：101-105.

④ 水利部南水北调规划设计管理局，山东省胶东调水局. 引黄济青及其对我国跨流域调水的启示 [M]. 北京：中国水利水电出版社，2009:249.

总干渠；王快水库的水量经沙河干渠和连接工程进入中线总干渠。""工程调度运行特点是距离长、控制站点多，分布广，立交建筑物多为倒虹，要求实行不间断供水，冬季输水难度大，调度和控制十分复杂。任何调度运行的失误都可能造成严重的后果，轻则引起渠道的水位骤降、骤升，造成渠道衬砌破坏、渠堤滑坡，重则可能导致漫堤和倒虹冰塞等严重影响工程安全的事故。"[1] 但由于"这次通水仍然处在工程建设后期，运行管理队伍尚未组建，于是现地管理任务就落在了施工单位的肩上"，[2] 即由南水北调中线建设管理局负责总干渠输水调度运行工作，"京石段工程率先建成并投入使用，运行管理缺乏可完全照搬的模式和成熟的经验，为此管理单位进行了大胆的探索和实践，"[3] 邀请胶东调水局富有多年调水经验的专家帮助工作。

2008年3月，胶东调水局应中线局的邀请，决定派出工作组援助做好这次跨流域远距离应急调水工作。根据中线局的要求，胶东调水局主要承担4项任务：一是为工程管理运行制订有关办法、制度；二是负责培训调度运行人员；三是做好运行前的各项准备工作。四是参与调度运行控制。接到任务后，胶东调水局迅速组织开展各项前期准备工作。[4]

在有关办法、制度制订方面，胶东调水局组织局有关处室及部分分局、管理处人员，先后起草了《京石段应急供水调度运行管理办法》《京石段应急供水机电设备运行规程》《京石段应急供水突发事件应急预案》等6个管理办法和规定。"从临时通水期间的工程管理、调度运行、安全生产、机电设备等各方面制定了较为全面的管理制度，进一步明确了各级管理机构、各岗位的职责和任务，为临时通水运行提供了制度保证。"[5] 初稿完成后，在济南进行了初步验收。工作组到达北京后，根据验收审查意见和京石段临时通水实际情况进行了针对性修改完善，顺利通过了中线局组织的专家验收，得到了很高的评价，并在运行前以中线局正式文件的形式下发执行，[6] "最大限度地发挥项目管理者和广大员工的积极性、创造性，保证项目管理的规范实施。"[7]

在人员培训方面，胶东调水局组织编写了调度运行和机电设备管理方面的教材。2008年7月底8月初在保定举办的由中线局、二级管理单位和现地单位相关人员参加的培训班上，由胶东调水局两位同志进行了授课，包括中线局领导、运行管理人员等在内的300多名学员参加了培训；经过培训，学员们基本掌握了调度运行和机电设备操作方面的知识，由中线局组织进行了考试，合格者持证上岗。[8]

① 刘祥臻.南水北调中线京石段临时通水调度研究与实践[J].治淮，2010（03）：39-41.
② 李占京，孟繁浪.南水北调中线京石段应急供水工程管理实践[J].科学之友，2012（16）：92+93.
③ 李占京，李奕杰，苏梓昕.南水北调中线干渠京石段（河北境内）应急供水工程运行管理探索与实践[J].中国水利学会2019学术年会论文集（第四分册）[M].湖北宜昌，2019-10-12：101-105.
④ 水利部南水北调规划设计管理局，山东省胶东调水局.引黄济青及其对我国跨流域调水的启示[M].北京：中国水利水电出版社，2009:249.
⑤ 张伟，宋辉，刘云璞.南水北调京石段工程临时通水安全运行措施[J].山东水利，2014（6）：35-36.
⑥ 水利部南水北调规划设计管理局，山东省胶东调水局.引黄济青及其对我国跨流域调水的启示[M].北京：中国水利水电出版社，2009:249.
⑦ 刘祥臻.南水北调中线京石段临时通水调度研究与实践[J].治淮，2010（03）：39-41.
⑧ 水利部南水北调规划设计管理局，山东省胶东调水局.引黄济青及其对我国跨流域调水的启示[M].北京：中国水利水电出版社，2009:249.

在运行准备方面，胶东调水局做了大量工作，包括通水前的工程设施、办公设备的检查落实等。为使调度运行工作规范、整齐和美观，中线局根据有关规定和方案，统一制作了调度中心（室）职责、值班人员职责、值班制度以及闸门、启闭机操作规程展板[①]；统一配备了调度用手机、电话、办公桌、文件柜、办公椅等办公设施，配发到各闸站，统一制作、配发了各种标识牌、上墙规章制度；统一编制了临时通水通讯录等。同时，为保证运行调度过程记录统一、规范，统一制作了各种调度用日志、填报用表格及临时通水调度运行图，配发给各个单位，[②] 为正常通水打下了坚实基础。

在调度运行方面，胶东调水局充分利用引黄济青工程运行近 20 年的经验，结合中线局委托长江水利设计院编写的《实施方案》，制定了《京石段应急供水调度运行实施细则》和《京石段应急供水模拟调度实施方案》，通水前反复进行模拟演练。为做到规范化、标准化、制度化管理，中线局"统一制定了各闸站值班制度及操作规程内容、规格、形式，明确了各个岗位的工作职责"[③]。

## 二、协助调度运行

京石段临时通水时间原定北京奥运会开始之前实施，后来由于安全保卫等问题，通水时间向后拖延，直至残奥会结束后才开始通水。"2008 年 9 月 18 日上午 10 时，河北省黄壁庄水库开启闸门，开

图 8-53　2008 年 9 月 28 日，南水北调中线京石段工程正式通水

始利用南水北调中线京石段应急供水工程向北京市实施应急调水，这标志着北京 2008 年应急调水正式开始实施。"所调之水"经过 8 天的行进，至 9 月 25 日 8 时到达京冀交界处"。[④]9 月 28 日，在河北省和北京市交界的北拒马河暗渠工程现场举行建成通水仪式（图 8-53），标志着南水北调工程建设取得阶段性成果，中线京石段工程开始运行并发挥效益。[⑤]

此次应急调水意义非同一般，胶东调水局党委高度重视，在胶东调水工程管理运行和建设双重任务非常繁重的情况下，抽调人员组成援京应急调水工作组

（以下简称"工作组"），由胶东调水局调度运行处处长担任工作组组长、副处长和滨州分局副局长担任副组长，另外从胶东调水局和各分局、管理处抽调了 17 名业务骨干先后参加（图 8-54）；其中参与调度运行的 17 人中，有 5 人先后在中线局调度中心工作、其余 12 人分布在沿线 12 个控制闸站（图 8-55）。在京石段临时通水过程中，虽然工作组工作定位为协助做好调度运行工作，但在实际工作中，他们把中线局的事情当作自己的事情来办，积极出主意、想办法，分析可能出现的问题，及时与中线

① 水利部南水北调规划设计管理局,山东省胶东调水局.引黄济青及其对我国跨流域调水的启示 [M].北京:中国水利水电出版社,2009:249-250.

② 张伟,宋辉,刘云璞.南水北调京石段工程临时通水安全运行措施 [J].山东水利,2014（6）：35-36.

③ 王文杰.南水北调中线京石段应急供水系列报道之一：燕赵大地铸精品 一渠清水送北京——南水北调中线京石段（河北）应急供水工程建设纪实 [J].河北水利,2008（10）:6+17.

④ 李平,谢群.团结治水 优化配置 做好北京 2008 年应急调水 [N].中国水利报,2008-10-9（003）.

⑤ 李慧,何平.南水北调中线京石段应急供水工程成功通水 [N].光明日报,2008-10-7（04）.

局的有关的人员进行会商，实施科学调度，在实际调度运行中发挥了主导作用和生力军作用。

图 8-54 2009 年 1 月 18 日，省局领导为援京应急调水工作组送行

图 8-55 2009 年 3 月 24 日，胶东调水局为援京应急调水工作组召开欢送会

通水运行时，在中线局调度中心工作的同志坚持科学计算、严格管理、合理调度，及时处置了调度运行过程中发生的问题。例如在通水过程中，工作组根据充水情况，及时关闭溢水渠段的相关闸门以降低渠道水位，并及时改变充水调度方案，确保了按时完成渠道的充水任务，为在河北、北京交界的北拒马河节制闸召开"南水北调京石段临时通水成功庆典大会"和按时向北京供水奠定了基础。由于现地闸站运行人员均来自施工单位，没有从事过运行工作，分布在各控制闸站的工作组同志从一点一滴做起，教运行人员如何观测水位、填写记录、传真上报等调度事宜，发挥了示范带头和传帮带作用，得到了中线局、项目部以及运行单位的一致好评，被他们亲切地称呼为"山东局专家"。[①]

输水期间正值冬季，冰期输水是我国北方长距离调水的难题，也一直是国家有关科研部门研究的一项技术难题，稍有不慎很容易出现冰塞、冰坝等安全运行事故。为此，工作组面对困难不退缩，通水前做了大量的准备工作，针对冰期输水的特点，制定了《京石段应急供水冰期输水的技术要求》《冰期输水运行专项应急预案》等符合实际的技术要求，对冰期运行的各项安全措施作出规定，并明确了不同阶段的调度要求。"与此同时，还制订了突发冰塞、冰坝时的应急处理预案。这个预案包括冰情观察、报告制度、决策制度、人员准备、机械准备、冰塞清除措施、停水程序等。要求参加调水的工作人员都要熟知应急处理预案，一旦发生险情，能够及时有效地采取必要的应对措施，不至于措手不及。"[②] 在此基础上，中线局邀请胶东调水局原总工程师进行了冰期输水的专题讲座和技术指导，150多人参加了讲座和冰期输水技术交底会。"进入冬季后，与当地气象部门建立了气象信息通道，密切关注天气变化和寒潮动态。根据气象变化信息，对渠道冰情及时作出预报，然后根据实际情况，合理制订目标控制水位和流量变化范围，渠道流速控制在 0.5 立方米每秒以下；各倒虹吸进口和临时埋管

---

① 水利部南水北调规划设计管理局, 山东省胶东调水局. 引黄济青及其对我国跨流域调水的启示 [M]. 北京：中国水利水电出版社 ,2009:250.

② 赵嘉诚，韩黎明，王术国. 浅议南水北调中线京石段工程冰期输水技术 [J]. 南水北调与水利科技，2009（5）:37-39.

进口都淹没于水面以下 0.2 米。总的原则是'高水位低流量'运行。在冰期目标水位控制的基础上，一天内水位上浮不超过 10 厘米，下浮不超过 5 厘米。运行管理人员加强冰盖输水期间闸前闸后水位变化情况监视，密切关注每日 10:00 与 17:00 的水位变化，通过闸门适当调节，保持上游水位和过闸流量基本稳定。例如北拒马河暗渠渠首闸，它是在明渠的末尾、暗渠的渠首，在设计上存在一定的缺陷，为了防止闸门前结冰，本次冬季输水采取了临时应急措施。"[1] 由于前期准备充分，运行中工作措施到位，"成功地实现了冰期安全输水的目标，积累了宝贵的冰期输水的调度经验，对冰期输水的调度研究有很好的借鉴作用。"[2]

针对突发事故采取应急调度和应急处置是调度运行工作的重要组成部分，也是调度运行的难点之一。由于京石段工程为应急调水工程，各项准备工作不够充分，出现运行事故的概率较大。工作组的同志曾经发现某输水渠段运行险情，并及时报告调度中心；调度中心紧急启动应急预案，实施应急调度，紧急关闭事故段最近的倒虹工作闸门，上游实施有序停水，下游继续保持小流量不间断供水，使损失降低到最低限度。在整个事故调度过程中，由于准备充分（在模拟调度时就假定该段发生溃堤事故，有应急预案）、调度及时合理，得到了中线局领导的赞扬和同行们的好评。[3]（图 8-56）

图 8-56 2008 年 10 月，援京应急调水工作组人员在检查闸门

在中线局和胶东调水局及工作组的共同努力下，京石段应急调水工作顺利进行。截至 2009 年 3 月底，共从河北省岗南水库、黄壁庄水库和王快水库引水 2 亿多立方米，向北京不间断供水 1.7 亿立方米，大大缓解了北京的用水压力，改善了北京的用水状况，为南水北调东、中线其他项目的建设提供了借鉴。[4] 至此，胶东调水局圆满完成了与中线局签订的第一期工作任务，中线局领导对工作组的工作非常满意，春节前专门给胶东调水局发来感谢信，工作结束后又专门派中线局副局长、运行管理部部长到胶东调水局表示感谢，送来了"南水北调，友谊长存"的锦旗（图 8-57），并将工作组人员送回到每个分局。[5]

① 赵嘉诚，韩黎明，王术国 . 浅议南水北调中线京石段工程冰期输水技术 [J]. 南水北调与水利科技，2009（5）:37-39.
② 赵嘉诚，韩黎明、王术国 . 浅议南水北调中线京石段工程冰期输水技术 [J]. 南水北调与水利科技，2009（5）:37-39.
③ 水利部南水北调规划设计管理局, 山东省胶东调水局 . 引黄济青及其对我国跨流域调水的启示 [M]. 北京 : 中国水利水电出版社 ,2009:250.
④ 王文杰 . 南水北调中线京石段应急供水系列报道之一：燕赵大地铸精品 一渠清水送北京——南水北调中线京石段（河北）应急供水工程建设纪实 [J]. 河北水利，2008（10）:6+17.
⑤ 水利部南水北调规划设计管理局、山东省胶东调水局 . 引黄济青及其对我国跨流域调水的启示 [M]. 北京 : 中国水利水电出版社，2009:249.

图 8-57　南水北调中线干线工程建设管理局向
山东省胶东调水局赠送感谢锦旗

　　此后，2010 年 5 月至 2011 年 9 月，胶东调水局与中线局又签订了三期合同。工作组大部分是 2008 年至 2009 年参与的同志，个别进行了调整。他们的工作一如既往，同志们兢兢业业，一丝不苟，一心扑在工作上，只有一个目的，完成省局领导派发的任务。在此期间，他们不仅经历了冬季冰盖下运行，还经历了两个汛期的运行，难度较大。冬季严防倒虹冰塞，汛期严防水位不稳。工作组的同志们与中线局有关部门密切合作，共商大计，在三期应急供水运行中，没有发生任何责任事故，圆满完成了应急供水任务。2011 年 5 月 8 日在保定召开的总结大会上，工作组集体获"优秀组织"奖，有 11 名同志获"特别贡献者"称号。

群英谱

## 第一节　引黄济青工程规划设计的排头兵

### 一、引黄济青工程规划设计团队

1984年7月，根据中共中央和山东省委、省政府各级领导的历次指示，山东省水利勘测设计院作为引黄济青工程的主体设计单位，承担了该工程的大量勘探、测量与规划设计工作，职工们以能为引黄济青工程作出自己的贡献而感到光荣。山东省水利勘测设计院引黄济青输水河线路设计组早期由12位同志组成，其中有高级工程师1人、工程师6人。接到任务后，他们夜以继日地进行着紧张而又艰巨的工作，设计组的办公室晚间经常灯火通明，有时甚至通宵达旦。设计组不仅能人自为战，出色地完成各人所分担的任务，而且更能发挥集体的聪明才智。在工程建设初期，他们在科学分析的基础上，以最快的速度按时完成了《山东省引黄济青工程可行性研究报告》《山东省引黄济青工程设计任务书》和《山东省引黄济青工程初步设计》等，以后又相继完成了《山东省引黄济青工程输水河工程施工图设计》《山东省引黄济青工程输水河衬砌工程施工图设计》《山东省引黄济青工程桃源河改道工程施工图设计》《棘洪滩水库库外排水工程设计》《山东省引黄济青工程交通道路设计》等8套设计文件，总计130余万字，设计各种图纸350余幅。完成这些工作量，如按一般程序正常进行，少说也得2.5万个工日，但由于全组同志密切配合，共同努力，结果大大缩短了设计工作的周期，约可节省工日40%，保证了各个阶段施工任务的顺利完成。

引黄济青输水河线路全长250余千米，进行这样一个跨流域的大型调水工程规划设计，无异于是在开展一项重大的系统工程研究。初步设计和施工图设计阶段的每一项设计指标的确定，设计组都需要做大量的分析比较工作。遇到某些特殊情况，他们总是本着技术可靠、经济合理的原则，根据上级有关指示精神，同建设单位与施工单位在现场进行反复协商，力求妥善解决，不留后患。这个组的工作信条是：干工作，不仅要对人民群众高度负责，而且要有全面创优的雄心壮志。不干则已，要干就一定要干出个样子来。他们瞄准八十年代的先进水平，要争取拿到国家级的奖牌。设计组的同志们心里是这样想的，在具体工作上也是一步一个脚印。仅以输水河衬砌工程设计为例，看看他们是怎么认真进行这项工作的。

由于各个河段的工程地质与水文地质条件差异很大，在衬砌设计中对排水、防渗和防冻胀等几项主要技术措施均需相应采取不同的对策，他们在进行排水流量计算时，结合工程实际情况，先将线路分为61个河段，用以确定需要设置逆止式集水箱的间距与个数；根据沿线各地不同的气象条件，又将线路分为56个河段，统计分析了数以万计的气象资料，据此算出沿线不同走向的渠道各个阴阳坡面的冻胀深度，用以确定铺设聚苯乙烯泡沫保温板的厚度；根据沿线河床的岩性、渗透系数、地下水埋深、渠道的设计断面和边坡的开挖情况，他们把输水河再分成98个河段，按实际需要作出精心安排，分别采用了八种不同的渠道衬砌形式。为了摸清初步打算不做衬砌、利用原有河道输水能否满足设计要求的问题，设计组还专门派出人员会同山东省水科院的同志们，进行了重点河段的渗漏观测试验，并取得了预期效果，解决了在设计工作中一度有所争议的问题。

通过多年的实践，渠道衬砌设计中的渗漏问题，已随着塑料薄膜的广泛使用而求得较为理想的解决，但在排水与防止冻胀等方面，仍存在若干需要进一步研究的问题。设计组在工作中经过多方比较、科学论证和系统研究，终于取得了新的进展。在有限的投资范围内，大力推广使用新型建筑材料，择优采用排水系统，使整个衬砌设计具有引黄济青工程自己的特色，体现出八十年代水利建设的先进技术水平。

当时，一种由高分子聚合物材料制成的针刺无纺布（土工织物中的一种）已在国外普遍使用，国内在交通、冶金、军事工程和市政建设等领域也已开始使用这种材料，但在大型水利工程建设中将这类材料大量应用于衬砌工程，国内尚无先例。由于这种材料具有强度高、投资省（初步测算，用作滤料与传统所用砂砾材料相比，可节省投资 1/3 左右）、耐老化、易于施工等优点，并有很好的排水反滤效果。不少工程界人士认为，土工织物的普遍使用是近代岩土工程领域的一场技术革命，今后的发展前景十分广阔，大有取代传统砂砾滤料的势头。为了推广使用这一新型建筑材料，设计组通过深入细致的工作，吸收了国内外这方面的已有经验后，冒着冰冻三尺的严寒，到现场分段采集土样，又到各生产厂家了解生产情况，并将各河段的典型土样与拟选用的土工织物样品送请国内具有高检测水平的单位进行各种不同组合情况的测试，选择符合衬砌设计指标要求的土工织物产品。为避免厂家在批量生产过程中出现质量问题，施工期间，设计组还派专人进行了产品的抽样检测工作。

衬砌设计中，人们对冻胀问题一直疑虑较多，鉴于以往某些工程中因冻胀未能妥善解决，致使衬砌工程屡遭破坏的情况时有发生，设计组像对待使用土工织物一样，对打算采用的聚苯乙烯泡沫保温板材料，也是慎重搜集样品并送请有关单位进行了认真检测，在证明性能的确可靠之后，才决定大量采用。引黄济青输水河衬砌工程，由于大量使用了以上两种新型建筑材料，不仅保证了今后工程使用的安全，而且大大加快了施工进度，对按期保质保量完成引黄济青工程任务具有重要意义。

在全线需要衬砌的 201 千米输水河中，由于地下水位较高，应当采取排水减压措施的河段就有133 千米之多，这是衬砌工程设计成败的关键所在，必须设法寻求较为理想的处理办法。为此，设计组拟定出四种排水方案，并且从技术、经济以及今后的运行管理等方面权衡利弊，经过优选比较，最后淘汰了其中两个一次性投资较多且在近期一时又无电源保证的方案，而采用了既能有效降低地下水位、减少浮托力，又可避免工程设施在长期运行中逐渐产生淤积的暗管排水与透水砼板排水两大排水系统。为了研制暗管排水系统中的主要部件——逆止式集水箱，他们冥思苦索，图纸画了一张又一张，模型制作了一个又一个，终于设计成功；鉴定合格后，立即委托专门厂家进行批量生产，并在输水河全线推广使用。

在 5 年多的时间里，设计组的同志们始终保持着一丝不苟、精益求精的好作风，说他们是在精雕细刻地进行工作，确实毫无夸张之意。他们编写的设计文件要反复校对多遍，不放过任何一个错别字，对一个标点符号或某个参数的上下脚码等也都是严格要求、从不马虎，从而将文件的差错率减少到最低程度。他们绘制的各种设计图纸，除少部分线条是用手工精心描绘的以外，图中各种文字都用"透明注记纸"植字以后，再逐个剪贴而成。酷暑盛夏，汗流浃背，他们屏住呼吸、小心翼翼地用小镊子夹起那些薄得几乎难以量出厚度的字片，将其准确地贴在底图上，其操作场面俨然像巧夺天工的工艺美术家们在加工艺术作品。难怪一些施工单位的同志们来拿图纸时，都情不自禁地竖起大拇指夸奖："到底是省水利设计院出的图纸，质量就是过硬！"

像引黄济青这样的大型新建工程项目，按惯例项目负责人应是具有相当资历的工程师充任。然而，这根"千斤大梁"竟破例地让年轻的共产党员耿福明工程师扛了起来。他的确年轻，走马上任时还不及"而立"之年，因而同志们大都用"小耿"二字称呼他。这个从大学毕业不久的青年，给人们印象最深的是精明能干、朝气蓬勃和具有勇于进取的精神。他没有辜负党和人民的期望与重托，把一个由老、中、青不同年龄层次组成的设计组的工作安排得井井有条，出色地完成了设计任务，表现出很强的工作能力和组织能力。作为线路设计组的负责人，他对沿线各种情况都比较清楚，有些重要的技术指标数据，甚至可以不用查看笔记本即可脱口而出。由于他业务熟练，别人工作中偶尔出现的差错也能在汇总时得到及时更正。他编制了计算各项规划设计指标的微机程序，使工作效率大大提高；他一年到头加班最多，有时上午才出差回来，下午又有紧急任务需要马上启程。他一心扑在工作上，夫妻两地分居，连续几年都没有休够法定的探亲假期，孩子生病一年多，他没请过事假，全由家属一人承担。

输水河在平度县境内有一段线路需要避开某部的军事设施，为此，省指挥部决定改线，并指示设计组于 1986 年 12 月 19 日赶赴现场，会同当地有关部门研究实施；测量工作也同步进行，以便在现场尽快决定改线后的各项设计指标，保证不耽误 1986 年底完成全线统一征地计划。12 月 25 日，设计组白天冒着严寒，脚踩积雪，已紧张地进行了一天的野外查勘，本应在晚上暖暖和和地休息一下，但又怕风雪干扰贻误战机，影响计划的完成；晚 8 时许，耿福明不顾劳累，从县城出发到万家乡（测量队驻地）取测量成果，汽车行至半路出了故障，野外天黑风急，路上行人稀少，他便与司机将吉普车从乡间土路一步一步推至高平公路附近，在一位返回平度的小车司机的帮助下，经过几番周折，终于将测量资料取回，这时已是夜里 11 点多了；回到驻地，他只呷了口热水，驱了一下寒气，便又投入了紧张的夜战，同测量老工程师和锡森以及设计组的张皎峥、黄贻生等同志一起，对资料进行了核算与整理。当他们完成这项工作时，已是 26 日凌晨两点。

组里的年轻同志，都认为自己是十分幸运的，因为碰上了能充分发挥作用、可以得到实际锻炼的好机会。他们除白天抓紧时间努力工作之外，晚上和业余时间也都派上了用场，或加班，或复习外语，或看专业书籍。总之，他们都在以不同的方式尽快提高自己的业务水平，以便能适应今后的工作。他们之所以这样，是同一些老同志的模范带头作用分不开的。为了弄清输水河沿线的各种复杂情况，当时的院长沈家珠曾在 1986 年 5 月组织过一次历时半个月的沿线徒步查勘，不少同志脚上都起了血泡，但一想到付出的这种代价能换取到第一手资料时，心里也就格外充实和舒坦了。规划室主任、高级工程师宋振福就曾在另一次引黄济青工程查勘中因过分劳累而突发了心脏病，多亏及时组织抢救，才幸免于难，他在病情好转之后，又多次出现在引黄济青工地上。

输水河设计组的事迹是相当平凡的，但在平凡的背后，体现出的是山东水利人求实、负责、献身的精神，这种精神，体现在引黄济青工程建设管理的整个过程中。

## 二、山东水利的一面旗帜——孙贻让

山东省引黄济青工程指挥部总工程师孙贻让，工程建设时已年近 70。作为我省的老水利专家，他从大局出发，结合中国国情，以自己丰富的知识和经验，与同仁一道提出明渠设计思路，确定工程建设战略方针，老骥伏枥，壮心不已，为引黄济青殚精竭虑。

棘洪滩水库建设期间，他的一个研究成果节省了工程投资 1000 多万元。

棘洪滩水库原设计采用姜石亚黏土作为坝壳的防渗体，而这种亚黏土在地表只有薄薄的一层，用大型机械施工需要水平铲挖，施工难度极大。如果能用混合土作为防渗体，既可变机械化施工的"平采"为"立采"，方便施工；又可提高效益，节约投资，争取时间。但这要承担相当大的风险，万一变更设计，水库大坝出了问题，后果不堪设想。这时他记起时任天津市市长李瑞环在引滦入津时讲的一句名言："摆在我们面前有的两个前途，一个进医院，一个是进法院，我们还是进医院吧！"此时，他真正感觉到这句话的分量。他如履薄冰，不敢稍有懈怠，不顾年事已高，亲自查阅大量资料，了解到国外有利用软岩风化料作高土石坝防渗体的先例，国内云南鲁布革水电站土石坝也已采用风化料作心墙防渗体。于是，他马不停蹄去鲁布革水电站取经。接着，又委托北京水利水电科学研究院等单位集中力量对风化岩混合材料的各种不同混合比例做了物理、化学分析和压实特性、抗剪强度、现场碾压等试验。在取得初步成果后，他又向国内土石坝知名专家、学者进行咨询。最后结论是风化岩混合料的力学指标较单一的含姜石亚黏土均有所提高，尤其是在调节土料含水量和施工条件方面，作用尤为明显。

他成功了。棘洪滩水库已安全蓄水三十多年，事实作出了最有说服力的回答。

## 三、引黄济青工程的"活地图"——王大伟

山东省引黄济青工程管理局总工程师王大伟，被人们称为引黄济青工程的"活地图"。早在 70 年代初在省水利勘测设计院工作期间，他就参加了为解决青岛缺水问题的调查研究工作，并踏遍胶东一带的山山水水，总想找出一条途径。然而，经过多年的奔波，他的希望落了空。当引黄济青的方案提出后，他便一头扎到了这个课题上。1982 年他担任山东省引黄济青工程的设计总负责人，主持山东省引黄济青工程的设计。从初步勘测设计，到最后拿出施工方案、施工图，一晃就是三四年。在这期间，设计方案反复修改了多次，但他和参加勘测设计的其他技术人员始终心不恢、气不馁，虚心听取各方面的意见，一次又一次地改进设计。方案每改一次，他都要带队沿着工程线路勘测一遍。工程沿线跨沟越河，无法乘车，他们就背上干粮、扛着勘测器械，靠步行走一段测绘一段。在几年的时间内，从水源分析、各项工程的科学性研究，到施工方案一次又一次地提出，他们先后写了几十次报告，绘制了上万张蓝图、图纸。有人形容说，如果把他们搞的这些资料、图纸集中在一起，用一辆解放牌汽车也装不下。

工程开工后，作为技术负责人之一，近 3 年内他大部分时间靠在工地上。施工中，他重点抓 4 座扬水泵站和明渠控制容量输水工程实施研究。为解决泵站施工重大技术问题，曾三天只睡一个晚上。出差时，骑自行车到火车站存放，返回后骑自行车回家。工程建成后，任启动委员会主任，做到了工

程试通水一次安全成功，山东省引黄济青工程指挥部给予记大功。1989 年他被评为全国水利系统劳动模范。

转入工程管理后，他主要完成了四方面工作：一是摸清工程特性、挖掘工程潜力，为即将开工建设的引黄胶东供水工程打下了工程和技术基础。二是运用"控制容量原理"指导长距离输水的安全运行，提出一套结合工程实际切实可行的操作方案，在国内处领先地位。河北省水利学会评价为"国内第一个做到控制容量的工程"。三是搞好科技攻关。打开冰冻期长距离输水禁区，总结出八字操作要点，在运行中取得了成功，2000 年获得水利厅科技进步一等奖及省科技进步三等奖，并推广到新疆引额供水、南水北调中线工程设计中。四是研究长距离输水串联泵站的匹配运行，编制调度运行方案，系统能耗降低 5% ~ 7%。引黄济青工程通水十余年来没有发生过任何重大事故，圆满完成了向青岛供水的任务，取得了巨大的社会效益和经济效益。

为引黄济青，为造福于民，他操尽了心、出尽了力。他所取得的成绩和成果在国内有较大的影响，为国内同行所公认。2001 年他向温家宝副总理汇报引黄济青工程运行管理工作时得到好评。

## 第二节 奋战在引黄济青工程建设"战场"上的人民子弟兵

### 一、援建桃源河改道工程的解放军指战员

1986 年 4 月 15 日，引黄济青工程开工典礼在胶州桃源河改道工地隆重举行。引黄济青工程建设的第一个战役——桃源河改道工程开工建设。接受援建任务的济南军区近万名指战员，分别从豫州大地、沂蒙山区、胶东半岛，日夜兼程，千里挺进，开赴胶州湾前沿阵地——桃源河。

桃源河改道工程宽 50 米，全长 7.73 千米，地处水草涝洼之地，施工难度相当大，而参战部队仅有少量的施工机械，他们大多凭着手中的铁锹、推车，肩上的扁担，还有满腔的热情。要挖开这么长的河道，其艰难程度可想而知。

参战部队是一支英雄的部队。其中，有赫赫有名的抗日战争时期给日寇以首次沉重痛击、平型关战役打头阵的"双大功九连"，有抗美援朝荣立战功的"尖刀连"。英雄的部队，有着光荣的革命传统，有着顽强的战斗作风，有着所向披靡的大无畏精神。桃源河改道工程施工中，先后出现沙礓土、风化岩、淤泥、沉沙等复杂土质，增大了作业难度。各部队及时调整兵力和有限的施工机械，周密计划，科学组织，精心指挥；干部战士不怕苦累，不惜汗水，加班加点，连续突击，作业时间一天十几个小时，一日五餐吃在工地。据统计，桃源河改道战斗中，有 170 多名正在休假、探亲、住院的官兵提前归队；有 450 多名准备结婚、休假和参加业余考试的干部战士主动推迟了婚期、假期，放弃了考试拿文凭的机会；有 60 多名同志收到亲人病危、病故或家中发生困难的电报之后，却悄悄藏起电报，继续在泥里、水里进行艰苦、繁重的体力劳动。许多官兵手上起了血泡，血泡又变成老茧，许多官兵消瘦了许多，斗志却越战越勇。

施工中，各部队牢固树立对人民高度负责、对历史高度负责的精神，坚持"百年大计、质量第一"

的方针，正确处理速度与质量的关系，坚持在优质的前提下争高速，虚心向工程技术人员请教，努力学习科学知识和施工技术，严格施工要求，闯过一道道难关，如期完成了施工任务，向山东人民交出了一条高质量的新河道。

1986年7月10日，由济南军区承担的引黄济青桃源河改道土方工程竣工庆功大会在胶州召开。庆功会上，25个连队、1000多名施工突击手受到山东省政府的表彰，省委主要领导在庆功大会上作出如下评价：参战部队发扬一不怕苦、二不怕死的革命精神，不愧为一支吃大苦、耐大劳、攻无不克、战无不胜的人民军队。

**二、敢啃硬骨头的海军部队**

在济南军区万名官兵夺取引黄济青工程第一战役胜利后，海军又"啃"了一块"硬骨头"。那就是从棘洪滩水库至白沙河之间的一条2千米长的隧洞。这条隧洞本来是由一个专业建设单位承担的，但由于他们考虑不周，措施不力，开工后处处受挫，进度缓慢。再拖下去，势必影响全线通水，指挥部心急如焚。在这种情况下，他们想到了驻青部队。当时的青岛市市长助理田怀端、市政府秘书长张曰明到海军青岛基地请求支援，海军青岛基地司令部立即找来海军二工区副主任左德全大校，要他带队去打隧洞，并和他说："只许搞好，不许搞坏。"

本来像这种难度大的工程，要一年半才能完成，但指挥部给的时间仅有9个月。任务是死任务，困难是天大的困难。左德全二话没讲，便到了城阳韩洼一带。这位1949年入伍的老兵，抗美援朝时便打过坑道，对打隧洞并不陌生；况且他早年就读于国立中央工业专科学校，既有理论知识又有专业知识，他不打怵，但他有一个要求，就是由他选将，只要能干的，不要闲人。他要了三个人组成隧洞指挥部：一个叫赵秉鑫，土木专业毕业的少校；一个叫王一波，土建专业的中尉；一个叫崔文贵，给排水系统专业的中尉。有了这三位干将，左德全心里就有底了。时值元旦，自然取消休息，4个人在工地上连轴转，测量、绘图、接水电，甚至搭工棚。"兵马未动，粮草先行"，准备工作是十分重要的。最后，他们春节也在工地上与战士们一起过了。

1989年2月13日开工，在隆隆炮声中打响了第一仗。时年56岁的左德全，每天从竖井里上上下下，消除隐患，检查质量，难得回家一趟。十几米高的竖井，小青年上下都打怵，他却在软梯上谈笑自如。王一波负责爆破，天天和死神打交道，爆破面齐整如切，万无一失；崔文贵每天负责指挥排水1500立方米，浑身上下犹如落汤鸡；赵秉鑫干脆全家搬来，方便与老婆孩子一起生活。铲车司机胡春江每天工作10个小时以上。放炮炸的石渣，他们舍不得浪费，拉出去给当地农民填沟，给当地学校垫操场，一举两得。胡春江最高纪录，一夜跑40个来回，困得直打瞌睡，但从未出差错，左德全称赞其"真是个好战士"。

韩洼隧洞的施工有三个困难：一是石质差，不利于打洞，全是花岗岩、玄武岩，既硬且脆，容易塌方；二是水多，洞内四处渗水，一天要排出1500立方米水；三是工期短，只有9个月，一天都不能浪费。要命的是经常下雨，经常停电。下雨可穿雨衣干活，停电呢？洞内漆黑一团，可没办法施工了吧？这也难不倒左德全他们。他们自带电机，柴油发电，照样打风钻、排水、爆破、被覆。为了抢工期，他们开了6个口、11个作业面，齐头并进，1天等于5天的工作量。这支硬骨头部队硬是创造了奇迹：每天进度15米，9月25日竣工。7个月多一点儿，就把隧洞拿下来了，确保了按期通水。青岛市政府、指挥部召开表彰大会，市长俞正声称海军是"敢啃硬骨头的英雄部队"。

## 第三节　勇于探索、科学严谨的引黄济青（胶东调水）工程"守护人"

### 一、引黄济青工程运行管理10周年八大典型人物

引黄济青工程建成通水后，在工程运行管理中涌现出了许多优秀人物。1999年，在工程运行管理10周年之际，评选出八大典型人物，他们立足本职岗位，在平凡的工作中做出了不平凡的业绩；他们的模范行动激励、带动了引黄济青的全体职工，形成了引黄济青宝贵的精神财富。

（一）一身正气，严格管理的"老班长"——殷桂友

殷桂友原任山东省引黄济青工程管理局潍坊分局副局长、寿光管理处党总支书记、高级工程师。

自1986年参加引黄济青工程建设和管理以来，殷桂友兢兢业业、忘我工作、勤政廉洁、无私奉献。早在施工期间，他既当指挥员又当战斗员，亲自主持制定了输水河工程三期施工方案，保证了工程建设的按期优质完成。40余千米的寿光段引黄济青工程标准高、工程质量好、建设速度快、安全无事故。转入管理以后，他注重精细化、科学化管理，根据管理处的实际情况，制订切实可行的工作计划和规章制度，抓重点，带全面，使管理处的工作一直名列前茅。

多年来，殷桂友以艰苦创业、开拓进取、团结务实的工作作风，鞠躬尽瘁、公而忘私的献身精神，坚持原则、铁面无私、一丝不苟的科学态度，爱岗敬业、一身正气、率先垂范的表率作用，严以律己、宽厚待人的高尚品德，塑造了一个两袖清风、廉洁勤政的优秀共产党员、党的好干部的良好形象，先后四次被省局记大功奖励，一次被省水利厅记二等功，两次被寿光市评为优秀共产党员，连续三年考核为优秀等级。

（二）智勇严细，一心为公的"优秀青年干部"——吕福才

吕福才是1987年毕业于山东水利专科学校的优等生，从引黄济青工程施工到管理，从普通一兵走向领导岗位，工作性质虽有变化，职务权力不断升迁，但他始终抱持一颗平常心。

干一行爱一行专一行，兢兢业业、扎实工作，是他一贯的工作作风。他的智慧、胆识和日渐成熟的组织领导能力，令同行刮目相看。尤其担任棘洪滩水库管理处主任以后，他的工作思路、工作方式尽显无疑，他带领一班人，依靠大家力量，从内抓素质入手到外树形象，在短时间内，水库面貌发生了巨大变化。从班子廉政建设到党员队伍建设，从工程管理到综合经营，水库的各项工作走在了系统的前头。

吕福才出色的工作成绩，赢得了领导和职工的称赞与钦佩，他被誉为"智勇严细、一心为公的优秀青年干部"。

### （三）开拓进取，锐意争先的"领头雁"——颜景协

颜景协是引黄济青潍坊分局党委书记兼局长，他团结分局党委一班人，带领全局干部职工，开创了引黄济青工程管理工作的新局面。

颜景协常说，无论干什么工作，干就干成最好的。抓工程管理，他深入基层所站，为正确决策了解第一手资料。从大修岁修到日常管护，他都亲临工地，发现问题、解决问题。处处体现着扎实的工作作风；抓文明创建，他亲任分局精神文明建设领导小组组长，层层抓落实，从办公、居住环境到机关人员的整体素质，一件件抓起，件件有突破。分局机关物质文明与精神文明建设协调发展，跨入省级文明单位行列；抓班子建设，他建立健全了党委议事制度、重要情况通报制度、民主生活会制度，充分发挥出领导班子的整体功能。潍坊分局领导班子成为"靠事业凝聚人心，靠民主集中制增强团结，靠班子形象带动职工"的坚强集体。

几年来，在他的带领下，潍坊分局获得"全国部门造林绿化 400 佳单位""省级文明单位""国家二级档案管理先进单位"等荣誉称号。颜景协用工作、用业绩赢得了职工的拥戴，被职工誉为开拓进取、锐意争先的"领头雁"。

### （四）勇于探索，科学管理的带头人——孙翀

孙翀 1986 年 7 月从山东水利专科学校毕业后即投入引黄济青工程建设中。1989 年工程建成通水后，他担任了亭口泵站管理所副所长，负责泵站的技术工作。当时泵站的技术力量相当薄弱，要规程没规程，要制度没制度，要人才没人才，要经验没经验。面对管理一片空白的情况，他深知自己肩上的担子与责任，缺乏泵站管理经验，他下江都、奔泗阳，多次学习国内先进泵站的管理经验；缺乏人才，他请来江都泵站技术经验丰富的技师进行传帮带，他虚心请教，亲自操作，短时间内便掌握了全部技术要领，成为技术管理的行家里手。在他的带动下，泵站的年轻人大胆实践、勤于钻研，仅用了一年时间，便独立承担起运行、维护、保养的任务，泵站率先成为全系统能独立对设备进行大修的泵站。接着，他狠抓泵站的制度建设，全面制定规章制度，编写了 7 万余字的《泵站运行管理规程》以及汇编了 2 万字的各种内部管理制度，各项工作都用制度来规范，把泵站管理逐步纳入规范化、制度化、科学化的轨道。

1994 年，孙翀担任泵站所所长，他从实际出发提出了"工程管理行业化，职工素质专业化，内部管理企业化，站区建设园林化"的"四化"建站标准。进一步强化"全天候、全方位"目标责任管理方法，大胆进行内部机构和管理体制改革，引进科技含量较高的新工艺、新设备、新材料、新方法，加大技改力度，严格执行电业、消防、档案等相关行业管理规范。通过办职工夜校、进行反事故演习、岗前培训等方法，强化职工业务素质，使泵站的整体管理水平逐年大幅度提高，设备完好率始终保持在 95% 以上，历年通水运行的安全运行率达到 100%。亭口泵站连续五年在全局综合评比中荣获第一名，并先后获得"青岛市级标准变电站""青岛市级消防安全先进单位""青岛市级文明单位"，省级"花园式单位"等荣誉称号，孙翀也多次被平度市委市政府、省局记功表彰。

### （五）勇挑重担，善打硬仗的优秀指挥员——陈志向

陈志向 1968 年入伍，先后担任过排长、连长、营长、副团长等职务，在部队曾两次立功，多次被通令嘉奖。1987 年转业，曾任引黄济青青岛分局副局长。曾两次受平度市委市政府记功奖励，被省水

利厅、人事厅各记功一次。哪里有硬仗，他就出现在哪里，他出现在哪里，哪里的工作就能打开局面。不愧为勇挑重担敢打硬仗的"优秀指挥员"！

1989年，他指挥千余名民工，搬运沙石10多万立方米，完成了水库西北坝3.14千米长的护坡任务，保证了按期通水。

1990至1993年，他任平度管理处副主任，分管工程。在此期间，他运用"全天候、全方位"的管理模式，使平度管理处工程管理工作一直走在全系统前列。这一模式后被推广运用到全系统，极大地促进了引黄济青工程管理水平的提高。

1993年，他受命到棘洪滩水库任主任后，强化队伍素质，运用制度激发、调动管理人员的积极性，水库工作年年上水平，一跃跨入全系统先进行列，并获青岛市文明单位称号，水库被命名为"青岛市爱国主义教育基地"。

1995年，平度管理处工作陷入被动，已是青岛分局副局长的陈志向服从组织安排，重返平度管理处主持工作。此后，他抓班子，稳队伍，使平度管理处的工程管理实现了"五连冠"。

1997年8月，他又挑起筹备省水利疗养中心营业的重任。在他的主持下，中心设备配套、内外装修井然有序，管理队伍、运作机制步步到位，保证了如期开业，为水利行业综合经营积累了经验。

**（六）兢兢业业，不畏艰难，敢抓会管的好主任——滕希华**

自引黄济青开始建设，滕希华便与工程结下了不解之缘，而且一干就是14年。在工程建设期间，滕希华既当指挥员又当战斗员，哪里有急难险重，哪里就会出现他的身影。

为做好难度较大的移民迁占工作，他虽多次遭不明真相群众的围攻也不退缩；为把好工程质量关，他一连几个月带病坚守在工地，体重骤减了8斤多，被誉为工地"铁人"。

工程转入管理后，滕希华更忙了，在他的日程表里，从来就没有节假日和周末。为确保沉沙条渠的正常运行，他多方奔走，积极协调；为打好管理工作翻身仗，他带领职工们雨天一身泥，晴天一身沙，一年四季战斗在工程一线。在日常工作中，他始终坚持原则，敢抓敢管，对违反规定的人和事，他是不讲情面的"黑脸"；对于职工们的疾苦，他却有着一副热心肠。几年来，在他和同志们的共同努力下，博兴管理处终于彻底扭转了过去被动落后的局面，而他本人也多次被评为引黄济青先进工作者；1996年，他还被授予"全省水利系统先进工作者"称号。

**（七）敬业爱岗，无私奉献的"革新能手"——刘正森**

刘正森是1994年初到棘洪滩水库管理处工作的。5年间，他以水库为家，敬业爱岗，忘我工作，不断创新，带领机电小组迅速扭转了水库机电管理工作的落后局面，一跃成为全系统机电管理工作的先进处，并带动了全系统机电管理水平的大幅度提高。

1995年初，当刘正森看到水库机电设备管理落后时，他当即立下军令状：誓夺机电管理全系统第一名。从7月到9月，他带领机电小组在蒸笼般的放水洞启闭机房苦干3个月，从机电部分、传动部分、润滑部分、表面处理等方面对闸门启闭机进行了彻底改造，解决了多年来的设备漏油、渗油和噪音大等难题。经他改造过的启闭机，表面美观、运转灵活、安全可靠、操作方便，得到省内外水利专家、参观者的一致赞誉。1996 年他重点完成了水库泄水洞启闭机系统的全面改造。1997 年是他最繁忙的一年，他完成了对水库进水闸启闭机系统的改造后，又在长达 160 天的水库大坝内坡混凝土加固工程建设期间负责电力供应和用电安全，施工期间他天天上坝在三个施工点来回巡视，避免任何事故的发生。1998 年他又连续奋战 50 天，完成了桃源河站清污机大修工程，从配电、除锈、喷漆、安全等方面进行了革新改造。5 年来，他充分发挥自己的专业特长和聪明才智，在所有的机电设备改造中，全部自行设计、制作、安装，节约了数十万元的工程经费。在 1998 年由省水利厅和省水利工会联合开展的合理化建议活动中，他的三个技改项目全部获奖，他本人也被授予"合理化建议先进个人"称号。

从 1995 年开始，棘洪滩水库管理处的机电管理年年获得系统第一名，这其中蕴涵了刘正森的心血和汗水，他时时处处以一名共产党员的标准严格要求自己，勤勤恳恳、任劳任怨、不讲索取、无私奉献，连续五年被评为青岛市直机关"优秀共产党员"，连续三年被省局授予"四有职工"光荣称号，已成为水库管理处共产党员的一面光辉旗帜。

**（八）任劳任怨，实干巧干的模范所长——吕清森**

吕清森，一位辛勤耕耘在水利战线几十载的"老水利"，他凭着对事业的执着追求，凭着优秀的个人品质，奠定了无私奉献的坚实思想基础。

自 1990 年担任北堤所负责人以来，他把满腔的热情奉献给了引黄济青事业。近 10 年来，他带领全所同志，以所站为家、以工程管理为业，发扬引黄济青精神，一步一个脚印，一年一个台阶，使其所辖段的工程管理、绿化美化、水土资源开发利用等各项工作都跨入了全系统先进行列；他那任劳任怨、带头实干的精神，善于思考、敢于创新、精于管理的作风，得到了人们的敬佩；他廉洁奉公，一尘不染，从不沾公家一分钱便宜的佳话，一直为人们传颂；他扶危济困，乐于助人的高风亮节，赢得了周边群众的感激、崇敬和支持，也为引黄济青赢得了"引黄济青人真好"的美誉。

一腔热血，一身正气，一心务实，吕清森以此赢得了职工的真心爱戴。他以"生命不息，奋斗不止"的精神，在平凡的工作岗位上，做出了不平凡的业绩。1994 年以来，北堤管理所连续多年被评为先进管理所，他个人多次受到省局党委和博兴县直机关工委的表彰。

**二、胶东调水十佳人物**

2008 年，山东省胶东调水局在系统内评选出"胶东调水十佳人物"，他们在本职岗位兢兢业业、发光发热，诠释着水利人的责任与担当，为胶东调水事业发展做出了重要贡献。

**（一）朴实无华的人生追求——记潍坊分局寿光管理处主任王建民**

王建民，中等微胖的身材，稍黑的脸上总是带着微笑，一双深邃的眼睛透出睿智的目光，给人一种热情、自信、谦和、严谨的感觉。他性格直爽开朗，为人质朴友善，凡是接触过他的人都知道，他是一个极易相处的人，就像邻居家的大哥，没有一点官架子。他精明能干，不事张扬。就是这样一个温文儒雅、平凡朴实的人，凭着对党和人民的无限忠诚和对事业的执着追求，凭着超前的意识、过人的胆识和一往无前的勇气，在自己的岗位上，留下了片片闪光的足迹，做出了令人瞩目的业绩。

王建民自进入引黄济青工作后，多次立功受奖。他数次受到山东省人民政府的嘉奖，连年被引黄济青管理局评为系统先进工作者，2002年获得山东省绿化委员会颁发的"山东省绿化奖章"，2003年被寿光市委授予"优秀党务工作者"称号，2005年被山东省胶东调水工程建设管理局评为"工程建设管理先进个人"。这一个个荣誉的取得并非偶然，在这一个个荣誉的背后展示了一个优秀共产党员的时代风采，一个基层领导干部对事业朴实无华的追求。

寿光管理处承担着40千米输水河、7座闸站和1座大型泵站的工程管理和输水运行任务。作为基层水管单位的"掌门人"，王建民深知工程管理工作在全处整个工作中的份量。在日常工作中，他把主要精力放在工程管理上。长年深入工程一线，摸情况、搞调研，为工程管理决策掌握第一手资料。他时常强调："工程管理是我们赖以生存的衣钵，皮之不存，毛将焉附，离开了工程管理，一切工作都无从谈起。"因此在寿光管理处，工程管理工作是享有"特权"的，一切工作都必须无条件地为工程管理工作让路。然而要抓好工程管理工作也决非一句话的事。随着岁月的流逝，引黄济青工程老化日趋严重，工程维修项目也逐年增加，要想维护好工程，就需要投入大量资金。然而上级工程维修经费的不足与工程老化的矛盾也日益突出。这种情况下，王建民反而加大了对工程管理的力度。近几年工程老化严重，尽管寿光处每年需要维修的工程项目很多，但由于省局经费紧张，不可能面面俱到。王建民理解上级的难处，有时在省局工程经费不到位的情况下，他总是想办法"挤挪借"部分资金投入工程维修维护工作中。在资金使用上，他提出了"保输水运行、保工程安全"的指导思想，精打细算，把好钢用在刀刃上，总能使有限的资金最大程度地发挥作用，不仅确保了重点大修工程的质量，而且又保持了整个工程的相对完好。有些同志对此有些不理解，总觉得上级给多少钱，就干多少活，只要把列入省局拨款计划的工程维修项目干好就行了，又何必勒紧了裤腰带，东凑西借资金投到工程管理，自己过紧巴巴的日子。王建民听到这些不同的声音后，斩钉截铁地说："工程管理是我们的立业之本，党和人民把这么重要的工程交到我们手中，我们就有责任把它管好，只要工程不出问题，我们过几天紧日子怕什么！"

在工程管理中，王建民不仅在工程建设上舍得投入，在保障一线干部职工的生产生活上也舍得花钱，尽量为他们创造良好的工作环境和生活条件。这几年，在经费紧张的情况下，先后拿出资金几十万元，为7处闸站维修改造了管理房，整修了厨房，配置了厨具、炊具，安装了新式采暖两用灶，安装了有线电视，还为较偏僻的闸站安装了卫星电视天线。王建民对工程建设、对一线干部职工出手大方，但对自己却是出了名的"抠门"，2003年，省局领导看到他坐的车已行驶了30多万千米，车况不好，经常在工作途中抛锚，为了不影响工作，就在管理费计划中安排专项经费解决寿光处的用车问题。他却把省局所拨款额"挪用"，购置了两辆普通桑塔纳，配备给两个管理所，作为工程管理一线人员的专用车，而自己依然坐着那辆时常抛锚的"老爷车"。直到那辆车实在不行了，才换了一辆稍好点的车。在他的坚持下，近几年，寿光处每年都要自筹资金十多万元投入到工程维修维护中，确保了重点大修工程的质量，保持了整个工程的相对完好。一分耕耘，一分收获，寿光处的工程管理工作连年保持系统先进水平，成为引黄济青系统工程管理工作中的一面旗帜。

百年大计，质量为本。在工程质量的要求上，王建民一丝不苟。他自己有句口头禅："工程是百年大计，要铜帮铁底，工程质量要经得起时间的考验，决不能含糊。"胶东调水工程是我省当前水利三大重点建设工程之一。2005年寿光管理处承担了胶东供水引黄济青段宋庄泵站机组更新改造工程和丹河倒虹改造工程的建设任务。作为项目部主要负责人，为确保工程质量，无论是烈日炎炎的盛夏，还是寒风凛冽的秋冬，他经常到各施工现场检查工程进展情况，监督工程质量。对那些偷工减料、降低标准、不按照程序施工的，一旦发现，他都毫不留情，责令拆除重来，有时他还亲自把已衬砌好的板扒下来。他经常说："得罪几个人不要紧，但决不能让不合格的工程从我们的眼皮底下溜过去，只要把住工程质量，我们才能心安理得。"正是凭着这种敬业精神，多年来，全处大小工程数10项，全都验收合格，有许多工程还被上级评为优良工程，没有一项工程发生质量问题。

先进的技术是打造精品水利工程、实现水利工程现代化的一个重要途径。王建民不墨守成规、盲目服从、原地打转，他有超前的意识，善于与时俱进地引进和推广水利工程建设管理的先进技术、先进设备和新材料，来提高水利工程现代化水平和科技含量。引黄济青工程输水运行十几年来，宋庄泵站担负了最繁重的送水任务，设备老化程度尤为严重，原站主机过流量由原设计的5.37立方米每秒下降为4.33立方米每秒，机组损坏严重，已成为引黄济青的"卡脖子"工程。王建民多次向省局提出建议，对现有机组进行技术改造来提高流量。2001年，省局决定对宋庄泵站7#机组进行增容技术改造。此次机组改造项目是引黄济青工程建成通水以来最大的技术改造项目，可供借鉴的经验几乎没有，任务光荣而艰巨。王建民顶着压力接受了挑战，带领泵站技术人员全身心地投入机组改造项目中。为掌握机组技术改造的第一手资料，他与技术人员一起研究施工方案，从设计绘图、零部件加工到安装调试，他认真把关每一项工作。在安装调试的关键时刻，他更是经常深入到施工现场，与技术人员一起采集数据，解决施工中遇到的技术难题。为保证改造工作的顺利进行，他在人、财、物方面提供大力支持。功夫不负有心人，经过4个多月的紧张施工，战胜了重重困难，终于圆满完成了这项技术改造项目。经过试运行，各项数据均达到设计要求，该项目获得"山东水利科技进步"一等奖，这次泵站技术改造的成功，不仅为引黄济青泵站机组改造工程积累了大量的技术经验，而且也为全处培养了一批懂业务、会管理、能吃苦的技术人才。

大多数水管单位由于管理经费的不足，都会搞多种经营创收，来壮大自身的经济实力，弥补管理经费的不足，寿光管理处也不例外。早在20世纪90年代初，在全社会经济过热的大背景下，寿光管理处也试着上马了一些经营项目。先后建起了养鸡厂、盐场、建筑公司、海洋运输等经营项目。但由于缺乏管理经验，再加上受大气候的影响，这些项目经济效益都很一般。到90年代末，王建民出任管理处主任时，各个经营项目已举步维艰，不仅没能成为管理处的经济增长点，而且有些项目让管理处背上了沉重的包袱。对有没有必要发展多种经营的问题，寿光管理处出现了两种声音。多种经营何去何从？这个问题摆在了王建民的面前。王建民花了大量的时间进行了深入细致的多方考察，经过认真的思考，他说："发展多种经营，走以副养水的路子没有错，没有搞好的主要原因是开展的项目不是我们擅长的，没有发挥自身的优势。"确定了今后还要继续把多种经营继续搞下去的思路后，王建民就用心留意随时出现的商机。

1997年，省局党委提出了水土资源开发利用的口号，号召工程绿化由单纯的绿化美化型向绿化经济效益型转变。当时寿光管理处工程绿化工作经过几年的埋头苦干已初具规模，成为引黄济青绿化美化的样板。大家对更换树种很不理解，为转变思想观念，省局多次组织管理处主任外出参观学习。王建民在外出参观学习时，感受到了苗木市场的巨大商机。为了证实自己的判断，进一步摸清苗木市场的供需现状、市场前景，此后王建民又多次南下北上，先后考察了北京、天津、河北、河南、江苏、浙江、陕西等省市的苗木供求情况。回来后，他又组织人员试着小批量出售输水河林带上一些直径为15厘米的毛白蜡，竟卖到了每棵30元，这一试使寿光处尝到了甜头。于是他又把符合规格的毛白蜡分三年出售，收入近60万元，而且供不应求。通过尝试和了解市场，并对收集的信息反复进行了科学论证，他认为："搞苗木繁育产业，我们拥有得天独厚的优势，特别是培育绿化大苗这个领域，在近期绝对是朝阳产业。"王建民有点坐不住了，一个大胆的想法在他脑海里应运而生，他决定把苗木产业作为管理处发展经济的突破口，租地建一个较大规模的苗木繁育基地。他的这一想法遭到了一些人的反对，很多人有不同意见。想好了就得干，事在人为，业在人创。王建民顶着压力，力排众议，在2002年10月投资100多万元，租地400多亩，建起了引黄济青首家具有法人资格的以培育精品大规格苗木为主的苗木繁育基地。基地建立之初，他就为基地定下了发展思路：一是要有规模，有规模才能有效益；二是必须走精品之路，创品牌效应；三是必须诚信经营，搞好服务。功夫不负有心人，在王建民的带领下，全处干部职工团结拼搏，奋力苦干，短短几年，苗木繁育基地从无到有，从小到大，规模不断发展壮大。到目前为止，苗木基地的种植面积达到700多亩，育有各类苗木40万株，品种达40多个，已形成了以苗木基地为龙头，以河道林带为依托，优势互补的城市大苗供应基地，成为江北最具影响力的苗木繁育基地之一。随着规模的不断扩大和种植品种的不断丰富，苗木繁育基地名气也越来越大，各地客商纷至沓来，苗木供不应求，营销网络也进一步拓宽，成为北京、天津、河北、辽宁、山东等环渤海省市的大苗供应商。截止到目前，年均苗木销售额70万元，总销售收入200多万元，取得了可观的经济效益，发展前景广阔，成为寿光管理处新的经济增长点。苗木繁育基地生机勃勃的发展势头，不仅受到了业内人士的羡慕和一致好评，而且就连当初持反对意见的同志也拍手叫好，不得不佩服王建民超前的商业眼光和精明的经济头脑。苗木基地出色的管理也得到了上级绿化主管部门的肯定，2004年被潍坊市林业主管部门评为"潍坊市十大苗圃"。

作为单位的一把手，王建民深知自己一言一行、一举一动所带来的影响。他坚持从自身做起，处处做好样子，无论是工作上还是生活中，凡是要求同志们做到的，他首先带头做到，凡是要求同志们不做的，他自己坚决不做。做事先做人，王建民对一班人常说："单位要发展，必须做到管理要严，做人要廉。"他说到做到，带头严格执行制度，每天上班他总是第一个来，最后一个走，有事先请假，事后他都是让办公室的同志按考勤规定扣钱，从不因为自己是一把手而放过自己。

王建民非常重视节俭型机关建设，他多次在大会小会上强调节约问题。他不仅要求别人节俭，自己更是以身作则。跟着他出差较多的韩春生深有感触地说："开始时自以为跟领导出差，吃、住肯定孬不了，结果跟着王主任出差，在路上进小餐馆喝碗拉面、就着矿泉水吃面包是常有的事，有时为找便宜旅馆，我们能询问五六家。"对此，王建民解释说："在外只要吃饱睡好就行了，出差花的钱是单位的，这每一分钱都是职工的，我们没有任何权力和理由去挥霍浪费。"

在寿光管理处，王建民没有官架子，是出了名的。2003年春，苗木基地建设进行得如火如荼，王建民亲自带队到东营市一个苗圃去调苗打号子。到了苗圃，还没等其他同志介绍，一身工作服打扮，脚穿胶鞋的王建民就提起漆桶到林间去打号。苗圃老板与王建民以前没有见过面，只是通过电话联系过，把他当作普通工作人员，也没在意他，只是简单地打了个招呼就忙别的去了。快到中午的时候，苗圃老板便过来问，"你们的王主任说好今天也过来看苗子，现在都晌午了，怎么还没有见人，不知道还来不来？"随去的同志指着浑身沾满尘土和油漆的王建民，对老板说："这不是已经来了吗。"老板听后大吃一惊，连说三声："没想到！"他没想到一个单位的一把手竟是这么朴素的人。王建民听了，淡淡地一笑说："你认为领导应该是什么样子？这不是很正常啊！"老板非常感动，中午盛情款待，在王建民临走时，握着王建民的手说："以后不管有没有业务，你这个朋友我算是交定了！"王建民就是这样，在工作中总是身先士卒，既当指挥员，又当战斗员，时时处处为全体干部职工当好表率。在王建民带动下，全体干部职工思想统一，众志成城，不怕天寒地冻，身背一层土，脚踏两脚泥，凭着这种吃苦肯干的精神，创造出2个月从苗圃规划建设到种植十几万株苗木的行业奇迹。

从踏入引黄济青起，王建民把人生最美好的年华奉献给了引黄济青事业，他说："我没有多大能量，只愿为党和人民多做点实事。"这就是王建民，一个极质朴又极特殊的人，一个把自己深深地融入党的事业和人民群众之中的人，一个朴实无华追求人生最大价值的人。

**（二）执着的追求　无私的奉献——记滨州分局工程科科长孔祥升**

"干事业靠的是执着的追求，讲的是无私的奉献。"这是滨州分局工程科科长孔祥升常说的一句话，也是他多年奉献引黄济青事业的真实写照。自1990年参加工作以来，他埋头苦干，扎实工作，以出色的工作赢得了领导、同志们的一致赞扬，多次被评为先进工作者，受到省局的嘉奖和水利厅记"三等功"奖励。

1990年，孔祥升从武汉水电学院毕业，来到引黄济青滨州分局。也就是从那时起，孔祥升深深爱上了自己所从事的工作，与引黄济青结下了不解之缘。十七年来，他默默耕耘，从一名热血青年，逐渐成长为技术精、素质高的优秀干部。每年引水送水期间，孔祥升总是顶着凛冽刺骨的寒风，奔波在渠首工地。为了测得准确的水文数据，他常常在现场一待就是大半天，手指冻得握不住笔，眼泪鼻涕止不住往下流，他也毫不在意。当同志们心疼地劝他暖和一下时，他总是笑笑说："这里就是我的岗位，吹点风又算得了啥。"渠首沉沙池清淤是一项任务量很大的工作。为确保清淤进度，作为分局工程科副科长，孔祥升常年坚守施工一线。不管是炎炎烈日的灼烤，也不论肆虐蚊虫的叮咬，他都安之若素，全没放在心上。白天他忙着跑工地抓施工进度，夜晚还要挑灯夜战搞施工计划，哪里施工最紧张，哪里就会出现他的身影。在他和同志们的共同努力下，每年的渠首沉沙池清淤都按时按质按量完成。在孔祥升心里，"质量"二字的份量总是沉甸甸的。每年工程的岁修大修，他总是"严"字当头，狠把质量关，对施工中的每一个细节问题，他都一丝不苟、认真负责，一旦发现问题，他总是坚持原则，该返工的就返工，从而确保了工程质量，被人们称为"工地上的黑包公"。在滨州分局，孔祥升服从组织安排、五次赴疆的事迹被人们传为佳话。2000年，省局与新疆额尔齐斯河流域开发工程建设管理局达成合作意向，对其管理的引额济克工程进行代运行管理。由于孔祥升在工程管理中的出色表现，被任命为引黄济青援疆工作队副队长，参加了第一次援疆工作。

"男儿志兮天下事，但有进兮不有止。"铭记着领导们的嘱托，带着同志们的殷切期望，孔祥升和同志们一道踏上了赴疆的征途。

抵疆伊始，摆在孔祥升面前的形势是严峻的：茫茫戈壁，恶劣的自然条件；工程刚刚建成，管理任务之重，难度之高，均可想而知；尤其是孤寂的环境，对家人的思念牵挂时时侵袭着他们……狭路相逢勇者胜，面对种种难以想象的困难，孔祥升和援疆工作队的同志们一道，发扬引黄济青精神，视新疆为故乡，同心同德，开拓创新，艰苦奋斗，忘我工作，很快打开了工作局面。根据当时的工作需要，孔祥升担任了引额济克"635"枢纽管理处调运科科长，负责调度运行。他在认真调研的基础上，借鉴引黄济青的成功经验，创造性地开展工作：参与进行了635水库导流洞、溢洪道、总干渠进水闸水位—开度—流量关系曲线数万数据的计算核定，并通过了实际运行的检验；起草编写了《635枢纽2000年度汛和蓄水调度实施方案》《635水利枢纽试通水调度运行方案》，经建管局批准并实施；完成了水库初期蓄水及引额济克总干渠试通水调度运行任务。

初战告捷，孔祥升并未就此满足，而是以更加饱满的精神状态投入援疆工作中。2001到2003年度三次援疆期间，他与援疆同志们一道圆满地完成了各项任务：2001年，水库所在的阿勒泰地区发生了有资料以来的最大降雪，工程防洪度汛形势严峻。他和队员一起克服了种种困难，查遍了与工程相关的所有资料，走遍了工程的每一个角落，认真研究分析来水规律，对可能出现的不同标准洪水、不同的洪水组成方式、不同的起调水位进行了调洪演算，起草编写了防洪度汛方案。在防洪调度的紧张时刻，他始终坚守在工作岗位，每天只能睡两三个小时。由于采取了科学的调度运行方式，最大限度地发挥了水库的调节作用，确保了工程安全度汛。他还与额河建管局的同志们密切配合，圆满地完成了向总干渠供水的调度运行任务，并参与制定了引额济克工程管理办法及调度运行管理办法等规章制度。2002年，当地遇到了少见的枯水年，他通过分析来水形势，准确预测来水为偏枯年份，编制了合理的调度运行方案，科学调度，充分发挥水库除害兴利的作用，满足了各方面用水的需求，赢得了新疆方面的高度肯定。2003年，他负责编写了《引额济克635水利枢纽及总干渠工程运行年鉴（2000-2002）》，为今后引额济克工程管理转入正轨提供了科学依据。

2005年，根据组织上的安排，孔祥升又一次参加了引黄济青赴疆工作队，参加引额济乌工程的代运行工作，这是他第五次赴疆工作。作为一个年近不惑的男人，他上有老、下有小，工作、家庭等多方面的压力和困难是可想而知的。但他深知援疆工作责任重大，也深深体会到领导同志们对自己的信任。他对家人说："去援疆工作，我代表的就是引黄济青，作为一名党员干部，我应该时刻听从党的召唤，为引黄济青争光。"在家里人的充分理解和支持下，他愉快地接受了新的任务。

引额济乌工程是目前我国建成通水的跨流域调水工程输水河线路最长、施工难度最大的工程。工程全长 376 千米，由顶山隧洞、大小洼槽倒虹吸、明渠及"500"水库四大部分组成，许多单项工程的技术含量在全国、亚洲乃至世界都居于前列，其管理模式和工程特点与引黄济青工程有很大不同。面对新工程、新任务，孔祥升和援疆工作队的同志们没有畏缩，而是迎难而上。他们在充分调研的基础上，借鉴引黄济青的经验，编写完成《引额济乌工程机构设置建议方案》《引额济乌南干渠工程管理办法》等，并通过了鉴定，为工程管理走上正轨奠定了基础。为保证工程调度运行的顺利进行，孔祥升和同志们大量查阅了设计资料，多次到现场了解情况，与工程设计、施工人员反复交流意见，在此基础上制定完成了新疆引额济乌工程一期工程《试通水运行方案》。在 9 月 21 日开始的试通水过程中，方案被证明切实可行。应额河建管局的要求，孔祥升和同志们一道发扬了特别能战斗的精神，加班加点，顽强拼搏，完成了三个泉调度分中心的值班调度工作，受到新疆有关方面的好评。

孔祥升是用自己的行动和对事业的执着追求，在自己的岗位辛辛勤勤地工作着，他用自己的足迹诠释着"奉献、负责、求实"的丰富内涵。

### （三）勇攀技术高峰的人——记青岛分局平度管理处亭口泵站管理所所长刘正江

刘正江于 1990 年 7 月从技校毕业后开始参加工作。自 1992 年先后担任水机股副股长、通水运行值班长、水机股股长。1997 年担任亭口泵站管理所副所长，主管技术。2005 年担任亭口泵站管理所所长主持泵站所的全面工作。十几年来，多次被评为省局先进工作者，2 次被评为平度市先进工作者，4 次被评为平度市优秀共产党员，1999 年被水利厅评为"合理化建议先进个人"，2000 年参与"引黄济青工程调度运行遥测遥控自动化系统"项目获得省水利科技进步一等奖。多次在省级、国家级刊物发表专业论文，先后获得"全国水利技术能手"和"全国水利技能大奖"荣誉称号，3 次被水利厅授予三等功。

刚参加工作时，为了尽快熟悉设备，刘正江在认真翻阅各种专业书籍的同时，还虚心向内行学习，1992 年便担任通水运行值班长，1995 年担任机组大修领导小组副组长兼现场总指挥。第一次对机组进行个人承包大修，取得成功，并在全线推广。

1996 年刘正江受上级委派到山东冠县扬水站进行技术援助。该扬水站的 4 台中型混流泵运行近 2 年，一般运行不到 1 周就出现轴承损坏，每年需停机更换几十个轴承，站里多次要求厂家解决，厂家却说是安装问题，与设备无关。对水泵进行空载、带载运行，进行声音分析，对水泵解体检查，发现原因系水泵叶轮没有平衡孔，运行时水泵轴向窜动所致。后将叶轮拉到厂家鉴定，证明判断是正确的，促使厂家对叶轮进行再加工处理，解决了困扰多年的技术难题。

1997 年刘正江被派往小清河治理导流泵站，担任机电方面的监理、技术指导，在机电设备选型、安装调试及泵站前池清污装置安装等方面提出了多项合理化建议并被采纳。在泵站投运期间，一次夜间突然风雨大作，临时厂房倒塌，所有机电设备停机无法启动，坝下是成千上万的设备，大坝一旦冲垮后果不堪设想。刘正江根据多年经验，对设备迅速进行测试，排除故障，开启了机组，保障了大坝的安全。

1997 年刘正江担任技术副所长后，分管水机、电力、通讯、实验室方面的工作，其中顺利组织完成了 4 台次机组大修。在 2003 年的机组大修中，协助省局、分局首次应用贝尔佐纳高分子材料修复水泵叶片及水泵外壳的气蚀凹坑，取得了良好的效果，获得省合理化建议奖，并撰写论文《Belzona 材料在泵站工程中的应用》在国家级刊物《中国农村水利水电》上发表。1998 年在中央控制台技术改造中，克服了原设计布线混乱、设计复杂的缺陷，重新设计，自行安装调试，在面临通水时间紧迫的情况下，每天工作十五六个小时，按时完成任务，改造后的中央控制台既节约了能源，又消除了设备缺陷，提高了运行效率。这项技术改造在《山东水利》发表，得到了推广应用。

1999 年刘正江带领电力股、实验室人员完成了亭东线 28 千米线路改造工作。本次线路改造时间紧，投资大，线路长，危险性高，环境差，又是第一次自主施工。他率领大家每天连续工作十二三个小时，不怕苦，不叫累，把计划 40 天的工作提前 16 天完成，不仅节约了大量经费，还锻炼了队伍，使职工的业务水平有了很大提高。

2000 年至 2002 年刘正江连续 3 年在新疆额河建管局从事机电设备代运行管理工作。第一年在值班运行中担任值班长。40 多米深的闸井，巡视一次要 20 多分钟，始终坚持按时巡视，发现缺陷及时处理，避免了多起事故。在值班运行中，他对所带的济克机电运行人员认真培训，让他们逐步具备独立值班的能力，并编写了通俗、易懂、实用的《液压传动基础知识教材》，使他们不仅懂得了液压传动的基本原理，还能通过图纸分析处理简单故障。第二年主要是机电设备改造。结合引黄济青多年的运行经验，针对枢纽处设备存在的制造装配缺陷、布线工艺缺陷等进行改造，对改造方案进行反复讨论、仔细研究，改造后的机电设备被称为全疆水利系统最好的。第三年他被安排参与顶山至三个泉供水工程，担任顶山泵站和 126 泵站的技术负责人。这 2 座泵站总投资 5000 多万元，2 座泵站共有水泵 10 台，当时这些水泵和它的控制设备及辅助设备都比较先进，在引黄济青还没有安装过。他从基础预埋入手，安装前对机电设备图纸进行仔细分析、认真研究，会同建管局、设计院对机电安装方面提出了近 20 项技术革新，在原理上保证泵站安装完后，机电设备能在最佳工况下运行，且便于维护和管理。在此期间，无论在顶山泵站还是 126 泵站，条件非常艰苦，烈日当头，脸上晒脱了皮，手上磨起了泡。为了解决技术难题，他经常中午不休息，晚上加班干，按照《泵站安装规范》要求安装完后进行了调试和试运行，各项运行指标都符合规范及设计要求，顺利通过了验收，受到了建管局、监理部、设计院的一致好评，被评为优质安装工程，树立了良好的引黄济青形象。

通水运行是泵站工作的重中之重，是检验设备性能、维护管理水平、职工综合素质的试金石。刘正江自 1997 年担任亭口泵站总值班长以来的通水运行中，始终坚持做到通水前对所有设备进行认真检查、调试，不放过任何设备隐患。运行中严格执行值班纪律，严格按规范操作。运行结束后认真总结经验教训。根据运行中出现的问题，刘正江提出并参与了十几项机电设备技术改造，消除了设备缺陷，提高了运行效率，连续多年的通水运行没有出现任何责任事故。尤其是 2006 年的冬季通水运行，由于通水前准备工作做得充分，如把所有设备进行认真检修维护，通水前进行岗前培训，强化提升职工的业务水平，提高处理突发事故的能力。同时重新制定了内容详尽的通水运行值班管理制度并在值班过程中严格执行，所以连续运行 65 天，没有出现任何问题，确保 1.2 亿吨水顺利过站。

2002年刘正江代表引黄济青参加山东省职业技能大赛泵站运行工工种的比赛，获第1名。随后代表山东省参加全国泵站运行工工种的比赛，获第12名，获得"全国水利技术能手"称号。

2003年刘正江提出并组织应用贝尔佐纳高分子材料进行变压器带电堵漏，获得成功，避免了焊补堵漏需要吊芯、滤油等复杂环节，节约了大量经费。

2004年刘正江带领电力股、水机股、实验室的同志进行了35千伏绝缘子更换。这项工作投资大。危险性大、技术含量高，在做了大量的前期准备工作后，又请青岛电业局专业人员进行技术培训，制订了严密的工作计划，做好了所有的安全措施。施工中，他率领大家团结一致，全身心投入，克服重重困难，提前3天完成任务，不仅节约了资金，还锻炼了队伍，职工的业务水平有了很大提高。

2005年12月刘正江担任亭口泵站管理所所长，为搞好泵站日常管理，组织干部职工反复讨论修订了一系列规章制度和相配套的考核奖励办法。如制订《亭口泵站非通水期值班制度》时，反复开会讨论，集思广益，使这个制度从2006年3月开始实施至今，成效显著。另外还进一步健全和完善了与职工衣食住行有密切关系的如车辆管理、用电管理、劳保用品管理、食堂管理制度，提高了职工的工作积极性，增强了员工的凝聚力和向心力。

2006年至2007年是亭口泵站大修改造工程量最大的2年，刘正江率领职工分2次顺利完成亭东线29千米10千伏线路改造，这是亭口泵站有史以来单项投资最大、危险性最高的工程。由于组织周密、计划安排合理，每次都提前完成计划。根据省局大修计划的批复，完成了办公楼门窗更换、厕所改造、内外墙皮处理等项目。改造后的办公楼旧貌换新颜，改善了职工的工作和生活环境。另外还完成了4台主机励磁更换、前池清淤及排水泵引水管改造、锅炉房改建及锅炉更换、泵站上游至高平路桥两岸衬砌板翻修、少油开关大修、排水泵大修及水机、电力、通讯设备的日常维护、维修等工作。

刘正江主持亭口泵站工作近两年来，除抓好大修维修和日常管理工作外，还加大了泵站绿化美化管理力度，聘请园林管理专家，对亭口泵站的内外环境重新进行了规划设计，充分利用了泵站的土地资源，既美化了泵站环境，又创造了经济效益，形成了观赏型绿化和庭院经济型绿化的有机结合。

**（四）无怨无悔写青春——记潍坊分局昌邑管理处王耨泵站管理所副所长王福**

王福于1992年分配到引黄济青工程王耨泵站工作，15年来他始终把爱岗敬业、为引黄济青奉献作为自己的目标。他无怨无悔，默默无闻奉献、兢兢业业工作，凭着他自己的一股韧劲和不懈的努力，在平凡的岗位上创造出了不平凡的工作业绩，连续多年被省局评为优秀职工并多次记功，2006年被昌邑市委评为优秀共产党员。

勤奋好学，学以致用。王福自到王耨泵站工作的第一天，就被泵站的机电、通讯等设备深深吸引，立志要成为能够熟练驾驭它们的行家里手。王福是电气专业的，对水机方面的知识接触不多，对机电设备的大修、岁修、技改等技术也很陌生，有些设备甚至还没接触过。王福没有被困难吓倒，他暗下决心：从头来，沉住气，多学多练，勤能补拙。他是一个闲不住的人，他不放过任何一个学习的机会，白天没有时间学，他就晚上回去学，有时甚至通宵达旦。几年的时间，他硬是以顽强的毅力先后学习了20多本专业技术书籍，掌握了泵站机电设备运行的原理及操作方法。每年泵站大修、岁修时，他都亲自参与并掌握第一手材料，从拆卸到安装调试的每道程序，遇到疑难问题他就虚心向老同志、技术骨干学习。打铁须得自身硬，他始终将自己摆在一个学习者的位置上，为了弥补自己理论的不足，他于1995年报考了山东矿业学院计算机应用专业专科班学习，2001年又报考了华北水利学院水利水电工程专业本科班的学习，并以优异的成绩毕业。10多年的学习与实践，他积累了比较扎实的理论基础和过硬的专业技能，曾多次被兄弟单位请去讲解泵站运行技术，帮助他们解决在机电运行中出现的问题。此外，他还在《泵站技术》《山东水利》等杂志发表多篇技术论文。

勇挑重担、率先垂范。是金子总是会发光的。2002年，王福担任了王耨泵站管理所副所长，新的岗位又给他提出了新的挑战。上任伊始，王福与同志们一道，按照"三化""五性""两保证"的管理目标，积极更新管理理念，创新管理模式，加大管理力度，使泵站管理工作年年都有新的进展。对于泵站工程大修、岁修及工程抢险等任务，王福都制订详细的工作计划，与职工一起按时保质保量地完成。为此，他常常牺牲节假日和休息时间，有时加班到深夜，饭都来不及吃。泵站工作点多面广，需要对8千米的35千伏线路及50多千米的10千伏线路巡线、维护。不管是烈日炎炎的盛夏，还是朔风凛冽的寒冬，王福总是亲自带领职工战斗在一线，爬电线杆、紧拉线，手磨破了，脚起泡了，全然不顾，事事抢在前面。2005年4月的一天，一场突如其来的龙卷风袭击了昌邑市，造成36条10千伏线路及4条35千伏线路被风刮倒，市区停电近6小时，王耨泵站的35千伏线路07杆也被风刮倒，砸在某企业的10千伏专用线上。王福于第一时间赶到事故现场勘察情况，及时与电业公司联系，制订抢险方案。入夜，他主动留在泵站，坚守工作岗位，在大风中巡视厂房、办公楼、变电站，查看设备情况，一夜没有合眼，第二天一早，他又立即组织人员抢修线路，像这样的事例，对王福来说是不胜枚举。

2004年4月，王耨泵站为满足胶东调水建设的需要，对已经超时运行的设备进行改造前的设计。王福以自己丰富的泵站运行知识和工作经验，在人手少、新设备新工艺相对接触少的情况下，广泛查阅专业资料，虚心请教专家，夜以继日地工作，带领工程技术人员克服了重重困难，在短时间内就拿出了一套完善的泵站改造设计方案，为胶东调水王耨泵站改造工程按时开工打下了扎实基础。

2005年4月30日，王耨泵站电气设备改造工程拉开序幕。王福担任了该项目总工程师。为确保改造工程的顺利完成，他针对改造中的每一个环节，认真进行分析，制订了详细的工程施工计划，将任务分解到每个班组人员。工程改造期间，他白天参与工程施工，晚上查找存在的问题，不给自己留一点空闲，被职工亲切地称为"机器人"。设备拆卸是一项繁琐的工作，拆下的设备要保护好，有些电缆等设备还要继续使用，还有重中之重的安全问题，王福都及时与上级领导交换意见，调整工作思路，对人员进行更合理的分工。在他的带领下，经过2个多月的奋战，旧设备的拆卸工作顺利完成。新设备安装难度更大，每一个线头的正确与否，都直接影响设备能否正常运行，单凭干劲是远远不够的，为防止出差错，他对参加改造的每一个职工都反复讲解、耐心说明，并反复查阅图纸与新设备的资料，力求做到万无一失。最后的调试阶段，他天天住在泵站，常常工作到深夜，与设备厂家技术人员一起探讨并及时解决问题，使改造后的设备达到了设计要求，并于2005年11月一次试车成功。通过2005

年和 2006 年的输水运行，设备运行良好。

以人为本、以身教人。在多年的工程管理中，王福始终坚持以人为本、以身教人的管理思想理念。泵站的机电、通讯等设备多，几十千米线路维护量大，工程管理任务十分繁重，为增强职工的责任心，在实际工作中，王福与所长密切配合，依靠制度管理，将责任落实到人。他还注意加强与职工的交流与沟通，用真心换得了全体职工的理解和支持。榜样的力量是无穷的，王福无论是在工作中和生活中，十分注意言传身教，为职工当好表率。如在泵站改造的紧张关头，正值他的孩子刚出生，可他都抽不出时间来照看，只能把照顾妻儿的担子交给了年迈的老人。其实他父母年事已高，身体也不太好，从老家来照看并不方便。很多时候，家庭的重担都落在他妻子一人身上，累了苦了，妻子都忍着，从不向他诉说，怕影响他的工作，分他的心。王福就更加努力工作来报答他的家人。他这种舍小家顾大家的精神深深感染着身边的每一位干部职工。在他的带动下，每个职工都任劳任怨，拿出百倍的干劲，使王耨泵站的各项工作都取得了可喜的进展。

王福在平凡的岗位上取得的成绩，是他无私奉献、辛勤耕耘的结果，他以后的路还很长，相信他会再接再厉，继续为胶东调水事业创造出更辉煌的业绩。

**（五）爱岗敬业 无私奉献——记潍坊分局办公室李保民**

在潍坊分局机关，提起李保民这个名字，人们没有不竖大拇指的，都称赞他是一位心系济青、无私奉献的优秀共产党员。他在档案管理、劳动工资工作岗位上，兢兢业业，任劳任怨，在平凡的岗位上取得了显著的成绩：年度考核年年优秀，3 次受省局嘉奖，3 次被省水利厅记三等功，2 次被潍坊市直机关工委授予"优秀共产党员"称号，2 次被授予引黄济青"四有职工"称号。

是党员，就应迎难而上。1997 年，李保民从部队转业到潍坊分局机关从事档案管理、劳动工资工作。从部队到地方，环境变了，工作性质变了，但他雷厉风行的军人风格没有变，处处以党员标准要求自己的原则没有变。面对新的岗位，新的任务，李保民没有退缩，而是知难而进。平时他认真学习钻研业务知识，积极参加业务培训，虚心向周围同志求教，不到一年的时间就掌握了情况，进入了角色。

1998 年，分局提出档案工作再上一个新台阶，在省一级档案的基础上争创国家二级。当时，不但引黄济青系统没有国家二级档案，潍坊市直机关也没有。其工作量之大、技术难度之高可想而知。狭路相逢勇者胜！困难只能吓倒弱者，对于强者它只能激起冲天的干劲和斗志，李保民欣然接受了挑战，并为此付出了艰辛的努力。为了做到有的放矢，李保民查阅了大量有关资料，多次跑到市档案局请教，并组织有关人员成立攻关小组，结合自身实际，制订了周密的实施方案。在攻关的那些日日夜夜里，李保民与同事们一道，放弃了节假日，以单位为家，与卷宗为伴，全身心投入工作中。2 个月的时间过去了，他消瘦了许多，眼里也布满了血丝，但让他欣慰的是分局档案工作的新面貌：2000 余件库存案卷得到重新整理，并输入计算机保存，查阅更加方便、快捷；新建立的荣誉室，近百件分局历年所获奖品、荣誉证书陈列其中，摆放整齐；阅览室焕然一新，各类图书、报纸琳琅满目；7 万余字的《伟大壮举，无私奉献》一书被修订整理；分局的 30 多项规章制度修订完成，并被装订成册……辛勤的汗水，换来了丰硕的成果。在省档案局、省局和潍坊市档案局的联合检查验收中，分局档案得分 985 分，一举晋升为档案管理国家二级。李保民也因工作成绩突出，被省档案局授予"山东省档案目标管理突出贡献人员"称号。

李保民不仅仅以创优升级为满足，而是把目光放在档案利用和提供优质服务上。在积极为分局做好服务的同时，先后为潍坊市公路局、潍坊市水利局、潍坊市建委、潍坊市交通局等单位提供服务，为国家节省资金近300万元。

李保民在负责的劳动工资、职称、年报工作中，一丝不苟，精益求精。为了能及时适应新的情况，他平时注意学习掌握有关政策规定，不懂的问题及时向上级请示，向业务熟的同志请教，以认真负责的态度圆满地完成了各项工作任务。

是党员，就应恪尽职守。这句话是李保民的座右铭，也是他工作态度的真实写照。作为一名有着16年党龄的党员，李保民时时处处以党的先进性要求自己，吃苦在前，享受在后，充分发挥一名共产党员的先锋模范作用。2003年的一天，机关办公区和家属区的供水泵突然出现故障，精通电机维修技术的李保民主动请缨，参加了抢修供水泵的任务。抢修过程中，李保民为了避免其他同志被供水泵轧伤，奋不顾身地冲在最前面，结果造成自己左手受伤，三根手指头挤裂，小手指粉碎性骨折。手术处理后，李保民躺在病床上想："现在单位上正是人手紧张的时候，我是一名共产党员，怎么能为这点小伤心安理得地躺在医院呢！"他强忍着伤处的钻心疼痛，再三坚持要求出院。医生认为李保民的小手指第一关节已粉碎切除，肌肉存活部分很少，能否接指成功都很难说，坚决不同意他的要求。为了不给领导和同志们添麻烦，他毅然给医生写下了后果自负的保证书，出了院。出院后，因伤口没有愈合，他的手指打着固定钢针，左臂活动不便。领导和同志们看在眼里疼在心里，百般劝他在家休息，他都婉言谢绝了。在恢复治疗时间，他坚持出满勤，坚守岗位，干劲不减，干好力所能及的工作，从没有因为是病号而搞特殊，分局的干部职工都说："李保民真是一个铁打的人！"

是党员，就应心系群众。李保民常说："群众利益无小事。"几年来，李保民究竟帮助了多少人，做了多少好事，谁也说不清，但大家有一点很清楚，那就是：不管是大事小情，只要别人需要帮忙，他总是有叫必到，有求必应。李保民对无线电维修技术比较精通，不管谁家的家用电器出现故障，无论是白天黑夜，都能随叫随到，上门义务维修。有一次，单位一位职工深夜看球赛，正看在兴头上，电视机突然出现了故障，直把这位老球迷急得团团转。情急之下，他想到了李保民，但心里却直犯嘀咕：深更半夜啦，人家能来吗？几经犹豫，还是给李保民打了电话。李保民当时已经睡下，接到电话后，他二话没讲，匆匆穿上衣服，带上工具和自备的配件就到了这名职工家。经过仔细检查维修，一会儿就把电视机修好了。这名职工当时感动地直握着李保民的手不放，不知道说什么才好。一枝一叶总关情。这只是李保民众多乐于助人事迹中的一件小事，但从这样的小事中，人们感受到的是李保民心系群众、从不计较个人得失的共产党员情怀。

李保民就是这样，朴实无华而甘于在平凡之中默默耕耘，但从他那看似平凡的一言一行中，却无不展现着一名共产党员的风采。

（六）朴实无华写春秋——记青岛分局棘洪滩水库管理处泵站管理所电气股股长王常荣

他是引黄济青工程管理队伍中平凡的一员，同广大管理者一样，一年三百六十五天，他每一天都忙碌在引黄济青工程管理需要的岗位上，工作忙碌而辛苦。

他是引黄济青工程管理队伍中不平凡的一员，他做事同做人一样，朴实、细致、游刃有余，工作起来总是那么严肃认真、一丝不苟，是水库管理处职工佩服和尊敬的员工之一。

他就是水库管理处泵站管理所电气股股长王常荣，至今，他已在引黄济青工作近20年，他从一名普通员工、被评为技术员到泵站管理的技术骨干、工程师，多次被省局记功、被评为青岛市市直机关优秀共产党员，连续三年被评为山东省基层优秀水利工作者，最近又被组织推荐参加了水利部基层优秀水利人才和全国技术能手评选，成为了一位扎根引黄济青，为引黄济青事业无私奉献的忠实实践者。

干一行、爱一行、钻一行。王常荣自机电专业毕业来引黄济青工程棘洪滩水库管理处后，泵站复杂的设备、专业化程度较高的管理，让他如鱼得水。根据领导安排，王常荣当时负责泵站中控室的控制运行管护和维修。最初的几年，由于设备安装完成后便投入运行，许多设备磨合不好，配套不完善，很多电控指标不符合运行要求；更为繁琐的是，设备安装厂家安装完成后便撤出了泵站，电气安装线路图纸不全，在这种情况下，王常荣一边运用所学积极摸索泵站运行规律，一边从高压到低压按物索记，将三千多个电器元器件理清，绘制出图纸，然后再根据理论和实践要求，找出最佳运行参数值，并逐个校验。就这样，经过几年的时间，他完全摸清了泵站机电设备控制系统，整理出棘洪滩泵站运行线路图纸500多张，准确实用的图纸为泵站管理带来了极大的方便。王工干一行、爱一行、钻一行的工作作风得到了大家的充分肯定。1999年以来，王常荣根据上级安排，积极承担起泵站电器设备改造的重担，先后完成了30多项改造、改进项目。其中，在棘洪滩水库泵站控制信号装置节能改造中，推广应用半导体发光装置360余套，提高其安全性能和使用寿命，降低了维修成本，年节能3.5万余度，多年来节省能源费及维护费约30万元。在长距离跨流域调水工程降低运行成本中产生了深远而重要的影响。完成了2#、3#、5#、6#主机电气部分检修及蓄电池电源的大修调试任务，合格率100%，保证设备的安全高效运行。在泵站运行中运用等功率因数线调节励磁电流法得到推广应用，减少了设备发热的现象，改善了主机设备的绝缘性能，提高调水运行的安全可靠性，对大中型泵站的节能降耗、安全运行有重要影响。完成了棘洪滩泵站继电保护单元年度校验、调试和大修改造工作，保持设备优良率100%，确保二次控制设备的安全性和可靠性。在棘洪滩泵站中央控制单元检修维护过程中，推广应用定期维护和对重点部位进行"点检"相结合的方法，多年来开、停机成功率100%，运行期机电类元件烧损率为零，多年来节约元件成本及维修费16万元。承担了中央控制室所有屏、台、柜设备的防尘改造项目，有效防止了静电吸附，解决了控制设备普遍的绝缘降低问题，提高了设备的整体绝缘水平，提高了设备安全性能。

工作靠知识，知识源于不断学习。2000年，棘洪滩水库—黄岛供水泵站安装工程开工，他被选调参加该工程建设，并担当技术负责人，在长达一年的施工期内，负责施工和管理。全新的任务、巨大的责任面前，王常荣没有退缩，凭着那股韧劲和拼劲，挑起了这一重担，起初，有人也曾产生疑问和担心，但王常荣抱定决心一定要干出个样子给大伙看看。"工作就是责任，工作就会有很多困难，工作就要奉献和学习。"他是这样说的，更是这样实践的。白天他在施工工地上忙碌，晚上则主动找书本学习。面对进口设备的外文说明书和要求，他没有畏难情绪，边干边学，在很短的时间内，同其他同志制定出一套可行的施工组织管理办法。在具体施工中，他运用科学安装工艺、网络施工法，圆满完成了工程投资额800余万元的国外进口设备安装任务，创造了质量、工期、效益三个突破，为单位创造效益160余万元；提前工期5个月，增加供水效益300余万元，受到了业主、设计单位、监理单位和引黄济青管理局、青岛分局的表彰和好评。

不断的工作磨练，长期的困难考验，王常荣逐渐认识到知识对所从事工作的重要。于是，他边工作边学习，先后利用业余时间学完了电气专业本科课程，取得了函授本科学历。知识的积累，使他的工作更加出色。1999年承担了棘洪滩泵站改造大修工程，按照科学的管理要求，组织工程改造，在短短100天的时间里，他白天抓施工、夜间搞设计方案，高标准、高质量完成了部分改造，为泵站机电设备管理当年跨入引黄济青系统先进单位行列做出突出贡献。

2004年，棘洪滩水库配套水厂建设开工，王常荣服从组织安排负责水厂机电设备安装任务，这是引黄济青工程管理以来最复杂、现代化要求和技术含量最高的安装工程，棘洪滩水库配套水厂工程总投资2991万元，其中设备及安装投资接近工程投资总量的50%。面对这样一副挑战性的重担，王工热情高涨，干劲充足。首先，他找来设计图纸，潜心钻研，摸清工程特点。为了熟练掌握机电安装参数，他做了厚厚的三大本读图笔记，通过一段时间的强化记忆，完全掌握了水厂建设的全部设计，对数千张设计图、上万个数据、近千个预算条目及说明了如指掌、烂熟于心。无论何时何地，只要有人问起有关水厂的哪怕极细微的细节，他都能准确无误地作出解答，因此，被大家誉为工地"活图纸"。然后，他根据多年的施工经验，还及时提出了水厂机电安装"五字"标准：算（准确计算）、测（现场测量）、定（预埋位置准确定位）、看（施工过程现场旁站）、验（按标准检查检验）及设备购置的"四步准入"法（即确定设备标准和型号、厂家资信和能力确定、专家论证、设备合同签订）。这"五字、四步准入法"提出后得到了领导和大家的一致认可，并很快得到实施。土建工程开工，意味着机电安装预埋件的安装也正式开始。为了保证安装工程的各类预埋件不偏位、不漏水、不返工、不影响土建进度，王常荣想在前头，干在前头，尽力将机电安装预埋工作与土建同步，并做到不影响土建施工，为工程做出了特殊贡献。另外，王工在工作中还勤学苦练、勇于创新，发表多篇科技论文："泵站机组大修技术探索"在《泵站技术》上发表；"提高直流电源监视中间继电器的返回电压"在《电世界》上发表；"泵站更新改造技术研究"在《泵站技术》上发表；"现场总线PROFIBUS及其在棘洪滩水库—黄岛供水泵站中的应用"获山东水利优秀论文二等奖；"影响微波传输信号衰落的原因及对策"在《民营科技》上发表；"浅谈网络防火墙的技术特征和选择标准"在《中国科技财富》上发表；"对计算机网络防雷改造关键技术的探讨"在《科技信息》上发表；"泵站更新改造现状及新技术应用研究"在《山东水利》上发表。

责任加奉献，是充实人生的基础。王工干起工程来，是拼命三郎；水厂工程刚刚结束，他再次被组织派往胶东调水工程灰埠泵站工地，担任机电安装部部长。他自己说："搞好泵站安装是我最大的欣慰！"简单的话语，包含的是一位技术人员的内心情怀，也是一种责任和奉献精神的生动写照。在灰埠泵站担任部长至今，他坚守的只有两个字"认真"，他整天所思所想的也是两个字"精准"，他最牵挂的还是两个字"误差"。在安装过程中大到直径19米的出水管口，小到直径不足5厘米的螺栓底座，林林总总不下千件，整个安装工程的38400多个管件预埋点，王工都从图上找到，再从运用的机理上考虑，然后在预埋现场落实好。有一次，设计图纸上的一个预埋件标高出现失误，管件尺寸也与实际运用不吻和，他找到有关部门，可一直得不到明确的答复，工程不等人，施工人员为此找到王工，按说王工完全有理由推脱，可想到国家工程、想到胶东调水、引黄济青，他在及时向上级汇报、与监理会商形成纪要的基础上，作出了大胆负责的决定：科学进行改型、调位。这样，不仅没有影响工程进度，而且避免了失误，给国家节约了资金，事后，王工的过硬本领赢得了工地安装人员的尊敬，更受到业主、设计单位的一致好评。业主、监理多次抽查后公认灰埠泵站的机电安装预埋为在建诸泵站中最放心的泵站。王工整天埋在图纸堆里，视力下降很严重，领导多次催促他到医院检查，可他放心不下工地，眼睛累了，就滴点儿药水凑合。工作忙时，连续40天不回家，家中遇到再难的事总是妻子独自一人承担。两个孩子盼望父亲的悉心指导，可王工却一心扑在工地上……

王工，就是这样的水利人，一位工作认真且不善张扬的人，一位普通的共产党员。"我奉献，我满足"是他经常说的一句话。也许，等到工程结束的那一天，王工会真正体会到一种实实在在的满足。但是，其中的甘苦滋味，恐怕只有我们的王工体会得最深、最透。

### （七）倾心干事业 无悔济青人——记东营分局派出所所长、预备河管理站负责人陈友亮

2000年2月，陈友亮接受组织安排，到预备河管理站担任负责人。他大胆管理，真抓实干，以高度的事业心和责任感，团结带领工程管理人员干事创业，谋求管理站的全面发展。他加大工程管理力度，挖掘水土资源开发潜力，注重协调与当地的工作关系，工程管理质量明显加强，水土资源开发效益明显提高。在他的带领下，管理站连年被省局评为先进单位。他本人年度考核多次被评为优秀，2004年度被评为水土资源开发先进个人。他究竟靠什么把一个不起眼的小管理站带入先进行列的呢？

建章立制 明晰责任。陈友亮初到任，工作纷繁而复杂。预备河管理站不仅担负着12千米全衬砌段的日常工程管护，而且还承担着200余亩弃土地的资源潜力开发工作。同时，还担负着年度输水调度指挥和数据测计任务。面对纷繁的工作，陈友亮根据管理站的实际，决定先从完善管理制度入手，按照各类管理人员的业务技能和特点明确管理岗位和责任。一是制定了定岗包片分段责任管理办法。对机电、通讯、河道等重点设施的管理任务进行了人员分工，确定了岗位管理任务和目标。二是制定了管理任务量化评比奖惩办法。根据工作岗位和任务，制定了具体的奖惩标准，采取周检、月查、季评比的办法，兑现奖惩。三是制定了护堤员考勤管理办法。对护堤员农忙假作出了规定，对因私事请假和达不到管理标准的扣发一定比例的年度奖金。通过不断完善制度，加强管理队伍建设，有效地调动了各类管理人员的工作积极性和主动性，工程管理质量得到明显提高。

严格把关 真抓实干。陈友亮经常对职工说："工程管理是我们的主业，也是我们的饭碗，要捧住饭碗，

就得树立质量管理意识,说到底就是真干实干"。老陈不仅是这样说的,更是这样干的。工程管理工作中,按照工程管理标准严格把关,不允许变调走样,上级的指示要求不折不扣地贯彻执行。每年的工程大修岁修任务,他都是按照上级批复计划,组织工程管理人员按标准制定维修方案,按要求组织施工队伍,按要求确定质检人员。为严格把好维修质量关,他把维修程序、方法编成册下发到维修人员手中。为节约维修经费,降低成本,2001—2004年的工程大修岁修都是由本站管理人员自建施工队伍、自购维修材料、科学安排工期进行维修。在维修的全过程中,他都坚持在一线,与维修人员同吃、同住、同劳动。并组织质检人员跟踪检查维修质量,就连维修后的养护都是分工到人、逐段检查。他负责的工程维修每年都能按标准和时限完成,并达到维修标准。统计显示,预备河管理站由于自己承担维修任务每年节约20%以上的维修经费。

主动协调 化解矛盾。每年送水和蓄水保温期间,也正好是农田灌溉用水之时,这期间的管理是预备河管理站最大的难题。尽管分局领导加强与县、乡协调,维护送水秩序,管理站安排人员严格值班及夜间巡查,但夜间抢水、偷水,甚至砍伐树木之事还是偶有发生。陈友亮在到引黄济青工作前,曾在广饶县码头乡担任武装部长,凭着丰富的地方工作经验,他总能游刃有余地做好各种工作协调和矛盾的化解工作。2004年冬春,广饶大旱,输水河正值调水运行并蓄水保温,农民看着清清黄河水从村前流过,而自己的农田却不能灌溉,心急如焚。但谁都知道现在是码头乡老武装部长在站上负责,硬偷硬抢不仅道理上讲不通,感情上也过不去。于是他们采取迂回策略,想躲开陈站长值班时间。几位当地老百姓商量半夜集中抢水,并组织10余台大型抽水机聚集在输水河两岸。就在他们正要发动机器时,陈站长突然手拿手电出现在他们面前,几名带头的人支支吾吾地说:"你不是回家休班了吗?这是咋回事呀?"他说:"国大于家,公大于私,国事、公事大于家事。乡亲们,咱可不能为了自己的几亩地而破坏工程啊!"在他动之以情晓之以理的劝说下,"抢水"的老百姓收起机器回家去了。为营造和谐的工作环境,陈友亮注重对油田关系的协调处理,从大局出发,维护引黄济青的合法权益。几年来,利用油田在输水河附近钻井、运输等因素,在积极为油田服务的同时,争取油田为工程管理提供机械保障,并争得合理利益。

创业干事 挖掘潜力。东营分局工程辖段土质盐碱化程度高,虽经多年改良但部分地段仍不适宜苗木生长。原种植的树木大都是以绿化为主且经济效益低的槐树。为搞好水土资源开发利用,挖掘潜力资源,陈友亮多次到林业部门聘请技术人员化验碱情,提出改良方案,制订科学的苗木种植计划。为提高苗木种植的档次和质量,管理站制订了苗木种植规划。从2000年春季开始分步实施苗木更新计划,在规划实施过程中,他坚持在一线指挥,当好土地平整的调度员,组织车辆整平土地,铲除树根,挖堑筑堤;当好具体工作的联络员,协调沿线村庄和油田提供机械保障,邀请林业部门技术人员现场指导并协调优质苗木。同时又兼任苗木种植的技术员。在苗木种植期间,坚持按规划高标准种植,把握苗木种植的每一个环节,既达到科学种植,又做到美观整齐。进入苗木管护期,他带领管护人员定时为新栽种的苗木浇水、施肥、灭虫。在刮风或雨天,他带领管护人员对所栽苗木进行分段检查,对刮倒的苗木扶正、封坑、踩压。通过几年的努力,累计处理残次林近200亩。新种植经济效益高的林木毛白蜡、107 毛白杨等优质苗木 4 万余棵。截至目前，所种苗木管理完善，部分长势良好的苗木已具备出售条件，不仅提高了工程绿化档次，也为增加经济效益奠定了基础。

### （八）工程一线显身手 攻坚破难展才俊——记莱州市胶东调水建管局局长李亚林

"胶东引黄调水是一项富民工程，再难、再苦、再累，也要坚决完成任务。"这是莱州市胶东调水建管局局长李亚林对胶东引黄调水工程的承诺和决心。胶东引黄调水工程开工建设以来，她身先士卒，带领全局干部职工，深入一线，攻坚破难，出色地完成了各项工作任务，为胶东引黄调水工程的顺利推进作出了积极贡献。2005 年以来，她先后荣获"省征地迁占和施工环境保障工作先进个人"等荣誉称号，连续多年被莱州市委、市政府嘉奖和记"三等功"奖励；莱州市建管局也连续 2 年被省局评为先进工作集体。

破除工作开局难，她靠的是一股敢于豁上的勇气。2006 年 3 月，莱州市胶东调水建管局刚一成立，她就走马上任。上任伊始，百业待兴，一面是省委、省政府决策的百年难遇的富民工程，一面是没有人手、没有资金、没有车辆、没有办公场所的"四无"艰难局面，可谓是"受命于危难之间"。艰难困苦的局面不仅没有使她退缩，反而激发了她干事创业的斗志。她常说："人生就要在干事创业中体现自身的价值。"没有人手，她就积极向市政府领导汇报，从其他部门调来得力人员充实领导班子。主动与人事局和水务局协调沟通，从水务系统择优挑选几名懂业务、有能力的人员作为工作骨干。没有资金，她就想方设法筹措，省吃俭用，节约开支。没有车辆，又要经常下工地，她就通过私人关系借来一辆普通桑塔纳，不到半年时间，行程就达两万多公里。没有办公场所，她通过考查，在市开发区临时租用了一个办公场所。虽然这里离家 7.5 千米，上下班不方便，但这里距离引黄工地很近，更便于开展工作。为节省时间，她干脆购置了一套简单的炊具，亲自动手做饭，与同志们一起筹划如何迅速打开局面。建一流的工程，需要有一流的管理。从一开始，她就注重打造一支"敢打硬仗，能打赢仗"的干部队伍。坚持用制度管人，用制度管事，确保令行禁止和政令畅通。她大力倡导学习风气，鼓励干部职工加强政治和业务学习，提高干部队伍的综合素质。这期间，她充分发挥模范带头作用，身先士卒，冲在一线，经常往返于市政府、镇街、村庄、工地之间，冬天冒严寒、迎霜雪，夏天顶酷暑、沐风雨，长期的超负荷工作让她患上了严重的鼻炎，每到气候变换或工作劳累时，就头痛难禁，甚至整宿儿睡不好觉，但她从来没有因此耽误工作。丈夫、孩子经常劝她："这样拼命干啥？累了就休息一下嘛！"可她总是报以歉意的一笑，依然忘我地投入到工作中。正是由于她敢于豁上的勇气，感染了大家，使全局上下在短时间内形成了强大的凝聚力和战斗力，实现了工作的良好开局。

破除征地拆迁难，她靠的是一股啃硬骨头的锐气。征地拆迁是调水工程推进中最难啃的"硬骨头"。引黄工程途经莱州 9 处镇街、95 个村庄，涉及近 7000 家农户，线路总长约 71 千米，永久性占地 6768.2 亩，分别占烟台市明渠总长度的 58% 和永久性占地总面积的 54%，工程量非常大，情况极其复杂，工作压力超乎想象。莱州段的征地拆迁能否及早完成，直接影响整个胶东引黄调水工程能否顺利如期完成。她常说："越是困难的事情，越能检验出一个人的能力和境界。"在征地迁占工作中，李亚林按照"加强领导、服从大局、积极主动、确保稳定"的工作方针，积极争取市政府领导的支持，全力协调沿线各镇街和相关部门，早下手，争主动。为充分调动沿线镇街的工作积极性，在她的努力争取下，市政府将沿线镇街征地迁占工作纳入全市年终考核，定期调度、通报各镇街的工作进度，及时解决工程建设中遇到的实际问题。她深入基层召开沿线镇村干部和群众代表参加的座谈会，征求对工程占地、地面附着物补偿等工作的意见和建议，掌握实际情况，有针对性地制订解决办法，积极稳妥地推进征地迁占工作。她经常亲自到农户家中，询问补偿款的落实情况，了解补偿款是否发到了百姓手中。工作推进过程中，最难的是争取群众的理解和支持。东宋泵站是莱州境内开工较早的省控建筑物，泵站位于虎头崖镇东大宋村，村里只有一条道路通往施工现场。该村村情复杂，村支部书记曾扬言："工程开工可以，但不能走俺村的路。这条路我们要硬化，且上级有补助指标。施工单位进出工地就用直升机吧。"李亚林得知这一情况后，迅速赶到现场，苦口婆心做村支书的思想工作，反复协商有关事宜。一次不行两次，三次不行五次、十次。她没有在意受到的刻意刁难，而是用真诚和执着感动对方。村支部书记感慨地说："有你这样为工作拼命的领导，我们一定为工程开绿灯，接电、接水、打临建让施工队找我就行。"目前，东宋泵站工程进展顺利，主体工程已经完成。在她的带动下，建管局的全体人员凭着"啃硬骨头"的精神，使莱州明渠段的征地迁占工作顺利完成，共拆迁房屋14万平方米，伐移各类树木77万多株，拆移禽舍1.24万平方米，拆除大棚4.75万平方米，迁移坟墓688座。

破除设施改造难，她靠的是一股自我加压的"傻气"。莱州明渠沿线有大量的专项设施需要迁移改造，包括电力、广电、传输、自来水和地下灌溉、喷药管道等等，涉及单位多，数量巨大，如果运作不好，势必影响工程的顺利推进。必须超前工作，统筹安排。为此，她亲自带领工作人员，提前考察确定专项设施的数量和位置，掌握第一手资料，为将来决策提供可靠的依据。2007年3月，上级安排省水利设计院现场查勘专项设施，制订迁移改造方案。李亚林将提前考察的资料拿出来，又在此基础上与设计院的同志一起，冒着料峭春寒，每天早出晚归，一步一步地量，一根一根地点，对莱州沿线71千米范围内的专项设施逐一清点、登记。同时协调相关部门，对各自行业的专项设施制订迁移改造方案，汇总后迅速上报业务部门，为上级制订迁改政策提供依据。在工程施工过程中，关于专项设施迁移改造的程序和具体措施，她积极向上级提出合理化建议，简化了程序，缩短了周期，使迁移改造工作得以顺利推进。她积极协调电力、广电、传输、自来水、通信等部门和单位，加快专项设施迁移改造。这些部门和单位都要求提前预付一部分改造费用，否则免谈。但当时改造资金还没有到位，施工单位又急于施工，她不等不靠，多次找到电力、自来水等部门和单位的领导做工作，说明情况，解释原因，最终达成一致意见：先改造，后结算。对于急需改造、严重影响施工进程的自来水、灌溉管道等，在完备相关手续的基础上，组织专业队伍优先进行改造。就是凭着这种"主动超前、自我加压"的精神，使迁移改造工作与明渠建设工程同步展开，协调推进，没有因为专项设施迁移改造而耽误工期。

破除质量保证难，她靠的是一股敢于较真儿的正气。"创一流业绩，干精品工程。"这是李亚林多年来努力践行的座右铭。"要把富民工程这件好事办实，质量是生命，安全是保障。"李亚林始终把工程质量放在工程建设的首要位置，对于不按操作规程施工、质量控制跟不上的施工单位，不心软、不留情，总是坚持原则，该返工的返工，该整修的整修。她常说："质量是工程的生命，质量保证不了，就是对工程不负责任，就是在谋工程的命。"110标段与206国道交叉处有一座桥，原设计方案桥面比路面高出90厘米，公路部门坚持要求桥面与路面相平，否则不允许施工。李亚林与省现场指挥部的设计代表沟通，认为即使更改设计，在保证通水要求的前提下，桥面也要高出路面20厘米。即使是20厘米，公路部门也坚决不同意。李亚林坚持原则，据理力争，终于使公路部门让步，同意了高出20厘米的设计方案。作为安全生产工作领导小组负责人，她经常深入施工现场进行检查，督促施工单位抓好安全生产，及时发现和处理安全隐患，确保不出现责任事故。2006年3月30日晚，白沙河上游群众私自开闸网鱼，对下游正在施工的倒虹吸工程造成严重威胁。得知这一情况后，李亚林连夜赶到现场，协调沙河镇政府，及时排除险情，并查明原因，杜绝了类似情况再次发生。由于处理及时，白沙河倒虹吸工地避免了一场重大事故的发生。就是凭着这种"较真儿"的精神，使沿线工程既加快了施工进度，又保证了工程质量。

李亚林常说："事业是在克服困难中前进的，辉煌是在不懈奋斗中铸就的，没有困难的事情称不上事业，也成就不了强者。"她就是这样，始终冲在工程第一线，立足本职，攻坚破难，用火一样的工作热情，用对事业的真诚与执着，为胶东调水工程建设奉献着自己的力量。

### （九）事业因责任而神圣——记招远市胶东调水办公室主任曲维福

23年前，一位二十出头血气方刚、风华正茂的小伙子历经十年寒窗，走出象牙塔，踏上了基层水利工作岗位。

23年来，不论身份发生怎样变化，他始终牢记自己在党旗下的庄严承诺，全身心扑在水利工作上。

他，就是招远市水务局副局长、调水工程建设管理办公室主任曲维福。一位用辛勤汗水实践自己承诺，全心全意为人民服务的共产党员。

时代如潮，大浪淘沙。23年风风雨雨，社会环境变了，工作单位变了，自身职务变了，但他为人民服务的初心没有变，认真负责、踏实肯干、勤政廉洁的工作作风没有变。2003年底担任招远市调水办主任以来，他带领全办人员冬冒风雪战严寒，夏顶烈日斗酷暑，为招远市的水利工作和胶东调水工程做出了突出贡献，不仅得到了驻招各施工单位的好评，也赢得了各级党委政府和人民群众的赞许，他所在的单位多次被省、市主管部门授予先进单位称号，他本人也多次被评为先进个人，并荣立三等功。

肩担重任干大事。2003年底，胶东引黄调水工程正式开工建设，并确定在招远市举行开工典礼。这一重任落在了刚刚走马上任、担任调水办主任的曲维福肩上。为了完成这一光荣而艰巨的任务，他积极按照上级的部署，不辞辛苦，扎实工作，团结协作，通力配合。在整个筹备工作期间，积极协调当地政府及农业、林业、公安、卫生和供电、通讯等市直各部门，与省厅、市局有关领导一起，奋战在现场，吃住在工地。

当时正值初冬，冬装来不及换，五六级北风裹着雪丝，打在人脸上，眼睁不开，嘴张不开，冻的人全身发抖，别说工作，就是在屋内也坐不住。但他坚持和同志们一起，不叫一声苦，不喊一声累，白天奋战在施工现场，晚上到群众家中做说服教育工作，没白没黑地忙碌着。在20多天的筹备工作中，曲维福没有回家吃一顿饭，睡一宿觉，甚至父亲有病，都没有回家照看一下。12月19日上午，伴随着轰轰隆隆的炮声，山东省引黄调水工程开工典礼成功举行。由于在整个开工典礼工作中的出色表现，曲维福被招远市委、市政府荣记三等功。

做好群众的思想工作，完成地面附着物的清表和补偿，是胶东引黄调水工程重点工作之一。招远市涉及辛庄、张星2处乡镇，24个自然村，500多农户。两处乡镇地处沿海，经济发达，人们的商业意识、法律意识较强。地面附着物补偿工作做得好坏，直接关系到工程建设能否顺利开展，关系到社会稳定的大局。为此，曲维福亲自担任清表补偿工作领导小组组长，带领同志们深入镇村召开群众大会，宣传党的方针政策、法律法规，宣讲省政府有关胶东调水工程的政策规定。渐渐地，群众情绪由不理解到理解，由对抗到配合。

在淘金河渡槽工程内有1座占地面积3亩多的华侨坟墓，家中人员大部分在国外，最近的也在成都，这项工作做不好不但影响工程的进度，还会影响国家侨务政策的执行，带来不良的政治影响。为此，曲维福首先联系镇村干部，实地察看，了解情况，研究制订解决问题的办法。同时又通过各种渠道查询其家庭成员的联系方式，通过多方面的工作，该坟墓的直系亲属尹老先生不远千里从成都挂着双拐回到了家乡。曲维福又联系市镇领导给予了热情的招待，并连续几天与他促膝交谈，宣传胶东引黄调水的意义和相关的补偿政策，同时协调镇村两级干部配合工作，在政策允许的情况下，尽量给予方便。由于工作细致、方法得当，终于和尹老先生达成补偿协议，按时搬迁了坟墓，确保了工程的顺利进行。临走时，尹老先生高兴地说："胶东调水工程是一件造富于民的大好事，我们党的侨务政策好，你们的工作做得好。"

爱岗敬业讲奉献。在招远市水务系统，曲维福被认为是专家级领导，先后参与或直接领导多个招远市大型水利工程建设，具有丰富的理论知识和实践经验。多年来他坚持学习，利用出差、会议等多种机会购买了大量书籍，以提高自己的业务能力和决策水平。胶东调水工程是在2003年正式开工，但前期工作从1993年已开始，时任水务局副局长的他带领工程技术人员配合省设计院有关人员踏遍了招远段的沟沟壑壑，从勘察选址、方案论证、工程设计到施工实施、群众工作他都事无巨细地亲自参与，并提出了许多宝贵意见，得到了省厅领导、专家的肯定。

招远段经过辛庄镇老店村时原规划从村南通过，然后穿过诸流河修建泵站，但2002年大莱龙铁路建成，火车站就建在磁口村南，这样的话，如按原设计方案施工，不但工程难度大、投资多，而且群众工作也不好做，势必影响工程的进度。他得知这一情况后及时和工程技术人员到现场查看论证，提出了重新设计线路的建议。省设计院及时采纳了他的建议，对线路重新进行了调整。这一合理化建议给工程带来了便利，为国家节省了大量的资金。

和谐相处顾大局。胶东引黄调水工程在招远段虽然距离不长，但工程项目多、施工条件复杂，多的时候有10多家施工单位进驻招远。为了更好地为施工企业创造良好的施工环境，确保工程的顺利进行，曲维福顾全大局讲和谐，积极协调讲策略，千方百计地为施工单位排忧解难，实现了和谐相处，共建共赢。几年来，他和地方政府及时沟通和联系，在当地政府的大力支持下圆满完成了胶东调水工程附着物的清点、补偿兑现工作，解决了多起妨碍施工的疑难问题，确保了工程的正常施工。

　　施工单位来到招远，人生地不熟，施工中不免有许多不便和困难。为保障施工单位的权益，创造良好的施工环境，曲维福经常到施工单位现场与施工单位领导面对面地进行交流，听取他们在施工过程中需要解决的问题，帮助他们解决一些实际问题。淘金河渡槽出口工程拟定于 2007 年 4 月份正式开工建设，但是驻地村有 4 户占地农户因要求村委将土地款兑现给他们的愿望没有达到，拒不让施工，影响了工程的顺利进行。得知这一情况后，曲维福积极协调当地镇村领导，现场办公，组成了一个 12 人的工作班子，分工负责深入到户，逐户逐人做工作，向他们宣讲国家的有关法律、法规和有关的政策。但由于这几户群众的法律意识淡薄和个人利益欲望大，拒不执行有关规定，无理取闹，不让施工。在多次教育无效的情况下，曲维福又积极协调公安司法，经请示上级部门，按照法律程序，依法强行施工，并对个别无理取闹的干扰施工者给予治安拘留，从而确保工程按期开工建设，打击了歪风，树立了正气，得到了当地政府和施工单位的好评。有一施工企业经常受到驻地村中个别社会上的"小混混"的欺负，他们经常到施工单位找碴闹事，同时利用工程大、沿线长、看管困难的机会，有时晚上到工地偷这偷那，给施工单位带来了经济损失，也造成了不良的社会影响。此风不刹不但给施工单位造成损失，也影响到工程的进度。曲维福首先到该村，和村干部一起利用广播的形式宣讲法律政策，震慑犯罪人员，又联系当地公安部门派专人进驻工地，强化巡逻，蹲点守候，终于将三名不法之徒缉拿归案，处以罚款，并给予治安拘留，大涨了施工单位的士气，也为工程顺利进行创造了良好的环境。

　　严于律己品自高。胶东调水工程投入之大，在当地可谓少有。这时来找曲维福的人很多，如果稍一放松，几万甚至几十万元的好处费唾手可得。曲维福头脑十分清醒，他深知水利工程建设丝毫不能大意。这么大的水利工程，如果自己不注意形象，不严格要求，就无法树立威信、保证工程保质保量地完成。为此他经常告诫自己和班子成员，要做到"心不黑，嘴不馋，手不长，腿不懒"，以身作则，树好形象。并与班子成员约法三章：不取非分之钱，不上人情工程，不搞暗箱操作。凡是所有工程项目都严格按照国家有关规定进行招标投标。有的施工单位或者亲朋好友为了承揽工程，多次拿着礼物到他家中，对他说："老曲，你也是快到年龄的人了，应该为自己想点退路了。"听到这些话，曲维福总是淡然一笑说："钱，的确是好东西，但我绝不能拿权力做交易，收下了你们的东西，答应了你们的条件，我就心中有愧，拿着钱也过得不安心。你们要真想承揽工程，我举贤不避亲，只要符合资质条件，谁有能力谁承揽。"客人临走的时候，他坚决要人家把东西拿回去。有人说他不近人情，不管别人怎么说，怎么评价，他就认准一个理儿：只要按原则办事，就无愧于人，无愧于己，无愧一名共产党员的称号。

　　"权力意味着责任，责任意味着奉献，权力是人民给的，只能把它用在为人民服务上。"曲维福常常告诫自己。还在调水工程没有开工时，就不断有各类公司通过各种关系找到曲维福，希望他出面帮忙揽到工程，并许诺工程到手后给 2 ~ 5% 的好处费。对于这些不正之风，他除严词拒绝外，还郑重地告诉来人，想干工程只有参加招标投标，除此没有第二条路可走。工程开工后，招远调水办在地方协调、群众工作、社会治安等诸方面为中标企业解决了许多棘手问题，有些企业为了表示感谢，逢年过节总要表示表示，他总是能当场婉言谢绝的当场谢绝，不能的，事后他安排专人退回去。

几年来，招远市调水办在他的领导下各方面工作取得优异成绩，可每当上级要求上报先进个人名单时，他总是说："工作是大家做的，荣誉也应该归大家"。话语不多，声音不高，可大家听后觉得他是崇高的。就这样他多次把先进指标让给了别人。

多年来他用自己的实际行动践行了共产党人立党为公、执政为民的崇高理想，展现了共产党员人民公仆的光辉形象。

### 三、胶东调水建设管理标兵

2008年，山东省胶东调水局在系统内评选出"胶东调水建设管理标兵"，他们在本职岗位兢兢业业、发光发热，诠释着水利人的责任与担当，为胶东调水事业发展做出了重要贡献。

#### （一）和谐团队的领军人——记威海市建管局副局长周守平

"干一行，就要爱一行，既然选择了这个行当，就应无怨无悔，并为之付出一切。"他是这样说的，也是这样做的。他，就是威海市胶东调水建管局副局长——周守平。

严以律己，宽以待人。严下先严上，正人先正己。周守平尽职尽责、清正廉明、对人亲和、团结同志，以自己的人格魅力感染着周围的人。作为共产党员，他不断加强对邓小平理论、"三个代表"重要思想和构建社会主义和谐社会等重大理论的学习，积极贯彻落实党和国家的各项路线、方针、政策，始终做到在思想上、行动上同党中央和上级党委保持高度一致。作为调水工程的领导干部，他注重加强业务知识的学习，提高履行岗位职责的能力和水平；注重调查研究，宣传胶东调水的重要性和紧迫性，为工程顺利开展创造了良好的舆论氛围。同时自觉遵守党纪国法和廉洁从政的各项规定，坚决抵制各种不正之风，做到了"生活上廉洁俭朴，经济上公私分明，工作上秉公办事"。

在平时与同志们的相处中，周守平从一点一滴做起，从一举一动做起，坚决不做指手画脚的"遥控器"。要求同志们做到的自己首先做到，不搞官僚主义、不摆架子。在威海建管局，周守平和其他领导干部们一起，将不同性格、不同思想的人团结在一起，拧成一股绳，心往一处想、劲往一处使，努力打造和谐团队，树立起领导干部在群众中的良好形象。他常说："人管人管不住人，只有用制度才能管住人。"为此，他积极配合主要领导建立并完善各项规章制度，保证了机关各项工作的扎实开展。

用"和谐"理念，创造良好施工环境。由于威海建管局组建时间不长，人员少、资金缺、基础设施不足，工作开展起来难度相对较大。周守平协助主要领导克服困难，扎实工作，奋力拼搏，保证了各项工作有条不紊地开展起来。通过一年多的勤奋努力，单位人员基本到位，各项设施不断完善，规章制度逐步健全，各项工作基本走上了正轨。

工程建设之初，征地迁占是十分重要的一项前期工作。威海辖区内涉及卧龙隧道出口临时和永久占地的征迁补偿工作，包括永久征地18亩、临时占地24亩。周局长带领大家，及时做好土地征迁工作，保证了卧龙隧道工程的顺利开工。2007年8月遭遇暴雨袭击后，及时对暴雨造成的损失进行认真计算和补偿，并重新征地9.8亩堆放土方，对洞口进行清理。同时多次组织建管人员配合省建管局现场指挥部、省设计院，沿规划管道进行实地测算，对占地范围内的林木、果树、建筑物等进行详细记录，为下一步管道建设做好了充分准备。威海段征地工作由于前后措施得力，工作细致，各项征地款严格按标准补偿到位，群众的合法权益得到了保护，杜绝了征地矛盾的滋生。

周局长抓工程建设，眼睛盯的是一线，心里想的是细节。在威海市境内开工的卧龙隧道工程建设中，为确保工程顺利实施，他带领工作人员积极主动协调有关部门和当地村委会，先后解决了施工用电、用水、用药、废石废渣堆放及社会治安等问题，为工程建设创造良好的施工环境，保证了工程建设顺利推进。2007年以来，卧龙隧道出口所在村村民上访，反映了两个问题：一是卧龙隧道施工放炮震裂了村民的房子；二是施工打断了山中的水脉，致使村民用以浇灌果树的水塘干涸了。村民情绪激烈，坚决不让施工，5月2日夜间及5月3日上午，聚集群众达到80多人。面对这种情况，他与主要领导一起，一方面指挥卧龙隧道施工项目部安抚群众，避免激化矛盾而导致局面失控；一方面积极与当地镇党委、政府、村委会及公安部门进行沟通，现场办公，同群众直接对话，用真心打动群众，维持正常的施工秩序，保护工地职工的人身与财产安全。然后，在得到省局领导支持的基础上，与同志们一起制订了详细的工作方案，并组织实施。他始终与同志们一起，先后多次深入村中，摸排矛盾，既据理力争、敢于碰硬，又不激化干群关系。通过不断努力，终于取得群众的理解，使工作方案稳步实施，问题得到顺利解决。卧龙隧道工程于2007年1月顺利安全贯通。

真情善意，赢得地方的理解支持。密切干群关系、与当地干部群众建立鱼水之情是周守平做好工作的首要出发点。在做地方群众的思想工作时，他时时刻刻带着感情去做，从未想过把地方的利益化为本单位所有，而是想着如何帮助群众，用实际行动拉近与地方的距离，为工程的顺利施工奠定坚实的基础。

逢年过节，威海建管局的职工都很难有资金分福利，但他和主要领导一起，即使少吃饭、不喝酒，也总是从有限的办公经费中拿出一部分，买些烟酒米面，来到驻地党委、政府及相关村委进行慰问。能这样放下架子来到家里探望，确实令当地的干部群众感动不已。因而一旦工作上遇到困难无法解决时，村委比建管局还着急，积极出主意，千方百计把问题解决好。在卧龙隧道施工放炮震毁村民房子引起施工阻挠事件中，由于属于群体事件且矛盾尖锐，村民情绪难以控制，工作难度很大。镇里领导知道后，立即成立了由镇长、分管副书记、副镇长、武装部长、派出所所长、村委主任组成的专门工作组来解决此事，正是在他们的大力帮助下，难题才得到了顺利解决。

由于群众素质不一，群众工作有时很不顺利。但周局长总是耐着性子，不厌其烦地解释，最终取得群众的理解。工程驻地辛上庄村有个叫吕学江的，是村里出了名的难缠户，俗名"滚刀肉"，就是说谁沾上他，就得掉层皮。征地时，虽然对他家地里的附着物全部按国家政策进行了补偿，但他就是不满意，不是声称农产品价格涨了、补偿标准不够，就是说永久性征地款要给个人，不能给村委。村委给调地也不行，到处上访，有时在周局长办公室一坐就是一上午。面对这样的事情，周守平总是不急不火，耐心地给他讲国家的政策法规，不厌其烦。最终吕学江被周局长的真情善意所感化，愿意接受调解方案，回到村里还到处宣传胶东调水工程兴建的重要意义。这样的事情还有很多，通过努力，威海建管局营造了良好的施工环境，从而保证了工程的顺利施工。

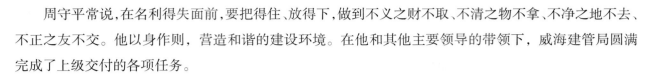

周守平常说,在名利得失面前,要把得住、放得下,做到不义之财不取、不清之物不拿、不净之地不去、不正之友不交。他以身作则,营造和谐的建设环境。在他和其他主要领导的带领下,威海建管局圆满完成了上级交付的各项任务。

**(二)一切为了工程——记龙口市胶东调水建管处主任林杰**

胶东调水,战线绵绵,汇聚了成千上万的建设者。在这支大军中,有一个人的名字越来越被人们所熟悉。同事们称他"一心想着工程",他自己常说的一句话是"一切为了工程"。他,就是龙口市胶东调水工程建管处主任林杰。

林杰于1978年参加工作,在水利战线摸爬滚打30年,从一名推土机手逐渐走上了领导岗位,先后获得省、市水利系统先进个人及烟台市优秀青年企业家、龙口市优秀共产党员等荣誉称号,2次荣记三等功。2004年3月,他被任命为龙口市胶东调水工程指挥部办公室副主任;2005年12月,任龙口市胶东调水工程建设管理处主任,全面主持龙口市调水工程建设管理工作。3年多来,林杰始终把保障和服务工程建设作为自己和建管处整体工作的第一要务,自觉强化责任意识,扎实开展工程建设用地征迁和施工环境保障工作;他要求自己和全体工作人员切实把每一个到龙口施工的单位都当作自己的队伍看待,千方百计为工程施工提供便利;他严于律己,率先垂范,影响和带动建管处一班人团结拼搏、苦干实干,在胶东调水工程建设管理工作中取得了优异成绩。

运筹与调度:缜密、细致、公平、求实。就任之初,林杰面对的是延绵45千米、4600多亩工程用地征迁任务,面对的是8个镇、74个村的2200多个征迁户。因为有着多年的工程建设经验,林杰深知征地工作搞得好坏,是影响下一步施工的关键。他说:"土地征迁是最大的施工环境问题,一定要周密组织,从严从细抓好落实。"

2004年3月份,指挥部办公室成立后,林杰与水务、国土、农业、林业等有关部门协调,抽调了20多名业务骨干,组成了8个"清点小组",一个组包一个镇,协调、指导各镇区街开展附着物清点和土地丈量工作。为了把工作做细,他还安排2名工作人员对工程沿线全程录像,留下了最直观的"征地原貌"。2005年下半年,他又组织工作人员利用一个半月的时间,对全线征地进行复核,绘制了1:200的《征占用土地平面图》。全市2200多个征迁户的土地面积、形状以及附着物性质、数量等,全部集中反映到这张连起来有220多米的"长卷"上。当一年之后兑付补偿,个别农户提出争议时,正是这些原始资料发挥了"甄别是非、鉴定有无"的作用。此时,同事们无不为他缜密、细致的工作态度和工作方法所折服。

林杰对征迁工作的"从严从细",更多地体现在征地的补偿兑付阶段。工作启动前,他多次到交通局、建设局、铁路办等单位学习取经、咨询政策;积极向市委、市政府建言,多次召开由水务、计划、国土、财政、物价等部门参加的专题会议,研究确定征迁补偿的方法和程序。经过反复探讨,最终制定出台了《龙口市胶东地区引黄调水工程征地拆迁补偿工作方案》,为征迁工作的顺利开展奠定了坚实基础。一位市领导评价说:"这是龙口市近年来针对征地工作制定的一个最详尽、最具操作性的实施方案,对其他的基建工程有着很大的借鉴作用。"

补偿、拆迁的具体工作中，林杰更是靠上去抓调度、抓落实。他十分注重把好"政策关""标准关"，要求各组、各镇村严格遵循国家政策和补偿标准，做到不变通、不走样；在程序上，他确立了公告公示、公示后复核、逐级签订协议、发放补偿款和清表划界 5 个环节，一环接一环地抓好落实；为了保证补偿工作公平公正、公开透明，他还主持制定了《征迁工作纪律》，要求工作人员强化纪律观念，切实维护好国家、集体、个人多方面的利益，赢得了沿线干部群众的普遍信任和支持，成为征地拆迁工作得以顺利推进的重要保障。

面对土地征迁遇到的各种困难和阻力，他首先倡导舆论宣传，除了利用电视、报纸、广播等媒体外，还主持创办了《征迁工作简报》，广泛宣传引黄调水工程的重大意义，争取全社会特别是工程沿线干部群众的理解和支持。对有抵触情绪的拆迁户，他和同志们一道上门做工作，动员多方面力量对他们进行说服教育，逐一化解矛盾。对个别提出无理要求、拒绝拆迁的农户和单位，他积极协调镇村和司法部门，采取行政和法律手段果断予以解决，其中有 7 个拆迁户经法院判决限期清除了障碍。通过这些扎实有效的工作，龙口市的土地征迁工作从 2005 年 12 月正式启动，到 2006 年 6 月基本完成，共兑付补偿资金 1.1 亿多元，拆迁房屋 18 万平方米、拔除果树 40 多万株，实现了 45 千米工程沿线的全线贯通，为各类工程的顺利开工创造了有利条件。

保障与管理：攻坚、高效、规范、创优。在龙口市境内的 45.5 千米输水干线中，包括 33 千米明渠、12.5 千米暗管以及隧洞、泵站、倒虹、渡槽等大小建筑物 110 多座，是工程形式最齐全的县市。从 2005 年 6 月任家沟隧洞开挖的第一声炮响后，先后有 21 个项目部进驻龙口，开始紧张的施工作业。

由于工程建设必然给周边群众的生产、生活带来不便和影响，施工过程中，矛盾和阻力也在所难免，经常发生群众到工地阻挠施工的现象。对于施工中出现的问题，林杰一贯做到"不推、不等、不上交"，总是主动靠上去尽最大努力帮助解决，表现出高度的责任感和使命感。任家沟隧洞开工初期，由于施工占用了农道，排水污染了村里的方塘，村干部领着一些群众坐在隧洞口阻挡施工。事情发生后，林杰几次驱车到村里，面对面向干部群众讲道理、做工作，还把施工单位负责人和村干部叫到一起，坦诚商讨解决问题的办法，有效缓解了矛盾，改善了双方关系。此后，隧洞施工一直畅通无阻，顺利完成了开凿工程。2006 年初，黄水河泵站的施工队伍进场清表时，周围 2 个村的一些群众几次到现场阻挡机械作业。林杰通过调查了解到，这些村民是因为对土地补偿款要价过高、得不到满足而到工地闹事的。在反复劝说、没有效果的情况下，他联系所在镇党委、政府和市公安局，先后 2 次组织 60 多名机关干部及公安干警到场疏散群众、维持施工秩序，使工程得以顺利开工。这次事件后，林杰对施工保障工作愈加重视。随着各项工程的陆续开工，他要求各个工作组以所包的镇区街为责任区，靠在各项目部随时解决问题。2007 年，仅在管道安装的 3 个标段，就圆满处理了 13 起停工事件。

龙口市基础设施发达，调水工程沿线内电杆林立、管网密布，还有很多地方要穿越高速路、省县级公路、地下光缆和天然气管道等，专项设施迁移和各类交叉问题是制约工程进展的一个重要因素。在这项工作中，林杰力求一个"快"字，他说："时间就是效益，这些问题早一天解决，工程就能早一天完工，施工单位也能少一天的损失"。因此，每一项工程计划下达后，他都及时与有关部门联系，探讨落实工程供电、通路和有关专项设施迁移改造工作，做到超前筹划，从时间上争取主动，保证了工程的高效、快速推进。2005年底，鸦鹊河倒虹开工建设。由于处在高速公路的保护范围内，路政稽查人员到现场勒令停工。这天正下着小雨雪，接到项目部的报告后，林杰不顾雨天路滑，立即乘车赶到高速公路蓬莱管理处，商谈解决复工问题。公路管理处的领导被林杰的"快速反应"所感动，由衷感叹道："有你这种作风，引黄工程没有办不好的事。"当即答应先安排工程复工，再补办相关手续。于是，就有了鸦鹊河倒虹"当天停工，当天开工"的故事。第二天，林杰又从建管处拿出一万元，替工程"垫付"了涉路施工安全保证金。当施工单位领导知道了事情经过，一再向他表示感谢时，他只是说："这是我们的责任。"

对于自己的责任，林杰还有着更深的认识和理解。那就是要切切实实地抓好对工程的建设管理、建造优质工程、精品工程，做到无愧于组织的信任和安排，无愧于子孙后代。工作中，他一再强调"既要加强保障，又不能疏于管理"，要履行好职责，把上级关于质量管理和控制的目标与要求原原本本地贯彻好、落实好。他经常深入工地，督促指导施工单位认真落实安全生产、优质施工、文明施工以及工程规范化管理等各项制度和措施，使境内开工建设的各项工程在施工进度、施工质量上均达到计划和设计要求。其中，黄水河泵站在连续两年的在建工程综合评比中名列第一，得到了上级领导的充分肯定。

服务与奉献：诚挚、敬业、廉洁、表率。林杰曾经在水工企业工作多年，有着许多在外施工的经历和感触。或许就是这份情愫，决定了他对施工单位发自内心的爱护和照顾。在他看来，每一个到龙口施工的队伍都是自己的朋友，作为"东道主"，理应为他们排忧解难，搞好服务。每个项目部进场前，他都亲自与周边镇村联系，帮助他们租赁场地、房屋，及时接通水、电以及通讯、网络、电视线路等，安排好施工人员的办公和生活基地，不仅为他们提供了方便，还大量节省了开支。PCCP管道生产企业进场时，林杰通过各种关系，为他们落实了近百亩的生产场地，并且利用原有企业的供电设施解决了生产用电问题，为项目部节省投资近60万元。

林杰时时处处替施工单位着想，每一个在龙口施工的队伍不仅深切感受到他的热情帮助，更多体会到他为人处事的坦诚和真挚。在施工管理上，他提出"只抓规范，不添麻烦"的要求，从不向施工单位收取"管理费"，不干预任何原材料选购、配属工程安排等问题，不因为在一些方面追求形式而给施工单位增加负担，得到了施工单位的普遍赞誉。施工单位遇到了困难，他经常在第一时间出现在工程现场，靠前运筹，及时解决。2007年8月11日深夜，黄城集河发生较大洪水，管道96标段项目部电话告知围堰和破坝处出现险情，林杰立即带领工作人员冒雨赶赴现场指挥抢险，并从30多千米外的北邢家水库紧急调运数百个编织袋堵缺口，及时化解了险情，使在场的施工人员无不深受感动。

在日常工作中，他不愿意坐在办公室"遥控指挥"，更多的是奔波在工地上。2004年3月至6月进行征地清点时，为了深入了解情况，掌握好各组、各镇的工作标准和尺度，他几乎每天往返在8个镇、70多个村的田间地头，45千米的工程沿线不知走了多少个来回；补偿和拆迁时，凡是出现了问题和阻力，他总是靠上去，深入镇、村和农户家中排解矛盾，对一些"钉子户"的情况无一不了然在胸；从事引黄调水工程三年多来，他一心扑在工作上，每年除了春节期间能休息几天外，一年有350多天靠在工作岗位上，家里的事顾不上，自己的身体也累出了很多毛病，经常过敏且患上了失眠症和高血压，由于抽不出时间住院治疗，只能靠常年吃药坚持工作。

林杰有着顽强拼搏的作风，更具有廉洁奉公的一身正气。在征迁补偿工作中，他坚持秉公办事，不徇私情、不畏权势，更不怕各种威胁和恐吓，对每个拆迁户都做到"一碗水端平"，全市2500多个拆迁户，没有一户因为附着物数量、性质和土地面积的认定而产生异议、引发矛盾；对一些单位和个人为了参与工程施工或供料而送来的"见面礼"，他坚决拒收；对施工单位为感谢他的帮助执意要表示的"辛苦费"，他则能退就退，实在退不了的，就如数交公。

林杰对自己和同志们在工作上要求严格。日常管理中，始终坚持处事公道，平易近人，关心群众工作和生活，赢得了全体干部职工的真心拥护和信任。在他的带动下，龙口建管处的十几名同志心往一处想，劲往一处使，积极投入工程建设管理工作，节假日都很少有人休息，省里的一些领导评价说："节假日出差办事就到龙口，他们是'全天候'办公。"几年来，龙口建管处多次被授予"调水工程建设管理工作先进集体""市水务系统先进集体称号"，成为一支团结、有力的战斗整体，在引黄调水工程建设管理事业中发挥着应有的作用。

### 四、引黄济青工程管理标兵

2008年，山东省胶东调水局在系统内评选出"引黄济青工程管理标兵"，他们在本职岗位兢兢业业、发光发热，诠释着水利人的责任与担当，为胶东调水事业发展做出了重要贡献。

**（一）扎根基层 情洒渠首——记滨州分局博兴管理处渠首泵站所所长曹金波**

走进引黄济青渠首，不见了昔日的黄沙遮日，丛生的杂草更是难觅踪影，满目看到的是：庭院内繁花似锦、绿草如茵；苗圃中万木争荣、郁郁葱葱；渠道上树木成行、生机勃勃……整个工程整齐划一，面貌焕然一新！一流的管理水平，为引黄济青创造了效益，赢得了荣誉，使引黄济青渠首成了打渔张森林公园的核心景区，这一点点成绩、这一寸寸土地无不倾注了曹金波的心血和汗水！

扎根渠首，二十年如一日。对于渠首泵站所，曹金波有着很深的渊源，也寄托了深厚的感情。1987年，曹金波从山东省水利学校毕业后分配到引黄济青工作。在那如火如荼的建设年代，他和其他同志一道，跑工地，住帐篷，吸黄沙，顶风冒雨，风餐露宿，为渠首工程建设做了大量的工作。1989年渠首泵站所开始组建，曹金波愉快地服从组织安排，从施工工地扛起铺盖卷一头扎到了引黄济青的最基层，而且一干就是二十年。

那时的泵站所，就安在黄沙肆虐的荒坡上，几间破平房守着一座孤零零的临时变电站。在这里，曹金波具体负责变电站的运行。当时的变电站运行工作既缺少人手，又缺少经费，有的只是重如泰山的责任和艰苦的工作条件。由于当时交通条件极不便利，周围自然环境恶劣，遇到雨雪天气，几天和外界断绝交通是常有的事，开水泡馒头也就成了家常便饭。这些都没有难倒曹金波，他眉头都没皱一下就接下了这副重担。

担子是接过来了，可能挑得动吗？曹金波自己心里也没底，他深知管电就像管老虎，稍不留神就会出大乱子。当时他自己也是刚毕业没几天的学生，虽然有理论知识，可变电站运行的实践经验可以说是零，只能一切从头学起。他感到了这副担子的重量，感到了自己肩头的压力，自己暗下决心：学！要从头学，要抓紧学，争取尽快把这副重担挑起来！压力变动力，别人下班后回家休息，他买来了大量的有关书籍潜心苦读，认真钻研，熟悉理论。一有机会，他就骑上自行车到十几千米外的小营变电站自己花钱拜师，向老师傅们请教，学习实践经验。为了学习，他几乎牺牲了所有的休息日，一个月甚至几个月不回家，都是常有的事。家里的老人想他了，到所站太远去不了，到博兴找他又常常扑空。功夫不负有心人，辛勤的汗水换来了丰硕的成果！曹金波不但熟悉掌握了变电站管理运行知识，编写了《山东省引黄济青35千伏变电站现场运行规程》等十几项规程及记录，而且带出了一只技术过硬的管理队伍，渠首输、变电运行二十年，没出任何事故。

领导换了一任又一任，同事换了一批又一批，但曹金波却仍然二十年如一日无怨无悔地坚守在工程管理的第一线。当同志们和他开玩笑说："你当时结婚晚，就是因为住所站耽误了找媳妇，现在别人都走了，你撇家舍业的和兔子做伴到啥时候？"他总是憨厚地笑笑说："我已经习惯了所里的生活，熟悉了所里的一草一木，要说离开真有点舍不得。"由于他工作出色，多次被评为"先进工作者""四有职工"，被水利厅记功，2002年被评为第四届山东省优秀基层水利技术人员。经历了多年的基层工作磨炼和刻苦学习，曹金波逐渐成熟起来，业务技术和工作能力都在不断提高。2005年，他取得了高级工程师资格，并且从一位踏实肯干的战斗员成为一名能征善战的指挥员。

科学管理，规范制度抓落实。2003年，曹金波担任泵站所所长后，他感到自己肩上的担子更重了，以前只干好自己的本职工作就行了，现在必须统筹考虑，不但自己要实干，还要带领全所职工，把整个所的工作干好。

曹金波常说："工程管理是引黄济青工作的主线，无论工程的哪个环节出了问题，都会影响整个送水大局。"为了搞好工程管理，他狠抓制度建设，做了大量的工作。他根据多年的工作经验制定了完善的各项奖惩政策，做到千斤重担大家挑，人人肩上有指标。他告诉职工："我们每个人必须按制度上的规定，对号入座，找准每个人的具体位置，各司其职，什么时候该修渠道了、什么时候该保养设备了……我不再每次都安排，我直接检查，如果谁做得不到位，对不起，我们凭制度说话。"现在，泵站所的制度建设已发挥了显著成效，充分调动了职工的工作积极性，各项工作不用每天催促就有条不紊地正常运转。曹金波在抓管理的过程中，注意身体力行，率先垂范，要求职工们做到的，他都严格做到，从不含糊。在强化制度制约作用的同时，他还注重人性化管理，对职工的疾苦时时挂在心上，如每年春节年三十到初三，他都主动在所里值班，且年年如此。

为了绿化美化工程、增加经济收入，他积极响应上级号召，努力做好水土资源开发这篇文章。万事开头难，搞水土资源开发，与市场打交道，这对长期搞工程管理的曹金波来说，完全是个新鲜事物。刚开始，他也经过了许多挫折：对苗木的特性不了解，外地的苗子调来本地种不活；有的苗木费财、费力的种活了，却打不开销路……面对一次又一次的挫折，他没有气馁，而是迎难而上，不断地总结摸索。为了掌握各种苗木的生长特性，了解市场行情，他亲自带领有关人员学习种植技术，闯市场，搞调研，逐渐从门外汉变成了半个苗木专家。他根据泵站所的实际和市场行情，超前思维，抢抓机遇，充分利用种植空间合理调整种植结构，使泵站所的水土资源开发走上了一条良性循环的道路，每年实现经济收入 30 余万元，把昔日的荒凉之地打造成了"绿色银行"。

在泵站所，人们都清楚地知道，哪里的任务最艰巨，哪里的工作最艰苦，哪里就会出现曹金波的身影，关键时刻他既是指挥员又是战斗员。引黄济青渠首 35 千伏泵站线部分段改造以及 10 千伏东线部分段改造施工时，正值三伏天，施工环境异常恶劣。曹金波常常盯在施工现场一干就是十几个小时，腿站肿了，肩磨破了，皮晒爆了，可他没有退缩，而是以顽强的毅力与烈日较量。为了赶工期，早出晚归。吃饭更是没有规律，午饭拖到两三点吃，晚饭拖到八九点，有时为了完成一组作业，甚至两顿合成一顿吃。正是他的这种舍己忘我、干事创业的拼搏精神，感动了全体施工人员，化作了大家团结一致赶工期的动力，保证了工程保质保量按期完成。在施工中，他严格按设计要求和有关施工规范、规程办事，严把材料关和施工质量关，对每一个环节、细节问题都不放过。为确保安全生产，他还认真落实保证安全组织措施与技术措施，从而杜绝了安全事故的发生。同时，他十分注重对施工技术人员的培养，经过实践的磨练，泵站所终于有了一支技术过硬的输变电工程施工安装队伍。

在泵站所的管理岗位上，曹金波总是精打细算，拣了西瓜也不丢芝麻。他在边边角角的闲散土地种植蔬菜，在闲置房舍养牛、养猪，在树林草地间养鸡，在池塘里养鱼养鸭，把泵站所变成了自给自足的"世外桃源"，既节约了经费开支，又改善了职工生活，职工精神面貌焕然一新。

创新工作，共建和谐谋双赢。渠首泵站管理所是引黄济青工程的源头，可谓引黄济青第一所，协调好同黄河闸管所的关系，保证及时提闸、准确计量、合理调度，关系到引黄济青引水送水任务能否顺利完成，曹金波在这方面做了大量工作。在与黄河闸管所干部职工的接触中，他以热情诚恳的态度、实实在在的为人，赢得了对方的尊重与信任。他还通过举办两所联欢会、座谈会等形式，拉近了双方之间的距离，营造了良好融洽的关系，促进了工作的开展。每年的引水工作，黄河闸管所的同志都给予了积极支持，双方测流人员还随时交流信息，校正数据，确保了调度指令的顺利实施。

渠首地方矛盾由来已久，随着渠首原农转非人员下岗回家的越来越多，渠首外部环境有恶化趋势，作为泵站所所长，如何坚决维护引黄济青利益不受侵害又能化解矛盾，创建和谐新局面，成了摆在曹金波面前的首要任务。他经过深思熟虑，决定从解决广大群众最关心的冬灌春种用水难的问题入手。他磨破嘴、跑断腿，想方设法，积极协调黄河闸管所、博兴水利局、乔庄镇政府之间的关系，制订合理科学的调度方案，在保证引水送水任务完成的前提下，较好地解决了地方冬灌春种用水问题，赢得了大多数群众的支持。有了大多数群众的支持，曹金波的工作也有了底气，他在当地村干部、群众的支持下，紧紧依靠公安部门，对盗伐树木、破坏工程设施的不法人员进行了坚决打击，渠首泵站管理所的外部环境大为改观。

引水送水前的清淤工作，往往是工期紧、任务重，仅靠变电站供电远远不能满足清淤工程的所需负荷。为此，曹金波常常跑遍清淤工地，摸清每个工段所需用电负荷，努力做到心中有数。他还积极开展工作，在保证安全的前提下，充分利用地方的农灌闲置变压器，使清淤用电设备尽早安、装调试到位，确保了清淤工程的按期开工。低输沙渠清淤时，个别段无弃淤场地，他积极和村里干部联系，让村里承担一段清淤任务，弃淤场由村里自行解决。这样，既解决了弃淤场的问题，也完成了清淤任务，村民们挣到了钱，还把低洼地变成了良田，实现了双方利益的共赢。

曹金波就是这样一个人，常年战斗在艰苦的基层，以所为家，以苦为乐，勤勤恳恳，默默奉献，在平凡的岗位上努力实现着自己的人生价值。

### （二）基层所站的好"当家"——记青岛分局胶州管理处大沽河管理所所长韩磊

韩磊，中共党员，大专文化，任引黄济青胶州管理处大沽河管理所所长。从1999年9月他主持大沽河管理所工作以来，坚持以邓小平理论和"三个代表"重要思想为指导，理论联系实际，认真落实科学发展观，牢记党的根本宗旨，处处以身作则，坚守工程一线，积极落实省局、青岛分局和管理处的工作部署，带领职工艰苦奋斗，无私奉献，认真做好以"管好工程送好水"为中心的各项工作，改变了管理所的落后面貌。管理所2000年—2004年被省局评为先进集体；2001年—2002年获省局工程管理先进所三等奖。韩磊于2000年获省局嘉奖；2001年、2002年、2005年荣获省水利厅三等功，2004年获第五届省级优秀基层水利技术人员和省局水土资源开发先进个人荣誉称号等；连续多年被胶州市机关工委评为优秀共产党员。

认真履行职责，切实抓好工程管理和工程建设。大沽河管理所管辖输水河9.02千米，有工程设施20多座。它们在引水送水和防汛工作中起着重要作用。为确保工程设施、设备和输水河安全并发挥正常功能和效率，韩磊想责任，找压力，带领职工认真抓好工程管理。一是注重抓好输水河工程维修。由于多年通水运行，输水河衬砌板已进入老化期，需年年维修。几年来，他按照管理处确定的"突出重点，逐年更换"的修复计划，贯彻"精、细、严"的工程管理要求，切实做好输水河工程维修工作。组织职工先后预制并更换砼板3万余块、维修输水河堤坡5万多平方米，年年对衬砌板进行勾缝。二是认真抓好工程重点部位和机电设备的维修、更换和保养工作。2004年，他组织优势力量顺利完成了大沽河泄洪闸翻板闸门上下游水毁工程抢修任务，并修复两孔被洪水冲毁的砼翻板闸门；完成了大沽河倒虹、西导流墙基础和墙体、一级消力池水毁冲坑工程的修复任务，自行更换了15台启闭机。三是积极承担大沽河水毁工程抢修重任。2005年5月，在大沽河水毁工程抢修过程中，他发挥了党员的先锋模范作用，顶风雨、冒酷暑，不分昼夜，紧靠现场，参与集体组织指挥。经过38天的全力奋战，在大沽河行洪前圆满完成了工程抢修任务，顺利通过了省局、青岛分局对该工程的质量验收，并经受了大沽河行洪的严峻考验。

高度重视引水送水工作，确保安全引水入库。大沽河管理所，地理位置十分重要，它既担负着引水送水重任，又担负着大沽河防汛泄洪任务，有"引水第一所"之称。每遇行洪期，上级领导高度重视安全引水入库工作。韩磊自觉树立责任意识和全局观念，积极做好引水入库工作。2002年夏季，大沽河遭遇20年不遇的特大洪水，洪峰以1580立方米每秒的流量，夹杂着大量石块、泥沙和树干，将大沽河枢纽泄洪闸第三孔宽10米、高5米的砼自动翻板闸门冲毁卷走。洪峰过后，为坚决实现好省局、青岛分局安全引水入库的要求，韩磊带领职工投入到封堵缺口的战斗中。他腰系一根绳子带头跳入湍急的水流中，和同志们一道垒筑抛入水中的沙包、角架和树干。经一天一夜的英勇奋战，取得了封堵缺口的决定性胜利，确保引水入库3982.6万立方米。此次抢险，他多处受伤。在2005年夏季引水中，韩磊在上级的正确指导下，带领职工克服极端困难，排除各种干扰，坚守一线引水，奋战24天，引水入库3530万立方米。

狠抓植树绿化和水土资源开发，努力培育经济增长点。2000年以来，韩磊在抓好工程管理和引水送水工作的同时，还注重搞好辖区植树绿化和水土资源工作。第一，他按照管理处的统一规划和部署，对残次林带逐年进行改造，2006年，输水河两岸全部完成改造。其中将36亩残次林带改造成苗圃。第二，积极搞好苗圃建设与管理。根据管理处培育经济增长点的发展决策，2002年秋，韩磊主动与附近双京村委联系，低价租用土地78.4亩。当年冬季他组织开展对承包地的全面整治，盖起了管理房、架设了照明线路和铁丝围栏、打了水井、挖了输水沟渠，做到了旱能浇，涝能排。具体有效的工作落实，为发展苗圃打下了基础。2003年春，他带领职工抢抓机遇，成功栽植了黑松、马褂木、毛白蜡等20多个品种的苗木，共计20余万棵。2004年，又租用土地21亩，形成了百亩连片的苗圃格局。同时，将进口站弃土区10.8亩改造为苗圃。目前，253亩苗圃内的各种苗木长势良好，多数已进入销售期。所站内外的绿化美化环境也都有了新观瞻。第三，采取"走出去学，请进来教"的方法，认真学习苗木栽植和管理知识，很快掌握了苗圃管理的方法，并形成了有该所特点的管理方式。

认真抓好安全生产，为工程管理和引水送水营造安全环境。韩磊作为大沽河管理所安全生产第一责任人，对安全生产工作抓得紧、抓得实。一是要求工作人员严格遵守各项安全和机电设备的操作规定。二是严格督促检查，不定期地组织管理站站长对安全生产工作进行互相观摩、互查和评比，发现问题，责令整改。三是搞好安全生产教育和岗前练兵。利用雨雪天，组织职工学习安全知识，全所职工安全生产观念普遍增强。每当引水送水前，韩磊都安排时间，组织职工进行岗前练兵，熟悉巩固操作技术，演练排除故障的方法。职工们的业务技能都有很大巩固与提高，引水送水期间没有出现安全事故。四是积极向周边村庄群众宣传引水送水的重要意义和要求，协同派出所维护引水送水秩序，有效避免了争水、抢水等事件的发生。管理所已形成了部署工作有安全生产内容要求、检查工作看安全生产效果、总结评比讲安全生产情况的安全生产良好局面。

坚持以人为本，创建和谐管理所。韩磊在工作中坚持艰苦奋斗，真抓实干。他在生活上严格要求自己，以人为本的理念树得牢，对职工关怀备至、体贴入微。临时工家属因煤气中毒住院，他到医院慰问；职工刘素萍对象援疆在外，家中有困难，自来水管坏了、下水道堵塞，他派人修理疏通。临时工姜义先病重住院，他带头捐款并发动职工参与，共为姜义先捐款3000余元。为改善职工生活和办公条件，他遵照管理处领导的指示，积极组织进行伙房改造，买了蒸车，安装了暖气，购置了电脑。由于他关心爱护职工，职工们以所为家的思想树得更牢，向心力、凝聚力大为增强，营造了和谐的集体形象。自2005年10月管理处开展创建和谐单位活动以来，该所连续4次被评为和谐管理所，为全处深入开展和谐单位活动作出了榜样。

搞好社会协调，自觉维护引黄济青合法权益。为营造和谐的工程环境，他从大局出发，注重协调和处理好外部关系，维护了引黄济青的合法权益。2003年春季，"同三"高速公路工程建设途经大沽河管理所刘家荒站段，需建设跨输水河大桥。他本着对工程管理高度负责的精神，向"同三"方提出了高弃土的处理意见。由于对方刚开工，头绪繁多，没有引起足够重视。为了引黄济青工程管理和引水送水不受影响，他运用所掌握的专业知识和工程管理经验有理有据、有力有节地论证了对方大桥建设对引黄济青工程的不利影响。经多次商谈论证协调，他的建议终被对方采纳：在不影响"同三"方工程建设和引黄济青输水河工程安全的前提下，将刘家荒站段2.5千米高弃土用于高速公路建设使用。同时，管理所还承担了对方附属工程建设项目，增加经济收入19万元。由于双方合作默契，"同三"方无偿出动大马力机械，帮助将取土后的地段推平整理，管理所节约雇佣机械资金3万多元。随后所里实施了植树绿化计划。

发扬艰苦奋斗精神，坚持厉行节约，八年来，韩磊把艰苦奋斗、厉行节约的理念落实到各项工作中，在他的带头作用下，全所职工节水、节电、节油、节约利用土地资源等成为了自觉行动，并一以贯之。2003年、2005年春季，在植树绿化过程中，他积极联系当地镇村中小学，让老师和学生参与进来，挖坑植树1.2万棵，节约雇工费用1.2万元；2004年，他组织职工自行更换了15台启闭机铜套，节约费用0.75万元；2004年秋，为2005年大沽河水毁工程的修复准备物料，组织职工制作500个沉石铁笼，节约费用0.5万元；开展技术革新，自制无缝钢管连杆替代冲沙闸水毁连杆、进行大沽河桥栏杆制作及重新改造、铺设启闭机房配电线路、制作配电箱等，节约费用1.8万元；搞好后勤建设，养猪种菜，不断改善了职工生活质量，有力地促进了各项工作的圆满完成。

# 第四节　吃苦耐劳、无私奉献的对外技术援助人员

## 一、援疆引额济克工程工作队

两个运行年度的每个日日夜夜，援疆工作队依靠扎实的业务功底，发扬能吃苦、能战斗的精神，与新疆同志团结协作、并肩奋战，进行了大量卓有成效的工作，胜利完成了水库蓄水、度汛、总干渠试通水和日常管理等工作任务，确保了通水运行工作的顺利进行，成功地实现了引黄济青管理经验与引额济克运行管理的技术嫁接，圆满完成了代运行管理任务，赢得了新疆水利同行的一致赞誉。在援疆工作队的身上，体现出了与时俱进的"援疆精神"：讲政治、顾大局的奉献精神，克服困难、精心管理的敬业精神，艰苦奋斗、顽强拼搏的团结精神。[①]引黄济青"援疆精神"源于援疆工作队的无私奉献，伴随奉献的是一个个真实感人的故事。

引额济克工程地处人烟稀少、气候条件恶劣的准噶尔盆地北侧戈壁滩，在这里，打不出电话、看不上电视、读不到报刊；更为艰苦的是，在工作组驻守的部分所站，连吃饭都成问题，蔬菜、米面、饮用水得五六天才能补给一次，一个多月洗不上一次热水澡，买生活用品、看医生都要跑上几十千

---

① 葛红成，崔群. 戈壁盛开"济青"花 [J]. 山东水利，2002（1）：16-17.

米的路。由于音信不畅，远在千里的他们倍受思乡之苦……①

陈志向，山东省引黄济青工程管理局青岛分局副局长，当时50多岁，如果不去新疆，待在青岛分局机关是蛮舒服的；更何况家中还有年迈体弱的老母亲，他完全可以向组织申请不去新疆。但当他接到山东省引黄济青工程管理局党委的命令后，没提任何要求，连续三年赴疆，并担任工作队队长。第二次赴疆时，年老多病的老母亲的癌细胞已经扩散，急需他的照料，但他想到尚未完成的援疆工作、想到领导的信任和重托，毅然把照顾老人的重担交给了家属，带着牵挂和内疚登上了西去的航班。老母亲在病中多次念叨儿子的乳名，儿子在梦中也多次见到慈祥的老母亲，但遥遥千里只有无限的思念相连；甚至在老母弥留之际，陈志向也未能见上母亲最后一面。②援疆期间，陈志向虽然负责管理协调工作，但他却以高度的责任感，坚持天天在工地现场巡视，一次在检查总干引水闸门漏水情况时不慎扭伤右脚，他硬是咬紧牙关坚持工作，没有休息一天。③

每个人都有自己的家，家中有温暖，有天伦之乐，也有割舍不下的牵挂。但当家庭与事业发生冲突时，援疆的同志选择的是事业，牺牲的是个人和家庭利益。援疆工作队成员刘德成的孩子尚小，父母年迈多病，他说服妻子辞掉工作，照顾家中老小，毅然赴疆工作。在通水运行的关键时刻，驻站的王栋等5位同志为了准确把握水情，连续三天三夜没睡过一个囫囵觉。整个运行期间，不论是烈日当头的白昼，还是寒风刺骨的黑夜，哪里有情况、哪里有问题，哪里就会出现引黄济青人的身影。为及时发现工程隐患，挂职一站运行站长的郑飞，钻进直径仅为1米的几十米长的涵洞，亲自察看。王栋、刘春福所在站所必须与少数民族同志共同进餐，因生活习惯不同，经常是方便面相伴，体重骤减了10多斤。调度运行需要制订切实的运行方案，负责此项工作的孔祥升、姚令海、刘金峰等6名同志，核定数据、分析计算，白天黑夜连轴转，起草出几十万字的运行方案；程树泉、赵守勤、尹全林等同志，由于操劳过度，胃病复发，实在痛得受不了了就吞下几片止疼药，继续工作。④

援疆工作队队员刘广福进疆前，女儿刚做了急性阑尾炎手术；来疆不久，妻子又因急性肠粘连入院手术，工作队全体同志自觉捐款1250元。韩军平在新疆查出患了高血压，队领导让他选择去留时，他说："苦和难谁都会遇到，换别人来不也同样有很多难处吗？"这就是援疆工作队员的精神世界，这就是援疆同志的思想品质。⑤

**二、援京应急调水工作组**

2008—2009年，率先建成并投入使用的京石段工程保证了"南水北调工程及时向北京供水，既是南水北调京石段工程临时发挥效益的实践，又是对工程质量的一次检验"。⑥但当时南水北调中线干线工程整体尚处在建设期间，京石段工程属于临时通水，仅仅具备主体工程通水条件，而生活设施还没

① 葛红成，崔群.情洒戈壁——省引黄济青工程管理局援疆工作纪实[J].山东水利，2001（7）：34-35.
② 葛红成，崔群.戈壁盛开"济青"花[J].山东水利，2002（1）：16-17.
③ 葛红成，崔群.情洒戈壁——省引黄济青工程管理局援疆工作纪实[J].山东水利，2001（7）：34-35.
④ 葛红成，崔群.戈壁盛开"济青"花[J].山东水利，2002（1）：16-17.
⑤ 葛红成，崔群.戈壁盛开"济青"花[J].山东水利，2002（1）：16-17.
⑥ 王文杰.南水北调中线京石段应急供水系列报道之一：燕赵大地铸精品 一渠清水送北京——南水北调中线京石段（河北）应急供水工程建设纪实[J].河北水利，2008（10）:6+17.

有配套建设，工作条件十分艰苦，与引额济克工程相比，有过之而无不及。胶东调水局主要领导在慰问时，曾经说过："没想到向北京送水现地条件比新疆还艰苦！"工作组的同志就是在这样的条件下坚守工作岗位，但在困难面前没有一个人退缩，表现出了高度的政治责任心和工作使命感，展现出了胶东调水人吃苦耐劳、不怕困难、甘于奉献的良好精神风貌，以实际行动为胶东调水局争了光，使胶东调水局援疆工作精神在援京调水工作中又一次得到发扬光大。[①]

在援京调水一线工作的同志，家中大多有病人、老人、孩子需要照顾。有位同志母亲刚刚去世，父亲刚从农村接到城里，需要唯一的儿子在身边安慰、照顾，妻子身体也不好，但他考虑再三还是义无反顾地参加了援京调水工作组；该同志在工作组中年龄最大，但吃苦在前、享受在后，不讲条件，不计得失，工作兢兢业业、认真负责，以实际行动为他人树立了榜样。还有一位同志，在准备培训期间得知从小把他养大的奶奶去世，强忍悲痛，没有赶回去为老人送行，而是坚守在工作一线，直到培训结束后才回去。

在工程现场工作的同志每人一个地方，荒郊野外，相隔最近的也有20多千米，想见个面都是奢望。春节更是一家人团圆的节日，也是这次调水最关键的时期，中线局并没有要求工作组的人员都留在工作岗位上，但出于对工作的高度负责，大家一致同意留在工作岗位过春节，放弃了回家团圆的机会。其中，有5位同志的家属和孩子在春节前赶到了工作所在地，在工地摇摇晃晃的工棚中、在凛冽的寒风中度过了一个特殊的春节。

工作组克服了许多难以想象的困难，忍受了长时间的寂寞和对家人朋友的思念，把胶东调水局党委的重托放在首位、把完成北京应急调水工作放在首位，以精湛的技术、扎实的工作、诚恳的为人、出色的成绩获得了中线局和现地运行单位的高度赞赏。中线局局长曾说："有山东调水局的人在，我心里有数，心里踏实。"中线局分管运行的副局长也多次说过："这次南水北调临时通水，找山东胶东局作为合作伙伴算是找对了，以后有机会还找你们！"

## 第五节　引黄济青精神和山东调水文化品牌

2000年，北京中华世纪坛落成，由青铜砖铺成的262米甬道上，记录着中华民族五千多年的大事件，1989年只记载了2件，其中之一就是"山东省引黄济青工程竣工通水"。2008年12月23日，半岛都市报社、青岛市文明办、青岛市史志办共同发起的"改革开放30年"大型评选活动中，引黄济青工程被评为青岛改革开放30年十件大事第四位。2009年9月8日的《大众日报》将引黄济青工程列为庆祝新中国成立60周年·山东60年60件事。2023年1月，引黄济青工程被水利部评为"人民治水·百年功绩"治水工程项目。工程建成通水30多年来，也锤炼了引黄济青精神，打造了山东调水文化品牌。

---

① 水利部南水北调规划设计管理局，山东省胶东调水局．引黄济青及其对我国跨流域调水的启示 [M]．北京：中国水利水电出版社，2009:251.

## 一、引黄济青精神

在引黄济青工程 30 多年的建设管理过程中，形成了具有行业特点的引黄济青精神，成为整个团队的文化旗帜。1999 年，山东省引黄济青工程管理局凝练提出了"爱岗敬业、团结务实；艰苦创业、开拓争先；无私兴业，造福人民"的"引黄济青精神"。

山东调水人以自己的实际行动，彰显了调水人为党和人民担当作为的伟大建党精神。这笔宝贵的精神财富培养造就了一批又一批艰苦奋斗、勇于奉献、特别能吃苦、特别能战斗的调水人，涌现出一群又一群先进人物，创造了一个又一个调水奇迹。

2019 年，为全力做好引黄济青工程建成通水 30 周年庆祝活动，山东省调水工程运行维护中心高质量完成"五个一"工程，即山东省政府召开引黄济青工程建成通水 30 周年新闻发布会，山东省水利厅召开引黄济青工程建成通水 30 周年座谈会，组织拍摄了"上善之心济苍生"行业宣传片，印制了"一渠清水润胶东"纪念画册，邀请新闻媒体深入工程沿线进行采访报道。这一系列庆祝活动引起社会的强烈反响，也将"引黄济青精神"进一步总结传承。

作为工程管理单位，山东省调水工程运行维护中心积极践行"绿水青山就是金山银山"的发展理念。引黄济青工程经过 30 多年扎实有效的绿化美化，形成了"三季有花，四季常青"的亮丽风景，沿线的林带已成为山东东部防风固沙的绿色长廊。600 余千米的宏伟工程与绿色长廊交相辉映，形成了水利工程、站所风光、景观林带和山水风光相互交融的美景，被全国绿化委员会授予"国家绿色长廊"称号。人水和谐、壮丽秀美的胶东调水工程呈现在世人面前，彰显山东调水文化。

## 二、山东调水文化品牌

2021 年 3 月 16 日，山东省调水工程运行维护中心在济南正式公布"山东调水"公共品牌标识（图 9-1），其以蓝色为主基调，同时融入山东省调水中心两大基础元素——水和泵站。三条渐变的蓝色线条，代表着"黄河水、长江水与当地水"多水源联合调度体系；中间加入水泵缩影，突出体现调水水源通过多级提水泵站输送到受水地区；两端拥抱弧形，寓意爱水护水理念。同时，标识融合"山东"的"山"字缩影，体现齐鲁地域属性。标识从倡导"调水、节水、爱水、护水"公益性角度出发，紧紧围绕"调水为民·服务发展"理念，向社会各界及广大人民群众宣传普及推广山东省调水工程运行维护中心立足"管好工程送好水"职能，着眼调水事业长远发展、服务经济文化强省建设的责任担当。

图 9-1 "山东调水"公共品牌标识

近年来，山东省调水工程运行维护中心在推动调水特色文化建设方面取得一定成效。青岛分中心建成引黄济青工程通水三十周年成就展展厅，展出从引黄济青到胶东调水再到调水中心的发展历程和发挥的巨大社会效益、经济效益和生态效益。亭口泵站将党建与调水文化相结合，在办公区域精心打造以"不忘初心，牢记使命，永远跟党走"为主题的党建文化墙和党建文化宣传阵地。

"十四五"期间，山东省调水工程运行维护中心着力打造独具特色的调水文化体系，打造并推广"山东调水"品牌，在标识、标志、标准方面树立形象、扩大影响。有序推进文化基地建设，利用3～5年的时间，建设一批主题展馆、文化长廊、水情教育基地，展示调水事业改革发展历程，诠释水文化深刻内涵，全面展示调水起源、设计理念、发明创造、精神内涵、先模事迹、人水关系、治水理政等方面的成果，增强全系统乃至全社会对调水工作的历史自豪感、认知感和崇尚感，发挥水文化基地应有的社会传播功能。

面向未来，山东省调水工程运行维护中心将紧紧围绕"走在前，开新局"的目标定位，着力在完备工程体系、优化配水能力、实现工程管理标准化、加快数字赋能转化、创建美丽幸福河湖、提升依法治理水平、强化安全生产管理等七个方面聚焦发力，逐步构建健全完善的制度保障体系、保障有力的水网工程体系、科学规范的工程管理体系、畅通便捷的信息支撑体系、配置合理的人才队伍体系、安全可靠的风险防控体系、科学有效的资产管理体系、水清景美的生态工程体系、独具特色的调水文化体系等九大体系，坚决扛起调水运行保障、骨干水网建设、调水工程管护、水质安全监测、提供技术支撑等职责，全面推进山东调水事业高质量发展，不断提升水安全保障能力，为新时代中国特色社会主义现代化强省建设提供安全可靠的供水支撑和保障。

大事记

1979 年 7 月，邓小平同志视察青岛时发现青岛严重缺水，指出："青岛要发展，首先必须解决缺水的问题，要从根本上解决，眼光必须向外。"

1982 年 1 月，国家城建总局会同山东省计委、山东省城建局、山东省水利厅、山东省黄河河务局在山东省青岛市联合召开了"青岛市水源研究讨论会"，正式提出了"引黄济青"的设想。

1984 年 2 月，山东省计委、城乡建设委员会，邀请了省内外给水、水利、地质等方面的专家、学者数十名，沿途查勘了引黄济青现场后，在青岛市召开了"青岛市城市供水方案论证会"。大家一致认为：解决青岛供水迫在眉睫，但是青岛周围地区淡水资源严重不足，远远不能满足其用水要求，必须跨流域远距离调引黄河水。

1984 年 2 月，山东省计委、建委又召开"青岛市供水方案论证会"，进一步确定"引黄济青"管道供水方案。江国栋、张次宾等看到全线采用管道输水的规划报告后，认为引黄济青工程采用明渠输水方案，可以兼顾农业及沿途用水，发挥更大效益。山东省水利厅派王大伟协助江国栋、张次宾整理了 5 月 20 日给省政府领导的信，建议"引黄济青"工程采用明渠输水方案。6 月 25 日，江国栋、张次宾、张兰阁、孙贻让、沈家珠、戴同霞、李明阁、宫崇楠等 8 人联名写报告给中共山东省委书记苏毅然、省长梁步庭，建议将明渠输水方案作为"引黄济青"工程方案之一进行比较。

1984 年 7 月 4 日，中央领导同志视察黄河，万里、胡启立、李鹏等中央领导在济南南郊宾馆召开会议，听取关于引黄济青工程的汇报。参加会议的有国家计委副主任黄毅诚、水电部长钱正英、黄河水利委员会主任袁隆、副主任龚时旸、山东省委、省政府负责人苏毅然、李昌安、李振、姜春云、刘鹏、卢洪，潍坊市委书记王树芳，青岛市副市长宋玉珉，省建委副主任谭庆琏，省水利厅总工程师孙贻让等。中央领导指出："引黄济青采用明渠方案好，综合效益大；能照顾群众利益，便于发动群众；明渠可以把几个水系联系起来，成为一个区域性骨干工程，对胶东地区的发展具有重要战略意义。"要求发扬引滦精神，两年完成向青岛送水。会议要求 9 月提出可行性研究报告，并邀请全国有关专家进行论证。

1984 年 7 月 8 日至 10 日，山东省水利厅在济召开引黄济青工程第一次工作会议，马麟厅长主持，省直有关部门及工程沿线地市水利局等单位代表参加会议。

1984 年 9 月 15 日，山东省常务副省长李振主持召开省政府第 52 次常务会议，听取并讨论了山东省水利厅厅长马麟关于引黄济青工程的汇报，确定对山东省水利厅提交的《可行性研究报告》进行修改，由卢洪、朱奇民定稿后提交论证会讨论。

1984 年 9 月 20 日至 26 日，山东水利学会受中国水利学会委托，召开了引黄济青工程可行性研究论证会。邀请了国内有关调水规划、泥沙处理、基础防渗、水工结构、水利经济、环境水利、大型泵站、城市供水等方面的专家、学者参加论证，同时还邀国家计委、城乡建设环境保护部、建设银行总行、农牧渔业部、水电部等有关部门负责人到会指导。山东省直有关部门以及惠民、东营、潍坊、青岛等地（市）县水利局也参加会议。共有代表 160 余人，其中总工程师、教授 29 人。副省长李振、刘鹏、卢洪和青岛市负责人出席了会议。会议第一阶段为9月20日至22日，部分代表沿线考察了引黄济青渠首、沉沙池、输水河重点地段和调蓄水库库址等。第二阶段从1984年9月23日开始，大会正式开幕，山东水利学会副理事长、水利厅厅长马麟主持会议，水利电力部水利水电规划设计院姚榜义副总工程师代表中国水利学会祝贺大会胜利召开。山东省副省长卢洪代表山东省人民政府致开幕词。青岛市市长臧坤到会讲话。山东省水利勘测设计院主任工程师王大伟向大会汇报了《山东省引黄济青工程可行性研究报告》的主要内容。大会按专业分六个组进行讨论，大家一致认为引黄济青势在必行，引黄济青工程方案是切实可行的，经济上也是比较合理的。

1984年10月6日，中共山东省委召开第81次常委会，由省委副书记李昌安主持，听取了省水利厅马麟的汇报。10月10日省政府向国务院上报《关于兴建山东省引黄济青工程的报告》，随文上报《山东省引黄济青工程设计任务书》。水利电力部受国家计委委托，会同城乡建设环境保护部，于10月29日至30日，由杨振怀副部长主持，在北京召开《设计任务书》审查会。会议基本同意《设计任务书》提出的向青岛日供水55万立方米的明渠输水方案和工程总体布局，并核增投资1亿元，核定调蓄水库及其以上部分工程投资12.5亿元。由于国家财力限制，难以按日供水55万立方米的规模实施。

1984年11月，山东省人民政府以鲁政发〔1984〕117号文《关于兴建引黄济青工程的报告》上报国务院。1985年国家计委正式批复。在此期间对引黄济青工程的供水部分明渠与管道方案进行了多次调查研究、反复论证，最后确定了明渠输水方案。

1985年1月11日，国务院召集有关部门讨论山东引黄济青工程，指示要对明渠和管道方案作进一步比较，中央确定投资5亿元。2月24日，山东省政府召开第66次常委会，讨论引黄济青工程，要求按中央投资5亿元，省市投资3亿元，作出明渠和管道两个方案。在充分论证补充的基础上，山东省水利厅补充编制了《山东省引黄济青工程修正设计任务书》。

1985年7月26日，省政府召开82次常务会议，听取马麟关于《引黄济青工程修正设计任务书》编制情况的汇报。会议确定引黄济青工程采用明渠方案。

1985年8月2日，山东省政府向国务院上报《关于兴建山东省引黄济青工程的补充报告》（鲁政发〔1985〕82号文），随之上报了《山东省引黄济青工程修正设计任务书》。

1985年10月18日，国家计委批复山东省政府，批准《山东省引黄济青工程设计任务书》。要求争取3年左右的时间建成投产。

1985年10月18日，国家计委以计资[1985]1650号文批复山东省人民政府批准《山东省引黄济青工程修正设计任务书》。其工程规模为渠首引水流量45立方米每秒，增加青岛市日供水能力30万立方米。总投资控制在8亿元以内。

1985年11月，山东省政府决定，成立山东省引黄济青工程指挥部，由一名副省长任指挥，省委、省政府有关部门的负责人任副指挥，水利厅一名副厅级干部任常务副指挥；由水利厅总工程师及一批高级工程师组成引黄济青工程技术委员会。这两个机构，在省政府直接领导下，协调各有关行业，齐抓共管，把工程建设和行政任务融为一体，成为完成这项任务的坚强组织保证。沿线各市（地）县（区）

均建立相应的指挥机构。

1985 年 11 月 20 日，山东省人民政府召开第 95 次常务会议，听取并讨论了马麟同志关于引黄济青工作情况和有关问题的汇报。李昌安省长主持会议，原则同意水利厅对工程有关问题提出的意见，确定总投资按 8 亿元安排，3 年基本完成。

1985 年 12 月 6 日，山东省政府决定建立山东省引黄济青工程指挥部办公室，工程完成后改为山东省引黄济青工程管理局，列为比厅低半格的事业单位，归省水利厅领导，内设机构秘书处、行政处、计划财务处、物资供应处、工程管理处。

1985 年 12 月 10 日，山东省引黄济青工程初步设计全部完成，山东省水利厅上报山东省人民政府。

1985 年 12 月 26 日至 29 日，山东省人民政府商同水利电力部、城乡建设环境保护部在济南召开山东省引黄济青工程初步设计审查会。卢洪副省长主持会议，国家有关部委、省直有关部门及工程沿线地市的 140 多名代表出席，会议通过了《山东省引黄济青工程初步设计审查会会议纪要》。

1986 年 1 月 11 日，山东省人民政府以鲁政发〔1986〕5 号文对《山东省引黄济青工程初步设计》批复如下：引黄济青工程渠首引水流量为 45 立方米每秒，棘洪滩水库总容量为 1.458 亿立方米，净水厂设计日净水能力为 36 万立方米，增加青岛日供水能力 30 万立方米。

1986 年 2 月，山东省引黄济青工程指挥部卢洪副省长向济南军区汇报，争取济南部队支援工程建设。参加会议的有济南军区首长迟浩田、固辉，山东省水利厅马麟厅长，孙贻让总工程师。

1986 年 4 月 15 日，山东省引黄济青工程开工典礼大会在胶县（现胶州市）桃源河改道工地隆重举行，参加开工典礼大会的有山东省委、省顾委、省人大、省政府、省政协的负责同志刘鹏、李治文、萧寒、卢洪、朱奇民、丁方明等，济南军区、北海舰队和省军区的负责人迟浩田、固辉、何常运、曹朋生等，城乡建设部顾问尚枫和水电部、财政部、黄委会的负责同志。参加开工典礼的还有山东省直有关部门和青岛、潍坊、东营、惠民 4 市地，10 个县区的有关负责同志以及参加工程建设的解放军指战员和民工共计 3000 多人。山东省引黄济青工程指挥部副指挥马麟同志主持会议。刘鹏、卢洪、固辉、楼溥礼、尚枫、藏坤、范作辑、王志圣同志在开工典礼大会上讲话。

1986 年 4 月 15 日 10:00，卢洪同志按动电钮，土方爆破的炮声在桃源河改道工程工地上打响了。接着与会领导、民工、施工部队进入施工现场，挥锹破土——引黄济青工程建设的第一个战役开始了。

在桃源河改道工程中，济南军区投入大量兵力和施工机械，历时 70 天，于 7 月 10 日竣工，庆功大会在胶县召开，李昌安、马忠臣、固辉、刘鹏、宋玉珉等省市及济南军区负责同志参加会议并讲话，省引黄济青工程指挥部副指挥马麟、张孝绪和援建部队指战员及有关方面代表共计 1000 多人，参加了竣工大会。

1986 年 11 月 13 日至 28 日，李明阁等一行 4 人，赴埃及考察美国汉森公司混凝土衬砌机械使用情况。在埃及期间，考察了混凝土衬砌机械施工的 2 个渠道现场和 3 个水利科学研究所，并就该机械的性能、特点、效率以及使用的具体情况，与有关人员进行了详谈。

1988 年 3 月 23 日至 4 月 6 日，李明阁副主任与省水利总队队长杨德耀等一行 4 人，赴美国考察

GOMACOCO 生产的渠道混凝土衬砌机械。

1988 年 6 月，美国专家、国际排灌委员会施工专业委员会主席何金斯先生应中国水利部邀请，到引黄济青工程进行考察，并写了介绍引黄济青工程的专题文章在美国杂志上发表。文章题目：《引黄济青工程——世界第一流的施工水平，将于 1989 年竣工》。

1988 年 7 月 26 日，山东省引黄济青工程管理局委托邮电部设计院对引黄济青通信工程进行方案设计。

1988 年 8 月 6 日，姜春云省长看了美国专家何金斯先生在该行业杂志发表的文章后，作重要批示："希望参加工程建设的全体干部、员工奋发努力，真正把引黄济青工程建成世界第一流水平的项目，为山东经济建设做出贡献，为山东人民争光。"

1988 年 10 月 3 日，山东省编制委员会《关于同意省引黄济青工程指挥部办公室加挂省引黄济青工程管理局牌子的批复》（鲁编〔1988〕240 号文）批准成立山东省引黄济青工程管理局。引黄济青工程管理局从事引黄济青工程日常维护和管理，为青岛市及输水河沿线提供供水服务。管理机构分为管理局、分局、处、所 4 个级别建制，有省管理局，青岛、潍坊、惠民三个分局和东营直属管理处，水库、胶州、平度、寒亭、昌邑、寿光、博兴管理处，高密、即墨和 5 座泵站、12 个大倒虹闸站管理所，以上管理机构和人员是垂直隶属关系。

1989 年 4 月 5 日至 6 日，王乐泉副省长去博兴县处理引黄济青移民安置问题，马麟、张孝绪同志陪同前往。听取地县及省指汇报工作后，王乐泉副省长针对移民安置需要解决和落实的问题作了重要讲话。

1989 年 4 月 9 日，山东省人民政府发布《关于加强引黄济青工程管理的布告》。

1989 年 6 月 13 日，王乐泉副省长到引黄济青工程棘洪滩水库进行视察，孙贻让、张孝绪同志陪同前往。重点研究了水库建设进度问题。

1989 年 11 月 3 日，山东省引黄济青工程管理局、山东省财政厅、山东省物价局联合下发了〔1989〕济青管字第 7 号文《关于印发＜山东省引黄济青工程水费计收和管理办法＞的通知》确定了引黄济青工程的最初水价。供水水价为 0.742 元每立方米。遵照省政府领导的意见，为尽量减轻青岛市经济负担，实际上只是按供水成本收费，即每立方米水费标准为 0.38 元，生活用水年度内按 1440 万立方米低于供水成本计算，即水费标准为 0.087 元每立方米。同时为保证工程必要的维修养护费，对青岛市实行了基本水费和计量水费相结合的办法，年度内用水 3700 万立方米以内、收取基本水费 1400 万元，用水量超过 3700 万立方米时，按计量水费办法收取水费。农业用水，因沿线供水成本不同，故对水费标准实行分段计算，低于运行成本。

1989 年 11 月 17 日，山东省引黄济青管理委员会第一次会议在济南召开，王乐泉副省长主持会议。张孝绪同志汇报《关于引黄济青工程建设简况和试通水情况》《1989 年至 1990 年引黄济青工程分水计划》《山东省引黄济青工程管理试行办法》以及《山东省引黄济青工程水费计收和管理办法》，马麟同志介绍了省政府 37 次常务会议关于成立山东省引黄济青管理委员会的有关情况，孙贻让就引黄济青工程试通水一次成功和存在的问题及试通水应引起重视的有关问题谈了意见。

1989年11月19日，山东省人民政府以鲁政发〔1989〕138号文向有关市（地）人民政府、行署，县（市、区）人民政府下达《关于发布＜山东省引黄济青工程管理办法＞的通知》。

1989年11月25日，山东省委、省政府在潍坊召开引黄济青工程通水典礼表彰大会。参加会议的有：全国政协副主席谷牧，水利部部长杨振怀，山东省委、省顾委、省人大、省政府、省政协的负责同志姜春云、马忠臣、赵志浩、梁步庭、李振、李春亭、刘鹏、卢洪、王树第、王乐泉、陆懋曾、朱奇民以及在山东省的中顾委委员苏毅然等；国家城乡建设委员会、物资部、建行、黄委、淮委、海委、天津设计院、江苏水利设计院、上海市政设计院和济南军区、山东省军区、北海舰队37492部队也应邀出席；省直有关部门和惠民、东营、潍坊、青岛4市（地）10县区有关负责同志参加大会，共计500余人。

国务院为引黄济青工程通水发来贺电，万里委员长、全国政协副主席钱正英分别打来电话、电报，以示祝贺。

上午9：00，山东省委书记姜春云宣布通水典礼开始，并代表山东省委、省政府讲话。

谷牧、杨振怀、梁步庭、苏毅然同志为引黄济青工程剪彩。

谷牧同志签署开机命令并亲自操作启动2号机组。中央和山东省领导同志分别在王耨泵站签名留念。

1989年11月25日15：00，山东省委副书记马忠臣主持引黄济青工程通水表彰大会，表彰大会上，山东省委、省政府向济南军区等17个单位授予锦旗。

水利部部长杨振怀，山东省委副书记、省长赵志浩讲话，马忠臣宣读国务院关于引黄济青工程通水的贺电。

1990年7月，全国人大常委会委员长万里视察引黄济青工程棘洪滩水库。

1990年11月28日，山东济南机电设备国际招标公司在济南珍珠泉礼堂召开山东省引黄济青工程微波、一点多址设备开标会议，会议由省政府副秘书长主持，参加会议的有山东省引黄济青工程管理局的领导，济南机电设备招标公司的负责同志以及参加微波设备、一点多址设备投标外商，共计12家，经评标委员会评标，微波设备由西门子公司中标，一点多址设备由美国电报电话公司中标，中标设备分别为：微波CTR190-8，8GHz、1+1无损失倒换，34.368 Mb/s数字微波设备。一点多址：MAR-30 1.5GHz无线电系统。12月20日签订合同。

1991年，山东省引黄济青工程荣获国家优秀设计奖。

1991年2月7日，中共中央政治局委员、国务院副总理田纪云视察了引黄济青工程宋庄泵站，山东省人民政府省长赵志浩、副省长王乐泉等领导同志陪同视察。

1991年4月17日，引黄济青微波通讯培训班结业典礼在山东工业大学举行。

1991年5月19日，全国政协副主席钱正英，在山东省、潍坊市、寿光县领导的陪同下，到引黄济青工程宋庄泵站进行了调查研究。

1991年7月21日，山东省人民政府办公厅批准山东省引黄济青工程管理局高月奎、韩洪、张卫民、谷峪、万年新、赵晓东、杨欣赴爱尔兰、意大利进行技术培训，在外 77 天。这是山东省引黄济青工程管理局第一次派员参加国外的技术培训。

1991 年 9 月 21 日至 30 日，张孝绪局长、戚其训副局长等 5 人赴爱尔兰、意大利进行通信设备考察并参加设计联络会。这是山东省引黄济青工程管理局第一次参加国外设计联络会。

1991 年 10 月 16 日，山东省重点建设先进表彰大会颁发先进奖牌，引黄济青工程获新中国成立以来山东省重点工程建设项目先进奖。

1991 年 12 月 2 日至 26 日，受国家计委委托，由山东省人民政府组织，国家建设部、建行总行、黄委会、济南军区以及省直机关等 30 多个部门和单位组成的验收委员会进行了引黄济青工程竣工验收。验收委员会认为：整个工程设计合理，技术先进，规模宏伟，质量标准很高，达到了国际先进水平，并为今后的水利建设提供了许多新技术和新经验，经现场核验，资料审查，工程合格率达 100%，优良率达 93.6%，整个工程达到国家规定的优良等级，验收委员会同意验收，并决定移交管理单位使用。

1992 年 4 月 2 日，引黄济青工程通过省优评定。并获得水利部优质工程奖。

1992 年 9 月 22 日，引黄济青第二届职工运动会在平度举行。

1992 年 11 月，山东省引黄济青工程输水、沉沙设计研究荣获国家科学技术进步奖二等奖。

1993 年，山东省引黄济青工程棘洪滩泵站荣获国家优秀设计奖。

1993 年 2 月，水利部部长钮茂生视察引黄济青工程棘洪滩水库。

1993 年 2 月，山东省人民政府办公厅以鲁政办发〔1993〕11 号文《山东省人民政府办公厅转发省物价局省水利厅关于调整引黄济青供水价格的请示的通知》同意调整引黄济青供水价格，把引黄济青对青岛市供水价格定为 0.89 元每立方米，且再次考虑到青岛市的承受能力，其水价的调整可逐步到位，从 1993 年开始，将年基本水量、基本水费调整为：年基本水量 3700 万立方米，年基本水费 3840 万元，超过 3700 万立方米后，再用水量核定为 0.47 元每立方米。同时，对工程沿线农业供水价格等进行了明确。工程自上游至下游，按照泵站级次分段供水成本为：博兴一干 0.05 元每立方米，宋庄泵站以上 0.105 元每立方米，王耨泵站以上 0.121 元每立方米，亭口泵站以上 0.151 元每立方米，入库泵站以上 0.183 元每立方米。考虑到农民的承受能力，也采取逐步到位的办法，1993 年暂按成本的 60% 计收。

1993 年 5 月，美国 AT&T 公司在济南珍珠泉大酒店召开山东省引黄济青工程管理局一点多址 MAR-30 系统竣工新闻发布会。

1993 年 7 月，国务院副总理邹家华视察山东省引黄济青工程王耨泵站。

1994 年 3 月 3 日，山东省人民政府办公厅发布《关于核定 1994 年引黄济青工程供水价格的通知》(鲁政办发〔1994〕19 号文)，主要内容有：1）年基本水量 3700 万立方米和基本水费 3840 万元，仍按鲁政办发〔1993〕11 号文件规定执行；2）计量水价核定为 0.645 元每立方米；3）认真贯彻节约用水、计划用水的要求，每年都要签订供用水合同，凭合同供水和用水；4）本通知自 1994 年 1 月 1 日起执行。

1994 年 10 月，省引黄济青工程管理局共青团组织系统青年职工举办"济青誉九州、青年向未来"知识竞赛。

1994 年 11 月，庆祝引黄济青工程通水五周年文艺汇演在济南隆重举行。

1994 年 12 月 2 日，《黄河报》第三版推出"纪念引黄济青工程建成通水五周年"。

1995 年 7 月 25 日，山东省人民政府办公厅以鲁政办发〔1995〕60 号文确定自 1995 年 7 月 1 日起执行到位价格，即年基本水量 3700 万立方米和基本水费 3840 万元不变，计量水价 0.825 元每立方米，其他有关规定仍按鲁政办发〔1993〕11 号文件的规定执行。

1995 年 8 月 1 日，山东省引黄济青工程管理局第三次思想政治工作研讨会在青岛召开。

1995 年 12 月，山东省引黄济青工程管理局数字微波干线工程、一点多址支线工程、数字程控交换工程全部竣工，该通信工程是山东省水利系统有史以来最大的通信工程。

1996 年 3 月，山东省引黄济青工程管理局被全国绿化委员会授予"全国部门造林绿化 400 佳单位"称号。

1997 年 5 月，山东省引黄济青工程被评为水利部优质工程。

1997 年 12 月 29 日，山东省引黄济青工程管理局召开机关首届职工代表大会。

1998 年 11 月，山东省引黄济青工程管理局被水利部授予一九九七年度"全国水利经济先进单位"称号。

1999 年，在工程运行管理 10 周年之际，山东省引黄济青工程管理局评选出八大典型人物，他们是：殷桂友、吕福才、颜景协、孙翀、陈志向、滕希华、刘正森、吕清森。他们立足本职岗位，在平凡的工作中做出了不平凡的业绩；他们的模范行动激励、带动了引黄济青的全体职工，形成了引黄济青宝贵的精神财富。

1999 年 5 月，引黄济青泵站工作会议在棘洪滩水库举行。

1999 年 11 月 18 日，《中国水利报》第 4 版推出专版"热烈庆祝引黄济青工程通水十周年"。

2000 年，北京中华世纪坛竣工，这是中国人民迎接新千年、新世纪的标志性纪念建筑，其中总长 262 米、3 米宽的青铜甬道记录着中华民族五千年大事记，1989 年的大事只记载了两件，其中之一就是"山东省引黄济青工程竣工通水"。

2000 年 6 月 17 日，引黄济青工程泵站管理技术比武大会召开。

2000 年 10 月 11 日，棘洪滩水库管理处隆重举行省级文明单位挂牌仪式。

2001 年 2 月 27 日，山东省政府办公厅以鲁政发〔2001〕15 号文《山东省人民政府关于尽快批复胶东供水应急救灾工程可行性研究报告的请示》上报国务院，阐述胶东地区水资源危机现状及采取的应急措施，并进一步阐述了兴建胶东地区供水工程的必要性。

2001 年 6 月 9 日，国务院副总理温家宝与山东省省委书记吴官正视察引黄济青工程王耨泵站，对引黄济青工程给予了高度评价："去年和今年春天山东大旱，青岛不缺水，你们替我们排了忧，我代表国务院，感谢引黄济青广大职工！"

2001 年 6 月 20 日，山东省引黄济青工程管理局在济南举办庆祝建党八十周年文艺汇演。

2001 年 8 月，山东省引黄济青工程管理局举行部分处级职位竞争上岗答辩会。

2001 年 9 月，山东省物价局《关于调整引黄济青工程向青岛市供水基本水量和基本水费的通知》
（鲁价格发〔2001〕308 号）对引黄济青工程向青岛供水的基本水量和基本水费进行了调整，具体为：
每年基本用水量 9000 万立方米，基本水费 8212.5 万元，年用水量超过 9000 万立方米后的计量水价，
仍执行原标准即 0.825 元每立方米。自 2001 年 1 月 1 日执行。

2002 年 4 月，山东省引黄济青工程管理局工作会议在省水利职工疗养中心召开。

2002 年 4 月 3 日，国家发展计划委员会《印发国家计委关于审批山东省胶东地区引黄调水工程项
目建议书的请示的通知》（计投资〔2002〕523 号），对工程项目建议书进行批复，明确该项目建议
书已经国务院批准立项。

2002 年 7 月 18 日，山东省胶东调水调度指挥中心大楼奠基，于 2006 年 9 月 30 日竣工。

2002 年 9 月，山东省引黄济青工程管理局上报的项目"长距离输水渠道梯级泵站工程管理实践与
研究"获得山东省科学技术奖三等奖。

2003 年 7 月 3 日，国家发展和改革委员会、水利部联合颁布《水利工程供水价格管理办法》并于
2004 年 1 月 1 日起施行。为此，于 2005 年 6 月，依据上述办法的有关规定，结合引黄济青工程的实际情况，
对供水水价构成中的供水生产成本、供水生产费用等进行了测算，经省物价局对实际供水成本费用监审，
监审结论为供水成本是 1.53 元每立方米。

2003 年 8 月 22 日，国家发展和改革委员会在经过国务院批准后，以发改投资〔2003〕1013 号文
印发《国家发展改革委关于审批山东省胶东地区引黄调水工程可行性研究报告的请示的通知》，对工
程可行性研究报告进行批复，并明确中央安排预算内投资 7 亿元。

2003 年 10 月 20 日，山东省发展计划委员会以《关于山东省胶东地区引黄调水工程初步设计的批复》
（鲁计重点〔2003〕1111 号），对工程初步设计进行批复，审定概算总投资为 28.94 亿元。

2003 年 12 月 19 日，胶东地区引黄调水工程开工典礼仪式在招远市辛庄泵站工地隆重举行。山东
省委书记张高丽、省长韩寓群、水利部副部长陈雷、国务院南水北调办公室副主任宁远等领导同志出
席开工典礼仪式。

2004 年 4 月 23 日，山东省引黄济青工程棘洪滩水库配套水厂供用水协议签字仪式在棘洪滩水库
管理处隆重举行。参加该项目签字仪式的单位有：用水方城阳区水利局西部供水处，主管单位城阳区
水利局；供水方山东省引黄济青工程棘洪滩水库管理处，主管单位山东省引黄济青工程管理局青岛分局。

2004 年 5 月 9 日，山东省胶东地区引黄调水工程施工监理招标开标会议召开。

2004 年 5 月 16 日，棘洪滩水库配套水厂开工典礼在棘洪滩水库管理处西侧荒弃多年的滩地上举行。
青岛分局吕福才局长主持开工典礼并就该工程相关情况做了详细介绍。

2004 年 5 月 26 日，青岛分局"迎接引黄济青工程通水十五周年"活动在水库泵站隆重举行。原
青岛市委书记郭松年、原市政协主席胡延森、原副市长宋玉珉、郑干、李乃胜、原省引黄济青工程管
理局党委书记张孝绪等老领导先后视察了黄岛供水工程、棘洪滩水库供水闸、泵站和引黄济青展室。
青岛市城管局、青岛市自来水公司、青岛市水利局的负责人也应邀到会，参加座谈会的共有 40 多人，

青岛电视台、青岛日报社的记者对活动进行了报道。

2004年8月26日，山东省胶东地区引黄调水工程环境影响报告书审查会召开。

2004年12月21日，山东省胶东地区引黄调水工程桥梁工程施工图设计审查会召开。

2005年2月4日，山东省胶东地区引黄调水工程宋庄、王耨泵站改造设备采购签字仪式举行。

2005年8月27日，棘洪滩水库配套水厂开机正式向城阳区西部供水管理处供水管网送水。

2005年9月9日，山东省政府召开省胶东地区引黄调水工程指挥部第二次成员会议，省长韩寓群、省委常委阎启俊、副省长陈延明出席。

2005年10月20日，省水利厅、省局领导为胶东调水工程灰埠泵站奠基。

2005年12月9日，山东省胶东地区引黄调水工程渡槽工程施工招标开标会召开。

2006年3月，山东省编制委员会《关于省引黄济青工程管理局调整机构编制事项的通知》鲁编〔2006〕4号文批准山东省引黄济青工程管理局更名为山东省胶东调水局。内设处室由5个调整为7个，编制由88名调整为108名，处级领导职数由13名调整为18名，在完善胶东调水管理体制上实现了新突破。

2006年3月31日，山东省胶东调水局党委书记何庆平、局长卢文为"山东省胶东调水局"揭牌。

2006年4月2日至3日，水利部综合事业局局长率领水利部综合事业局、中国水务投资有限公司以及黄河万家寨水利枢纽、黄委水科院等一行十四人，在省局卢文局长的陪同下，到青岛分局考察、洽谈水务市场开发等合作事宜。

2006年4月19日，山东省胶东地区引黄调水工程昌邑段明渠施工招标开标会召开。

2006年4月24日至25日，山东省胶东调水局2006年工作会议在潍坊召开。

2006年8月，山东省物价局下发《关于调整引黄济青工程供水价格的复函》（鲁价格函〔2006〕85号），考虑到青岛市的实际困难，按两部制水价办法对引黄济青工程供水价格进行调整，确定自2006年9月1日起，分两步将引黄济青工程供水价格提高到保本水平。具体为：青岛市用水年基本水费为7598.5万元。计量水量为9000万立方米，计量水价为0.685元每立方米，分两步执行到位。其中，2006年9月1日至2007年8月31日，计量水价执行0.34元每立方米；2007年9月1日起，计量水价执行0.685元每立方米。基本形成了"两部制"的水价机制。

2006年8月12日，棘洪滩泵站管理所荣升省级青年文明号挂牌仪式隆重举行，团省委副书记张涛、省水利厅党组成员、纪检组组长梁振洋，省胶东调水局党委书记何庆平，青岛团市委副书记陈飞，青岛市直机关工委副书记王宗洲等领导，以及水库处和泵站所的40余名职工参加了挂牌仪式。团省委副书记张涛，省水利厅党组成员、纪检组组长梁振洋共同为省级青年文明号揭牌。

2006年10月18日，水利部授予山东省胶东地区引黄调水工程"2006年度全国水利系统文明建设工地"称号。

2007年1月10日，经省直文明委评审公示，省文明委审批，山东省胶东调水局成功晋升为省级文明单位，在文明工作创建上实现了新的突破。

2007年3月2日，山东省胶东地区引黄调水工程施工现场会召开。

2007年3月18日，山东省胶东调水局水政监察支队成立。省水利厅鲁水政字〔2007〕1号文《关于对山东省胶东调水局水政监察支队有关事项的批复》，同意山东省引黄济青工程管理局水政监察支队更名为山东省胶东调水局水政监察支队，下设滨州、东营、潍坊、青岛分局四个大队，主要任务是作为省水政监察总队的派出机构，受省水利厅委托，负责所管工程和水质的管理保护及水行政执法监督检查。

2007年4月28日，省胶东调水局2007年工作会议召开。

2007年5月29日至30日，山东省胶东调水局党委成员、青岛分局局长吕福才同志在郑州出席全球水伙伴（中国黄河）《黄河水量调度条例》贯彻实施对话会议，代表胶东调水局作了题为"《黄河水量调度条例》的实施为引黄济青工程向青岛供水提供了可靠保障"的主题发言。

2007年7月10日至11日，省胶东地区引黄调水工程指挥部召开第三次成员会议。副省长贾万志出席并作重要讲话，省政府办公厅副主任高洪波主持会议。省政府办公厅发改委、财政厅、公安厅、国土资源厅、水利厅、交通厅、林业厅、环保局、国家开发银行山东分行、山东电力集团公司、通信管理局，青岛、烟台、威海、滨州市政府等指挥部成员单位，省指挥部办公室、省胶东调水局和各市指挥部办公室建管单位负责同志参加了会议。

2007年7月29日，山东省水利职工疗养中心复业暨青岛世纪文华酒店开业庆典仪式隆重举行。水利部、省水利厅、省胶东调水局和青岛市的领导同志出席了开业庆典仪式。

2007年8月22日，山东省胶东调水局迁至调度指挥中心大楼办公。并于当日举行了山东省胶东调水局揭牌仪式。

2007年9月，山东省物价局《关于引黄济青供水超9000万 m² 后供水价格的批复》（鲁价格发〔2007〕200号）确定引黄济青工程向青岛供水年用水量超过9000万立方米部分的计量水价，2007年执行0.685元每立方米，自2008年起，执行0.776元每立方米。

2007年9月2日，青岛引黄济青水务有限公司成立揭彩仪式暨青岛市城阳区西水东调工程通水仪式在青岛市城阳区棘洪滩水库举行。水利部综合事业局局长、中国水务投资有限公司董事长、水利部综合开发中心常务副主任顾洪波、中国水务投资有限公司总经理刘正洪、省水利厅副厅长曹金萍、水利厅经济管理局局长郭秀生、青岛市城阳区委书记李学海、区长王鲁明、山东省胶东调水局局长卢文以及有关单位和部门的主要负责同志出席了仪式。

2007年11月13日，姜大明省长、王仁元副省长在听取胶东调水工程建设情况汇报时分别作出重要指示。姜大明指出：实施胶东调水工程建设，是省委、省政府的一项重大战略决策，必须切实抓好贯彻落实，尽快研究贷款、省基建基金使用方式，抓好批复投资的落实，确保2008年通水至烟台门楼水库。王仁元指出：要站在战略和全局的高度充分认识胶东调水工程建设的重大意义，要有战略的眼光，把这项关系到子孙后代的战略工程建设好。当年建设引黄济青工程的重大意义，今天才充分地显示出来，青岛在10多年前是个什么概念，今天如果没有引黄济青工程，青岛又是什么概念？从长远看，胶东缺水绝不是个别年份、个别县、市、区的问题。要从经济、社会长远发展的高度，充分认识调水工程的重大意义，就像我们国家搞"小浪底"、"三峡工程"一样。这个工程一定要干，现在看更需要干，一定要把工程干好！

2007年11月25日，山东省物价局、山东省水利厅联合下发《关于核定我省部分水利工程供水含税价格的通知》（鲁价格发〔2007〕245号），进一步明确引黄济青工程含税基本水费和含税计量水价：基本水费8045万元；计量水价，年供水9000万立方米以内，2007年9月1日前执行0.36元每立方米，2007年9月1日后执行0.725元每立方米；年供水超过9000万立方米，2007年底前执行0.725元每立方米，2008年起执行0.822元每立方米。在理顺水价机制，实现两部制水价改革上取得新突破。

2008年3月7日，山东省胶东调水局与国家南水北调中线局签订了京石段调度运行技术服务合同，选派14名具有丰富调运经验的技术骨干，参加南水北调中线工程的调度运行工作，起到了技术核心和骨干作用，得到了南水北调中线局和厅领导的高度赞扬，为胶东调水局争得了荣誉。

2008年3月7日至8日，山东省胶东调水局党委组织省局机关干部和各分局主要负责人到西柏坡参观学习。

2008年3月12日，引黄济青向胶州供水工程正式通水。该工程于2007年10月8日正式开工，2008年1月16日完工。

2008年4月，山东省胶东调水局在系统内评选出"胶东调水十佳人物"：王建民、孔祥升、刘正江、王福、李保民、王常荣、陈友亮、李亚林、曲维福；评选出"胶东调水建设管理标兵"：周守平、林杰；评选出"引黄济青工程管理标兵"：曹金波、韩磊。他们在本职岗位兢兢业业、发光发热，诠释着水利人的责任与担当，为胶东调水事业发展做出了重要贡献。

2008年4月5日，省武警总队队长、少将戴萧军，青岛武警支队队长孙晓富，政委任延波等一行8人，前往引黄济青工程棘洪滩水库，在青岛市政府副秘书长卢新民、青岛分局党委书记、局长吕福才等陪同下进行了视察。

2008年4月17日，共青团山东省胶东调水局第一次代表大会在济南举行。

2008年5月1日起，中国人民武装警察部队青岛支队53名官兵进驻棘洪滩水库，开始执勤巡查。此次武警进驻棘洪滩水库是省委、省政府、水利厅党组为确保奥运会期间棘洪滩水库工程安全、水质安全、供水安全的重要措施，也是山东省胶东调水局认真贯彻落实省委、省政府、水利厅党组加强水利反恐怖应急工作要求的重大行动。

2008年6月11日，寿光管理处荣获"全国农林水利系统和谐单位"称号。

2008年6月26日，省胶东调水局庆祝建党87周年文艺演唱会在济南举行。

2008年8月5日，省编委、青岛市公安局批复成立棘洪滩水库公安派出所，全面加强了棘洪滩水库治安管理，水库治安秩序明显改善。

2008年8月8日，山东省武警总队总队长戴萧军，在省胶东调水局局长卢文、青岛分局局长吕福才、棘洪滩水库管理处主任于军、山东省武警总队直属支队副支队长崔宝军的陪同下，对棘洪滩水库反恐安保工作进行了视察。

2008年10月1日，山东省委组织部副部长、省人事厅厅长焦连合、省人大常委会委员、水利厅原厅长宋继峰一行专程来到引黄济青棘洪滩水库视察。山东省胶东调水局局长卢文、青岛分局局长吕福才、棘洪滩水库管理处主任于军等陪同视察。

2008年10月17日，省胶东调水局召开深入学习实践科学发展观活动动员大会。

2008年12月18日，《青岛日报》推出共28个版的特刊《辉煌历程》，在特2版上刊出的30年影响青岛的大事件中，"1989年引黄济青工程建成向青岛市供水"位列其中。在当天的《青岛日报》四版，《举重若轻解难题——1979年邓小平同志在青岛》一文介绍了小平同志在青岛视察时发现青岛严重缺水，指出"缺水的问题不解决，青岛就不能发展"，点出了制约青岛发展的要害之处，也为青岛市从根本上解决缺水问题打开了思路。正是在邓小平等中央领导同志的亲切关怀下，最终实施了引黄济青工程。

2008年12月20日，胶东调水工程村里集隧洞贯通仪式举行。

2008年12月23日，《半岛都市报》、半岛网、青岛市文明办、青岛市史志办共同发起的"改革开放30年"大型评选活动中，引黄济青工程被评为青岛改革开放30年十件大事第四位。

2009年3月，山东省胶东调水局与南水北调中线局京石段的技术援助工作圆满结束。进入2010年山东省胶东调水局与南水北调建设管理局的技术合作全面展开，双方签订了泵站运行人员培训协议、总调度培训工作协议、台儿庄泵站委托运行管理协议、二级坝泵站委托运行管理协议、两湖段泵站技术服务协议等五项技术服务协议。

2009年4月14日至15日，山东省胶东地区引黄调水工程现场工作会在烟台召开。

2009年5月26日，山东省机构编制委员会办公室以鲁编办〔2009〕31号《关于设立省胶东调水局烟台分局等机构的批复》，同意设立山东省胶东调水局烟台分局，为山东省胶东调水局所属社会公益二类处级事业单位，经费来源为财政补贴；设立山东省胶东调水工程莱州管理站、招远管理站、龙口管理站、蓬莱管理站、福山管理站、牟平管理站。

2009年7月17日，山东省副省长李兆前，在山东省水利厅副厅长尚梦平、副厅长曹金萍、青岛市政府副市长张元福、山东省胶东调水局局长卢文等同志陪同下到棘洪滩水库参观视察引黄济青工程设施及管护情况。

2009年9月1日，棘洪滩水库第二水厂一期工程开始基础土方开挖。工程概算投资8632.32万元，计划2009年年底完成土建主体工程封顶，2010年1月开始设备、管道等安装工程，预计2010年6月20日投入运行。

2009年9月8日，《大众日报》将引黄济青工程列为庆祝新中国成立60周年·山东60年60件事之一。

2009年9月24日，庆祝新中国成立60周年"青岛经济成就奖"颁奖典礼在青岛奥帆中心大剧院举行。引黄济青工程获评青岛经济成就八大事件之一。

2009年9月30日，《青岛日报》三版推出专版，将引黄济青工程列为辉煌60年·影响青岛的大事件。

2009 年 12 月 11 日，引黄济青工程获评新中国成立 60 周年 60 项山东省精品建设工程，位居第四十一名。

2009 年 12 月 16 日，贾万志副省长、高洪波副主任在省水利厅厅长杜昌文、副厅长尚梦平、山东省胶东调水局局长卢文和烟台市副市长王国群及龙口市有关领导的陪同下，先后视察了胶东调水龙口段 146 标段、黄水河泵站，以及门楼水库。

2009 年 12 月 28 日，庆祝引黄济青工程通水 20 周年座谈会在青岛分局隆重召开。贾万志副省长为座谈会发来贺信，省水利厅副厅长尚梦平出席座谈会。山东电视台、大众日报等多家新闻媒体对庆祝活动进行了专题报道。《中国水利报》刊发《管理出效益创新谋发展》的长篇报道，通过系列活动的开展，进一步宣传了引黄济青工程在社会效益、经济效益、生态效益等方面所取得的巨大成就。

2009 年 12 月，省发改委以鲁发改农经〔2009〕1564 号文批复，核定胶东调水工程概算从 28.94 亿元调整到 39.17 亿元，文件明确提出：胶东地区引黄调水工程 2010 年基本完成主体工程；2011 年全面建成。

2009 年 12 月，《引黄济青及其对我国跨流域调水的启示》一书正式出版发行。中共中央政治局委员、新疆维吾尔自治区党委书记王乐泉为本书题词"引黄济青为山东经济社会发展奠定了坚实的基础，其管理模式为全国提供了经验"。

2010 年 3 月 29 日，中央农办联合调研组组长吴宏耀一行到棘洪滩水库调研水利发展与改革，副省长贾万志、省委农工办主任王泽厚、省水利厅厅长杜昌文等陪同，并在棘洪滩水库配套水厂二楼会议室召开了山东水利发展与改革调研工作座谈会。

2010 年 4 月 19 日，由青岛分局组成的援建南水北调工程技术组在棘洪滩水库管理处主任于军的带领下，抵达济宁梁山南水北调两湖段建管局。

2010 年 4 月 21 日至 22 日，山东省胶东调水局 2010 年工作会议在泉城济南隆重召开。

2010 年 4 月 22 日，国务院南水北调办公室副主任宁远等领导，在省水利厅副厅长、省南水北调工程管理局局长孙义福，省胶东调水局副局长江勇、青岛分局局长吕福才等同志的陪同下视察棘洪滩水库。

2010 年 7 月 14 日，山东省胶东调水系统工会工作会议在济南召开。

2010 年 7 月 15 日，中共青岛市委书记阎启俊，市委常委、市委秘书长王鲁明，副市长张元福等领导，在青岛市水利局局长于睿、青岛分局局长吕福才的陪同下到棘洪滩水库检查指导防汛工作。

2010 年 8 月 28 日，棘洪滩水库第二水厂通水典礼隆重举行，标志着二水厂一期工程圆满完工。省水利厅厅长杜昌文和青岛市副市长张元福等领导出席。

2010 年 12 月 16 日，水利部水利水电规划设计总院专家管志诚副总工一行 15 人到水库就引黄济青改建工程可行性研究报告进行现场勘察。12 月 16 日至 19 日，水利部水利水电规划设计总院在济南召开会议，对《山东省引黄济青改建工程可行性研究报告》进行了专家审查，报告最终通过了审查。

2011 年 4 月 12 日，山东省胶东调水局 2011 年工作会议在济南隆重召开。

2011 年 5 月 12 日，省委常委、青岛市委书记李群，市委秘书长王鲁明，副市长张元福等到棘洪滩水库视察，青岛分局局长吕福才陪同视察。

2011 年 6 月 6 日，由中共青岛市委党史研究室、青岛市档案局与青岛早报联合主办，在 6 月 6 日《青岛早报》第 10 版设专版——庆祝建党 90 周年特别报道"党旗日记"90 年 90 篇，以《引黄济青破水荒》一文对引黄济青工程建设背景、决策、建设进行了全面报道。

2011 年 8 月 23 日，山东省人大常委会副主任尹慧敏率省人大农委、法工委有关领导，到山东省胶东调水局召开了《山东省胶东调水条例（草案）》立法座谈会。

2011 年 10 月 26 日，省人大常委会副主任崔曰臣带领调研组一行 13 人，在山东省水利厅副厅长尚梦平、省局局长郑瑞家等的陪同下到棘洪滩水库视察。

2012 年 2 月 27 日至 28 日，山东省胶东调水局 2012 年工作会议在青岛召开。

2012 年 2 月 29 日，山东省引黄济青改扩建工程可行性研究报告顺利通过水利部部长办公会审定。

2012 年 5 月 1 日，山东省第一部调水工程地方性法规《山东省胶东调水条例》（以下简称《条例》）颁布实施，胶东调水法治建设翻开崭新篇章。《条例》是胶东调水调度、运行、管理的基本法，适应山东省经济社会可持续发展以及依法管好工程送好水的需要，吸收了省内外水管单位调水工程管理的新经验、新理念，体现了山东省委、省政府治水方针和新时期治水思路。《条例》的颁布施行，成为山东调水事业发展进程中的标志性事件。

2012 年 6 月 8 日，水利部批复了《引黄济青改扩建工程水土保持方案》，基本同意工程水土保持的方案及水土保持投资方案，具体执行投资按照国家发改委批准的投资规模确定。

2012 年 6 月 14 日，水利部将《引黄济青改扩建工程环境影响报告》的预审意见报送环保部。基本同意改扩建项目环境影响总体评价、环境保护对策措施、环境监测计划与环境管理方案。

2012 年 6 月 18 日，水利部副部长矫勇在省水利厅副厅长尚梦平、青岛分局局长吕福才等陪同下到棘洪滩水库视察指导工作。

2012 年 6 月 29 日，贾万志副省长带领省直有关部门负责同志，在烟台检查防汛工作期间，到胶东调水工程现场检查指导工作。

2012 年 7 月 2 日—4 日，夏耕副省长先后到青岛、烟台、威海、潍坊等地检查指导四市防汛工作，并出席了在潍坊召开的胶东地区防汛工作会议。省政府办公厅、省政府应急办、省水利厅、省财政厅、省民政厅、省住房建设厅、省气象局、省防总、省胶东防指负责同志陪同检查。

2012 年 12 月 15 日，胶东调水威海段工程实现全线贯通，至此，胶东调水工程所经滨州、东营、潍坊、青岛、威海及烟台市境内门楼水库以上段工程实现全部贯通。

2012 年 12 月 25 日，省发改委以鲁发改农经〔2012〕1614 号文件对引黄济青改扩建工程可行性研究报告进行了批复，工程总投资 11.76 亿元，工期为三年，并以鲁发改投资〔2012〕1464 号下达了 2012 年中央预算内投资计划 1.3 亿元。

2013 年 5 月 29 日，赵润田副省长率省直有关部门负责同志到胶东调水工程建设一线视察并指导工作。省海洋与渔业厅厅长王守信、省水利厅副厅长马承新、省胶东调水局局长郑瑞家，烟台市委书记张江汀，以及省、市、区有关部门负责同志陪同视察。

2013年6月9日，夏耕副省长率领省政府办公厅及省直有关部门负责同志赴青岛检查防汛工作，并在青岛府新大厦主持召开了胶东地区2013年防汛工作会议。省水利厅厅长王艺华主持会议，省政府办公厅、水利厅、住建厅、海洋渔业厅、海事局、胶东防指领导以及青岛、烟台、潍坊、威海4市分管市长、水利局长、防办主任参加会议。

2013年7月31日，胶东调水工程最后一控制性标段165标段实现贯通。该标段的贯通，标志着胶东调水主体工程实现全线贯通。主体工程贯通后，与南水北调东线构成了山东"T"型调水大动脉，实现了长江水、黄河水和我省本地水的联合调度与优化配置，使我省南四湖、东平湖的水资源更充分开发利用，构筑起南北贯通、东西互济的"山东现代水网"。

2013年10月26日，全国人大常委会委员、全国人大环资委副主任委员蒋巨峰到棘洪滩水库视察。

2013年11月18日至24日，胶东调水门楼水库以上段工程试通水，历时7天时间，圆满完成了试通水的目标任务，向门楼水库送水约10万立方米。

2013年11月15日至12月31日，胶东调水工程进行综合调试运行及试通水。

2013年12月9日至11日，省发改委、省水利厅委托省工程咨询院组织专家对引黄济青改扩建工程初步设计及概算进行了评审，并一致通过。

2014年1月1日，胶东调水工程综合调试运行及试通水工作全部完成。胶东调水工程已基本具备了通水运行能力，标志着山东省"T"型水资源配置体系初步形成，将为占全省经济总量近40%的半岛地区提供强有力的水资源支撑和保障。

2014年3月25日，山东省胶东调水局2014年工作会议在昌邑王耨泵站召开。

2014年5月30日，夏耕副省长到青岛检查防汛工作，先后实地察看了张村河上游段、沙子口海堤和大河东水库等工程现场，并详细询问了防汛责任制落实、预案修订、物资储备和抢险队伍组织等情况。省水利厅厅长王艺华、胶东调水局局长郑瑞家、青岛市副市长黄龙华等陪同检查。

2014年7月10日，山东省发展和改革委员会、山东省水利厅下发《关于引黄济青改扩建工程初步设计及概算的批复》（鲁发改重点〔2014〕694号），核定工程概算总投资为117611.85万元。

2014年8月20日，省水利厅以鲁水建字〔2014〕14号文件下发了《关于组建引黄济青改扩建工程项目法人的通知》，同意山东省引黄济青改扩建工程建设管理办公室为我省引黄济青改扩建工程项目法人单位，制定了工作职责，确立了滨州、东营、潍坊、青岛四个建设管理处，作为项目独立的二级法人。

2014年10月14日至17日，国务院南水北调办公室副主任于幼军一行，来我省调研胶东需求水量、调水水质状况和南水北调东线水质保障长效机制建设有关情况，并现场查看了胶东调水部分工程。赵润田副省长会见了于幼军副主任一行并陪同调研。

2015年4月21日至7月10日，为解决烟台北部四市干旱缺水问题，按照省政府要求和省水利厅安排部署，向烟台北部招远、莱州、龙口、蓬莱四市应急调水 3031 万立方米。

2015 年 7 月 14 日，按照省政府要求和省水利厅安排部署，为圆满完成向威海市应急抗旱调水任务，省建管局组建威海应急抗旱调水现场工作组进驻工地，进行现场督导，负责威海应急调水各项准备工作。积极推进主体工程尾工建设，在各参建单位共同努力下，至年底主体工程尾工全部完成。

2015 年 8 月 12 日，省水利厅下发《关于调整引黄济青改扩建工程项目法人的通知》（鲁水建字〔2015〕13 号），对引黄济青改扩建工程项目法人进行了调整，项目法人由山东省引黄济青改扩建工程建设管理办公室调整为山东省胶东调水局。山东省胶东调水局滨州、东营、潍坊、青岛四个分局作为工程建设现场管理机构，受项目法人委托，承担相应建设管理工作。

2015 年 8 月 25 日，省政府召开向威海应急调水动员大会，省政府应急办主任张积军、省水利厅厅长王艺华出席会议并讲话。

2015 年 10 月 23 日，山东省胶东调水局开展的《山东省胶东调水工程调度决策关键技术研究与应用》项目荣获"2014 年度山东省水利科技进步一等奖"。山东省胶东调水局承担的水利部公益性行业科研专项经费项目子课题《山东半岛蓝色经济区水系联通模式与合理布局研究》项目荣获"2014 年度山东省水利科技进步二等奖"。

2015 年 12 月 14 日，应烟台、威海市政府要求，按照省政府和省水利厅安排部署，正式启动向烟台威海应急抗旱调水，宋庄分水闸开闸引水。

2015 年 12 月 22 日，黄河水历时 8 昼夜、310 多公里，经胶东地区引黄调水工程顺利进入威海米山水库，这标志着胶东地区引黄调水工程首次全线正式通水，山东省 T 型调水大动脉正式建成并发挥效益。

2016 年 4 月 8 日，省胶东调水工作会议在济南召开，赵润田副省长专门对做好胶东地区调水工作提出明确要求。省政府办公厅党组成员、应急办主任张积军出席会议并讲话，省水利厅党组书记、厅长王艺华分析了胶东地区供水形势并就抓好调水工作提出了具体要求，省水利厅党组成员、副厅长马承新主持会议。青岛、东营、烟台、潍坊、威海、滨州六市政府分管副秘书长参加会议并分别作了发言。六个市水利局长，省南水北调工程建管局、省胶东调水局和省水利厅相关处室负责人，省胶东调水局机关副处级以上人员及各分局局长参加会议。

2016 年 4 月 21 日，人力资源社会保障部和国务院南水北调办公室联合下发了《关于表彰南水北调东中线一期工程建成通水先进集体、先进工作者和劳动模范的决定》，山东省胶东调水局建设处被授予"南水北调东中线一期工程建成通水先进集体"荣誉称号。

2016 年 4 月 25 日，山东省机构编制委员会办公室以鲁编办〔2016〕2 号《关于设立山东省胶东调水局威海分局的批复》，同意设立山东省胶东调水局威海分局，为山东省胶东调水局所属正处级公益二类事业单位，经费来源为财政补贴；核定事业编制 16 名，其中管理人员 3 名、专业技术人员 13 名，配备局长 1 名、副局长 2 名。

2016 年 4 月 30 日，王艺华厅长签署了《山东省水利厅水行政处罚委托书》，自 2016 年 5 月 1 日起至 2018 年 4 月 30 日，省水利厅正式委托省南水北调局和省胶东调水局分别在其管辖范围内实施水行政处罚。委托书明确了委托实施行政处罚的依据、双方权利和义务、法律责任等内容。

2016 年 8 月 17 日，郭树清省长在省政府专报信息第 302 期《水利部门全力做好应急调水工作 最大限度保障胶东地区用水需求》上作出批示：今年全省降雨情况明显好转，但半岛地区仍然没有解决缺水问题，希望水利部门及早谋划，其他部门（包括调水途经地区）全力支持配合，确保青岛等市用水安全。

2016 年 8 月 31 日，省物价局以鲁价格一发〔2016〕94 号下发了《关于引黄济青工程和胶东调水工程调引黄河水长江水供水价格的通知》，确定了输水工程基本水费和计量水价，通过胶东调水工程和引黄济青工程调引的长江水，每年应按国家下达的基本水价每立方米 0.82 元和各市承诺的长江水量缴纳基本水费。

2016 年 9 月，省水利厅印发了《山东省水利发展"十三五"规划》，在完善水利基础设施网络，优化水资源配置格局，加强骨干水资源调配工程建设中提出，推进引黄济青扩大规模前期论证，相机启动实施。

2016 年 12 月 14 日，省水利厅以鲁水建字〔2016〕7 号下发了《关于组建山东省引黄济青（胶东调水）抗旱应急调水临时工程项目法人的意见》，确定了胶东调水局作为项目建设的责任主体，履行项目法人职责，对项目建设的质量、安全、进度和资金管理负总责。

2016 年 12 月 16 日，省政府在潍坊市召开胶东应急调水工作座谈会，张积军副秘书长主持会议，赵润田副省长出席会议并做了重要讲话。省水利厅厅长王艺华，省南水北调局局长刘建良，省水利厅副厅长王祖利，东营、潍坊市分管市长、水利局长，以及省水利厅有关处室、省南水北调局、省胶东调水局、省防总办、省水利勘测设计院有关负责同志参加了会议。

2016 年 12 月 26 日，山东省引黄济青（胶东调水）抗旱应急调水临时泵站枢纽工程开工。

2017 年 5 月 15 日，省水利厅以鲁水建函字〔2017〕62 号印发《关于对引黄济青（胶东调水）抗旱应急调水临时工程参建单位进行通报表扬的通知》。通知中指出，省胶东调水局作为项目法人单位，举全局之力，坚持双线作战，在确保引黄济青工程正常供水的情况下，全力推进工程建设。并对省胶东调水局及东营、潍坊分局进行了通报表扬。

2017 年 6 月 21 日，省水利厅转来龚正同志在《关于青岛市当前旱情及城市供水情况汇报》上的批示。龚正同志批示：形势十分严峻。请抓紧统筹协调，要多措并举，包括持续抓好全面节约用水。如有必要，我可召开一次专题会议。

2017 年 10 月 31 日，省水利厅转来于国安副省长在《关于胶东调水工程有关情况的汇报》上的批示。批示如下：胶东调水是一个重大水利工程，请省水利厅按巡视整改要求，认真做好后续工作。要协商有关方面提出具体方案，专题研究一次。

2017 年 11 月 24 日，大禹水利科学技术奖奖励委员会印发了《关于发布 2017 年度大禹水利科学技术奖奖励公报的通知》，省胶东调水局所报《山东半岛蓝色经济区水系联通模式与合理布局研究》

项目成果荣获三等奖。

2018 年 1 月 25 日，中国共产党山东省胶东调水局第一次代表大会召开。省水利厅党组成员王祖利出席会议并讲话，省水利厅机关党委专职副书记岳富常，厅人事处调研员柴均章到会指导。大会严格按照换届选举规定和程序选举产生中国共产党山东省胶东调水局新一届委员会委员，刘长军当选新一届党委书记，李凤强、骆德年、毕树德、任润涛、王家庆当选新一届党委委员。刘长军代表局党委向大会作题为《以习近平新时代中国特色社会主义思想为指导 全面开创胶东调水事业新局面》工作报告，回顾总结过去五年来主要工作，对下一步工作作出部署安排。

2018 年 3 月 20 日，根据鲁编办〔2016〕79 号文件《关于设立山东省胶东调水局威海分局的批复》，设立山东省胶东调水局威海分局，为省胶东调水局所属正处级公益二类财政拨款事业单位，经费来源为财政补贴，主要职责是：承担所在区域胶东调水工程运行、维护工作。

2018 年 4 月 25 日，省水利厅在省胶东调水局组织召开山东省胶东地区引黄调水工程通水验收会议。副厅长王祖利出席会议并讲话，省水利厅建设处调研员张修忠主持会议。本次通水验收范围为胶东调水工程新辟输水线路，全长 310.00 公里。验收委员会由省水利厅、省水利工程建设质量与安全监督中心站、省胶东调水局等有关单位代表及特邀专家组成。验收委员会观看工程建设电视专题片，听取工作报告，查阅相关资料，讨论形成《山东省胶东地区引黄调水工程通水验收鉴定书》，通水验收委员会同意胶东调水工程通过通水验收。

2018 年 5 月 3 日，省政府在淄博市召开胶东调水工程验收推进工作会议。副省长于国安出席会议并讲话，于国安强调，要全力做好胶东调水剩余工程建设、移民迁占专项验收、竣工验收和资金保障等工作，确保如期完成胶东调水工程竣工验收任务。省水利厅厅长刘中会通报胶东调水工程验收推进情况及下步工作安排。会议印发胶东调水沿线六市政府在胶东调水验收推进工作中承担工作任务清单。省发改委、省财政厅、省国土资源厅、省环保厅、省水利厅、省胶东调水局等部门负责人，胶东调水工程沿线滨州、东营、潍坊、青岛、烟台、威海六市分管市长、水利局长参加会议。

2018 年 8 月 16 日，省水利厅副厅长王祖利主持召开引黄济青改扩建工程建设推进会。

2018 年 10 月 20 日至 22 日，中国水利学会 2018 年年会及学术研讨会在江西南昌召开。中国水利学会调水专业委员会副主任马吉刚应邀带队参会，并作为特邀嘉宾，就"地下水对胶东调水工程影响分析与对策研究"作交流发言。

2018 年 10 月 24 日，中国中央人民广播电台，纪念改革开放四十年系列特别报道《难忘的中国之声》栏目，播出对省胶东调水局青岛分局局长王家庆专题采访。采访题目是"改革开放四十年——引黄济青工程"，王家庆在访谈中全面介绍青岛缺水困境和引黄济青工程决策、建设、运行、管理、效益与发展等方面情况。《中国之声》在当天 5 个时段播出。

2018 年 12 月 29 日，山东省河长制办公室正式印发实施《胶东调水输水干线综合整治方案》（以下简称"《综合整治方案》"）。《综合整治方案》包括综合说明、胶东调水概况、存在的主要问题、目标与任务、治理与保护措施、保障措施等六个方面内容，明确提出治理保护总体目标和控制性指标。

2019 年 2 月 22 日，《中共山东省委机构编制委员会关于调整省水利厅所属部分事业单位机构编制事项的批复》（鲁编〔2019〕12 号）批复山东省胶东调水局更名为山东省调水工程运行维护中心。山东省调水工程运行维护中心是省委编办批准成立的副厅级公益二类事业单位，经费来源为财政补贴，全系统核定编制 823 人。按照分级负责、属地管理的原则，山东省调水系统实行人、财、物三级垂直管理，省中心下设滨州、东营、潍坊、青岛、烟台、威海六个分中心；分中心下设博兴、寿光、寒亭、昌邑、平度、胶州、棘洪滩水库、莱州、招远、龙口、蓬莱、福山及牟平 13 个管理站。

2019 年 3 月 20 日，山东省调水中心举行了隆重的揭牌仪式。省水利厅党组成员、副厅长王祖利与省调水工程运行维护中心党委书记、主任刘长军共同为新机构揭牌。厅人事处处长傅维香宣布了省调水工程运行维护中心领导班子组成人员，王祖利副厅长出席会议并讲话，厅办公室主任姜延国一同出席会议，会议由刘长军主持。

2019 年 11 月 21 日，山东省人民政府新闻办公室在济南举行新闻发布会，山东省水利厅副厅长王祖利介绍引黄济青工程建成通水 30 年来的有关情况，山东省调水工程运行维护中心党委书记、主任刘长军，党委委员、副主任毕树德参加新闻发布会并答记者问。

2019 年 11 月 28 日，省水利厅在济南召开引黄济青工程建成通水 30 周年座谈会。省水利厅党组成员、副厅长王祖利同志出席会议并讲话，省调水中心党委书记、主任刘长军同志通报了引黄济青工程建成通水 30 年来的有关情况，省水利厅调水管理处二级调研员吕建远同志主持会议。省水利厅机关有关处室负责同志，省水利厅退休老领导代表张孝绪、王立民、尚梦平，山东黄河河务局，省调水中心党委领导班子成员、各处室、分中心以及棘洪滩水库管理站负责同志，青岛市、潍坊市、滨州市、博兴县、广饶县水利局负责同志，南水北调山东干线公司、水发黄水东调公司、青岛海润自来水集团有限公司负责同志，以及中新社山东分社、大众日报、大众网、齐鲁晚报、山东广播电视台广播新闻频道等媒体的同志共 60 余人参加了会议。

2019 年 12 月 18 日，省水利厅在济南召开山东省胶东地区引黄调水工程竣工验收会议。省水利厅党组成员、副厅长王祖利同志出席会议并讲话；省水利厅二级巡视员徐希进，省水利厅总工程师、一级调研员凌九平参加会议。省自然资源厅、省水利厅等部门代表，滨州、东营、潍坊、青岛、烟台、威海等六市市政府及水利（水务）局代表以及特邀专家；建设单位和工程设计、施工、监理、设备生产、质量检测、运行等参建单位代表参加。验收委员会一致认为，山东省胶东地区引黄调水工程已按照批复的设计内容完成，工程质量合格，财务管理规范，投资控制合理，工程运行正常，效益发挥显著，工程正式通过竣工验收并交付使用。

2020 年 4 月 14 日，省调水中心自动化调度视频会商系统上线运行，实现了 1 个主调中心、1 个备调中心、6 个地方分中心和 13 个县级管理站，共 21 个站点全部贯通，实现了视频会商网络全部连通的阶段性目标，保障了全系统召开视频会议的工作需求，为办公自动化系统的全面实施打下了良好的基础。

2020 年 5 月 27 日，山东省政府新闻办召开新闻发布会介绍骨干水网建设及调水情况。省水利厅党组副书记、副厅长（正厅级）马承新，调水管理处（省引黄办）二级调研员吕建远，省调水工程运行维护中心党委书记、主任刘长军，南水北调东线山东干线有限责任公司党委书记、董事长、总经理瞿潇出席发布会，介绍有关情况，并回答记者提问。

2020年7月9日，省调水中心在全系统开展了为期三个月的"正风肃纪、改进作风"专题大讨论活动。活动围绕形式主义官僚主义专项整治工作，分为组织酝酿、宣传发动、专题研讨、总结整改四个阶段实施。

2020年12月9日，引黄济青工程管护道路提升改造2020年度建设任务顺利完成，共铺设路面176.69公里。工程于2020年4至9月份陆续开工，12月初全部完工，具备通车运行条件。管护道路提升改造以后，进一步改善了工程管护条件，提升了工程形象，便捷当地百姓出行。

2020年12月18日至19日，水利部黄河水利委员会党组书记、主任岳中明带领调研组到胶东调水工程打渔张泵站、北堤涵闸、王耨泵站、宋庄分水闸、棘洪滩水库、棘洪滩泵站调研黄河水调引情况和山东省胶东调水工程"卡脖子"段情况。山东黄河河务局党组书记、局长李群，水利部黄河水利委员会规划计划局局长王煜等参加调研。山东省水利厅调水管理处二级调研员吕建远，山东省调水工程运行维护中心党委书记、主任刘长军等有关人员陪同调研。

2020年12月21日至22日，省水利厅主持召开引黄济青改扩建工程通水验收会议，省水利厅二级巡视员徐希进、厅有关处室负责人及特邀专家参加会议。验收委员会查看了工程现场，查阅了工程档案资料，听取了建设、设计、施工、监理、质量检测、质量监督、运行管理等单位的工作报告和技术性检查报告，经充分讨论，同意通过通水验收。工程通过通水验收，标志着引黄济青改扩建工程已具备全线通水运行条件，工程由建设阶段转入运行管理阶段，为下步工程竣工验收奠定了坚实基础。

2020年12月22日，山东省发展和改革委员会下发《关于胶东调水和黄水东调工程调引黄河水长江水价格的通知》（鲁发改价格〔2020〕1426号），根据《山东省水利工程供水价格管理实施办法》规定和成本监审结果，核定了胶东调水工程和黄水东调工程调引黄河水、长江水价格：通过胶东调水工程调引长江水的青岛、烟台、威海、潍坊等市，每年按国家下达的基本水价每立方米0.82元和各市承诺的调引长江水量缴纳基本水费；本通知自2021年1月1日起，至2023年12月31日止。

2021年1月22日，省调水中心党委书记、主任刘长军主持召开谋划"十四五"工作座谈会。各处室围绕山东调水事业"十四五"发展规划和2021年重点工作依次作了交流发言，刘长军同志对各处室"十四五"期间着重推动的工作逐一作了强调。省中心领导班子成员围绕省调水中心职能定位，结合各自分管的工作，着眼调水事业长远发展，服务经济强省建设，谈了各自的观点和看法。

2021年3月16日，山东省调水中心在济南正式公布"山东调水"公共品牌标识Logo。"山东调水"公共品牌标识Logo从制作到公示，凝结着社会大众、学界专家、行业专业人士的心血和关怀。公示发布的"山东调水"公共品牌标识Logo以蓝色为主基调，同时融入山东省调水中心两大基础元素——水和泵站。全新的"山东调水"公共品牌标识logo，从倡导"调水、节水、爱水、护水"公益性角度出发，紧紧围绕"创新发展·调水为民"理念，向社会各界及广大人民群众宣传普及推广山东省调水中心立足"管好工程送好水"职能，着眼调水事业长远发展，服务经济文化强省建设的责任担当。

2021年3月30日，小清河防洪综合治理胶东调水工程（王道泵站）主厂房顺利完成封顶，标志着该工程自开工建设以来取得了重要的阶段性成果。主厂房施工封顶是小清河防洪综合治理胶东调水工程（王道泵站）建设的关键节点，为后续的水机、金结、电气设备及自动化控制安装等工程创造了有利的时间保障，也为实现"6·30"通水目标打下了坚实的基础。

2021年6月2日，山东省引黄济青（胶东调水）抗旱应急调水临时工程总结验收会议在广饶召开，省水利厅建设处处长张修忠出席会议并任验收工作组组长。与会领导、专家通过观看工程影像资料，听取工程建设管理、质量监督等工作报告，查阅工程档案资料，讨论并通过竣工技术预验收工作报告，形成了总结验收意见。一致认为，山东省引黄济青（胶东调水）抗旱应急调水临时工程已按照批复完成全部设计内容，工程质量合格，财务管理规范，投资控制合理，档案整编到位，工程运行正常，效益发挥显著，工程正式通过总结验收。

2021年6月9日，水利部规计司副司长乔建华为组长会同国家发改委、财政部、自然资源部、生态环境部、住房城乡建设部、交通运输部、文化和旅游部、人民银行、南水北调集团公司、中咨公司等单位组成联合调研组，到棘洪滩水库开展南水北调东线工程实地调研，评估《南水北调工程总体规划》实施情况，推进南水北调后续工程规划建设。调研组一行察看工程现场并听取青岛分中心工作汇报，对引黄济青和胶东调水工程建成以来发挥的巨大作用给予了充分肯定，对下一步工程管理、运行、规划建设等各方面提出了宝贵的意见和建议。省水利厅党组副书记、副厅长（正厅级）马承新，省调水中心党委书记、主任刘长军，青岛市人民政府副市长朱培吉，青岛市水务管理局党组书记、局长宋明杰等同志陪同调研。

2021年6月23日，"风华百年路 奋进新征程"山东调水系统庆祝建党100周年主题文艺汇演圆满举行。省水利厅党组副书记、副厅长马承新，省水文中心党委书记、主任隋家明，省水利厅总规划师姜延国，省水利厅党史学习教育第一巡回指导组组长、总经济师韩霜景，以及厅机关部分处室负责同志出席活动。调水系统全体干部职工通过视频直播方式观看演出。文艺汇演以"旗帜飘扬心向党、不负韶华风帆劲、砥砺奋进再前行"三个篇章为主线，以歌曲、舞蹈、戏曲、朗诵、器乐演奏、情景剧、视频展示等多种艺术表现形式，回顾建党百年峥嵘往昔和奋斗征程，展现党在不同历史时期带领人民取得的光辉历程，全景展现调水系统各级党组织和广大党员干部不忘初心、牢记使命，担当作为、砥砺奋进的丰硕成果，表达调水人携手奋进新时代的坚强决心。

2021年6月26日，小清河防洪综合治理胶东调水工程（王道泵站）顺利完成机组空载运行调试，标志着"6·30"节点任务目标已经完成，泵站基本具备通水运行条件。王道泵站使用6台平面S型轴伸贯流泵，4用2备，该泵型为山东省内首次使用，叶轮直径1.75米为国内水利行业最大。

2021年7月6日，水利部精神文明建设指导委员会办公室以文明办〔2021〕6号印发《关于第三届水工程与水文化有机融合案例的通报》，引黄济青工程历经初审、网上投票、专家评议、征求意见等多个环节，从全国51个参评案例中脱颖而出成功入选。省调水中心成为受到表彰的15家单位之一。

2021年7月15日，省调水中心与山东水利技师学院战略合作签约仪式在棘洪滩水库举行。此次合作是探索水利专业院校和水利事业单位发展新机制，构建发展新模式的一次重要实践，标志着双方合作迈出了新的步伐，进入了新的阶段，必将对推动双方的共同发展产生深远影响。将按照"优势互补、资源共享、互惠双赢、共同发展"的原则，通过互设培训、实训基地，把学生和员工培养打造成综合素质好、技能水平高，用得上、留得住、可持续发展的高素质技能人才，为我省水利事业发展作出更大贡献。

2021 年 9 月 18 日，小清河防洪综合治理胶东调水工程（王道泵站）机组启动试运行取得圆满成功，王道泵站已经具备机组启动验收条件，为通水运行打下坚实的基础。

2021 年 10 月 20 日，省调水中心在潍坊组织召开了《山东省胶东调水条例》（以下简称《条例》）修订工作立法调研座谈会。省人大法工委、省司法厅、省水利厅等有关部门负责人出席会议，省调水中心党委书记、主任刘长军等陪同调研座谈。会议对本次《条例》修订立法调研的相关背景进行了介绍，各相关单位紧紧围绕"四性"，即管用的约束性、可操作的执行性、解决历史遗留问题的创新性和体现美丽河湖生态建设新理念的时代性展开座谈，以及需要通过《条例》修订予以明确和规范的事项进行了研究讨论。

2021 年 10 月 25 日，省调水中心在济南召开《山东省调水工程运行维护中心"十四五"发展规划》（以下简称《规划》）专家评审会。省水利厅发展规划处处长刘建基、副处长刘帅，运行管理处副处长、二级调研员侯丙亮，南水北调工程建设管理处副处长于锋学，调水管理处副处长靳宏昌，省水利综合事业服务中心主任张衍福作为特邀专家出席会议。省调水中心党委书记、主任刘长军主持会议并作总结讲话。与会专家一致认为，省调水中心作为省水利厅直属单位和重要技术支撑单位，组织精干力量编写《规划》，充分体现了省调水中心党委主动作为、自我加压、超前谋划的责任和担当，也为省调水中心"十四五"期间更好地履行职责、担当使命、服务全省高质量发展奠定了扎实的基础。《规划》立足调水工作实际，着眼发展改革大局，既对"十三五"时期省调水中心的工作进行了全面系统的总结，又在深入地分析所面临形势的基础上，提出了"十四五"时期省调水中心工作的指导思想和总体目标，明确了重点任务和保障措施，编写的总体质量较高。随后，专家们就《规划》编写的定位和方向、宏观与微观、板块组成和内容架构、语言表述和文字编排等方面分别提出具体的指导意见和建议。

2021 年 10 月 30 日，胶东调水工程全线自动化调度系统通过技术验收并投入运行，共计完成投资 5 亿元。实现了原来单纯靠人工调度到现在靠网络化、数字化、智能化调度的转变，不仅大大降低了运行成本、减轻了工作量，还提高了调度效率、运行质量和可靠指数，为更好地保障胶东地区用水安全提供了有力的技术支撑。

2021 年 11 月，山东省调水工程运行维护中心与青岛市人民政府签订 2021 年 1 月 1 日至 2023 年 12 月 31 日供用水协议。其中，基本水费为：根据鲁发改价格〔2020〕1426 号文件规定，青岛市应每年缴纳基本水费 22675.14 万元，其中调水中心基本水费 14725.58 万元、黄水东调基本水费为 7949.56 万元 .；南水北调基本水费（10660 万元）由财政直接划转，本协议不作考虑。计量水价水费按照鲁发改价格〔2020〕1426 号文件规定执行。

2021年11月10日，副省长李猛到胶东调水工程黄水河泵站调研指导工作，省政府副秘书长张积军、烟台市市长郑德雁、省水利厅一级巡视员王祖利等陪同调研。省调水中心党委书记、主任刘长军在现场向李猛一行介绍了有关情况。李猛一行首先查看了黄水河泵站前池、调度室、主厂房机电设备，观看了黄水河泵站工程建设管理视频专题片，听取了解全省骨干水网总体布局、建设实施、管理维护、运行调度、效益发挥，以及近几年向胶东地区调水保障情况，重点调度了调水工程水源保障、制约调水能力"卡脖子"工程线路以及下一步工程扩容建设规划等情况。

2021年11月23日，水利部精神文明建设指导委员会以水精〔2021〕7号印发《关于第九届全国水利文明评选结果的通报》，山东省调水工程运行维护中心与长江水利委员会长江科学院等76个全国水利行业单位被评为"第九届全国水利文明单位"。

2021年12月16日，省水利厅在济南召开山东省引黄济青改扩建工程竣工验收会议。省水利厅二级巡视员徐希进及特邀专家出席会议，省水利厅总工程师、一级调研员凌九平主持会议，会议同意山东省引黄济青改扩建工程通过竣工验收。

2022年3月30日，《山东省胶东调水条例》经山东省第十三届人民代表大会常务委员会第三十四次会议表决通过，予以修正，由原来的七章四十三条调整为七章四十二条，修正29条，删除1条。

2022年4月，按照《水利部关于开展数字孪生流域建设先行先试工作的通知》精神，省调水中心抢抓先机，积极申报，成为水利部数字孪生流域建设56个先行先试单位之一。

2022年4月13日，山东省发展和改革委员会以《关于明确胶东调水工程部分供水口门价格的通知》（鲁发改价格〔2022〕292号），明确胶东调水工程新增农业供水、非农业供水口门价格及新增水源价格为：（1）潍坊段所有分水口门供农业用水价格为每立方米0.1797元，青岛段所有分水口门供农业用水价格为每立方米0.2581元。（2）滨州市（博兴）分水口门黄河水供非农业用水为每立方米0.29元；东营市（广饶）分水口门长江水供非农业用水价格为每立方米0.97元。（3）峡山水库向胶东各市县供水（非农业），峡山水库出库口门价格为每立方米0.64元；水库防汛腾库排放的弃水出库口门价格为每立方米0.13元，进入胶东调水工程宋庄闸后各分水口门价格均按鲁发改价格〔2020〕1426号明确的各口门综合计量水价执行。上述价格均为含税（不含水资源税）试行价格。

2022年5月12日，山东省政府新闻办召开新闻发布会，介绍《山东省胶东调水条例》修正颁布相关情况。省水利厅一级巡视员张建德，省调水工程运行维护中心党委书记、主任刘长军，省水利厅政策法规处处长王珂，省调水工程运行维护中心党委委员、副主任毕树德出席新闻发布会并回答记者提问。

2022年6月21日至22日，省调水中心组织开展第十一协作区秘书长单位交接暨"黄河流域生态保护和高质量发展"调研活动。省委省直机关工委委员、宣传部部长、省直文明办主任邹霞，省水利厅机关党委副书记、工会主席程坤出席活动并讲话；省调水中心党委副书记赵广川主持活动，省直机关文明单位第十一协作区13家成员单位参与活动。在棘洪滩泵站举行的秘书长单位交接仪式上，邹霞部长接过上届秘书长单位——省体彩中心递交的秘书长单位旗帜，传递给新任秘书长单位—省调水中心，圆满完成授旗交接。

2022 年 7 月 5 日，副省长、胶东调水工程省级总河长凌文到胶东调水潍坊段工程开展专项巡查，省政府副秘书长王建，省卫健委一级巡视员肖培树，省水利厅党组成员、副厅长刘鲁生，省调水中心党委书记、主任刘长军，潍坊市委副书记、市长刘运，潍坊市委农业农村委员会副主任马清民及有关部门、单位负责同志陪同巡查。

2022 年 12 月，山东省水利厅公布 2022 年度水系绿化样板名单，省调水中心胶东调水干渠寿光段和棘洪滩水库被认定为水系绿化样板。

2022 年 12 月 28 日，省水利厅组织召开山东省胶东调水工程标准化管理整体评价省级验收会议。省水利厅调水管理处二级调研员靳宏昌，省调水中心党委委员、副主任毕树德出席会议，省中心各部室代表及验收工作组专家参加会议。验收工作组一致认为，胶东调水工程标准化管理整体评价各项内容均符合水利部评价标准要求，达到了"水利部标准化管理工程"标准，同意山东省胶东调水工程通过标准化管理整体评价验收，并推荐申报"水利部标准化管理工程"。

2023 年 1 月，山东省水利厅公布了 2022 年省级美丽幸福示范河湖名单，胶东调水输水干线青岛段、东营段、潍坊段、滨州段渠道工程被评为省级美丽幸福示范河湖。

2023 年 1 月 15 日，水利部公布 117 项"人民治水·百年功绩"治水工程项目，集中展示中国共产党在 1921 年至 2021 年间不同历史时期领导人民治水兴水的生动实践、伟大成就，引黄济青工程入选"人民治水·百年功绩"治水工程项目名单。

2023 年 1 月 18 日，水利部公布了第十三批水利安全生产标准化达标单位名单，省调水中心滨州、东营、潍坊、青岛、烟台 5 个分中心成为水利安全生产标准化一级单位。

2023 年 2 月 2 日，由省调水中心负责起草的地方标准《水利工程建设项目档案管理规范》经山东省市场监督管理局批准正式发布。该标准是山东省水利工程建设项目档案规范化管理领域的首个地方标准，填补了我省在水利工程建设项目档案规范和标准管理方面的空白。

2023 年 4 月 6 日至 7 日，水利部调水管理司司长程晓冰一行赴山东调研胶东调水工程。省水利厅二级巡视员贾乃波，省水利厅调水管理处处长王伟，省调水中心党委书记、主任刘长军陪同调研。

2023 年 4 月 18 日，水利部黄河水利委员会总规划师王煜带队赴胶东调水工程指导国家省级水网先导区建设工作，省水利厅二级巡视员贾乃波，省水利厅发展规划处处长、一级调研员刘建基，省调水中心党委书记、主任刘长军，省调水中心党委委员、副主任毕树德陪同调研指导。

2023 年 5 月 6 日至 12 日，受水利部调水管理司委托，水利部南水北调规划设计管理局对胶东调水工程标准化管理进行评价。水利部调水管理司副司长周曰农，南水北调规划设计管理局副局长姚建文，省水利厅二级巡视员贾乃波、宋书强，省调水中心党委书记、主任刘长军出席相关评价会议。本次水利部评价工作的顺利完成，标志着胶东调水工程成为全国首个申报并完成工程标准化管理水利部评价的调水工程。

2023 年 7 月 11 日上午，省委副书记、青岛市委书记、胶东调水输水干线省级河长陆治原到胶东调水输水干线青岛段巡河检查工程运行和防汛度汛工作。山东省水利厅党组书记、厅长黄红光，省调水中心党委委员、副主任毕树德，青岛分中心党委书记、主任隋永安陪同。

2023年8月9日至11日，省水利厅组织王道泵站工程竣工验收，并于8月11日在济南召开竣工验收会议。省水利厅总工程师、一级调研员凌九平主持会议，省水利厅有关处室、省流域中心、省调水中心、厅建安中心等单位代表及特邀专家出席会议，工程建管、勘测、设计、监理、施工、设备生产、质量检测、竣工验收技术鉴定等单位代表参加会议。验收委员会及专家组一致认为，王道泵站工程已按批复的初步设计和设计变更全部完成，工程质量合格，外观形象良好，各阶段验收中遗留问题已整改完毕，已通过专项验收，竣工决算已通过审计。工程初期运行状况良好、效益明显，同意王道泵站工程通过竣工验收。

2023年8月10日，水利部公布了第十四批水利安全生产标准化达标单位名单，省调水中心、威海分中心通过标准化评审委员会评审，成为水利安全生产标准化一级单位，标志着省调水中心系统实现了水利安全生产标准化一级达标全覆盖。

2023年8月29日至30日，水利部总规划师吴文庆到胶东调水工程调研山东现代水网建设情况。水利部规划计划司一级巡视员高敏凤一同调研。省水利厅党组书记、厅长黄红光，省水利厅二级巡视员刘长军，省调水中心党委副书记赵广川，省调水中心党委委员、副主任毕树德陪同调研。

2023年10月，由省调水中心牵头起草的团体标准《水利工程标准化工地建设规范（T/SDAS 725—2023）》经山东标准化协会批准正式发布。该标准是山东省水利工程标准化工地建设领域首个团体标准，填补了我省在水利工程标准化工地建设管理方面的空白。

2023年10月9日，水利部办公厅印发《关于认定第一批水利部标准化管理调水工程的通报》，胶东调水工程被认定为首批水利部标准化管理调水工程，成为全国首个申报、首个开展评价、首批认定的水利部标准化管理调水工程。

2023年12月28日，水利部公布2023年度国家水土保持示范名单。山东省引黄济青改扩建工程获评"国家级水土保持示范工程"。

## 1991 年——2023 年山东省引黄济青工程管理局、山东省胶东调水局、山东省调水工程运行维护中心党委领导班子成员
## 任职情况一览表

| 姓名 | 职务 | 任职时间 |
|---|---|---|
| 张孝绪 | 省引黄济青工程管理局党委书记 | 1991.03–1998.06 |
| | 省引黄济青工程管理局局长 | 1991.04–1992.08 |
| 王立民 | 省引黄济青工程管理局局长 | 1992.08–1998.07 |
| | 省引黄济青工程管理局党委副书记 | 1992.09–1998.06 |
| | 省引黄济青工程管理局党委书记 | 1998.06–2000.10 |
| 刘德忠 | 省引黄济青工程管理局局长 | 1998.07–2000.11 |
| | 省引黄济青工程管理局党委副书记 | 1998.07–2000.10 |
| | 省引黄济青工程管理局党委书记 | 2000.10–2002.12 |
| 何庆平 | 省引黄济青工程管理局党委书记 | 2004.06–2006.03 |
| | 省胶东调水局党委书记 | 2006.03–2010.12 |
| 卢 文 | 省引黄济青工程管理局党委副书记、局长 | 2000.11–2006.04 |
| | 省胶东调水局党委副书记、局长 | 2006.04–2010.12 |
| | 省胶东调水局党委书记 | 2010.12–2016.11 |
| 刘长军 | 省胶东调水局党委书记 | 2017.12–2018.10 |
| | 省调水工程运行维护中心党委书记 | 2018.10–2023.05 |
| | 省胶东调水局局长 | 2018.01–2018.11 |
| | 省调水工程运行维护中心主任 | 2018.11–2023.06 |
| 马玉扩 | 省调水工程运行维护中心党委书记 | 2023.10– |
| | 省调水工程运行维护中心主任 | 2023.11– |
| 郑瑞家 | 省胶东调水局局长、党委副书记 | 2010.12–2018.01 |
| 戚其训 | 省引黄济青工程管理局党委副书记 | 1991.03–1992.09 |
| | 省引黄济青工程管理局副局长 | 1991.04–1992.09 |
| 李高杰 | 省引黄济青工程管理局党委副书记 | 1991.08–1998.04 |
| 赵广川 | 省调水工程运行维护中心党委副书记 | 2019.03– |
| 李明阁 | 省引黄济青工程管理局党委委员 | 1991.03–1992.12 |
| | 省引黄济青工程管理局副局长 | 1991.04–1992.12 |
| 王翥鹏 | 省引黄济青工程管理局副局长、党委委员 | 1993.04–2001.10 |
| 江 勇 | 省引黄济青工程管理局党委委员、副局长、总工程师 | 2001.10–2006.08 |
| | 省引黄济青工程管理局党委委员、副局长 | 2006.08–2011.06 |
| 赵振林 | 省引黄济青工程管理局副局长、党委委员 | 2003.12–2006.08 |
| 鄢清光 | 省引黄济青工程管理局副局长、党委委员 | 2003.12–2006.08 |
| | 省胶东调水局副局长、党委委员 | 2006.08–2009.09 |

续表

| 姓名 | 职务 | 任职时间 |
|---|---|---|
| 骆德年 | 省引黄济青工程管理局副局长、党委委员 | 2004.08–2006.08 |
| | 省胶东调水局副局长、党委委员 | 2006.08–2019.03 |
| | 省调水工程运行维护中心党委委员、副主任 | 2019.03–2021.12 |
| 李凤强 | 省胶东调水局副局长、党委委员 | 2006.08–2019.03 |
| | 省调水工程运行维护中心党委委员、副主任 | 2019.03–2019.10 |
| 毕树德 | 省胶东调水局党委委员、建设处处长 | 2006.08–2009.10 |
| | 省胶东调水局党委委员、副局长 | 2009.10–2019.03 |
| | 省调水工程运行维护中心党委委员、副主任 | 2019.03– |
| 任润涛 | 省胶东调水局党委委员、纪委书记 | 2015.06–2019.03 |
| | 省调水工程运行维护中心党委委员、副主任 | 2019.03–2023.10 |
| 谷峪 | 省调水工程运行维护中心党委委员、副主任 | 2019.08– |
| 陈建锋 | 省调水工程运行维护中心党委委员、副主任 | 2021.12– |
| 邹晓庆 | 省调水工程运行维护中心党委委员、副主任 | 2023.10– |
| 孙明华 | 省引黄济青工程管理局党委委员、纪委书记 | 1994.08–1995.12 |
| | 省引黄济青工程管理局党委委员、政工处处长 | 1995.12–2003.10 |
| 张在耕 | 省引黄济青工程管理局纪委书记、党委委员 | 1995.12–2006.08 |
| | 省胶东调水局纪委书记、党委委员 | 2006.08–2009.10 |
| 彭文明 | 省胶东调水局纪委书记、党委委员 | 2009.10–2015.03 |
| 吕建远 | 省调水工程运行维护中心党委委员、纪委书记 | 2020.12– |
| 王大伟 | 省引黄济青工程管理局总工程师、党委委员 | 1991.12–2000.05 |
| 马吉刚 | 省调水工程运行维护中心党委委员、总工程师 | 2019.08–2021.12 |
| 王家庆 | 省胶东调水局党委委员，青岛分局党委书记、局长 | 2015.06–2019.03 |
| | 省调水工程运行维护中心党委委员，青岛分中心主任、党委书记 | 2019.03–2021.12 |
| | 省调水工程运行维护中心党委委员、总工程师 | 2021.12– |
| 李念平 | 省调水工程运行维护中心党委委员、总会计师 | 2019.08–2023.10 |
| 刘圣桥 | 省调水工程运行维护中心党委委员、总会计师 | 2023.12– |
| 朱允瑞 | 省引黄济青工程管理局党委委员、政治处处长 | 1991.03–1994.09 |
| 朱宁元 | 省引黄济青工程管理局党委委员、物资处处长 | 1991.03–1997.02 |
| 吕福才 | 省胶东调水局党委委员，青岛分局党委书记、局长 | 2006.08–2015.03 |

附 录

# 1. 工程立项

## 1.1 关于兴建山东省引黄济青工程的报告

（山东省人民政府文件 鲁政发〔1984〕117 号）

国务院：

青岛市是我省主要的工业城市，是轻工、外贸、海洋科研和旅游基地，是国家确定进一步对外开放的十四个沿海港口城市之一。一九八三年工业总产值约占全省五分之一，财政收入约占全省四分之一。自六十年代末期以来，供水一直十分紧张。十几年来，为了解决青岛市供水急需，已搞了四次大的应急工程，耗资一亿八千万元，但都没有从根本上解决问题，至今仍然是我国北方最严重缺水的城市之一。

青岛供水问题，中央、国务院非常重视，有关领导多次到现场查勘。由于青岛市及胶东地区地下水源贫乏，而地面径流的丰枯周期又基本上是同步的，水资源严重不足已成为这个地区国民经济发展的主要制约因素。一九八二年一月国家城建总局会同我省在青岛召开了"青岛市水源研究讨论会"，分析论证了各种供水方案。同年九月，国家计委、经委、水电部和城乡建设环境保护部联合派出调查组，听取了汇报，进行了实地查勘，确认引用黄河水是解决青岛供水问题的主要途径，国家已正式列入"六五"计划前期工作项目。

一九八四年七月，中央领导同志来山东视察黄河，在听取了关于引黄济青工程方案的汇报后指出：引黄济青采用明渠方案好，综合效益大。要求发扬引滦精神，两年完成向青岛送水。

遵照中央领导同志的指示精神，我省组织有关部门进行了大量的分析、研究工作，提出了《山东省引黄济青工程可行性研究报告》，山东省水利学会受中国水利学会委托于九月二十日至二十六日召开了引黄济青工程可行性研究论证会。参加这次会议的有国家计委、城乡建设环境保护部、中国人民建设银行总行、农牧渔业部、水电部、大专院校等有关部门的专家、教授和负责同志。出席会议的代表一百多人，其中总工程师、高级工程师、教授二十九人。专家们深入现场查勘，认真分析论证，一致认为解决青岛市用水是当务之急；引黄济青势在必行；明渠输水工程方案是切实可行的；经济上也是比较合理的。专家们也提出了一些很好的具体意见。

在可行性研究报告的基础上，根据论证会讨论的意见，我们进行了调整、修改，正式提出"山东省引黄济青工程设计任务书"，现随文报上，请予审批。该项工程的主要指标：

（一）供水、输水、引水规模

引黄济青的规模主要取决于渠首沉沙条件、青岛用水规模和目前国家的财力状况。按照中央、国务院领导同志的指示精神和青岛市需水规划，到二〇〇〇年市区日需水量一百二十万吨，济青工程按二〇〇〇年日供水七十万吨规模，不足部分拟开发利用当地水源（包括部分海水）逐步解决。鉴于当前国家财力状况，近期按引黄日供水五十五万吨考虑。

根据黄河水源条件分析，在冬、春非灌溉季节，每年从十一月至次年三月，扣除封冻期，可引水时间为一百天左右。每年首先向青岛送水七十天，其余时间向沿线供水。近期，渠首引黄流量七十五立方米每秒，扣除沿程损失，入调蓄水库流量为四十三立方米每秒。

考虑照顾到渠首所在地博兴县灌溉和补源用水以及兼顾沿线群众的利益，渠首年引黄河水量十亿立方米左右。

（二）沉沙规划

渠首新建引黄闸一座，设计流量一百立方米每秒，沉沙池面积约需四十余平方千米，采用自流与扬水沉沙相结合，可使用三十年。沉沙池分条使用，用完随即盖淤还耕。

（三）输水线路

输水线路，自沉沙池出口，沿一干输水十七点三千米入小清河分洪道，利用已有的小清河分洪道子槽输水三十一点五千米，然后穿过小清河、塌河、弥河、白浪河，向东南穿过虞河、潍河，入北胶莱河，并沿胶莱河穿大沽河，经小新河过胶济铁路后，扬水入输水线路的终点棘洪滩水库。在输水线路中设宋家庄和王耨两级扬水站，线路全长二百四十五千米，四级扬水站总扬程二十八点五米，总装机容量四点零七万千瓦。

（四）调蓄水库

通过比较，初步选定棘洪滩水库。库容二亿立方米，可满足日供水五十五万吨的调蓄要求。

（五）工程量、投资及效益

工程土石方量七千五百万立方米，占地七万亩，（其中水库二万亩，沉沙池二万亩，多为荒碱地；输水河三万亩），投资为十一点五亿元（包括水厂及水厂至水库的管道二亿元）。

引黄济青近期工程完成后，在保证率为百分之九十五的年份，济青年引黄河水四点五二亿立方米，向青岛日增加供水量五十五万吨，平均每年可为沿线（包括博兴县）供水四亿立方米（包括沿途耗水、高氟区人畜吃水、农业用水）。如果只考虑运行费，其运行成本每立方米水为零点一五七元。

（六）关于工程实施意见及投资分摊问题，在工程建设上，拟分期实施。近期引黄向青岛市区增加日供水量五十五万吨。根据青岛用水量的逐步增加，可在既定引黄输水规模条件下，加大输水流量，增做渠道衬砌，并适当延长输水时间，到二〇〇〇年达到引黄增加日供水量七十万吨的规模。

引黄济青工程拟待设计任务书批准后，立即抓紧沙石备料和水库移民安置，突击搞好设计，争取早日动工，力争两年完成。一九八六年底向青岛送水。

近期工程所需投资十一点五亿元，拟请中央解决八亿元，其余三点五亿元，由省、青岛市和群众集资解决。

引黄济青工程是一项经济效益显著的跨流域引水工程，线路长，工期紧，任务十分艰巨。在中央、国务院领导和有关部门的支持帮助下，有引滦入津的先进经验，我们决心按照中央的要求，高质量、高速度地完成这一造福于千百万人民的引黄济青建设任务，让青岛市人民早日用上黄河水，为实现四个现代化做出新的贡献。

  附件一：《山东省引黄济青工程设计任务书》。

  附件二：《山东省引黄济青工程可行性研究报告》。

  附件三：《山东省引黄济青工程可行性研究论证会会议纪要》。

山东省人民政府

一九八四年十月八日

## 1.2 关于兴建山东省引黄济青工程的补充报告

（山东省人民政府文件 鲁政发〔1985〕82 号）

国务院：

  去年十月，我们在可行性研究和全国专家论证的基础上，向国务院正式上报了《山东省引黄济青工程设计任务书》。水利电力部和城乡建设环境保护部，按照国务院批示，共同对《任务书》进行了初步审查。两部认为，引黄济青虽然投资较大，但水源有保证，是解决青岛城市供水问题的根本途径。原则同意《任务书》所列向青岛市日供水五十五万吨的明渠输水方案，并核增投资一亿元，总投资为十二点五亿元（包括群众劳务投资一亿元）。

  由于国家财力限制，近期难以按日供水五十五万吨的规模实施。今年年初，国务院领导同志在讨论引黄济青方案时，指示要明渠与管道作进一步比较。据此，我们按国家和省财力的实际可能，经过多方分析研究，确定近期暂按向青岛日供水三十万吨的规模考虑，随着经济发展再逐步增加。经过近半年的工作，比较了明渠、明暗渠结合、暗渠（低压钢筋混凝土矩形管道）、压力管道等不同方案，先后两次组织省内有关单位的领导、专家和工程技术人员，对上述方案进行了认真的研究、论证，在此基础上，补充编制了《山东省引黄济青工程修正设计任务书》。现随文报上，请予审批。

  **一、方案的比较及我们的意见**

  各方案的主要技术经济指标：

| | 投 资 | 占 地 | 钢 材 | 耗 电 |
|---|---|---|---|---|
| | （亿元） | （万亩） | （万吨） | （万度） |
| 明 渠 | 8.52 | 5.91 | 3.547 | 4,200 |
| 明暗结合 | 8.87 | 5.10 | 6.027 | 5,300 |
| 暗 渠 | 8.96 | 1.88 | 9.497 | 9,000 |
| 两 管 | 9.28 | 1.91 | 5.216 | 58,200 |
| 三 管 | 9.87 | 1.91 | 6.312 | 26,400 |

  我们认为，决定方案取舍，应掌握以下几条原则：一是要做到保质、保量、按时向青岛送水。二

是要充分考虑向青岛供水的紧迫性，力争缩短工期，早日建成送水。时间就是效益，提前一年供水，全市就可增加产值六亿元，多收利税一点四亿元。三是在确保向青岛供水的同时，适当兼顾沿线工农业及群众生活用水，充分发挥工程的最大经济效益。四是要考虑随着青岛市对外开放、国民经济发展和人民生活水平的提高，需水量将会不断增加，在解决目前日供水三十万吨的基础上，要为今后扩大供水规模创造条件。五是要力争年运行费最省，耗电最少，单方水的供水成本最低。六是要充分考虑投资有限，三材紧张，能源不足的现实条件。

根据以上原则，经过几次会议论证和省府常务会议研究，再三权衡各个方案的利弊，建议采用明渠方案。它具有施工简单，便于组织动员群众的力量，可以缩短工期，提前见效；投资较省，三材用量少，综合效益大；将来扩大供水规模比较方便等方面的优点。今后还可以与南水北调工程相连通，扩大向东调水，缓和胶东地区严重缺水的局面。其缺点是占地多，输水管理比暗渠困难，防止污染的工作量较大。对于这些问题，只要做好工作，是可以解决的，对于输水管理，必须建立强有力的、统一的管理机构，制定严格的管理制度。这方面天津引滦入津工程已经提供了经验。至于水质问题，只要加强管理，从技术上加以妥善处理也是完全可以保证的。

**二、修正后的明渠输水方案主要指标：**

（一）引水、输水、供水规模。根据黄河水源条件分析，在冬、春非灌溉季节，每年十一月至次年三月，扣除封冻期和黄河流量小于五十立方米每秒不能引水的天数，在保证率95%的情况下，可保证向青岛送水七十天。日供水三十万吨，全年为1.1亿立方米，同时结合向沿线高氟区年供水一千一百万立方米。在保证率50%时，可再向沿线送水六千四百万立方米。

（二）沉沙规划。利用现有打渔张引黄闸，采用自流、扬水沉沙相结合，沉沙池面积四十四平方千米，条渠依次使用，用完后盖淤还耕，可使用四十年。

（三）输水线路。出沉沙池后，经新开输水河十八千米，进入小清河分洪道，在王家道口以下与小清河立交后，穿过弥河、白浪河、潍河等，在高密县曹家村附近过北胶莱河，然后沿胶莱河北岸新开输水河，穿越白沙河、大沽河等，入青岛市附近的棘洪滩水库。输水线路全长二百四十六千米，设五级扬水站，总扬程四十八米，装机二点五万千瓦。

（四）调蓄水库。经反复比较，调蓄水库仍选在棘洪滩。库区面积十六平方千米，总库容一点四亿立方米，可满足日供水三十万吨的调蓄需要。经水库调节后，建三十七千米管道送至市区河东水厂。

（五）工程量及投资。土建工程土石方四千九百万立方米，混凝土、钢筋混凝土五十五万立方米，永久占地五万九千亩，移民五千一百人。全部投资八点五亿元（包括水库以下管道、水厂以及市区供水干管投资一点五亿元）。

（六）供水成本与投资回收年限。单方水成本为四角二分七，其中，运行成本为二角一分五。投资回收年限为十年。

（七）工程实施意见与投资分摊。近期按引黄向青岛市区增加日供水三十万吨规模实施。省府研究，近期工程投资控制在八亿元之内，除国务院已确定解决五亿元外，省及青岛市投资三亿元，由省包干。

兴建引黄济青工程，缓和青岛市供水的紧张局面，是关系到青岛市对外开放和国民经济翻番的关键措施，刻不容缓。我们恳请中央能及早批准，争取今冬开工。我们决心在中央、国务院的领导和支持下，高标准、高速度地完成这一造福子孙后代的跨流域调水工程，为祖国四化大业做出贡献。

附件：《山东省引黄济青工程修正设计任务书》

山东省人民政府

一九八五年八月一日

## 1.3 关于印发《关于审批山东省引黄济青工程设计任务书的请示》的通知

（国家计划委员会 计资〔1985〕1650号）

山东省人民政府：

我委《关于审批山东省引黄济青工程设计任务书的请示》，业经国务院领导同志批准，现印发给你们，请按此执行。

中华人民共和国国家计划委员会

一九八五年十月十八日

### 关于审批山东省引黄济青工程设计任务书的请示

（国家计划委员会 计资〔1985〕1489号）

国务院：

山东省鲁政发〔1985〕82号文《关于兴建山东省引黄济青工程的补充报告》（国务院收文办108号），国务院办公厅批转我委研办。经与水电部、建设部研究，现将有关情况和我们的意见报告如下：

一、引黄济青工程明渠和管道方案，山东省组织专家和工程技术人员进行了反复论证，仍然推荐明渠方案。这个方案的主要优点是：工期较短；使用三材和投资较少；除重点解决青岛市用水外、有余时还可改善沿线高氟区人民生活用水。水电部和建设部也都同意引黄济青工程采用明渠方案、但要求山东省采取有力措施，实行用水统一管理、严防水质污染、确保青岛市用水。

二、引黄济青工程建设规模、渠道引水流量按四十五立方米每秒设计，增加青岛市日供水能力三十万吨。从长远看，尚不能适应青岛市用水需要，初步设计时应进一步研究在不增加工程量和投资的前提下，采取灵活运用和管理的措施，适当延长引水天数，以增加引水量，满足青岛市长远用水的需要。

三、引黄济青工程总投资（包括引水工程及水厂、干管），我们同意山东省意见，控制在八亿元以内。其中国家补助"拨改贷"投资五亿元，包干使用。其余投资，包括由于涨价或设计漏项等因素增加的投资，均由山东省、青岛市自行解决。

四、建议国务院批准引黄济青工程修正设计任务书。初步设计，请山东省人民政府为主，商水电部、建设部审批。批准后，作为地方重点建设项目列入国家计划。

五、引黄济青工程是关系到青岛市经济发展和对外开放的一项战略性措施，请山东省和青岛市认真借鉴引滦工程的建设经验，组织各方面力量，实行包干责任制，保证工程质量，节约建设资金，加快工程进度，争取三年左右的时间建成投产。

以上妥否，请批示。

国家计划委员会

一九八五年九月二十六日

# 2. 机构变迁

## 2.1 关于建立省引黄济青工程指挥部办公室的通知

（山东省人民政府办公厅文件 鲁政办发〔1985〕55号）

青岛、潍坊、东营市政府，惠民地区行署，有关县（区）政府，省府各有关部门：

为加强对引黄济青工程的管理和领导，省政府决定，建立省引黄济青工程指挥部办公室（工程建成后改为引黄济青工程管理局）列为比厅局低半格的事业单位，暂定编制五十人，工程指挥部专职副指挥兼任办公室主任。内部机构设秘书处、政治处、计划财务处、物资供应处、工程管理处。所需工作人员，从省水利厅机关和直属单位调配。日常工作，由省水利厅领导。

山东省人民政府办公厅

一九八五年十二月六日

## 2.2 关于引黄济青工程各分部办事机构和人员编制的批复

（山东省编制委员会文件 鲁编〔1986〕39号）

省水利厅：

（85）鲁水党字第125号和（86）鲁水人字第53号报告收悉。省政府办公厅鲁政办发〔1985〕55号文件已公布成立山东省引黄济青工程指挥部办公室。为了加强对这一工程的领导和管理，确保工程建设的顺利进行，同意建立：

一、山东省引黄济青工程指挥部惠民分部办公室，处级单位，事业编制二十人。下属山东省引黄济青渠首工程处，科级单位，事业编制三十人。

二、山东省引黄济青工程指挥部潍坊分部办公室，处级单位，事业编制三十人。下属山东省引黄济青宋庄泵站工程处，科级单位，事业编制五十人；山东省引黄济青王耨泵站工程处，科级单位，事业编制五十人。

三、山东省引黄济青工程指挥部青岛分部办公室，处级单位，事业编制三十人。下属山东省引黄济青张庄泵站工程处，科级单位，事业编制五十人；山东省引黄济青棘洪滩水库工程处，科级单位，事业编制五十人。

四、山东省引黄济青东营工程处，科级单位，事业编制二十人，直属省引黄济青工程指挥部办公室领导。

五、各引黄济青工程指挥部分部办公室，是省引黄济青工程指挥部办公室的直属事业单位，也是各指挥部分部的办事机构。各分部办公室和各工程处的住址，应本着便于组织施工、便于实施管理的原则，设在渠道附近。具体设置地点请有关市地确定后，报省备案。

上述单位所需工作人员，主要从省水利厅和直属单位及有关市地县水利系统选调，技术人员占职工总数的比例不低于百分之六十。所需经费，按照规定从工程费中列支。

山东省编制委员会

一九八六年三月十五日

## 2.3 关于同意省引黄济青工程指挥部办公室加挂省引黄济青工程管理局牌子的批复

（山东省编制委员会文件 鲁编〔1988〕240号）

省水利厅：

（88）鲁水人字第80号报告收悉，为了保证引黄济青工程建设顺利进行，根据鲁政办发〔1985〕55号文件精神，经研究确定：

一、同意山东省引黄济青工程指挥部办公室对外加挂山东省引黄济青工程管理局的牌子。

二、同意山东省引黄济青工程指挥部惠民分部、潍坊分部、青岛分部对外分别加挂山东省引黄济青工程管理局惠民分局、潍坊分局、青岛分局的牌子。

三、同意山东省引黄济青东营工程处、渠首工程处、宋庄泵站工程处、寒亭工程处、王耨泵站工程处、棘洪滩水库工程处对外分别加挂山东省引黄济青工程东营管理处、博兴管理处、寿光管理处、寒亭管理处、昌邑管理处、胶州管理处的牌子。山东省引黄济青张庄泵站工程处改称亭口泵站工程处并挂山东省引黄济青工程平度管理处的牌子。

四、山东省引黄济青高密县工程管理站、即墨县工程管理站更名为山东省引黄济青工程高密管理站、即墨管理站。

五、上述机构建制级别、人员编制和隶属关系不变。

山东省编制委员会

一九八八年十月三日

## 2.4 关于山东省引黄济青工程管理局各分局内部机构设置的批复

（山东省水利厅文件（89）鲁水人字第46号）

省引黄济青工程指挥部办公室：

你处（89）鲁济青办字第26号文"关于山东省引黄济青工程管理局各分局内部机构设置的请示"收悉。经研究同意：

山东省引黄济青工程管理局惠民分局、山东省引黄济青工程东营管理处内设：人秘科、工程管理科、财务器材科、经营管理科。

山东省引黄济青工程管理局潍坊分局、青岛分局内设：办公室、政工科、工程管理科、财务器材科、经营管理科。

此复。

山东省水利厅

一九八九年四月十二日

## 2.5 关于省胶东调水局内设科级机构和干部职数的批复

（山东省水利厅文件 鲁水人字〔2006〕47号）

省胶东调水局：

你局"关于省局机关内设机构编制的请示"（鲁胶调水组人字〔2006〕13号）收悉。本着"机构精简、人员高效、利于协调"的原则，经研究决定，核定你局内设7个处室的科级机构26个、科级干部职数34名（其中正科级27名、副科级7名）；核定你局纪委配备专职纪检员1名（正科级），工会配备干事（正科级）1名。具体情况如下：

一、办公室

内设秘书科、档案信息科、信访接待科、机关服务中心，科级干部职数6名（4正2副）。

二、组织人事处

内设干部科、组织宣教科、劳动工资科、老干部科，科级干部职数6名（5正1副）。

三、规划财务处

内设规划计划科、基建财务科、事业财务科、审计统计科，科级干部职数 5 名（4 正 1 副）。

四、调度运行处

内设调度运行控制中心、机电设备科、通信与自动化科、水源调配科，科级干部职数 5 名（4 正 1 副）。

五、工程建设处

内设工程建设科、技术科（总工办）、移民与合同管理科、科技科，科级干部职数 5 名（4 正 1 副）。

六、水质保护处

内设水质保护科、水费征收科、政策法规科，科级干部职数 3 名（3 正）。

七、工程质量监督处

内设工程管理科、安全生产与质量监督科、水土资源开发中心，科级干部职数 4 名（3 正 1 副）。

此复。

山东省水利厅

二〇〇六年九月二十七日

## 2.6 关于变更省胶东调水局所属事业单位名称的批复

（山东省机构编制委员会办公室文件 鲁编办〔2009〕30 号）

省水利厅：

鲁水人函〔2009〕7 号文件收悉。经研究，同意省引黄济青工程管理局滨州分局更名为省胶东调水局滨州分局、省引黄济青工程管理局东营分局更名为省胶东调水局东营分局、省引黄济青工程管理局潍坊分局更名为省胶东调水局潍坊分局、省引黄济青工程管理局青岛分局更名为省胶东调水局青岛分局、省引黄济青工程平度管理处更名为省胶东调水工程平度管理处、省引黄济青工程棘洪滩水库管理处（省引黄济青工程胶州管理处）更名为省胶东调水工程棘洪滩水库管理处（省胶东调水工程胶州管理处）、省引黄济青工程博兴管理处更名为省胶东调水工程博兴管理站、省引黄济青工程寿光管理处更名为省胶东调水工程寿光管理站、省引黄济青工程昌邑管理处更名为省胶东调水工程昌邑管理站、省引黄济青工程寒亭管理处更名为省胶东调水工程寒亭管理站。

请按有关规定办理事业单位法人登记手续。

山东省机构编制委员会办公室

二〇〇九年五月二十六日

## 2.7 关于设立省胶东调水局烟台分局等机构的批复

（山东省机构编制委员会办公室文件 鲁编办〔2009〕31号）

省水利厅：

鲁水人字〔2008〕42号文件收悉。经研究，同意设立省胶东调水局烟台分局，为省胶东调水局所属社会公益二类处级事业单位，经费来源为财政补贴，核定编制25名，配备局长1名、副局长2名；设立省胶东调水工程莱州管理站、省胶东调水工程招远管理站、省胶东调水工程龙口管理站、省胶东调水工程蓬莱管理站、省胶东调水工程福山管理站、省胶东调水工程牟平管理站，为省胶东调水局所属社会公益二类科级事业单位，经费来源为财政补贴，分别核定编制20名、13名、16名、12名、13名、13名。上述单位主要承担所在区域胶东调水工程的管理、维护和经营工作，所需编制从省胶东调水局现有事业单位调剂解决。调整后，省胶东调水工程平度管理处编制由132名减至120名、博兴管理站编制由118名减至88名、昌邑管理站编制由135名减至105名、寿光管理站编制由131名减至111名、寒亭管理站编制由64名减至44名。

请按有关规定办理事业单位法人登记手续。

山东省机构编制委员会办公室<br>二〇〇九年五月二十六日

## 2.8 关于调整省水利厅所属部分事业单位机构编制事项的批复

（中共山东省委机构编制委员会文件 鲁编〔2019〕12号）

省水利厅：

你厅《关于报送所属事业单位机构编制调整意见的请示》（鲁水党字〔2019〕5号）收悉。根据党中央、国务院批准的《山东省机构改革方案》《中共山东省委、山东省人民政府关于山东省省级机构改革的实施意见》和《中央编办关于山东省部分厅局级事业单位调整的批复》，经研究，现就你厅所属部分事业单位作如下调整：

一、省胶东调水局更名为省调水工程运行维护中心，主要职责是，承担全省重大调水工程、骨干水网、重大水利工程的建设、运行和维护工作，为全省调水工作提供技术支撑。

省调水工程运行维护中心为你厅所属副厅级公益二类事业单位，经费来源为财政补贴；内设办公室、组织人事处、财务审计处、调度运行处、工程建设处、工程管理处、水质保护处、工程质量监督处；事业编制111名，其中管理人员编制39名、专业技术人员编制72名；设主任1名（副厅级、兼任党委书记）、专职副书记1名、副主任4名、总工程师1名、总会计师1名（均为正处级）；内设机构处级领导职数20名，其中正处8名、副处12名。

二、整合省海河流域水利管理局、省淮河流域水利管理局、省小清河管理局、省水利工程管理局

4个事业单位，组建省海河淮河小清河流域水利管理服务中心，主要职责是，承担海河、淮河、小清河等重点流域水利发展规划、水利工程建设、管理和运行的技术服务工作，为全面推进河长制湖长制和流域水旱灾害防御工作提供技术支撑。

省海河淮河小清河流域水利管理服务中心为你厅所属副厅级公益一类事业单位，经费来源为财政拨款；内设办公室、组织人事处、规划处、财务处、建设处、工程管理处、流域一处、流域二处、流域三处；事业编制280名，其中管理人员编制56名、专业技术人员编制216名、工勤人员编制8名；设主任1名（副厅级、兼任党委书记），专职副书记1名、副主任3名、总工程师1名、总会计师1名（均为正处级）；内设机构处级领导职数23名，其中正处9名、副处14名。

撤销省海河流域水利管理局、省淮河流域水利管理局、省小清河管理局、省水利工程管理局4个事业单位建制，原事业编制收回；相关资产、在职人员及离退休人员一并划入省海河淮河小清河流域水利管理服务中心。

三、省南水北调工程建设管理局、省政府防汛抗旱总指挥部办公室（挂省防汛机动抢险队牌子）、省水利移民管理局3个事业单位建制撤销后，原事业编制收回。

中共山东省委机构编制委员会

2019年2月22日

# 3. 工程管理

## 3.1 山东省人民政府关于加强引黄济青工程管理的布告

引黄济青工程是我省为解决青岛市及工程沿线高氟区人畜吃水和工农业生产用水而兴建的大型水利工程。为确保工程安全，充分发挥其经济效益和社会效益，现根据《中华人民共和国水法》和《山东省水利工程管理办法》的有关规定，布告如下：

一、引黄济青工程及工程管理范围内的土地和附着物都属国家所有。

二、在工程管理范围内，严禁取土、放牧、垦殖、铲草、打井、挖洞、开沟、建窑和爆破。

三、为保护水源不受污染，禁止在输水渠内洗涤污染物和清洗车辆、容器。禁止向输水渠、水库倾倒矿渣、垃圾、含毒废水和污水。

四、禁止履带拖拉机和超重、硬轮车辆在输水渠顶公路行驶。雨雪泥泞期间，不准机动车辆沿输水渠顶公路通行。

五、未经引黄济青工程管理部门批准，任何单位和个人不得擅自从输水渠和水库内提水、引水。

六、禁止在工程管理范围内新建、改建、扩建和临时布设其他工程。

七、引黄济青工程的涵、闸、泵、渠、库以及自动化、通讯、输变电设施等，均由专设机构和专人管理。任何单位和个人不准以任何手段阻挠、干扰工程管理人员行使职权。

八、工程沿线各级人民政府，要加强对工程管理工作的领导。对违反上述规定造成损失的单位和个人要依法严肃处理；对在管理、保护工程设施中做出显著成绩的单位和个人，要给予表彰和奖励。

山东省人民政府

一九八九年四月九日

## 3.2 关于发布《山东省引黄济青工程管理试行办法》的通知

（山东省人民政府文件 鲁政发〔1989〕138号）

有关市人民政府、行署，有关县（市）人民政府，省政府各部门：

现将《山东省引黄济青工程管理试行办法》印发给你们，望遵照执行。

一九八九年十一月十九日

## 山东省引黄济青工程管理试行办法

### 第一章 总 则

**第一条** 为了加强引黄济青工程管理，充分发挥工程效益，促进我省工农业生产发展，根据《中华人民共和国水法》等法律、法规，制定本办法。

**第二条** 本办法适用于引黄济青工程水源工程部分的各类工程及设施。惠民、东营、潍坊、青岛等市（地）引黄济青工程周围的所有单位和个人，都必须遵守本办法。

前款所称水源工程部分，系指自打渔张引黄闸至棘洪滩水库放水闸（含该放水闸）之间的引黄济青工程。

棘洪滩水库放水闸以下的供水工程部分，按青岛市人民政府的规定管理。

**第三条** 引黄济青工程实行统一管理与分级负责、专业管理与群众管理相结合的原则。

引黄济青工程的保护、管理，实行责任制。

第四条 引黄济青工程供水，首先确保青岛市城市用水，统筹兼顾工程沿线农业用水和高氟区人畜饮水的需要。

第五条 引黄济青工程实行计划供水、有偿供水。

第六条 引黄济青工程沿线各级人民政府，对本辖区内的工程管理负有重要责任，应积极支持工程管理单位和管理人员行使其职权，管好、用好管理的工程及其设施。

第七条 引黄济青工程及设施，属于国家所有，受国家法律保护。工程沿线的一切单位和个人都有义务保护工程及设施，都有权制止和检举、控告毁坏工程的行为。

## 第二章 管理机构

第八条 省政府设立引黄济青管理委员会，负责协调引黄济青工程管理的重大问题。

省引黄济青管理委员会的办事机构是省引黄济青工程管理局。

第九条 省引黄济青工程管理局负责引黄济青工程的统一管理。其主要职责是：

（一）贯彻执行有关工程管理的法律、法规、规章和方针、政策；

（二）编制引黄济青工程调水、供水计划和水量分配方案，提交省引黄济青管理委员会审核批准后实施；

（三）承担省引黄济青管理委员会的日常工作；

（四）领导所属单位的工程管理、多种经营等项工作；

（五）编制年度财务收支计划，核定与控制经费收支；

（六）依照本办法规定行使的其他职权。

第十条 引黄济青工程管理分局及管理处，按照省引黄济青工程管理局规定的职责分工，负责本单位管辖范围内的工程管理工作。

工程管理所是引黄济青工程的基层管理单位，负责工程的日常管理工作。

第十一条 引黄济青工程的涵、闸、泵站、水库等重要工程，可根据需要，设置公安派出所或水政监察队伍。

引黄济青工程设置的公安派出所，受省引黄济青工程管理局和当地公安部门双重领导，以当地公安部门领导为主，负责维护工程的治安秩序，确保工程安全运行。

## 第三章 工程管理

第十二条 引黄济青工程周围已经征用的土地，为工程管理范围，由引黄济青工程管理分局（处）会同当地县级人民政府埋设地界，并标图存档。

工程管理范围内的土地及地上附着物属于国家所有，由工程管理单位管理使用，其它任何单位和个人都不得占用工程管理范围内的土地从事生产经营等活动。

第十三条 在工程管理范围内，严禁从事下列活动：

（一）擅自新建、改建、扩建各类工程，布设机泵、虹吸管等设施；

（二）爆破、采石、取土、放牧、垦植、铲草、打井、挖洞、开沟、建窑、采伐林木；

（三）毁坏水工程和观测设施以及通信、照明、输变电、机泵、交通等附属设施；

（四）在水域内捕鱼、炸鱼、游泳；

（五）在水域内清洗车辆、容器、衣物，浸泡麻类等植物；

（六）向水域内排放污水、废液，倾倒工业废渣、垃圾等废弃物；

（七）在堤顶公路、水闸、交通桥行驶履带车辆、超重车辆、硬轮车辆以及在雨雪泥泞期间行驶其它机动车辆。

**第十四条** 为确保工程安全，引黄济青工程管理处或管理所报请县级人民政府批准，可以在工程管理范围的相连地域划定三百米至五百米的保护范围。

保护范围内的土地及地上附着物的权属不变。

在保护范围内，不得从事打井、钻探、爆破等危害工程的活动。

**第十五条** 引黄济青工程应建立健全水文观测网点，搞好水量水质监测。

**第十六条** 输水河工程实行分段管理。每公里设一名管理人员，三至五名管理人员组成一个管理小组，负责工程的维修、养护和管理。

工程管理小组应配备专职管理、监理人员。

**第十七条** 引黄济青工程的闸门、机泵，必须按照省引黄济青工程管理局下达的指令启闭。其它任何组织和个人都不得干扰闸门、机泵操作人员的正常工作，不得以任何方式自行引水、堵水。

**第十八条** 引黄济青输变电工程，系专用供电线路。任何单位和个人都不得从该线路上架设支线。

**第十九条** 引黄济青工程应建立健全通信系统，确保通信联络畅通。

**第二十条** 引黄济青工程管理、维修所需各种原材料、燃料、设备和交通运输工具等，应纳入国家计划，实行专项供应。

**第二十一条** 引黄济青工程管理单位在保证正常供水和设备维修的前提下，可根据季节性供水的特点，按有关规定开展多种经营。

## 第四章　供水与水费

**第二十二条** 引黄济青工程实行计划供水。

（一）用水单位应编制年度用水计划，并向引黄济青工程管理分局提出用水申请。

（二）引黄济青工程管理分局应根据各单位的用水申请和水源条件，编制本分局的年度供水计划，报省引黄济青工程管理局审核。

（三）省引黄济青工程管理局应根据各分局的年度供水计划和水源条件，编制省引黄济青工程年度供水计划，提交省引黄济青管理委员会批准后实施。

经批准的供水计划是工程运行的基本依据。计划的修改，必需经原批准机关核准。

第二十三条 工程管理单位与用水单位应根据经批准的供水计划，签订供水、用水合同，并严格履行。任何单位和个人不得随意改变供水计划，违反供、用水合同。

第二十四条 引黄济青工程的水费，按照凭票供水、预售水票、按方收费的办法计收。

对城市供水实行征收年基本水费的办法。

水费标准及征收、使用、管理的具体办法，由省引黄济青工程管理局会同省财政、物价部门另行制定，经省政府批准后施行。

第二十五条 凡已使用引黄济青工程供水的单位，应退换原挤占农业用水的水源，以便充分发挥工程的最大效益。

## 第五章　奖励与惩罚

第二十六条 对模范执行本办法，在工程管理、计划供水、节约用水等方面做出显著成绩的单位和个人，按管理体制由工程管理机构或人民政府给予奖励。

第二十七条 违反本办法第十三条第六项规定，造成水域污染的，依照《中华人民共和国水污染防治法》的有关规定处理。

第二十八条 违反本办法规定，在工程管理范围内新建、改建、扩建各类工程，布设机泵、虹吸管等设施的，由工程管理机构责令其停止违法行为，限期拆除所建工程和设施，并处五百元至五千元的罚款；对有关责任人员由其所在单位或者上级主管机关给予行政处分。

第二十九条 违反本办法规定，有下列行为之一的，由工程管理机构责令其停止违法行为，没收非法所得，并处五十元至五百元的罚款：

（一）在工程管理范围内放牧、垦植、铲草、采伐林木的；

（二）在水域内捕鱼、炸鱼、游泳的；

（三）在水域内清洗车辆、容器、衣物，浸泡麻类等植物的；

（四）在堤顶公路、水闸、交通桥行驶履带车辆、超重车辆、硬轮车辆以及在雨雪泥泞期间行驶其它机动车辆的。

第三十条 违反本办法规定，有下列行为之一的，由工程管理机构责令其停止违法行为，赔偿损失，采取补救措施，并处五百元至五千元的罚款；应当给予治安管理处罚的，依照治安管理处罚条例的规定处罚；构成犯罪的，依法追究刑事责任；

（一）毁坏水工程和观测设施以及通信、照明、输电、机泵、交通等附属设施的；

（二）工程管理范围和保护范围内进行爆破、钻探、打井，在工程管理范围内进行采石、取土、挖洞、开沟、建窑等危害工程安全的活动的。

第三十一条 当事人对行政处罚决定不服的，可以在接到处罚通知之日起十五日内，向作出处罚决定的机关的上一级机关申请复议；对复议决定不服的，可以在接到复议决定之日起十五日内，向人民法院起诉。当事人也可以在接到处罚通知之日起十五日内，直接向人民法院起诉。当事人逾期不申请复议或者不向人民法院起诉又不履行处罚决定的，由作出处罚决定的机关申请人民法院强制执行。

对治安管理处罚不服的，依照治安管理处罚条例的规定办理。

**第三十二条** 盗窃或者抢夺工程物资、器材的，依法追究刑事责任。

**第三十三条** 工程管理机构工作人员玩忽职守、滥用职权、徇私舞弊的，由其所在单位或上级主管机关给予行政处分；对公共财产、国家和人民利益造成重大损失的，依法追究刑事责任。

## 第六章 附 则

**第三十四条** 本办法由省水行政主管部门负责解释。

**第三十五条** 本办法自一九八九年十一月二十五日起施行。

# 3.3 山东省胶东调水条例

2011 年 11 月 25 日山东省第十一届人民代表大会常务委员会第二十七次会议通过。根据 2022 年 3 月 30 日山东省第十三届人民代表大会常务委员会第三十四次会议《关于修改〈山东省机动车排气污染防治条例〉等四件地方性法规的决定》修正。

## 第一章 总 则

**第一条** 为了加强胶东调水管理，优化配置水资源，保证调水安全，促进经济和社会可持续发展，根据《中华人民共和国水法》等法律、行政法规，结合本省实际，制定本条例。

**第二条** 本条例所称胶东调水，是指综合利用黄河水、长江水和其他水资源，通过胶东调水工程向青岛市、烟台市、潍坊市、威海市等受水地区以及沿线其他区域引水、蓄水、输水、配水的水资源配置体系。

**第三条** 在本省行政区域内从事胶东调水工程管理、水质保护、水量调配、监督保障等活动，适用本条例。

**第四条** 胶东调水工作应当坚持统筹规划、科学调度、保障重点、兼顾沿线和安全高效的原则。

**第五条** 省人民政府应当加强对胶东调水工作的领导，统筹解决胶东调水工程规划建设、资金保障、水量配置等重大问题，保障调水工程有效运行。

胶东调水工程沿线设区的市、县（市、区）人民政府应当加强本行政区域内调水工程的保护，解决污染防治、土地使用、电力供应以及工程安全保卫等方面的具体问题。

**第六条** 省人民政府水行政主管部门负责胶东调水工作的监督管理，其所属的胶东调水运行管理单位履行工程建设、管理维护、水质保护等职责。

发展改革、财政、自然资源、公安、农业农村、生态环境、林业、黄河河务等部门，应当按照职责分工做好相关的工作。

第七条 胶东调水工程是由政府投资建设的公益性、基础性、战略性水利工程，属于国家所有，受法律保护。

任何单位和个人对破坏工程、污染水质等违法行为，都有权进行检举、控告；有关部门收到检举、控告后，应当及时调查处理。

对在胶东调水工作中做出突出贡献的单位和个人，由人民政府给予表彰或者奖励。

## 第二章 工程管理

第八条 胶东调水运行管理单位应当严格按照国家和省批准的规划设计方案以及技术规范组织实施工程建设管理。需要新建、改建、扩建的，应当依法履行相关审批手续。

第九条 胶东调水工程的管理范围包括：

（一）调水工程依法征收、征用的土地；

（二）输水隧洞（含支洞）、地下输水管、暗渠；

（三）使用现有河道作为输水渠道的，其管理范围为使用河道的管理范围。

前款第（三）项规定涉及河道与输水渠道管理职权划分的，由省人民政府水行政主管部门另行规定。

第十条 在胶东调水工程管理范围内，不得从事下列行为：

（一）取土、采石、采砂、爆破、打井、钻探、开沟、挖洞、挖塘、建窑、建坟；

（二）侵占、毁坏护堤护岸林木；

（三）在堤（坝）顶等工程设施上超限行驶机动车；

（四）游泳、洗衣或者清洗车辆和器具；

（五）烧荒、放养牲畜；

（六）其他影响调水工程运行、危害工程安全的行为。

第十一条 在胶东调水工程管理范围内建设桥梁和其他拦水、跨水、临水建筑物、构筑物，或者铺设跨水工程管道、电缆等工程设施的，工程建设方案应当经省人民政府水行政主管部门或者受其委托的水行政主管部门审查同意。

前款所列各类工程需要维护、检修的，应当事先书面征得胶东调水运行管理单位同意，并不得影响调水工程正常运行。

因工程建设需要占用胶东调水工程设施的，建设单位应当依法予以补偿。

第十二条 胶东调水工程的保护范围，按照下列标准划定：

（一）沉沙池、渠道、倒虹、渡槽管理范围边缘向外延伸一百米的区域；

（二）隧洞垂直中心线两侧水平方向各二百米的区域；

（三）地下输水管道、暗渠、涵洞垂直中心线两侧水平方向各五十米的区域；

（四）泵站、水闸管理范围边缘向外延伸五十米的区域；

（五）调蓄工程管理范围边缘向外延伸三百米的区域；

（六）穿越河道的输水工程中心线向河道上游延伸五百米、下游延伸一千米的区域。

**第十三条** 在胶东调水工程保护范围内，不得从事下列行为：

（一）建造或者设立生产、加工、储存、销售具有放射性或者易燃、易爆、剧毒等危险物品的场所、仓库；

（二）在地下输水管道、暗渠保护范围内修建危害胶东调水工程安全的建筑物、构筑物以及超限行驶机动车，或者在地下输水管道、暗渠中心线两侧各十五米的区域内种植深根植物；

（三）在穿越河道的输水工程保护范围内拦河筑坝、采砂、淘金等；

（四）影响调水工程运行和危害调水工程安全的采石、爆破、打井、钻探等活动。

**第十四条** 在胶东调水工程保护范围以外五百米之内实施爆破、采矿的，应当事先通知胶东调水运行管理单位，并采取安全防护措施，确保调水工程安全。

**第十五条** 胶东调水运行管理单位进行工程抢修抢险，可以使用相邻土地或者设施进行作业，但应当及时告知该土地或者设施的所有权人或者使用权人；需要采伐林地上林木的，可以先行采伐，但应当在工程抢修抢险作业完成之日起三十日内，将采伐林木的情况报告当地县级以上人民政府林业主管部门；给他人造成损失的，应当依法予以补偿。

**第十六条** 胶东调水工程沿线各级人民政府应当加强宣传教育，增强沿线群众的安全意识；胶东调水运行管理单位应当在调水工程沿线设立界桩、界碑等保护标志，在调水工程经过的路口、村庄等重要地段设置安全警示标志，在泵站、调蓄工程等重要部位设置必要的防护设施。

禁止任何单位和个人移动、覆盖、涂改、损毁标志物或者破坏防护设施。

**第十七条** 任何单位和个人不得从事下列损害胶东调水工程的行为：

（一）侵占、损毁工程设施和监测、通信、照明、输变电等其他设施；

（二）在专用输电线路上搭接线路；

（三）损害调水工程的其他行为。

### 第三章　水质保护

**第十八条** 胶东调水水质应当不低于国家规定的地表水环境质量Ⅲ类水质标准。

黄河河务部门和其他有关单位应当采取措施，确保进入胶东调水工程的水体水质符合前款规定的要求；发现水质不符合规定要求的，应当立即通知胶东调水运行管理单位。

**第十九条** 胶东调水运行管理单位应当加强水质保护工作，建立健全水质监测制度和监测体系，定期对水质进行检测。

胶东调水运行管理单位发现水质低于规定标准时，应当立即采取停止取水等措施，并通报生态环境、黄河河务等有关部门和单位。

**第二十条** 县级以上人民政府生态环境主管部门应当加强对排污行为的监督管理，对造成胶东调水水质污染的单位，应当依法责令其停止排污或者限期治理。

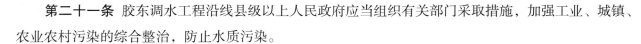

**第二十一条** 胶东调水工程沿线县级以上人民政府应当组织有关部门采取措施，加强工业、城镇、农业农村污染的综合整治，防止水质污染。

**第二十二条** 胶东调水工程沿线县级以上人民政府林业主管部门和水行政主管部门应当组织开展植树造林等工作，涵养水源，改善生态环境。

**第二十三条** 任何单位和个人不得从事下列污染胶东调水水质的行为：

（一）在调水工程上设置排污口；

（二）直接或者间接向水体排放、倾倒污水、废水等液体污染物以及垃圾、废渣等固体污染物；

（三）在调水工程管理和保护范围内堆放、存贮垃圾、废渣等污染物；

（四）在调水工程管理和保护范围内设立造纸、印染、电镀、洗煤等污染严重的企业；

（五）其他污染水质的行为。

## 第四章　水量调配

**第二十四条** 胶东调水运行管理单位应当按照省人民政府确定的水量分配方案，组织实施调水计划，优化调度调水资源。

胶东调水运行管理单位在保障向受水地区调水的前提下，可以按照省人民政府价格主管部门核定的水价，向工程沿线高氟区和用水困难区提供生活、生产、生态用水和农业灌溉用水，拓宽供水功能，提高供水效益。

禁止任何单位和个人擅自引水、提水或者从事其他破坏正常调水秩序的活动。

**第二十五条** 受水地区人民政府或者授权部门应当按照省人民政府确定的水量分配方案，与胶东调水运行管理单位签订供用水协议，并结合当地实际，合理调整取用水方式，充分利用调水资源，逐步恢复和改善水生态环境。

**第二十六条** 胶东调水工程供水水费包括基本水费和计量水费。受水地区设区的市人民政府应当按照供用水协议，在水量调度年度开始前缴纳基本水费，并按照年度实际供水量及时缴纳计量水费。

**第二十七条** 年基本水费的数额由省人民政府核定，计量水费根据实际用水量与核定的计量水价计收。在核定年基本水费和计量水价时，应当征求受水地区人民政府的意见。

计量水价按照不同受水地区分别核定，具体价格由省人民政府价格主管部门会同水行政主管部门核定，并根据实际情况适时调整。

**第二十八条** 胶东调水工程沿线抗旱以及其他应急调水，或者因防汛、排涝等使用调水工程的，受益地区人民政府应当按照补偿成本的原则支付费用。

**第二十九条** 胶东调水运行管理单位的水费收入属于经营服务性收费。单位支出通过水费收入按照标准予以保障；其中，工程运行维护支出每年根据实际需要和相关规定进行核定。

## 第五章　监督保障

**第三十条** 胶东调水工程沿线县级以上人民政府水行政主管部门应当加强水政监察工作，建立健全监督管理制度，对违反本条例的行为依法进行查处。

**第三十一条** 胶东调水工程沿线县级以上人民政府应当全面落实河湖长制，健全河湖管护工作机制，加强调水工程配套设施建设，组织有关部门及时查处破坏工程设施、扰乱调水秩序、污染水质以及其他危害调水安全的行为，维护胶东调水工程安全和水质安全。

受水地区人民政府应当做好胶东调水调蓄工程下游河道的防洪治理，保障调蓄工程泄水畅通。

因调水工程修建的跨河、跨渠交通桥、生产桥和高压输变电线路等非水利工程设施，所在地县（市、区）人民政府应当明确当地有关部门或者单位作为管理主体实施管理。

**第三十二条** 公安机关应当加强胶东调水工程沿线区域的治安管理，依法维护调水秩序，确保工程安全运行。

已在调水工程重要场所设立的警务机构，应当加强警务人员配备，积极预防和制止危害调水安全的违法行为，做好调水工程设施的安全保卫工作。

**第三十三条** 胶东调水运行管理单位应当根据保证工程安全运行、水质保护、水源保障等情况制定相应的应急预案。

因环境污染或者其他突发事件影响调水安全的，应当及时启动应急预案。

## 第六章 法律责任

**第三十四条** 违反本条例规定的行为，法律、行政法规已经规定行政处罚的，从其规定；法律、行政法规未规定行政处罚的，除本条例另有规定外，由县级以上人民政府水行政主管部门依照本条例的规定实施。

**第三十五条** 违反本条例规定，有下列行为之一的，责令停止违法行为，恢复原状或者采取补救措施；逾期不恢复原状或者未采取补救措施的，按照下列规定处罚：

（一）在调水工程管理范围内取土、开沟、挖洞、挖塘、建窑、建坟的，处五千元以上一万元以下的罚款；

（二）在地下输水管道、暗渠保护范围内修建危害胶东调水工程安全的建筑物、构筑物，或者在地下输水管道、暗渠中心线两侧各十五米的区域内种植深根植物的，处一千元以上五千元以下的罚款；

（三）移动、覆盖、涂改、损毁标志物或者破坏防护设施的，处二百元以上二千元以下的罚款。

**第三十六条** 违反本条例规定，有下列行为之一的，责令停止违法行为，并按照下列规定处罚：

（一）在地下输水管道、暗渠保护范围内或者堤（坝）顶等工程设施上超限行驶机动车的，处一千元以上五千元以下的罚款；

（二）在工程管理范围内从事烧荒、放养牲畜等影响调水工程运行、危害工程安全活动的，处二百元以上一千元以下的罚款；

（三）在专用输电线路上搭接线路的，处五千元以上一万元以下的罚款；

（四）擅自从调水工程引水、提水或者从事其他破坏正常调水秩序活动的，处五百元以上一千元以下的罚款。

**第三十七条** 违反本条例规定，有下列行为之一的，责令停止违法行为，恢复原状或者采取补救措施，并按照下列规定处罚：

（一）在调水工程管理范围内采石、采砂、爆破、打井、钻探的，处一万元以上五万元以下的罚款；

（二）在调水工程保护范围内从事影响调水工程运行和危害调水工程安全的采石、爆破、打井、钻探等活动的，处一万元以上三万元以下的罚款；

（三）在调水工程保护范围内建造或者设立生产、加工、储存、销售具有放射性或者易燃、易爆、剧毒等危险物品的场所、仓库的，处三万元以上五万元以下的罚款；

（四）侵占、损毁工程设施和监测、通信、照明、输变电等其他设施的，处一万元以上五万元以下的罚款；

（五）在调水工程上设置排污口的，处五万元以上十万元以下的罚款；

（六）在调水工程管理和保护范围内设立造纸、印染、电镀、洗煤等污染严重的企业并造成危害的，处五万元以上十万元以下的罚款。

**第三十八条** 违反本条例规定，在穿越河道的输水工程保护范围内从事拦河筑坝、采砂、淘金等行为的，由有管辖权的水行政主管部门责令停止违法行为，没收非法所得，并可处五万元以上十万元以下的罚款。

**第三十九条** 违反本条例规定，在胶东调水工程管理范围内侵占、毁坏护堤护岸林木，或者实施污染调水水质行为的，由林业、生态环境主管部门依照有关法律、法规的规定处罚。

**第四十条** 违反本条例规定，构成违反治安管理行为的，由公安机关依法给予治安管理处罚；构成犯罪的，依法追究刑事责任；造成胶东调水工程损坏的，依法承担赔偿责任。

**第四十一条** 省人民政府水行政主管部门及其胶东调水运行管理单位、胶东调水工程沿线县级以上人民政府及其有关部门在胶东调水工作中有下列行为之一的，对负有责任的主管人员和其他责任人员依法给予处分；构成犯罪的，依法追究刑事责任：

（一）违反调水工程调度运行规程造成危害的；

（二）供水水质不符合国家规定标准，继续供水的；

（三）不按照规定缴纳、收取水费或者截留挪用的；

（四）不履行监督检查职责、发现违法行为不予查处的；

（五）其他玩忽职守、滥用职权、徇私舞弊行为。

## 第七章　附则

**第四十二条** 本条例自 2012 年 5 月 1 日起施行。

# 后 记

引黄济青工程是山东省一项大型跨流域、远距离调水工程，也是国家"七五"期间重点工程。工程于 1986 年 4 月开工建设，1989 年 11 月正式向青岛引水，使青岛市有了稳定可靠的水源保证；2003 年，经国务院批准，又开辟了向烟台、威海输水的胶东地区引黄调水工程。目前，黄水东调工程整体划转工作正在推进中，引黄济青工程、胶东地区引黄调水工程和黄水东调工程共同组成胶东调水工程。工程的建成，从根本上缓解了胶东地区水资源严重短缺的状况，有力支撑和保障了全省经济社会可持续发展，发挥了巨大的社会效益、经济效益和生态效益。

2024 年是引黄济青工程建成通水 35 周年。为了把这一伟大工程的策划、论证、规划、建设、运行、管理等各方面情况真实记录下来，山东省胶东调水局青岛分局（今山东省调水工程运行维护中心青岛分中心）于 2019 年决定组织编修《山东省引黄济青工程志》。根据山东省胶东调水局（今山东省调水工程运行维护中心）党委确定的"全面、系统、翔实地记录山东省引黄济青工程建设运行管理发展的全过程，为山东水利事业发展留下宝贵的历史资料"的原则，本书在搜集运用原始资料并借鉴吸收最新研究成果的基础上，系统记述了工程缘起、方案规划、移民征迁、工程建设、工程管理、胶东调水、工程改扩建、工程效益等全过程，集学术性、知识性于一体。

在本书编写过程中，山东省水利厅二级巡视员、原山东省调水工程运行维护中心党委书记、主任刘长军多次提出要求；原青岛市副市长刘建华，原青岛市副市长李乃胜，原青岛市政府副秘书长、青岛引黄济青工程指挥部副指挥张曰明，原山东省引黄济青工程指挥部副指挥、省引黄济青工程管理局党委书记张孝绪，原山东省引黄济青工程管理局总工程师王大伟，原青岛市史志办主任高克力等老领导，对本书编修工作非常重视，提出了很好的意见建议；山东省调水工程运行维护中心各部室、各分中心等也给予了鼎力支持，在此一并表示谢意。

青岛市地方史志研究院二级巡视员任银睦、青岛市地方史志研究院史志编审处处长陈庆民、青岛市社会科学院文化与历史研究所所长柳宾等，全程参与大纲拟定、书稿编写、统审定稿等工作，付出了艰辛劳动，谨表衷心感谢。

需要说明的是，本书编写过程中参阅了大量已有研究成果，直接或间接引用了其中一些内容或观点，限于篇幅，未能一一注明出处，敬请相关作者谅解。

由于本书涉及内容众多、资料比较散乱，加上编写时间仓促及编者能力有限，书内难免存在遗漏甚至错讹之处，敬请各界同仁、读者朋友批评指正。

编著者

2024 年 10 月